DIE QUANTITATIVE ELEKTROPHORESE IN DER MEDIZIN

HERAUSGEGEBEN VON

H. J. ANTWEILER

UNTER MITARBEIT VON

J. BOOIJ · H. EWERBECK · A. LEINBROCK
B. SCHULER · K. STÜRMER

ZWEITE NEUBEARBEITETE UND ERWEITERTE AUFLAGE

MIT 142 ABBILDUNGEN

SPRINGER-VERLAG
BERLIN HEIDELBERG GMBH

ISBN 978-3-540-02208-4   ISBN 978-3-642-86353-0 (eBook)
DOI 10.1007/978-3-642-86353-0

Vorwort zur ersten Auflage

Diese Schrift entstand aus der Zusammenarbeit von Ärzten verschiedener Kliniken mit einem analytischen Chemiker. Das Verbindende war die elektrophoretisch-analytische Meßmethode, die in der Naturwissenschaft entwickelt und vorwiegend in der Medizin angewendet wurde.

Das Buch wendet sich an den Arzt, der sich einen Überblick darüber verschaffen will, welche Aussagen die elektrophoretische Trennung der Bluteiweiße nach den bisherigen Erfahrungen zuläßt und wann diese Methode mit Erfolg einzusetzen ist. Das Buch soll eine Übersicht über das geben, was bisher geschaffen wurde; es soll weiterhin ein Nachschlagen des Schrifttums erleichtern.

Die Verfasser beschränkten sich nicht auf eine referierende Darstellung ihrer Gebiete; sie waren bestrebt, ihre eigenen Erfahrungen, die bei der Anwendung der Methode gewonnen wurden, mit den Ergebnissen anderer Beobachter vergleichend auszuwerten. Dabei konnte infolge der zahlreichen noch ungeklärten Probleme nicht vermieden werden, daß die gesamte Literatur kritisch gesichtet werden mußte und daß die Meinung des Bearbeiters nicht immer im Hintergrund bleiben konnte.

Die Autoren hoffen, daß diese Art der Darstellung den Leser anregt und ihm eine eigene Urteilsbildung über das elektrophoretische Meßverfahren in der Klinik erleichtert, auch wenn seine Ansicht vielleicht manchmal in Widerspruch zu dem Vorgetragenen steht.

Der Deutschen Forschungsgemeinschaft danken die Bearbeiter für die tatkräftige Unterstützung, die sie bei ihren experimentellen Arbeiten erfahren durften. Der Dank gilt auch den Mitarbeitern, die die Untersuchungen durchführten; er gilt besonders Fräulein Dr. G. ENGELS, die aus ihrer großen experimentellen Erfahrung wertvolle Hilfe geben konnte.

H. J. ANTWEILER

Vorwort zur zweiten Auflage

Es war nach relativ kurzer Zeit notwendig geworden, die „Quantitative Elektrophorese in der Medizin" für eine zweite Auflage zu bearbeiten.

Da die erste Auflage, in der die Bearbeiter besonderen Wert auf kritische Behandlung des Stoffes gelegt haben, Anklang gefunden hat, wurde diese Art der Darstellung auch in der zweiten Auflage beibehalten. Diese berücksichtigt eine sehr große Zahl der bis 1956 veröffentlichten Arbeiten, konnte aber noch weniger die gesamte zugängliche Literatur zitieren, da in noch höherem Maße kritisch gesichtet werden mußte als bei der ersten Auflage. Als weiterer Autor konnte Herr Professor Dr. J. BOOIJ, Amsterdam, gewonnen werden, der über die quantitative Elektrophorese in der Neurologie berichtet.

Die „Hochspannungselektrophorese" wurde nicht aufgenommen, da bei dem augenblicklichen Stand ihrer Entwicklung nicht abzusehen ist, ob es sich hier um ein quantitatives analytisches Verfahren handelt.

H. J. ANTWEILER

Inhaltsverzeichnis

Zur Methode der quantitativen Elektrophorese

Von H. J. ANTWEILER, a. o. Prof. am Chem. Institut der Universität Bonn

Zur Physiologie des Eiweißes

Von H. EWERBECK, Priv.-Doz. und Oberarzt der Universitäts-Kinderklinik Köln

Die Elektrophorese bei inneren Krankheiten ·

Von B. Schuler, a. o. Prof. und leit. Arzt des Landesbades Aachen

Die Elektrophorese in der Pädiatrie

Von H. EWERBECK, Priv.-Doz. und Oberarzt der Universitäts-Kinderklinik Köln

Die Elektrophorese in der Geburtshilfe und der Gynäkologie

Von K. STÜRMER, a. o. Prof. und leit. Arzt der geburtsh.-gynäkologischen Abteilung des
St.-Josef-Hospitals Bonn-Beuel

Die Elektrophorese in der Neurologie

Von J. BOOIJ, früher Chefarzt der Psychiatrisch-Neurologischen Klinik (Valerius-Klinik) der
Freien Universität Amsterdam, jetzt Prof. und Dir. des Neurobiochemischen
Laboratoriums dieser Universität

Die Elektrophorese in der Dermatologie

Von A. Leinbrock, a. o. Prof. und Oberarzt der Universitäts-Hautklinik Bonn

Zur Methode der quantitativen Elektrophorese

Von

H. J. ANTWEILER

I. Elektrophorese und Elektroosmose

Wenn sich in einer Lösung der gelöste Stoff unter dem Einfluß eines elektrischen Feldes zu den Elektroden bewegt, so wird dieser Vorgang als *Elektrophorese* bezeichnet. Es ist dabei gleichgültig, ob die gelösten Teilchen, die sich bewegen, primär eine elektrische Ladung tragen oder ob sie sie durch selektive Adsorption von Ionen erhalten.

Bei der *Elektroosmose* bewegt sich eine Lösung gegenüber einer festen Wand oder einem Capillarsystem unter dem Einfluß eines elektrischen Feldes.

Bei einem *elektrophoretischen* Versuch wird die Bewegung eines Teilchens gegenüber dem Lösungsmittel ausgewertet und vermessen, bei einem *elektroosmotischen* Versuch die Bewegung der Lösung gegenüber der Wand.

Die Geschwindigkeit, mit der sich ein elektrisch geladenes Teilchen im elektrischen Feld bewegt, ist proportional der Stärke des Feldes und liegt in der Größenordnung von 10^{-4} cm/sec, wenn ein Spannungsgefälle von 1 Volt/cm angelegt ist. Unterschiedlich geladene Teilchen gleicher Größe oder gleich geladene Teilchen unterschiedlicher Größe wandern im elektrischen Feld mit unterschiedlicher Wanderungsgeschwindigkeit. Durch diese arteigene unterschiedliche Wanderungsgeschwindigkeit können unterschiedliche Teilchen räumlich voneinander getrennt werden.

Wenn die Teilchen nach einer elektrophoretischen Trennung isoliert werden, so spricht man von *präparativer Elektrophorese*; wenn nach der elektrophoretischen Trennung ihre Konzentration bestimmt wird, so ist dies eine *quantitative Elektrophorese*.

Wenn die Trennung mit Stoffmengen von mehr als 0,1 g vorgenommen wird, so handelt es sich um eine *Makroelektrophorese*. Die *Mikroelektrophorese* trennt Stoffmengen bis zu 1 mg; Stoffmengen in der Größenordnung von 10 mg werden durch die *Halbmikroelektrophorese* getrennt.

Elektrophorese und Elektroosmose sind zwei Erscheinungen, die im Experiment nicht voneinander zu trennen sind. Bei jeder Elektrophorese findet an der Grenzfläche der Flüssigkeitswand eine Elektroosmose statt, die die Flüssigkeitssäule in Bewegung setzt; bei jedem elektroosmotischen Versuch wandern die elektrisch geladenen Teilchen im Lösungsmittel entsprechend ihrer Ladung elektrophoretisch.

Bei einem vorwiegend *elektrophoretischen* Versuch muß daher mit kleiner begrenzender Fläche und relativ großer Flüssigkeitsmenge gearbeitet werden; beim Studium *elektroosmotischer* Erscheinungen muß das Verhältnis der begrenzenden Fläche zur Flüssigkeitsmenge stark zugunsten der begrenzenden Fläche verschoben sein.

In zwei bekannten einfachen Versuchen seien *elektroosmotische Strömung* und *elektrophoretische Trennung* gegenübergestellt.

Abb. 1 zeigt einen unglasierten Tonteller, der mit einem Elektrolyten angefüllt ist. An der Unterseite des Tellers und an der Oberseite befinden sich zwei Elektroden. Wenn an die Elektroden eine Spannung von etwa 100 Volt gelegt wird, so entsteht in den feinen Poren des Tellers ein Spannungsgefälle, und das Wasser strömt mit großer Geschwindigkeit in Richtung der Kathode, so daß das ursprünglich sehr langsame Fließen des Wassers durch den Teller in einen schnellen Tropfenfall übergeht (die Kathode liegt an der Unterseite des Tellers).

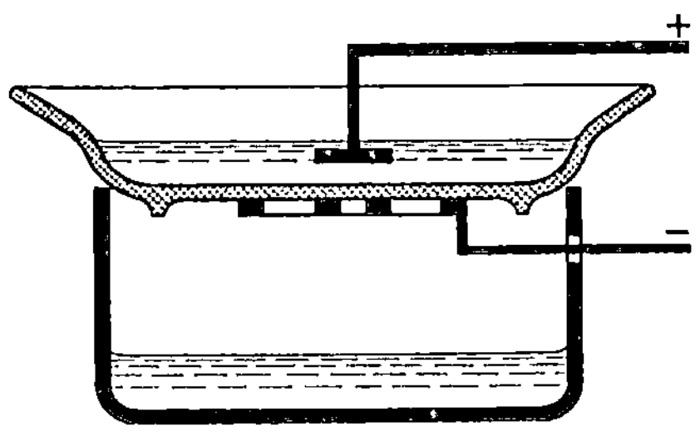

Abb. 1. *Elektroosmotischer Versuch.* Wenn an die Elektroden Spannung gelegt wird, strömt der Elektrolyt durch den unglasierten Tonteller, so daß ein heftiges Tropfen entsteht

In Abb. 2 ist eine elektrophoretische Trennung demonstriert. In einem U-Rohr, das von unten gefüllt werden kann, wird verdünnte Schwefelsäure mit einer Mischlösung von Kupfersulfat und Kaliumbichromat unterschichtet. Nach dem Einschalten des Stromes bewegen sich die Kupfer-, Kalium- und Wasserstoffionen zur Kathode und die Sulfat- und Bichromationen zur Anode. Man sieht nach einiger Zeit im Kathodenschenkel die blauen Kupferionen und im Anodenschenkel die gelbroten Bichromationen emporsteigen, so daß oberhalb der Mischlösung im Kathodenschenkel eine Schicht Kupfersulfat, die bichromatfrei ist, erscheint; im Anodenschenkel zeigt sich eine Schicht, die oberhalb der Mischlösung Bichromationen ohne Kupferionen enthält.

Diese elektrophoretische Trennung der ursprünglichen Mischlösung kann *präparativ* ausgenutzt werden, wenn man den Inhalt des U-Rohres schichtenweise abhebert und die Fraktionen aufarbeitet; die Trennung kann auch *analytisch* ausgewertet werden, indem die Konzentration der Kupferionen und der Bichromationen ohne Trennung der Schichten in beiden Teilen des U-Rohres z. B. colorimetrisch gemessen wird. Bei dieser Analyse muß allerdings beachtet werden, daß Konzentrationsverschiebungen stattgefunden haben; die Konzentrationen der zu messenden Ionen in der Mischlösung und dort, wo sie vor Begleitionen getrennt vorliegen, stimmen nicht überein, stehen aber in eindeutiger Beziehung zueinander.

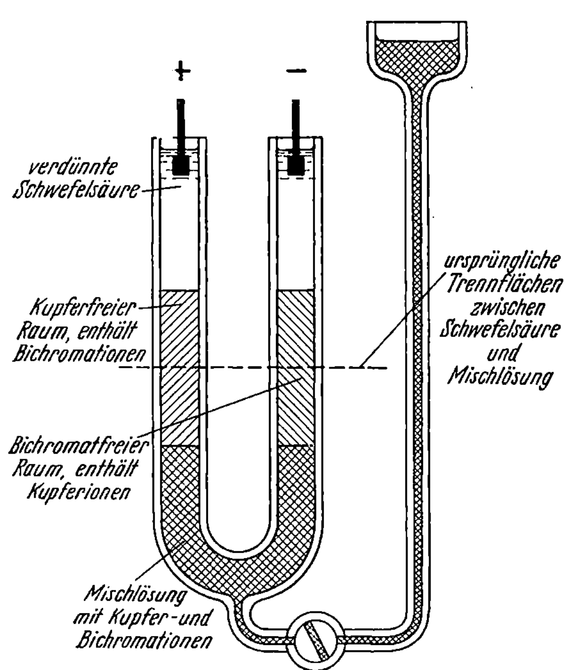

Abb. 2. *Elektrophoretische Trennung von Kupfer- und Bichromat-Ionen.* Wenn an die Elektroden Spannung gelegt wird, so erscheint durch Ionenwanderung im Anodenschenkel ein bichromathaltiger, kupferfreier Raum und im Kathodenschenkel ein kupferhaltiger, bichromatfreier Raum

Auch bei diesem Versuch hat eine Elektroosmose stattgefunden, weil primär Elektrolyt an der Glaswand in dünner Schicht zur Kathode strömt und die äquivalente Flüssigkeitsmenge sekundär unter Wahrung der Flüssigkeitsniveaus in der

Mitte der Flüssigkeitssäule zur Anode floß. Hierdurch resultiert eine Verlagerung der gesamten Flüssigkeitssäule zur Anode hin, die eine größere Geschwindigkeit der Anionen zu Ungunsten der Kationen vortäuscht.

Bei der Papierelektrophorese befindet sich die zu trennende Mischlösung als Fleck oder Strich im Zentrum eines elektrolytgetränkten Filterpapierstreifens. Wenn an die Enden dieses Filterpapierstreifens eine ausreichend hohe Spannung gelegt wird, so wandern die Komponenten der Mischlösung entsprechend ihrer Ladung mit unterschiedlicher Geschwindigkeit; gleichzeitig bewegt sich die gesamte Lösung im Streifen elektroosmotisch in Richtung der Kathode (s. Abb. 3). Im Gegensatz zur Elektrophorese in einem U-Rohr ist hier eine volle räumliche Trennung der Komponenten möglich.

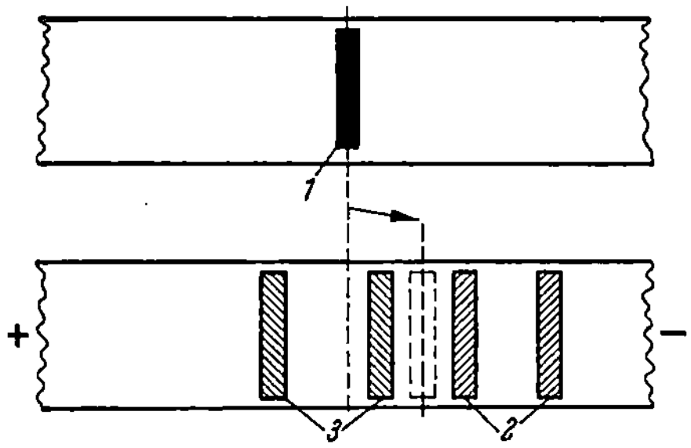

Abb. 3. *Papierelektrophoretischer Versuch.* Die als Strich auf elektrolytgetränktes Filterpapier aufgetragene Mischlösung trennt sich entsprechend der Wanderungsgeschwindigkeit der Komponenten; gleichzeitig findet eine kathodische, elektroosmotische Strömung der ganzen Flüssigkeitssäule statt. *1* Mischlösung, *2* positiv geladene Komponenten, *3* negativ geladene Komponenten

II. Die Grundlagen der Elektrophorese

Es ist Aufgabe der quantitativen Elektrophorese, die Konzentrationen der Komponenten so zu erfassen, wie sie in der ursprünglichen Mischlösung vorliegen. Da aber jede Komponente, wenn sie aus dem Milieu der Mischlösung herauswandert, ihre Konzentration geändert hat, kann aus den verändert gemessenen Konzentrationen nicht mehr ohne weiteres auf die ursprünglich in der Mischlösung vorhandene Konzentration geschlossen werden.

Bei dem Versuch der Elektrophorese einer Kupferchromattrennung, der anfangs geschildert wurde, entspricht die Kupferkonzentration in dem bichromatfreien Raum nicht mehr der Kupferkonzentration der Mischlösung; ebenso, wie die

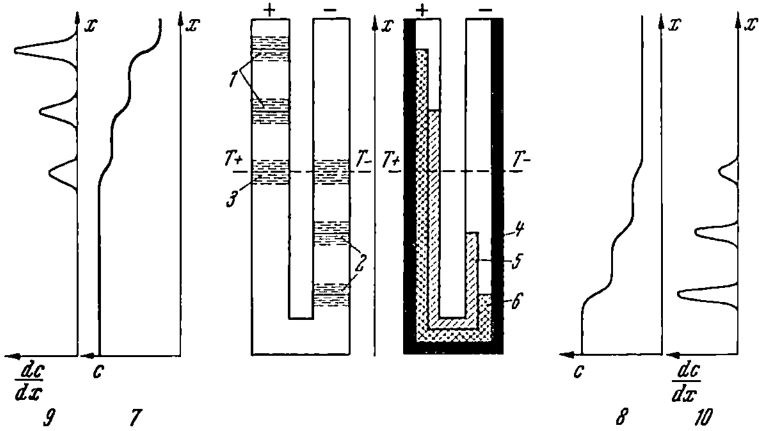

Abb. 4. *Elektrophoretische Trennung eines Zweikomponentengemisches in einem Elektrolyten.* T^- kathodische Trennfläche, T^+ anodische Trennfläche. *1* steigende Fronten, *2* fallende Fronten, *3* stehende Fronten, *4* Elektrolyt M^+, N^- *5* langsamere Komponente A, *6* schnellere Komponente B, *7* optische Dichte im Anodenschenkel, *8* optische Dichte im Kathodenschenkel, *9* Gradientenkurve des Anodenschenkels, *10* Gradientenkurve des Kathodenschenkels

Bichromatkonzentration in dem kupferfreien Raum nicht mehr der ursprünglichen Bichromatkonzentration entspricht. Es wäre ein grober Fehler, aus den dort vermessenen Einzelkonzentrationen ohne weiteres auf die analytisch zu erfassenden Konzentrationen in der Mischlösung zu schließen.

1*

Bei dem analytisch nicht sehr interessierenden Fall, daß verdünnte Lösungen starker Elektrolyte elektrophoretisch getrennt werden, können die auftretenden Konzentrationsverschiebungen rechnerisch erfaßt werden (*9, 41, 45*); der experimentelle Nachweis dieser Verschiebungen stimmt quantitativ mit der Theorie überein (*27*). Wenn das analytisch wichtigere System von Proteintrennungen in einem Elektrolyten rechnerisch genau so behandelt wird wie ein System starker Elektrolyte, so ist damit eine Idealisierung vorgenommen worden, die eine quantitative Übereinstimmung von Theorie und Experiment nicht mehr erwarten läßt. Es ist aber noch eine ausreichende quantitative Übereinstimmung vorhanden, die das Verhalten von Proteingemischen im Trennrohr überblicken läßt.

Im folgenden werden daher die Ionen des Puffers und die Proteine so behandelt, als ob sie Ionen eines starken Elektrolyten wären.

Die Abb. 4 zeigt die Verteilung der optischen Dichte, wie sie vermessen wird, wenn ein Proteingemisch mit den beiden Komponenten (A und B) in einem Begleitsalz (M^+, N^-) gelöst wurde und in die Begleitsalzlösung gleicher Konzentration wandert.

Vor dem Anlegen des Stromes erzeugten die beiden Proteinkomponenten je einen Dichtesprung (Front) an den Überschichtungsflächen T^+ und T^-; dieser Dichtesprung hat sich nach Beginn der Elektrophorese in je zwei wandernde Fronten und eine stehende Front aufgelöst. Die beiden stehenden Fronten verharren an der ursprünglichen Trennfläche; zwei Fronten wandern von T^+ nach oben (steigende Fronten) und zwei Fronten wandern von T^- in Richtung T nach unten (fallende Fronten). Diese wandernden Fronten können den beiden Proteinkomponenten mit ihren unterschiedlichen Beweglichkeiten (u_A, u_B) zugeordnet werden; die steigenden Fronten beginnen dort, wo die ersten Anteile der schnellsten Proteinkomponente im überschichtenden Puffer nachweisbar sind, das Ende der fallenden Fronten liegt an der Stelle, wo das letzte Teilchen der langsamen Komponente unterhalb der Trennfläche T^- gefunden wird.

Zunächst sollen die stehenden Fronten diskutiert werden.

1. Die stehenden Fronten

An den Trennflächen T^- und T^+ werden zwei stehende Fronten beobachtet, deren Dichteunterschied keiner Proteinart zugeordnet werden kann, da der Raum, der sich in Richtung der Anode an die Trennfläche T^+ anschließt, qualitativ die gleiche Zusammensetzung haben muß wie der Raum, der sich an dieselbe Trennfläche in Richtung der Kathode anschließt (die Räume enthalten die beiden Proteinkomponenten und das Begleitsalz); das gleiche gilt auch für die Trennfläche T^-: Die Räume unterhalb und oberhalb dieser Trennfläche haben auch hier nach der elektrophoretischen Trennung qualitativ die gleiche Zusammensetzung (Begleitsalzlösung). Im Raum oberhalb der Trennfläche T^+ ist demnach durch den Stromtransport die Pufferlösung durch die Proteinlösung verdrängt worden; im Raum unterhalb T^- hat die Proteinlösung die Pufferlösung verdrängt. Hierdurch entstehen Konzentrationsverschiebungen an den Trennflächen, weil eine gegenseitige Verdrängung nur dann möglich ist, wenn für alle Räume des Trennrohres die Konstante K der beharrlichen Funktion von Kohlrausch gewahrt bleibt (*15, 19*). Diese Funktion sagt aus, daß in jedem Raumelement des Trennrohres der durch den *Strom* bewirkte Massentransport die Summe über alle Konzentrationen und reziproken Beweglichkeiten[1] nicht ändern kann[2]. Wenn aus diesem Raumelement eine Ionenart austritt oder eine neue hinzukommt, so müssen trotz Änderung der Ionenzahl die Konstanten gewahrt bleiben.

---

[1] Die Beweglichkeit (u) eines geladenen Teilchens (I) ist seine Geschwindigkeit in einem elektrischen Feld der Feldstärke $F = 1 \text{ V} \cdot \text{cm}^{-1}$.

[2] Ein Massentransport, der nicht durch den Strom verursacht wird, z. B. die Diffusion oder Konvektion, kann natürlich die Konstante im Raumelement ändern.

Die beharrliche Funktion lautet

$$K = \frac{C_A}{u_A} + \frac{C_B}{u_B} + \frac{C_C}{u_C} \cdots$$

wenn unter C_A (C_B, C_C ...) die Konzentration des Ions A (B, C ...) und unter u_A (u_B, u_C ...) seine Beweglichkeit verstanden wird.

Aus der Anfangsbedingung des Elektrophoreserohres ist daher für das ganze Trennrohr mit zwei Konstanten zu rechnen; die eine (K_E) gilt für den Raum oberhalb der Trennflächen; da diese Räume mit Puffer von der Ionenart M^+ und N^- gefüllt waren, gilt hier

$$K_E = \frac{C_{M^+}}{u_{M^+}} + \frac{C_{N^-}}{u_{N^-}}.$$

Die zweite Konstante (K_P) gilt für die Räume zwischen den Trennflächen T^+ und T^-, die ursprünglich mit der Proteinlösung (Ionen M^+, N^-, A^+, B^-) gefüllt waren. Hier ist

$$K_P = \frac{C_{M^+}}{u_{M^+}} + \frac{C_{N^-}}{u_{N^-}} + \frac{C_{A^-}}{u_{A^-}} + \frac{C_{B^-}}{u_{B^-}} + \frac{C_{A^-} + C_{B^-}}{u_{M^+}}$$

In Richtung der Anionenwanderung steigt (Abb. 5) demnach die Konstante K an der Trennfläche T^- von K_E auf K_P, und an der zweiten Trennfläche fällt sie von K_P wieder auf K_E. Dieser Sprung der Konstanten kann durch den Stromdurchgang seine Lage im Trennrohr nicht verändern, er kann nur durch Diffusion der angrenzenden Lösungen unterschiedlicher Konzentration abflachen. Wenn demnach eine Lösung aus dem Gebiet der einen Konstanten in das Gebiet der anderen Konstanten vorschiebt, so müssen Konzentrationsveränderungen auftreten, die dem Unterschied dieser Konstanten entsprechen.

Man kann zusammenfassend formulieren: Alle durch den Stromdurchgang bewirkten Konzentrationsverschiebungen oberhalb der Trennfläche müssen so erfolgen, daß die Konstante K_E gewahrt bleibt; alle Konzentrationsverschiebungen in den fallenden Fronten werden von der Konstanten K_P beherrscht. Wenn sich beide Konstanten ($K_E < K_P$) unterscheiden, so findet man *unter der Trennfläche T^- das Begleitsalz im Verhältnis K_E zu K_P konzentrierter vor; oberhalb der Trennfläche T^+ hat sich die Untersuchungslösung unter Wahrung des gegenseitigen Konzentrationsverhältnisses im Verhältnis K_E zu K_P verdünnt.*

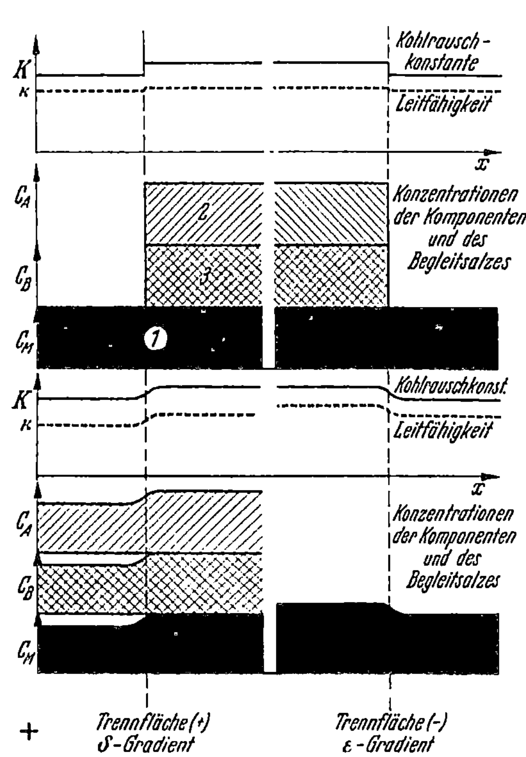

Abb. 5. *Die Konzentrationsverschiebung an den Trennflächen; die* KOHLRAUSCH-*Konstante und die Leitfähigkeit.*
1 Begleitsalz, *2* Komponente A, *3* Komponente B

Der an der Trennfläche T^+ der steigenden Fronten entstehende Dichtesprung (Verdünnen der Proteinlösung) wird als δ-Gradient bezeichnet; der an der Trennfläche T^- entstehende Dichtesprung der Begleitsalzlösung als ε-Gradient, der δ-Gradient ist naturgemäß größer als der ε-Gradient, da die Proteinlösung eine größere Brechungszahl hat als die Pufferlösung und beide ihre Konzentrationen im gleichen Verhältnis verschieben.

Bei gleicher Proteinkonzentration sind die δ- und ε-Gradienten (Extragradienten) um so kleiner, je größer die Konzentration des Begleitsalzes ist. Bei gleicher Protein- und gleicher Begleitsalzkonzentration um so kleiner, je kleiner die Beweglichkeit der Ionen des Begleitsalzes ist.

Ein Versuch, bei dem K_P kleiner als K_E ist, kann experimentell nicht durchgeführt werden, weil sich dann unter den Trennflächen eine verdünntere Lösung als oberhalb einstellen würde; dies hätte eine Durchwirbelung der Fronten zur Folge. Wenn die Anfangsbedingungen der Elektrophorese so gewählt werden, daß $K_P = K_E$ wird, so treten keine Extragradienten auf. Dies kann experimentell nach einem Vorschlag von Longsworth (25) dadurch geschehen, daß die Proteinlösung nach einer Dialyse gegen Puffer verdünnt wird und daß mit dem unverdünnten Puffer überschichtet wird (Angleichen von K_P an K_E) oder nach dem Vorschlag von Wiedemann (50), daß die überschichtende Pufferlösung konzentrierter gewählt wird als die bei der Dialyse verwendete (Angleichen von K_E an K_P).

Diese Konzentrationsveränderungen müssen aber vorsichtig vorgenommen werden, damit nicht K_P kleiner als K_E eingestellt wird, wodurch die Analyse unbrauchbar wird. Die Annahme, daß die Extragradienten einer üblichen Elektrophorese dadurch bedingt seien, daß das Donnangleichgewicht der Dialyse die Pufferkonzentration angleiche, mit der dialysiert wird, beruht auf einem Irrtum. Es ist zu erwarten und wurde auch gemessen, daß diese Ungleichheit bei der üblichen Dialyse in der Größenordnung von 1% liegt.

2. Die wandernden Fronten

Unter den üblichen Bedingungen der quantitativen Elektrophorese ist eine wandernde Front dadurch gekennzeichnet, daß das Ion (Leit-Ion mit der Beweglichkeit u_L), das die Wanderung der Front bestimmt, in ihr von einer endlichen Konzentration auf die Konzentration Null herabsinkt (Abb. 6); alle anderen Ionen sind diesseits und jenseits der Front vorhanden.

In dieser wandernden Front erfahren außerdem *alle* Ionen eine *individuelle* Konzentrationsverschiebung — im Gegensatz zur stehenden Front, wo alle Ionen die *gleiche* Konzentrationsverschiebung erfuhren.

Wenn man mit q das Verhältnis der Leitfähigkeiten $(\varkappa_1, \varkappa_2)$ beider Räume, die durch eine Front voneinander getrennt sind, bezeichnet, so ist für ein beliebiges Ion (z. B. I) mit der Beweglichkeit (u_I), das die Front passiert, die Konzentrationsverschiebung

$$\frac{C_{1I}}{C_{2I}} = q\,\frac{u_I - u_L}{u_I - q \cdot u_L}\,.$$

Dies ist die allgemeine Gleichung für die Konzentrationsverschiebungen in Fronten; die stehende Front ist nur der Grenzfall für $(u_L = 0)$; hierdurch wird

$$\frac{C_{1I}}{C_{2I}} = q = \frac{\varkappa_1}{\varkappa_2}\,.$$

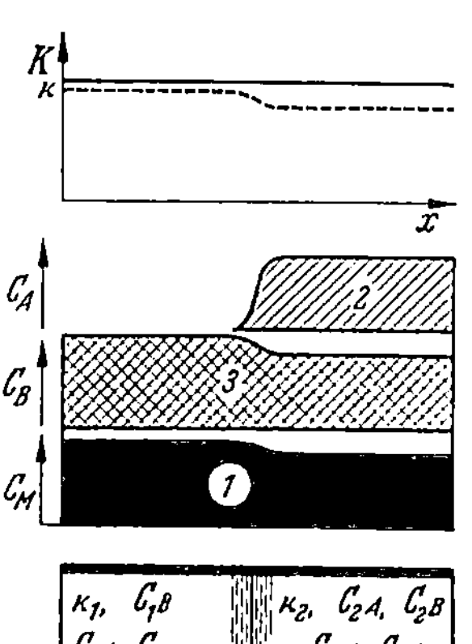

Abb. 6. *Die Konzentrationsverschiebungen in einer wandernden Front.* 1 Begleitanion M, 2 Komponente A (Leitlon), 3 Komponente B

Diese Konzentrationsverschiebungen, die jedes Ion an jeder Front erfährt, müssen natürlich berücksichtigt werden, wenn die Konzentration einer Komponente im Elektrophoreserohr an einer Stelle vermessen wird, die von der Mischlösung durch Fronten getrennt ist. Die Abb. 7 gibt eine Übersicht über die Konzentrationsverschiebungen einer Proteinlösung mit 2 Komponenten, wie sie bei der Idealisierung, daß die Gesetze der starken Elektrolyte auch für Proteinlösungen gelten, zu erwarten sind. Man erkennt, daß in jeder Front jede Komponente eine Konzentrationsveränderung erfährt. Nach den bis jetzt vorliegenden und unzureichenden experimentellen Untersuchungen an bekannten Proteinmischungen scheinen die experimentell gefundenen Konzentrationsverschiebungen größer (6, 34) zu sein als die nach der vereinfachenden Theorie berechneten; nach eigenen Versuchen mit W. KIRCHNER und U. HERTEL (Diss. Bonn 1952, 1953) an gereinigten Proteinen mit dem Mikrointerferenzverfahren scheinen die Abweichungen von der Theorie

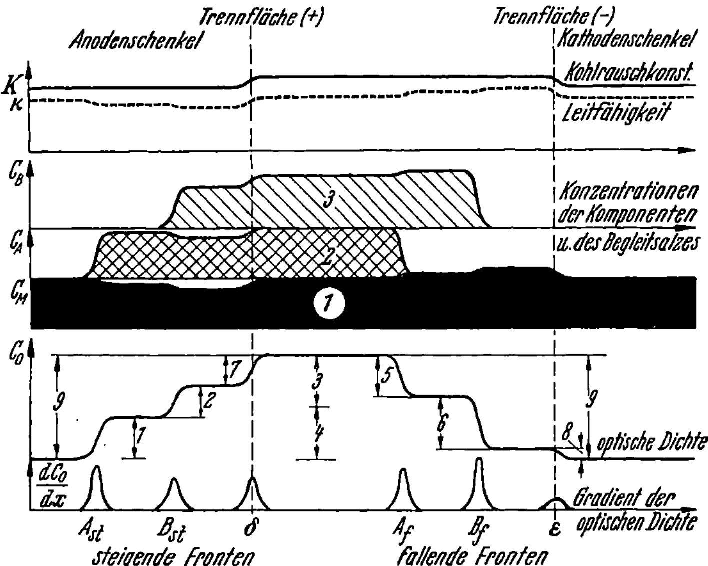

Abb. 7. *Die Konzentrationsverschiebungen eines Zweikomponentensystems (A, B) in einem Elektrolyten (schematisch).* 1 apparente Konzentration von A (steigend), 2 apparente Konzentration von B (steigend), 3 wahre Konzentration von B, 4 wahre Konzentration von A, 5 apparente Konzentration von A (fallend), 6 apparente Konzentration von B (fallend), 7 δ-Gradient, 8 ε-Gradient, 9 wahre Konzentration beider Komponenten

nicht so groß zu sein; die aus dem Schrifttum bekannten größeren Abweichungen der vermessenen Werte von der Theorie wurden im Makroverfahren nach der Meßmethode LONGSWORTH ermittelt.

Es seien einige analytisch wichtige Gesichtspunkte herausgestellt, die sich aus der Theorie erkennen lassen und experimentell gestützt sind:

1. Die Konzentrationswerte, die in den steigenden Fronten vermessen werden, decken sich nicht mit den Konzentrationen in den fallenden Fronten (weder relativ noch absolut); sie decken sich auch nicht mit den echten Konzentrationen.

2. Die in den fallenden Fronten vermessenden Konzentrationen zeigen sowohl relativ wie absolut kleinere Unterschiede zu den Konzentrationen der Mischlösungen als die in den steigenden Fronten vermessenen; wegen der geringen Trennschärfe eignen sich aber die fallenden Fronten weniger gut zur Analyse als die steigenden Fronten (s. a. Anm. S. 12).

3. Die Konzentrationsverschiebungen der schnellsten Komponente sind um so kleiner, je langsamer die übrigen Komponenten wandern: das 2-Proteinsystem Albumin/α_1-Komponente zeigt größere Konzentrationsverschiebungen als das System Albumin/γ-Komponente.

4. Die Konzentrationsverschiebungen steigen mit steigender Proteinkonzentration und vermindern sich mit steigender Begleitsalzkonzentration.

3. Die wahren Konzentrationen

Die wahre Konzentration einer Komponente ist durch ihre Menge in der Volumeinheit der zu untersuchenden Lösung (Mischlösung) definiert. Sie kann z. B. in Prozent angegeben werden, d. h. in Gramm auf 100 ml Lösung. Da aber jede Trennung einer Komponente alle übrigen Komponenten in ihren Konzentrationen systematisch verschiebt, so kann ihre wahre Konzentration an keiner Front direkt vermessen werden; zur Messung gelangt immer eine von der wahren Konzentration abweichende Meßgröße. Es ist durchaus möglich, diese Abweichungen in der analytisch üblichen Art durch Eichkurven festzulegen; diese Eichkurven würden für festgelegte Versuchsbedingungen, die an beliebigen Stellen im Trennrohr vermessenen Konzentrationen auf die wahren Konzentrationen umrechnen lassen. Derartige Tabellen sind bisher noch nicht aufgestellt worden und es bedarf einer großen Zahl wirklich präziser Messungen, diese Korrekturgrößen zu bestimmen. Wenn die Konzentrationsbestimmungen durch ein Messen der optischen Dichte geschieht, so muß außerdem die unterschiedliche Brechungszahl für die einzelnen Komponenten berücksichtigt werden.

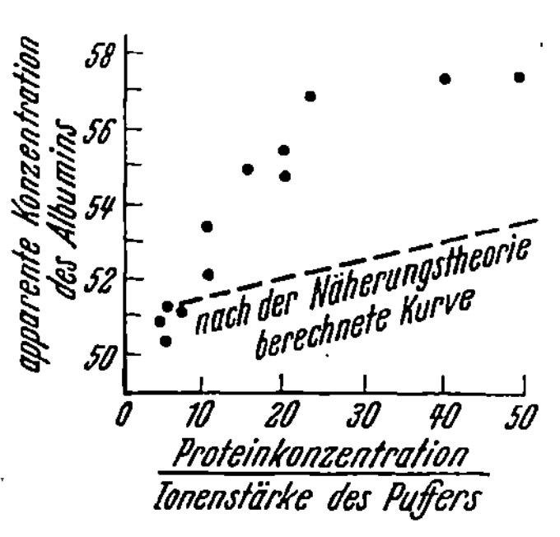

Abb. 8a

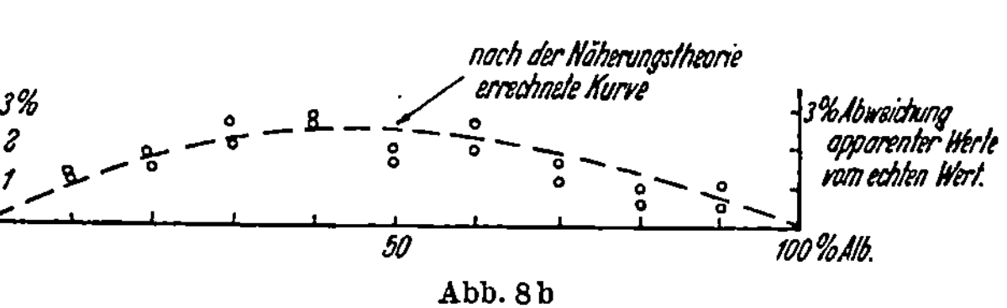

Abb. 8b

Abb. 8a. *Das Erfassen der wahren Konzentration durch Variation von Protein- und Pufferkonzentration [Makromethode, ausmessen mit Schlierenverfahren (5)]*

Abb. 8b. *Abweichungen des gefundenen vom vorgegebenen Mischungsverhältnis bei Albumin/Fibrinogen-Lösungen in Prozent der Albumin-Lösung (Mikromethode); Ausmessung mit Kompensationsverfahren; Diss. Bonn).*

Es ist aber auch möglich, durch eine Verdünnungsreihe der unbekannten Mischlösung die echten Konzentrationen zu erfassen: je höher die Begleitsalzkonzentration und je geringer die Proteinkonzentration gewählt werden, um so mehr nähert sich das Leitfähigkeitsverhältnis der Räume diesseits und jenseits einer Front $\left(g = \dfrac{K_1}{K_2}\right)$ dem Wert 1 und um so kleiner werden die Konzentrationsverschiebungen. Wenn demnach in der gleichen Begleitsalzlösung mehrere Analysen mit fallender Proteinkonzentration gemacht werden, so brauchen die jeweils erhaltenen Werte nur auf eine unendlich kleine Proteinkonzentration extrapoliert zu werden, und man erhält — nach Korrektur der Brechungszahlen — die echten Konzentrationen.

Die Abb. 8a zeigt eine derartige Auswertung (6), die mit Makroelektrophorese gewonnen wurde; in Abb. 8b sind die Abweichungen dargestellt, wie sie nach der Mikromethode vermessen wurden.

Da das Erfassen der echten Konzentrationen mühsam und selten erforderlich ist, begnügt man sich meist mit der Angabe der Apparenten (d. h. unkorrigierten) Konzentrationen; diese apparente Konzentration weicht zwar von der echten Konzentration ab, zeigt aber bei ähnlichen Proteingemischen praktisch die gleichen Änderungen wie die echten Konzentrationen.

4. Die apparenten Konzentrationen

Eine wandernde Front ist dadurch gekennzeichnet, daß sich in ihr die optische Dichte der Lösung ändert, weil diejenige Komponente, die ihre Wanderungsgeschwindigkeit bestimmt, in ihr einen vollen Konzentrationsabfall auf Null zeigt. Das Verhältnis des optischen Dichtesprunges einer wandernden Front zur Summe der

Dichtesprünge aller wandernden Fronten des steigenden oder fallenden Astes ist die apparente Konzentration der Komponente, die die Geschwindigkeit der Front bestimmt.

Die Summe der Dichtesprünge über alle wandernden *und* die stehende Front des steigenden oder fallenden Astes ist der apparenten Konzentration des Gesamtproteins in der Mischlösung proportional, wenn dafür Sorge getragen wurde, daß die Begleitsalzkonzentration im Trennrohr vor Beginn des Versuches überall gleich war.

Die apparenten Konzentrationen des Gesamtproteins wie auch die der Komponenten können sowohl im steigenden wie auch im fallenden Ast vermessen werden. Während die beiden Angaben für das Gesamtprotein im steigenden und fallenden Ast übereinstimmen müssen, geben fallender und steigender Ast verschiedene Konzentrationsangaben für jede Komponente.

Bei einer Angabe in apparenten Konzentrationen werden bewußt alle Konzentrationsverschiebungen der vermessenen Komponenten von Front zu Front und außerdem die Konzentrationsverschiebungen aller anderen Ionen in der Front nicht berücksichtigt; außerdem wird die unterschiedliche Brechungszahl der Komponenten vernachlässigt. Die Angabe in apparenten Konzentrationen hat trotz allem analytischen Wert, da sie ähnliche Proteinmischungen, die unter gleichen experimentellen Bedingungen getrennt werden, miteinander vergleichen läßt: *die apparenten Konzentrationen zeigen dann bei beiden Lösungen praktisch den gleichen Unterschied wie die echten Konzentrationen.*

Eine darüber hinausgehende analytische Aussage ist aber nicht zulässig.

Es ist nicht ohne weiteres möglich, zwei Lösungen über die apparenten Konzentrationen zu vergleichen, die in unterschiedlichen Begleitsalzen getrennt wurden; man kann genau so wenig zwei Lösungen vergleichen, von denen die eine vorwiegend langsame Komponenten und die andere vorwiegend schnelle Komponenten enthält. In diesem Falle müssen immer die wahren Konzentrationen ermittelt und verglichen werden.

Da in der Literatur fast ausschließlich apparente Konzentrationen angegeben werden, erklären sich auch die stark unterschiedlichen Angaben über den Albumingehalt der Normalseren bei verschiedenen Autoren (von 52 bis 70%). Diese Angaben haben extra muros nur dann Sinn, wenn die Arbeitsbedingungen mitangegeben werden, unter denen die Zahl gewonnen wurde; nur unter gleichen Arbeitsbedingungen kann eine derartige Zahl kontrolliert und verwertet werden.

III. Die Praxis der Elektrophorese

Bei der quantitativen Elektrophorese einer Proteinlösung sollen grundsätzlich außer den Protein-Ionen nur die Ionen des Begleitsalzes zugegen sein; alle fremden Ionen müssen daher entfernt werden und durch die Ionen des Begleitsalzes ersetzt werden. Das Begleitsalz soll in der Proteinlösung in gleicher Konzentration vorliegen wie in der Lösung, mit der die Proteinlösung überschichtet wird. Dieses Vorbereiten der Proteinlösung geschieht durch Dialyse gegen die überschichtende Lösung über eine proteinundurchlässige und ionendurchlässige Membran. Anschließend wird die dialysierte Lösung auf einen Gesamtproteingehalt von etwa 1,5% durch Verdünnen mit der überschichtenden Lösung eingestellt; im Trennrohr werden dann die Komponenten durch Strom auseinandergezogen und anschließend vermessen.

1. Das Vorbereiten der Lösung

Bei der quantitativen Elektrophorese enthält die Proteinlösung die gleichen Begleitsalzionen in praktisch der gleichen Konzentration wie der überschichtenden Pufferlösung. Wenn die Ionen in der überschichtenden Pufferlösung eine zu geringe

Konzentration aufweisen, so vergrößert das die Extragradienten und macht damit die Analyse etwas ungenauer. Wenn aber die überschichtende Lösung nur wenige Prozent (etwa 5% bei den üblichen Arbeitsbedingungen) zu hoch eingestellt wird, so bilden sich während der Trennung spezifisch schwerere Flüssigkeitsschichten über den leichteren, so daß ein Durchwirbeln der Fronten erfolgt.

Da die Wanderungsgeschwindigkeit der Proteine von der Wasserstoffionenkonzentration des Elektrolyten abhängt, muß der p_H-Wert über das ganze Trennrohr konstant gehalten werden; er darf sich während der Fraktionierung der Proteine nur unerheblich ändern. Für die Praxis der Elektrophorese ist eine Reihe von Pufferlösungen vorgeschlagen worden; am besten scheint sich für Seren der von Longsworth (26) angegebene Veronal-Veronalnatrium-Puffer (0,1 m Veronalnatrium; 0,02 m Veronal; $\mu = 0,1$) zu bewähren (17, 32, 34). Grundsätzlich soll der verwendete Puffer so wenig Ionenarten wie möglich enthalten; höherwertige Ionen sollen vermieden werden; außerdem sollen langsam wandernde Ionen verwendet werden, damit eine geringe elektrische Leitfähigkeit resultiert und ein hohes Spannungsgefälle angelegt werden kann. Langsam wandernde Pufferionen geben allerdings bei gleicher Konzentration einen kleineren Anteil der Kohlrausch-Konstanten, so daß bei ihrer Verwendung größere Extragradienten resultieren als bei der Verwendung schneller Ionen; sie sind aber trotzdem vorzuziehen, da sie ein Gemisch besser in Einzelkomponenten auftrennen.

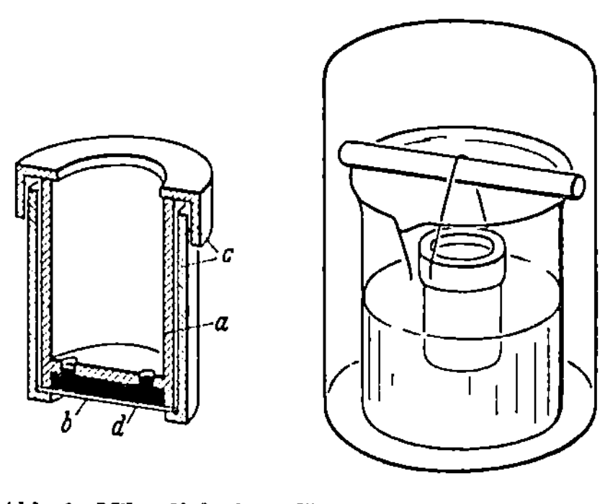

Abb. 9. Mikrodialysiergefäß nach Antweiler (2).
a Kunststoffkörper, *b* Membrane,
c Spannvorrichtung, *d* Proteinlösung

Es hat sich als zweckmäßig erwiesen, die angesetzte Pufferlösung kühl aufzubewahren und nur einen *Vorrat für höchstens 8 Tage* anzusetzen, da sich die Pufferlösung mit der Zeit zersetzen kann, so daß das Gelingen der Analyse in Frage gestellt wird. Daß zum Ansetzen der Pufferlösung nur reinste Reagentien und bidestilliertes Wasser verwendet wird, braucht nicht betont zu werden.

Die Dialyse geschieht durch Cellophanmembranen, die darauf geprüft werden, ob sie gegenüber Proteinen vollkommen undurchlässig sind und ob sie die Ionen des Puffers ausreichend schnell durchlassen. Die Dialyse braucht bei der Makroelektrophorese, die Untersuchungsmengen von rund 5 ml Serum benötigt, einige Tage, wenn nicht gerührt wird; sie wird zweckmäßig im Kühlschrank durchgeführt, um ein Zersetzen der Proteinlösung zu vermeiden. Die kleinen Flüssigkeitsmengen, die bei der Mikroelektrophorese verwendet werden, können bei Zimmertemperatur in 1—2 Std. (2) dialysiert werden (s. Abb. 9). Für die Dialysendauer ist die Entfernung maßgebend, die der von der Membrane am weitesten entfernte Flüssigkeitsteil hat. Die Dialysierzeit steigt mit dem Quadrate dieser Entfernung; bei 1 mm Entfernung liegt die Dialysierzeit bei rund 1 Std.; bei 10 mm Entfernung müssen fast 100 Std. für eine ausreichende Dialyse verwendet werden. Diese Zeit wird durch Rühren erheblich verkürzt.

Es wird angegeben, daß die Dialyse dann abzubrechen sei, wenn sich die Leitfähigkeit der Lösung nicht mehr ändert. Da das Fortschreiten der Dialyse aber gegen Ende der Dialysierzeit nur noch ganz geringe Leitfähigkeitsänderungen ergibt, die genaue Messungen erfordern, hat es sich als zweckmäßig erwiesen, eine Halbwertszeit des Dialysiervorganges festzulegen; die Dialysierzeit ist dann gleich dem Fünf- bis Achtfachen dieser Halbwertszeit zu nehmen. Als Halbwertszeit ist die Zeit festgelegt, die eine Kochsalzlösung braucht, um im Dialysiergefäß gegen destilliertes Wasser auf die halbe Konzentration abzusinken, dieser Wert ist leicht meßbar.

Es wurde festgestellt, daß die Dialyse für Seren und Plasma in der 5(8)fachen Halbwertszeit zu 95 (99)% erfolgte. Eine Dialysierdauer, die der 5fachen Halbwertszeit entspricht, kann daher als praktisch ausreichend angesehen werden.

Bei dem oben abgebildeten Mikro-Dialysiergefäß liegt die Halbwertszeit bei knapp 15 min; die Dialyse ist demnach nach 1—2 Std. praktisch beendet. Bei dem gleichen Gefäß steigt das Volumen der Proteinlösung in der Stunde etwa um 1%, und die Proteinkonzentration verringert sich entsprechend; um diese Verdünnung in kleinen Grenzen zu halten, soll die Dialysierzeit nicht unnötig groß gewählt werden.

Nach der Dialyse soll die Proteinlösung mit Puffer so verdünnt werden, daß die Proteinkonzentration etwa 1,5—2% beträgt; wenn die Konzentration der zu untersuchenden Proteinlösung unbekannt ist, so wird sie am einfachsten durch die Kupfersulfatprobe roh ermittelt. Es werden 3 Kupfersulfatlösungen derart hergestellt, daß ein Tropfen einer 4-, 6- oder 8%igen Proteinlösung gerade in ihnen schwimmt.

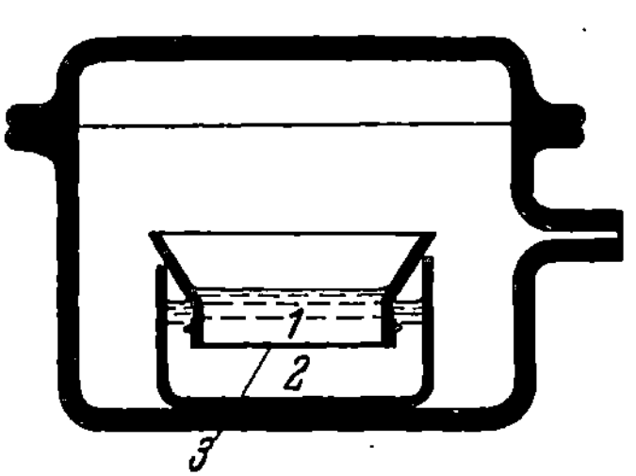

Abb. 10. *Einengen von Liquor im Vakuum* bei gleichzeitiger Dialyse zum Konstanthalten des Salzgehaltes während des Einengens. *1* Liquor, *2* Pufferlösung ($\mu = 0{,}1$), *3* Membrane

Man gibt je einen Tropfen der zu untersuchenden Proteinlösung in die drei Kupfersulfatlösungen; taucht er in allen 3 Lösungen unter, so liegt ein Gesamtprotein über 8% und das Serum wird nach der Dialyse mit Puffer im Verhältnis 1+2 verdünnt; schwimmt er in allen 3 Lösungen oben, so liegt seine Konzentration unter 4% und das Serum wird im Verhältnis 1 + 1 verdünnt. Entsprechend werden bei teilweisem Untertauchen die zu untersuchenden Lösungen im Verhältnis 1 + 2 oder 1+3 verdünnt. Wenn das Gesamtprotein der zu untersuchenden Lösung unter 0,5% liegt, so muß angereichert werden.

Bei der Analyse des *Liquors*, der normal einen Proteingehalt von 0,02% hat, muß nach EWERBECK (*13*) auf eine Konzentration von rund 1% angereichert werden. Diese Konzentrierung kann einerseits durch Dialyse gegen eine hochkonzentrierte Lösung eines Stoffes geschehen, der ausreichend hochmolekular ist, daß er die Poren der Dialysemembran mit Sicherheit nicht passiert und sich in Konzentrationen lösen läßt, die höher liegt als die Konzentration der Proteine im Liquor. Hier haben sich das synthetische hochpolymere „Collidon" und Gummi arabicum bewährt. Die Methode der Ultrafiltration durch eine Ultrafein-ff-Membrane der Membranfiltergesellschaft Göttingen führt schneller zum Ziel (*13*). Etwa 5—15 ml Liquor (je nach Proteinkonzentration) werden derart filtriert, daß nur noch etwa 0,3 ml oberhalb des Filters bleiben; diese Flüssigkeit wird gegen Puffer dialysiert und zur Elektrophorese verwendet. Eine Filtration unter Druck ist der Filtration durch Vakuum vorzuziehen; bei der Filtration im Vakuum kann einströmende Luft leicht das Filtrat unter dem Filter eintrocknen, so daß das Filter verstopft.

Bei eigenen Arbeiten hat sich die Methode gut bewährt, bei der eine Proteinlösung unter gleichzeitiger Dialyse gegen Puffer im Vakuum eingeengt wird. Entsprechend vorstehender Abb. 10 stehen die leichten Ionen über die Membrane mit der Pufferlösung im Gleichgewicht, so daß die Einengung keine Änderung der Salzkonzentration in der Proteinlösung bewirken kann. Die Pufferlösung engt unwesentlich ein, da ihre Oberfläche durch das Aufsatzgefäß praktisch abgedichtet ist, wenn ein Puffer mit der jetzt allgemein üblichen Ionenstärke $\mu = 0{,}1$ verwendet wird.

Bei einer zu geringen Proteinkonzentration werden die Fronten wegen des zu geringen stabilisierenden Dichteunterschiedes zu empfindlich gegenüber der Wärmekonvektion und elektroosmotischer Störung; bei einer zu hohen Proteinkonzentration trennen Komponenten mit wenig unterschiedlicher Wanderungsgeschwindigkeit zu schlecht, weil hohe Begleitsalzkonzentrationen genommen werden müssen, die nur kleine Spannungsgefälle und Wanderungsgesetzwidrigkeiten zulassen.

2. Das Trennen in Komponenten

An das Trennrohr, das bei der quantitativen Elektrophorese verwendet wird, werden eine Reihe von Anforderungen gestellt, wenn eine analytisch ausreichende Trennung eines Mehrkomponentengemisches erzielt werden soll.

Das Trennrohr soll

1. ein glattes, wirbelloses Überschichten des Puffers über die zu untersuchende Proteinlösung ermöglichen. Es soll

2. so gebaut sein, daß das Gebiet der steigenden und fallenden Fronten während des Versuches von den Elektrolyseprodukten an den Elektroden nicht erreicht wird. Außerdem soll es

3. ein möglichst hohes Spannungsgefälle zulassen und soll

4. an zwei gegenüberliegenden Wänden planparallel sein, damit eine optische Auswertung der Fronten möglich ist.

Aus der Diffusionskonstantenmessung ist eine Reihe von Methoden bekannt, die eine dichtere Lösung ohne Durchmischung unter eine weniger dichte Lösung schichten. Die weitaus beste Methode ist von v. Wogau (55) angegeben worden, bei der das Meßrohr in zwei seitlich verschobene Hälften geteilt wird, die getrennt gefüllt werden; zu Beginn der Messung werden die beiden Meßrohrhälften so untereinandergeschoben, daß ein einziger geschlossener Meßkanal entsteht, in dem die dichtere Lösung unter der verdünnteren liegt. Dieses Überschichtungsprinzip wird bei der Elektrophorese von allen Autoren ausschließlich angewendet; es gibt bei sorgfältiger Durchführung der Unterschichtung eine Mischzone, die weit unter 0,1 mm Ausdehnung liegt.

Da es unvermeidbar ist, daß an den Elektroden, die dem Trennrohr Strom zuführen, Elektrolyseprodukte entstehen bzw. Konzentrationsänderungen auftreten, muß dafür Sorge getragen werden, daß diese Konzentrationsänderungen das Meßgebiet der steigenden und fallenden Fronten nicht erreichen; die in diesen Meß-Gebieten auftretenden Konzentrationsänderungen müssen ausschließlich den zu messenden Ionen zugeordnet werden können. Man kann die Elektrolysenprodukte entweder dadurch von den Meßräumen fernhalten, daß die Entfernung zwischen Meßraum und Elektrodenraum groß gehalten wird; man kann ebenso den Trennrohrquerschnitt zwischen Meßraum und Elektrodenraum wesentlich größer halten als den Querschnitt des Meßraumes; es ist außerdem möglich, durch unedles Elektrodenmaterial (z. B. Zink oder Kupfer) dafür Sorge zu tragen, daß die schnell wandernden Wasserstoff- oder Hydroxylionen, die an unangreifbaren Elektroden gebildet werden, durch langsame Ionen ersetzt werden.

Für die quantitative Elektrophorese ist im Trennraum ein großes Spannungsgefälle von Bedeutung, weil die Wanderungsgeschwindigkeit und damit die Trenngeschwindigkeit eines Gemisches dem Spannungsgefälle proportional ist. Die Trenngeschwindigkeit muß aber hoch gehalten werden, weil durch den Einfluß der Diffusion die Fronten verbreitern und bei zu geringer Trenngeschwindigkeit ohne Absätze ineinander übergehen würden[1].

Das Spannungsgefälle kann nicht beliebig hoch gewählt werden, weil ein zu großes Spannungsgefälle und die damit verbundene zu hohe Stromstärke eine

---

[1] Eine Front verbreitet sich mit der Wurzel der Zeit. Man findet im steigenden Ast kleinere Verbreiterungen als im fallenden Ast, so daß der steigende Ast eine bessere Trennung der Komponenten gibt. Die Ursache hierfür liegt in dem Leitfähigkeitswechsel in einer Front, die durch die Konzentrationsveränderungen in ihr bedingt ist. Im steigenden Ast wandert die Spitze der Front (geringe Proteinkonzentration) langsamer als ihr Ende (hohe Proteinkonzentration): die Front verbreitert sich weniger als nach den Diffusionsgesetzen zu erwarten wäre; im fallenden Ast wandert die Spitze (höhere Konzentration) schneller als ihr Ende (geringere Proteinkonzentration); es wird hier eine größere Verbreiterung gemessen, als sie ein reiner Diffusionsvorgang erwarten ließe.

unzulässige Erwärmung im Trennrohr bedingen würden. Da vom Zentrum des Trennrohres zum Rande ein Temperaturgefälle entsteht, wird hierdurch ein Temperaturgefälle der Lösung verursacht, so daß die Lösung in der Mitte des Trennrohres spezifisch leichter wird als am Rande. Bei ausreichendem Dichteunterschied kann hier eine Konvektionsströmung entstehen, die die Fronten durcheinanderwirbelt. *Fronten mit großem senkrechtem Dichteunterschied vertragen ein größeres waagerechtes Temperaturgefälle als Fronten mit kleinem Dichteunterschied.* Das ist eine der Ursachen, die das Trennen von verdünnten Proteinlösungen (unter 0,5%) sehr erschwert und von sehr verdünnten Proteinlösungen (unter 0,1%) praktisch unmöglich macht.

Bei den schmalen Cuvetten und den kurzen Trennstrecken, wie sie bei der Mikroelektrophorese verwendet werden, verringert sich die Empfindlichkeit einer Front gegenüber den Wärmestörungen, weil im Trennrohr unter gleichen Experimentalbedingungen kleinere Temperaturunterschiede zwischen Mitte und Rand auftreten als bei breiten Cuvetten.

Nach einem Vorschlag von Tiselius (*48*) kann man dafür Sorge tragen, daß das unvermeidliche Temperaturgefälle zwischen Cuvettenmitte und Cuvettenrand dadurch nur einen geringen Dichteunterschied der Lösung bedingt, daß man bei oder etwas unterhalb der Temperatur des Dichtemaximums der Lösung arbeitet.

Tabelle 1. *Optimale Meßgrößen bei der quantitativen Elektrophorese und der Einfluß von Abweichungen*

	Abweichung zu kleineren Werten	Optimale Werte	Abweichung zu höheren Werten
Trennrohrbreite in mm	Zu starker Einfluß der elektroosmotischen Störung	1—3 mm	Zu starker Einfluß der Wärmekonvektionsstörungen
Trennrohrtiefe in mm	Messung der optischen Dichte wird zu ungenau	5—30	Lichtstrahl krümmt in der Cuvette zu stark, so daß bei großen Gradienten Verzerrung der Kurve auftritt
Arbeitstemperatur in Grad	—	0°—8°	Das anlegbare Spannungsgefälle wird kleiner, so daß sich der Trenneffekt verschlechtert
Spannungsgefälle in Volt/cm	Trennung erfolgt zu langsam, so daß Diffusion die Fronten zu sehr verbreitert	5—10	Auftreten von Wärmekonvektion und Elektroosmosestörung
Ionenstärke des Puffers (μ)	Pufferwirkung reicht nicht aus, schlechte Trennung	0,1	Das anlegbare Spannungsgefälle wird zu klein
Proteinkonzentration in g/100 ml	Fronten sind zu empfindlich gegenüber Wärme- und Elektroosmosestörung	1—2	Fronten trennen schlecht; p_H- und Leitfähigkeitspufferung wird zu gering
Relative Trennstrecke [Weg der schnellsten Front (in mm)/Trennrohrbreite (in mm)]	Ungenügende Trennung	10	Abweichung vom quantitativen und qualitativen Ergebnis wegen Elektroosmosestörung
Relative Proteinkonzentration [Proteinkonzentration (in %)/Ionenstärke des Puffers (in μ)]	Schlechter Trenneffekt, weil entweder Spannungsgefälle oder Dichteunterschied in Fronten zu gering	10—20	Schlechter Trenneffekt wegen ungenügender Pufferung

Zweckmäßig wird bei der Schmelztemperatur des Eises gearbeitet, da die Dichtemaxima der bei der Elektrophorese zur Verwendung kommenden Lösungen um bzw. unter 0° liegen. Nach Angaben von Johnson und Shooter (18) erzielt man bei 0° eine etwa doppelt so gute Trennung wie bei 20°. Nach eigenen Erfahrungen an der Mikrocuvette (Querschnitt 1×5 mm) bedeutet es praktisch keinen Unterschied, ob bei 0° oder + 8° gearbeitet wird; erst oberhalb von 8° nimmt die Trennfähigkeit ab und verschlechtert sich bis 15° um etwa 20%; sie sinkt dann bis 25° auf die Hälfte der Trennfähigkeit bei 0°.

Die vorstehende Übersicht gibt einige Zahlen für das praktische Arbeiten bei der quantitativen elektrophoretischen Trennung von Proteingemischen mit den Angaben über den Einfluß, wenn diese Werte überschritten oder unterschritten werden.

In den Abb. 11 und 12 sind die Trennsysteme nach Tiselius (48) und Longsworth (26) dargestellt. Abb. 11 zeigt das von Tiselius angegebene Trennrohr; es besteht aus zwei gegenseitig verschiebbaren Trennkammern mit Unterteil und Oberteil zum Anschluß an die Elektrodengefäße. Nur die untere Trennkammer wird mit der Proteinlösung gefüllt, so daß in dem einen Teil der unteren der fallende

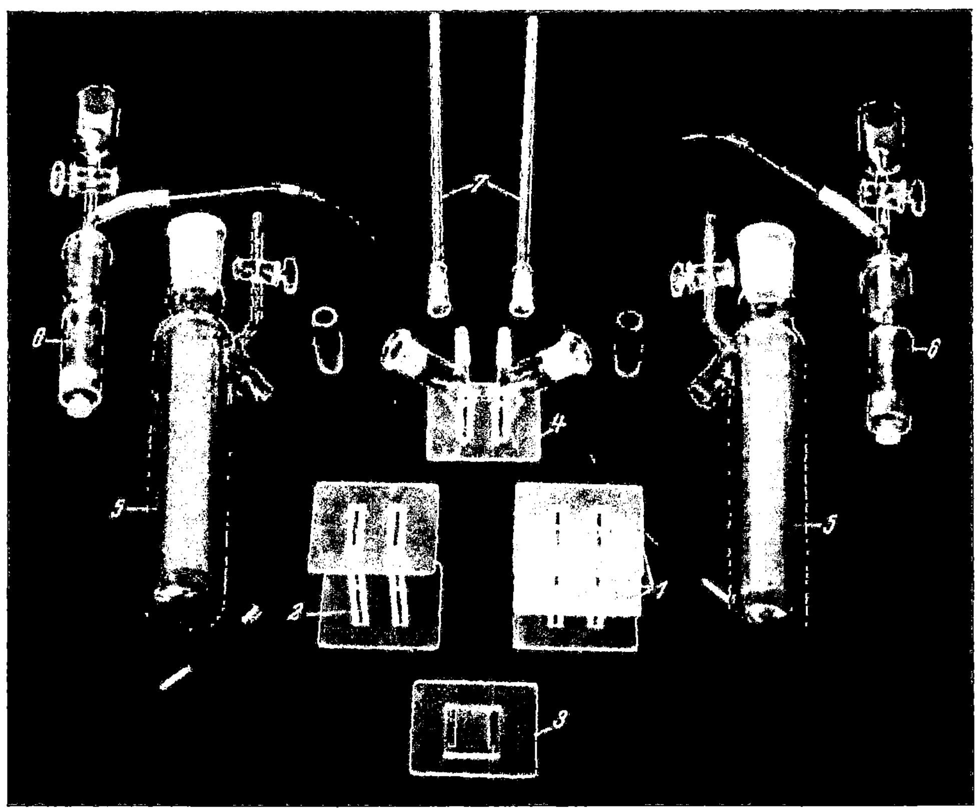

Abb. 11. *Trennsystem mit den Kammern nach* Tiselius *und* Longsworth. *1* Trennkammern nach Tiselius, *2* Trennkammer nach Longsworth, *3* Unterteil, *4* Oberteil, *5* Elektrodenkammern, *6* Elektroden, *7* Verbindungen zur Brücke bei offenen Elektrodenkammern

Ast und in dem anderen Teil der oberen Kammer der steigende Ast sichtbar werden. Um einen Niveauausgleich zwischen den Elektrodengefäßen herbeizuführen, sind vor dem Herstellen der Trennflächen durch Verschieben der oberen und unteren Trennkammer die beiden Elektrodengefäße durch die Brücke hydrostatisch verbunden. Zum Versuch ist diese Brücke unterbrochen. Die Trennkammern sind 2,5 mm breit, 25 mm tief und 40 mm hoch.

LONGSWORTH hat die Trennkammerlänge auf 80 mm vergrößert und die Elektrodenkammern geschlossen angeordnet. Hier wird nur die eine Seite der Trennkammer und der Unterteil mit Proteinlösung gefüllt, so daß sich vom oberen Teil der einen Kammerseite der absteigende Ast und von dem unteren Teil der anderen Seite der aufsteigende Ast entwickelt. Da geschlossene Elektrodengefäße verwendet werden, erübrigt sich ein Einstellen der Niveaugleichheit der Elektrodengefäße durch eine Brücke. Bei Ausnutzung der hier möglichen

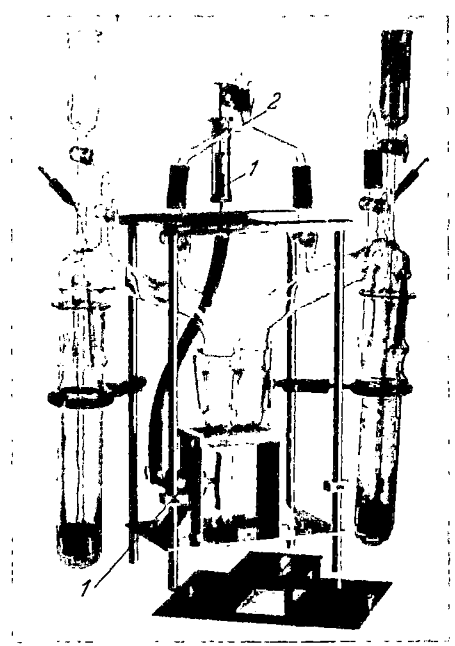

Abb. 12.
Montiertes Trennsystem (51). 1 Verschiebevorrichtung für die Trennkammer, 2 Brücke zum hydrostatischen Ausgleich

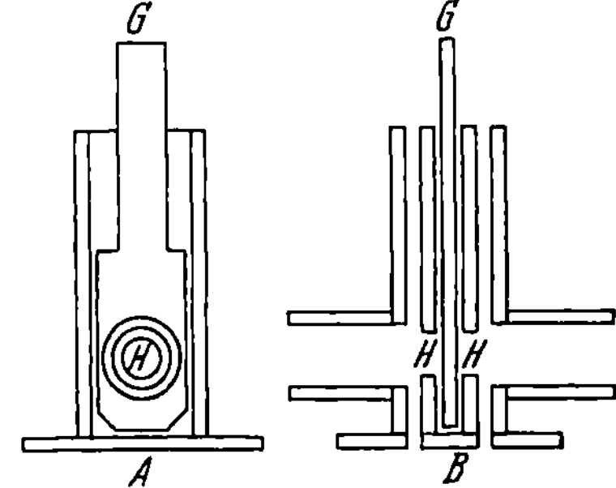

Abb. 13.
Cuvettenoberteil nach MOORE *und* WHITE *für die 2 ml-*TISELIUS-*Zelle (27).* Wenn der Glasschieber G hochgezogen ist, kann über die Öffnungen $H — H$ ein hydrostatischer Ausgleich zwischen den Elektrodenkammern stattfinden. A Seitenansicht, B Frontansicht

langen Trennstrecke von 80 mm (Verhältnis Trennstrecke zu Cuvettenbreite = 1 : 30!) für quantitative Zwecke ist hier eine besondere Vorsicht zur Vermeidung von elektroosmotischen Störungen am Platze, die bei den relativ großen Trennstrecken die Konzentrationsangaben erheblich fälschen können.

In eleganter und robuster Form ist von MOORE (*31*) die Brücke für hydrostatischen Ausgleich angebracht. Ihr Verschluß geschieht durch einen Schieber (Abb. 13)

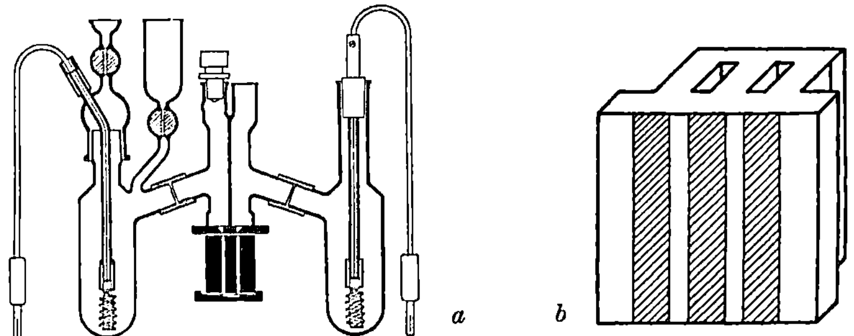

Abb. 14. *Mikro-Trennsystem und Trennzelle nach* LABHARD u. STAUB *und* LOTMAR (*40*).
a Trennsystem, *b* Trennkammer mit Spiegelflächen

statt durch Hähne; der Schieber hat außerdem den Vorteil eines geringen Strömungswiderstandes im offenen und eines hohen Isolationswertes im geschlossenen Zustand.

Die Anordnung von LONGSWORTH wird bei der Mikrocuvette von LABHARD und STAUB (*21, 23, 47*) mit einem Querschnitt von $1,5 \times 5 \text{ mm}^2$ benutzt (s. Abb. 14).

Zur Reflexion beider kohärenter Lichtstrahlen der interferometrischen Anordnung ist die Kammer an zwei Flächen verspiegelt.

Die Mikrocuvette (2) nach Antweiler (Querschnitt des Meßkanals 1×5 mm²) enthält außer den Meßkanälen und Elektrodenräumen noch Vergleichs- und Füll-kanäle (Abb. 15). In die Elektroden-kammern tauchen Filterpapierzylinder ein, an die auswechselbare Messing-elektroden gelegt werden (Vermeidung der Entwicklung von schnellen Wasser-stoffionen an der Anode). In der Füll-stellung sind die beiden Elektroden-räume über den Vergleichskanal und den V-Kanal des Mittelteils hydrosta-tisch verbunden; diese Verbindung schließt automatisch beim Übergang in die Meßstellungen.

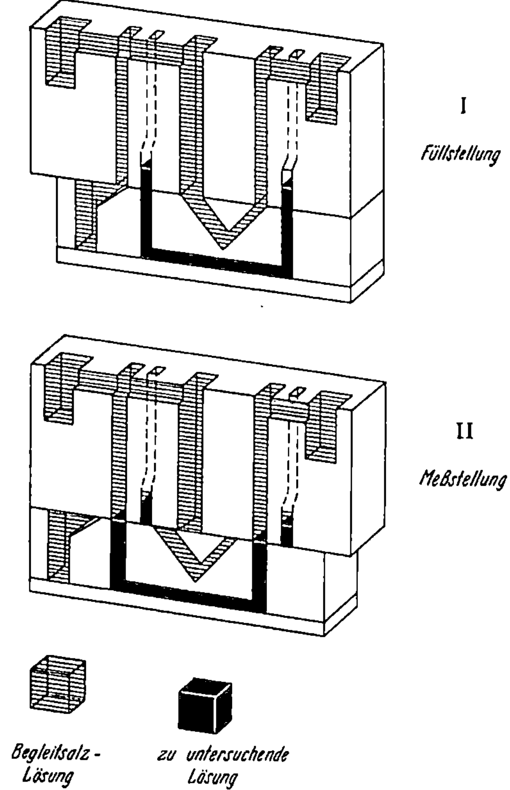

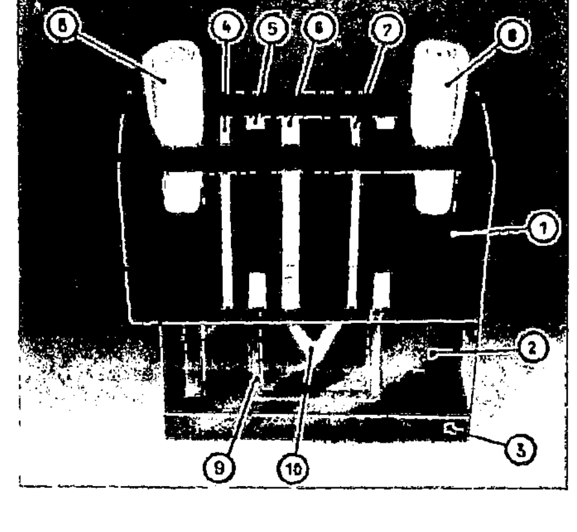

Abb. 15. *Mikrotrennsystem nach* Antweiler. *A* In Füllstellung, *1* Oberteil, *2* Mittelteil, *3* Abdeckplatte, *4* Kathoden-schenkel, *5* Füllkanal für Proteinlösung, *6* opt. Vergleichskanal, *7* Anodenschenkel, *8* Elektrodenräume mit Filter-papierzylinder (umhüllt mit Plastikröhrchen), *9* kathodischer Meßkanal, *10* Verbindungskanal für automatischen hydrostatischen Ausgleich, *B* Mikrosystem (schematisch) in Füllstellung (I) und in Meßstellung (II)

Während Tiselius, Longsworth und Moore auf den Schmelzpunkt des Eises kühlen, kühlt Antweiler mit Leitungswasser auf 8—15°; Labhard und Staub arbeiten bei Raumtemperatur und sehen keine Kühlung vor.

3. Das Vermessen der apparenten Konzentrationen

Nach der elektrophoretischen Trennung kann die Konzentration der Lösung in den Schenkeln chemisch oder physikalisch erfaßt werden.

Bei der chemischen Bestimmung muß die Flüssigkeitssäule in den Schenkeln schichtenweise abgehebert werden, so daß in jeder einzelnen Schicht die Protein-konzentration auf chemischem Wege bestimmt werden kann; dieses Verfahren ist umständlich durchzuführen. Von physikalischen Methoden hat sich die Messung der *optischen Dichte* am meisten bewährt; sie wird allgemein angewendet und hat den großen Vorteil, daß die optische Dichte für die unterschiedlichen Proteinarten nach den ausgezeichneten Messungen von ARMSTRONG und Mitarbeitern (7), G. E. PERL-MANN und L. G. LONGSWORTH (35) sowie M. HALWER und Mitarbeitern (16) der jeweiligen Proteinkonzentration praktisch gleichzusetzen ist.

$$\left.\begin{array}{ll} \text{Albumin} & 185 \cdot \\ \alpha\text{-Globulin} & 180 \cdot \\ \beta\text{-Globulin} & 176 \cdot \\ \gamma\text{-Globulin} & 186 \cdot \\ \text{Fibrinogen} & 188 \cdot \end{array}\right\} \frac{\Delta n}{\Delta c}\left(\frac{10^6}{\text{g}/1000\,\text{ml}}\right).$$

Im *Stickstoffgehalt* (KJELDAHL-Bestimmung) unterscheiden sich die einzelnen Proteinfraktionen erheblich (bis zu 300%), so daß eine Korrektur bei der Umrechnung von Stickstoffgehalt in Proteinkonzentration unbedingt erforderlich ist (7).

Für die *colorimetrische* Bestimmung der Proteine liegen exakte Messungen über die unterschiedliche Extinktion der Einzelfraktionen noch nicht vor; man kann aber abschätzen, daß die einzelnen Fraktionen stark unterschiedlich färben und ähnliche Unterschiede zeigen wie bei der KJELDAHL-Bestimmung.

Die Bestimmung der optischen Dichte geschieht nach drei unterschiedlichen Verfahren:

1. Bestimmung des *optischen Dichtegradienten* durch eine Schlierenmethode nach TOEPLER, LAMM, PHILPOT-SVENSSON und LONGSWORTH.

2. Direkte Bestimmung der *optischen Dichte* durch Interferenz mit monochromatischem Licht

a) nach LABHARD-STAUB und LOTMAR mit Jaminprismen;

b) nach PHILPOT-COOK und SVENSSON durch ein RAYLEIGH-Interferometer mit Zylinderlinse.

3. Direkte Bestimmung der *optischen Dichte* durch Interferenz mit weißem Licht im Kompensationsverfahren nach ANTWEILER.

Die optische Empfindlichkeit der Verfahren ist durch den kleinsten mit Sicherheit vermeßbaren Unterschied der Brechungszahl gegeben, den zwei aneinandergrenzende Flüssigkeitsschichten aufweisen.

Tabelle 2

Verfahren	*Ausführung* d = Cuvetten-tiefe	*Autor*	Kleinster, mit Sicherheit nachweisbarer *Brechungsunterschied* $d \cdot \Delta n$		Kleinster, mit Sicherheit nachweisbarer *Konzentrationsunterschied* einer Proteinlösung	Optischer *R-U-Fehler* bei der Elektrophorese einer 1,5%igen Proteinlösung
			in λ	in 10^{-6} cm		
TOEPLERsches Schlierenverfahren	Makro (d = 2,5 cm)	SVENSSON, LAMM, PHILPOT, LONGWORTH	1 >1	50 >50	0,012%	± 0,4%
	Mikro (d = 0,5 cm)				0,06%	± 2%
Interferenz (monochromatisches Licht)	d = 0,5 cm d = 2 · 0,5 cm	LABHARD u. STAUB, LOTMAR	0,6 0,6	30 30	0,04% 0,02%	± 1,2% ± 0,6%
	(d = 1 cm)	PHILPOT u. COOK, SVENSSON	0,04	2	0,001%	± 0,04%
Interferenz (weißes Licht)	(d = 0,5 cm)	ANTWEILER	0,02	1	0,001%	± 0,04%

Die Tabelle gibt einen Überblick über die Empfindlichkeit der Verfahren (*4*). Die Empfindlichkeitsangabe für die beiden letztgenannten Verfahren ist für Routinearbeiten angegeben; sowohl das Verfahren nach Philpot-Cook-Svensson wie auch das Verfahren nach Antweiler lassen grundsätzlich eine zehnfache Empfindlichkeitssteigerung zu.

a) Die Bestimmung des Gradienten der optischen Dichte

Wenn zwei Schichten unterschiedlicher Konzentration und daher unterschiedlicher optischer Dichte (s. Abb. 16) aneinandergrenzen, so wird ein senkrecht ein-

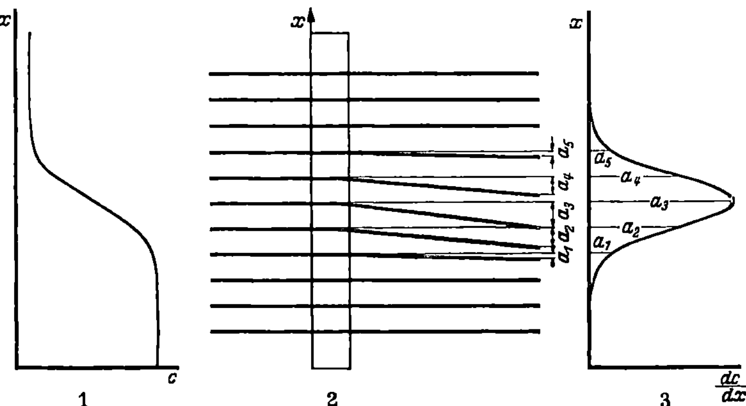

Abb. 16. *Weg der Lichtstrahlen in der Cuvette mit einer Front.* *1* Die Konzentrationsverteilung in der Cuvette, *2* die Lichtstrahlen in der Cuvette, *3* die Gradientenkurve (*a* ist hier 5 fach überhöht gezeichnet)

fallender Lichtstrahl entsprechend der Größe des Dichtegradienten an der Durchtrittsstelle in Richtung der dichteren Lösung hin abgelenkt. Die Ablenkung ist dem Dichtegradienten proportional. Wenn der Verlauf des Dichtegradienten über die Cuvettenhöhe gemessen wird, so gibt die Integration dieser Gradientenkurve die Dichteverteilung über die Cuvette, aus dieser Dichteverteilung wird auf die Konzentration der Lösungen in der Cuvette geschlossen.

Die Schneidenmethode nach Toepler und die Modifikation Longsworth

Entsprechend Abb. 17 (*1—6*) wird nach Toepler ein waagerechter Spalt *1* über ein Schlierenobjektiv *2* auf eine waagerechte Schneide *4* abgebildet. Dicht hinter der Schneide *4* befindet sich ein zweites Objektiv *5*, das die Cuvette *3* auf der Beobachtungsebene *F* abbildet. Für die Abbildung des Brechungsgradienten ist die Stellung der Schneide maßgebend. Wenn sich die Schneide oberhalb der optischen Achse befindet, so wird kein Licht von dem Lichtspalt *1* her das Objektiv treffen, und die Cuvette erscheint in der Beobachtungsebene dunkel. Wenn die Blende so

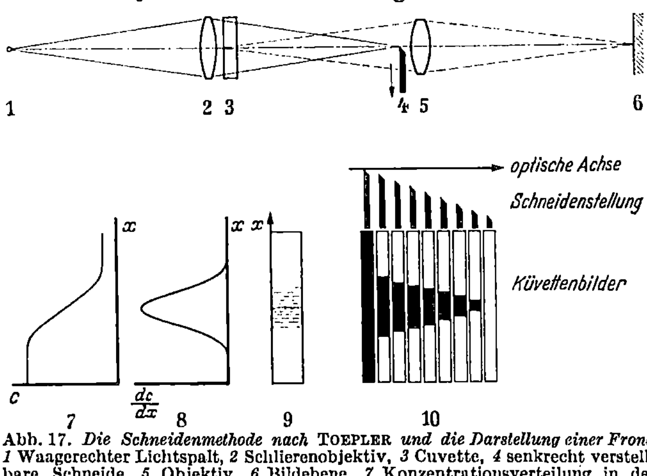

Abb. 17. *Die Schneidenmethode nach* Toepler *und die Darstellung einer Front.* *1* Waagerechter Lichtspalt, *2* Schlierenobjektiv, *3* Cuvette, *4* senkrecht verstellbare Schneide, *5* Objektiv, *6* Bildebene, *7* Konzentrationsverteilung in der Front, *8* Gradientenkurve, *9* Cuvette mit Front, *10* die Gesichtsfelder der Bildebene in Abhängigkeit von der Lage der Schneide zur optischen Achse

gesenkt ist, daß die obere Schneide dicht unterhalb der optischen Achse des Systems liegt, so wird die Cuvette an allen Stellen, an denen durch den Brechungsgradienten keine Ablenkung des Lichtstrahles nach unten stattfindet, hell erscheinen; alle Stellen der Cuvette, an denen der Brechungsgradient endliche Werte hat, erscheinen schwarz, weil dort das Licht nach unten abgelenkt und von der Blende aufgefangen wird. Je weiter die Blende von der optischen Achse nach unten entfernt wird, desto größer muß der Brechungsgradient an den Stellen sein, die schwarz erscheinen, bis endlich bei tiefster Stellung der Blende die ganze Cuvette hell erscheint.

Die Abb. 17 (*10*) zeigt die Bilder, in denen die Cuvette bei verschiedenen Stellungen der Blende erscheint.

LONGSWORTH hat entsprechend Abb. 18 das diskontinuierliche TOEPLER-Verfahren zu einem kontinuierlich registrierenden Verfahren gestaltet (*24, 28*). Er bewegt

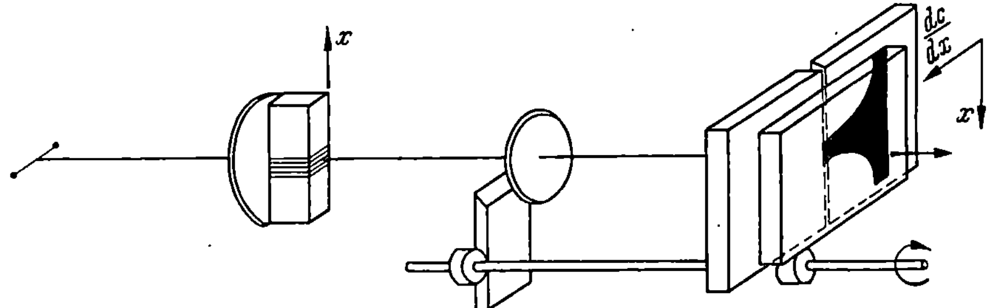

Abb. 18. *Prinzipielle Anordnung nach* LONGSWORTH. Eine Photoplatte wird langsam waagerecht am Spalt vorbeigeführt; gleichzeitig bewegt sich die Schneide in der Senkrechten

waagerecht eine photographische Platte an einem senkrechten Spalt vorbei, auf dem die Cuvette abgebildet ist. Mit der horizontalen Bewegung der Platte ist eine vertikale Bewegung der Schneide gekuppelt, so daß nach einigen Minuten auf der Platte ein dn/dx, x-Diagramm aufgezeichnet wird, bei dem eine dunkle Fläche gegen eine helle Fläche stößt. Eine Planimetrierung der dunklen Fläche gibt den Unterschied in der optischen Dichte der aneinanderstoßenden Lösung wieder.

Die Skalenmethode von LAMM

Nach LAMM (*22*) wird eine gleichförmige Skala durch die Cuvette photographiert. Wenn in der Cuvette kein Brechungsgradient auftritt, so wird die Skala unverzerrt wiedergegeben, und jedem Skalenstrich entspricht ein definierter Punkt der Cuvettenhöhe.

Die Abb. 19 zeigt den Strahlengang, wenn in der Cuvette zwei Flüssigkeiten unterschiedlicher Konzentration gegeneinanderstoßen. Die Strahlen, die in der Cuvette durch den Brechungsgradienten nach unten abgelenkt werden, treffen nicht mehr die alten Zahlen,sondern andere. Die Differenz dieser neuen Zahl zur alten gibt den Brechungsgradienten an dem Ort der Cuvette, der der alten Zahl entsprach. Zur Auswertung muß die Verschiebung jeden Skalenteiles vermessen und in

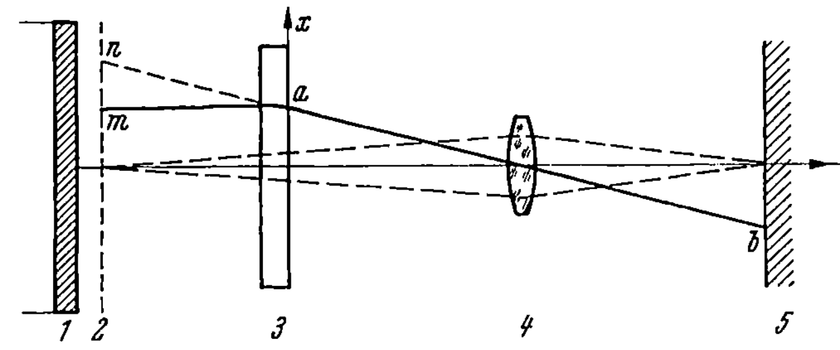

Abb. 19. *Anordnung nach* LAMM — *1* Flächenhafte Lichtquelle, *2* lichtdurchlässige Skala, *3* Cuvette, *4* Objektiv mit sehr kleiner Apertur in der Senkrechten, *5* Bildebene. — Wenn sich am Ort *a* keine Front befindet, so erscheint auf dem korrespondierenden Punkt *b* der Bildebene die Zahl *n* der Skala; wenn sich bei *a* eine Front mit Dichtegradient befindet, so erscheint die Zahl *m*. Differenz beider Zahlen (*m—n*) ist dem Gradienten bei *a* praktisch proportional

Abhängigkeit von der Cuvettenhöhe aufgetragen werden. Das dn/dx, x-Diagramm wird dann in der üblichen Weise durch Planimetrierung ausgewertet.

Die Zylinderlinsenmethode von Philpot (37) in der Modifikation von Svensson (39,40)

Der waagerechte, beleuchtete Spalt *1* (bzw. eine waagerechte, fadenförmige Lichtquelle) wird durch das Schlierenobjektiv *2* über die Cuvette *3* auf einen schrägen Spalt *4* abgebildet. Ein zweites Objektiv *5*[1] bildet die Cuvette *3* durch die Zylinderlinse *6* auf die Beobachtungsebene *7* ab.

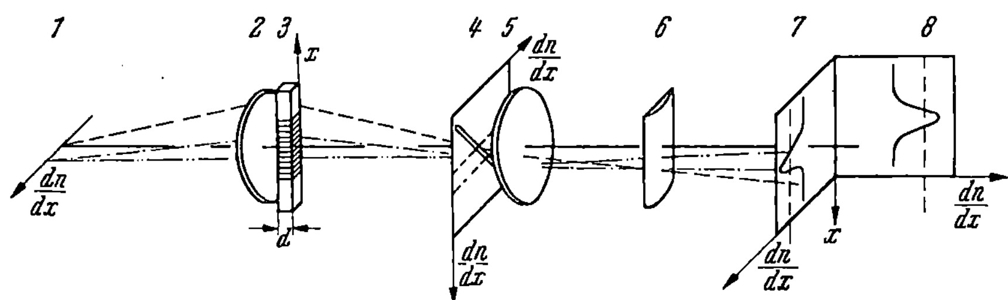

Abb. 20. *Optische Anordnung nach* Svensson. *1* Waagerechte Lichtquelle, *2* Schlierenobjektiv, *3* Cuvette, *4* in Breite und Neigung variabler Schrägspalt, *5* Objektiv, *6* Zylinderlinse, *7* Bildebene, *8* Bildebene um 90° geschwenkt dargestellt

Die Zylinderlinse *6* bildet den Schrägspalt in der Beobachtungsebene ab.

Wenn der Schrägspalt so angeordnet ist, daß er die optische Achse schneidet, so werden alle Punkte der Cuvette ohne Brechungsgradienten von dem Punkt der Lichtquelle *1* beleuchtet, der auf der optischen Achse liegt; sie passieren alle den Schrägspalt dort, wo er die optische Achse schneidet, und sie werden in der Beobachtungsebene alle auf einer Senkrechten zur Abbildung gelangen, die auf der optischen Achse senkrecht steht. Alle Punkte der Cuvette, bei denen dn/dx größer als 0 ist, erhalten ihr Licht von einem anderen Teil der Lichtquelle F, ihr Lichtstrahl passiert den Schrägspalt unterhalb der optischen Achse und nach hinten verschoben, und zwar um so mehr, je größer dn/dx ist bzw. je weniger der Schrägspalt geneigt ist. Hierdurch werden alle Teile der Cuvette mit positivem dn/dx auf der Beobachtungsebene nach vorne verschoben aufgezeichnet, so daß auf der Beobachtungsebene eine helle dn/dx, x-Kurve erscheint, die in jeder Cuvettenhöhe x den Brechungsgradienten dn/dx abzulesen gestattet. Die Planimetrierung der Kurve gibt in der üblichen Art die Konzentrationsdifferenz der in der Cuvette aneinandergrenzenden Flüssigkeitsschichten.

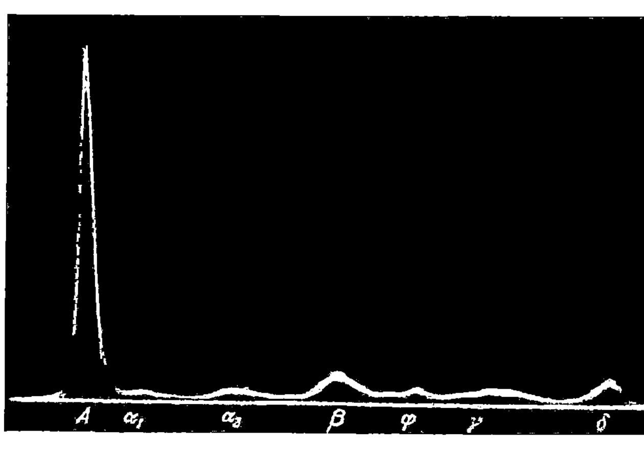

Abb. 21.
Elektrophoresediagramm, mit der Anordnung nach Svensson *aufgenommen*

---

[1] Diese Anordnung ist optisch vollkommen, wenn das Objektiv *5* asphärisch derart gewählt wird, daß es die Cuvette in der Senkrechten auf der Beobachtungsebene *7* und in der Waagerechten auf der Zylinderlinse *6* abbildet; hierdurch werden Bildfehler der Zylinderlinse ausgeschaltet.

Da alle Punkte mit gleichem Gradienten dn/dx in der Cuvette vom gleichen Punkt der Lichtquelle *1* abgebildet werden, interferieren die Strahlen auf der Beobachtungsebene in der Senkrechten *(4)*. Ihre Interferenz wird deutlich sichtbar, wenn die Punkte mit gleichem Gradienten dn/dx und unterschiedlicher Brechungszahl nahe beieinanderliegen. Hierdurch wird die Gradientenkurve an den Maxima und Minima erheblich verzerrt, wie die Abb. 22 zeigt.

Eine Durchrechnung dieser Interferenzerscheinungen zeigt, daß die am Kurvengipfel verzerrt gezeichneten Flächen einem $d \cdot \Delta n$ von 1, 2 oder $3\,\lambda$ entsprechen. Eine Gradientenkurve wird daher zweckmäßig so ausgewertet, daß nur der unverzerrte Teil planimetrisch erfaßt wird, der verzerrt wiedergegebene Teil der Gipfelflächen kann dann durch ein Auszählen der umrandeten Flächen ausgewertet werden.

Es ist vorgeschlagen worden, durch Verwendung keil- oder spindelförmiger Spalte die Breite der Nullinie zu reduzieren. Die Breite der Nullinie, d. h. der Linie, auf der alle Stellen der Cuvette abgebildet werden, deren Gradient unendlich klein ist, ist der waagerechten Spalthöhe direkt proportional. Ihr ist aber die Beugungsbreite, in der die Gradientenkurve erscheint, umgekehrt proportional. Eine Spaltbreitenverringerung in der Nähe der optischen Achse setzt zwar die Breite der Nullinie herab, verbreitert aber dafür das Beugungsbild, das der senkrechten Spalthöhe umgekehrt proportional ist, für alle Teile der Cuvette, die einen kleinen Gradienten dn/dx haben. Alle Punkte der Gradientenkurve, die in der Nähe der Nullinie liegen, werden entsprechend breiter und lichtschwächer wiedergegeben; hierdurch sind sie schlechter vermeßbar.

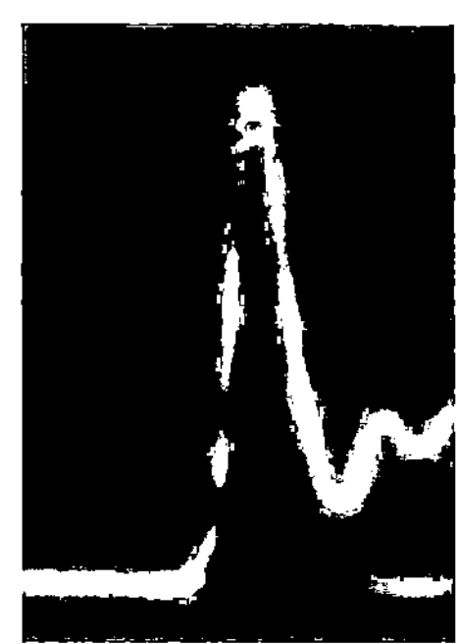

Abb. 22. *Die Gipfelverzerrungen bei einer* SVENSSON-*Aufnahme mit monochromatischem Licht.* Die Gipfel lassen sich planimetrisch mit GAUSS-Kurven nicht genau erfassen, da sie zu breit und hoch wiedergegeben werden; eine Auswertung der Helligkeitskurven erfaßt die Gipfelfläche exakt

Um diese Schwächung zu vermeiden, muß der Keilwinkel dem Spaltwinkel sorgfältig angepaßt sein. Dies ist bei drehbaren Spalten nur sehr schwer zu erreichen. Bei dem Gerät der LKB-Produkter, Stockholm, verzichtet SVENSSON auf diese Drehbarkeit des Spaltes und ordnet eine größere Zahl von Spalten mit unterschiedlichen Neigungen und verstellbarer Breite auf einem Schlitten an, der vor dem Objektiv als Blende vorbeigeführt werden kann. Diese Anordnung hat die beiden Vorteile, daß die jeweilige Spaltneigung genauer reproduzierbar ist als bei Drehspalten und daß vorzeitig für jede Spaltneigung der entsprechende optimale Keilwinkel in der Form des Spaltes bereits berücksichtigt werden kann. Der Nachteil dieser Anordnung, daß nicht jeder beliebige Neigungswinkel eingestellt werden kann, sondern nur eine stufenweise Einstellung möglich ist, ist unerheblich.

Nach unseren Erfahrungen gibt die Reduktion der Nullinie keinen meßtechnischen Gewinn, daß die Vermeßbarkeit einer Linie nicht von ihrer Breite, sondern nur von der Schärfe ihrer Ränder abhängt. Die bestvermeßbaren Kurven erhält man, wenn die Spaltbreite so gewählt ist, daß bei monochromatischem Licht im Albumingipfel 2—3 Interferenzringe beobachtet werden. Man kann dann mit größter Sicherheit die ursprüngliche Form der SVENSSON-Kurve rekonstruieren und vermessen.

b) Vermessen der Konzentration durch Interferometrie (Mikroverfahren)

Das interferometrische Verfahren von LABHARD und STAUB und Modifikation von LOTMAR

LABHARD und STAUB *(21)* benutzen die in Abb. 23 wiedergegebene Anordnung. Das monochromatische Licht der Lichtquelle L fällt auf eine planparallele Glasplatte P_1 und wird hier in zwei Teilstrahlen gespalten. Der eine Strahl passiert einen

Vergleichskanal und kommt durch Reflexion an der Rückseite der zweiten Glasplatte P_2 zur Beobachtungsebene; der zweite Strahl wird an der Rückseite der ersten Platte P_2 gespiegelt, passiert den Meßkanal der Cuvette und wird an der Vorderseite des zweiten Spiegels P_1 reflektiert. Beide Lichtstrahlen interferieren in der Beobachtungsebene; gleichzeitig wird durch das Objektiv O der Meßkanal der Cuvette nach Breite und Höhe in der Beobachtungsebene Ph abgebildet.

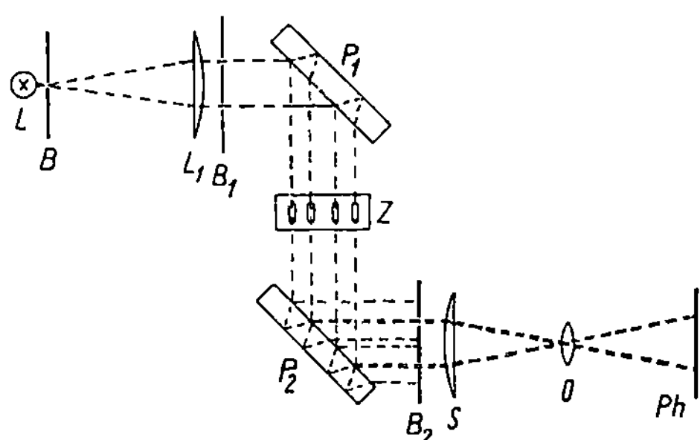

Abb. 23. *Interferometrische Anordnung von* Labhard *und* Staub. L Lichtquelle; B Lichtblende; S, L_1 Linsen; B_1, B_2 Schlitzblenden; P_1, P_2 Jaminplatten; Z Zelle mit Meß- und Vergleichskanälen; O Objektiv; Ph Bildebene

Wenn die beiden kohärenten Lichtstraßen um eine volle Wellenlänge interferieren, so wird die Cuvette hell abgebildet; an allen Stellen, an denen zwischen Meß- und Vergleichskanal eine Phasendifferenz von $d \cdot \Delta n = (k \pm 0,5)\,\lambda$[1] vorliegt, erscheint die Cuvette dunkel.

Jeder Konzentrationsübergang in der Cuvette, der einer Phasendifferenz von $d \cdot \Delta n \sim 0,5\,\lambda$ entspricht, ist demnach durch einen Helligkeitsübergang in der Cuvette von Hell über Dunkel nach Hell gekennzeichnet. Das Cuvettenbild eines Elektrophoreseschenkels erscheint demnach von hellen und dunklen Streifen durchzogen. Von jedem Zentrum eines hellen Streifens zum Zentrum eines dunklen Streifens steigt die Brechungszahl in der Cuvette um $0,5\lambda$; bei einer 5 mm tiefen Cuvette entspricht dies einem Ansteigen der Proteinkonzentration von rund 0,03%. Die Proteinkonzentration wird demnach in gleichen Sprüngen von rund 0,03% erfaßt, die ungleich über die Cuvette verteilt sind; in den Fronten liegen sie dichter als im Übergangsgebiet zwischen zwei Fronten.

Die Abb. 24 zeigt das Interferenzbild einer Elektrophoreseaufnahme nach Labhard und (Modifikation Lotmar) Staub sowie seine Auswertung.

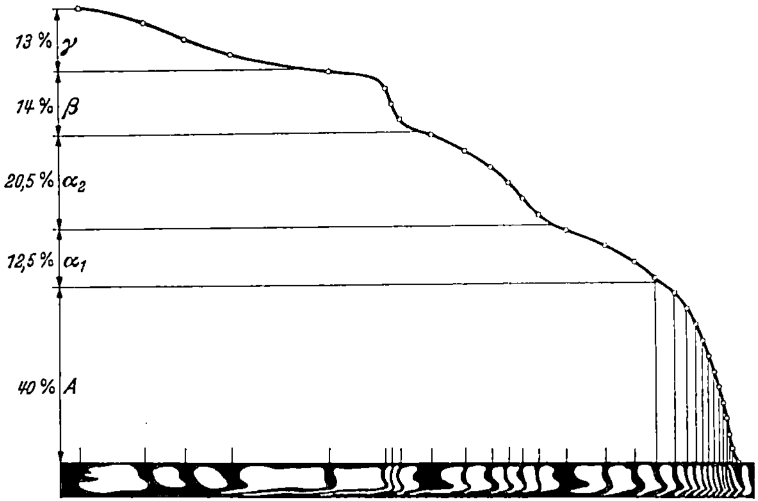

Abb. 24. *Auswertung einer Aufnahme von normalem menschlichem Serum.* Absteigender Ast, Laufzeit 37 min bei 8,3 V/cm. Michaelis-Puffer (Aufnahme nach Anordnung Lotmar). Die Ordinaten über aufeinanderfolgenden Interferenzstreifen wachsen um einen konstanten Betrag. Die Höhendifferenzen zwischen den „Terrassen" geben direkt die Konzentrationen der betreffenden Komponenten. Gesamt-Eiweißgehalt 0,9%

---

[1] d ist die Cuvettentiefe, Δn die Differenz der Brechungszahlen von Vergleichs- und Meßlösung, λ die Wellenlänge des Lichtes, und k ist die Interferenzordnungszahl.

Lotmar (*23*) hat die Anordnung modifiziert und statt des Jamin-Interferometers eine Michelson-Anordnung vorgeschlagen (Abb. 25). Dies hat den Vorteil, daß die Interferenzstreifen auf der Bildebene scharf erscheinen; bei der ursprünglichen Jamin-Anordnung von Lotmar und Staub erscheinen sie im Unendlichen scharf, so daß Cuvettenbild und Interferenzbild nicht in einer Ebene gleichzeitig scharf abgebildet werden können. Bei der Michelson-Anordnung passiert der Lichtstrahl die Zelle zweimal, so daß die Konzentrationssprünge im Cuvettenbild nur noch einer Konzentrationszunahme von rund 0,015% Protein entsprechen; da der Lichtstrahl die Cuvette zweimal passiert und bei hohen Gradienten nicht mehr dieselbe Stelle der Cuvette trifft, die er beim ersten Durchgang hatte, ist hier mit einer Kurvenverzerrung zu rechnen; bei der quantitativen Routineelektrophorese spielt diese Erscheinung nach Lotmar keine Rolle.

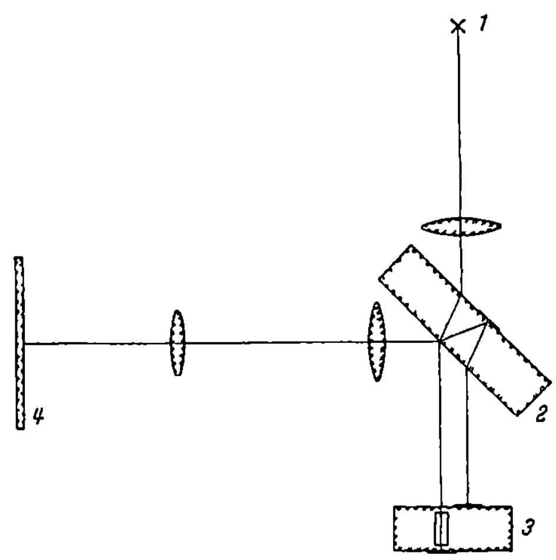

Abb. 25. *Anordnung nach* Lotmar. *1* Lichtquelle, *2* Interferenzplatte, *3* Cuvette, *4* Bildebene

Das interferometrische Verfahren von Philpot-Cook und Svensson

Eine elegante Lösung der Interferometrie mit monochromatischem Licht ist von Philpot-Cook (*36*) und Svensson (*43, 44*) angegeben worden, der ein Rayleigh-Interferometer mit einer Zylinderlinsenanordnung verwendet. Hierdurch wird die Genauigkeit der Analyse wesentlich erhöht, weil der ganze Konzentrationsverlauf über die Cuvette in einer Kurvenschar erfaßt wird.

Durch die Zylinderlinsenanordnung (Abb. 26) wird die Cuvette in ihrer Höhe auf der Fläche abgebildet, und zwar derart, daß in der Waagerechten durch den Doppelspalt hinter dem Objektiv eine zusätzliche, steigende Phasendifferenz entsteht. Wird diese zusätzliche Phasendifferenz über die Waagerechte zu $k \cdot \lambda$ eingestellt, so erhält man eine Parallelkurvenschar, bei der jede Kurve die Konzentrationsverteilung über die Cuvettenhöhe bis zu $d \cdot \Delta n = k \cdot \lambda$ (Abb.28) wiedergibt; im Gegensatz zum Interferenzverfahren von Labhard, Staub und Lotmar, das die Kurven gleicher Konzentration in der Cuvette in Sprüngen von $k \cdot \lambda$ in $(k + 1) \lambda$ darstellt. Eine Aneinanderreihung dieser Kurven gibt die volle Konzentrationsverteilung über die Cuvette. Man kann jetzt auch an den wichtigen Stellen den Konzentrationsverlauf festlegen, wo nur geringe Dichteunterschiede vorliegen.

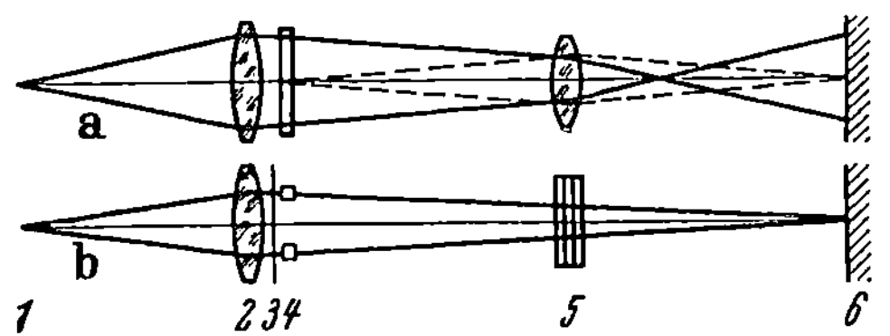

Abb. 26. Rayleigh-*Interferometeranordnung nach* Philpot *u.* Cook *und* Svensson. *a* senkrechter Schnitt, *b* waagerechter Schnitt. — *1* Lichtquelle, *2* Objektiv, *3* Interferenzblende, *4* Küvette, *5* Zylinderlinse, *6* Beobachtungsebene

Die Auswertung eines Interferometerdiagrammes nach Svensson ist zwar zeitraubender als die eines Diagrammes nach Lotmar, aber dafür ist die Genauigkeit wesentlich größer. Erfahrungsgemäß genügen etwa 100 Meßpunkte, die linear über die Cuvettenhöhe verteilt sind, um die Konzentrationsverteilung bei einer Elektrophorese zu erfassen.

In einer neuen Anordnung projiziert Svensson das Gradientendiagramm gleichzeitig mit der Interferenzkurvenschar in die Beobachtungsebene (Abb. 28). Diese

Anordnung hat den großen Vorteil, daß die Meßunsicherheit der Planimetrierung von Gradientenkurven wegfällt. Es genügt bei dieser Aufnahmetechnik ein Einreihen

Abb. 27. *Elektrophoresediagramm, mit der Anordnung nach* Svensson *aufgenommen*

von Gaussschen Kurven in das Gradientendiagramm und das Auszählen der Lichtmaxima, die zwischen den Schnittpunkten der Gaussschen Kurven liegen. Die Zahl der Lichtmaxima ist den Flächen der Gauss-Kurven direkt proportional und sicherer zu bestimmen als der Inhalt der Flächen selbst.

Ein neues wesentlich lichtstärkeres Interferenzverfahren, das ebenfalls c, x-Kurven direkt liefert und in der Mikroelektrophorese angewendet werden kann, wird von Antweiler in der Angew. Chemie A (1952) beschrieben. Da dieses Verfahren aber keine simultane Aufzeichnung der Gradientenkurve zuläßt, die nach Ansicht des Autors bei der Routineelektrophorese unvermeidbar ist (s. S. 29), ist dieses neue Meßverfahren bei der Elektrophorese nur in Sonderfällen einzusetzen.

Die interferometrischen Gradientenverfahren nach Svensson und Wiedemann

Wenn zwei kohärente Strahlenbündel den Meßkanal höhenversetzt durchstoßen, statt durch Meßkanal und Vergleichslösung zu laufen, so erhält man interferometrisch eine Gradientenkurve [$\varphi \Delta c/\Delta x$, x-Kurve].

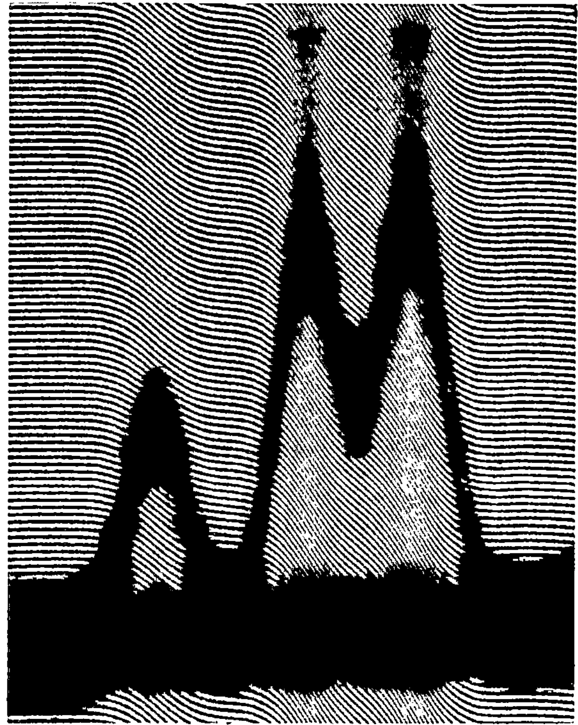

Abb. 28. Rayleigh-*Interferenzaufnahme* mit simultaner Aufzeichnung der Gradientenkurve eines Dreikomponentensystems

Die beiden hierfür angegebenen optischen Anordnungen sind in Abb. 29 dargestellt. In der Anordnung nach H. Svensson werden die beiden kohärenten Bündel durch zwei Parallelplattenpaare in der Höhe versetzt und laufen nebeneinander in unterschiedlichen Höhen durch eine Cuvette, die relativ breit sein muß. E. Wiedemann ersetzt diese Plattenpaare durch zwei geneigte Prismen, so daß hierdurch die Strahlenbündel in der Cuvette höhenversetzt kreuzen; bei dieser Anordnung können die bei der Elektrophorese üblichen schmalen Cuvetten verwendet werden.

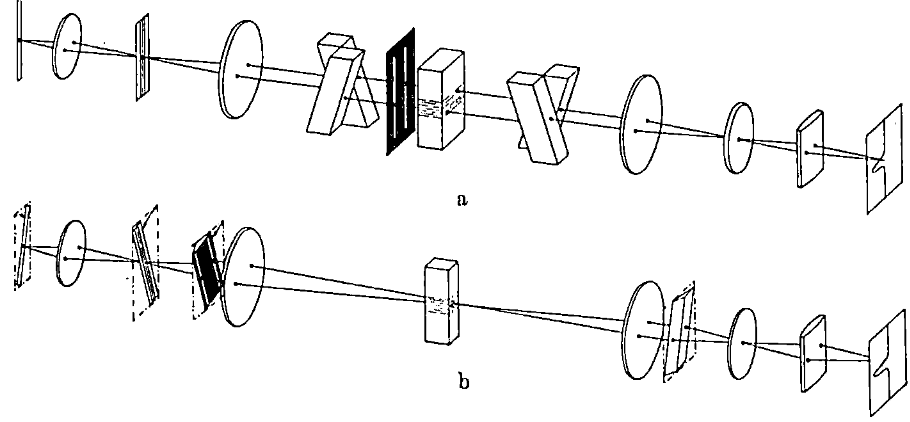

Abb. 29. *Interferometrische Gradientendarstellung.* a) nach H. Svensson, b) nach E. Wiedemann

Das interferometrische Kompensationsverfahren mit weißem Licht nach Antweiler

Nach Antweiler (*1, 2*) wird die Cuvette in der Höhe von 0,1 zu 0,1 mm mit einem weißen Lichtstrahl von $0,05 \times 0,5 \text{ mm}^2$ Querschnitt abgetastet. Der tastende Lichtstrahl interferiert mit einem kohärenten zweiten Lichtstrahl, der durch einen Vergleichskanal läuft. Wenn durch die Konzentrationsunterschiede im Meßkanal Phasenverschiebungen der Lichtstrahlen hervorgerufen werden, so werden sie durch die meßbare Drehung der zweiten Jamin-Platte kompensiert.

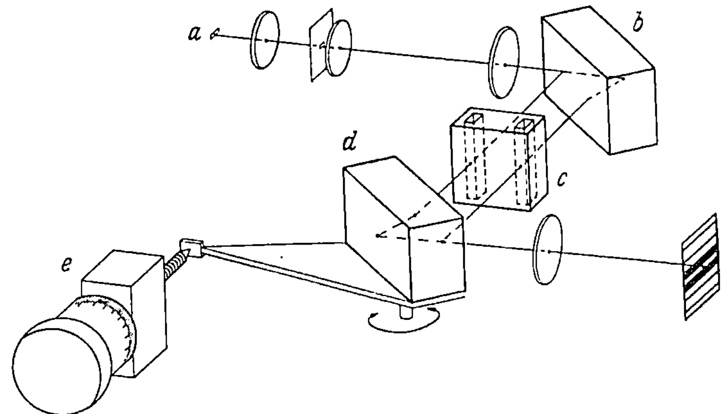

Abb. 30. *Jaminanordnung als Kompensationsinterferometer mit weißem Licht nach* Antweiler. *a* Lichtquelle, *b* Jaminplatte, *c* Cuvette mit Meß- und Vergleichskanal, *d* Kompensationsjaminplatte, *e* Meßschraube

Die Anordnung besteht (Abb. 30) aus einer weißen Lichtquelle, der Cuvette mit Meß- und Vergleichskanal sowie den beiden Jamin-Platten. Die erste Jamin-Platte erzeugt in der üblichen Art räumlich getrennte kohärente Lichtstrahlen, die zweite Jamin-Platte vereinigt sie und dient gleichzeitig als Kompensator.

Weil bei diesem Verfahren statt der Helligkeitsempfindung des Auges die Farbempfindlichkeit herangezogen wird, hat dieses Verfahren die höchste Meßempfindlichkeit. Sie wird praktisch so ausgenutzt, daß ein $a \cdot \Delta n$ von 0,01 λ erfaßt wird. Die optische Leistungsfähigkeit der Methode würde noch gestatten, die Empfindlichkeit auf das Zehnfache zu steigern.

Bei diesem Verfahren ist der sonst übliche photographische Prozeß nicht erforderlich, und die Meßpunkte werden sofort nach der elektrophoretischen Trennung erhalten (Abb. 31). Die Meßzeit ist so gering, daß die Kurven, die man durch eine etwa anschließende zweite oder dritte Ausmessung erhält, durch die fortschreitende Diffusion praktisch nicht gestört sind.

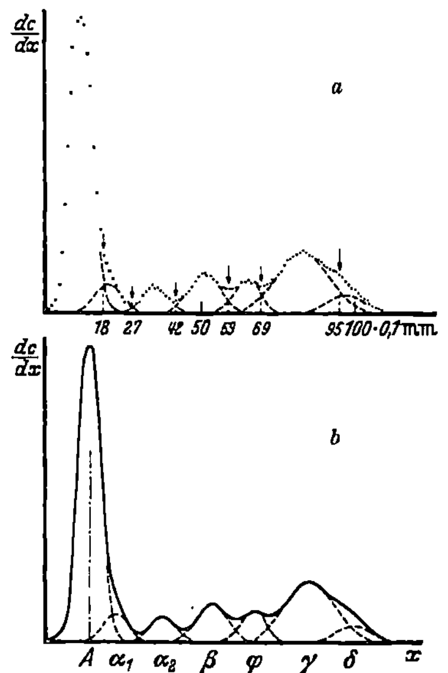

Abb. 31. *Gradientendiagramm der Anordnung nach* ANTWEILER. *a* die Meßpunkte, *b* der Kurvenzug. Die Gradientenkurve wird subtraktiv aus den Meßpunkten, die die Konzentration der Cuvette von 0,1 zu 0,1 mm Höhe wiedergeben, erfaßt. Eine Planimetrierung ist nicht erforderlich, da die Schnittpunkte der GAUSSschen Kurven den Konzentrationswerten der Messung direkt zugeordnet werden können

c) Übersicht über die Genauigkeit und Empfindlichkeit der elektrophoretischen Verfahren

Die Meßgenauigkeit der Proteinanalysen ist praktisch die gleiche, wenn Makrocuvetten mit Gradientenverfahren (nach LAMM bzw. PHILPOT-SVENSSON) oder Mikrocuvetten mit Interferenzverfahren (PHILPOT und COOK, SVENSSON, ANTWEILER) ausgemessen werden. Die Makroverfahren arbeiten mit unempfindlichen Meßmethoden, aber größeren Schichtdicken; die kleineren Schichtdicken, die beim Mikroverfahren zur Anwendung kommen, werden durch die empfindlicheren Meßverfahren mit der gleichen Genauigkeit vermessen.

Die beiden Interferenzverfahren liefern die Konzentrationsverteilung über die Cuvettenhöhe direkt (n, x-Kurve); eine Unterteilung in Einzelfraktionen geschieht aber besser über die differenzierte Form der Konzentrationskurve ($\Delta n/\Delta x$, x-Kurve), weil hier die Konzentrationssprünge in Form von GAUSSschen Glocken erscheinen; die das Bild übersichtlicher machen. Man erhält ein der Makroelektrophorese voll äquivalentes Bild, wenn die Wanderungsstrecken in 100 Teilstrecken aufgelöst werden, so daß für jede Teilstrecke oder für sich überschneidende Teilstreckenabschnitte der Differenzenquotient rechnerisch gebildet wird. Hierzu wird bei der Mikroanordnung üblichen Cuvettentiefe eine Meßgenauigkeit von $d \cdot \Delta n = 0,02\ \lambda$ verlangt; bei der SVENSSON-Anordnung liegt die Meßgenauigkeit in dieser Größenordnung, das Kompensationsverfahren ist genauer.

Man erreicht hierdurch eine Analysengenauigkeit, die die einzelnen Fraktionen mit einer Sicherheit von $\sigma = \pm\ 0,5\%$ des Gesamtproteins erfassen läßt. Eine höhere Meßgenauigkeit wird auch durch ein genaueres Vermessen der dn/dx, x-Kurve nicht erreicht, da ein gewisser Spielraum in der Interpretierung dieser Kurve in die Überlagerung von GAUSSschen Glocken unvermeidbar ist; mit anderen Worten: die Schnittpunkte der einzelnen GAUSSschen Kurven sind nicht genau festzulegen. Dies kann sehr leicht dadurch demonstriert werden, daß dieselbe dn/dx, x-Kurve mehreren geübten Beobachtern zur Interpretation und Auswertung vorgelegt wird und man die so erhaltenen individuellen Werte, die aus derselben Kurve gewonnen sind, untereinander vergleicht.

Es scheint dem Autor unzweckmäßig zu sein, eine quantitative elektrophoretische Trennung so weit zu treiben, daß sich die GAUSSschen Kurven voll gegeneinander absetzen. Es müßte hierbei mit derartig großen relativen Trennstrecken (Wanderungsstrecke der schnellsten Komponente/Cuvettenbreite) gearbeitet werden, daß die elektroosmotische, konzentrationsunterschiedliche Randströmung (*3*) die zu vermessenden Dichteunterschiede an den Fronten beeinflußt; da dieser Fehler in den steigenden und fallenden Fronten gleichsinnig verläuft und gut reproduzierbar ist, kann er nicht leicht erkannt werden.

Die obengenannten Verfahren erreichen alle ein $\sigma = \pm 0,5\%$; geübte Beobachter bekommen ein σ von $\pm 0,3\%$. Unterscheiden sich daher zwei Doppelbestimmungen um mehr als 1,5% in der Konzentrationsangabe einer Fraktion, so ist eine der beiden Analysen als falsch anzusehen und es muß eine dritte Bestimmung gemacht werden.

Wenn die *Makroelektrophorese* nach PHILPOT oder LONGSWORTH ausgewertet werden soll, so ist mit einer größeren Ungenauigkeit zu rechnen, weil die Gradientenkurve jetzt nicht als gut lokalisierbares Helligkeitsmaximum, sondern als ungenau vermeßbares Übergangsgebiet von Dunkel nach Hell wiedergegeben wird.

Dieses Übergangsgebiet liegt aber je nach der verwendeten Plattenart und Entwicklungstechnik an unterschiedlichen Stellen. Hierdurch können z. B. die relativ schmalen Albumingipfel mit unterschiedlicher Breite wiedergegeben werden, so daß zusätzliche Fehler entstehen können. Die gleiche Fehlermöglichkeit gilt auch für die Anordnung nach PHILPOT, die statt des von SVENSSON verwendeten Schrägspaltes eine schräge Schneide verwendet.

Wenn durch Verkleinerung der Cuvettendimensionen die Makroverfahren zu Halbmikroverfahren geändert werden und die gleiche Beobachtungstechnik beibehalten wird, so nimmt die Meßempfindlichkeit entsprechend der Verkleinerung der Cuvettentiefe ab. Bereits bei einer 100 mm tiefen Cuvette liegt der Fehler bei der Auswertung nach SVENSSON oder LAMM bei rund 1% und er ist noch größer, wenn das Hell-Dunkelbild nach PHILPOT oder LONGSWORTH ausgewertet wird. Da allen Meßverfahren dieselbe physikalische Meßgröße, die Brechungszahl, zugrunde liegt, unterscheiden sich die Meßwerte derselben Proteinlösung, die nach verschiedenen Verfahren vermessen wird, naturgemäß nicht. Ein geringer systematischer Unterschied, der außerhalb der Meßgenauigkeit liegt und bis zu 1% betragen kann, ist trotzdem vorhanden, wenn dieselbe Lösung mit unterschiedlichem Verfahren vermessen wird; das ist ein Unterschied in der gleichen Größenordnung, wie er von DOLE (*10*) gefunden wurde, der in demselben Versuch in der Makrocuvette nach der LONGSWORTH-Methode eine Proteinlösung in unterschiedlichen Zeitabständen vermaß. Beim Vergleich der Makroelektrophorese (Meßverfahren SVENSSON) mit der Mikroelektrophorese (Meßverfahren ANTWEILER) betrug der Unterschied in den Mittelwerten aus je 25 Doppelbestimmungen beim Albumin $-1,0\%$ (α_2-Fraktion $+ 0,9\%$, β-Fraktion $+ 0,3\%$ und γ-Fraktion$-0,1\%$).

4. Das Auswerten von Elektrophoresediagrammen

a) Das qualitativ analytische Auswerten

Bei der Trennung der Blutproteine können mit Sicherheit sechs Hauptfraktionen unterschieden werden, die sich in ihrer Beweglichkeit bei $p_H 8$—9 wie etwa $6:5:4:3:2:1$ verhalten. Die schnellstwandernde Fraktion wird die Albuminfraktion genannt; die langsamer wandernden Eiweißgruppen werden als Globulinfraktionen mit den Indices α_1, α_2, β, φ und γ versehen.

Die Albuminfraktion besteht zu einem derart hohen Prozentsatz aus Albuminen, daß es berechtigt ist, ihre Konzentration der des Albumins im Serum oder Plasma gleichzusetzen. Ob man aus dem experimentellen Befund, daß die Albuminzacke in der Nähe des isoelektrischen p_H-Wertes in eine Doppelzacke aufspaltet, auf eine elektrophoretische Trennung in zwei Albumine oder zwei Albumingruppen schließen kann, scheint dem Autor nicht erwiesen zu sein; bei physikalisch-analytischen Methoden wird oft bei der Bestimmung von eindeutig einheitlichen Stoffen in zu wenig gepufferten Systemen eine Kurvenaufspaltung beobachtet, die lediglich durch Milieuveränderungen im unterpufferten System verursacht wird.

Die Globulinfraktionen α_1, α_2, β und γ sind elektrophoretisch durch ihre Beweglichkeiten im alkalischen Milieu definiert; hier ist eine Zuordnung zu chemisch umrissenen Proteinarten noch nicht möglich — mit Ausnahme der Aussage, daß es sich bei diesen Fraktionen vornehmlich um Globuline handelt und chemisch definierte Proteine in der einen oder anderen Gruppe wandern.

Über den Fibrinogengehalt läßt sich aus elektrophoretischen Daten allein keine genaue Aussage machen; Fibrinogen wandert während der Analyse in der φ-Komponente, die bei Seren *und* Plasma beobachtet wird; ihre Konzentrationsangabe ist daher dem Fibrinogengehalt der Lösung nicht gleichzusetzen. Ein Vermessen der φ-Komponente sagt über den Fibrinogengehalt eines Plasmas lediglich aus, daß er nicht größer sein kann als die Konzentration der φ-Komponente. Beim normalen Plasma liegt die Fibrinogenkonzentration nach Edsall (*11*) einige Prozent unter der Konzentration der φ-Komponente.

Eine echte Trennung zwischen Fibrinogen und den übrigen Proteinen der φ-Komponente ist nach Ansicht des Autors bei der Papierelektrophorese möglich: Fibrinogen bleibt hier im Gegensatz zur Elektrophorese in freier Lösung an der Auftropfstelle stehen; die anderen Proteine der φ-Fraktion scheinen zwischen der β-Komponente und der γ-Komponente zu wandern. Sie werden als β_2-Fraktion bezeichnet; es ist aber wahrscheinlich, daß es sich hier um die fibrinogenfreien Bestandteile der φ-Komponente handelt.

Im Schrifttum wird die φ-Komponente häufig als β_2- oder β_3- oder γ_1-Komponente bezeichnet; diese Bezeichnung ist wegen der eindeutigen Definition der Proteingruppen nach der Wanderungsgeschwindigkeit unzulässig. Jedes Protein, das mit der Wanderungsgeschwindigkeit der φ-Komponente wandert, gehört zur Gruppe der φ-Proteine und muß als solches bezeichnet werden. Wenn die Analyse einer Proteinlösung ergibt, daß Fraktionen zwischen den festgelegten Wanderungsgeschwindigkeiten der Hauptfraktionen (Albuminfraktion, α_1-, α_2-, β-, φ- und γ-Globulinfraktionen) wandern, so muß erst durch eine Mischanalyse festgestellt werden, ob nicht Milieubedingungen eine Ursache für die scheinbar veränderte Wanderungsgeschwindigkeit sind. Es ist zu beachten, daß die Elektrophorese nur apparente Beweglichkeiten zu vermessen gestattet, die von den echten Werten abweichen können.

Eine Mischanalyse wird so durchgeführt, daß die unbekannte Proteinlösung im Verhältnis 1:1 mit einem bekannten Plasma gemischt wird, so daß drei Analysen vergleichbar werden: die der unbekannten Lösung, die der Mischlösung und die des bekannten Plasmas. Erst dann, wenn die Mischlösung Fraktionen zeigt, die zwischen den Hauptfraktionen wandern, ist man berechtigt, diese Zwischenfraktionen als reell anzusehen. Der Autor schlägt vor, derart nachgewiesene Zwischenfraktionen mit Doppelindices zu versehen, die von der schnelleren und langsameren Hauptfraktion abgeleitet werden, z. B. α_1-α_2-Fraktion, φ-γ-Fraktion, γ-0-Fraktion. Das würde bedeuten, daß die α_1-α_2Fraktion in ihrer Wanderungsgeschwindigkeit zwischen der Geschwindigkeit der schnelleren α_1-Fraktion und der langsameren α_2-Fraktion liegt, daß die γ-0-Fraktion etwa halb so schnell wandert wie die γ-Fraktion; eine φ-γ-Fraktion würde dementsprechend etwa 1,5fach schneller wandern als die γ-Fraktion. Gegenüber der üblichen Nomenklatur hätte dieser Nomenklaturvorschlag den Vorteil, daß die gleichen Zwischenfraktionen nicht von dem einen Autor nach der schnelleren Hauptgruppe und von dem anderen Autor nach der langsameren Hauptgruppe benannt werden.

b) Das quantitativ analytische Auswerten

Das Auswerten der Meßgrößen soll prinzipiell über die Konzentrationsgradientenkurven erfolgen, gleichgültig, ob sie direkt oder indirekt gewonnen werden. Die Konzentrationskurve gibt zwar eine bessere Vermessung der Konzentrationen, aber die Interpretierung der einzelnen Fraktionen geschieht wesentlich leichter und sicherer bei der Gradientenkurve, weil hier die einzelnen Fraktionen in Form von GAUSSschen Kurven erscheinen und nicht in einer S-Kurve, deren Symmetrie sich wesentlich schlechter beurteilen läßt. Es ist mit anderen Worten viel einfacher, eine Kurve, die sich additiv aus GAUSSschen Glocken zusammensetzt (Gradientenkurve), in die Einzelkomponenten zu zerlegen als eine Kurve, die additiv aus S-Kurven gebildet wird (Konzentrationskurve). In der Abb. 32 ist ein Beispiel hierfür gegenübergestellt.

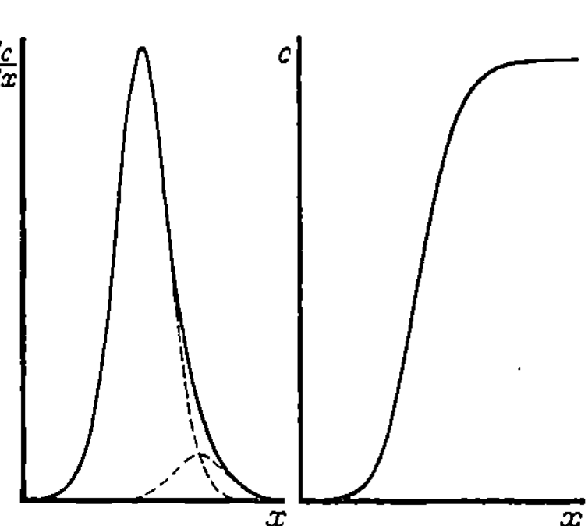

Abb. 32. *Konzentrationskurve und Gradientenkurve zweier Komponenten.* Eine sichere Erfassung der zweiten Komponente ist nur über die Gradientenkurve möglich

Wenn das Meßverfahren die Konzentrationskurve direkt liefert (Interferenzverfahren), so erfordert es bei einer ausreichenden Zahl von Meßpunkten nur einen geringen Zeitaufwand, die Gradientenkurve rechnerisch und zeichnerisch zu erfassen; man kann hierdurch mit großer Sicherheit aus der Lage der Schnittpunkte der unterlegten GAUSSschen Kurve[1] die Konzentration der Fraktionen in der ursprünglichen Konzentrationskurve festlegen.

Das Einzeichnen der GAUSSschen Kurven erleichtern folgende Regeln:

1. GAUSSsche Kurven sind prinzipiell symmetrisch auszuzeichnen.

2. Der Schnittpunkt zweier GAUSSscher Kurven liegt auf halber Höhe der Gradientenkurve.

3. GAUSSsche Kurven haben von $^2/_{10}$ bis $^9/_{10}$ ihrer Höhe einen praktisch geradlinigen Verlauf.

4. Die Basislänge unterschiedlicher GAUSSscher Kurven liegt bei der Elektrophorese von Proteingemischen in der gleichen Größenordnung.

5. Beim Einzeichnen der GAUSSschen Kurven beginne man bei charakteristischen Maxima der Gradientenkurve, die durch Fraktionen mit besonders hohen Konzentrationen hervorgerufen werden. Von diesen Anfangslinien aus werden die übrigen GAUSSschen Kurven weiter symmetrisch eingezeichnet, so daß die Kurven der geringsten Komponenten zuletzt gezeichnet werden.

6. Wenn zwei sehr unterschiedliche GAUSSsche Kurven eng aneinanderliegen, so wird am besten die Gesamtkonzentration beider Fraktionen aus der Konzentrationskurve und die Konzentration der kleineren Fraktion planimetrisch durch Ausmessen oder Auszählen der gerasterten Ordinatenfläche erfaßt.

Daß bei dieser Auswertung der Elektrophoresediagramme immer nur die apparenten Konzentrationen erfaßt werden, braucht hier nicht betont zu werden. Ihre Erfassung genügt bei der überwiegenden Zahl der Analysen, so daß die umständliche Ermittlung der wahren Konzentrationen meist unnötig ist.

---

[1] Es ist ungenau und nicht empfehlenswert, auf das Einzeichnen der GAUSSschen Kurven zu verzichten und bei der Abgrenzung der Fraktionen die Minima der Gradientenkurve zu benutzen. da die Minima der Gradientenkurve nicht über den Schnittpunkten der GAUSSschen Kurven liegen; der Unterschied ist um so größer, je ungleicher die GAUSSschen Kurven sind.

5. Methodische Störungen

Es sollen hier nicht die Störungen besprochen werden, die durch grobe Analysenfehler (z. B. unsaubere Chemikalien, feuchte Cuvetten) entstehen, sondern die im Prinzip unvermeidlich bei der Ausführung der Methode auftretenden Störungen. Diese Störungen sind durch eine Wärmekonvektion im Trennrohr und durch die elektroosmotische Randströmung an der Cuvettenwand bedingt; sie können durch richtiges Einhalten der Versuchsbedingungen in Grenzen gehalten werden, daß sie die quantitativen und qualitativen Ergebnisse nicht stören.

a) Wärmekonvektion

Auf diese Störung wurde bereits oben hingewiesen (s. S. 13). Der Strom verursacht im Trennrohr einen Temperaturgradienten senkrecht zu seiner Richtung; dieser waagerechte Temperaturgradient verursacht einen waagerechten Dichtegradienten von der Mitte des Trennrohres zum Rande und hierdurch kann eine Flüssigkeitsströmung entstehen, die die Fronten durcheinanderwirbeln läßt. Diese Wärmestörung kann um so eher auftreten,

1. je höher das Spannungsgefälle im Trennrohr und damit (quadratisch) die Wattaufnahme in der Volumeinheit eingestellt wird;

2. je breiter der Trennrohrquerschnitt gewählt wird;

3. je geringer der Dichteunterschied an einer Front ist;

4. je größer der Abstand zwischen zwei Fronten ist und

5. je mehr die Versuchstemperatur von der Temperatur des Dichtemaximums der Lösung abweicht.

Es ist nicht leicht zu erkennen, ob eine Wärmestörung stattgefunden hat, da sie meist momentan auftritt und nach einigen Sekunden abgeklungen ist. Es wurde häufig bei der Makro- und Mikroelektrophorese beobachtet, daß im Frontensystem eine Front mit kleinem Dichteunterschied plötzlich verschwindet, so daß der Gradient zwischen den benachbarten Fronten über eine längere Strecke auf den Wert Null herabsinkt. Dies tritt besonders leicht bei einer zu langen Trennzeit auf. Häufig wird es bei der Reinheitsprüfung von Proteinen beobachtet; hier sind viele Mehrfachbestimmungen mit unterschiedlich langer Laufzeit unerläßlich und es ist notwendig, sehr hohe Gesamtproteinkonzentrationen (bis 6%) zu wählen, um die wenig konzentrierten Begleitfraktionen sicher zu erfassen; die Hauptfraktion braucht bei diesen Analysen zahlenmäßig nicht miterfaßt zu werden.

b) Elektroosmotische Strömung

Entsprechend dem elektrokinetischen Potential (ζ-Potential) an der Cuvettenwand strömt an ihr eine dünne Flüssigkeitsschicht zur Kathode (3), in der Mitte der Cuvette strömt eine äquivalente Flüssigkeitsmenge zur Anode, so daß die Flüssigkeitsniveaus in dem Elektrodenraum ihre Lage halten. Je geringer der Dichteunterschied an einer Front ist, um so empfindlicher ist sie gegen die elektroosmotische Randströmung. Bei geringen Dichteunterschieden wird eine Front der Theorie entsprechend parabelförmig in der Höhe verzerrt. Wenn die Dichteunterschiede ausreichend groß sind, so wird nur eine kleine Einbuchtung der Front am Cuvettenrand beobachtet, weil die Front durch die Schwerkraft eben bleibt und sich nicht aufwölben kann. Bei kleinem Spannungsgefälle im Trennrohr und entsprechender kleiner Wanderungsgeschwindigkeit gleicht sich die Konzentration der kathodisch gleitenden Randschicht gegenüber der anodisch wandernden Mittelschicht durch Diffusion aus; hierdurch entsteht kein unstabiles Dichtegefälle, obwohl im Anodenschenkel wenig konzentrierte Lösung am Rande gegen die konzentrierte Mittellösung strömt. Bei hohem Spannungsgefälle in der Lösung strömt die Randlösung derartig schnell, daß ein Diffusionsausgleich zur Mittellösung nicht mehr ausreichend schnell erfolgt. Da die Randschicht zwischen der Front des Albumins und der des β-Globulins schneller wandert als zwischen der β-Globulinfront und der φ-Globulinfront, kann sich proteinarme Randlösung am Beginn der Globulinfront stauen und ansammeln, wenn kein Konzentrationsausgleich durch Diffusion erfolgt. Diese verdünnte Lösung steigt dann, wenn sich im Verlauf der Elektrophorese eine ausreichende Menge angesammelt hat, mit einer Geschwindigkeit von fast 1 cm/sec bis zur Albuminfront vor. Die dazwischenliegenden Fronten zeigen nach einigen Sekunden wieder ein unverändertes Bild. Daß eine derartige Störung trotz des scheinbar unversehrten Eindrucks der Fronten eine quantitative Auswertung unmöglich macht, braucht nicht betont zu werden.

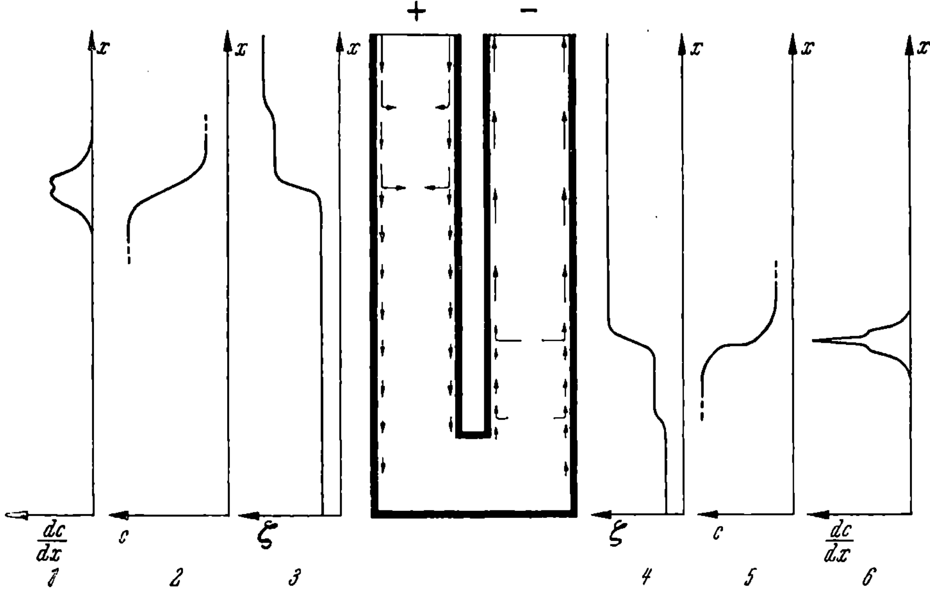

Abb. 33. *Die zu erwartende Randströmung in einer Cuvette mit zwei Komponenten, von denen eine das ζ-Potential stark herabsetzt.* 1 gestörte Gradientenkurve der steigenden Fronten, 2 gestörte Konzentrationskurve der steigenden Fronten, 3 das ζ-Potential im Anodenschenkel, 4 das ζ-Potential im Kathodenschenkel, 5 gestörte Konzentrationskurve der fallenden Fronten, 6 gestörte Gradientenkurve der fallenden Fronten

Wenn die Randströmung eine geringere Geschwindigkeit hat, so kann sie im Anodenschenkel eine Aufweitung der β-Globuline hervorrufen und im Kathodenschenkel die "β-disturbance" verursachen. Unter der β-disturbance wird seit langem eine eigentümliche Zacke der β-Fraktion des Kathodenschenkels verstanden, die ihr Analogon in der Aufweitung des Anodenschenkels hat (3). Im Anodenschenkel sinkt das ζ-Potential von oben nach unten entsprechend der Proteinkonzentration und der Proteinart; im Kathodenschenkel steigt es an (in dem überschichtenden Puffer hat es seinen höchsten Wert). Dementsprechend hat die Randströmung im überschichtenden Puffer ihre höchste Geschwindigkeit und dort, wo das ungetrennte Gemisch zwischen dem Extragradienten vorliegt, ihre kleinste Geschwindigkeit. Dort, wo durch Änderung des ζ-Potentials eine Geschwindigkeitsverringerung stattfindet, wird Randlösung in die Lösungsmitte strömen; im Kathodenschenkel, wo eine Geschwindigkeitsvergrößerung vorliegt, wird Lösung aus der Cuvettenmitte zum Rande weggezogen. Wenn Flüssigkeit vom Rand zur Cuvettenmitte strömt, wird an dieser Stelle eine Front aufgeweitet, wenn Lösung aus der Mitte weggezogen wird, wird sie verengt. Es entstehen hierdurch horizontale Dichtegradienten. Diese horizontalen Dichtegradienten im Bereich der β-disturbance sind bei der Makroelektrophorese durch eine LAMM-Aufnahme nachgewiesen; im SVENSSON-Bild sind sie nicht sichtbar, hier äußern sie sich nur als Verzerrung der ursprünglichen GAUSS-schen Kurve. Die Abb. 33 zeigt die Vorgänge schematisch.

Diese elektroosmotische Strömung bedingt auch eine natürliche Begrenzung der Trennfähigkeit einer elektrophoretischen Apparatur. Hohe Trennfaktoren können nur durch hohe Spannungsgefälle oder durch lange Wanderungsstrecken erzielt werden. Bei großem Spannungsgefälle tritt Wärmekonvektion bzw. störender waagerechter Konzentrationsgradient auf. Bei langen Wanderungsstrecken verändert die kathodisch strömende Randschicht die Konzentration der Mittellösung erheblich, so daß die Konzentrationswerte merkbar verfälscht sind. Es wird hier eine sog. Oberwelligkeit beobachtet. Diese Oberwelligkeit ist dadurch gekennzeichnet, daß die Fraktionen unreproduzierbar in Unterfraktionen aufgeteilt werden, d. h. die ursprüngliche GAUSSsche Kurve eine Fraktion verzerrt unstetig derart, daß sie durch die Überlagerung mehrerer GAUSSscher Kurven interpretiert werden kann. Eine derartige Interpretation ist aber nur zulässig, wenn 1. die Unterteilung reproduzierbar erfolgt und wenn 2. die Aufteilung in mehrere Gipfel der Theorie entsprechend erfolgt, die verlangt, daß der Gipfelabstand zweier Fraktionen linear mit der Zeit und daß die Gipfelbreite mit der Wurzel der Zeit anwächst.

Es gibt demnach eine maximale Wanderungsstrecke für jeden Cuvettentyp, der in erster Näherung eine lineare Funktion der Cuvettenbreite ist. Diese maximale Wanderungsstrecke liegt bei einer 1%igen Proteinlösung und der Ionenstärke $\mu = 0,1$ des Puffers nach unseren Erfahrungen bei einer 1 mm breiten Cuvette bei etwa 15 mm und bei der 2,5 mm breiten Cuvette der Makroelektrophorese bei 40 mm.

Diese Wanderungsstrecken können größer gewählt werden, wenn das Spannungsgefälle im Trennrohr heruntergesetzt wird; aber damit gewinnt man keine Vergrößerung des Trennfaktors (unter Trennfaktor als Maß für die Trennschärfe ist der Quotient aus Wanderungsstreckendifferenz des Albumins und γ-Globulins zur Breite des Albumingipfels in seiner halben Höhe verstanden). Anscheinend kann der Trennfaktor 9 weder bei der Mikro- noch bei der Makroelektrophorese überschritten werden, ohne daß eine unzulässige Verfälschung der angezeigten Werte eintritt. Da diese Fälschung bei steigenden und fallenden Fronten genau gleichsinnig ist, ist sie besonders schwer festzustellen.

Es gelte daher die Grundregel: Für eine analytische Elektrophorese ist die Trennung nur so weit zu treiben, daß eine sichere Trennung in Komponenten möglich ist. Das ist für Seren und Plasmen bei einem Trennfaktor 6 erreicht, bei dem eine sichere Abtrennung des Albumins vom α_1-Globulin möglich ist; der Trennfaktor 9 soll nicht überschritten werden, weil bei hohen Trennfaktoren sowohl bei Mikro- wie auch Makroelektrophorese elektroosmotische Störungen die angezeigten Werte unsystematisch von den wahren Werten abweichen lassen.

Lösungen von gereinigten Proteinpräparaten sind gegenüber elektroosmotischen Störungen empfindlicher als Seren oder Plasmen; wahrscheinlich deswegen, weil in Seren und Plasmen oberflächenaktive Substanzen sind, die auch bei geringer Proteinkonzentration das ζ-Potential der Wand stark senken.

Wenn die Cuvettenkanäle statt mit destilliertem Wasser mit einer 0,1%igen Lösung von „sapo-medicatus" oder „Tylose", einem wasserlöslichen Celluloseäther von Kalle, Wiesbaden, ausgespült und dann mechanisch mit Filterpapierstreifen getrocknet werden, so gelingt es, das ζ-Potential der Glaswand zu verkleinern und die elektroosmotische Störung weitgehend zu beseitigen. Die extrem dünne Schicht der oberflächenaktiven Substanz an der Cuvettenwand stört die Analyse nicht.

6. Elektrophoresegeräte

Makroelektrophoresegeräte. Die Geräte für Makroelektrophorese werden im Prinzip nach den Angaben von TISELIUS mit den optischen Anordnungen nach PHILPOT-SVENSSON oder LONGSWORTH gebaut. Die Abb. 34 zeigt ein Gerät der LKB-Produkter, Stockholm, das von SVENSSON angegeben wurde. Man erkennt in der Mitte den Thermostaten, in dem drei vollständige Trennaggregate angeordnet sind, die simultan arbeiten. Sie können nacheinander vom Beobachtungsplatz aus in den Strahlengang der optischen Einrichtung angebracht werden, deren Lichtquelle am hinteren Ende der optischen Bank angebracht ist. Der Beobachter sieht

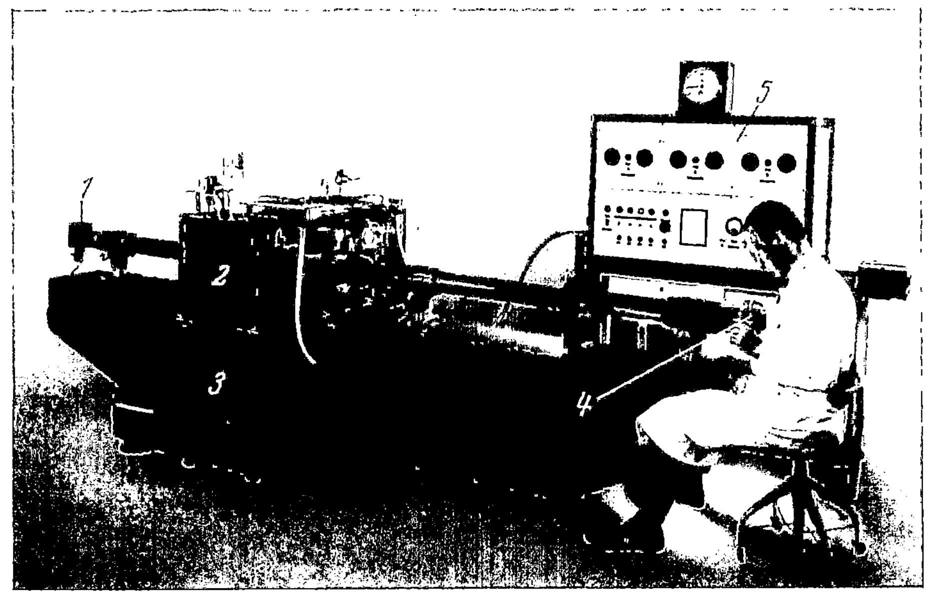

Abb. 34. *Das Makroelektrophoresegerät nach* SVENSSON. *1* Lichtquelle, *2* Thermostat mit *3* Zellensätzen, *3* Kälteaggregat, *4* Bildebene, *5* Stromversorgung

auf der Mattscheibe einer Kleinbildspiegelreflexkamera das Bild desjenigen Trennaggregates, das in Strahlengang gebracht ist. Unter dem Thermostaten befindet sich die Kälteanlage.

Ähnliche Ausführungen werden von Struebin (Basel), Hilger (London), Klett (New York) und American Instrument Co. (Silver Spring, Md.) und anderen Firmen gebaut; das letztgenannte Gerät zeichnet sich durch eine kompakte raumsparende Bauart aus, weil der Lichtstrahl des Beobachtungssystems mehrfach umgelenkt wird.

Das Halbmikrogerät von MOORE und WHITE. Die Perkin-Elmer Corp. (Glinbrook, Conn.) baut nach den Angaben von MOORE und WHITE (*31*) ein Halbmikrogerät, das sich durch eine geschlossene Bauart auszeichnet (Abb. 35). Als Beobachtungsmethode dient die Schneidenmethode von

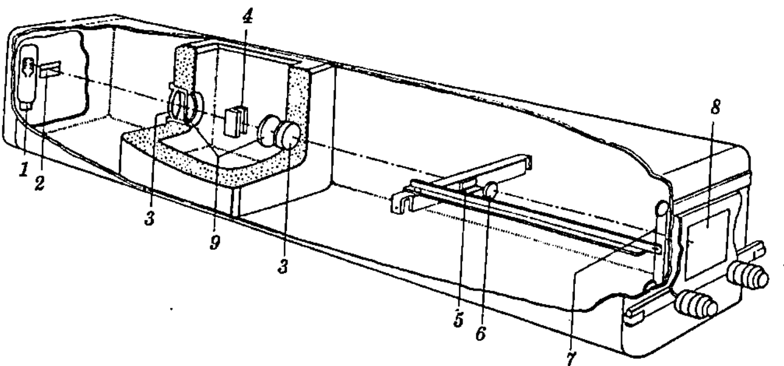

Abb. 35. *Das Halbmikrogerät von* MOORE *und* WHITE. *1* Lichtquelle, *2* waagerechter Spalt, *3* Schlierenlinsen, *4* Zelle, *5* vertikalbewegte Schneide, *6* Objektiv, *7* Zugkabel zur synchronen Bewegung von Schneide (*5*) und Platte (*8*), *8* horizontal bewegte Photoplatte, *9* Glasfenster

LONGSWORTH. Auf ein Kälteaggregat wird verzichtet; die Arbeitstemperatur von 0° wird über 2—3 Std. durch 2 kg Eis gehalten.

Mikroelektrophoresegeräte. Das Gerät von Labhard und Staub wird in der Modifikation von Lotmar von Kern (Aarau) hergestellt (Abb. 36). In dem rechteckigen Gehäuse sind die Lichtquelle, die optischen Aggregate und der Spannungsversorger angeordnet. Die Cuvette, die nicht gekühlt wird, befindet sich an der

Abb. 36. *Das Mikrogerät nach* Lotmar. *1* Cuvette mit Elektrodengefäßen, *2* Stromversorgung, *3* Okular, *4* Photokassette

vorderen rechten Seite. Das Okular gestattet die Übersicht über die Interferenzstreifen während der Elektrophorese; zur photographischen Aufnahme kann der Strahlengang auf eine photographische Platte umgeschaltet werden.

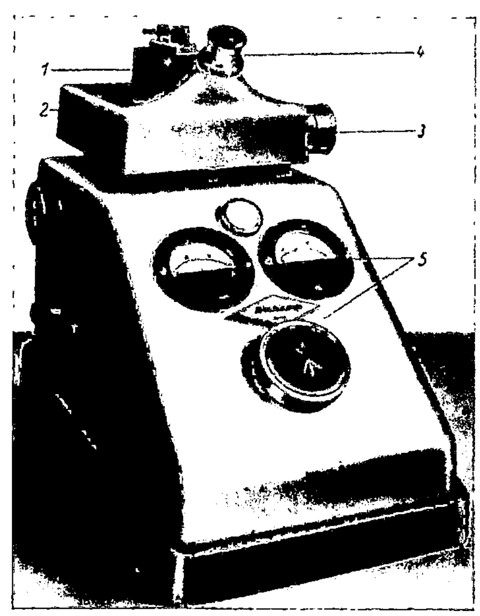

Abb. 37. *Das Mikrogerät nach* Antweiler. *1* Cuvette mit Kühlmantel, *2* optischer Tisch mit Interferometer, in der Höhe verstellbar, *3* Meßtrommel zum Einstellen der Kompensation, *4* Okular, *5* Stromversorgung

Von Boskamp (Bonn-Hersel) wird das Mikrogerät nach Antweiler gebaut (Abb. 37). Die Stromversorgung befindet sich im feststehenden Unterteil des Apparates; das Oberteil, das durch die Kurve gegen die Cuvette in der Höhe meßbar verstellt werden kann, enthält das interferometrische Kompensationsaggregat. Die Cuvette wird von Leitungswasser (unter Umständen gekühlt) umspült. Das Gerät läßt die Konzentrationswerte in jeder Zellenhöhe ohne das Zwischenschalten einer Photographie direkt erkennen.

IV. Die Papierelektrophorese

Während die klassische Elektrophorese das Proteingemisch im Trennrohr nur in Komponentensummen aufspaltet (d. h. nur die schnellste bzw. langsamste Komponente erscheint in reiner Form und die übrigen Komponenten überlagern dann entsprechend ihrer Wanderungsgeschwindigkeit), gelingt bei der Papierelektrophorese *(30, 56)* eine volle Trennung des vorliegenden Proteingemisches. Diese Eigenschaft macht sie in hervorragendem Maße geeignet zur mikropräparativen Darstellung der Einzelproteine und zur Klärung der Verhikeleigenschaften der Proteine. Ihrer Anwendung als mikroanalytische Methode stellen sich Schwierigkeiten entgegen, die sowohl die qualitative wie auch die quantitative Aussage über die Proteinfraktionen erschweren.

Die Proteinfraktionen sind *qualitativ* durch ihre Beweglichkeit im Trennrohr (p_H rund 8,5) definiert. Das heißt, jedes Protein, das mit einer Beweglichkeit von $u = 5,9 \pm 0,4 \times 10^{-5}$ cm²/V/sec anodisch wandert, gehört ohne Rücksicht auf seine übrigen Eigenschaften zur elektrophoretisch definierten Albumingruppe; jedes Protein, das die Beweglichkeit $u = 2,1 \pm 0,4 \times 10^{-5}$ hat, gehört zur φ-Gruppe (z. B. Fibrinogen). Die Beweglichkeiten der Proteine des normalen Serums stimmen bei Papierelektrophorese und Trennrohrelektrophorese gut überein; bei normalem Plasma wird aber Fibrinogen derart fest an der Faser gehalten, daß es unbeweglich wird. Bei pathologischen Seren und Plasmen ist zu erwarten — aber noch nicht ausreichend untersucht —, daß die Beweglichkeiten der Proteine auf dem Papier nicht ohne weiteres mit denen des Trennrohrs vergleichbar sind und eine Zuordnung der Proteingruppen der Papierelektrophorese zu den Proteingruppen der Trennrohrelektrophorese bedingt möglich machen.

Die *quantitative* Aussage der Trennrohrelektrophorese stützt sich auf die Brechungszahl der Proteinlösungen, die zwischen 171 (β-Lipoprotein) und 188 $\times 10^{-6}$ cm/g/l (Fibrinogen) liegt. Etwa einzuführende Faktoren, die die unterschiedliche Brechungszahl unterschiedlicher Proteinlösungen auf die quantitative Konzentrationsaussage hin korrigieren würden, lägen demnach zwischen den Grenzen 0,95 und 1,05. Die Papierelektrophorese benutzt die Anfärbbarkeit der Proteine und die Extinktionsmessung zur quantitativen Aussage. Da die Proteine sehr unterschiedlich anfärben, werden je nach Farbstoff für die Konzentrationsangaben der Globuline gegenüber dem Albumin bei normalen Seren Faktoren zwischen 1—1,6 angegeben, um die Ergebnisse der Papierelektrophorese in quantitative Übereinstimmung mit der Trennrohrelektrophorese zu bringen. Für pathologische Seren ist bei den Globulinen mit Faktoren zwischen 0,9 bis 8,1 zu rechnen *(20)*.

1. Das Trennverfahren

Die von den Autoren angegebenen Trennverfahren unterscheiden sich unwesentlich.

An das Papier wird die Anforderung gestellt, daß es die Proteine praktisch nicht absorbiert; diese Eigenschaft haben nur wenig Spezialpapiere: Munktell Nr. 20 (Schweden), Schleicher und Schüll Nr. 2043a (Deutschland) und Whatman Nr. 1 (England).

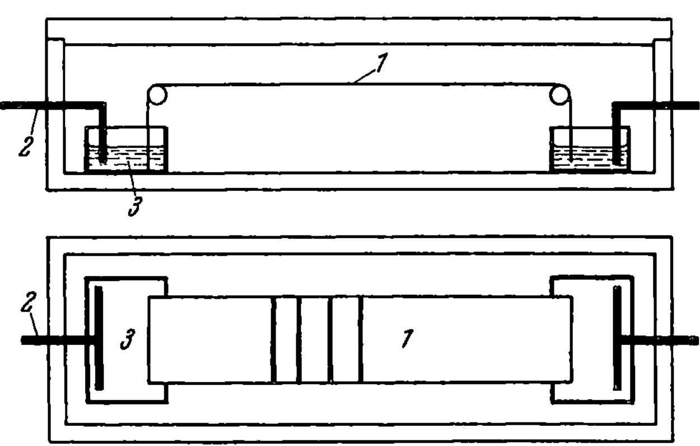

Abb. 38. *Papierelektrophoretische Trennanordnung in einer geschlossenen Kammer. 1* feuchte Papierstreifen mit Proteinkomponenten, *2* Elektroden, *3* Stromübertragungströge

Ein ungeeignetes Papier absorbiert merkliche Proteinmengen, die erst dann wandern, wenn das artgleiche Protein aus den Capillaren abgewandert ist. Hierdurch entstehen „Schleppen", d. h. die Hauptmenge des Proteins wandert mit einer definierten Geschwindigkeit und zieht eine geringere Menge artgleichen Proteins als breiten, verlaufenden Schwanz hinter sich her; außerdem ist die Wanderungsgeschwindigkeit abhängig von der Konzentration.

Zur Durchführung der Trennung wird ein Papierstreifen von 4—6 cm Breite und 20—30 cm Länge mit einem Veronalpuffer ($\mu = 0{,}15 + 0{,}1$) so gleichmäßig wie möglich angefeuchtet. Dieser Streifen wird anschließend derart in eine verschließbare Kammer gebracht, daß seine Enden in Flüssigkeitsgefäßen mit Elektroden eintauchen, an die eine Spannung von 100—300 V gelegt werden kann.

Auf den feuchten Papierstreifen wird etwa 0,01—0,1 ml der Proteinlösung entweder als Fleck oder als Strich aufgebracht. Nachdem über etwa 10—12 Std. eine Spannung von 3—10 V pro Zentimeter angelegt wurde, ist die Trennung des Proteingemisches in die Komponenten erfolgt, so daß eine quantitative Auswertung möglich ist. Nach der Trennung werden hier die Proteinmengen (und nicht die Proteinkonzentrationen wie bei der Elektrophorese im Trennrohr) ausgewertet.

2. Die Auswertverfahren

Bei den Auswertverfahren der Papierelektrophorese sind grundsätzlich zwei Verfahren zu unterscheiden. Bei der einen Verfahrensart integriert das Meßverfahren die Proteinmenge über die Streifenbreite senkrecht zur Stromrichtung. Hierdurch ist es gleichgültig, ob in gleicher Entfernung von der Ausgangsstellung die Proteinmenge überall den gleichen Wert hat. Es können mit anderen Worten auch stark durchgebogene Proteinfronten ausgewertet werden, wie sie bei einer nicht ganz sorgfältigen Durchfeuchtung des Papiers entstehen.

Bei dem zweiten Verfahren ist als Voraussetzung zur Erzielung reproduzierbarer Analysenresultate unerläßlich, daß senkrecht zur Stromrichtung kein Konzentrationsgradient auftritt, weil ein derartiger Gradient die Konzentrationsangaben verfälschen würde; es wird prinzipiell bei einer stärkeren Durchbiegung trotz gleicher Menge eine kleinere Konzentrationsangabe erhalten.

a) Integrierende Auswertverfahren
Das Verfahren nach Turba

Nach Turba (*49*) wird der getrocknete Filterpapierstreifen mit Azocarmin angefärbt, so daß die Proteinfraktionen als gefärbte Flächen sichtbar werden. Dieser Streifen wird zwischen den Flächen so zerschnitten, daß aus den Unterflächen, auf denen jeweils eine Fraktion ausgebreitet ist, der Farbstoff eluiert und in seiner Konzentration bzw. Menge colorimetrisch bestimmt werden kann.

Abb. 39 zeigt einen Papierstreifen mit den Proteinkomponenten nach der Trennung.

Da die Schnitte der Flächenform der Komponenten angepaßt werden können, beeinträchtigt eine unregelmäßige Form der Fronten die Reproduzierbarkeit der Analysenergebnisse nicht.

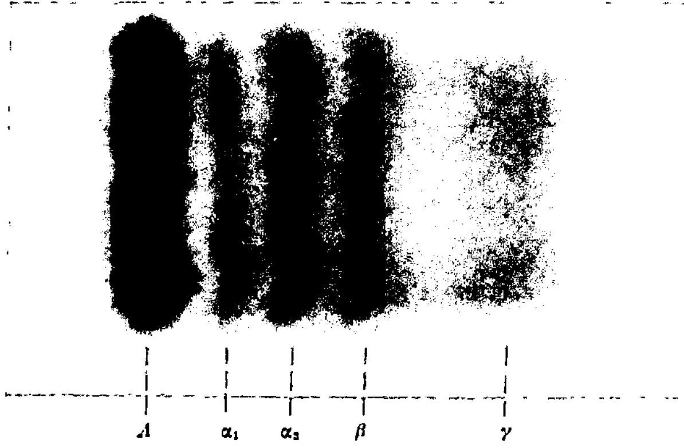

Abb. 39. *Papierelektrophoretische Trennung aus Seren nach* Turba. Zwischen den angefärbten Flächen wird der Filterstreifen zerteilt; die Menge der Farbkomponente wird nach dem Eluieren colorimetrisch bestimmt

Das Verfahren nach Cremer-Tiselius

Cremer und Tiselius (*8, 12*) betten während der elektrophoretischen Trennung den pufferfeuchten Filterstreifen mit den Proteinen zwischen Glasplatten in Chlorobenzol zur Vermeidung von Verdunstungsverlusten; anschließend an die Trennung wird der Filterstreifen etwa 5 min in einer 1%igen alkoholischen sublimathaltigen Bromphenolblaulösung gebadet; danach wird der Farbstoff, der nicht an Protein gebunden ist, mit Lösungsmitteln entfernt. Die differenzierten Proteinkomponenten erscheinen jetzt auf dem weißen Papierstreifen als blaue, getrennte Flächen, die je nach ihrer Konzentration heller oder tiefer blau gefärbt sind. Nach dem Trocknen wird der Filterstreifen in 40—60 2 mm breite Einzelstreifen geschnitten, aus denen in einer entsprechenden Anzahl von Reagenzgläsern der Farbstoff mit einer definierten metanolischen Natriumcarbonatlösung herausgelöst wird. Die einzelnen Lösungen werden im Photometer durchgemessen und man erhält jetzt aus rund 50 Extinktionswerten, die in Abhängigkeit von der Wanderungsstrecke aufgetragen werden können, einen Kurvenzug, der dem Kurvenzug des Dichtegradienten bei der Makroelektrophorese äußerlich entspricht.

Eine triviale Umrechnung dieser Extinktionskurve gibt jetzt unter Berücksichtigung des Blindwertes der Extinktionsmessungen und der unterschiedlichen Anfärbbarkeit der Proteinkomponenten die Menge der elektrophoretisch getrennten Proteinfraktionen.

Der große Vorteil dieses Verfahrens besteht darin, daß an die Homogenität und die Durchfeuchtung des Papiers keine hohen Anforderungen gestellt werden, weil die Form und Fläche der getrennten Proteinfraktionen bei der Auswertung keine Rolle spielen.

b) Verteilungsabhängige Meßverfahren

Das direktcolorimetrische Auswertverfahren von GRASSMANN-HANNIG-KNEDEL

GRASSMANN, HANNIG und KNEDEL (*14*) färben die Proteine mit Anilinschwarz 10B und machen den Filterpapierstreifen mit einer Mischung von Paraffinöl und Bromnaphthalin transparent. Der Streifen wird dann an dem einmal 40 mm breiten Spalt eines Spezialcolorimeters vorbeigeführt, so daß die Extinktion des Streifens in Abhängigkeit von der Wanderungsstrecke vermessen werden kann. In der üblichen Art gibt diese Kurve unter Umrechnung der Extinktion in Konzentrationen die zur Analyse verwendeten Proteinmengen.

Dieses Verfahren gestattet im Gegensatz zum vorhergehenden ein wesentlich schnelleres Erfassen der Extinktionswerte; es stellt aber wesentlich höhere Anforderungen an die papierelektrophoretische Trennung, weil senkrecht zur Wanderungsrichtung kein Konzentrationsgradient auftreten darf. Es muß, mit anderen Worten, das Protein über Spaltbreite und Länge in gleichmäßiger Konzentration verteilt sein; jede ungleichmäßige Verteilung gibt zu kleine Werte für die Proteinmenge, die in der Spaltfläche vermessen werden soll (im Gegensatz zur Emissionsanalyse ist bei der Extinktionsanalyse eine Integration über die Spaltfläche, die zu richtigen Konzentrationsangaben führen soll, unzulässig). Es muß daher bei diesem Auswertverfahren vermieden werden, daß bei der elektrophoretischen Trennung durchgebogene und ungleichmäßige Proteinflächen entstehen.

Die retentionsanalytische Auswertung nach WIELAND-WIRTH

Bei der retentionsanalytischen Auswertung wird die Erscheinung ausgenutzt, daß eine Lösung, die mit Protein reagiert, in proteinfreiem Papier schneller ansteigt als in proteinhaltigen Papierflächen. Die aufsteigende Lösung wird dort, wo sie entsprechend der Konzentration des Proteins reagiert, zurückgehalten (Retention). Hierdurch entstehen in den aufsteigenden Fronten der reagierenden Lösung charakteristische Lücken, die Lage und Menge der Proteinkomponenten angeben.

Nach WIELAND und WIRTH (*53, 54*) werden nach elektrophoretischer Trennung (das Proteingemisch wird als Strich senkrecht zur Wanderungsrichtung aufgetragen) die Proteinkomponenten mit Azocarmin B in Methanol und Eisessig fixiert. Nach

Entfernung der Begleitstoffe und Trocknung wird der Papierstreifen zu einem Zylinder gerollt und 20—30 min 2—3 mm tief in eine kupferacetathaltige, essigsaure Tetrahydrofuranlösung getaucht. In dieser Zeit steigt die kupferhaltige Lösung an den proteinfreien Flächen bis fast an den oberen Rand des Papierzylinders; nach weiterer Trocknung wird der Filterstreifen so angefärbt, daß die kupferhaltigen Flächen graugrün erscheinen.

Die durch die Proteinfraktionen gebildeten Lücken bedürfen einer einfachen graphischen Umwertung, um aus ihnen auf die Proteinmengen zu schließen.

Auch bei dieser Auswertmethode beeinträchtigt ein Konzentrationsgradient quer zur Wanderungsrichtung die Reproduzierbarkeit der Analysenergebnisse.

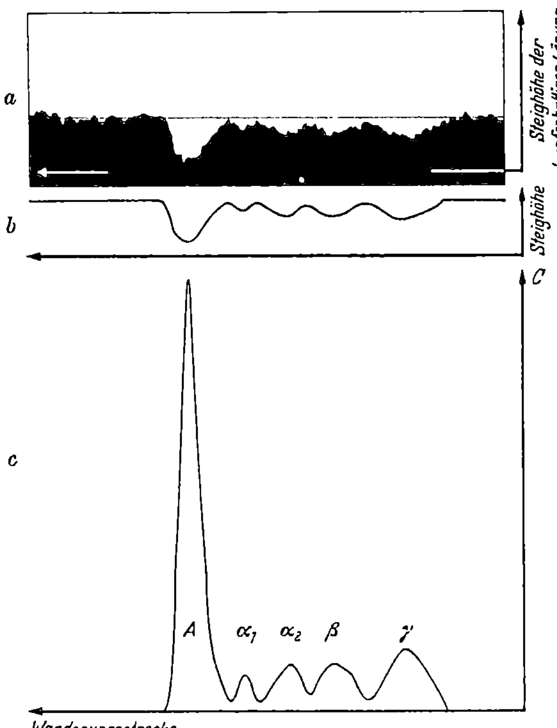

Abb. 40. *Retentionsanalytische Auswertung nach* WIELAND *und* WIRTH. *a* retentionsanalytischer Papierstreifen, *b* zeichnerisch geglättete Retentionskurve, *c* nach der Konzentration hin korrigierte Konzentrationskurve. Die papierelektrophoretischen Kurven sind *c,x*-Kurven, deren Integration *Mengendifferenzen* ergibt; die üblichen Gradientenkurven sind *de/dx,x*-Kurven, deren Integration *Konzentrationsdifferenzen* gibt. Die Ähnlichkeit beider Kurven ist äußerlich

V. Die quantitative Elektrophorese in der Medizin

Dem Mediziner, der die elektrophoretische Trennmethode als analytisches Hilfsmittel zur Beurteilung der Proteinkomponenten in Körperflüssigkeiten heranziehen will, steht eine reiche Auswahl an unterschiedlichen Meßverfahren zur Verfügung. Man kann grob unterteilen in die klassische Makro-, Halbmikro- und Mikromethode sowie die papierelektrophoretische Trennung.

Die Auswahl des anzuwendenden Verfahrens richtet sich nach den Anforderungen, die gestellt werden. Eine Analyse soll

1. genau sein;
2. das Resultat soll schnell vorliegen;
3. der Arbeits- und Chemikalienaufwand sollen gering sein und
4. die Einsatzmenge soll ebenfalls geringgehalten werden.

In der Genauigkeitsanforderung muß man in der Medizin zwei Anwendungsgebiete unterscheiden: Bei einer

1. *Übersichtsanalyse* soll festgestellt werden, ob ein vorliegendes Proteingemisch innerhalb oder außerhalb der für die Gattungsart üblichen Normwerte liegt. Bei der

2. *Verlaufsanalyse* wird ein Individuum in einer fortlaufenden Analysenreihe beobachtet, um festzustellen, ob die Proteinzusammensetzung sich der Norm nähert oder von ihr entfernt.

Die Übersichtsanalyse stellt an die Trennmethode keine hohen Genauigkeitsanforderungen, da ja die Normwerte selbst bereits eine Streuung von $\delta \sim 2\%$ zeigen. Im Gegensatz hierzu verlangt die Verlaufsanalyse eine möglichst hohe Genauigkeit, wenn man nicht Gefahr laufen will, analytisch bedingte Unsicherheiten als reale Konzentrationsverschiebungen beim Individuum zu deuten.

Über die Analysengenauigkeit der elektrophoretischen Trennverfahren lassen sich nur angenäherte Angaben machen, da die Meßgenauigkeit nicht nur vom Verfahren und dem apparativen Hilfsmittel, sondern auch von der Sorgfalt und der Schulung des Beobachters abhängt. Die Genauigkeit der klassischen Elektrophorese sowohl beim Makro- wie beim Mikroverfahren liegt für Albumin bei einem R-U-Fehler[1] von $\delta = 0{,}3$—$0{,}5\%$; die erste Zahl gilt für einen sehr guten, die letzte Zahl für einen durchschnittlichen Beobachter. Das Halbmikroverfahren ist aus optischen Gründen etwas ungenauer, ebenso das Mikroverfahren von Labhard-Staub-Lotmar. Bei der Papierelektrophorese liegt der gleiche R-U-Fehler bei $1{,}2$—$2{,}5\%$; auch hier gilt die erste Zahl für den sehr guten und die letzte Zahl für den durchschnittlichen Beobachter.

Bei der Makroelektrophorese liegt das Resultat nach etwa 2 Tagen, bei der Papierelektrophorese nach 12 Std. und bei der Mikroelektrophorese nach etwa 2 Std. vor.

Der Arbeitsaufwand liegt bei der Makroelektrophorese bei etwa 2—4 Std., bei der Mikro- und Papierelektrophorese unter 1 Std.

Die Makroelektrophorese verlangt etwa 5 ml Serum, die Halbmikromethode etwa 1 ml und die Papier- und Mikroelektrophorese liegen unter 0,1 ml.

Die Analysenergebnisse, die die klassischen Elektrophoreseverfahren in Makro-, Halbmikro- und Mikroausführung liefern, stimmen überein, wenn darauf geachtet wird, daß entweder die apparenten oder die echten Konzentrationen untereinander verglichen werden, da ja immer die gleiche physikalische Meßgröße der optischen Dichte beobachtet wird.

Die Meßwerte der colorimetrischen Auswertung der Papierelektrophorese weichen naturgemäß von den apparenten Konzentrationen der klassischen Methoden wegen der unterschiedlichen Anfärbbarkeit der Proteine voneinander ab; es müssen daher Korrekturfaktoren angewendet werden, um Konzentrationsangaben machen zu können, die mit denen der Trennrohrelektrophorese übereinstimmen. Bei pathologischen Seren ist eine Zuordnung der papierelektrophoretisch getrennten Proteingruppen zu denen der Elektrophorese im Trennrohr nur bedingt möglich.

Der Autor dankt den Herren Prof. F. Turba (Mainz), Prof. Th. Wieland (Frankfurt a. M.), Dr. E. Wiedemann (Basel) für die Unterlagen zu den Abb. 12, 21, 28, 39, 40. Der Dank gilt ebenso Herrn Dr. H. Svensson und der LKB-Produkter (Stockholm) für die Abb. 11, 29, 34 sowie Herrn Dr. W. Lotmar und den Kern-Werken (Aarau) für die Abb. 23, 24, 36. Die Abb. 8, 9, 13, 14, 15, 25, 29, 30, 35 wurden dem Schrifttum und (5) entnommen.

Zur Physiologie des Eiweißes

Von

H. Ewerbeck

Einleitung

Untersuchungen an Eiweißstoffen gehören zu den schwierigsten der biologischen Forschung. Die Bemühungen um dieses „protoplasma" reichen deshalb bis weit in die Geschichte der Biologie zurück [Berger und Petschacher (19)], und auch heute ist das Ende noch nicht abzusehen.

---

[1] R-U-Fehler: Fehler relativ zur zu untersuchenden Menge (Summe aller Komponenten). R-X-Fehler: Fehler relativ zur zu erfassenden Komponente. Je nach Art des Analyseverfahrens ist die Angabe in R-U- oder R-X-Fehler angebracht. Bei der quantitativen Spektroskopie z. B. ist der R-X-Fehler anzugeben; bei gravimetrischen Bestimmungen gibt der R-U-Fehler die Fehlerbreite der Methode besser wieder. Bei der quantitativen Elektrophorese ist es sinnvoll, den R-U-Fehler anzugeben.

Drei Wege sind es vor allem, auf denen die moderne Eiweißforschung ihrem Ziel näherzukommen versucht:

1. Die *Konstitutionsforschung*, die zur Kenntnis geführt hat, daß die Aminosäuren die hauptsächlichsten Bausteine der Proteine darstellen und uns inzwischen mit der Strukturformel von etwa 25 verschiedenen Aminosäuren bekannt gemacht hat.

2. Die *biologische Untersuchung*, die zur Erkenntnis der biologischen Wertigkeit der einzelnen Proteine und Aminosäuren im Tierversuch geführt hat.

3. Die *kolloidchemische Forschung*, die mit möglichst milden Methoden das physiko-chemische Verhalten des Gesamtmoleküls untersucht und in den letzten Jahren besonders mit zwei neuen Methoden zu neuen Erkenntnissen über die Größe, das Gewicht und die Konfiguration löslicher Eiweißkörper gekommen ist: mit der *Ultrazentrifuge* und der *Elektrophorese*.

Entsprechend der Aufgabe dieses Buches soll hier nur auf die Fortschritte hingewiesen werden, die der *Elektrophorese* zu verdanken sind und die Ergebnisse der anderen Untersuchungsmethoden sollen nur so weit erwähnt werden, wie sie zum Verständnis des heutigen Bildes über die Physiologie, vor allem des Bluteiweißes nötig sind.

I. Die Plasmaproteine

Der große Aufgabenbereich des Plasmaeiweißes ist nicht von einer einheitlich konfigurierten Molekülart zu erfüllen. Er umfaßt die Aufrechterhaltung des Blutvolumens und des osmotischen Drucks, die Pufferung, den Transport von Hormonen, Antikörpern, Farbstoffen, Medikamenten, den Gerinnungsmechanismus, den Fetttransport, die Eiweißernährung der Gewebe. Die dazu notwendige Arbeitsteilung verlangt verschieden gebaute Funktionsträger. Es ist ein Verdienst der elektrophoretischen Forschung, einen Teil dieser Funktionsträger erkannt zu haben und über die 1884 von Hammersten eingeführte klassische Serumfraktionierung in Albumin-Globulin nun auch die Globuline nach ihrer unterschiedlichen Beweglichkeit im elektrischen Feld unterscheiden zu können. Damit ist zwar nichts Endgültiges geschehen, d. h. *die so getrennten* und jederzeit exakt reproduzierbar zu trennenden *Fraktionen enthalten noch immer keine einheitlichen Moleküle*, sondern immer noch eine Gruppe von Molekülen, die zwar die gleiche Wanderungsgeschwindigkeit, d. h. wahrscheinlich dieselbe elektrische Ladung besitzen, aber sich sonst sowohl in der Größe, Struktur und Molekulargewicht als auch in der biologischen Funktion erheblich unterscheiden können. Aber, und das ist gerade für den Kliniker so außerordentlich wichtig und hat diese Methode zu ihrer klinischen Bedeutung gebracht: die Größe der einzelnen Fraktionen wird vom gesunden Körper sehr konstant erhalten und ändert sich erst unter bestimmten pathologischen Bedingungen.

1. Normalwerte des Menschen

Wie im ersten Kapitel schon ausgeführt wurde, hängt die Beweglichkeit und die Größe der einzelnen Fraktionen sehr vom Milieu ab, in das die Plasma- bzw. Serumproteine gebracht werden müssen. *Es gibt also, genau so* wie bei der Gesamteiweißbestimmung, eine methodisch bedingte Schwankungsbreite und *keine vergleichbaren Absolutwerte*. Nur wenn in derselben Pufferlösung getrennt wurde, wenn p_H und Temperatur identisch waren, lassen sich die Ergebnisse vergleichen. So gibt Dole (72) beim 0,1 n-Natriumveronal-0,02 n-Veronalpuffer vom $p_H = 8,6$ bei 25° getrennt folgende Normalwerte für Erwachsene an:

	Albumin %	α_1 %	α_2 %	β %	S %	γ %
Mittelwert	60,3	4,6	7,2	12,1	5,1	11,0
Standardabweichung . .	±2,8	±0,7	±1,3	±1,9	±0,6	±2,5

ARMSTRONG (9) findet als Normalwert bei Untersuchungen an Sammelplasma bei Natrium-Diäthylbarbituratpuffer vom $p_H = 8,6$ bei $+2°$:

	Albumin %	α_1 %	α_2 %	β %	S %	γ %
Mittelwert	55,2	5,3	14,0	13,4	6,5	11,0
Standardabweichung . .	±1,3	±0,5	±0,8	±1,6	±0,6	±0,7

Nach B. OLHAGEN (221) bestehen beim 0,032 Mol Na_2HPO_4- und 0,004 Mol NaH_2PO_4-Puffer ($+0,015$ Mol NaCl) vom $p_H = 7,6$ die Normalwerte:

	Albumin %	α %	β %	γ %
Mittelwert	58,2	7,2	14,5	20,1
Abweichung	(53,2—63,2)	(5,2—9,2)	(11,3—17,7)	(15,9—24,3)

Ähnliche Unterschiede können fast in jeder Angabe über Normalwerte gefunden werden. Die mit dem ANTWEILER-Apparat gefundenen Normalwerte sind:

	Albumin %	α %	β %	γ %
Mittelwert.	63,2	9,0	13,7	14,1
Standardabweichung .	±2,49	±1,75	±0,29	±1,92

Diese Werte wurden an 20 gesunden Erwachsenen gewonnen. Die Untersuchung fand im Veronal-Veronalnatriumpuffer nach LONGSWORTH bei $p_H = 8,4$ und $+8°$ statt (EWERBECK).

Die Normalwerte zeigen bei der *Papierelektrophorese*, da die einzelnen Ergebnisse mit verschiedenen Methoden und Färbemethoden gewonnen wurden, in den verschiedenen Veröffentlichungen starke Unterschiede.

Nach der Zusammenstellung von WUNDERLY (314) ergeben sich folgende Mittelwerte:

	Albumin %	α_1 %	α_2 %	β %	γ %
Mittelwert.	61,6	3,9	7,3	10,7	16,5
Schwankung.	55,4—72,9	1,4—4,4	3,5—9,5	8,6—12,6	13,6—22,2

Beim Vergleich mit den Werten nach der TISELIUS-Methode muß vor allem beachtet werden, daß sich auf dem Papier die Lipoidkomponenten bei der Eiweißfärbung nicht mit anfärben.

Diese Durchschnittswerte gelten nicht im ersten Lebensjahr, dessen Normalwerte im Abschnitt der Kinderheilkunde angegeben sind, und offenbar nicht über das 70. Lebensjahr hinaus. So fanden RAFSKY, NEWMAN und KRIEGER (236) bei 70- bis 95jährigen in 43% einen Albuminwert unter 55% und in 67% eine β-Globulinerhöhung über den Normalwert hinausgehend.

Als Mittelwerte geben sie an (235):

	Albumin %	α_1 %	α_2 %	β %	γ %
Mittelwert.	48,6	8,5	10,2	16,7	15,9

Auch rassische Unterschiede scheinen zu bestehen. So fanden Stanier und Thompsen (*278*) (Antweiler-Gerät) bei Afrikanern bedeutend höhere γ-Globulinwerte als bei Europäern. Bei Untersuchungen von Müttern und Kindern unmittelbar nach der Geburt (*277*) fanden sich bei den Müttern alle Globulinwerte niedriger und die γ-Globuline doppelt so hoch wie bei Weißen. Die Kinder (Nabelschnurblut) wiesen im Gegensatz zu den Beobachtungen in Europa niedrigere γ-Globulinwerte als die jeweiligen Mütter auf.

2. Die Stabilität der Fraktionen

Wichtig ist im Zusammenhang mit den Normalwerten zu wissen, daß *die Art der Blutabnahme auf die Fraktionierung von Einfluß* sein kann. Sie soll aus der möglichst kurz gestauten Vene stattfinden, da Nordmann (*217*) nachweisen konnte, daß eine Stauung von 6 min das Gesamteiweiß von 7,3 g-% auf 9,5 g-% und die Albumine von 4,1 g-% auf 4,7 g-% ansteigen läßt[1]. Dagegen sind die elektrophoretischen Werte *unabhängig von einer vorhergegangenen Mahlzeit*. Während nach einer Probemahlzeit von 1300 cal (60 g Eiweiß, 70 g Fett, 120 g Kohlenhydrate) Blutsenkung, Cephalinflockung, Weltmannsches Coagulationsband und Thymoltrübung deutlich veränderte Werte zeigten, blieben die elektrophoretischen Werte gegenüber den Nüchternwerten nach den Untersuchungen von Bubb und Pedrazzini (*40*) unverändert. Belastungsversuche der Kölner Kinderklinik ergaben auch nach 100 g Fett noch keine veränderten Werte in den einzelnen Fraktionen. Selbst nach heftigen Stößen „ins System", *nach Encephalographien* zeigen sich *keine* signifikanten *Veränderungen* gegenüber den Werten vor dem Eingriff, wie Lohmann (*176*) an unserer Klinik nachweisen konnte. Erst nach 24 Std. kommt es zu einem leichten γ-Globulinanstieg unter entsprechender Albuminverminderung. Das steht in auffallendem Gegensatz zu den bekannten postencephalographischen Veränderungen im Leukocyten-Eisen-Kochsalz-Blutzuckerspiegel, für welche man deshalb eine diencephale Steuerung annimmt. Es ist sehr unwahrscheinlich, daß für den Serumeiweißspiegel und die einzelnen Fraktionen nicht auch ein ähnlich gearteter Steuerungsmechanismus existiert, aber er läßt sich in analoger Weise nicht nachweisen.

Der Körper scheint also die Fähigkeit zu besitzen, *die individuelle Größe der einzelnen, elektrophoretisch trennbaren Proteinfraktionen sehr konstant zu erhalten.*

Möglicherweise besitzen Hypophyse und Schilddrüse einen regulierenden Einfluß auf die Serumeiweißkörper, da sich unter Hypophysin beim Menschen [Granzer (*111*) und unter Thyroxin im Tierversuch [Villar-Caso (*298*)] die Konzentration der Globulinfraktionen senkt. Ob eine Abhängigkeit der Eiweißfraktionen im Serum vom Wetter besteht [Prager (*234*)], ist bisher noch nicht bestätigt worden. Extravasal, also in vitro, läßt sich eine so große Stabilität der Serumproteinfraktionen nicht mehr nachweisen.

Moore, Roberts, Costello und Schonberger (*205*) berichteten, daß nach 8tägigem Stehenlassen des Serums bei Zimmertemperatur die α-Globulinzacke im Diagramm fehlt. Waterstradt (*299*) konnte das bestätigen und fand, daß *schon vom 3. Tag an bei Zimmertemperatur die α-Fraktion abnimmt,* später auch die β-Fraktion unter Zunahme der γ-Fraktion.

Anders liegen die Verhältnisse anscheinend, wenn Serum unter Luftabschluß aufbewahrt wird, wie es bei den Serumkonserven geschieht. Lang, Feinen und Cremer (*167*) haben derartige, ohne Konservierungsmittelzusatz verarbeitete bei Zimmertemperatur bis zu 6 Jahren gelagerte Serumkonserven untersucht und glauben aus der Tatsache, daß die dabei gewonnenen Elektrophoresediagramme

---

[1] Nach Freislederer und Vohl bestehen zwischen dem Venen- und Capillarblut keine Unterschiede bei der elektrophoretischen Fraktionierung (Klin. Wschr. 1956, 335).

„denen von Seren gesunder Menschen entsprechen", schließen zu können, daß während der Lagerzeit keine Veränderungen eingetreten sind. Die veröffentlichten Diagramme sind allerdings sehr schlecht differenziert, wie wir es schon bei der Untersuchung alter Serumproben mehrfach beobachtet haben, außerdem liegen die α-Werte in einzelnen Fällen sehr tief (bis 3,5%!) und die γ-Werte alle außergewöhnlich hoch (durchschnittlich über 20%). GRUNDMANN und FISCHER (*115*) fanden schon nach dem 8. Tag laufend stärker werdende Globulinvermehrungen vor allem im γ-Bereich, ab 16. Tag auch im β-Bereich, während AUERSWALD und WENZL (*10*) die Veränderungen nur im Bereich der methodischen Streuung fanden. Es erscheint also auch nach ihren Befunden noch nicht gesichert, ob die Lagerung ganz ohne Einfluß auf die Wanderungsgeschwindigkeit aller im Serum gelöster Proteine ist.

Bei im Kühlschrank aufbewahrten Seren zeigen sich in den ersten 8 Tagen keine Veränderungen. Über 37° erhitzte Seren sind irreversibel verändert und nicht mehr elektrophoretisch zu trennen. Röntgenbestrahlung (über 800 r) führt zu einer γ-Globulinabnahme und α- und β-Globulinzunahme bei gleichbleibenden Albuminwerten, Ultraschalleinwirkung von 25 min ergibt dieselben Veränderungen sowie eine leichte Albuminvermehrung.

Die durch Röntgenstrahlen hervorgerufenen Veränderungen sind irreversibel, die Ultraschallveränderungen bilden sich nach 4 Tagen zurück (WATERSTRADT (*299*)]. Ultraviolettbestrahlung in 80 cm Brennerabstand ist bis 25 min ohne Einfluß auf das Elektrophoresediagramm. In 20 cm Brennerabstand und 1 mm Serumschichtdicke fanden HELLBRÜGGE und MARX (*127*) schon nach 5 min Veränderungen am β-Globulin und nach 20 min waren die Globuline nicht mehr zu trennen.

3. Die elektrophoretischen Fraktionen

Die einzelnen elektrophoretischen Fraktionen unterscheiden sich nicht nur durch ihre unterschiedliche Wanderungsgeschwindigkeit im elektrischen Feld recht erheblich, sondern auch im *Molekulargewicht*, in der *Größe, Konfiguration* und *Struktur ihrer Moleküle* untereinander.

Die physikalischen Daten sind der Tab. 3 zu entnehmen.

Tabelle 3. *Physikalische Daten der einzelnen Proteinfraktionen*
[Nach EDSALL (*78*) und PEDERSEN (*224*).]

Fraktion	Molekular-gewicht	Ungefähre Masse in Ångström	
		Länge	Breite
Albumin	69000	150	38
α_1	200000	300	50
α_2	(300000)	—	—
β_1	90000	—	—
	150000	—	—
	500000	—	—
	1000000	—	—
	1300000	—	—
β_2	150000	—	—
γ	156000	235	44
	300000		
φ (Fibrinogen	400000	700	38

Danach besitzt also nur das Albumin und das Fibrinogen eine einheitliche Molekülgröße, während in allen Globulinfraktionen Moleküle verschiedenen Gewichts vorhanden sind. Bekannt und auffallend ist, daß die Albumine sich in ihrer Konfiguration am meisten dem Rotationsellipsoid nähern, während die γ-Globuline sehr langgestreckt sind, was beim Fibrinogen noch ausgeprägter der Fall ist, mit einem Achsenverhältnis von 1:30 bis 1:50. Sie werden deshalb nach ASTBURY [zit. WUHRMANN (*310*)] in die Gruppe der fibrillären Proteine eingereiht.

Auch bei der Bausteinanalyse der einzelnen Fraktionen zeigen sich bemerkenswerte Unterschiede, die aus der Tab. 4 zu ersehen sind.

Tabelle 4. *Aminosäurengehalt der einzelnen Fraktionen.* [Nach Brand zit. bei Edsall (*78*).]
Zahlen in g/100 g Eiweiß

	Albumin	α	β Globuline	γ	Fibrinogen
Gesamtstickstoff . . .	15,95	—	15,24	16,03	16,9
Gesamtschwefel . . .	1,96	—	1,32	1,02	1,26
Freier α-Amino-N . .	0,18	—	—	0,11	—
Amido-N	0,88	—	—	1,11	—
Glycin	1,6	3,1	5,6	4,2	5,6
Alanin	—	—	—	—	—
Valin	7,7	5,2	7,0	9,7	4,4
Leucin	11,0	14,2	7,9	9,3	7,1
Isoleucin	1,7	1,7	5,0	2,7	4,8
Prolin	5,1	4,7	7,1	8,1	5,7
Phenylalanin	7,8	4,6	4,7	4,6	4,2
Cystein	0,7	1,5	3,5	0,7	0,4
Cystin	5,6			2,4	2,3
Methionin	1,3	1,4	1,7	1,1	2,5
Tryptophan	(0,2)	1,9	2,0	2,9	3,3
Arginin	6,2	7,7	6,8	4,8	7,4
Histidin.	3,5	2,8	2,8	2,5	2,8
Lysin.	12,3	8,9	6,6	8,1	8,3
Asparaginsäure . . .	10,4	9,0	9,8	8,8	13,6
Glutaminsäure. . . .	17,4	21,6	14,5	11,8	14,3
Serin	3,7	5,0	7,1	11,4	9,2
Threonin	5,0	4,9	6,1	8,4	6,6
Thyrosin	4,7	4,5	6,0	6,8	5,8

Die größten Unterschiede im Aminosäurengehalt zwischen den Albuminen und den einzelnen Globulinfraktionen bestehen also im Tryptophan (Albumin ist praktisch tryptophanfrei), im Lysin, das im Albumin stärker vertreten ist, im Cystin, das sich auch vor allem im Albumin befindet, im Glycin, das wieder stärker in den Globulinen vorhanden ist, wie auch im Isoleucin, an dem besonders das β-Globulin reich ist. Ähnliche Beobachtungen stammen von Pernis (*227*).

In Fütterungsversuchen an Ratten zeigt sich [Cannon und Heysteal (*49*)], daß in bezug auf den Aminosäurengehalt das Fibrinogen das vollständigste Protein ist; gleich danach kommt in seiner biologischen Wertigkeit das γ-Globulin, während dem Albumin das Tryptophan und das Isoleucin fehlt. Werden diese beiden Aminosäuren ergänzt, zeigt sich auch mit Albumin gutes Wachstum.

Auch Emmrich (*83*) wies neuerdings auf den unterschiedlichen Cystingehalt des Serumalbumins (4,5—5,5%) und Globulins (1,6—2,4%) hin und fand, daß sich dieses Verhältnis bei Dysproteinämien, vor allem bei Eiweißmangelschäden änderte und durch zusätzliche Cystinzufuhr wieder normalisiert werden kann. Keine Änderung findet sich aber im unterschiedlichen Aminosäurengehalt der Fraktionen bei nicht fieberhaften Krankheiten und auch bei Lebercirrhose [Balint und Balint (*11*)].

a) Die Albumine

Diese die größte Fraktion des menschlichen Plasmas bildenden Proteine besitzen einige hervorragende Eigenschaften, die es verständlich machen, daß der Organismus eine stärkere Hypalbuminämie am schwersten erträgt und sich ihre Symptome am schnellsten bemerkbar machen. Die geringe Asymmetrie der Albuminmoleküle, ihr geringes Molekulargewicht, ihre hohe negative Ladung bei der Wasserstoffionenkonzentration des Blutes befähigen vor allem das *Albumin*, das Blutvolumen durch *Wasserbindung* aufrechtzuerhalten. Sie ermöglichen damit die Kreislauffunktion des Herzens, was noch durch die geringe Viscosität des Albumins begünstigt wird.

Ein Albuminverlust führt in doppelter Weise zu einer Herzbelastung: erstens muß die Zirkulation infolge des damit verbundenen Wasserverlustes mit einem geringeren Volumen ausgeführt werden, zweitens besitzt das zirkulierende Plasma eine erhöhte Viscosität.

Das zweite Merkmal für die Albuminproteine ist ihre hervorragende *Bindungsfähigkeit für die verschiedensten Stoffe.*

So vermag das Albumin zu binden: basische und saure Farben, Anionen von Fettsäuren, aromatische Carboxylsäuren, acetylierte Aminosäuren, Sulfonamidderivate, Naphthochinonderivate, die Gallenfarbstoffe, Vitamin C, K und P, die Herzglykoside, Penicillin, Chloromycetin, Streptomycin und eine Menge anderer Pharmaka (s. BENNHOLD (*15*), EDSALL (*78*), GOLDTSTEIN (*109*). Thyroxin wandert mit den Albuminen, läßt sich aber auch zwischen α_1 und α_2 nachweisen [HORST (*142, 143*), LARSON (*168*)][1]. Auch für das organische Jod läßt sich außer im Albumin und im α_1 ein Maximum zwischen Albumin und α_1 nachweisen [MAURER (*193*)]. Phosphor findet sich ebenfalls an den Albuminen [MAURER (*192*)]. Bilirubin ist bei geringer Konzentration stets an die Albumine gebunden. Bei höheren Werten geht es auch auf α_2- und β-Globuline über [WESTPHAL (*302*)].

Für jede Substanz besitzt das Albumin eine bestimmte Bindungskapazität. Ist sie überschritten, kommt es auch zu einer Bindung an einzelne Globulinfraktionen oder die Substanz kommt auch frei im Plasma vor [BENNHOLD (*15, 16*)].

Das dritte Merkmal ist die *große Stabilität der Albumine infolge ihrer hohen negativen Ladung.* Sie sind deshalb von großer Bedeutung für den Ausfall der verschiedenen Labilitätsreaktionen. So kann eine Kolloidreaktion, deren positiver Ausfall vom β- oder γ-Globulingehalt einer Proteinlösung abhängig ist, trotz genügend hoher Konzentrationen dieser Fraktionen negativ bleiben, wenn die Albuminkonzentration nicht gleichzeitig abnimmt, wie K. F. SCHEIDT (*252*) an Modellversuchen zeigen konnte. Diese Tatsache beweist erneut die Problematik der üblichen Labilitätsreaktionen, die wohl auch von nicht mit der Elektrophorese nachweisbaren Faktoren in ihrem Ausfall abhängig sind, wie neuerdings STARY (*279*) und seine Schule an der Blutsenkung in ihrer Abhängigkeit von den Glucoproteinen nachweisen konnte.

Trotz des einheitlichen Molekülgewichtes ist das *Albumin nicht homogen.* Nach KECKWICK (*157*) besteht es aus drei Fraktionen, von denen eine, das Seroglykoid, bis 8% Kohlenhydrat enthält, gut löslich und nicht kristallisierbar ist, während die zweite Fraktion, das Kristalbumin, weniger gut löslich ist, kein Kohlenhydrat enthält und leicht kristallisierbar ist.

Über einen angeborenen, offenbar familiären völligen Albuminmangel bei einem Geschwisterpaar hat neuerdings BENNHOLD (*17*) berichtet.

b) Die α- und β-Globuline

Die in diesen *beiden Fraktionen* wandernden Proteine sind in sich, wie schon am unterschiedlichen Molekulargewicht erkennbar, *sehr inhomogen.* Die Kenntnis über ihre Bedeutung verdanken wir vor allem E. J. COHN (*56, 57*) und Mitarbeitern, die durch die Methanolfraktionierung es ermöglichten, den Gehalt der einzelnen Globulinfraktionen an einzelnen Substanzen zu untersuchen.

Vor allem *enthalten* die α- und β-Globuline relativ *große Mengen an Lipoiden* [BLIX, TISELIUS, SVENSSON (*35*)]. Nach Acetonextraktion bleiben die einzelnen elektrophoretischen Fraktionen unverändert, aber die α-Fraktion ist stark vermindert [BLIX (*34*)]. Auch aus der β-Fraktion lassen sich Lipoide extrahieren, wodurch sie die elektrophoretische Fraktion verkleinert [McFARLANE (*90*)]. Ihr Lipoidgehalt beeinflußt ihre Bindungsfähigkeit für hydrophile Substanzen [BENNHOLD (*16*)], so daß ein schneller Kongorotschwund aus dem Plasma nicht nur durch Amyloid, sondern auch durch hohen Lipoidgehalt und schlechte Bindungsfähigkeit

---

[1] Auch Hydrocortison (2—10%) und Progesteron (über 90%) ist an Albumin gebunden WESTPHAL, U., H. E. FIRSCHEIN, E. M. PEERCE: Science 121, 601 (1955)].

der α- und β-Globuline bedingt sein kann, besonders dann, wenn noch gleichzeitig eine Hypalbuminämie besteht. Auch Kohlenhydrate finden sich in großen Mengen in diesen beiden Fraktionen [Blix, Tiselius, Svensson (35)]. Außerdem finden sich in diesen Fraktionen: Mucoproteine, Phospholipoide, Gallenfarbstoffe, Fettsäuren, fettlösliche Vitamine [Edsall (78)], Cholesterin [Bowen (38)], Hormone wie das Schilddrüsenhormon [Deiss (60), Horst (142), Mahaux (187)] und Oestrogen [in β_1 nach Roberts und Scego (238)], Phosphatide [Maurer (192)] und Fermente wie Trypsin-Anhibitoren [in α_1 und α_2 nach Jabosson (145)].

Auch metallbindende Eigenschaften lassen sich bei Proteinen dieser Fraktionen nachweisen. So wird *Kupfer* hauptsächlich von einem α-Globulin mit dem Molekulargewicht 151000, dem Coeruloplasmin [Gubler (116), Wolff (306)], in geringen Mengen offenbar auch von β-Globulinen [Lathey (170)] transportiert. Die Eisenbindungsfähigkeit eines Globulins im β-Anteil haben Schade und Caroline (246) beschrieben. Es ist im β_1-Globulin nachweisbar, von dem es etwa 11% einnimmt [Smith (272)]. Ein Molekül dieses Proteins, „Siderophyllin" oder „Transferin" genannt, mit dem Molekulargewicht von 90000, bindet 2 Moleküle Eisen [Schade (246)] und von 1 mg Globulin können 0,38—1,25 g Fe^{++} aufgenommen werden [Surgenor und Koechlin (286)]. Normalerweise ist diese Bindungskapazität nur zu einem Drittel gesättigt [Holmberg und Laurell (139), Wuhrmann und Jasinski (308)].

Schließlich befinden sich etwa drei Viertel des Thrombins bzw. Prothrombins im β-Globulin [Edsall (78), Armstrong (9)], der Rest im α- und γ-Globulin. Ein Drittel der Isohämagglutinine wird von der β-Fraktion gestellt, zwei Drittel von der γ-Fraktion [Cohn (57)]. Zu den Isoagglutininen gehört auch ein Anti-Rh-Faktor, der in der β-Fraktion nachgewiesen wurde (57).

c) Die γ-Globuline

Diese klinisch interessanteste Fraktion hat schon die meiste Bearbeitung erfahren. Tiselius (290) stellte 1936 ihre *Inhomogenität* fest und 1947 fand Roubert (244) im Acetatpuffer ($p_H = 7,5$) drei Komponenten, die er jeweils wieder fraktionieren konnte, so daß er zu 12 Untergruppen kam. Jager (147) und Mitarbeiter isolierten elektrophoretisch zwei Komponenten mit dem isoelektrischen Punkt von $p_H = 7,3$ und 6,85, deren Gradienten bei der Trennung aber noch unsymmetrisch waren, so daß sie sie nicht für homogen hielten. Beide Komponenten verhielten sich aber immunologisch identisch und waren mit Kaninchenantiserum als Antigen fällbar, so daß mit dieser Methode keine Trennung möglich war. Bemerkenswerterweise reagiert aber das Kaninchen-γ-Globulin-Antiserum auch noch mit anderen, bisher unbekannten Globulinkomponenten des menschlichen Serums, so daß immunologisch bestimmtes γ-Globulin immer höhere Werte zeigt als elektrophoretisch bestimmtes [Jager (147)]. Rinder-γ-Globulin ist von Cann, Brown und Kirkwood (42) elektrophoretisch sogar in 8 Fraktionen aufgeteilt worden. Auch mit der Ultrazentrifuge läßt sich die unterschiedliche Zusammensetzung der γ-Funktion darstellen, wobei etwa 75% die Sedimentationskonstante $S_{20} = 6,5$—7,0 besitzen [Jager, Smith und Nickerson (147)]. Neuerdings haben Wuhrmann, Wunderly und Nicola (312) noch einmal darauf aufmerksam gemacht, daß es sich mit Hilfe der Präcipitation, Ultraviolettabsorption, Aussalzung sowie Bestimmung des isoelektrischen Punktes nachweisen läßt, daß die γ-Fraktion kein einheitliches Protein enthält, was sie für die Ursache des bekanntlich niedrig breiten γ-Gradienten in der Elektrophoresekurve halten. Ein einheitliches Protein bildete immer einen steilen Gradienten. Auf die Unterschiede im Molekulargewicht wurde auf S. 43 schon aufmerksam gemacht.

Ebenso unterschiedlich wie die kolloidchemischen Eigenschaften dieser Eiweißfraktion sind auch ihre *biologischen Aufgaben*. In ihr finden sich vor allem 98% der Immunglobuline [Cohn (56)].

So wurden bisher konzentriert (6—30fach) folgende Antikörper gefunden: gegen Diphtherie, Dysenterie, Herpes simplex, Mumps, Paratyphus, Typhus, Poliomyelitis, Scharlach, Streptokokken, Bac. perfringens, Masern, Parotitis, Hepatitis, Pneumokokken [BUPP (*39*), SCHIFF (*294*)].

Auch die Antikörperaktivität bei allergischen Reaktionen (Pollenallergie) [LOVELESS und CANN (*179*)], der Hauttestantikörper bei mehrfachen Sensibilisierungen und das Antitoxin gegen Staphylokokkenhämolysin [NEWELL (*214*) u. Mitarb.] läßt sich in der γ-Fraktion nachweisen. Bei einfacher Sensibilisierung scheint der mit dem Prausnitz-Küster nachweisbare Antikörper hauptsächlich in der α- und β-Fraktion vorhanden zu sein. Bei einem Fall von hochgradiger Insulinsensibilisierung fand LOVELESS (*179*) sogar die Antikörperaktivität im β-Globulin 20fach höher als im γ-Globulin. In der Regel ist allerdings wohl beim Menschen die höchste Antikörperaktivität doch in den γ-Globulinen nachweisbar, so auch das für die Diagnostik besonders bedeutungsvolle spezifische Reagin „Antistreptolysin" [IMPERATO (*144*)].

Von Interesse ist auch in diesem Zusammenhang, daß die γ-Globuline eine stimulierende Eigenschaft auf die Wanderungsgeschwindigkeit der Leukocyten besitzen [ALLGÖWER und SÜLLMANN (*5*)].

Besonders reichlich finden sich die Antikörper natürlich in Rekonvaleszentenserum, während Normalserum oft arm daran ist [SCHIFF (*254*)]. Einzelne Antikörper sind noch näher bestimmt worden. So fanden DEUTSCH (*67*) und Mitarbeiter, daß die *Typhus-O-Agglutinine* (und β-Isohämagglutinine) vor allem in der γ_1-*Fraktion* wandern, während die Diphtherie-, Influenza A-, Pertussisantikörper in beiden γ-Globulinfraktionen zu finden sind. CANN, BROWN und KIRKWOOD (*42*) haben das menschliche Antipertussis-γ-Globulin noch weiter elektrophoretisch getrennt und fanden dabei im Veronalpuffer bei $p_H = 8,6$ (Ionenstärke $= 0,1$) vier Fraktionen mit der Beweglichkeit von $0,88 - 1,60 \cdot 10^{-5}$ cm^2 sec^{-1} V^{-1}. Alle Fraktionen hatten denselben Agglutinintiter und die langsamste Fraktion in vitro die größte Schutzkraft.

Wichtig in diesem Zusammenhang sind auch die Untersuchungen von TISELIUS (*290, 291, 292*) und Mitarbeitern und HEIDELBERGER (*124*) und seiner Schule an gereinigten *Antikörpern von verschiedenen Tierarten* (Pferd, Kaninchen) *gegen dieselben Antigene* (Typ I Pneumokokkenpolysaccharid, kristallines Eialbumin). Sie zeigten bei der Elektrophorese und in der Ultrazentrifuge in ihrem Verhalten große Unterschiede, so daß man nun weiß, daß *von verschiedenen Species die Antikörperfunktion gegen dasselbe Antigen von verschiedenen Serumfraktionen gebildet wird.* Das weist darauf hin, daß *bei der Antikörperentstehung kein neues,* durch die Antigenzufuhr bedingtes *Protein entsteht,* sondern daß sich entweder die genuinen Antikörper mit den an sich inaktiven Begleitproteinen des nativen Serums zu höhermolekularen immunologisch aktiven Symplexen vereinigen [H. SCHMIDT (*256*)] oder daß sie durch den formativen Reiz der zugeführten Antigene nach der Theorie von PAULING (*222, 223*) durch Umlagerung der Polypeptidketten aus den artspezifischen Globulinmolekülen entstehen. (Siehe auch Abschnitt über die Genese der Eiweißkörper.)

MOORE und HARRIS (*204*) haben weiter gefunden, daß *die Antihyaluronidase,* die die Streptokokkenhyaluronidase hemmt und in stärkerer Konzentration bei Patienten mit Streptokokken- und rheumatischer Infektion gefunden wird, *mit dem Serum-γ-Globulin wandert* und sich dadurch von dem *Inhibitor der Hyaluronidase* unterscheidet, die *mit dem Albumin* wandert, was von GLICK und MOORE (*108*) beschrieben wurde. Die Antihyaluronidase ist gleichzeitig ein echter, neutralisierender Antikörper, der Inhibitor nicht. Außerdem wurde in der γ-Fraktion noch ein *Kältehämagglutinin* nachgewiesen [STATS, PERLEMAN, BULLOWA, GOEDKIND (*280*)].

Interessant ist, daß die Halbwertszeit der γ-Globuline bei den verschiedenen Species unterschiedlich zu sein scheint: Rind 21,8, Hund 8,0, Rhesusaffe 6,6, Kaninchen 4,6—5,7, Meerschweinchen 5,4, Mäuse 1,9 Tage, und daß auch eine gewisse Altersabhängigkeit zu bestehen scheint, da der Halbwertszeit des erwachsenen Menschen von 13,1 Tagen eine solche des Kindes (unter 8 Jahren) von 20,3 Tagen gegenübersteht [DIXON (*70*)].

Dieser kurze Überblick über die große Zahl von Arbeiten über die Zusammensetzung der einzelnen Globulinfraktionen, besonders der γ-Fraktion, zeigt schon deutlich genug die physikalisch-chemische Inhomogenität der Globuline und die Vielfalt ihrer biologischen Bedeutung. Er läßt auch erkennen, daß es biologisch keine der elektrophoretischen Trennung entsprechenden scharfen Grenzen gibt, sondern daß es sich im Organismus immer um eine Wechselwirkung zwischen den einzelnen Proteinfraktionen handelt, daß es eine Stellvertretung gibt, wie an der Bindungsfähigkeit der Proteine zu sehen war, wo eine zweite Fraktion bindungsfähig wird, wenn die Kapazität der ersten überschritten wird, und daß es außerdem Funktionen gibt, an denen offenbar alle Serumfraktionen beteiligt sind, wie die des Komplements, in dem neben wesentlichen Anteilen aller drei Globulinfraktionen (90%) auch noch Albumin enthalten ist [s. WUNDERLY (310)].

d) Das Fibrinogen

Die Kenntnis über das schon lange sehr genau beschriebene Fibrinogen hat durch die Elektrophorese keine Erweiterung erfahren außer der Tatsache, daß es zwischen dem β- und γ-Globulin wandert und nicht nach dem γ-Globulin, wie man hätte erwarten können. Mit der Papierelektrophorese ist es KLINKENBERG und SCHAUENSTEIN (160) inzwischen gelungen, Rinderfibrinogen unter besonderen Bedingungen (0,2m-Glykokoll-NaOH-Puffer vom $p_H = 1,9$) in zwei Komponenten aufzuspalten, die sie als die im Fibrinogen präformierten Fibrinfraktionen I und II deuten.

4. Die Normalwerte bei Tieren

Da die Elektrophorese immer mehr zu tierexperimentellen Untersuchungen herangezogen wird, soll an dieser Stelle kurz über die Normalwerte der gebräuchlichsten Versuchstiere berichtet werden.

An 34 *Hunden* fanden LEWIS (175) und Mitarbeiter folgende Durchschnittswerte (Tab. 5):

Tabelle 5. *Durchschnittswerte Hund.* Phosphatpuffer $p_H = 7,8$, $\mu = 0,16$

	Gesamt-eiweiß	Allbumin	α_1	α_2	β	Fibrin	γ
Mittelwert . . .	4,80 g-%	43,6%	9,9%	9,2%	14,3%	14,5%	8,8%
Standardabweichg.	±0,12	1,23	0,48	0,63	0,46	0,60	0,58

DEUTSCH (66) hat in einer Übersichtsarbeit über die Elektrophoresewerte bei Tierseren über die Seren vom Affen, Pferd, Schwein, Kuh, Schaf, Ziege, Hund, Fuchs, Katze, Nerz, Kaninchen, Meerschweinchen, Ratte berichtet und veröffentlicht folgende Durchschnittswerte (Tab. 6):

Tabelle 6. *Normalwerte nach* DEUTSCH (49)

Tierart	Albumin %	α %	β %	Fibrin %	γ %
Kaninchen	63,3±1,1	11,5±0,8	13,0±0,7	7,9±0,8	4,3±0,3
Ratte.	59,1±1,0	15,4±0,6	19,4±0,5		4,8±0,2
Meerschweinchen. . .	54,6±0,9	22,9±0,6	8,8±0,1	8,1±0,4	5,6±0,3
Hund.	39,6±2,1	24,9±0,9	13,0±1,6	13,3±0,3	9,3±0,6

Auffallend sind an diesen Zahlen die *niedrigen γ-Globulinwerte bei Meerschweinchen und Ratten.* Beim *Schwein* findet sich nach CARTWRIGHT (47) und Mitarbeiter normalerweise 44,6% Albumin, 4,2% α_1-, 19,6% α_{2+3}-, 3,5% β_1-, 3,5% β_2-, 10,4% γ_1-

und 11% γ_2-Globulin. Eine Übersichtstabelle über die Werte der *wichtigsten Versuchstiere* ist von EDSALL (78) publiziert worden (Tab. 7).

Tabelle 7. *Tiersera nach* EDSALL (60)

Tierart	Albumin %	α %	β %	γ %
Kuh	41,0	13,0	8,2	37,8
Meerschweinchen . .	55,8	14,5	8,2	21,5
Pferd	32,1	13,8	24,2	29,9
Schwein	42,4	16,0	16,3	25,3
Kaninchen	59,6	7,05	12,0	21,35
Schaf	57,3	10,5	7,2	25,0

Weitere Normalwerte bei Versuchstieren finden sich bei BERGER (18), BOGUTH (36) EYMER (88), GEINITZ (103), HÖHNE (138), STÖCKL (285)[1] und eine Zusammenstellung besonders der mit der Papierelektrophorese gewonnenen Werte bei WUNDERLY (314).

Vergleicht man die von verschiedenen Autoren angegebenen Normalwerte, so zeigen sich Differenzen, die man nach den Erfahrungen an menschlichem Plasma als pathologisch bezeichnen würde. Diese *individuellen Schwankungen sind aber nach* EDSALL (78) *für Tierseren typisch.* So finden sich *bei gesunden Kühen* Albuminwerte zwischen 34,8 und 47,1% und beim Schwein zwischen 46,8 und 64,4%. Daß die *Schwankungen im γ-Globulinspiegel der Kaninchen nicht nur individuell, sondern klinisch bedingt* sein können, zeigen Beobachtungen an der Kölner Kinderklinik (EWERBECK).

Bei hohem γ-Globulinspiegel fand sich autoptisch immer die bei Zuchtkaninchen so verbreitete Coccidiose, während die Tiere klinisch völlig gesund schienen. Es erscheint nicht unwahrscheinlich, daß auch die Schwankungen bei anderen Tierseren eine pathologisch-anatomisch nachweisbare Ursache haben.

Bei Kälbern und bei neugeborenen Tieren der Wiederkäuerreihe ist es PEDERSEN (224) gelungen, ein *neues Protein* nachzuweisen, das er dann in ganz geringer Konzentration auch bei Kaninchen und menschlichen Neugeborenen fand. Es *wandert mit dem α-Globulin,* hat aber nur ein Molekulargewicht von 50000 (normales α-Globulin 200000—300000). Bei neugeborenen Kälbern kommt es in einer Konzentration bis 28% des Gesamteiweißes vor, bei alten Kühen nicht über 2%, weshalb es von ihm *Fetuin* genannt wird. Beim Rinderfetus stellt dieses Protein fast 90% der Globulinfraktion (PEDERSEN). Der isoelektrische Punkt ist 3,5.

II. Zur Genese der Plasmaproteine

Eine kurze Zusammenfassung der letzten Arbeiten auf dem Gebiet der Plasmaeiweißgenese erscheint auch in diesem Rahmen notwendig, da sie vom klinischen Standpunkt aus von Bedeutung sind und Zusammenhänge, die der Kliniker nur vermuten kann, aufzudecken vermögen.

Man hat zur Untersuchung der Eiweißgenese vorab den Zustand des alimentären Eiweißentzugs [ADDIS, POO und LEW (2)] und die Plasmapherese, d. h. den großen Aderlaß mit Reinfusion der in Ringerlösung aufgeschwemmten Erythrocyten benutzt [WHIPPLE (302) und seine Schule] und dabei gefunden, daß der Erwachsene etwa 2 kg Reserveeiweiß besitzt [SIGNER, THEORELL und ABELIN (269)].

Um 1 g Albumin zu bilden, müssen 30 g Eiweiß aufgenommen werden [WHIPPLE (303)]. Nach 7 tägigem Fasten wird der Gesamteiweißverlust mit 62% von den Muskeln, Haut und Skelet, mit 16% von der Leber, mit 14% vom Gastrointestinaltrakt einschließlich Pankreas und Milz, mit 6% vom Blut und mit 1% von Nieren und Herz getragen [ADDIS, POO und LEW (2)].

---

[1] Bei Kaninchen s. auch: SCHEIFFARTH, F., K. H. KIMBEL u. G. BERG [Naturwiss. **42**, 214 (1955)] und bei Ratten: G. BERG (Naturwiss. **42**, 51 (1955)].

Umgerechnet auf die Organgröße bedeutet das, daß die Leber 40% ihres Eiweißbestandes verliert, Herz, Nieren, Blut, Magendarmtrakt 18—28%, Muskeln und Haut nur 8%. Der Eiweißverlust der Leber ist besonders in den ersten 48 Std. groß, in denen sie allein 20% Protein verliert, während die anderen Organe mit 4% noch fast unbehelligt bleiben. Dieselben Beobachtungen sind bei der Plasmapherese gemacht worden [Whipple et al. (*303*), Kusano (*163*), Lordkipanidze (*178*), Fukuhara (*101*), Muskett (*208*) und Mitarbeiter].

Die *Leber bildet also das Eiweißdepot*, dessen Reserven sofort zur Verfügung stehen, während *eigentliches Reserveeiweiß von fast allen Organen geliefert* wird. *Die Leber* wirft dabei *vor allem Albumine* als onkotisch wirksamste Substanz in den Kreislauf [Kusano (*163*), Ewerbeck (*87*)]. Auch von anderen Organen werden in der Regulation nach Aderlaß (Notfallsfunktion) offenbar Albumine abgegeben, wie Kusano (*163*) an der Niere zeigen konnte. Die Skeletmuskel stellt allerdings auch dann, wenn auch vermehrt, nur Globuline zur Verfügung (Kusano).

Elektrophoretische Untersuchungen am Lebervenen- und Pfortaderblut von Hunden und Kaninchen [Ewerbeck (*87*)] ergaben besonders nach Plasmapherese ein albuminreiches Lebervenenblut, während das Pfortaderblut globulinreich war.

Von dieser Depotfunktion der Leber und der Tatsache, daß im Notfall von ihr vornehmlich kleinmolekulare Proteine in den Kreislauf abgegeben werden, ist streng die Frage nach der eigentlichen Entstehung der Bluteiweißkörper zu trennen. Man hat auf Grund von klinischen Beobachtungen bei Lebererkrankungen [Myers (*211*), Keilhack (*154*), Whitman (*305*), Wuhrmann (*310*) u. a.] und beobachteten Veränderungen nach experimentellen Leberschäden [Chanutin (*50*), Fanucchi (*89*), Horikawa (*140*), Jürgens (*149*), Whipple (*303*)] allerdings heute die Ansicht, daß auch die *Bildung der Albumine in die Leber* zu verlegen ist, während die Entstehung der Globuline noch immer sehr umstritten ist, aber doch von den meisten Autoren an ein anatomisch faßbares Substrat als „Entstehungsort" verlegt wird. Reticuloendotheliales System [s. Heinlein (*126*)], Knochenmark [Levy (*174*)], Plasmazellen [Dubois-Ferrière (*75*), Fleischhacker (*95, 96*), Moeschlin (*200*), Rohr (*243*) Undritz (*296*)], Lymphocyten [Dougherthy (*73*)].

Die Auffassung, daß die Plasmaeiweißkörper irgendwo im Organismus, aber doch lokal begrenzt, entstehen gleich den corpusculären Elementen des Blutes, dann eine Zeitlang zur Erfüllung ihrer Funktionen unverändert in der Blutbahn kreisen, um dann ähnlich den Erythrocyten nach einer gewissen „Lebensdauer" gealtert und deshalb abgebaut zu werden, wird allerdings revidiert werden müssen.

Untersuchungen mit markierten (Isotopen) Aminosäuren und Proteinen [Fink (*94*), Masters (*191*), Miller (*199*), Schoenheimer (*258*), Tarver (*287, 288*), Seligman (*263*), Vigneaud (*295*), Maurer u. Mitarb. (*215, 216, 255*) u. a.] haben eine Anzahl neuer Gesichtspunkte bei der Beurteilung der Eiweißgenese ergeben, von denen die wichtigsten folgende sind:

1. Es ist gleichgültig, ob das markierte Protein oral oder intravenös gegeben wird, die höchste Organeiweißaktivität findet sich immer zuerst in der Darmschleimhaut. Bei Fütterung ist das Maximum (in der 6. Stunde beginnend) in den ersten 24 Std. [Masters (*191*)], und zwar unter Bevorzugung (bei Versuchen mit Methionin-S^{35} beim Hund) des Übergangs vom Duodenum zum Jejunum und von diesem zum Ileum sowie des Dickdarms [Felix (*92, 93*)]. *Bei intravenöser Gabe* ist das Maximum der Aktivität der Darmmucosa nach 16 Std. Sie ist dann doppelt so hoch wie die Plasmaaktivität, während die Aktivität der Leber erst nach 24 Std. dieselbe wie die des Plasmas ist [Tarver und Reinhardt (*288*)]. Nach der ersten Viertelstunde sind die Markierungsisotopen in der Darmschleimhaut bereits in Eiweiß eingebaut [Felix (*92*)].

2. Der höchste Plasmawert *nach Fütterung* mit markiertem Lysin findet sich nach 16 Std., und zwar ist der Wert im Globulin höher als im Albumin. Die Globulinaktivität steigt in den ersten 24 Std. noch an, die Albuminaktivität nicht. Die Aktivität verschwindet aus den Globulinen zuerst, aus dem Albumin langsamer [Masters (*191*)].

3. Transfundiertes aktives Plasma (molekular gebundenes N^{15} enthaltend) verschwindet schnell aus der Blutbahn (50% nach 24 Std.). Das in das Gewebe einströmende Plasmaeiweiß wird sofort durch aus dem Gewebe zurückströmendes Eiweiß ersetzt [Fink (*94*), Oeff (*220*)]. Dieser schnelle Austausch betrifft auch die großmolekularen Globulinfraktionen [Wuhrmann (*311*)]. Die durch Fütterung aktiv gewordenen eigenen Plasmaproteine werden mit einer Quote von 10% in 24 Std. ersetzt [Miller (*199*)].

4. Versuche mit doppelt markiertem DL-Leucin (mit N^{15} und Deuterium in der CH-Bindung) von SCHOENHEIMER, RATHER und RITTERSBERG (258) ergaben, daß erstens der ausgeschiedene Stickstoff nur z. T. aus der zugeführten Nahrung stammte, was erneut auf die Problematik aller klinischen Stickstoffbilanzen weist. Zweitens aber zeigten Aminosäureanalysen, daß nur 32% des zugeführten Leucins sich als Leucin im Leber-Intestinal- und übrigen Körpereiweiß wiederfand. Der Rest des N^{15} konnte in allen Aminosäuren außer im Lysin nachgewiesen werden. Nur ein Drittel war zusammen mit dem markierten CH des gefütterten Leucins von einer Aminosäure auf die andere übertragen worden.

5. Versuche mit Methionin (S markiert) ergaben, daß von hepatektomierten Hunden genau so viel S in das Körpereiweiß eingebaut wird wie bei Kontrolltieren, daß aber die Fähigkeit, Serumglobulin zu synthetisieren, nur $^1/_7$, die Albuminsynthese nur $^1/_{20}$ der Kontrolltiere beträgt. Bei der Ratte ergibt sich mit derselben S^{35}-markierten Aminosäure bei oraler Gabe offenbar eine besonders schnelle Neubildung: nach 15 min treten bereits markierte Albumine, nach 30 min markierte Globuline auf. Das Maximum der Aktivität liegt bei allen Fraktionen zwischen der 4. und 8. Stunde. Besonders schnell steigt die Aktivität der α_2-Globuline, bei β- und γ-Globulinen steigt sie langsamer, erreicht aber schließlich höhere Werte. Aus dem Aktivitätsabfall errechnet sich eine Halbwertszeit der Serumproteine bei der Ratte von etwa 5 Tagen [MAURERER und Mitarbeiter (215), SCHLÜSSEL (255)][1].

Daraus ergibt sich heute folgendes Bild über die Genese und Bedeutung der Plasmaproteine:

Die Albumine, das Fibrinogen [JÜRGENS (149), WHIPPLE (303)] und ein Teil der Globuline werden vor allem in der Leber gebildet, der größere Teil der Globuline entsteht offenbar in anderen Organen, unter denen die Darmschleimhaut eine bedeutende Rolle spielt.

Die Form, in der die überwiegende Menge der Aminosäuren von Organ zu Organ wandern, ist das Plasmaeiweiß, nicht die freien Aminosäuren. Die Plasmaproteine sind die Eiweißquelle der Organe [FELIX (92, 93)].

Die Plasmaproteine sind deshalb kein „Organ", sondern das Substrat eines dauernden chemischen Prozesses, bei dem nicht nur die einzelnen Aminosäuren, sondern auch die einzelnen Molekülgruppen und Atome mit dem Zelleiweiß in ständigem Austausch stehen.

Die Plasmaproteine sind die flüssige Phase des gesamten Organismus und daher der wichtigste Indicator pathologischer Reaktionen des Körpers.

Über einige Fragen der Plasmaeiweißbildung herrscht aber auch heute noch große Unklarheit:

1. Wie kommt es bei der Heterogenität der einzelnen Bluteiweißkörper (da es kein „bluteiweißbildendes Organ" gibt) zu der Konstanz des Serumeiweißbildes?

2. Warum führt eine (infektiöse, toxische, nephrotische usw.) Hyperglobulinämie immer zu einer Hypalbuminämie?

3. Wo entstehen die einzelnen Globulinfraktionen?

Ad 1: Hier besteht bis heute nur die Annahme einer „straffen zentralen Regulation" [WUHRMANN (310)], die aber noch nicht bewiesen ist (s. S. 42).

Ad 2: Bei der „kompensatorischen Hypalbuminämie" hat man den Eindruck, daß die Bildung der Globuline irgendwie auf Kosten der Albumine erfolgt, sei es, daß an den Bildungsstätten die Synthese der Globuline Material beansprucht, das gleichzeitig auch zur Bildung der Albumine dient, sei es, daß das im Blut kreisende Albumin auf irgendeine Weise zur Bildung der Globuline herangezogen wird [WUHRMANN (310)][2]. Dazu ist zu sagen, daß auch bei reichlichster „Materialzufuhr" (Plasmainfusionen, s. SCHULER) die Hypalbuminämie nur für Stunden zu bessern ist und daß nach den Isotopenversuchen die im Vergleich zu den Globulinen langsamere Bildung und der geringere Umsatz der Albumine es unwahrscheinlich machen, daß die Albumine zur Bildung der Globuline herangezogen werden. Auch die zweite Frage ist heute also noch nicht zu beantworten.

---

[1] Halbwertszeit beim Menschen: Gesamteiweiß 20—40 Tage, Albumine 55—65 Tage, Globuline 9—11 Tage [A. NIKLAS und H. POLIWODA: Biochem. Z. **326**, 97 (1954)].

[2] Siehe auch: W. MAURER und E. R. MÜLLER: Albumine als Vorstufe von Globulinen im normalen Organismus der Ratte [Biochem. Z. **326**, 474 (1955)].

Ad 3: Über die Genese der einzelnen Globulinfraktionen ist von den γ-Globulinen schon einiges bekannt.

Die Entstehung der γ-Globuline. An der Beantwortung dieser Frage ist vor allem die Immunbiologie beteiligt, da sowohl die normalen (angeborenen) Antikörper (Isoagglutinine) wie auch die immunisatorisch erzeugten Antikörper nur spezifisch markierte Serumglobuline sind, die sich weder chemisch noch immunbiologisch (d. h. durch Präcipitierung) von normalen Serumglobulinen unterscheiden lassen. Hier haben sich bis jetzt zwei Lager gebildet. Die einen halten *das lymphatische Gewebe*, vor allem *die Lymphocyten* für die *Produktionsstätte* der für die Immunisierung prädestinierten Globuline [Delannay (*61*), Dougherthy (*73*), Ehrlich (*80*), Harris (*120—122*), McMaster (*190*), Murphy (*209*), Kenning (*158*), Roberts (*239*), Trowell (*294*), Klingemann (*159*)]. Dafür werden vor allem Immunisierungsversuche für beweisend gehalten [Ehrlich (*80*), Harris (*120*), Murphy (*209*)], während es Roberts (*239*) und White (*304*) und Dougherthy sogar gelang, aus Lymphocytenextrakten vor allem γ-Globuline elektrophoretisch nachzuweisen. Die andere Gruppe hält die *Plasmazellen* für die *Lieferanten der Globuline* [Bing (*26,27*) Bjørneboe (*28*), Fleischhacker (*95*), Moeschlin (*200*), Rohr (*243*), Undritz (*296*), Ehrich (*79*)], wozu wiederum Immunisierungsversuche [Bjørneboe (*28, 29*)] und die Tatsache zum Beweis herangezogen wird, daß bei Hyperglobulinämie [Bing (*27*)] oft Plasmazellvermehrungen zu beobachten sind. Gegen beide Ansichten lassen sich Gegeneinwände machen [Doerr (*71*), Schweizer und Reber (*262*), Wuhrmann (*310*)], so daß auch dieser Vorstoß gegen die klassische Konzeption des reticulo-endothelialen Systems als Produktionsstätte der Globuline [Heinlein (*126*)] noch zweifelhaft ist. Aber auch das reticuloendotheliale System kann heute nicht mehr in toto als Lieferant der Globuline angesehen werden, da es auf zahlreiche Organe verteilt ist (Lymphknoten, Milz, Leber, Knochenmark, Hypophyse, Nebennieren) und die Rolle der Reticulumzellen für die Serumeiweißbildung je nach Standort verschieden zu beurteilen ist [Doerr (*71*)].

Zusammenfassung. Als gesichert kann bis jetzt also nur gelten, daß die Albumine zum größten Teil (95%) in der Leber gebildet und dort auch gespeichert werden. Fest steht außerdem, daß ein großer Teil der Globuline *nicht* in der Leber gebildet wird. Fest steht auch, daß sie nicht aus den Albuminen (etwa durch kolloidale Umformung) hervorgehen, da sie sich nicht nur chemisch, sondern auch serologisch so sehr unterscheiden, daß sie (vom selben Serum) nicht einmal angedeutete Verwandtschaftsreaktionen zeigen [Doerr (*71*)]. Allgemein neigt man heute mehr zu der Auffassung einer polyzentrischen Globulingenese, bei der gewisse intra- und extrahepatische Abschnitte des reticuloendothelialen Systems (Knochenmark, Milz), die Plasmazellen, Makrophagen und Lymphocyten eine Rolle spielen. Ob die Lymphocyten tatsächlich Globuline, vor allem Immunglobuline, produzieren oder nur speichern und transportieren, während die eigentliche Synthese auf Antigenreiz über Gene, Mikrosomen und Enzyme in den Plasmazellen stattfindet [Ehrlich (*79*)], ist genau so wenig unbestritten wie der Entstehungsort der anderen Globulinfraktionen. Dagegen besteht Gewißheit über das Vorhandensein eines Regulationsmechanismus, der das gegenseitige Mengenverhältnis sowohl der Albumine und Globuline als auch der einzelnen Globulinfraktionen untereinander bestimmt. Wie er aber zustande kommt, ist noch Hypothese. Die Entstehung des Fibrinogens und des Prothrombins wird heute mit großer Wahrscheinlichkeit in die Leber verlegt.

Wenn auch nach den neueren Befunden, von denen aus Raumgründen nur ein Teil zitiert werden konnte, an der zentralen Stellung der Leber im Eiweiß- und damit auch Bluteiweißstoffwechsel nicht gezweifelt werden kann, so hat sich doch gezeigt, daß eine Trennung zwischen Organ- bzw. Zelleiweiß und Plasmaeiweiß nicht haltbar ist, da zwischen beiden ein dauernd fließendes, dynamisches Gleichgewicht, ein Geben und Nehmen, wie Ebbe und Flut [Whipple (*303*)] besteht.

Da dieser Austausch besonders stark auf dem Sektor der Globuline zu bestehen scheint, wird auch die Suche nach einem „Entstehungsort" der Globuline wohl immer illusorisch bleiben. Es gibt eben nur einen Eiweißstoffwechsel, und das gesamte Körpereiweiß ist sein Substrat [FELIX (93)]. Die flüssige Phase dieses Stoffwechsels aber sind die Plasmaproteine. Sie sind deshalb in ihrer Zusammensetzung von allen Organen beeinflußbar.

III. Die Proteine der Milch

Auch die elektrophoretische Darstellung der Milchproteine hat sich als schwierig erwiesen, da die dichte, hauptsächlich durch Casein hervorgerufene Trübung die optische Darstellung der getrennten Gradienten unmöglich macht. 1938 hat MELANDER (196) darauf hingewiesen, daß es durch langdauernde Dialyse gelingt, die entfettete Milch durchsichtig zu machen.

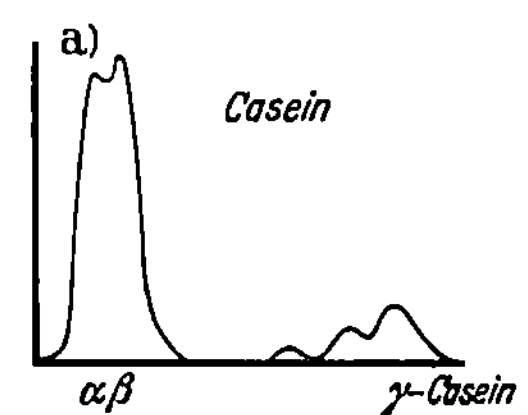

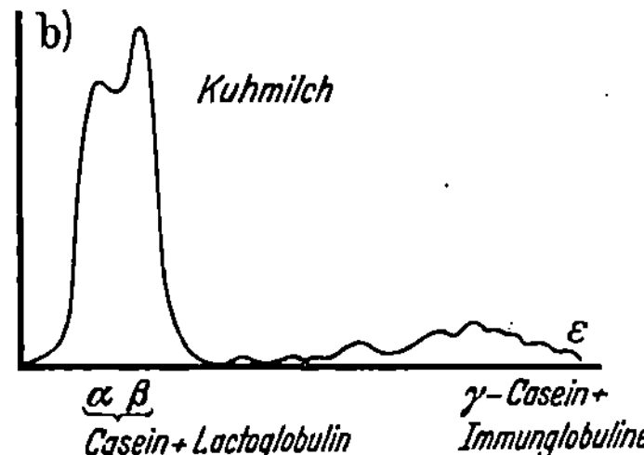

Abb. 41. Elektrophoresekurve a) Casein, b) Kuhmilch. (Veronal-Veronalnatriumpuffer p_H 8,4)

Im Phosphatpuffer bei p_H = 6,9 fand er dabei vier Fraktionen, die er als α-, β-, γ-Casein und Lactalbumin definiert, wobei das Lactalbumin zwischen dem α- und β-Casein wanderte.

Caseinanalysen von EWERBECK im Veronalpuffer vom p_H = 8,4 konnten diese drei Caseinfraktionen bestätigen. Allerdings liegt bei diesem p_H das α- und β-Casein so eng beisammen, daß bei der Fraktionierung der Gesamtmilch das Lactalbumin, oder wie es heute besser genannt wird, das β-Lactoglobulin zwischen beiden verschwindet (s. Abb. 41).

Weitere elektrophoretische Milchanalysen ergaben, daß das β-Lactoglobulin im Veronalpuffer vom p_H = 8,6 die Beweglichkeit 4,5—5,1 × 10^{-5} cm² v⁻¹ sec⁻¹ hat (bei 1°) [SMITH (274)] und damit langsamer als die Serumalbumine wandert. Große Unterschiede bei der Fraktionierung fand DEUTSCH (68) zwischen menschlicher und Tiermilch und SMITH (273) und GRÖNWALL (113) zwischen Kuhkolostralmilch und reifer Kuhmilch, was BISERTE (31), SCHÄFER (247) und EWERBECK auch beim Menschen nachweisen konnten. Von den verschiedenen Untersuchern wurden bis zu 6 Fraktionen in der Milch gefunden, von denen bisher außer den 3 Caseinfraktionen nur das β-Lactoglobulin und die Immunglobuline identifiziert sind (s. Abb. 42).

Bei der *papierelektrophoretischen Trennung* finden sich stets vier verschiedene Fraktionen in der Frauenmilch, wobei die erste und die zweite Fraktion sich als α- und β-Casein identifizieren ließ und die Fraktion 3 mit der gleichen Wanderungsgeschwindigkeit wie das Serum-β-Globulin als β-Lactoglobulin angesprochen

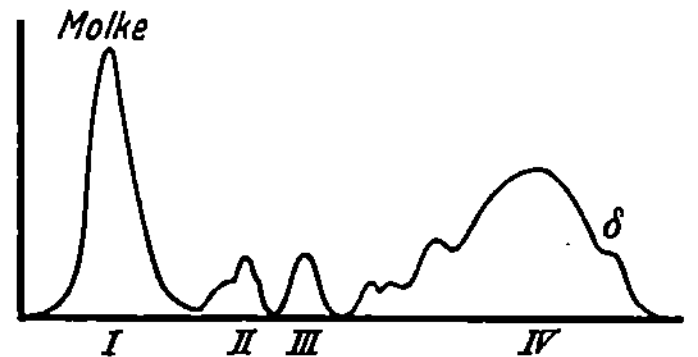

Abb. 42. Elektrophoresediagramm einer Kuhmilch-Molke. (Veronal-Veronalnatriumpuffer p_H 8,4)

werden kann. Im Frauenmilchcolostrum treten nur drei verschiedene Komponenten auf, von denen die dritte Fraktion besonders groß ist und die Immunglobuline, an denen die Kolostralmilch besonders reich ist, enthält. Mit zunehmendem Reiferwerden der Milch tritt dann die Größe der Fraktion 3 zurück. Sie ist identisch mit der das γ-Casein enthaltenden letzten (vierten) Fraktion der reifen Frauenmilch. Bei der papierelektrophoretischen Trennung der Kuhmilch fallen die starken Schwankungen der einzelnen Fraktionen auf, so daß sich praktisch für die native Kuhmilch mit der Papierelektrophorese keine Normwerte angeben lassen. Pasteurisierung und Erhitzung führt in beiden Milchsorten zu Änderungen und Aufhebung der Fraktionierung als Zeichen der Eiweißdenaturierung [Berwind (24), Würfler (307)]. McGugan (118) könnte nachweisen, daß es dabei zu einer stabilen Komplexbildung zwischen Casein und β-Lactoglobulin kommt.

Über die Bedeutung der einzelnen Fraktionen, d. h. über ihre biologischen Aufgaben, herrscht noch große Unkenntnis. Nur Schäfer (247) konnte darauf hinweisen, daß das in der Molke vorhandene *Eisen nicht an das β-Lactoglobulin*, sondern an die anderen Globulinfraktionen der Molke gebunden ist. Die von Hellbrügge (128) durchgeführten Untersuchungen an Kuhmilchmolke gingen von der Fragestellung aus, ob durch die in manchen Städten zur Vitamin D-Anreicherung der Milch durchgeführten Milchbestrahlungen mit UV-Licht elektrophoretisch nachweisbare Veränderungen der Molkenproteine nachweisbar würden, was er für die gebräuchliche Dosierung verneinen konnte. Bei einer Bestrahlungszeit über 10 sec kommt es zuerst zu einer Abnahme der schnellaufenden Globulinfraktionen (vom Autor α- und β-Globulin benannt) zugunsten der langsamsten Globulinfraktion (vom Autor γ-Globulin genannt, entspricht der bei der Milchelektrophorese üblichen Bezeichnung Immunglobulin). Bei noch längeren Bestrahlungszeiten nimmt auch der schnellste Gradient quantitativ ab („Albumin", entspricht wohl dem β-Lactoglobulin), wobei sich seine Wanderungsgeschwindigkeit beschleunigt.

IV. Elektrophoretische Untersuchungen an verschiedenen Proteinen

Die Anzahl der Arbeiten auf diesem Gebiet ist zu groß, als daß diese Übersicht einen Anspruch auf Vollständigkeit erheben könnte Theoretisch kann jede Proteinlösung untersucht werden, und nur die Notwendigkeit, ohne Denaturierung eine Lösung von der geeigneten Konzentration und Durchsichtigkeit herzustellen, bietet gewisse Schwierigkeiten.

Schürch, Viollier und Süllmann (261) konnten in *Kniegelenksergüssen* Albumin, α_1-, α_2-, β- und γ-Globuline nachweisen, aber kein Fibrinogen (im Oxalat-Veronal-Acetatpuffer $p_H = 8,4$, Ionenstärke 0,1). Bei frischen und rezidivierenden posttraumatischen Ergüssen fanden sie bei gleichem Albumin/Globulin-Verhältnis wie im dazugehörigen Serum im Erguß etwas mehr α_2- und etwas weniger γ-Globulin als im Serum. Entzündliche Ergüsse (chronische Polyarthritis) waren globulinreicher als das entsprechende Patientenserum, und zwar vor allem der γ-Globulinanteil erhöht, während die α_2-Fraktion niedriger war. Außerdem fanden sie in den Svensson-Kurven einen niedrigen Gradienten, der eine größere Beweglichkeit im elektrischen Feld hatte als das Albumin, diesem deshalb vorauseilt, und eine zweite niedere Komponente, die sich im aufsteigenden Ast der Albuminkurve nachweisen ließ. Beide ließen sich nach Einwirkung von Hyaluronidase auf die Proteinlösung nicht mehr nachweisen und werden deshalb von den Autoren als *Hyaluronsäure* definiert. Wenn sich diese Befunde bestätigen, handelt es sich um den ersten elektrophoretischen Nachweis dieser Substanz.

Die Befunde von Luetscher jr. (184) an *Pleuraergüssen* konnten von Ewerbeck und Aulmann bestätigt und erweitert werden. Entzündliche Ergüsse *(Empyeme, Pleuritis exsudativa)* zeigten ebenfalls wieder alle dem Blutserum entsprechenden Fraktionen und waren sehr globulinreich. Charakteristische Unterschiede zwischen dem abzentrifugierten Empyem und dem klaren entzündlichen Erguß zeigten sich elektrophoretisch nicht (s. Abb. 43 und 44).

Die für den positiven Ausfall der RIVALTA-Reaktionen verantwortliche Substanz, ein Mucopolysaccharid, wandert vor und im Albumin sowie zwischen α_1- und α_2-Globulin [BERKES (22)].

Der Cantharidenblaseninhalt stimmt nach KUTZIM (165), PEZOLD und HINZ (228) mit den Serumeiweißfraktionen überein, so daß bei fehlender Möglichkeit, Blut zu gewinnen, auch auf diese Weise eine Untersuchung durchgeführt werden kann. RÖCKL (242) glaubt allerdings auch beim Gesunden doch eine dissoziierte Capillarpermeabilität annehmen zu müssen.

Ausgedehnte Untersuchungen erstrecken sich auch auf die Fraktionierung des Magensaftproteins, das sich in vier [HENNING (131, 132), NORPOTH (218, 219)] bis fünf [HILLER (136), LATNER (171), MACK (185)] Fraktionen aufspalten läßt. Alle

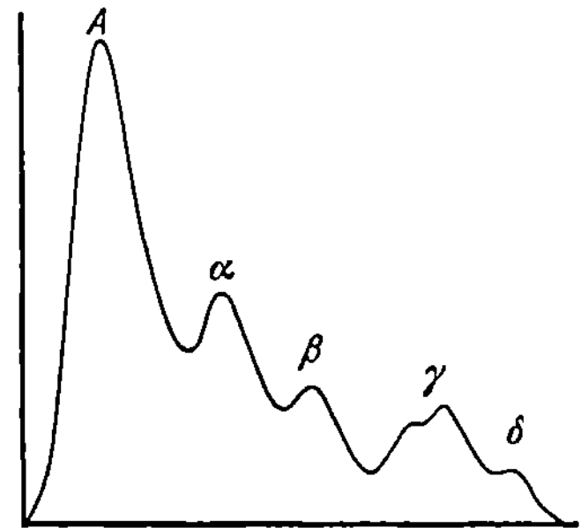

Abb. 43. Elektrophoresediagramm eines Pleuraexsudats. Albumin 51,6%, α-Globulin 21,9%, β-Globulin 12,4%, γ-Globulin 14,1%. (Veronal-Veronalnatriumpuffer p$_H$ 8,4)

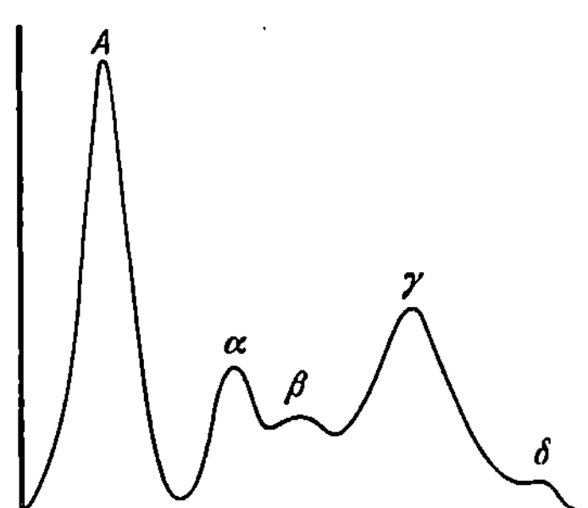

Abb. 44. Elektrophoresediagramm eines Pleuraempyems. Albumin 44,3%, α-Globulin 12,5%, β-Globulin 11,6%, γ-Globulin 31,6%. (Veronal-Veronalnatriumpuffer p$_H$ 8,4)

Fraktionen enthalten, wenn auch unterschiedlich B_{12}, zwei den intrinsic factor [LATNER (171)], während die langsamste Fraktion offenbar aus der „Mucoproteose" von GALSS und BOYDT [MACK (185)] gebildet wird. Bei allen diesen Untersuchungen muß berücksichtigt werden, daß durch das jeweils vorliegende p$_H$ und Ionenmilieu eine für die Elektrophorese störende unterschiedliche Denaturierung der Magensaftproteine vorliegen kann. Pepsin und Labaktivität läßt sich in den schnellen Reaktionen nachweisen, Cathepsin in den mittleren Abschnitten des Diagramms [NORPOTH (219)].

Über Untersuchungen an BENCE-JONES-*Proteinen* wird im Kapitel des Internisten berichtet werden.

Erythrocytenproteine (Hämolysat) sind von MOORE (203) und STERN (284) und Mitarbeitern untersucht worden. Dabei fand sich für das Hämoglobin bei p$_H$ = 8,6 eine Beweglichkeit von 3×10^{-5} cm^2 v^{-1} sec^{-1}. Zwei weitere Komponenten, das a-Protein, das doppelt so schnell wie das Hämoglobin wandert, und das b-Protein, das nur beim Hund und beim Menschen nachgewiesen wurde und langsamer als das Hämoglobin läuft, sind noch nicht näher definiert.

Mit der elektrophoretischen Trennung des reinen Hämoglobins haben sich inzwischen eine Anzahl von Untersuchern beschäftigt [BERGREN (20), LARSON (169), MOTULSKY (206), ROCHE (241), SCHNEIDER (257), SMITH (276), SINGER (270), VECCHIO (297), WELLS (301)]. Nicht zuletzt durch ihre Untersuchungen kann man heute sieben verschiedene Hämoglobinarten beim Menschen unterscheiden: 1. das normale Erwachsenenhämoglobin (Hb A, Wanderungsgeschwindigkeit im SOERENSEN-Phosphatpuffer p$_H$ 6,9 = $0,65 \cdot 10^{-5}$); 2. das fetale Hämoglobin F, nachgewiesen bei Feten und Säuglingen bis zum 6. Lebensmonat und bei Thalassaemia major und minor; 3. das Hämoglobin S bei Sichelzellenanämie; 4. das Hämoglobin C, das bei gewissen erblichen hämolytischen Anämien entweder allein oder in Verbindung mit

Hämoglobin S, F oder A vorkommt; 5. eine ebenfalls bei erblichen Anämieformen vorkommende Hämoglobinart D, die sich vom Hb F durch unterschiedliche Löslichkeit unterscheidet; 6. und 7. ein Hämoglobin G und E, die beide noch nicht völlig untersucht sind. Im Cacodylpuffer wandern die einzelnen Hämoglobinarten im Tiselius-Apparat mit folgenden Geschwindigkeiten: Hb A = 2,4; Hb F = 2,4; Hb S = 2,9; Hb C = 3,2; Hb G = 2,4 × 10^{-5} cm² sec^{-1} v^{-1}. Mit der Papierelektrophorese sind Differenzierungen zwischen den Hämoglobinarten nur möglich, wenn gleichzeitig ein bekanntes Testhämoglobin mitläuft [Benhamou (14)]. Bei der Elektrophorese im flüssigen Milieu lassen sich derartige Differenzierungen vor allem bei Verwendung verschiedener Pufferarten leicht durchführen.

Mit der elektrophoretischen Analyse von *Muskelproteinen* haben sich vor allem Amberson (6) und seine Schule sowie Dubuisson (76, 77) und Mitarbeiter befaßt. Sei fanden dabei typische Diagramme mit Myogen-, Myosin- und Myoglobinkomponenten (Amberson). Im Kaninchenmuskel wiesen Dubuisson und Jakob (76) eine α- (25%), β- (70%) und γ-Komponente (5%) nach, von denen die α- und γ-Komponente nach Ermüdung bis zum Verschwinden vermindert waren. Verschiedene Tierarten gaben verschiedene Diagramme [Dubuisson (77)]. Reines Myosin wurde von Erdös, Snellmann (85), Ziff und Moore (316) untersucht.   ·

Die Trennung der Proteine des kontrahierten Skeletmuskels ergeben übrigens andere Fraktionen wie bei Extrakten aus erschlaffter Muskulatur. Dasselbe findet sich beim Herzmuskel, wobei außerdem noch Unterschiede zwischen den Diagrammen der Herz- und Skeletmuskulatur bestehen [Blasius (32)].

Auch die Extrakte aus verschiedenen Organen, wie Leber [Adjutantis (4)], Lymphdrüsen, Tonsillen [Henning (130)], Pankreas [Masahiro (189)] oder Zellkonzentraten von Granulocyten, Myeloblasten, lymphatischen Leukämiezellen [Henning (129)] ergeben typische Elektrophoresediagramme.

Durch die elektrophoretische Trennung von Zellhomogenisaten nach Differentialzentrifugierung ließ sich am Beispiel der Leber zeigen, daß derartige Verschiebungen im Proteingefüge der Organe wohl weitgehend durch Eiweißverschiebungen von Kern und Mitochondrien bedingt sind [Demling (62)].

Im Glaskörper des Auges hat Hesselvik (135) 3 Proteinkomponenten, darunter Albumin und γ-Globulin nachweisen können. In der Linse finden sich 2 Proteinfraktionen mit der Wanderungsgeschwindigkeit zwischen α_1- und α_2-Globulin sowie von β-Globulin [Hesselvik (135), Stemmermann (282)]. Kammerwasseruntersuchungen sind schon häufiger nicht nur beim Tier (Münich), sondern auch vor allem nach Einführung der Papierelektrophorese beim Menschen durchgeführt worden, wobei sich eine ähnliche Zusammensetzung ergibt wie im menschlichen Serum mit 62,6% Albumin, 9,2% α-, 10,4% β- und 17,4% γ-Globulin (Wunderly).

Selbst die Proteine peripherer Nerven sind von Deuticke (65) schon in zwei Komponenten elektrophoretisch getrennt worden, und mit dem *Scharlachtoxin* haben sich Krejci (161) und Mitarbeiter befaßt und konnten dabei 5 Komponenten isolieren. Die langsamste (bei p_H = 7,0 Wanderungsgeschwindigkeit 1,93 × 10^{-5} cm² v^{-1} sec^{-1}) erwies sich auch in der Ultrazentrifuge homogen, hatte ein Molekulargewicht von 27000 und konnte als reines "erythrogenic toxin" identifiziert werden. Es enthält pro Milligramm bis zu 150000000 Hauttestdosen.

Diphtherietoxoid (durch Papain oder Trypsin verdautes Toxin) zeigt zwei große und einen kleinen Gradienten, wobei sich die Toxoidaktivität fast ganz in der kleineren Komponente nachweisen läßt [Charlwood (51)].

Schlangengift läßt sich ebenso auf diese Weise analysieren [Polson, Joubert und Haig (233), Grassmann (122)], und im Bienengift ließ sich in der schneller wandernden Front der beiden Fraktionen ein direkt wirkendes Hämolysin und in der langsameren die Lecithase A nachweisen [Neumann (213)].

Insulin besitzt annähernd die Wanderungsgeschwindigkeit des Albumins [Kallee (*153*)], und Retroplacentarserum stimmt in seinem Diagramm weitgehend mit dem Serumeiweißbild der jeweiligen Patientin überein [Frunder (*100*)].

Auch für die Virusforschung besitzt die elektrophoretische Trennungsmethode ihre Bedeutung [Schramm (*260*)], da auch die Viren eine charakteristische Wanderungsgeschwindigkeit besitzen [Bourdillon (*37*), Sharp (*264*)]. So hat z. B. das Influenza A-Virus bei $p_H = 7$ die Beweglichkeit $5,5 \times 10^{-5}$ cm^2 v^{-1} sec^{-1} (Bourdillon).

Im *Eiereiweiß* sind bis jetzt sechs Fraktionen mit unterschiedlicher Beweglichkeit getrennt worden [Forsythe (*98, 99*), Landsteiner (*166*), Perlemann (*226*)]. Auch im *Eigelb* ließen sich mehrere Fraktionen elektrophoretisch trennen [Shepard (*266*)].

Alle diese Untersuchungen, von denen hier einige als Hinweis zitiert wurden, stammen erst aus den letzten Jahren und sind deshalb noch nicht abgeschlossen. Laufend kommen neue Ergebnisse dazu, ergänzen die meist nur qualitativen Angaben über Trennungsmöglichkeit zu quantitativen Werten; einzelne Fraktionen werden in ihrer biologischen Bedeutung identifiziert und isoliert. Sowohl für den Kliniker als auch für den Biologen haben sich mit dieser Methode neue Möglichkeiten eröffnet, die noch lange nicht erschöpft sind. Man kann erwarten, daß beide sich in steigendem Maße dieser Aufgabe zuwenden.

Die Elektrophorese bei inneren Krankheiten

Von

B. Schuler

Die Trennung der Serumproteine mit Hilfe der Elektrophorese hat sich in der klinischen Praxis und Forschung einen festen Platz gesichert. Zur Darstellung der Bedeutung dieser Methode in der inneren Klinik wurden von den zahlreichen seit der letzten Auflage veröffentlichten Untersuchungen vorzüglich diejenigen herangezogen, bei denen sich die Elektrophorese als wertvolles Mittel erwies, um die Ergebnisse zu erhalten.

I. Krankheiten mit Erscheinungen einer allgemeinen Entzündung

1. Akute Infektionskrankheiten

Die ersten Untersuchungen wurden von Blix (*66, 67*) an *Pneumonie*kranken ausgeführt; er fand neben Hypalbuminämien eine relative und absolute Konzentrationsvermehrung der α-Globuline (auf 100 ml Serum), wogegen die β- und γ-Fraktionen keine wesentliche Änderung zeigten. Nachuntersuchungen bestätigten diesen Befund (*358, 370, 608* u. a.).

Wiederholte Untersuchungen während des Krankheitsverlaufs wurden von Bruce und Alling (*84*) bei 19 Kranken mit Pneumokokkenpneumonie ausgeführt. Bei Beginn der Erkrankung waren die Gesamteiweißwerte im Plasma z. T. erniedrigt, zeigten bis in die zweite Woche eine Tendenz zum Absinken und stiegen in der Rekonvaleszenz wieder an. Der Albuminspiegel war im Anfang bei allen Kranken niedrig, sank bis in die zweite Woche nach Krankheitsbeginn z. T. erheblich ab und blieb bei allen Kranken bis auf zwei mindestens einen Monat lang erniedrigt. Die α-Globuline waren während der ersten Woche auf das Doppelte der Norm erhöht und erreichten im Verlauf eines Monats die Norm wieder; zwei Ausnahmen litten an einer fortgeschrittenen Lebercirrhose. Die β-Globulinwerte schwankten erheblich. Erhöhungen wurden als Folge einer Erkrankung vor Beginn der Pneumonie erklärt. Bei allen Patienten beträchtlich erhöht war die φ-Zacke. Diese erreichte nur bei zwei Kranken die Norm während der Rekonvaleszenz. Eine Erhöhung der γ-Globuline über die Norm wurde während des akuten Stadiums der Erkrankung oder während der Genesung bei 10 Patienten gesehen. Bei allen ergab die klinische Prüfung der Vorgeschichte die Sicherheit oder den starken Verdacht, daß vor Ausbruch der Pneumonie eine Lebererkrankung vorgelegen hatte. Bei Pneumokokkenmeningitis (4 Kranke) fanden dieselben Verfasser das gleiche Verhalten wie bei Pneumokokkenpneumonie.

Auf Grund dieser Beobachtungen, die wir durch eigene Untersuchungen belegen können, steigen mit Beginn einer Pneumonie die α- und φ-Fraktionen sofort an und sinken mit der Abheilung, während die Albumine von Anfang an bis zur zweiten Woche absinken und dann langsam in den folgenden Monaten zur Norm zurückkehren. Der Grad der Hypalbuminämie — und entsprechend auch der Hypoproteinämie — und die Veränderung der β- und γ-Globuline scheinen auch vom Zustand des Kranken vor Eintritt der Pneumonie (fehlerhafte Ernährung, chronischer Alkoholismus, Leberstörungen, Kreislaufdekompensation) abzuhängen (*84*).

Bei *Peritonsillarabsceß* fanden Longsworth, Shedlovsky, McInnes (*358*) eine Erhöhung der α-Fraktion ohne sonstige Veränderungen des Diagrammes, die sich in der Rekonvaleszenz normalisierte. Malmros und Blix (*387*) sahen 2—3 Wochen nach Beginn einer akuten Tonsillitis bei 7 von 8 Fällen eine Vergrößerung der φ-Fraktion, geringer auch der α-Komponente. Die β- und γ-Globuline waren nicht wesentlich verändert. Aus unseren Versuchen gibt Abb. 45 ein Beispiel.

Bei *Scharlachfällen* beobachteten Dole, Watson, Rothbeard (*130*) — eigene Untersuchungen bestätigten diese Angaben — zu Beginn Erniedrigung der Albumine, die langsam zur Norm zurückkehrten. α_1- und α_2-Globuline waren um das Zwei- bis Dreifache erhöht und fielen schnell zum Ausgangswert. Der Rückgang entspricht der Rückbildung der akutentzündlichen Erscheinungen (*214, 243*). Die β-Globuline sind nicht charakteristisch verändert. Die γ-Globuline, die zu Beginn der Erkrankung im normalen Bereich liegen, steigen vom Ende der ersten Woche langsam an und kehren erst ganz allmählich nach Beendigung der Erkrankung zur Norm zurück. Eine Veränderung der Relationen, insbesondere ein Sturz der Albumine mit Anstieg der α-Globuline, ist gleichbedeutend mit dem Eintritt klinischer Komplikationen (*243*).

Auffallend war, daß der Anstieg der γ-Globuline sich gleichlaufend mit der Höhe des Antistreptolysin-O-Titers verhielt (*130*), eine Beobachtung, die auch bei septischen Streptokokkeninfektionen gemacht wurde (*258*). Bei einem der Patienten wurde ohne Erfolg versucht, das γ-Globulin durch Absorption mit lebenden Streptokokken, die von ihm gezüchtet waren, zu unterbinden (*130*).

Das "acute Phase"-Protein wanderte in der α_2-Fraktion (*130, 243*).

Bei der *Diphtherie* fanden Hiller und Granzer (*243*) Albuminverminderung und Vermehrung der α_2-Globuline, wogegen die anderen Fraktionen sich nicht charakteristisch verhielten. Diphtheriebacillenträger zeigten eine normale Verteilung der Proteinfraktionen. Nach Diphtherieseruminjektionen kam es nach 1 und nach 24 Std. zu einer Verstärkung der entzündlichen Veränderungen (Verminderung von Albuminen und Anstieg der α-Globuline), obwohl das Krankheitsbild sich zum Guten gewendet hatte (*2*).

Bei *Typhus abdominalis* sind während der Continua die Albumine stark erniedrigt, die α_1- und α_2-Globuline wie auch die γ-Globuline erhöht bei uncharakteristischem Verhalten der β-Globuline. Eine Besserung des Zustandes macht sich zuerst am Anstieg der Albumine sichtbar, wogegen eine Verschlechterung mit einer Erhöhung der γ-Globuline einhergeht.

Nach Chloromycetin geht die klinische Besserung einer Normalisierung des Serumeiweißbildes parallel (*44, 45, 255*) (vgl. Abb. 46).

Bei *Paratyphus* sind die Serumproteinveränderungen in gleicher Weise vorhanden.

Bei *Typhus exanthematicus* gaben Dole, Yeomans, Tierney (*131*) eine Verminderung der Albumine mit sofortigem starkem Anstieg der γ-Globuline an, an dem die α- und β-Komponenten praktisch nicht teilnahmen (*214*).

Beim *Q-Fieber* machte BLUMBERGER (*70*) eingehende Untersuchungen der Serumeiweiße. Es kam immer innerhalb der ersten zwei Krankheitswochen zu einer Vermehrung der α_2-Globuline, die meist ein Ausmaß erreichte, das — außer bei Grippepneumonien — bei anderen Infektionskrankheiten nicht beobachtet wurde. Die α_2-Vermehrung überdauerte in allen Fällen das Fieberstadium und klang erst nach der zweiten Woche langsam ab. In einem Drittel der Fälle wurde eine β-Erhöhung nachgewiesen. Zu einer γ-Erhöhung kam es nur in einzelnen Fällen in quantitativ geringem Maße.

Bei *Leptospirosen* waren Hypalbuminämie und α-Globulinvermehrung im fieberhaften Stadium die Regel. Bei einzelnen Fällen waren auch die β-Globuline vermehrt. Die γ-Globuline waren nicht oder nur gering verändert (*93*).

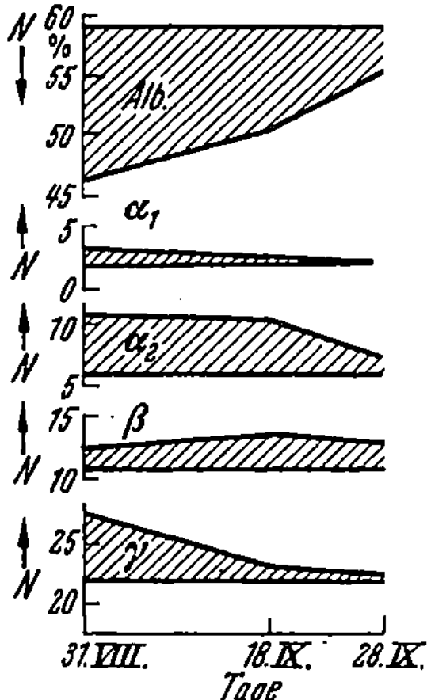

Abb. 45. *Versuchsbedingungen:* MICHAELIS-Puffer, p_H 9,1, Ionenstärke 0,1. 65 V, 1,5 mA; Verdünnung 1 + 3. *Klinischer Befund:* Typische Angina lacunaris; ab *8. IX.* war Pat. fieberfrei. Der Lokalbefund zeigte eine etwas verzögerte Rückbildung, war aber am *18. IX.* völlig abgeklungen

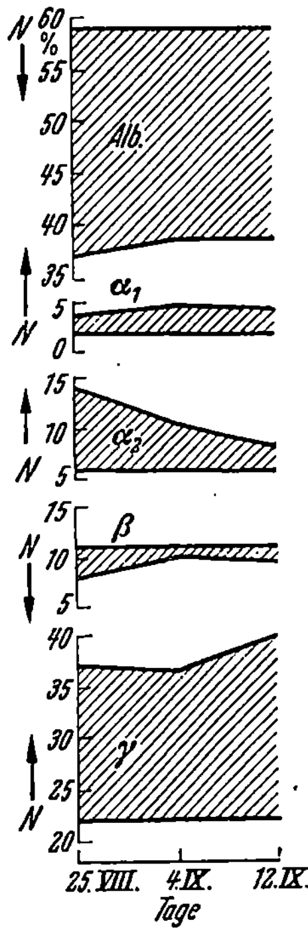

Abb. 46. *Versuchsbedingungen:* MICHAELIS-Puffer, p_H 9,1, Ionenstärke 0,1. 65 V, 1,5 mA; Verdünnung 1 + 3. *Klinischer Befund:* Typhus abdominalis. Am *25. VIII.*, dem 20. Krankheitstag, in schlechtem Allgemeinzustand eingeliefert. Temp. 41,8°, Senkung 28/59. Nach Chloromycetin ab 29. VIII. fieberfrei. Gute Besserung. Entlassung bei gut fortschreitender Genesung am *12. IX.*

Die Wirkung einer therapeutischen *Malaria*infektion (Pl. vivax) auf die Serumproteine untersuchten GUTTMAN und Mitarbeiter (*204*) bei drei an Neurolues Erkrankten. Sie fanden nach der Kur eine deutliche Verminderung der Gesamtserumproteine, der Albumine und der α_2-Globuline, während β wenig und ungleichmäßig und γ deutlich anstieg. Einen langsamen Abstieg der γ-Fraktion im Laufe von Malariakuren ohne Abhängigkeit von den Fieberanfällen beobachtete ZÖLLNER (*658*).

DOLE und EMERSON (*129*) untersuchten 8 Patienten mit *Malariarezidiven*, die ihre akute Infektion ungefähr ein Jahr vorher mitgemacht hatten, vor und nach drei Anfällen. Bei normalem Gesamtproteinspiegel waren die Albumine etwas vermindert, die Globuline insgesamt entsprechend erhöht, und zwar die γ- und φ-Fraktionen stärker. Nach Beendigung der Anfälle durch Atebrin und Chinin wurde bald die Norm wieder erreicht, auch von Kranken, die später wieder Rezidive bekamen.

TAYLOR, MICKELSEN und KEYS (*574*) impften zwölf gesunde, junge Freiwillige mit einem Malaria tertiana-Stamm. Nach 5—8 Anfällen mit hohem Fieber fand sich im Durchschnitt der 12 Fälle eine Abnahme der Albumine um 14,5%, während α_1-, α_2-, β- und γ-Globuline um 65%, 5%, 20% und 19% anstiegen, gleich ob man es in relativen oder absoluten Prozentwerten auf 100 ml Serum oder auf die zirkulierenden Gesamtproteine bezog. Der Anstieg der α_1-Globuline ging der Zahl der Fieberstunden mehr parallel als jede andere Fraktion.

Kelley, Briggs und Jensen (*291*) beschäftigten sich mit Kranken, die eine *Poliomyelitis anterior* durchmachten oder diese Erkrankung überstanden hatten. Sie fanden keine Veränderung der Proteinfraktionen gegenüber der Norm.

Das von diesen Untersuchern als wichtig bewertete Verschwinden der "β-disturbance" in den fallenden Fronten, das Cooper und Atlas [zit. nach Stern und Rainer (*569*)] bei Syphilitikern, Dole und Mitarbeiter (*130*) und Moore und Mitarbeiter (*424*) bei gealterten Serumproben beobachtet haben, ist nicht durch Veränderung der β-Globuline bedingt und deshalb ohne Bedeutung.

2. Tuberkulose

Den ersten Untersuchungen von Luetscher (*370*) zufolge, die durch Shedlovsky und Scudder (*543*) und Seibert (*536, 537, 539*) bestätigt wurden, sind bei tuberkulösen Kranken Elektrophoresediagramme durch eine Verminderung der Albumine mit Erhöhung der α- und φ-Globulinfraktion gekennzeichnet, wenn die Erkrankung akut fieberhaft verläuft; bei chronischen Verlaufsformen ist ein Anstieg der γ-Globuline besonders auffallend. Jahnke, Scholtan (*261*) ordneten die Zunahme der α-Globuline dem Bestehen exsudativer Prozesse zu als Zeichen eines überlegenen Angriffs der Tuberkelbacillen; eine vorwiegende Vermehrung der γ-Globuline sei typisch für chronisch verlaufende gutartige, vorwiegend proliferative Formen und weise auf eine gute Abwehrlage hin.

Die vorliegenden Nachuntersuchungen an einer großen Zahl von Erkrankungsfällen stimmen darin überein, daß einer einzelnen elektrophoretischen Untersuchung ein geringer Wert zukommt, daß eine Überwachung des Krankheitsbildes mit Hilfe zahlreicher Untersuchungen aber klinische Vorteile hat, da die sich ändernden Qualitäten des tuberkulösen Prozesses dann erfaßt werden können. Ein Absinken der Albumine bedeutet Verschlechterung, ein Anstieg Besserung. Die α-Fraktionen sind als Indicatoren für einen exsudativen Verlauf des tuberkulösen Prozesses gesichert (*22, 166, 207, 233, 379, 459, 526, 575, 593, 599*). Zunahme dieser Fraktionen bedeutet Zunahme der exsudativen Reaktionen im Krankheitsgeschehen.

Die γ-Fraktion erhöht sich schon bei der beginnenden Tuberkulose, oft vor dem Anstieg der übrigen Fraktionen; sie steigt bei Zunahme der Erkrankungserscheinungen und wird erst mit Ausheilung des Prozesses wieder normal. Für die Feststellung eines tuberkulösen Prozesses wird die Beobachtung dieser Fraktion deshalb für besonders wichtig gehalten (*22, 593*). Die Ausheilung chronischer produktiv-cirrhotischer Prozesse kann am Verhalten der γ-Fraktion am besten beurteilt werden (*207*). Allerdings werden beim Vorliegen paradoxer normaler Blutsenkungen auch normale Elektrophoresediagramme gefunden (*233*).

Hanser (*207, 459*) verglich die γ-Fraktion mit Komplementbindungsreaktionen und Hämagglutinationstesten und fand eine gute Übereinstimmung, wogegen mit den α-Fraktionen eine solche nicht bestand; Körver (*307*) fand auch zur γ-Fraktion keine Beziehung.

Die β-Fraktion kann bei allen Tuberkuloseformen erhöht sein. Eine charakteristische Bedeutung kommt ihr nicht zu.

Aus eigenen Untersuchungen soll ein Beispiel (Abb. 47) die Veränderungen der Proteinfraktionen bei einem überwiegend exsudativ reagierenden Kranken zeigen, der mit verschiedenen Maßnahmen erfolgreich behandelt wurde.

Die Wirkung der Tuberkulostatica läßt sich mit Hilfe der Elektrophorese überwachen, da ein Abfall der α_2-Fraktion den Rückgang der exsudativen Erscheinungen früher nachweist, als es mit sonstigen klinischen Mitteln möglich ist. Bei INH, Streptomycin und PAS hat sich die Methode bewährt (*22, 207, 233, 265, 362, 379, 459, 575, 599*).

Beim Conteben fand Heilmeyer den Rückgang der α_2-Fraktion so auffällig und schnell, daß er eine direkte Einwirkung auf die Plasmaproteine annahm und die Berechtigung bestritt, aus dem Abfall dieser Fraktion auf Veränderungen des tuberkulösen Prozesses zu schließen (*223, 224*). Knüchel (*303*) kam auf Grund seiner Untersuchungen zu dem Schluß, daß die Senkung der Fraktion α_2 doch Folge einer Besserung des Krankheitsbildes sei. Jahnke und Scholtan (*262*) und Herrnring (*233*) stimmten ihm bei.

HEILMEYER (*223, 224*), KILCHLING (*293*), STADLER und GEHRIG (*557*) vermuteten in der α_2-Fraktion den Einfluß auf die Höhe der Blutsenkung. Dafür sprachen statistische Untersuchungen von SHEDLOVSKY und SCUDDER (*543*), die durch YOSHIZAWA, OLHAGEN (*436, 437*) und KNÜCHEL nicht bestätigt wurden. HECKNER (*221*), JAHNKE, SCHOLTAN und RUSS (*261*) und WUNDERLY, BOLLIG und WUHRMANN (*646*), HERRNRING (*233*) wiesen einen Einfluß des Conteben auf die Erythrocytenoberfläche und die Ballungsbereitschaft nach, der eine Senkungs-beschleunigung herbeiführen soll. KILCHLING und MATTHES (*294*) halten diese Wirkung nicht für zutreffend.

FELDER (*167*) zeigte, daß Solvoteben, PAS, INH und Streptomycin beim Zusatz zu Serum im Reagenzglas mit der γ-Fraktion wandern; er hält aber eine Störung der elektrophoretischen Ergebnisse bei Blutkonzentrationen, wie sie bei der Behandlung vorkommen, nicht für wahrscheinlich.

VIGLIANI, BOSELLI, PECHIAL (*590, 591*) fanden bei *Silikotuberkulösen* einen Anstieg (*362, 501*) der α-Globuline als Zeichen eines aktiven, entzündlichen Prozesses, während die Silikose allein regelmäßig eine Erhöhung der γ-Fraktion verursache. Ihre Untersuchungen wurden von BOSELLI und DELLA PORTA (*75*) bekräftigt. Von anderen Untersuchern wurden diese Ergebnisse nicht in so regelmäßiger Form gefunden. Bei Silikosen ohne aktive Tuberkulose liegt die γ-Fraktion im Durchschnitt wohl über der Norm, aber nicht in jedem Falle. Bei hochaktiven Silikotuberkulosen kommt es zu typischen exsudativen Reaktionen mit hoher α_2-Zacke und γ-Zunahme (*42, 166, 638*). Bei den viel zahlreicheren Erkrankungen zwischen diesen beiden Stadien sind die Ergebnisse der Elektrophorese jedoch häufig uncharakteristisch.

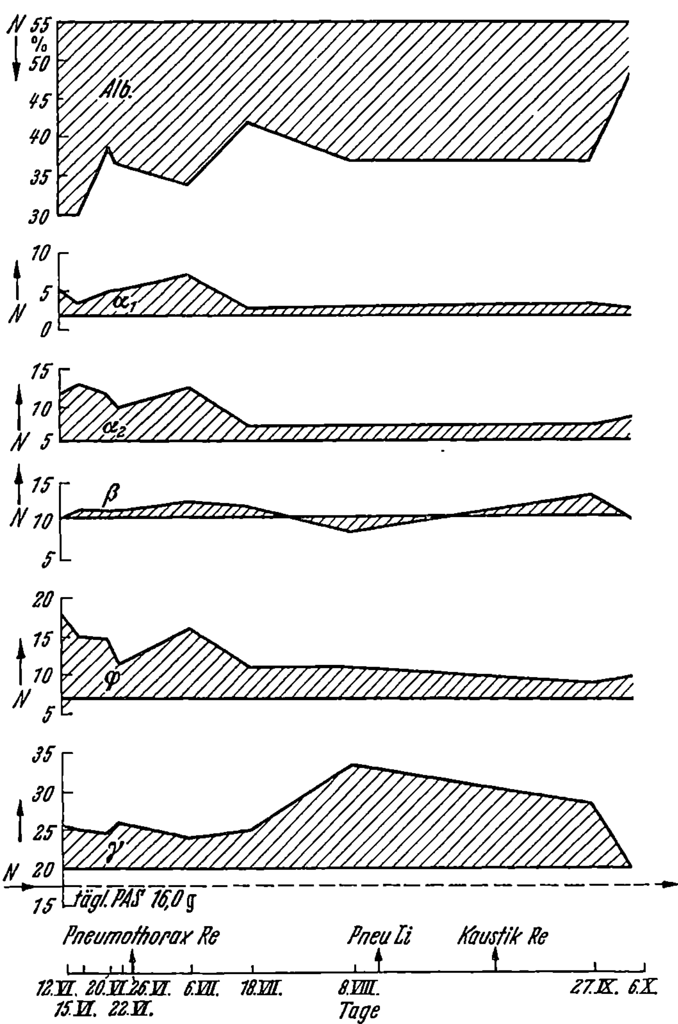

Abb. 47. *Versuchsbedingungen:* MICHAELIS-Oxalatpuffer, p_H 9,1. Ionenstärke 0,1; Verdünnung 1 + 2. *Klinischer Befund:* Offene, bds. ausgedehnte gemischt-exsudativ-produktive, cavernöse Lungen-Tbc. Zunehmende Besserung unter therapeutischen Maßnahmen. Rückgang der Caverne und der klinischen Aktivitätszeichen

Bei unbehandelten Fällen der *Meningitis tuberculosa* geben BENHAMOU (*44, 45*) und EWERBECK (*160*) übereinstimmend eine starke Erhöhung der α-Globuline an, wogegen die γ-Globuline nur unregelmäßig und wenig erhöht — ja manchmal auffallend niedrig — sein können. Dabei besteht die bei der Tuberkulose gewöhnliche

Hypalbuminämie. Die Angabe von Ewerbeck, daß die α_1-Fraktion besonders erhöht sei, wurde von Oldershausen (*435*) nicht bestätigt, der auch die γ-Fraktion regelmäßig hoch fand. Im klinisch inaktiven Stadium vermindert sich zuerst die α_2-Fraktion, dann normalisiert sich erst langsam die γ-Fraktion, mit dem Anstieg der Albumine etwa gleichlaufend.

3. Rheumatische Erkrankungen
a) Rheumatisches Fieber

Longsworth, Shedlovsky, McInnes berichteten als erste über Serumelektrophoresen bei Kranken mit *rheumatischem Fieber*. Sie fanden Verminderung der Albumine und Vermehrung aller Globulinfraktionen — in höherem Grade von α- und γ-Fraktion als von β- und φ-Fraktion —, während andere Untersucher (*369*) eine vorzügliche Erhöhung der γ-Globuline feststellten gegenüber wenig eindrucksvollen Veränderungen von α-, β- und φ-Globulinen. Diese nicht ganz übereinstimmenden Befunde sind häufig erhoben worden (*9, 134, 135, 179, 212, 298, 314, 315, 387, 494*).

Körver (*304*) verfolgte die Serumeiweißveränderungen bei an akutem rheumatischem Fieber erkrankten Kindern mit häufig wiederholten Elektrophoresen.

In seinen Beispielen sind zu Beginn der Erkrankung die beiden α-Globuline stark erhöht und fallen mit klinischer Besserung der akuten Phase rasch ab. Die γ-Globuline zeigen in den ersten Stadien der Erkrankung keine oder nur geringe Erhöhungen, steigen dann langsam an und bleiben im subchronischen Stadium oder in der Rekonvaleszenz oft als einziger Globulinanteil erhöht. Die Albumine sind während der Erkrankung etwa der Schwere des klinischen Bildes entsprechend erniedrigt.

Körvers Untersuchungen zeigen, daß scheinbar widersprechende Einzelbeobachtungen aufgeklärt werden können, wenn man sie zur Krankheitsphase, in der sie gemacht wurden, in Beziehung setzt. Der diagnostische Wert eines Einzelergebnisses ist von geringem Wert, wogegen häufigere Untersuchungen eine bessere Überwachung des Krankheitsverlaufes gewährleisten.

Die α-Globuline gehen dem Auftreten und Verschwinden der akuten Symptome parallel, wogegen die γ-Globuline für die Erkennung der Ausheilung oder einer Chronifizierung bedeutungsvoll sind. Daß die Veränderungen im Verhältnis dieser beiden Fraktionen den klinischen Verlaufskriterien vorausgehen (*9, 315, 369*), scheint nicht immer der Fall zu sein (*314*). Die rheumatische Aktivität kann so nicht beurteilt werden. Auch der Vorschlag, aus dem Verhältnis α_2-Globulin/γ-Globulin einen Virulenz/Reaktionsindex zu bilden (*9*) entsprechend dem v. Albertinischen Schema, verspricht keinen Vorteil für die Beurteilung der Aktivität (*179, 494*).

Die Albuminfraktion, die zuerst stark absinkt und dann wieder langsam ansteigt, gibt ein Maß für die Schwere des Krankheitsverlaufs (*179*).

Die β-Fraktion wurde von Kroop (*314*) neben den genannten Veränderungen häufig im akuten Stadium erhöht gefunden und als diagnostisch bedeutungsvoll angegeben. Schmengler (*516*) und Laudahn (*331*) sehen in der β-Erhöhung ein Maß für eine Miterkrankung der Leber. Laudahn beruft sich auf eine Mitteilung Lövgrens, der bei 61% der von ihm obduzierten Fälle von rheumatischem Fieber Leberschädigungen verschiedener Art fand.

Dole, Watson und Rothbeard (*130*) berichteten über drei Kranke, bei denen im Anschluß an eine Scharlachinfektion eine Erkrankung multipler Gelenke aufgetreten war.
Vor Eintritt der Gelenkbeschwerden verhielten sich die Proteinfraktionen wie bei den unkomplizierten Scharlachfällen (vgl. oben). Bei Eintritt der Gelenkschmerzen stieg α_2 etwas an und bewegte sich dann langsam wieder der Norm zu; die γ-Fraktion folgte etwas später mit dem Anstieg und näherte sich langsamer der Norm. Auffallend war, daß der Antistreptolysin-O-Titer sich parallel dem γ-Globulinspiegel bewegte im Hinblick auf die Angabe Humphreys (*256*), daß Antistreptolysin-O — im Gegensatz zu dem mit der Albuminfraktion wandernden Antistreptolysin-S — mit der γ-Fraktion wandert, wie auch die bei Streptokokkeninfektion und rheumatischem Fieber reichlich vorhandene Antihyaluronidase [Moore und Harris (*423*)]. Der Versuch Doles, durch Zugabe von Streptokokken die im γ-Globulin wandernden Antikörper zu binden, mißlang.

WILSON und LUBSCHEZ (*613*) berücksichtigten bei ihren Untersuchungen rheumatischer Kranker die Voruntersuchungen und kamen zur Ansicht, daß eine Erhöhung der γ-Globuline kein Symptom des rheumatischen Fiebers ist, sondern eine Folge vorhergegangener Infektionen. Nur die α-Erhöhung sei als Ausdruck einer unspezifischen Reaktion bei einem Fieberzustand zu werten. Bei erbmäßig zu rheumatischem Fieber disponierten Kindern fand LUBSCHEZ (*361*) keine Abnormitäten der Serumproteine.

Bei der *Chorea minor* wurde die γ-Fraktion stark erhöht gefunden, wogegen die α-Erhöhung unbedeutend war (*9*). Eine Erhöhung der α-Fraktion spricht für eine endokarditische Komplikation (*87*).

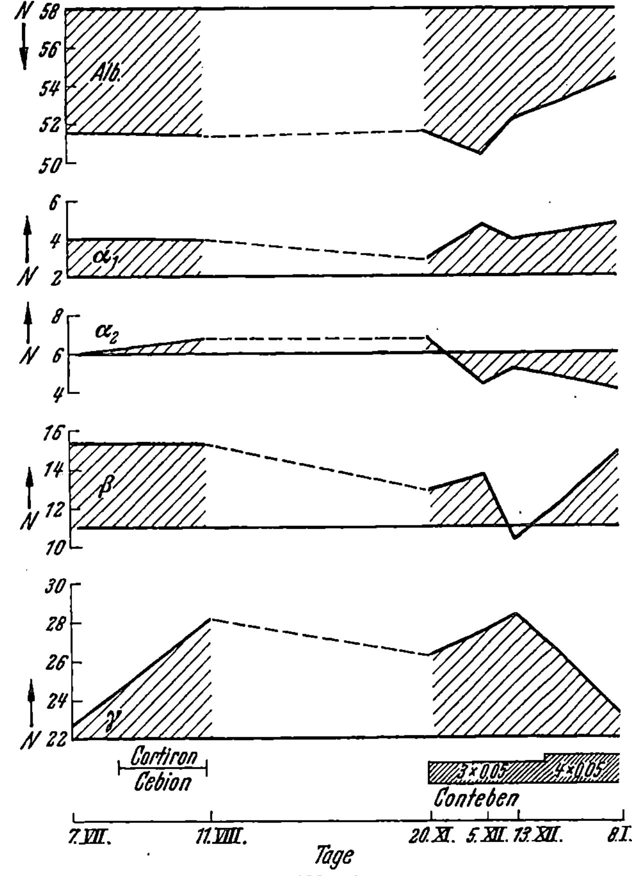

Abb. 48   Abb. 49

Abb. 48. *Versuchsbedingungen:* MICHAELIS-Puffer, p$_H$ 9,1. 60 V, 2 mA; Verdünnung 1 + 3. *Klinischer Befund:* Rezidiv bei einer sekundär chronischen Polyarthritis rheum. *13. I.* Florider, akuter Schub mit multiplen Gelenkschwellungen. Temp. um 38° C; Blutsenkung: 115/130 Westergren. *28. III.* Kaum noch Beschwerden. Keine Gelenkschwellungen mehr. Fieberfrei; Blutsenkung: 17/38

Abb. 49. *Versuchsbedingungen:* MICHAELIS-Puffer. p$_H$ 9,1. Ionenstärke 0,1. 65 V, 1,4 mA; Verdünnung 1 + 3. *Klinischer Befund:* Sekundär chronische Polyarthritis, chronisches Stadium. Typische Schwellung verschiedener Gelenke mit erheblichen Deformierungen. Blutsenkung 53/80. *Nach Cortison-Cebion:* subjektiv Besserung; objektiv unverändert. *Nach Conteben:* subjektive Besserung; objektiv vermehrte Schwellung einzelner Gelenke, Verschlechterung

Zwei Kranke mit REITERschem *Syndrom* zeigten das gleiche Verhalten der Serumproteinfraktionen, wie es bei rheumatischem Fieber bekannt ist (*494*).

Der Einfluß von Salicylpräparaten auf die Elektrophoresediagramme wurde von DRYER, PAUL und ROUTH (*141*) geprüft. Sie fanden bei Gesunden nach 7 tägiger Verabreichung von täglich 4 g Acid. acetylo-salicylicum keine Wirkung auf dieselben.

Nach Aspirin und Pyramidon wurde bei Kranken ein Rückgang zuerst der α- und später der γ-Fraktionen gesehen (*9*).

SHETLAR (*544*), der die α-Globulinpolysaccharide beim rheumatischen Fieber immer erhöht fand, sah nach Cortison einen Rückgang derselben, der dem Rückgang des Fiebers und der klinischen Symptome entsprach. D'ESHOUGUES (*153*) fand die Glucoproteide nicht nur in beiden α-Fraktionen, sondern auch in den Albumin- und

γ-Fraktionen vermehrt. Er sah Rückgang in allen Fraktionen zur Norm nach Cortison, Salicyl, Aspirin. Die Glucoproteide sind für ihn das beste Aktivitätsmaß.

Eine eigene Beobachtung eines Rezidivs eines rheumatischen Fiebers zeigt Abb. 48 während des akuten Anfalles und nach klinischer Abheilung desselben.

Abb. 49 zeigt die Wirkung zweier klinisch erfolgloser Behandlungsversuche auf die Serumproteine bei einer sekundär chronischen Polyarthritis.

b) Chronische Polyarthritis

Seit Swartz (zit. nach Olhagen) auf die Veränderungen des Elektrophoresediagramms bei der *primär chronischen Polyarthritis* hinwies, haben sich zahlreiche Untersucher mit diesen beschäftigt (*132, 181, 257, 321, 333, 355, 387, 436, 437, 439, 440, 455, 494, 500, 514*).

Eine Hypalbuminämie wird am häufigsten und regelmäßigsten beobachtet; sie kann beträchtliche Grade erreichen und wird allgemein als zuverlässiger Gradmesser der Schwere des Krankheitsbildes angesehen.

Von den Globulinen zeigen am häufigsten alle Fraktionen erhöhte Werte, die φ-Fraktion eingeschlossen (*321, 494*). Besondere Bedeutung wird einer vorzüglichen Erhöhung der α-Fraktionen zugeschrieben, die meist am Beginn und während der akuten Schübe gefunden und als Zeichen der Aktivität angesehen wird.

Die γ-Fraktion zeigt bei den chronischen Kranken in der Regel relativ und absolut die höchsten Werte; sie steigt mit der Dauer des Prozesses und ist in dessen chronischen Stadien oft als einzige Fraktion erhöht. Ihr Rückgang spricht für eine Beruhigung der Erkrankung. Oft wird eine Hyperglobulinämie mit erhöhtem Totalproteingehalt gefunden, die durch Globuline der γ-Fraktion verursacht wird (*333*).

Olhagen betrachtet eine starke und isolierte Erhöhung der γ-Zacke als Zeichen einer ungünstigen Prognose, während eine vorzügliche α-Erhöhung, die vor allem Krankheitsfälle mit frischen Schüben zeigen, eine bessere Heilungstendenz verspricht. Da eine Persistenz der hohen α-Fraktion ein besonders ungünstiges Zeichen sei, hält Schettler (*514*) das Verhalten der α-Globuline für besonders bedeutungsvoll für die Beurteilung von Krankheitsverlauf und therapeutischen Erfolgen.

Gamp (*183*) benutzt für die Bestimmung der Aktivität den Grad der Hypalbuminämie; das Verhältnis zwischen α- und γ-Fraktion zieht er zur Differenzierung exsudativer Verlaufsarten von den cirrhotisch ankylosierenden heran.

Beziehungen im Ausmaß der Veränderungen zwischen Blutbild und Sternalpunktat einerseits und der Dysproteinämie andererseits wurden nicht gefunden (*450*).

Wallis (*597*) fand zu der Vermehrung der α_2- und γ_2-Globuline bei einigen Fällen von primär chronischer Polyarthritis eine auffallende γ_1-Zacke zwischen β- und γ-Zacke.

In Analogie zu der von Tiselius, Kabat (*581*) und v. d. Scheer und Wyckoff und Clarke (*509—511*) in Pferdehyperimmunseren an derselben Stelle des Elektrophoresediagrammes gefundenen „T-Zacke" faßt er sie als Zeichen von Hyperimmunität auf. Kaipainen (*277*) fand eine γ_1-Komponente bei einer rheumatischen Karditis und bei zwei Kranken mit Osteoarthritis und hält sie nicht für die p.c.P. für charakteristisch.

Die Natur der „T-Zacke" ist noch strittig; sie wird nicht regelmäßig gefunden (*417, 583*). An menschlichen Seren mit hohem Antikörpertiter (Paratyphus, Febris undulans) beobachteten Malmgren und Olhagen (zit. in *440*) manchmal eine kleine Extrakomponente an derselben Stelle zwischen β- und γ-Zacke.

Layani (*333*) beobachtete oft eine Asymmetrie der γ-Zacke und bei einigen chronischen Kranken eine Verdoppelung des β-Gipfels, die nicht der "β-disturbance" zur Last gelegt werden kann. Deshalb nimmt er das Vorhandensein einer im β_2- oder γ_1-Bereich wandernden Komponente an, die er für ein Cryoglobulin hält.

Wie Layani (*333*) sah auch Laudahn (*331*) oft eine β-Vermehrung, die er als Zeichen einer Leberschädigung wertet.

Die Angabe von REID, PIKE, SULKIN, COGGESHALL (*484*), nur bei fallenden Fronten in der β-Fraktion der meisten Seren von Kranken mit primär chronischer Polyarthritis eine von der "β-disturbance" trennbare scharfe Zacke gefunden zu haben, erhält dadurch mehr Gewicht.

Die Entwicklung einer Amyloidose bei der primär chronischen Polyarthritis kündigt sich durch Zunahme der α- und β-Fraktionen an (*212*).

Echte Paraproteine wurden bei der chronischen Polyarthritis gefunden und elektrophoretisch charakterisiert.

Bei einer Patientin mit chronischer Polyarthritis und Spondylarthritis ankylopoetica fanden HOLMBERG und GRÖNWALL (*249*) ein bei Zimmertemperatur kristallisiert ausfallendes Eiweiß im Plasma (1,3 g/100,0 Plasma), das im UV-Spektrum und in der Ultrazentrifuge Globulincharakter hatte und mit den γ-Globulinen wanderte. FRITZE und ZEZSCHWITZ (*181*) beschreiben einen Fall von chronischer Polyarthritis, der auch schwere andersartige Organveränderungen aufwies, bei dem ein mit den β-Globulinen wanderndes, in der Kälte rasch gelierendes Paraprotein vorhanden war. Dieselben Autoren fanden bei mehreren ihrer Kranken mit chronischer Polyarthritis Erhöhungen der β-Globuline mit Hypercholesterinämie. Spontangelifizierung bei Hyperproteinämie (10,93 g-%), Hypalbuminämie (37,4%) und starke Vermehrung der γ-Globuline (43%) stellten ESSER und SCHMENGLER (*157*) bei einer Kranken mit SJÖGRENschem Syndrom fest; bei drei anderen mit diesem Syndrom verwandten Fällen waren ähnliche Veränderungen ohne Gelifizierung feststellbar. SCHWARTZ und JAGER (*527*) geben an, bei Fällen mit primär chronischer Polyarthritis öfters kleinere Mengen von kältefällbaren Eiweißkörpern gefunden zu haben — im Hinblick auf die obigen Befunde eine wichtige Angabe.

COSS und LIPMANN [zit. nach GUTMAN (*202*)] fanden den streptokokkenagglutinierenden Faktor, der häufig bei der primär chronischen Polyarthritis gefunden wurde, in der γ-Fraktion, in der ROSE, RAGAN, PEARCE, LIPMAN (*495*) auch den für die Agglutination von Erythrocyten sensibilisierter Schafe verantwortlichen Faktor feststellten.

Die Befunde der Elektrophoresen bei der *sekundär chronischen Polyarthritis* sind nicht wesentlich verschieden von denen der primär chronischen Polyarthritis (*183*); auch beim FELTY-*Syndrom* waren die Serumeiweißveränderungen ähnlich (*212*). Bei der *Spondylarthritis ankylopoetica* findet sich nur ein deutlicher gradueller Unterschied insofern, als die Veränderungen in den Fraktionen sich nur wenig von der Norm entfernen (*183, 266*).

Von den „*Kollagenosen*" zeigt das Krankheitsbild des *Lupus erythematodes diss. acutus* und des LIBMAN-SACKS-*Syndroms* oft eine echte Hyperglobulinämie durch die Vermehrung der γ-Fraktion; die γ-Zacke ist dann breitbasig; α_2- und β-Globuline können auch etwas erhöht sein (*212, 218, 385, 386, 494, 580*).

Bei der *Dermatomyositis* und der *Sklerodermie* ähneln die Veränderungen im Elektrophoresediagramm denen bei der primär chronischen Polyarthritis; eine breite hohe γ-Zacke wurde bei diesen Erkrankungen nicht gefunden (*494*).

Gelingt es bei der chronischen Polyarthritis, durch eine Behandlung eine Besserung herbeizuführen, so prägt sich das auch in den Fraktionen des Serums aus. Beim Abklingen frischer Schübe erniedrigt sich vor allem die α_2-Fraktion. Cortison und ACTH können sogar eine stark erhöhte γ-Fraktion normalisieren (*51, 333, 494*), andere Untersucher sahen jedoch nach diesen Mitteln eine Besserung im Eiweißspektrum nicht mit Regelmäßigkeit (*234, 409*). Auch bei der balneologischen Behandlung ging eine klinische Besserung mit einer Tendenz zur Normalisierung des Elektrophoresediagramms einher, das vor der Behandlung keine Aussagen über die zu erwartende Wirkung zuließ (*139, 159*). Auch beim Lupus erythematodes diss. acutus führte Cortisonbehandlung eine prompte Besserung herbei (*385*).

Die *Glucoproteide* der α-Fraktion wurden auch bei der primär chronischen Polyarthritis entsprechend der Aktivität der Erkrankung erhöht gefunden; in der β-Fraktion waren sie nur gering erhöht, in der γ-Fraktion bei schweren ankylosierenden Fällen. Der Erfolg einer Goldtherapie zeigte sich in einem Absinken der α-Glucoproteide. Andere therapeutische Verfahren zeigten diesen Effekt nicht so eindeutig (*266*).

Von den Lipoproteidfraktionen wurden die β-Lipoproteide (*266*) und die γ-Lipoproteide (*517*) vermindert gefunden (ohne Anwendung von Stärkepapier!).

4. Verschiedene chronisch infektiöse oder verwandte Zustände

Malmros und Blix (*387*) geben für *chronische* und *subakute Infektionen* verschiedener Genese ohne Ausnahme eine Erhöhung der γ-Globuline als charakteristisch an. In den meisten Fällen waren auch die α-Globuline hoch, nur bei wenigen waren sie normal. Die β-Globuline waren in der Regel normal oder nur unbeträchtlich erhöht. Die Albumine waren im allgemeinen deutlich zu niedrig, wogegen die Gesamtproteinwerte öfter ziemlich hoch waren.

Wir ließen mit Geissen die Serumproteinfraktionen bei 30 *Zahngranulomträgern,* deren Herde z. T. klinisch reaktionslos waren, z. T. akute Entzündungserscheinungen zeigten, in anderen Fällen mit rheumatischen Sekundärleiden einhergingen oder postoperative entzündliche Wundreaktionen aufwiesen, untersuchen. Es fand sich hierbei eine Erniedrigung des relativen Wertes der Albumin- und α_1-Fraktionen etwa im gleichen Maße bei Patienten mit reaktionslosen Zahnherden wie auch bei solchen mit herdbedingten Sekundärleiden. Eine relative Erhöhung der α_2- und β-Fraktion bestand vor der Herdsanierung nur bei Patienten mit rheumatischen Sekundärleiden und bei solchen, die neben den Granulomen akut entzündliche Zahnerkrankungen hatten. Eine relative Erhöhung der γ-Globulinfraktion war vor der Behandlung sowohl bei Granulomträgern ohne als auch mit herdbedingten Sekundärleiden vorhanden. Nach der Herdsanierung kam es in den meisten Fällen zu einer Normalisierung der Eiweißfraktionen.

Untersuchungen bei *Lepra* sind von Seibert und Nelson (*537*) und Benhamou (*44, 45*) mitgeteilt. Sie berichten beide bei längerem Bestehen über eine Erhöhung der Gesamteiweißwerte bei starker Erhöhung der γ- und geringer der α-Globuline.

Bei *Kala-Azar* ist die Hyperproteinämie und Hyperglobulinämie seit der Arbeit Wus (1922) bekannt. Cooper, Rein und Beard (*112*) fanden bei der Elektrophorese zweier Seren von Patienten mit Kala-Azar eine auffallende Erhöhung der γ-Zacken, die in einem Fall 7 mal so hoch war wie normal. Das Albumin war vermindert, α und β normal. Die γ-Globuline zeigten eine gegen die Norm verlangsamte Wanderungsgeschwindigkeit, die γ-Zacke war verbreitert und asymmetrisch, was die Autoren zur Schlußfolgerung brachte, daß neben dem normalen γ-Globulin ein pathologisches γ-Globulin bei Kala-Azar auftritt. Benhamou (*44, 45*) bestätigt an drei Kranken die Ergebnisse. Dazu fand er in *einer* Kurve eine rascher wandernde, der normalen Albuminfraktion vorgelagerte Bande. Ob das Auftreten der langsam wandernden γ-Komponente mit dem Erscheinen des von Wertheimer und Stein (*563, 603*) zuerst bei Kala-Azar gefundenen „kältefällbaren Eiweißkörpers" zusammenhängt, ist nicht untersucht.

Bei der *Trichinose* beschreibt Schwonzen (*530*) eine bis zur 8. Krankheitswoche zunehmende Vermehrung der γ-Globuline (bis über 50 Rel.-%), die sich nach Abheilung der Krankheit langsam zurückbildete.

Bei Erkrankung durch Schisostomum Mansoni mit *Hepatosplenomegalie* fand Fiorillo (*170*) bei Erniedrigung des Albumins eine Vermehrung der β- und γ-Globuline, ohne daß eine scharfe Trennung der beiden Fraktionen erreicht werden konnte.

Zusammenfassung

1. Die Untersuchungen des Elektrophoresediagramms bei einzelnen infektiösen Erkrankungen ergaben meist keine Veränderungen, die man als spezifisch für eine Krankheit beurteilen und diagnostisch verwerten könnte. Nur bei wenigen Krankheitsbildern traten charakteristische Veränderungen auf, die diagnostisch verwertbar sind.

2. Aus der Vielzahl der Diagramme bei den verschiedenen Erkrankungen lassen sich drei typische Formen des Verhaltens der Proteinfraktionen herausarbeiten, die Wuhrmann (*622*) bei der Abgrenzung seiner Reaktionskonstellationen der Bluteiweiße benutzt hat. Die Typen lassen sich nicht mit einzelnen Krankheiten gleichsetzen, sondern sie treten in einzelnen Entwicklungsstadien der Krankheiten mehr oder weniger scharf ausgeprägt zutage.

a) Im Stadium der akuten Entzündung findet man die Albumine erniedrigt; von den Globulinfraktionen sind die α_2-Globuline besonders regelmäßig und auffallend erhöht; die γ-Fraktion kann normal sein; meist ist sie etwas erhöht; die φ-Fraktion ist — soweit sie untersucht worden ist — in der Mehrzahl erhöht gefunden worden, die β-Fraktion verhält sich uncharakteristisch; die α_1-Fraktion liegt meist auch über der Norm (Abb. 50a).

b) Im Stadium des Abklingens akuter Entzündungen und bei chronisch verlaufenden Entzündungen tritt gegenüber dem Typus a die Vermehrung der γ-Globuline in den Vordergrund; α und φ können in wechselndem Grade über der Norm liegen. Die β-Fraktion ist oft vermehrt, verhält sich aber im ganzen uncharakteristisch (Abb. 50b).

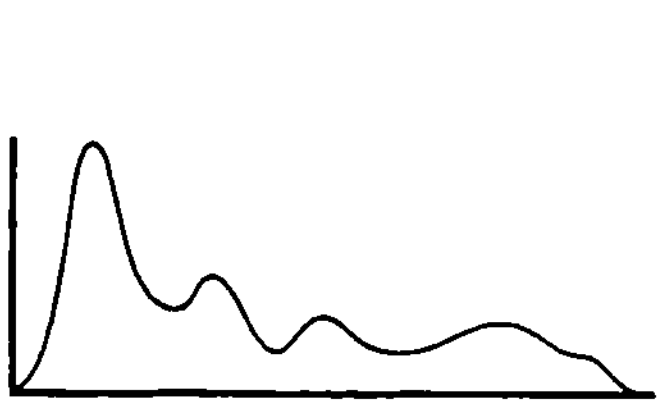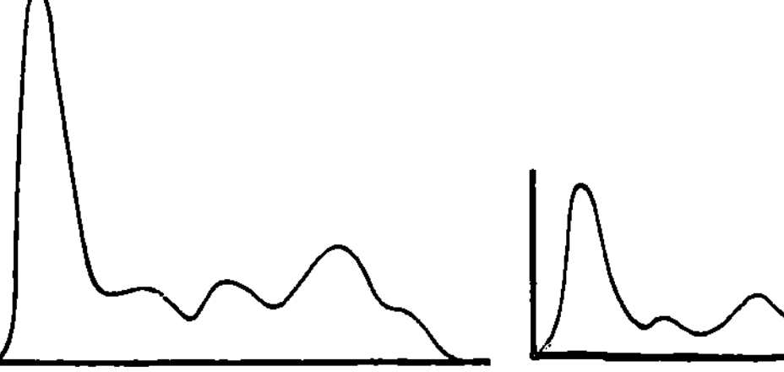

Abb. 50a. *Versuchsbedingungen:* MICHAELIS-Puffer, p_H 9,1. Ionenstärke 0,1. 17°; 20 min, 65 V, 1,8 mA; Verdünnung 1+3. *Klinischer Befund:* akut entzündliche Gelenkerkrankung. Ges.-Eiw. 6,0 g-%, Alb. 39,8%, α_1 6,5%, α_2 18,9%, β 13,0%, γ 21,2%

Abb. 50b. *Versuchsbedingungen:* MICHAELIS-Puffer, p_H 9,1, Ionenstärke 0,1. Temp. 17° 21 min; Verdünnung 1+3; 65 V, 1,7 mA. *Klinischer Befund:* Rekonvaleszenz nach akuter infektiöser Erkrankung. Ges.-Eiw. 8 g-%, Alb. 49,7%, α_1 4,6%, α_2 10,6%, β 12,3%, γ 27,3%

Abb. 50c. *Versuchsbedingungen:* MICHAELIS-Puffer, p_H 9,1. Ionenstärke 0,1. Temp. 16°, 22 min, 65 V, 1,8 mA, Verdünnung 1 + 3. *Klinischer Befund:* Endocarditis lenta. Ges.-Eiw. 5,6 g-%, Alb. 31,5%, α_1 2,7%, α_2 7,3%, β 12,3%, γ 46,2%

BARBAGALLO-SANGIORGI (*29*) sieht die Zunahme der α_2- wie die der γ-Globuline als Ausdruck mesenchymaler Reaktionen an; die α_2-Zunahme deutet er als Zeichen einer Destruktion (Depolymerisierung) der Gesamtsubstanz, die γ-Zunahme als Zeichen produktiver Prozesse. α_1- und β-Erhöhung bedeuten ihm Störungen im Verhalten der Lipoproteide.

Ob die Meinung LAUDAHNs (*331*) richtig ist, daß eine Erhöhung des β-Gradienten eine komplizierende Leberschädigung anzeigt, muß geprüft werden.

c) Bei einigen Fällen chronischer infektiöser Krankheiten (chronischer Polyarthritis, Endocarditis lenta, Lepra, Kala-Azar, Trichinose u. a.) wurde eine besonders starke Vermehrung der γ-Fraktion gefunden bei Hypalbuminämie und meist normalem Anteil der übrigen Fraktionen. Die Vermehrung der γ-Globuline führt oft zu einer Hyperproteinämie. Die Form der γ-Zacke ist hier von besonderer Bedeutung; sie kann plasmocytomähnliches Gepräge haben [WUHRMANN (*622*)]. Oft ist sie breitbasig und plump. Eine Auswertung der γ-Zacke nach dem Vorschlag von WUHRMANN, WUNDERLY, DE NICOLA (*633, 634*) verspricht einen Fortschritt bei der Bewertung dieser Veränderungen (Abb. 50c). LEY (*344*) beschreibt diesen Typ als den „Typ der schweren chronischen Entzündung mit ungünstiger Prognose".

3. Durch die Arbeiten von BRUCE und ALLING (*84*) und von DOLE und Mitarbeitern (*130*) wurde gezeigt, daß der Typ a in den Typ b während des Ablaufs einer Erkrankung übergehen kann. Die gleich zu Beginn z. B. einer Pneumonie erniedrigten Albumine steigen mit der Ausheilung langsam an; die erhöhten α_2-Globuline fallen rasch zur Norm; die γ-Globuline steigen langsam an, bleiben verhältnismäßig lange hoch und normalisieren sich erst langsam nach Verschwinden der klinischen Erscheinungen.

Bei der Lungentuberkulose konnten JAHNKE und SCHOLTAN (*261*) zeigen, daß die im Verlauf einer Tuberkulose gerade vorherrschende Phase der Erkrankung (Qualität) sich im Wechsel des Verhältnisses der Globulin-Unterfraktionen spiegelt. Damit wurde für die klinische Beurteilung eines Krankheitsverlaufes ein wichtiges

Kriterium gewonnen, das die Auffindung von Komplikationen, die Stellung der Prognose und die Lenkung der Therapie erleichtert.

4. Der Typ c ist für die Beurteilung der Erkrankungen besonders wichtig, da er wahrscheinlich eine besondere Reaktionsform des reticuloendothelialen Apparates anzeigt, die durch Hyperplasie und Hyperfunktion charakterisiert ist (*134—136, 285*).

Regelmäßig wird beim Vorliegen dieses Typs eine Vermehrung der reticulären Plasmazellen im Sternalmark und oft eine Hepatosplenomegalie gefunden. Auch L.E.-Zellen sind dabei beobachtet worden (*267*). Autoimmunisierungsphänomene sollen für das Zustandekommen dieser Hyper-γ-Globulinämie eine Rolle spielen (*136, 267, 285, 528*), eine Annahme, deren Beweis noch aussteht und bestritten wird (*27*).

Nach ACTH oder Cortison normalisiert sich diese Form der Hyper-γ-Globulinämie rasch (*136, 260, 285, 528*).

Anhang
Die Proteine in Ergüssen

In *Pleura-Exsudaten* finden sich in der Regel relativ mehr Albumine als im zugehörigen Serum oder Plasma. Die verschiedenen Globulinfraktionen entsprechen qualitativ und bis auf kleine Abweichungen auch quantitativ denen im Serum oder Plasma (*1, 55, 74, 92, 182, 233, 370, 537, 651*).

Felder fand bei Reizexsudaten z. B. nach Thorakokaustik und bei primär entzündlichen Exsudaten nur im Beginn die Ähnlichkeit der Globulinfraktionen, während sie bei länger bestehenden oder mischinfizierten Exsudaten deutlich vom Serum differierten; er verwendet diese Unterschiede bei der Differentialdiagnose.

Der Reaktionskörper der Rivalta-*Reaktion* ist wahrscheinlich ein Mucopolysaccharid, das in oder vor der Albuminfraktion wandert (*55*).

Transsudate der Körperhöhlen zeigten außer der Verminderung des Gesamtproteingehaltes keinen Unterschied in den Fraktionen zum Serum oder Plasma (*74, 92, 651*).

In der *Ödemflüssigkeit* waren die Ergebnisse nicht einheitlich; den Angaben Borkensteins (*74*), daß die Eiweißzusammensetzung die gleiche sei wie im Serum, widerspricht eine Mitteilung Wunderlys (*651*).

In *Gelenkergüssen* (*455, 456, 524*) findet sich regelmäßig die der Albuminfront vorauswandernde Fraktion Hy, die der Hyaluronsäure zugeschrieben wird; sonst ist das Eiweißbild qualitativ gleich wie im Serum. In den meisten entzündlichen Ergüssen — auch bei der primär chronischen Polyarthritis — wurden die Albuminfraktionen gleich hoch oder höher konzentriert gefunden als im Plasma. In den Globulinfraktionen kamen geringe quantitative Verschiebungen vor; länger bestehende Ergüsse zeigten einen relativ höheren γ-Gradienten. Außer dieser zeitlichen Beziehung fand sich keine Beziehung zur Schwere und zur Art des Krankheitsbildes.

Bei einer kleinen Zahl von p.c.P.-Kranken wurde im Gelenkpunktat bei erniedrigtem Albumingehalt und Normalität der übrigen Fraktionen eine sehr hohe γ-Zacke gefunden, die im Serum keine Entsprechung hatte und für die eine Globulinbildung in der Synovia angenommen wird. Eine Beziehung zur Schwere des Krankheitsbildes fand sich auch für diese Veränderung nicht. Perlmann fand sogar ausgesprochen geringe Entzündungssymptome in diesen Fällen (*456*).

In der aus der *Cantharidenblase* gewonnenen Gewebsflüssigkeit, die einen viel niedrigeren Gesamteiweißgehalt hatte, wurden die Eiweißfraktionen des Serums in gleicher Verteilung gefunden; auch krankhafte Verschiebungen der Serumfraktionen änderten daran nichts (*267, 325, 465, 618, 651*).

Wunderly (*649*), der mit der Papierelektrophorese isolierte Albuminfraktionen durch spezifische Präcipitation in 3 Subfraktionen trennen konnte, fand zwischen der Albuminfraktion des Serums und der der Körperflüssigkeit deutliche Unterschiede in der Verteilung der drei Subfraktionen.

II. Erkrankungen des Herzens und der Gefäße

1. Entzündliche Herzerkrankungen

Bei den entzündlichen Erkrankungen des Herzens hat die elektrophoretische Fraktionierung diagnostische Bedeutung (*46, 134—136, 480, 481*).

Bei der *rheumatischen Karditis* finden sich die gleichen Veränderungen wie beim rheumatischen Fieber: Hypalbuminämie, Vermehrung der α- und der γ-Globuline in mäßigem Umfang, manchmal Erhöhung der β-Globuline. Der Heilung der Herzerkrankung entspricht der Rückgang der Veränderungen.

Bei der akuten und subakuten *bakteriellen Endokarditis* und bei der fieberhaften *Thromboembolie* der Mitralklappe ist der entzündliche Typ des Elektrophoresediagramms zu finden.

Bei der *Endocarditis lenta* beobachtet man oft eine Hyperproteinämie infolge γ-Hyperglobulinämie, die sich in einer hohen, breitbasigen Zacke ausdrückt, wogegen α- und β-Globuline nicht oder nur unbedeutend vermehrt sind (*46, 136, 349, 354, 481, 622*). Die γ-Globuline können Werte von 40—60 Rel.-% erreichen.

Der Unterschied dieses Kurventyps gegenüber den anderen entzündlichen Herzerkrankungen ist so charakteristisch, daß er für die Differentialdiagnose bedeutungsvoll ist. Die Entwicklung einer γ-Hyperglobulinämie bei einer rheumatischen Herzklappenentzündung spricht für das Auftreten einer Endocarditis lenta, wenn eine Aortitis luica oder eine Stauungscirrhose der Leber ausgeschlossen werden können. Eine Abgrenzung des LIBMAN-SACKS-Syndroms ist elektrophoretisch unmöglich. Herzinfarkt, rheumatischer Schub und Lungenembolie bringen im Elektrophoresediagramm eine α_2-Erhöhung zum Vorschein.

Prognostisch ist ein Krankheitsbild um so ungünstiger zu werten, je höher der γ-Globulingradient ist und je länger die Erhöhung andauert (*87, 611*).

Eine Behandlung ist erst dann als erfolgreich zu werten, wenn eine Normalisierung der γ-Zacke eingetreten ist. Persistenz der γ-Hyperglobulinämie ist immer von ungünstiger Vorbedeutung.

Bei einem erheblichen Prozentsatz der Kranken, bei denen Hyperproteinämie und Hyper-γ-Globulinämie gefunden wurden, konnten DREYFUSS und Mitarbeiter (*140*) kältefällbare Eiweiße (Kryoglobuline) feststellen.

2. Myokardinfarkt

SHEDLOVSKY und SCUDDER (*543*) hatten bei einem Patienten eine Woche nach Eintritt eines *Myokardinfarktes* eine erhebliche Erhöhung der α-Globuline gefunden; eine Erhöhung der β-Globuline und der γ-Globuline war ebenfalls vorhanden; bei einem Patienten waren 6 Wochen nach dem Infarkt die Veränderungen in derselben Art, aber nur geringgradig vorhanden.

DONZELOT (*135*) untersuchte 5 Kranke mehrmals; es fand sich in den ersten 48 Std. nach dem Infarkt neben einer Albuminverminderung eine Erhöhung der β-Globuline; vom dritten Tag an stiegen die α-Globuline bis auf das Drei- oder Vierfache an, die β-Globuline blieben ungefähr gleich hoch, und die γ-Globuline waren nur ganz wenig verändert. Im weiteren Verlauf erniedrigten sich dann die α- und β-Gradienten, wobei β länger hoch blieb als α. Die Albumine waren am niedrigsten, wenn die α-Globuline auf dem höchsten Stand waren.

DONZELOTs Beobachtungen wurden bei einer Anzahl von Kranken bestätigt (*46, 220, 477, 546, 552*). Regelmäßig wurden die Albuminverminderung und die Erhöhung der α_2-Fraktion vom zweiten Tag an beobachtet. Die β-Veränderung, die schon nach 14 Std. eintreten soll, wurde nicht regelmäßig gesehen. Erst in einer späteren Phase folgt eine Erhöhung der γ-Globuline. LAUDAHN (*331*), der die β-Hyperglobulinämie auch sah, hält sie für die Folge einer Störung des Leberstoffwechsels.

Die elektrophoretischen Phänomene sind von der Ausdehnung des Infarktes unabhängig; sie können deshalb auch bei kleinen Infarkten diagnostisch von Bedeutung sein. Dem Grad der Veränderungen kommt indessen keine diagnostische Bedeutung zu. Die Vermehrung der α_2-Globuline erreicht nach 14 Tagen ihren höchsten Stand und wird etwa nach 4 Wochen normalisiert. Tritt dieses Absinken nicht ein oder folgt eine erneute Erhöhung, so spricht dieses Verhalten für eine schlechte Prognose (*546*), falls sonstige Erkrankungen mit entzündlichem Charakter ausgeschlossen werden können.

Hauss (*219, 220*) folgert aus dem raschen Albuminabfall, der von der Ausdehnung des Infarktes unabhängig ist, der beim Crush-Syndrom, nach Magenblutungen, Subarachnoidalblutungen, Hirnblutungen u. Lungenembolien in der gleichen Weise eintritt und der immer von den bekannten Zeichen der vegetativen Gesamtumschaltung (Hoff) begleitet ist, daß nicht die bei der Nekrose des Herzmuskels freiwerdenden Eiweiße die Veränderung des Elektrophoresediagramms verursachen können. Eine infolge vegetativer Dysregulation eintretende Capillarundichtigkeit und eine reaktive Produktion von Globulinen auf den Infarktreiz hin sieht er als Grund hierfür an und beruft sich auf seine von Emmrich bestätigten Untersuchungen über den orthostatischen Kollaps beim Kaninchen (*220*), bei denen er nach dem Kollaps Albuminverminderungen und Anstieg von α- und γ-Globulinen fand. Die Annahme von Regulationsstörungen wird auch durch die Mitteilung Heinens (*227*) bekräftigt, daß nach Arbeit am Knippingschen Ergometer eine relative Verminderung der Albumine und Globulinvermehrung zu beobachten seien.

3. Kreislaufdekompensation

Bei *dekompensierter Herzinsuffizienz* entsteht eine Verminderung der Plasmaalbumine je nach der Schwere der Dekompensation. Von den insgesamt vermehrten Globulinen waren die β- und γ-Fraktionen erhöht, während α- und φ-Fraktionen normal oder etwas vermindert waren, außer wenn Fieber bestand, das zu dem gewöhnlichen Anstieg der α-Globuline führte (*74, 370*). Die oft erhebliche γ-Erhöhung kann in solchen Fällen auf eine Stauungscirrhose hinweisen.

4. Myokardose

Unter diesem Krankheitsbegriff versteht Wuhrmann (*636, 639*) einen Schaden des Herzmuskels, der im funktionellen Verhalten der Herzmuskulatur zum Ausdruck kommt und den er auf Verschiebungen in der Zusammensetzung der Bluteiweiße — auf eine Dysproteinämie — zurückführt. Erkrankungszustände, die mit einer starken Hypalbuminämie einhergehen, wie sie bei Erkrankungen der Leber, bei komatösen Zuständen, chronischen Magen-Darm-Affektionen usw. vorkommen, stehen als Ursache im Vordergrund.

Luckner und Gaede (*364*) erzeugten bei Ratten durch Mangelernährung eine chronische Hypoproteinämie und Hypalbuminämie. Es fanden sich danach Schäden im Myokard wie auch in der Skeletmuskulatur, die funktionell und morphologisch erkennbar waren. Ihr Ausmaß wurde nicht durch den Grad der Hypoproteinämie bestimmt; das Elektrophoresediagramm von Extrakten des Herzmuskels (*65*) und des Skeletmuskels veränderte sich nach der Mangelernährung deutlich. Auch hier bestand kein gradueller Zusammenhang.

Hartmann (*213*) erzeugte bei Kaninchen durch Hämoglobulin oder Tuberkelbacillenextrakt eine 6 Monate dauernde Dysproteinämie; er fand keine morphologischen Störungen am Herzmuskel, wohl aber an Leber und Nieren.

5. Arteriosklerose

Nachdem in der Ultrazentrifuge bei Kranken mit Arteriosklerosen ein Lipoproteid in vermehrter Menge gefunden worden war (*343, 374*), gelang es auch mit Hilfe der Papierelektrophorese nach Anfärbung der Lipoproteide mit lipophilen Farbstoffen, bei Arteriosklerosen das Lipoproteid der β-Fraktion stark (etwa um das 18fache) vermehrt zu finden, während das Lipoproteid der α_1-Fraktion vermindert war (*14, 15, 30, 196, 313, 431, 482, 497, 555*).

Untersuchungen normaler Menschen verschiedener Lebensalter (*14*) zeigten mit fortschreitendem Alter einen Anstieg der gröber dispersen β-Lipoproteide im Serum, der zwischen dem 40. und 70. Lebensjahr den höchsten Stand erreicht und dann langsam wieder abfällt. Arteriosklerotiker beider Geschlechter zeigten zwischen dem 40. und 70. Lebensjahr eine deutliche Vermehrung über die Werte der Vergleichsgruppe hinaus. Die älteren Sklerotiker unterschieden sich nicht von der Normgruppe. Kranke, die einen Myokardinfarkt hinter sich hatten, zeigten eine erhöhte β-Lipoidfraktion gegenüber einer Kontrollgruppe (*497*). Bei arteriosklerotischen Gefäßverschlüssen wurden ähnliche Veränderungen gefunden im Gegensatz zu Durchblutungsstörungen, die durch eine Endangiitis obliterans verursacht wurden (*592*). Lebererkrankungen müssen ausgeschlossen werden, bevor man aus der Erhöhung der β_2-Lipoproteidfraktion Schlüsse zieht (*313*). In den Lipoproteidfraktionen war auch das Cholesterol-Phosphorlipoidverhältnis charakteristisch verändert (*4, 432*). Nach Heparingaben normalisierte sich das β_1/α_1-Lipoproteidverhältnis häufig (*296, 432*).

In mit normaler Methodik hergestellten Elektrophoresediagrammen soll bei der Arteriosklerose eine Vermehrung der β-Fraktion gefunden worden sein (*30, 555*), die von anderen Untersuchern nicht bestätigt wird (*15, 313, 482*).

6. Essentielle Hypertonie

LEWIS und PAGE (*342*) konnten bei 10 Patienten mit unkomplizierter essentieller Hypertonie zeigen, daß im Elektrophoresediagramm im ganzen nur geringe Veränderungen bestehen. Im Gegensatz dazu zeigten Kranke mit schwerer maligner Hypertonie mit der Schwere der Erkrankung gleichlaufende erhebliche Störungen der Proteinzusammensetzung im Serum.

Bei 12 der 16 Kranken bestand eine Hypalbuminämie, bei 14 war φ erhöht. Von den zwölf schweren Fällen hatten zehn eine Vermehrung der β-Globuline. Die α_2-Globuline waren in einigen Fällen erhöht, während andere Fälle desselben Schweregrades Werte unter der Norm zeigten. Auffallend war der häufige Befund von α_1-Globulinen, obgleich im Phosphatpuffer p_H 7,8 gearbeitet wurde, in dem α_1 sonst nicht abzugrenzen ist. Die γ-Globuline waren nur ganz selten ein wenig über der Norm, obwohl die Verfasser bei Hunden nach einseitiger Unterbindung der Nierenarterie eine regelmäßige Erhöhung der γ-Globuline vom Eintritt der Hypertonie an gefunden hatten. Auf das Verhalten der α_2-Globuline legen die Verfasser besonderen Wert, da PLENTL, PAGE, DAVIS (*466*) in der α_2-Fraktion den RENIN-Aktivator gefunden hatten.

BENHAMOU (*46*) bestätigt diese Befunde der Hypertoniker. Die Untersuchung der Lipoproteide bei essentiellen Hypertonien erbrachte die gleichen Befunde wie bei der Arteriosklerose (*296*).

Zusammenfassung

Für Diagnose und Verlaufsbeobachtung der Endocarditis lenta hat sich die elektrophoretische Trennung der Serumeiweiße als wertvoll erwiesen, da sie ein wichtiges Symptom dieser Erkrankung, das die klinische Entwicklung der Erkrankung charakterisiert, zu überwachen gestattet. Nach Myokardinfarkten zeigen sich im Elektrophoresediagramm regelhafte Verschiebungen der einzelnen Proteinfraktionen, die in der Diagnose verwertet werden können.

Bei Kranken, die an Arteriosklerose leiden, wurde eine Vermehrung der β-Lipoproteidfraktion gefunden, die der Schwere der klinischen Erscheinungen zu entsprechen scheint. Es ist noch nicht klargestellt, welche Bedeutung dieser Befund für die klinische Diagnostik und für unsere Anschauungen von der Pathogenese dieser Erkrankung hat.

III. Lebererkrankungen

1. Entzündliche Lebererkrankungen

(Hepatitis epidemica, Icterus catarrhalis, hämatogen-infektiöse Hepatitis, Weilsche
Erkrankung)

Die ersten Elektrophoresen der Serumproteine bei akuten parenchymatösen Lebererkrankungen stammen von Gray und Barron (*194*). Fünf Kranke mit Icterus catarrhalis hatten eine Erniedrigung der Albumine; bei 4 Fällen waren die γ-Globuline, bei 2 die β-Globuline, bei einem die α-Globuline erhöht. Trotz der hohen β-Zacke waren Gesamtfett- und Cholesterinspiegel normal. Von 2 Fällen, die Kabat, Hanger und Moore (*274*) mitteilen, zeigte nur einer eine Erhöhung der γ-Globuline mit Verminderung der Albumine.

Über 11 Kranke mit Hepatitis, die mehrmals während des Krankheitsverlaufs untersucht wurden, berichtet Martin (*393*). Regelmäßig war die Erniedrigung der Albuminwerte mit einem Ansteigen der γ-Globuline verbunden; die beiden Kurven verliefen fast spiegelbildlich. Die 2 Kranken mit dem stärksten Abfall der Albuminwerte hatten auch die längste Erholungszeit, zeigten aber keine besondere Rezidivneigung, wogegen 2 Kranke mit Rezidivneigung keine besonders auffallende Veränderung der Serumproteinfraktionen hatten. Das Minimum der Albumine und das Maximum der γ-Globuline lagen in den ersten 10 Tagen nach Beginn der ersten Symptome. Beide Fraktionen kehrten langsam zur Norm zurück, die γ-Fraktion aber nicht in jedem Fall, trotz Beobachtung über 50—60 Tage. Die α_2- und β-Globuline zeigten kein so konstantes Verhältnis, die eine oder beide Fraktionen waren in einer Phase des Krankheitsverlaufes — gewöhnlich zwischen dem 14. und 30. Krankheitstag — erhöht. Die Höhe der Werte schwankte beim gleichen Patienten erheblich, am stärksten bei den beiden rezidivierenden Fällen. In einigen Seren zeigten sich zwei β-Komponenten. In der α_1-Fraktion wurde keine Veränderung beobachtet. Die Verfasser betonen das uncharakteristische Aussehen der Elektrophoresediagramme, die keine besondere diagnostische Hilfe darstellten. Unter den untersuchten Kranken befanden sich 4 Fälle von *hämatogenem Ikterus*, die im Vergleich mit der epidemischen Hepatitis kein anderes Verhalten der Fraktionen zeigten.

Die von anderen Untersuchern mitgeteilten Beobachtungen (*104, 105, 198, 423, 430, 439, 472, 473, 498, 608, 660*) ergaben keine wesentlich anderen Ergebnisse. Anläßlich einer begrenzten Epidemie fand sich die Hypalbuminämie auch bei „anikterischen" Fällen, jedoch keine Vermehrung der γ-Globuline (*508*).

Staub (*562*) glaubte, bei den von ihm untersuchten 101 Kranken prognostische Schlüsse großer Tragweite aus den Elektrophoresediagrammen ziehen zu können. Bei benigne verlaufenden Fällen waren die Albumine nur wenig erniedrigt, die α-Globuline häufig, die β-Globuline oft und die γ-Globuline regelmäßig erhöht. Bei bösartigen Verlaufsformen waren die Albumine immer viel stärker vermindert; die α-Globuline waren dann nicht höher, sondern oft niedriger als in der Norm [vgl. auch (*508*)]. Die β-Fraktion verhielt sich uncharakteristisch. Staub beobachtete zwischen β- und γ-Gradienten die „H-Substanz", die der weiter unten besprochenen γ_1-Fraktion entspricht. Die γ-Globuline verhielten sich gleich wie bei den gutartigen Fällen.

Ein Vergleich von fünf leicht verlaufenden Fällen mit fünf schweren zeigte, daß im allgemeinen die schwereren Fälle die schwereren Befunde im Elektrophoresediagramm hatten, strenge Beziehungen aber nicht bestanden. Es wurden zwei Fälle mit alleiniger β-Globulinerhöhung gefunden (*487*). Im Hinblick auf die Befunde von Cl. Cohn und Lidman (*107*) und Sterling (*565*) und auf die Veränderungen bei den anderen Infektionen glauben Ricketts und Sterling (*487*), daß die Veränderungen der Serumproteine eher Manifestationen einer hepatischen Dysfunktion seien als des infektiösen Prozesses.

Von 5 in der klinisch symptomfreien Rekonvaleszenz weiter beobachteten akuten Fällen zeigten 2 leichtere eine völlige, rasche Rückbildung; die 3 anderen zeigten nach 180, 290 und 396 Tagen noch deutliche Abnormitäten (γ-Erhöhung), obwohl sie klinisch gesund waren und die Serumlabilitätsreaktionen beinahe alle normal waren (*487*). Von 11 klinisch gesunden Personen, die vor 10 bis 36 Monaten eine Hepatitis durchgemacht hatten, zeigten nur 3 ein normales Elektrophoresediagramm, 4mal waren die Albuminwerte erniedrigt, 6mal war die γ- und 5mal die β-Fraktion erhöht. Vier dieser Kranken zeigten im Leberpunktat typische Veränderungen trotz normaler Leberteste (*487*). RAFSKY, WEINGARTEN, KRIEGER, STERN, NEWMAN (*473*) differieren von RICKETTS und STERLING (*487*) in der Beurteilung der Restzustände. Bei acht Patienten, die vor 8 bis 46 Monaten eine Hepatitis durchgemacht hatten und die klinisch völlig genesen waren, fanden sie eine normale Fraktionenverteilung. Zwölf Patienten, bei denen die Hepatitis zwischen 9 Monaten und 8 Jahren zurücklag, zeigten noch klinische Restsymptome. Nur bei dreien davon waren elektrophoretische Abnormitäten vorhanden; sogar ein schwerer Fall verhielt sich normal.

HARTMANN und STEINEBACH (*211*) fanden an einer Mittelwertskurve aus 130 Einzeluntersuchungen von Kranken mit einer Hepatitis acuta das bekannte gegensinnige Verhalten von Albuminen und γ-Globulinen; die β-Globuline waren vor allem im Ausheilungsstadium erhöht, während die α-Globuline eher etwas erniedrigt waren. Wie wenig Durchschnittswerte besagen, zeigt der von HARTMANN (*210*) mitgeteilte Wechsel im gegenseitigen Verhalten der Globulinfraktionen in Abhängigkeit von der Schwere des Parenchymschadens, der die Beziehung zum Krankheitsstadium überlagert. Eine Verlaufskurve HARTMANNs zeigt, daß die β-Fraktion die Rolle der γ-Fraktion als Widerpart der Albuminsenkung übernehmen kann.

Beobachtungen stärkerer Vermehrung der β-Globuline in Frühstadien einzelner Fälle von Hepatitis veröffentlichten WUHRMANN, WUNDERLY, DE NICOLA, HUGEN-TOBLER (*635*).

Auch EMMRICH (*148*) fand die β-Globuline nicht in jedem Falle akuter Hepatitis erhöht, desgleichen RIVA (*492*). In einem gewissen Widerspruch zu diesen und anderen der weiter oben zitierten Autoren steht die Angabe LAUDAHNs (*331*), daß eine β-Hyperglobulinämie stets bei einer Leberschädigung gefunden werde.

Bei der *akuten gelben Leberatrophie* gibt HARTMANN (*210*) starke Hypalbuminämie und γ-Hyperglobulinämie an. Die α- und β-Globuline waren bei ihm deutlich erhöht, wogegen wir sie im Einklang mit anderen Autoren (*508, 536*) in 2 Fällen bis kurz vor dem Tode erniedrigt oder normal fanden.

STERLING (*568*) beschreibt bei einem typischen schweren Fall von WEIL*schem Ikterus* in der dritten Woche neben Hypalbuminämie und breiter hoher γ-Zacke eine Erhöhung der α_2-Globuline auf 21,2% der Gesamtproteine, die er bei keiner anderen Lebererkrankung gefunden hatte und die er als Zeichen des hochfieberhaften Zustandes betrachtet.

Eine α-Globulinerhöhung im Unterschied zu dem gewöhnlichen Befund bei der Hepatitis beobachteten HARTMANN und STEINEBACH (*210, 211*) auch bei der Cholangitis im akuten Stadium; mit zunehmender Schwere wechselte das Diagramm zugunsten der γ-Globuline.

Von den Lipoproteidfraktionen fehlte die α-Fraktion bei der akuten Hepatitis fast völlig, während sie bei den chronischen Erkrankungsformen erhöht war im Unterschied zu den niedrigen β- und γ-Lipoproteiden (*296, 317, 318*).

2. Lebercirrhose

Albuminerniedrigung und γ-Globulinerhöhung beschrieb zuerst LUETSCHER (*369*) bei der Lebercirrhose als Hauptveränderungen des Elektrophoresediagramms; später (*370*) fand er dazu in einigen Fällen eine Erhöhung der β-Globuline. GRAY und BARRON (*194*) fügten diesen Veränderungen eine Erhöhung der α-Globuline bei einzelnen Kranken hinzu, die sie besonders dann beobachteten, wenn die Hypalbuminämie durch eine Erhöhung der β- und γ-Globuline nicht angemessen kompensiert schien. Diese Ergebnisse wurden vielfach bestätigt (*104, 105, 210, 274, 387, 395, 439, 473, 578, 607, 620, 622*).

Ricketts, Sterling und Mitarbeiter (*488, 489*) fanden bei zwei ihrer 14 Kranken neben den bekannten Änderungen der Albumin- und γ-Globulinfraktionen abnormal hohe β-Zacken. Sie lehnen eine Beziehung zwischen dem Grad der Dysproteinämie und der Schwere der Leberinsuffizienz — wie auch Martin (*395*) — ab. Bei der oligosymptomatischen Lebercirrhose wurden durch die Elektrophorese oft keine charakteristischen Merkmale entdeckt (*299, 489*).

Kalk und Wildhirt (*280*) fanden bei Vergleichen mit den Ergebnissen einer histologischen Untersuchung von Leberpunktaten in 23% keine Übereinstimmung mit den Ergebnissen der Elektrophorese und bezweifeln, daß die Elektrophorese für die Diagnostik der Lebererkrankungen von Wert sei.

Eine Erhöhung der φ-Fraktion wurde im Plasma bei Cirrhosekranken häufig gefunden (*175, 387, 439, 578, 606*).

Da die Proteine der φ-Fraktion mit Fibrinogen gleichgesetzt wurden, standen diese Befunde im Widerspruch zu den mit chemischen Methoden erhobenen, die eine Fibrinogenvermehrung nicht nachweisen konnten (*175, 210, 606*). Nachdem Deutsch und Mitarbeiter (*121, 122*) im Normalserum eine mit der gleichen Geschwindigkeit wie die φ-Fraktion im Plasma wandernde γ_1-Fraktion gefunden hatten, die wahrscheinlich mit der „H-Fraktion", dem „X-" oder „T-Globulin" gleichzusetzen ist und die nicht als denaturiertes Fibrinogen angesehen werden kann, wurde nachgewiesen, daß die γ_1-Fraktion bei der Lebercirrhose häufig erhöht ist (*28, 36, 94, 176, 177*) und die Erhöhung der φ-Fraktion vortäuscht.

Die Vermehrung der γ_1-Fraktion ist nicht spezifisch; sie konnte bei chronischen, entzündlichen Lebererkrankungen häufig beobachtet werden und ist auch bei anderen chronischen Entzündungen (Endocarditis lenta, primär chronische Polyarthritis u. a.) erhöht. Bei der Lebercirrhose ist die γ_1-Fraktion oft besonders stark erhöht; es fehlt aber auch dieser Fraktion eine Beziehung zur Schwere der Leberschädigung (*94*).

Whitman erscheint als einziger charakteristischer Befund bei der Lebercirrhose das Fehlen einer Erhöhung der α-Globuline, die aber von anderen Untersuchern — zuletzt von Grassmann, Hannig und Knedel (*193*) — besonders in frühen Stadien auch gefunden wurde.

In Übereinstimmung mit Wuhrmann, Wunderly, de Nicola (*633*) wurde eine breitbasige, abgerundete γ-Zacke im Diagramm der Lebercirrhose als charakteristisch gefunden, wogegen eine schmalere, spitzere γ-Zacke bei der Hepatitis vorherrsche (*198, 330*).

Einige Autoren halten den breitbasigen hohen γ-Gradienten für den Ausdruck einer Autoimmunisierung durch zerfallendes Lebereiweiß (*177, 330*). Den meisten Untersuchern gilt die Abnahme der Albumine als Maß für die Störung der Leberfunktion, wogegen der γ-Gradient dem Reizzustand des RES entsprechen soll. Laudahn (*331*) findet auch bei der Lebercirrhose die β-Globuline als Indicator der Funktionsstörung und steht mit dieser Formulierung nicht in Übereinstimmung mit anderen Untersuchern.

Von den Lipoproteidfraktionen wurde die α_1-Fraktion bei Lebercirrhose stark vermindert gefunden (*296*).

Während Luetscher (*369, 370*) bei Vergleichsuntersuchungen im Plasma und Ascites im ascitesfreien Stadium bei relativer und absoluter Verminderung der Albumine den Gesamteiweißgehalt des Plasmas normal oder gelegentlich erhöht fand, trat mit Entwicklung des Ascites ein Abfall der Gesamtproteine und Albumine ein. Die Verteilung der Fraktionen im Ascites spiegelte die im Plasma wider, aber im Ascites waren zuerst relativ beträchtlich mehr Albumine vorhanden als im Plasma. Der Gesamteiweißgehalt im Ascites betrug ein Zehntel des Plasmas. Nach mehreren Punktionen näherte sich die Albuminkonzentration im Ascites der des Plasmas. Andere Untersucher (*92, 194, 387, 488, 489*) beobachteten bei Kranken mit Ascites keine niedrigeren Albuminwerte im Plasma als bei Kranken ohne Ascites.

Bei qualitativer Übereinstimmung zwischen Plasma und Ascites enthält der Ascites immer mehr Albumine, α_1- und γ-Globuline, das Plasma mehr α_2-, β- und φ-Globuline (*461*). Da die im Ascites reichlicher vorhandenen Fraktionen die niedrigeren Molekulargewichte besitzen, wurde vermutet, daß bei der Cirrhose die Veränderung der vasculären Permeabilität für die Ascitesbildung wichtig sei (*461, 606*).

Untersuchungen von TYOR und Mitarb. (*584*), die den Abfluß injizierten, mit J_{131}-markierten Albumins aus der Blutbahn verfolgten, ergaben, daß bei Lebercirrhose mit Ascites das Albumin langsamer aus dem Blutkreislauf verschwindet als bei Lebercirrhose ohne Ascites und bei Lebergesunden.

KALK und WILDHIRT (*279*) lehnen einen Zusammenhang zwischen Dysproteinämie und Ascitesbildung auf Grund eigener Untersuchungen ganz ab.

3. Obstruktionsikterus, biliäre Cirrhose

LONGSWORTH, SHEDLOVSKY, McINNES (*358*) beschrieben bei einem Fall von *Obstruktionsikterus* eine besondere Erhöhung der β-Globuline, wogegen Hypalbuminämie und die Vermehrung der α- und γ-Globuline zurücktraten. Ihre Beobachtungen wurden mehrfach bestätigt (*290, 334, 440, 472*). GRAY und BARRON (*194*) fanden jedoch bei 5 Kranken mit totalem *Choledochusverschluß* vor der Operation keine über das Niveau bei sonstigen Lebererkrankungen hinausragende Vermehrung der β-Globuline, obwohl bei allen diesen Fällen der Serum-Cholesterinspiegel erheblich erhöht war. Auch ZELDIS, ALLING und Mitarbeiter (*657*) konnten eine markante β-Erhöhung bei *biliärer Cirrhose* infolge einer fibrösen Stenose des Ductus choledochus nicht feststellen.

WALZ und RASBACH (*598*) fanden eine fast ausschließliche Vermehrung der β-Globuline nur beim *Verschluß in der Papilla Vateri*, während sie diese Veränderungen beim höhersitzenden Verschluß nicht feststellen konnten. Sie erklären deshalb die β-Vermehrung als Folge einer Sekretstauung im Pankreas.

KUNKEL und AHRENS (*323*) untersuchten 9 Fälle, die an biliärer Cirrhose mit hohem Serumlipoidgehalt litten. Sie fanden immer eine Erhöhung der β-Globuline, die in linearer Beziehung zur Totallipoidkonzentration im Serum stand. Bei den Seren mit besonders hohem Lipoidgehalt zeigte sich eine Aufsplitterung der β-Zacke. Außer β_1 mit normaler Wanderungsgeschwindigkeit fand sich in 3 Fällen eine β_2-Fraktion, die viel langsamer wanderte, und in einem Serum eine Komponente, die schneller als β_1 wanderte. Die α-Globuline waren auch erhöht, aber nicht in dem Maße wie die β-Globuline.

STERLING und RICKETTS (*566*) berichten über 10 Fälle mit diagnostisch gesicherter *biliärer Cirrhose*. Alle hatten niedrige Albuminwerte und über der Norm liegende γ-Globulinwerte in 8 von 10 Fällen. Die β-Globuline waren bei allen erhöht; bei 6 Patienten überstiegen sie die γ-Werte; sichere Erhöhung der α-Globuline kam weniger häufig vor. Die Schwere der Veränderungen im Elektrophoresediagramm zeigte gleichlaufende Beziehungen zur Aktivität und Schwere des klinischen Krankheitsbildes; auch ließen sich Erfolg und Mißerfolg der Therapie aus den Diagrammen ablesen.

Im Vergleich zu Fällen mit *atrophischer Lebercirrhose* fanden dieselben Autoren bei dieser öfters, aber lange nicht so regelmäßig, β-Erhöhungen, die aber immer von hohen, breiten γ-Zacken begleitet waren. Für die Differentialdiagnose ist die β-Erhöhung als solche von zweifelhaftem Wert, weil die β-Erhöhung nicht nur beim Obstruktionsikterus, sondern bei fast allen anderen Lebererkrankungen vorkommen kann.

LONGSWORTH und Mitarbeiter (*358*), KUNKEL und AHRENS (*323*) und STERLING und RICKETTS (*566*) gaben an, daß die erhöhte β-Zacke durch Extraktion des Serums mit Äther erheblich verkleinert wurde. KUNKEL und AHRENS fanden im entfernten Lipoproteid 14% Eiweiß und 86% Lipoide.

Die *menschliche Galle* untersuchte Verschure (*589*) und fand, daß die *Leber*galle nicht nur quantitativ, sondern auch qualitativ von der *Blasen*galle verschieden ist. Die Blasengalle enthielt einen Lipoproteidkomplex, der in der Lebergalle nicht vorhanden war — also von der Gallenblase ausgeschieden sein muß; an dieses von ihm Bililipoproteid genannte Proteid sind Bilirubin, Cholesterin und Gallensäure gebunden. In der Galle wurden außerdem noch zwei Proteinfraktionen und 2 Bilirubinfraktionen gefunden.

4. Lebermetastasen und primäres Lebercarcinom

Gray und Barron (*194*) fanden bei diesen Erkrankungen eine mäßige Hypalbuminämie mit geringen uncharakteristischen Veränderungen der Globulinfraktionen. Rafsky, Weingarten und Mitarbeiter (*473*) fanden unter 7 Fällen einmal einen völlig normalen Befund; viermal waren die α_2-Globuline erheblich erhöht, ein Befund, den Seibert und Mitarbeiter (*539*) bei Carcinomen anderer Organe schon beobachtet haben und den auch Hartmann und Steinebach (*211*) bei Metastasenlebern erhoben. Beim *primären Lebercarcinom* beschrieben Zöllner, Eymer und Scheid (*660*) normales Verhalten der Albumine, Erhöhung der α-Globuline über die Norm und Absinken der γ-Globuline unter die Norm.

Zusammenfassung

1. Schwerlich wird man beim Überblicken der bisherigen Ergebnisse sagen können, daß den verschiedenen Lebererkrankungen ein typisches Elektrophoresediagramm eigen ist. Das Verhältnis der Proteinfraktionen in Serum und Plasma ist abhängig von der Art der Erkrankung, vom Stadium der Krankheit, von der Schwere der Parenchymschädigung und vielleicht von anderen noch nicht bekannten Faktoren. Nur so ist die Vielfalt der beschriebenen Veränderungen des Elektrophoresediagramms zu verstehen.

2. Albuminverminderung und Vermehrung der γ-Globuline sind die Merkmale des Elektrophoresediagramms, die das Fortschreiten einer *Hepatitis* begleiten. Das wechselnde Verhalten der α- und β-Globuline kann nicht mit besonderen Eigentümlichkeiten der Pathogenese oder des Krankheitsverlaufes in Übereinstimmung gebracht werden. Aus zahlreichen Untersuchungen (*82, 148, 246, 469, 478, 521*) geht hervor, daß die fortlaufende Beobachtung der Veränderungen des Bluteiweißbildes wertvolle Aussagen über Verlauf, Schwere und Heilungstendenz einer Hepatitis ermöglicht. Auch in der Diagnostik und Differentialdiagnostik ist das Elektrophoresediagramm nützlich, wenn man es vorsichtig deutet und in die anderen klinischen Symptome einordnet. Das Elektrophoresediagramm ersetzt die anderen Untersuchungsmethoden — auch die serologischen Leberteste — nicht. Bei der Beurteilung der γ-Fraktion leistet es mehr als die Trübungs- und Fällungsmethoden (*490*).

3. Bei der *atrophischen Lebercirrhose* ist es die starke Vermehrung der γ-Globuline — bei breitbasiger γ-Zacke im Diagramm —, die neben der Hypalbuminämie häufig zu finden und diagnostisch wichtig ist, wenn dieses Merkmal im Grad der Ausprägung auch nicht der Schwere des klinischen Krankheitsbildes entspricht und weder im Beginn noch im fortgeschrittenen Stadium der Erkrankung mit voller Regelmäßigkeit gefunden wird. Weitere Veränderungen von Bedeutung sind die Erhöhung der γ_1-Fraktion und das Fehlen von wesentlichen Veränderungen der α_2-Globuline. Sie können bei der Abgrenzung gegen Entzündungen der Gallenwege und gegen Tumorerkrankungen in der Differentialdiagnose mit herangezogen werden.

4. Der Vermehrung der β-Globuline scheint bei der Feststellung einer *biliären Cirrhose* eine Bedeutung zuzukommen, wogegen diese beim Obstruktionsikterus als regelmäßiges Phänomen bestritten ist. Als charakteristisch kann man auch hier die β-Erhöhung nicht bezeichnen, da sie auch bei jedem anderen hepatischen Krankheitsbild auftreten kann.

5. Als das Streben, den einzelnen Erkrankungen der Leber charakteristische Veränderungen des Bluteiweißbildes zuzuordnen, sich als erfolglos herausstellte, versuchte man, die abnormen Befunde in der Gradientenkurve als die Folge von funktionellen oder morphologischen Verhaltensweisen der Gewebe in der Leber zu deuten, die allen Lebererkrankungen in wechselndem Ausmaß gemeinsam sind. Einige dieser Untersuchungen sind hier zu erwähnen, da sie den derzeitigen Stand des Problems aufzuzeigen gestatten.

An einem großen Krankengut verfolgte GROULADE (*198*) in 2000 Einzelbestimmungen die Entwicklung der alkoholischen Leberschädigung.

Im Beginn kam es zu geringer Verminderung der Albumine, die α_2-Fraktion stieg an, β- und γ-Fraktion blieben normal.

Im 2. Stadium mit großer Leber (Fettleber) sanken die Albumine weiter ab, die α_2-Fraktion stieg weiter, β- und γ-Fraktion waren auch jetzt erhöht, und zwischen β- und γ-Fraktion wurde die γ_1-Fraktion bemerkbar. In diesem Stadium fand sich oft eine Erhöhung des Totalproteingehaltes.

Im 3. Stadium, das klinisch dem Beginn der Cirrhose entsprach, kam es zu einem erheblichen Sturz der Albumine, α_2 sank zur Norm ab, β-, γ_1- und γ_2-Fraktionen stiegen an; es bildete sich oft die breitbasige γ-Zacke. Im ganzen bestand aber eine große Variabilität des Bluteiweißbildes.

Im 4. Stadium der ausgeprägten Cirrhose mit Ascites kam es zur Verminderung des Gesamteiweißes und weiteren Erniedrigung der Albumine; die α-Globuline waren erniedrigt oder verschwunden, β sank ab, die γ-Zacke war breit und zeigte die Merkmale der Heterogenität.

GROULADE glaubt, die Schädigung der Leberparenchymzellen mit dem Sturz der Albumine, die Fetteinlagerung in die Leber mit dem Anstieg der α- und β-Globuline und die Reaktion des RES mit dem Anstieg der γ-Globuline in Beziehung setzen zu können.

EMMRICH (*148*) konnte die Verminderung der Albumine nicht immer auf einen Ausfall der Tätigkeit des Leberparenchyms zurückführen und setzt sie deshalb nicht dem Grad der Leberzellschädigung gleich. Er macht den entzündlichen Prozeß, eine Eiweißmangelernährung und Permeabilitätsstörungen der peripheren Gefäße, die zu Ascites und Ödemen führen, je nach dem Stadium der Erkrankung dafür mitverantwortlich. Immer ist aber die Albuminverminderung nach seiner Ansicht ein Gradmesser für die Schwere der vorhandenen Störung. Die Erhöhung der β-Globuline bringt EMMRICH mit dem vermehrten Lipoidtransport in Verbindung, und die γ-Vermehrung ist für ihn das Zeichen einer chronischen Entzündung oder einer Sklerose-Proliferationskonstellation.

BROICHER und ODENTHAL (*82*) kontrollierten 46 chronisch Leberkranke laparoskopisch, bioptisch und elektrophoretisch. Die regelmäßig vorhandene Albuminverminderung zeigte keine quantitative Beziehung zur Ausdehnung der histologisch beobachteten Leberzellveränderungen; eine solche wurde von ihnen auch nicht erwartet, da ein Einfluß infektiös-toxischer Schädigungen bei diesen Erkrankungen vorausgesetzt werden müßte und da noch relativ wenige intakte Leberzellen einen normalen Albuminspiegel aufrechterhalten könnten. Zwischen den histologisch nachgewiesenen Aktivitätszeichen des RES und dem Ausmaß der γ-Globulinvermehrung im Serum konnten eindeutige Korrelationen festgestellt werden.

Eine sichere Grundlage für die Auswertung der pathologischen Elektrophoresediagramme ist demnach auch durch diese Betrachtungsweise bisher nicht gefunden worden.

6. Die Elektrophorese hat ihre Hauptbedeutung für die Klinik der Lebererkrankungen als Hilfsmittel für die Überwachung des Krankheitsverlaufs. Diagnostische und prognostische Schlüsse lassen sich aus den Ergebnissen dieser Methode allein nicht ziehen; sie muß in Verbindung mit den anderen Symptomen, die die klinische Forschung erarbeitet hat, bewertet werden, die sie nicht ersetzen kann. Die gleiche Beurteilung gilt v. v. auch für die Verwendung des Elektrophoresediagramms bei der Lösung von Problemen der Pathogenese.

Übereinstimmung ist darüber vorhanden, daß das Ausmaß der Albuminverminderung mit der Schwere einer Lebererkrankung gleichläuft und daß die Zunahme der γ-Globulinfraktion mit dem Grad der Reaktivität des RES übereinstimmt. Die Veränderungen aller übrigen Globulinfraktionen harren aber noch einer Klärung der sie bewirkenden Faktoren.

<h3 style="text-align:center">Anhang</h3>

<h2 style="text-align:center">Elektrophorese und Serumlabilitätsproben</h2>

Als Serumlabilitätsreaktionen werden eine Anzahl von Untersuchungsmethoden zusammengefaßt, die einen von der Norm abweichenden Ausschlag geben, wenn das Gefüge der Plasma- oder Serumproteine infolge einer Erkrankung in qualitativer oder quantitativer Hinsicht verändert ist. Alle diese Reaktionen stehen in enger Beziehung zur Funktion der Leber, wenngleich von keiner bekannt ist, daß ihr gestörter Ausfall nur für eine Erkrankung der Leber charakteristisch ist. Der Schwerpunkt ihrer Anwendung liegt in der Diagnostik der Lebererkrankungen. Sie sollen deshalb an dieser Stelle abgehandelt werden, wenn die Elektrophorese zur Aufklärung ihres Reaktionsmechanismus herangezogen wurde oder wenn sie für das Verständnis dieser Teste von Wert war. Auch Vergleiche zwischen der diagnostischen Bedeutung der Labilitätsreaktionen und der der Elektrophorese sollen hier gewürdigt werden.

Während HANGER zuerst angenommen hatte, daß Veränderungen des Fibrinogengehaltes für den positiven Ausfall des von ihm angegebenen *Cephalin-Flockungstestes* verantwortlich seien, fanden KABAT, HANGER, MOORE (*274*), daß elektrophoretisch abgetrenntes γ-Globulin immer, ob es von Gesunden mit negativen Seren oder von Leberkranken mit positiver Reaktion herstammte, einen gleich stark positiven Ausfall gab; ihre Ergebnisse wurden von RECANT, CHAGRAFF und HANGER (*483*) bestätigt. In Versuchen von MOORE, PIERSON, HANGER und MOORE (*416*) ließ sich nach Herstellung einer Konzentration, wie sie im Serum vorliegt, der positive Ausfall in elektrophoretisch getrennten γ-Globulinfraktionen nur durch Albuminfraktionen, die durch Elektrophorese aus negativen Seren gewonnen war, verhindern. Sie schließen daraus, daß der positive Ausfall des Cephalintestes entweder durch eine Vermehrung des γ-Globulins oder durch eine Verminderung der Albumine oder einer in der normalen Albuminfraktion enthaltenen, die Flockung hemmenden Komponente zustande kommen könne. BAUER (*39*) wies an elektrophoretisch getrennten reinen Eiweißfraktionen nach, daß Globuline der β_1- und γ-Fraktion mit dem Cephalinreagens gefällt werden und daß α_1-Lipoproteide eine Fällung verhindern, wenn sie in genügender Menge vorhanden sind. Auch ARMSTRONG [zit. nach METKOFF und STARE (*410*)] führt die Hemmwirkung der Albumine auf Verunreinigungen durch α_1-Globuline zurück.

Wie bei Leberkrankheiten wurde von GUTTMAN, POTTER, HANGER, MOORE, PIERSON und MOORE (*204*) auch bei der Malaria tertiana eine stark verminderte Hemmungsfähigkeit der durch Elektrophorese getrennten Albuminfraktion auf die Flockung der γ-Globuline gefunden. HANGER (*206*) bestätigte in späteren Versuchen die mangelnde Hemmungsfähigkeit des aus Hepatitisserum hergestellten Albumins, fand aber bei einigen Krankheiten, die nicht in erster Linie mit Störungen des Leberparenchyms, sondern des Reticuloendothels einhergehen (Riesenzellsarkom der Milz, hämolytischer Ikterus, FELTY-Syndrom, Splenomegalie nach Malaria, infektiöse Mononucleose), einen positiven Ausfall des Cephalintestes bei normaler Hemmungsfähigkeit der Albuminfraktionen; hier ließ sich ein abnormes Verhalten der γ-Fraktion als Ursache nachweisen. Von diesen Ergebnissen differieren die Resultate, die MACLAGAN und BUNN (*381*) erhielten, in wesentlichen Zügen. Sie fanden beim Vergleich mit γ-Globulin von Gesunden: 1. ein wesentlich größeres Flockungsvermögen der γ-Globuline von Hepatitiskranken, 2. eine markante

Flockungsaktivität der α- und β-Fraktionen aus dem Serum Hepatiskranker. Die negative Reaktion des Normalserums konnte nicht durch Hemmungseffekte der normalen Albumin- und γ-Globulinfraktionen erklärt werden.

Beim MACLAGANschen *Thymoltest* stellten COHEN und THOMPSON (*104, 105*) bei Elektrophorese von Seren Leberkranker vor und nach Fällung und Entfernung des Niederschlages hauptsächlich eine Abnahme der β-Fraktion fest. Der gelöste Niederschlag erwies sich elektrophoretisch als einheitlich und zeigte die gewöhnliche Wanderungsgeschwindigkeit der β-Globuline. Bei Normalen verminderte sich die β-Fraktion nur wenig; das bei ihnen gefällte β-Globulin war elektrophoretisch gleich dem aus pathologischen Seren entfernten. Zwischen der Menge der erhöhten γ- und β-Globuline im krankhaft reagierenden Serum und dem Grad der Trübung durch Thymol bestand keine Korrelation. COHEN und THOMPSON schuldigen eine abnormale Komponente in der β-Fraktion als Ursache des pathologischen Ausfalls des Thymoltestes an. RECANT, CHARGRAFF und HANGER (*483*) schließen aus ihren Untersuchungen, daß ein abnormaler, zu den Lipoiden gehöriger Stoff im Serum Leberkranker für den positiven Ausfall verantwortlich sei. Untersuchungen von KUNKEL und HOAGLAND (*322*) zeigten, daß für die Thymolreaktion 2 Faktoren ausschlaggebend sind, nämlich ein Proteinfaktor und ein Lipoidfaktor, die in enger Abhängigkeit voneinander wirken. Die in Hepatitisseren auftretende Trübung hängt sowohl von der Gegenwart von Lipoiden ab als auch von einem in der β-Fraktion wandernden, abnormalen Lipoid-Protein-Komplex. Eine ebenso wichtige Rolle spielt die γ-Fraktion. Der Test bleibt negativ, wenn die Lipoide extrahiert werden oder wenn die γ-Fraktion elektrophoretisch abgetrennt wird. Bei Patienten, die an Hepatitis erkrankt waren, ging die Stärke der Trübung im Beginn mit Veränderungen der Serumlipoide und später mit solchen der γ-Fraktion parallel.

MACLAGAN und BUNN (*381*) bemängelten an den Untersuchungen von COHEN und THOMPSON (*104, 105*), daß sie nicht bei geeigneter Wasserstoffkonzentration, Ionenstärke und Proteinkonzentration gearbeitet hätten. Deshalb sei die eine Flockung bewirkende Komponente des γ-Globulins nicht zur Wirkung gekommen. MACLAGAN und BUNN, die eine Methode zur Darstellung elektrophoretisch reiner Proteine aus kleineren Mengen Serum ausarbeiteten, fanden etwa gleichzeitig wie KUNKEL und HOAGLAND, daß für den positiven Ausfall des Thymoltestes die Gegenwart nativer Phosphorlipoide nötig sei und daß als fällendes Agens γ-Globulin wirke. Albumin von Normalen hemmte, Albumin von Leberkranken nicht. Die α- und die β-Fraktion fanden sie ohne deutliche Einwirkung. Eine Flockung trat nur bei Verwendung von Hepatitis-γ-Globulin ein, nicht bei normalem.

BAUER (*39*) fand mit seinen elektrophoretisch reinen Fraktionen weder mit α- noch mit β_1- oder mit γ-Globulin eine Fällung; nur eine Kombination einer oder beider lipoidhaltigen Fraktionen mit der γ-Fraktion ergab einen positiven Ausfall.

MARRACK, JOHNS, HOCH (*390*) sahen im Elektrophoresediagramm thymolpositiver Fälle die größte Ausfällung im Bereich der β-Fraktion; die γ-Fraktion war in bedeutend geringerem Grade nach der Fällung meist auch reduziert. Mit Hilfe serologischer Reaktionen ließ sich zeigen, daß der größte Teil (70% oder mehr) des gefällten Eiweißes sich gegen γ-Antiseren wie γ-Globulin verhielt, jedoch erklärte die elektrophoretisch gefundene geringere Verminderung der γ-Fraktion nicht immer die in dem gefällten Material serologisch nachgewiesene Menge γ-Globulin. Dieser Befund ist durch die Feststellung von LOHSS und HILLMANN (*356*) erklärt, daß durch γ-Globulin erzeugte Antiseren beträchtliche Mengen anderer Globuline aus dem Gesamtserum binden.

Nach HARTMANN (*210*) erwiesen sich in Modellversuchen Fibrinogen- und γ-Globulinzusatz als wirkungslos für den Thymoltest; er machte die β-Globuline für den Ausfall verantwortlich.

Albertsen, Christoffersen, Heintzelmann (7) erhielten mit steigenden Konzentrationen an γ-Globulin zunehmende Trübungen mit dem Thymolreagens, die durch Zusatz von β-Globulin deutlich verstärkt wurden. Albuminzusatz zeigte keine Wirkung.

β-Myelomglobulin hemmt den Thymoltest erheblich (553), γ-Myelomglobulin verstärkt ihn.

Von der *Cadmiumsulfatreaktion* berichten Wuhrmann und Wunderly (628, 643), daß Elektrophorese nach Abtrennung des Niederschlages vor allem eine Verminderung der Albumine und der γ-Globuline zeige, daß aber auch die α- und β-Globuline von der Fällung betroffen seien. Die Zusammensetzung der Proteine des Serums sei von bestimmender Wichtigkeit; je höher der Gehalt an einer Subfraktion sei, desto stärker werde sie durch das Reagens erfaßt.

Die Reaktionsbedingungen konnten Wuhrmann und Mitarbeiter (631, 635) weiter klären: Vermehrung der α- oder γ-Fraktion verursacht einen stark positiven, der β_2-Fraktion einen schwach positiven Ausfall der Probe, wogegen eine Vermehrung der β_1-Fraktion eine abnorm stark negative Reaktion verursacht; ja, die β_1-Fraktion kann sogar einen positiven Ausfall bei gleichzeitiger γ-Vermehrung verhindern. Auch Hyperglobulinämien, besonders der γ-Fraktion, sollen den Cadmiumtest hemmen können (353).

Die Takata-*Reaktion* prüften Maclagan und Bunn (381) und fanden, daß im Hepatitisserum die γ-Globuline, aber auch die α- und β-Fraktionen zur Flockung fähig waren, wogegen das Albumin des gleichen Serums hemmte. Olhagen (439) hatte bei verschiedenen Erkrankungen meist eine γ-Globulinvermehrung gleichlaufend mit der positiven Reaktion gefunden, nur in 2 Fällen wurde die Reaktion bei Erhöhung der α- und β-Globuline beobachtet.

Albertsen, Christoffersen, Heintzelmann (7) fanden mit γ-Globulinen von Gesunden und von Hepatitiskranken gleich stark positive Reaktionen, nicht mit den anderen Fraktionen. Zusatz von normalem Albumin machte im Unterschied zu weniger wirksamem Albumin von Hepatitiskranken eine Erhöhung des Sublimatzusatzes nötig, um positive Reaktionen zu erhalten. Die Hemmwirkung der Albuminfraktion wird von Seitz (540) stark betont.

Durch γ-Myelomglobulin wird der Takata-Test verstärkt, durch β-Myelomglobulin gehemmt (553). Im Modellversuch mit Globulin-Reinfraktionen macht Zugabe von γ-Globulin den Takata-Test zunehmend pathologisch; Zusatz von α-Globulin beeinflußt das Ergebnis nicht. In takatapositiven Seren von Kranken verursacht α_2-Globulinzugabe aber eine erhebliche Hemmung des Takata-Testes (302).

Wunderly und Wuhrmann (623, 644) führten in Normalseren und in Hepatitisseren, denen sie in steigender und fallender Menge γ-Globulin oder Albumin (Reinheit elektrophoretisch geprüft) zusetzten, einen Vergleich der bisher besprochenen Proben durch. Mit Ansteigen der γ-Globulinkonzentration (kritische Konzentration: 17—19 Rel.-% γ-Globulin bei 66—68 Rel.-% Albumin) wurden die Teste in Normalseren positiv. Der Cadmiumtest war noch bei einer niedrigeren Albuminkonzentration negativ als der Thymoltest und der Cephalintest. Der Takata-Test blieb in Normalseren stets negativ. Im Hepatitisserum zeigte sich der wesentliche Einfluß der erhöhten α- und β-Fraktionen. Sind sie vermehrt, setzt sich beim Versuch der Normalisierung eine Zunahme der Albumine schwerer durch als eine Abnahme der Globuline. Die Takata-Reaktion hat eine gewisse Sonderstellung insofern, als bei ihr der Einfluß der Albumine besonders stark ist; sie gibt nur einen Ausschlag, wenn zur γ-Vermehrung eine Albuminverminderung hinzukommt. Die Sensibilität der Teste konnte unter den verwandten Versuchsbedingungen in absteigender Reihenfolge so angegeben werden: Cephalintest — Thymoltest — Cadmiumsulfattest — Takata-Reaktion.

Während WUNDERLY und WUHRMANN (*644*) eher in pathologischen quantitativen Verschiebungen der einzelnen Proteinfraktionen zueinander den Grund des pathologischen Ausfalles der Teste sehen, glauben MACLAGAN und BUNN, daß diese in ihrem Ergebnis weniger von der Verschiedenheit der elektrischen Ladung (der Wanderungsgeschwindigkeit) abhängen als von qualitativen Unterschieden in der chemischen Struktur der Serumeiweiße.

FELDER (*169*) gibt an, daß die GROS-*Reaktion* bei Albuminabfall und γ-Globulinanstieg positiv werde; EMMRICH (*146*) fand, daß ein γ-Globulingehalt über 20% die Trübungsgrenze herabsetze; bei 30—35% ist die Flockungsgrenze erreicht. Ein erhöhender Effekt auf Trübungs- und Flockungsgrenze wird vom β-Globulin stärker ausgeübt als von den α-Globulinen. Beim Plasmocytom können Trübung oder Flockung ganz ausbleiben.

Das Verhältnis elektrophoretisch getrennter Fraktionen zum WELTMANNschen *Coagulationsband* prüften SCHERLIS und LEVY (*513*); sie zeigten ein umgekehrtes Verhalten der α-Globuline zur Länge des Coagulationsbandes. Relative Vermehrung der α-Globuline bedeutet Verkürzung des WELTMANN-Bandes. Nach OLHAGEN (*439*) spricht eine Verlängerung des WELTMANN-Bandes für eine Vermehrung der γ-Globuline. Ist die γ-Vermehrung mit einem Anstieg von α, β oder ($\alpha + \beta$) verbunden, bleibt die Verlängerung aus. Man findet dann normale Proben oder Verschleierung des Bandes. Verkürzung des WELTMANN-Bandes geht mit Anstieg von α, β oder ($\alpha + \beta$) einher. Ähnliche Ergebnisse wurden auch von anderen Untersuchern erhalten (*210, 302, 391, 631, 635*). WUHRMANN konnte darüber hinaus die Rolle der β-Globuline klären. Die β_1-Fraktion verkürzt das WELTMANN-Coagulationsband stark bei deren Vermehrung, während die β_2-Fraktion sich nicht oder nur unwesentlich geltend macht.

BERGSTERMANN (*52—54*) wies nach, daß Glucoproteide die Hitzecoagulationsschwelle des Serums erhöhen, aber das WELTMANN-Band verkürzen.

Bei Carcinomen findet man so trotz erheblicher Erhöhung der γ-Globuline oft ein verkürztes WELTMANN-Band (*353*), wahrscheinlich wegen dieses hohen Glucoproteidgehaltes.

WEIHE und BOTHE (*601*) fanden mit der *Mastixreaktion* im Serum von Kranken drei verschiedene Kurventypen, die sie auf die überwiegende Einwirkung der α-, β- oder γ-Fraktion zurückführten. Weitere Untersuchungen dieser anscheinend empfindlichen Probe sind nötig, um diese Beziehungen sicherzustellen.

RICKETTS und Mitarbeiter (*487—489, 566*), die dem Verhalten der Labilitätsproben (Cephalintest, Thymoltrübungstest) im Vergleich zum Elektrophoresediagramm bei der Diagnostik und der Verlaufsbeobachtung der Lebererkrankungen besondere Aufmerksamkeit schenkten, konnten keine regelmäßigen Beziehungen zwischen den beiden Methoden feststellen. Immer wieder war die γ-Zacke trotz positiven Ausfalles der beiden Teste niedrig; auch hohe γ-Werte und negativer Ausfall eines Testes kamen vor. RAFSKY und Mitarbeiter (*473*) fanden ebenfalls oft mangelhafte Übereinstimmung zwischen diesen beiden Labilitätsproben und dem Elektrophoresediagramm. Sie halten es für möglich, daß man mit dem Auftreten abnormaler Proteine rechnen müsse, deren elektrochemische Eigenschaften nicht notwendigerweise ihr chemisches Verhalten bestimmen. Auch WHITMAN und Mitarbeiter (*606*) fanden keine regelmäßigen Beziehungen des positiven Ausfalles der beiden Labilitätsreaktionen, die auch untereinander differierten, zum Elektrophoresediagramm. In — allerdings zu kleinen — Vergleichsgruppen kann man aus den Durchschnittswerten entnehmen, daß Hypalbuminämie und γ-Globulinerhöhungen die Bedingungen für den positiven Ausfall darstellen. Vorhandensein und Grad eines Ikterus hatten keine deutliche Beziehung zur Proteinverteilung. Statistische Beziehungen zwischen Elektrophoresediagramm, Labilitätsproben und Leberfunktionsprüfungen fanden VERSCHURE und JANSSEN (*588*) für Albumin,

γ-Globulin und den durch Elektrophorese bestimmten Albumin/Globulinquotienten, der durch die Grossche Reaktion am besten wiedergegeben wurde. Weder für die α- noch die β-Globuline ließ sich eine Beziehung zum Grad der Leberfunktionsstörung darstellen.

Zusammenfassung

Für die Aufklärung des Reaktionsmechanismus der verschiedenen Serumlabilitätsteste hat die Elektrophorese manches wichtige Ergebnis gezeitigt, wenn auch die Grundfrage, ob nur quantitative Verschiebungen der Fraktionen untereinander oder qualitative Veränderungen einzelner Proteine in denselben für deren positiven Ausfall ausschlaggebend sind, nicht gelöst werden konnte. Am Krankenbett kann das Elektrophoresediagramm nicht die Labilitätsteste ersetzen. Dahin zielende Untersuchungen zeigten das deutlich. Wie durch die Elektrophorese Einblicke in die gestörte Verteilung der Serumproteinfraktionen ermöglicht werden, die durch andere Methoden nicht in gleicher Weise erhalten werden können, so lassen sich andererseits Folgen der gestörten Leberfunktion mit den Labilitätstesten aufzeigen, wenn das elektrochemische Verhalten der Serumproteine nicht charakteristisch verändert ist.

IV. Nierenerkrankungen

1. Nephrotisches Syndrom

Longsworth und McInnes (*359*) fanden im Serum bei 2 Fällen, die sie als genuine oder Lipoidnephrose ansahen, eine starke Verminderung der Albumine bei starker Erhöhung der α- und der β-Zacke; die γ-Zacke war normal, leicht erhöht oder erniedrigt.

Die vermehrten β-Globuline waren zum großen Teil mit Äther extrahierbar, müssen also aus einem labilen Lipoid-Proteinkomplex bestehen [bestätigt durch Olhagen (*440*) u. a.]. Es muß berücksichtigt werden, daß größere Mengen von Lipoiden mit der α- und β-Fraktion wandern und so zu Irrtümern Veranlassung geben können (*19, 292, 635*).

Wiedemann (*610*), der bei Papierelektrophoresen unter hoher Spannung eine bessere Trennung der β_1- von den β_2-Globulinen erhielt, fand bei der Nephrose im Serum eine relative Vermehrung der β_2-Fraktion, die er zur Zunahme der α_2-Fraktion in Beziehung setzt. Die kleinermolekularen α_1- und β_1-Globuline fand er im Urin.

Slater und Kunkel (*551*) stellten ein in stark vermehrter Menge im Serum einer Nephrose vorhandenes großmolekulares β-Lipoproteid fest, das im Urin fehlte. Fischer (*171*) trennte bei Nephrosen im β-Bereich zwei Fraktionen. Er konnte jedoch zeigen, daß die Höhe der β_2-Zacke maßgeblich von der Aufbewahrungs- und Dialysierzeit beeinflußt wird.

Luetscher (*369*) bestätigte die Ergebnisse von Longsworth und McInnes bei weiteren Fällen. Er ist der Auffassung, daß die β-Fraktion zuerst ansteige; die α-Fraktion erhöhe sich erst dann bemerkenswert, wenn die Albumine fast völlig verschwunden seien; auch die φ-Fraktion fand er erhöht.

Soulier (*554*) hält indessen die erhöhte α_2-Fraktion für das charakteristische Merkmal im Elektrophoresediagramm bei Nephrosen.

Von den von Malmros und Blix (*387*) mitgeteilten 3 Fällen von Nephrose zeigte einer eine erhebliche Vermehrung der α-Fraktion bei normalen Werten für die β-Fraktion. Die φ-Fraktion fanden diese beiden Autoren höher als Luetscher. Olhagen (*439, 440*) stellte bei einigen Kranken für α und φ, die meist zusammen erhöht seien, die höchsten für diese Fraktionen bekannten Werte fest; in der α-Fraktion trat manchmal eine α_3-Komponente auf.

Weitere Mitteilungen brachten keine neuen Gesichtspunkte (*45, 96, 178, 193, 316, 334, 350, 352, 607, 627, 659*).

Von den Lipoproteidfraktionen wurde die β-L-Fraktion bei Nephrosen erhöht gefunden, die α_1-L-Fraktion erniedrigt (*196*); oft war außerdem bei schweren Fällen die α_2-L-Fraktion vermehrt (*343*).

Im *Urin* fanden Longsworth und McInnes (*359*), daß die ausgeschiedenen Proteine zum größten Teil Albumin enthielten, daneben aber auch α-, β- und γ-Globuline.

Die einzelnen Fraktionen zeigten eine entschiedene Ähnlichkeit mit den Fraktionen des normalen Serums. Es bestanden aber deutliche Unterschiede bei genauerer Untersuchung. So soll das Molekulargewicht (durch Osmose bestimmt) des Albumins im Urin gegenüber dem im Serum vermindert sein (62000 gegenüber 72000), und die Wanderungsgeschwindigkeit der Albumine soll im Urin niedriger sein als im Serum (*359*).

Malmros und Blix (*387*) bestreiten die Veränderung der Albumine, weil das Urinalbumin bei einem ihrer Fälle in der Ultrazentrifuge sich wie normales Albumin verhielt.

Weitere Untersuchungen (*97, 178, 554*) zeigten, daß die Albuminausscheidung in den meisten Fällen bei weitem vorherrscht, daß aber die Globulinfraktionen nicht immer den Verhältnissen im Serum ganz entsprechen.

Nach Luetscher (*369*) enthält das Urineiweiß um 90% Albumine, wenn der Albumingehalt des Plasmas über 1 g-% beträgt. Fällt der Serumalbuminspiegel auf niedrigere Werte, so treten die Albumine im Urin zurück, und die Globulinfraktionen treten mehr hervor, so daß im Urin ein Proteinverhältnis wie im normalen Serum resultiert, eine Beobachtung, die auch Sandkühler (*506*) mitteilt.

In einer späteren Untersuchung stellte Luetscher (*371*) fest, daß der Urin im Vergleich zum Serum viel mehr Albumin und α_1-Globulin enthielt und viel weniger α_2- und β-Globuline. Nach Injektion von 25 g reinen Albumins vermehrte sich sofort die Urineiweißausscheidung; Harnmenge und Eiweißkonzentration stiegen; das zusätzliche Protein bestand ganz aus Serumalbumin. Der tägliche Globulinverlust blieb gleich oder veränderte sich nur wenig. Innerhalb von 2 Tagen war der Ausgangszustand wieder erreicht. Bei gleichbleibendem Zustand der Niere hing die Albuminausscheidung von der Albuminkonzentration im Serum ab. Beim Vergleich der Eiweißausscheidung im Urin mit der Konzentration im Plasma nach Art des Clearance-Verfahrens pro Minute verminderte sich — auf einen Tag berechnet — die Albumin- und Globulin-Clearance nur wenig durch die Albumininjektion. Die α_1-Clearance war nur wenig geringer als die des Albumins und viel größer als die der anderen Globuline.

Die abnorme Durchlässigkeit der Nieren für Albumine, die Ausscheidung an Globulinen — vielleicht in Abhängigkeit von der Grunderkrankung — und das Bluteiweißbild bestimmen das Aussehen des Elektrophoresediagramms des Harneiweißes.

Eine Sonderstellung unter den nephrotischen Syndromen nimmt die Amyloidose ein; die Untersuchungsergebnisse bei solchen Kranken sollen deshalb, soweit sie diagnostisch gesichert erscheinen, getrennt besprochen werden.

Bei einem Fall von Amyloidose bei chronischer Tuberkulose, der klinisch und autoptisch gesichert ist, fand Luetscher (*369*) Hypalbuminämie mit Erhöhung vor allem der γ-Globuline, neben Vermehrung der α- und β-Fraktion. Auch im Urin fand sich eine γ-Fraktion von 20%, wie sie Luetscher bei anderen Nephrosen und Nephritiden nie gefunden hat.

Malmros und Blix (*387*) fanden bei einer Amyloidose nach chronischer Osteomyelitis eine isolierte Erhöhung der α_2-Globuline mit Hypalbuminämie, während β und γ normal waren. Wuhrmann und Wunderly (*620*) und Benhamou (*44*) beschrieben je einen ähnlichen Fall, nur waren β und γ in ihren Fällen gering erhöht.

Johansson (*270*) fand im Serum neben der Hypalbuminämie eine starke Vermehrung der α-, β- und φ-Fraktionen, wobei die β-Globuline am höchsten vertreten waren; γ war relativ vermindert. Im Harn waren Albumin-, α- und γ-Globulinfraktionen in korrespondierenden Mengen vertreten, β hingegen war reduziert. Während des Verlaufes der Amyloidose blieben β und φ vermehrt mit geringen Variationen. Albumin und γ sanken ab, α stieg stark an. Bei 2 Amyloidosen ohne Nephrose war das Albumin im Plasma nur wenig reduziert, während β normal, α deutlich und γ stark vermehrt waren. Ähnlich lauten die Ergebnisse von Lezgus (*347*) und Soulier (*554*). Sandkühler (*506*) sah bei 3 Amyloidnephrosen nach Tuberkulose eine vorzügliche Erhöhung der α_2-Globuline.

Einen eigenen autoptisch gesicherten Fall von Amyloidnephrose bei schwerer Tuberkulose zeigt Abb. 51. Besonders auffallend ist die starke Vermehrung der φ-Fraktion, die auch von Olhagen gefunden wurde.

Bei schweren Amyloidosen wird manchmal eine starke Verminderung oder völliges Fehlen der γ-Globuline gefunden (86, 192). Diese sekundäre Hypo-γ-Globulinämie oder Agamma-Globulinämie geht nicht mit dem klinischen Symptomenbild bei primärem Fehlen von γ-Globulin einher.

Bei der experimentellen Amyloidose der Maus fanden Bohle, Hartmann, Pola (72), daß eine Hypalbuminämie nicht zu den Voraussetzungen einer Amyloidentstehung gehört; α-Anstieg und γ-Abfall fanden sie häufig mit der Amyloidentstehung verbunden. Ott und Schneider (444) fanden bei ähnlichen Versuchen starke Abnahme von Albumin und γ-Globulin zu Beginn und in den fortgeschrittenen Stadien, während α, β und φ erhöht waren. Der Grad der Nierenveränderungen war vom Bluteiweißverhalten unabhängig. Auffallend war eine vorübergehende Erhöhung der γ-Fraktion im Verlauf des Prozesses bei Tieren mit hohem Plasmaproteingehalt.

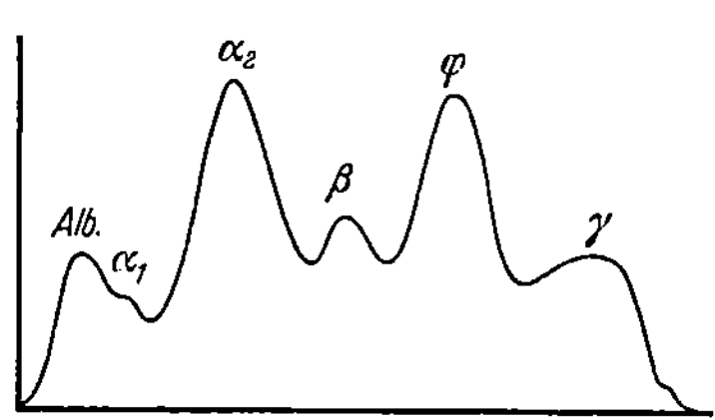

Abb. 51. *Versuchsbedingungen:* Michaelis-Oxalatpuffer; p_H 9,1; Ionenstärke 0,1. Temp. 17° C, 18 min, 65 V, 1,5 mA; Verdünnung 1 + 2. *Klinischer Befund:* Ulcerös-cavernöse Tuberkulose beider Lungen mit weitgehender Zerstörung des re. Oberlappens. Ausgedehnte käsig-pneumonische Infiltrationen des re. Mittel- und Unterlappens. Amyloidnephrose, Verfettung beider Nieren, Sago-Milz, Amyloidose der Leber (Autopsie). Albuminurie, ausgedehnte Ödeme, unbeeinflußbare Durchfälle

2. Glomerulonephritis

Bei der *akuten* Glomerulonephritis ist im Serum eine geringe Albuminverminderung, die mit Zunahme der γ-Globuline einhergeht, die Regel, während die α- und β-Globuline meist normal oder gering erhöht sind (215, 316, 372).

Im *chronischen* Stadium mit Urämie beschrieb Luetscher (369) an 3 Kranken eine geringe Hypalbuminämie in 2 Fällen und eine Vermehrung der β-Globuline mäßigen Ausmaßes. α, φ und γ waren nicht wesentlich verändert.

Andere Untersucher (215, 316, 387, 554) fanden die Globulinfraktionen oft nach Art der Entzündungskonstellationen verändert.

Malmros und Blix (387) beobachteten einen Kranken 3 Jahre lang wegen eines sehr unklaren Krankheitsbildes, der an chronischer Nephritis starb. Der Obduktionsbefund sicherte die Diagnose und ergab kein Zeichen eines Myeloms. Bei den drei während der Krankheit durchgeführten Elektrophoresen zeigte der Patient eine Erhöhung der Gesamtproteine und eine Hyperglobulinämie; hoch waren vor allem die γ-Globuline. Ein ähnlicher Fall mit auffallend hohem γ-Wert, leicht erhöhten α- und β-Werten bei Hyperproteinämie findet sich auch unter Olhagens (439) Fällen. Ein anderer von ihm angegebener Fall zeigte normale α- und β-Zacken und auch erhebliche γ-Vermehrung.

Bei *Nephritis mit nephrotischem Einschlag* (Pseudonephrose) beschrieben Thorn, Armstrong, Davenport, Woodruff, Tyler (577) als Kennzeichen Hypalbuminämie, starke Erhöhung der α- und β-Globuline, niedrige γ-Globuline.

Sie ordneten ihre Kranken der Schwere des klinischen Zustandes nach und konnten nun feststellen, daß die Albumine gleichlaufend mit der Verschlechterung des Zustandes abnahmen, wogegen die α-Globuline entsprechend zunahmen; beim schwersten Fall überstiegen sie die β-Globuline; bei einem Fall sanken sie bei Besserung früher als die β-Globuline. Die β-Globuline waren meist vermehrt, zeigten aber wie die γ-Globuline keine Beziehung zur Schwere des Zustandes. Die γ-Globuline waren nur beim leichtesten Fall erhöht, bei den anderen erheblich unter der Norm.

Diese Beobachtungen wurden mehrfach bestätigt (96, 193, 215, 316, 387, 439).

Wuhrmann und Wunderly (620) beschrieben einen Fall mit schwerer Symptomatologie, der fast ganz ausheilte, und konnten am gleichen Krankheitsfall die an mehreren Kranken verschiedenen Schweregrades erhaltenen Ergebnisse wiederfinden.

Schwere Veränderungen in den Lipoproteiden der α_2- und β-Fraktion im Serum der sekundären Nephrose beschrieben Lewis und Page (343).

Im *Urin* fanden HARTMANN und SCHULZE (*215*) vorwiegend Albuminausscheidung. Vor allem bei zunehmender Schwere traten aber auch die Globulinfraktionen auf, zunächst γ-Globulin, dann auch α- und β-Globuline.

Bei zwei Kranken mit Nephritis im Endzustand stellte LUETSCHER (*369*) eine relativ niedrige Proteinkonzentration im Harn fest; diese bestand zu 60—80% aus Albuminen, der Rest aus α-, β- und γ-Globulinen. Verminderung des Plasmaalbumingehaltes machte sich im Urin in einer relativ geringeren Albuminkonzentration bemerkbar. Die Wanderungsgeschwindigkeit der Urinfraktionen war dieselbe wie im Plasma. Die von LUETSCHER behauptete Abhängigkeit der Albuminkonzentration im Urin von der im Plasma wurde von anderen Untersuchern nicht gefunden, während sie sonst zu gleichen Ergebnissen kamen (*215, 519*).

BLACKMAN, GODWIN und BUELL (*59*) hatten mit Hilfe der Fällungsmethode in ausgedehnten Untersuchungen gezeigt, daß sich aus der Menge des Globulinanteiles im Harneiweiß die Schwere und Prognose einer entzündlichen Nierenschädigung bestimmen lasse. BLACKMAN und DAVIS (*60, 61*) überprüften an 3 Fällen diese Ergebnisse mit Hilfe der Elektrophorese in mehreren Einzelbestimmungen.

Bei zwei Kranken fanden sie mit rasch fortschreitender nephrotischer Nephritis die Konzentrationen an γ-Globulinen im Harneiweiß besonders hoch (20—25%), während diese Fraktion in einem Fall einer langsam fortschreitenden gleichen Erkrankung viel niedriger war (7—10%). Bei einer genuinen Nephrose und einer Nierenschädigung bei Myelomen war sie sehr niedrig (0—3%). Nachweisbare Mengen von Globulinen der φ-Fraktionen wurden im Urin bei den Kranken mit fortschreitender nephrotischer Nephritis immer vermißt, woraus die Verfasser schlossen, daß das hyaline Material, das sich in Glomeruli und Tubuli ansammle, eher aus Globulinen als aus Fibrinogen bestehe.

Die Ausscheidung von γ-Globulinen in größerer Menge bei sekundären Nephrosen wurde zwar bei Nachprüfungen (*353, 554*) bestätigt, sie fand sich aber auch bei einem Teil von chronischen Nephritiden ohne Nephrosesymptome, so daß diesem Befund eine diagnostische Bedeutung abgesprochen werden muß (*519, 554*).

Ein den Serumproteinen gleiches Elektrophoresediagramm der Urinproteine wurde verschiedentlich gefunden (*506, 554*), bei der Nephritis wie bei der orthostatischen Albuminurie (*519, 554*).

SCHMIDT (*519*) lehnte auf Grund ihrer Untersuchungen ab, daß den verschiedenen Nierenerkrankungen — ob entzündlichen, ob nicht entzündlichen Ursprungs — bestimmte Typen der Elektrophoresediagramme der Uroproteine entsprachen.

SCHOLTAN und JAHNKE (*522*) konnten elektrophoretisch einheitliche γ-Globuline aus Urin in der Ultrazentrifuge in 2 Komponenten trennen, nicht aber die Serum-γ-Globuline derselben Kranken.

BOYCE (*76*) fand bei *Nierensteinkranken* im Urin Proteine und andere Kolloide gegenüber der Norm erheblich verändert; sie wanderten vor allem in der α-Fraktion und zeigten z. T. einen isoelektrischen Punkt von p_H 4,5.

Bei MASUGI-*Nephritis-Ratten* sanken kurz nach der Nephrotoxininjektion die Albumine ab, die γ-Globuline stiegen an. Etwa nach einer Woche erhöhten sich auch die α- und β-Fraktionen. Nach 3—4 Wochen waren die Proteinfraktionen im Bereich der Norm. Das Uroprotein bestand zu 70—80% aus Albumin, der Rest war auf die drei Globulinfraktionen verteilt (*239, 332*).

Zusammenfassung

1. Beim nephrotischen Syndrom sind ins Auge fallende Störungen in den Fraktionen des Blutplasmas regelmäßig zu beobachten. Hypalbuminämie, starke Vermehrung der α- und der β-Fraktion oder beider, z. T. sehr hohe Steigerung der φ-Globuline und ausnahmsweise auch der γ-Globuline, die meist normal oder erniedrigt gefunden wurden, und Vermehrung der β-Lipoproteide wurden beobachtet.

Im Urin sind in den ersten Stadien vor allem die Albumine neben einem geringen Teil an Globulinen vertreten; mit fortschreitender Erkrankung wird die relative Konzentration an Globulinen im Urin größer. Zwischen Albuminspiegel im Blut und Albuminausscheidung scheint eine feste Beziehung zu bestehen.

Bei der Amyloidnephrose wurde auffallend häufig eine isolierte hohe α-Zacke beobachtet, doch wechselten bei allen Trägern des Syndroms die Veränderungen von Fall zu Fall außerordentlich.

Eine Differenzierung verschiedener Formen des nephrotischen Syndroms ist nach dem Elektrophoresediagramm noch nicht möglich [Olhagen (440)]. Wir haben auch Bedenken, wie Wuhrmann (622) von einem typischen Bild des Elektrophoresediagrammes bei der Nephrose zu sprechen. Schlußfolgerungen, wie sie Möller (414) aus den Ergebnissen der Elektrophorese für die Pathogenese der Nephrose zu ziehen versucht hat, sind nicht begründet.

Bei der Heterogenität in Ätiologie und Pathogenese der zum nephrotischen Syndrom führenden krankhaften Zustände ist es notwendig, den klinischen Verlauf durch häufige Analysen zu verfolgen und die Krankheitsbilder nicht nur klinisch, sondern auch pathologisch-anatomisch auf das genaueste zu differenzieren, z. B. Sago-milztyp — Schinkenmilztyp der Amyloidose nach Terbrüggen (576).

2. Für die Glomerulonephritis läßt sich ein typisches Elektrophoresediagramm nicht angeben. Es scheint, daß die Veränderungen in einzelnen Stadien den bei den infektiösen Erkrankungen beschriebenen Veränderungen entsprechen. Bei einer Anzahl länger bestehender Nephritiden (mit nephrotischem Einschlag) wurde eine starke Vermehrung der α_2- oder der β-Fraktion beobachtet, so daß das Diagramm der „Pseudonephrose" zustande kommt, das sich von den übrigen nephrotischen Syndromen nicht unterscheidet.

Im Urin wurden die Proteinfraktionen in der gleichen Zusammensetzung wie im Serum gefunden. Hier soll einer Zunahme der γ-Fraktion eine besondere diagnostische Bedeutung zukommen.

V. Krankheiten der endokrinen Drüsen

Lewis und McCullagh (339) fanden bei *Hyperthyreosen* mit gesicherter Diagnose als regelmäßige Abweichungen von der Norm eine erniedrigte Albuminfraktion des Plasmas; von den Globulinen waren die α_2-Globuline mehrmals erhöht, in einigen Fällen auch die φ-Fraktion; die übrigen Fraktionen waren im Bereich der Norm. Die Untersuchung derselben Fälle nach Operation und Verschwinden des Hyperthyreoidismus ergab normale oder nahe der Norm liegende Werte. Im Gegensatz dazu war bei Patienten, bei denen nach Operation oder Röntgenbestrahlung wohl die klinischen Zeichen des Hyperthyreoidismus verschwunden waren, aber ein progressiver Exophthalmus erhalten blieb, in 10 Fällen das Bluteiweißbild abnormal, allerdings ohne jedes regelhafte Verhalten der Fraktionen.

Elektrophoresen nach der Verabreichung von J^{131} ergaben, daß das hormongebundene Jod bei Normalen und bei hyperthyreoiden Kranken in einer proteinarmen Zone etwas schneller als die α_2-Globuline wanderte (116).

Beim *Hypothyreoidismus* waren Plasmaalbumin und α_2-Globuline erniedrigt, die β-Globuline erhöht. Oft näherten sich die Werte der Norm nach Einsetzen der Thyreoidinbehandlung (24, 196, 339, 382—384).

Bei Ratten trat bei Hypothyreoidismus, ob durch Operation oder durch Thiouracil verursacht, das α-Globulin in größeren Mengen auf, das bei normalen Tieren in der Regel fehlt (421).

Bestimmung der Lipoproteide nach Swahn ergab bei *Myxödematösen* eine Erniedrigung der α_1- und eine Erhöhung der β_1-Lipoproteide (24, 196, 343, 384). Das Verhältnis dieser Lipoproteidfraktionen normalisierte sich nach Thyroxinzufuhr (384) oder Trijodthyronin (24).

Bei Addison*scher Krankheit* fanden McCullagh und Lewis (401, 406) an 19 Patienten eine Verminderung der Albumine; die Globulinfraktionen waren ungleichmäßig erhöht; ein regelhaftes Verhalten ließ sich nicht feststellen. Die Veränderungen der Elektrophoresediagramme normalisierten sich nach DOCA, auch wenn die klinischen Symptome vorher schon gebessert waren, erst nach langzeitiger Gabe hoher Dosen. LEIBETSEDER und Mitarbeiter (*334*) bestätigten die Verminderung der Albumine; an der Erhöhung der Globuline fanden sie vor allem die γ-Globuline beteiligt.

McCULLAGH, LEWIS, OWEN (*399*) fanden bei *sekundärer hypophysär bedingter Nebenniereninsuffizienz* eine erniedrigte α_2-Fraktion, die sie normalen oder erhöhten α_2-Werten bei *primärer Nebenniereninsuffizienz* gegenüberstellten. Auf diesen nicht überzeugenden Unterschied wird in einer späteren Mitteilung nicht mehr Bezug genommen (*401*).

EISEN, MEYER, MOORE, TARR, STOERK (*144*) untersuchten die Antikörperbildung bei adrenalektomierten Ratten nach Verabreichung von Nebennierenrindenextrakten und fanden, daß die Aktivität der Nebennierenrinde nicht von ausschlaggebender Bedeutung für die Bildung oder Verminderung von Antikörpern und γ-Globulinen ist.

Bei Mäusen fanden MILNE und WHITE (*413*) nach DOCA keine regelmäßige Veränderung der Proteinfraktionen, obwohl der Gesamteiweißgehalt etwas zunahm.

Bei Kranken mit CUSHING-*Syndrom* (*341*) ergab sich neben etwas unternormalen Albuminwerten eine Herabsetzung der γ-Globuline unter die Normgrenze. Die α_2-Globuline lagen regelmäßig unter dem Mittelwert und nur bei wenigen Kranken über der oberen Grenze der Norm. In den übrigen Fraktionen fand sich keine deutliche Veränderung. Nach therapeutischen Maßnahmen (Röntgenbestrahlung, Hemiadrenalektomie) normalisierte sich bei 3 Kranken das Diagramm nicht; bei 2 Fällen jedoch, bei denen ein klinischer Erfolg zu buchen war, stiegen die γ-Globuline an. Ein Vergleich mit den Addisonkranken (*401*) und denen mit „hypophysärer Nebennierenunterfunktion" (*399*)

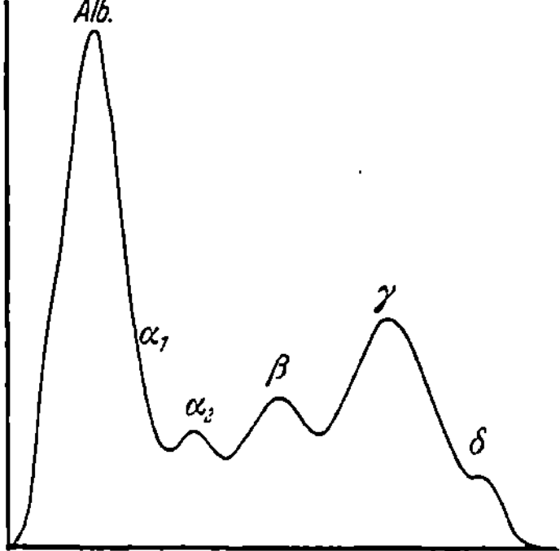

Abb. 52. *Versuchsbedingungen:* MICHAELIS-Puffer. p_H 9,1; Ionenstärke 0,1. Temp. 17°C; 20 min. 65 V, 2 mA; Verdünnung 1 + 3. *Klinischer Befund:* Ostitis fibrosa localisata. Brauner Tumor über der li. Augenbraue. Blutsenkung 16/41; Calciumspiegel i. S. 12,9 mg-%; Lipoidphosphor 5,4 mg-%

zeigt, daß diese Fälle ein gegenteiliges Verhalten der γ-Fraktionen erkennen ließen; die α_2-Globuline verhielten sich wie bei den ADDISONschen Erkrankungen (*401*).

Die β-Lipoproteide wurden von LEWIS und PAGE (*343*) erhöht gefunden.

Vier Kranke mit *Akromegalie* zeigten keinerlei regelmäßige Veränderungen des Elektrophoresediagramms (*341*); nur zwei davon hatten eine erhöhte β-Zacke und einen Diabetes mellitus.

Bei einem Patienten mit *Ostitis fibrosa localisata* mit Hypercalcämie, die durch Probeexcision gesichert wurde, fanden wir eine deutliche Vermehrung der γ-Globuline (Abb. 52).

Das Elektrophoresediagramm bei *Diabetes mellitus* untersuchten LEWIS, SCHNEIDER und McCULLAGH (*340*) an 30 Kranken mit verschiedenen Schweregraden und Komplikationen. Hohen β-Globulingehalt bei niedrigem Albuminspiegel zeigten 2 Patienten mit Acidose; hohe Werte für α_2-Globuline ein Kranker mit Furunkulose. Nichteingestellte Kranke, die im Beginn der Krankheit eine Hypalbuminämie ohne besondere Veränderung der Globuline hatten, normalisierten sich bei längere Zeit verabreichter Diät mit geeignetem Eiweißgehalt. Bei Kranken mit *Retinitis diabetica* waren trotz guter Einstellung des Diabetes die Albumine erniedrigt und die β-Globuline erhöht. Durch eiweißreiche Diät über längere Zeit ließen sich noch einige dieser Kranken zur Norm der Eiweißrelationen bringen. SEIBERT, ATNO, CAMPBELL (*539*) fanden unter 6 Fällen von Diabetes (ohne nähere klinische Angaben) bei fünf eine deutliche Vermehrung der β-Globuline. Bei Komplikationen mit Tuberkulose zeigten sich die bei dieser Krankheit üblichen Veränderungen der Albumine und γ-Globuline dazu.

Scheurlen (*515*) sah im Koma und im Zustand schwerer Stoffwechseldekompensationen ohne entzündliche Begleiterkrankungen eine stärkere Erhöhung der α_2-, eine geringere der β-Fraktion. Die γ-Fraktion nahm dabei ab. Besserung des Gesamtzustandes hatte Normalisierung der Serumproteine zur Folge. Auf entzündliche Komplikationen erfolgte die gewöhnliche dysproteinämische Reaktion. Bei Retinitis oder Glomerulussklerose bestand meist eine Erhöhung der β-Fraktion.

Die β-Lipoproteide wurden erhöht gefunden (*196, 343*).

Zusammenfassung

Zusammenfassend zeigen die Untersuchungen der elektrophoretisch trennbaren Eiweißfraktionen bei endokrinen Erkrankungen und Störungen, daß sie mit Veränderungen in den Fraktionen einhergehen können, allerdings in wesentlich weniger markanten Ausschlägen, als man sie bei anderen Erkrankungen beobachten kann. Anzeichen für einen durch endokrine Drüsen bestimmten Regulationsmechanismus sind bisher noch nicht erwiesen worden, obwohl man zugeben muß, daß sicher noch nicht alle Möglichkeiten, einen solchen zu finden, erschöpft worden sind. Für Gedankengänge, wie sie bei Heilmeyer (*224*) und vor allem bei Uehlinger (*586*) anklingen, geben die Studien der Eiweißveränderungen bei endokrinen Erkrankungen keine Grundlage.

Die Erhöhung der β-Lipoproteidfraktion beim *Myxödem* wurde so regelmäßig und charakteristisch gefunden, daß ihr bei dieser Erkrankung eine wichtige Bedeutung für die Diagnose und die Verlaufsüberwachung zugesprochen werden kann.

VI. Krankheiten des Blutes und des hämatopoetischen Systems[1]

1. Erythrocytäres System

Bei der *perniziösen Anämie* ist Hypalbuminämie mit geringer Erhöhung der Globulinwerte, die einzelne Fraktionen nicht regelhaft bevorzugt, im Stadium der Dekompensation beobachtet worden (*32, 190, 334*).

Zu Beginn der Reticulocytenkrise sinkt die α_2-Fraktion etwas ab (*190, 334*). Im Stadium der Remission sahen Brown, Read, Wiseman, France (*83*) Normalwerte.

Das Castle-Ferment ist im Magensaft wahrscheinlich in zweien der elektrophoretisch trennbaren Fraktionen enthalten und scheint an ein Mucoproteid gebunden zu sein (*329, 389*).

Longsworth, Shedlovsky, McInnes (*358*) beschrieben bei 5 Fällen von *aplastischer Anämie* Hypalbuminämie geringen Grades mit korrespondierender Erhöhung der γ-Globuline; die α- und β-Globuline waren unverändert.

Hämolytische Anämien mit positivem Coombs-Test zeigten meist eine erhöhte γ-Fraktion, während α- und β-Fraktionen nur vereinzelt verändert waren (*229*).

Bei der Gruppe der *sekundären Anämien* sind über die durch die Grundkrankheit bedingten Veränderungen des Elektrophoresediagramms hinaus keine besonderen Eigentümlichkeiten desselben beschrieben.

Bei der *Sichelzellanämie* lassen sich bei Kranken wie bei nicht manifest erkrankten Merkmalträgern in Hämoglobinlösungen durch Elektrophorese abnorme Hämoglobine trennen und quantitativ erfassen (*328, 520, 547, 548, 549, 550, 556, 570*).

Von einer *Erythroleukämie* berichten Leibetseder und Mitarbeiter (*334*), daß bei Erhöhung der Gesamtlipoide das Serumeiweißbild außer einer mäßigen γ-Globulinvermehrung keine Veränderung zeigte.

Bei einem Fall von *Polycythämie rubra vera* stellten Brown und Mitarbeiter (*83*) fest, daß α_1 und α_2 erhöht, die übrigen Fraktionen normal waren.

---

[1] Nomenklatur und Einteilung in Anlehnung an Heilmeyer (*226*).

2. Leukocytäres System

a) Leukämien

Bei der *chronischen leukämischen Myelose* findet sich regelmäßig eine Dysproteinämie, die sich in geringen Verschiebungen in den Globulinfraktionen und einer leichten Hypalbuminämie ausprägt. Akute Verschlechterungen können mit einer stärkeren Erhöhung der γ-Globuline und Senkung des Albuminspiegels einhergehen (*32, 83, 281, 464, 622, 654*).

Bei der *akuten myeloischen Leukämie* wurden Hypoproteinämie, Hypalbuminämie und Veränderungen in den Globulinfraktionen gefunden, manchmal vorzüglich Erhöhung der α-Globuline, manchmal eher der γ-Globuline (*32, 83, 281, 334, 607, 654*). Oft finden sich fast normale Elektrophoresediagramme.

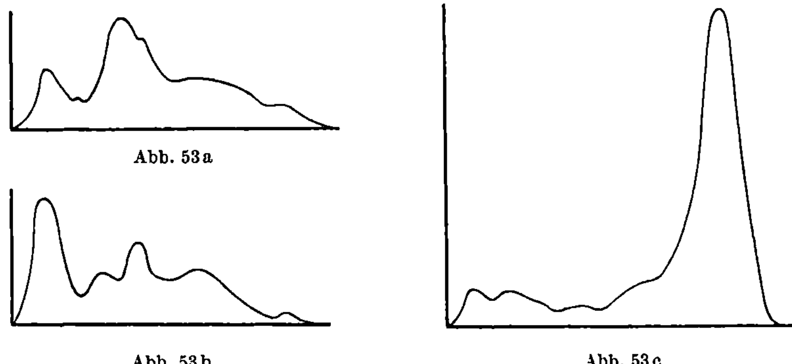

Abb. 53 a

Abb. 53 b   Abb. 53 c

Abb. 53 a—c. *Versuchsbedingungen:* MICHAELIS-Puffer; p_H 9,1; Ionenstärke 0,1. 55 V, 2 mA; 17° C; 20 min

Abb. 53 a. Patientenserum Verdünnung 1 + 3. Ges.-Eiw. 5,4%, Alb. α_1 19,4%, α_2 8,9%, β 8,1%, γ 23,6%. *Klinischer Befund:* Chronisch-leukämische Lymphadenose. Essentielle Hypertonie, Nephrosklerose, sekundäre Nephrose? Harneiweiß 23 °/oo, BENCE-JONES-Protein neg. 45000 Leukocyten. Im Blutausstrich und Sternalmarkausstrich überwiegend kleine Lymphocyten ohne atypische Zellformen. GUMPRECHTsche Schatten; Erythrocytopoese und Myelopoese zurückgedrängt

Abb. 53 b. Normalserum + Patientenserum 1:1. Verdünnung 1 + 3. Errechnete Werte: I. Alb. + α_1 19,4%. II. Alb. + α_1 60,3 79,7:2 R 39,8% *I* α_2 8,9 II α_2 6,4 15, 3:2 R 7,7% I β 48,1 II β 12,9 61,0:2 R 30,5% I γ 27,6 II γ 20,4 44:2 R 22% Gemessene Werte: Ges.-Eiw. Alb. + α_1 40,5%, α_2 9,4%, β 28,1%, γ 22,0%

Abb. 53 c. Urin des Patienten unverdünnt. Alb. + α_1 16,5%, α_2 3,5%, β 8,5%, γ 71,5%

Bei der *chronischen leukämischen Lymphadenose* treten meist uncharakteristische Dysproteinämien stärkeren Grades auf. In einzelnen Fällen wurden myelomartige Zacken im β- oder γ-Bereich gefunden, ohne daß diese Fälle im übrigen klinischen Befund besonders auffielen (*32, 83, 281, 464, 635, 654*).

SCHWARTZ und JAGER (*527*) beschreiben eine Hyperglobulinämie bei lymphatischer Leukämie mit RAYNAUDschem Syndrom. Bei Abkühlung des Plasmas fiel ein Protein in großen Mengen aus, das Eigenschaften eines γ-Globulins zeigte. Nach Entfernung desselben zeigte das Elektrophoresediagramm eine geringe, relative Globulinvermehrung, an der alle Fraktionen mehr oder weniger beteiligt waren.

Abb. 53 a—c zeigen eine Erhöhung der β_1-Globuline auf 49% bei einer chronisch leukämischen Lymphadenose. Außerdem bestand bei ihr eine chronische glomerotubuläre Nephritis mit Albuminurie (23%) ohne BENCE-JONES-Proteinurie; das Harneiweiß bestand vorzüglich aus γ-Globulinen.

Bei der *akuten lymphatischen Leukämie* waren die Ergebnisse nicht wesentlich von denen der chronischen Formen different (*83, 358*).

Bei allen Leukämien unterscheiden sich leukämische Formen von aleukämischen nicht im Elektrophoresediagramm; auch regelhafte Beziehungen zur Schwere des Krankheitsbildes wurden nicht gefunden.

b) Lymphosarkom

Bei Lymphosarkomen traten im fortgeschrittenen Zustand Erhöhungen einzelner oder mehrerer Globulinfraktionen zusammen auf bei dem Allgemeinzustand entsprechender Hypalbuminämie (*32, 464, 543, 622, 654*).

c) Pfeiffersches Drüsenfieber

Bei Pfeifferschem Drüsenfieber (infektiöse Mononucleose) fanden Cl. Cohn und Lidman (*107*), Sterling (*565*) und Brown und Mitarbeiter (*83*) übereinstimmend neben einer Albuminverminderung eine geringe Vermehrung der α- und β-Globuline und eine bedeutende Vermehrung der γ-Globuline. Cohn und Lidman deuten die Veränderungen als Folge der Leberbeteiligung.

d) Eosinophiles Granulom

Von Olhagen (*439*) wurde ein Fall mit eosinophilem Granulom beobachtet, der bei Hyperproteinämie (8,2 g-%) starke Hypalbuminämie bei Vermehrung aller Globulinfraktionen, besonders aber der γ-Fraktionen zeigte.

3. Reticuloendotheliales System

a) Granulomatöse Reticulozellwucherungen

1. Lymphogranulomatose

Longsworth, Shedlovsky, McInnes (*358*) wie auch Luetscher (*370*) fanden bei je einem Kranken Hypalbuminämie und Anstieg aller Globulinfraktionen mit Ausnahme der φ-Fraktion. Rottino, Suchoff, Stern (*499*) untersuchten 33 Kranke verschiedener Schweregrade mit histologisch gesicherter Diagnose.

Die Diagramme ließen sich in 3 Gruppen einteilen. Bei der ersten Gruppe waren nur die α-Fraktionen gering, aber konstant erhöht, die übrigen Fraktionen nahe der Norm. Bei der zweiten Gruppe waren die Albumine z. T. erheblich vermindert und die Globuline vermehrt. α_1 und α_2 traten deutlich vermehrt hervor, hier und da war auch β höher als normal. In der dritten Gruppe war der gemeinsame Nenner eine deutliche relative Vermehrung der γ-Fraktion. Bei einem Patienten trat eine Komponente zwischen β- und γ-Fraktion zutage. Die Unterschiede zwischen den drei Gruppen waren nicht ganz scharf; Seren von intermediärem Typ wurden häufiger gefunden und zeigten, daß Übergänge von einer Gruppe zur anderen bestehen.

Klinisch gehörten die Fälle der ersten Gruppe zu den frühen Stadien der Erkrankung; sie zeigten guten Allgemeinzustand, waren arbeitsfähig und frei von bemerkenswerten Lymphdrüsenschwellungen. Alle waren mit Erfolg mit Röntgenbestrahlung oder Nitro-Lost behandelt worden. Dazu standen die Patienten der zweiten Gruppe in starkem Kontrast. Sie befanden sich in fortgeschrittenen Stadien der Erkrankung. Sie waren bettlägerig, kachektisch und hatten Fieber. Sie starben alle innerhalb von 3 Tagen bis 5 Monaten. Die Patienten der dritten Gruppe waren gehfähig und in gutem Ernährungszustand. Sie zeigten aber einen schwereren Krankheitsgrad als die der ersten Gruppe. Sie litten mehr unter Müdigkeit; es bestanden größere Lymphdrüsenschwellungen. Es wurde einmal ein Übergang des Elektrophoresediagramms von III nach I gleichlaufend mit Besserung des Befundes beobachtet. Rottino und Mitarbeiter (*499*) vergleichen die Veränderungen mit denen, die im Verlauf der Tuberkulose zu beobachten sind.

Nachuntersucher berichten über Ergebnisse während verschiedener Krankheitsstadien, die sich mit denen von Rottino und Mitarbeitern (*499*) gut vereinbaren lassen (*32, 464, 612, 654*).

2. Großfollikuläres Lymphoblastom (Brill-Symmers)

Es wurden Hyperproteinämie und starke Erhöhung der β- und der γ-Globuline gefunden, wogegen ein anderer Fall nur unbedeutende Veränderungen aufwies (*32, 634, 635*).

3. Lymphogranuloma benignum (Schaumann), Boecksches Sarkoid

Das Boecksche Sarkoid wurde von Fisher und Davis (*172*) zuerst untersucht. Von zwölf histologisch gesicherten Fällen zeigten vier, die keine klinische Aktivität zeigten, normale Befunde. Bei den aktiven Prozessen fand sich häufig eine mäßige

Hyperproteinämie mit bemerkenswerter Erhöhung der γ-Globuline auf Kosten der Albumine. Das Bild war ähnlich dem, das bei Tieren mit wiederholter Antigenzufuhr gefunden wurde. Weitere Untersuchungen ergaben bei einer größeren Zahl von Kranken die gleichen Veränderungen (537, 539, 654). Das Elektrophoresediagramm mit der breitbasigen hohen γ-Zacke wird für ein wesentliches differentialdiagnostisches Merkmal bei der Abgrenzung der Lungentuberkulose gehalten (537, 539).

b) Reticulosen
1. Monocytenleukämie

Bei vier akuten Fällen fanden BROWN und Mitarbeiter (83) neben starker Hypalbuminämie Vermehrung aller Globulinfraktionen. Von zwei chronischen Fällen zeigte der eine Vermehrung der α-Globuline, der andere der γ-Globuline, jeweils waren die übrigen Globulinfraktionen normal.

2. Reticulosen

OLHAGEN (439, 440) teilt unter dieser Diagnose Ergebnisse bei mehreren Kranken mit. Hypalbuminämie war konstant. In den Globulinen fanden sich bei 2 Kranken hohe Werte für die β-Fraktion (um 40 Rel.-%), bei einem anderen eine ebenso hohe γ-Fraktion; bei den übrigen bestand keine charakteristische Veränderung.

ESSER (155) fand bei 5 Kranken, die er auf Grund der hämatologischen und klinischen Untersuchung als *reaktive Reticulosen* bei chronischen Infektionen bezeichnet, eine starke Vermehrung der γ-Globuline, während die α-Globuline gering und die β-Globuline fast nicht verändert waren; dazu bestand Hyperproteinämie und Hypalbuminämie.

ESSER und SCHMENGLER (154) fanden dieselben Veränderungen des Elektrophoresediagramms bei 4 Kranken mit SJÖGRENschem Syndrom und reaktiver Reticulose. EMMRICH (150) bestätigt diese Befunde bei seinen Kranken mit reaktiver Reticulose.

ESSER und SCHMENGLER (154) beschreiben zwei Fälle mit ähnlichem Verhalten der Serumproteine, bei denen es in der Kälte zu spontaner Gelifizierung des Serums kam und die sie deshalb den Makroglobulinämien WALDENSTRÖMs zuordnen.

Das Elektrophoresediagramm eines Kranken, der mit einer exsudativ-kavernösen Tuberkulose eingeliefert wurde und bei dem sich unter unseren Augen eine in 8 Wochen zum Tode führende Reticuloendotheliose vor allem der Lymphknoten entwickelte, zeigt Abb. 54.

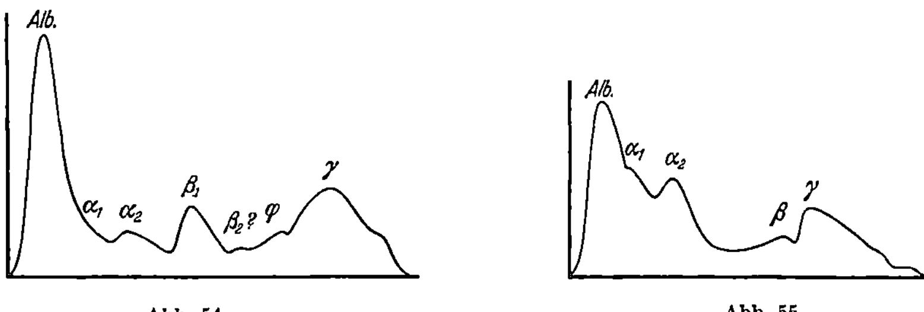

Abb. 54   Abb. 55

Abb. 54. *Versuchsbedingungen:* MICHAELIS-Oxalatpuffer; p_H 9,1; Ionenstärke 0,1. 75 V; 1,5 mA; 17° C; 18 min; Verdünnung 1 + 2. *Klinischer Befund:* Exsudativ-cavernöse Lungen-Tbc. besserte sich unter Streptomycinbehandlung und PAS in hohen Dosen weitgehend. Es kam dann in den letzten 8 Wochen zu rapide sich vergrößernden Lymphknotenschwellungen. *Autopsie* (Pathol. Instit.): Verkäsende Tuberkulose in beiden Lungenoberfeldern. Pflaumengroßes, geschwulstartiges Infiltrat im re. Oberlappen. Blastomatöse Schwellungen der broncho-pulmonalen und tracheo-bronchialen Lymphknoten. Faustgroße Mediastinalgeschwulst mit Durchsetzung des Manubrium Sterni und knotige subcutane Infiltrate in diesem Bereich. Schwellung der peripheren und abdominalen Lymphdrüsen. Splenomegalie mit multiplen anämischen Infarkten und chronischen Infiltraten. Muskatnußleber. Keine nachweisbaren Veränderungen des Knochenmarks in Femur und Wirbelkörpern. Histologisch: Reticuloendotheliose

Abb. 55. *Versuchsbedingungen:* MICHAELIS-Puffer; p_H 9,1; Ionenstärke 0,1. 65 V, 2 mA; 18° C; 20 min. *Klinischer Befund:* In der Haut von Stamm und oberen Teilen der Extremitäten flächige Infiltrationen erythematöser Art. An Stamm und Unterarmen flächenhafte Blutungen. Drüsen nicht tastbar vergrößert. Milz tastbar. Blutbild nicht wesentlich verändert. *Autopsie:* Retothelsarkom des Jejunums mit Metastasen in den Lymphknoten des Gekröses und der Leberpforte, in den paracostalen, iliakalen, inneren inguinalen sowie mehreren bronchialen Lymphknoten. Lockerung und Schwellung der Milz. Diffuse Leberverfettung

Bei einem Fall von *Reticulum-Zellsarkom*, den Brown und Mitarbeiter (*83*) mitteilen, waren α_1-, α_2- und γ-Fraktionen vermehrt; bei einem anderen Fall, über den Petermann und Mitarbeiter (*464*) berichten, war bei Hypalbuminämie das Verhältnis der Globulinfraktionen nicht gestört.

Barbagallo und Mitarbeiter (*32*) fanden bei ihren Kranken Hypalbuminämie und γ-Globulinvermehrung, wogegen die α-Globuline nicht immer erhöht waren. Poli (*467*) sah bei einem Kranken eine starke Zunahme der α-Globuline, wogegen die γ-Fraktion normal war.

Bei einer Patientin, deren Serum ich der Freundlichkeit von Prof. Koch (Elberfeld) verdanke, die an einem Retothelsarkom (durch Obduktion gesichert!) starb, fand sich einige Stunden vor dem Exitus letalis das in Abb. 55 wiedergegebene Diagramm, das eine schwere Dysproteinämie zeigte. Die Veränderungen sind als Folge der Erkrankung aufzufassen, da Cohen, Thompson, Nitshe (*106*) zeigen konnten, daß das pathologische Elektrophoresediagramm bei verschiedenen Krankheiten sich bis zu 15 Std. nach dem Tode nicht wesentlich veränderte.

Zusammenfassung

1. Bei Erkrankungen des erythrocytären Systems wurden nur selten geringgradige Veränderungen in den Proteinfraktionen des Plasmas gefunden.

Die Elektrophorese ermöglicht den Nachweis pathologischer Hämoglobine, wie sie bei der Sichelzellenerkrankung auftreten.

2. Unter den Erkrankungen des leukocytären Systems fanden sich bei den Leukosen neben Kranken, die fast keine oder nur geringfügige Veränderungen der Proteinzusammensetzung zeigten, selten Fälle, bei denen Paraproteine vorhanden sind; so können Elektrophoresediagramme von myelomartigem Aussehen entstehen. Meist handelte es sich um chronische Lymphadenosen.

Bei der infektiösen Mononucleose ist die Vermehrung der γ-Globuline charakteristisch.

3. Bei den Erkrankungen des reticuloendothelialen Systems, die mit granulomatösen Wucherungen einhergehen, ist die auffallende Vermehrung der γ-Globuline, die nicht selten zur Hyperproteinämie führt, ein Merkmal, das häufig zu beobachten ist; Zunahme der anderen Globulinfraktionen ist oft damit verbunden. Die Form der Diagramme ist oft gleichartig mit denen, die als Typ c unter den infektiösen Erkrankungen abgegrenzt wurden.

Bei den diffusen Wucherungen des Reticulums treten in einzelnen Fällen schwere Störungen des Bluteiweißgefüges zutage, sind aber nicht die Regel. Es konnten dann Erhöhungen einer Globulinfraktion beobachtet werden wie bei Plasmocytomen. Diese betrafen nicht nur die γ-Fraktion, sondern wurden auch im α- und β-Bereich beobachtet.

In gewissem Gegensatz zum Plasmocytom wurde mit Ausnahme des Falles von Heilmeyer und Begemann (*225*) die „hohe" Zacke bis jetzt nur im Bereich der normalerweise im Blut vorhandenen Fraktionen gefunden.

4. Die bisher gesammelten Beobachtungen geben nicht die Möglichkeit, von den elektrophoretischen Bluteiweißbildern her reaktive Wucherungen des reticuloendothelialen Systems von leukotischen Wucherungen und diese von geschwulstartigen zu unterscheiden. Auch für eine Abgrenzung der diffusen Systemerkrankungen gegen die granulomartigen verspricht die Untersuchung der Proteinfraktionen keinen Vorteil. Wohl ist man aber berechtigt, die schweren Serumeiweißveränderungen, die bei lymphatischen Leukämien auftreten, als Zeichen der Beteiligung des Reticulums an der Erkrankung anzusehen.

5. Das Auftreten der breitbasigen γ-Zacke bei den Erkrankungen des RES legt es nahe, dieselbe Veränderung (Typ c) bei einigen chronischen infektiösen und parasitären Erkrankungen als Zeichen einer Reaktion des reticuloendothelialen Systems anzusehen, wofür auch die häufig mitgeteilten Befunde einer Vermehrung reticulärer Zellelemente in Blut, Sternal-, Lymphknoten- und Milzpunktaten bei solchen Erkrankungen sprechen.

Die von Moeschlin (*415*) erhobenen Befunde, daß bei Lebercirrhosen die Reticulumzellen in gleicher Weise wie bei chronischen Infektionen vermehrt und im Zustand erhöhter Tätigkeit sind, stützt die Erklärung der Vermehrung der γ-Globuline bei der Lebercirrhose als Folge einer Reaktion des reticuloendothelialen Systems.

Die von Wuhrmann und Mitarbeitern (*633, 634*) vorgeschlagene Charakterisierung der γ-Zacke durch den Höhen/Breiten-Index ist wichtig, wenn man den Unterschied zwischen der „hohen, schmalen" γ-Zacke und der „flachen, breitbasigen" in einem Zahlenwert ausdrücken will.

Die Fragen, ob man eine Erhöhung der γ-Globuline generell als Zeichen einer Aktivierung des reticuloendothelialen Systems ansehen darf oder wie Menge und Zusammensetzung der γ-Fraktion beschaffen sein müssen, um eine über die normale Reaktivität hinausgehende Beteiligung des reticuloendothelialen Systems am Krankheitsgeschehen als besonderes pathogenetisches Merkmal erkennen zu können, sind noch nicht bindend beantwortet.

VII. Hyperglobulinämien

1. Myelomatosis, Kahlersche Erkrankung, Plasmocytom

Als erste beschrieben Longsworth, Shedlovsky, McInnes (*358*) die elektrophoretischen Befunde bei drei durch Autopsie bestätigten multiplen Myelomen; 2 Fälle zeigten eine starke Vermehrung der β-Fraktion und der dritte völlig normale Verhältnisse.

Von Kekwicks (*289*) 5 Fällen wiesen vier eine stark vergrößerte γ-Zacke auf und der fünfte Fall eine starke Vermehrung der β_2-Globuline. Außer der niedrigen Albuminzacke waren die übrigen Fraktionen normal.

Von den isolierten, stark vermehrten Globulinfraktionen dieser Fälle erwiesen sich die γ-Fraktionen bei der Elektrophorese und der Ultrazentrifugierung als homogen, während die β_2-Fraktion im elektrischen Feld zwar einheitlich wanderte, aber in 4 Fraktionen sedimentierte. Die isolierten γ-Globuline der Myelomzacken differierten in der Wanderungsgeschwindigkeit von isoliertem, normalem γ-Globulin (Reinheitsprüfung mit Elektrophorese). Das β-Myelom-Globulin wanderte auch isoliert einheitlich; seine Wanderungsgeschwindigkeit lag zwischen der von β- und γ-Globulin, war mit φ-Globulin aber nicht identisch (*289*).

Gutman, Moore, Gutman, McClallan, Kabat (*201*) berichteten über zehn Myelome: drei γ-Myelome, vier β-Myelome und 3 Fälle mit „beinahe normalem" Elektrophoresediagramm. Bei 6 Seren fanden sich an der Stelle der φ-Zacke des normalen Plasmas entweder neben der großen β- oder γ-Zacke oder auch im „normal" aussehenden Diagramm eine kleine Zacke, die sie M-Zacke benannten. Zu den letzterwähnten Fällen läßt sich das von v. Brand und Goetze (*77*) bei einem Myelom gefundene Elektrophoresediagramm zuordnen, das bei sonst nicht wesentlich veränderten Fraktionen eine kleine spitze Zacke an der β_2-Stelle aufweist.

Bei einer Anzahl dieser Kranken wurde Bence-Jones-Eiweiß im Urin gefunden, das in den einzelnen Urinen verschiedene Wanderungsgeschwindigkeiten zeigte. Normalen Serumproben zugesetzt, wanderte es an der γ-, M- oder β-Stelle, und es ließen sich so die Anomalien der verschiedenen Myelomseren rekonstruieren (*201*).

Über 7 Kranke, bei denen die Elektrophorese von Urin und Serum durch Howe-Fällung, Ultrazentrifugierung und serologische Methoden ergänzt wurde, berichten Moore, Kabat und Gutman (*418*).

Bei zwei γ-Myelomen zeigte die Ultrazentrifugierung der M-Fraktion das typische Molekulargewicht der γ-Globuline. Serologisch ließen sich bei ihnen im Blut Bence-Jones-Proteine in so kleinen Mengen nachweisen, daß sie mit den anderen Methoden nicht auffindbar waren. Auf Grund ihrer eigenen und Kekwicks Untersuchungen (*289*) nehmen sie an, daß bei der Mehrzahl der Myelomkranken (γ-Myelome) die stark vermehrte Fraktion nur zu einem kleinen Teil aus Bence-Jones-Eiweiß bestehe.

Zwei Kranke mit hoher β-Zacke hatten Bence-Jones-Eiweiß verschiedener Löslichkeit und Wanderungsgeschwindigkeit als Hauptkomponente im Serum, desgleichen zwei weitere Kranke, bei denen sich die stark vermehrte Eiweißfraktion nicht unter die normalerweise vorhandenen Globulinfraktionen klassifizieren ließ. Nur bei einem Teil dieser Fälle bestand aber Bence-Jones-Proteinurie; bei diesen ließ sich durch Zufügen des aus Urin gewonnenen Bence-Jones-Eiweißes zu Normalserum das jeweilige pathologische Serum reproduzieren. In einem Fall fand sich ein normales Elektrophoresediagramm, obwohl im Urin große Mengen Bence-Jones-Protein vorhanden waren.

Moore und Mitarbeiter (*418*) halten es für möglich, daß die abnormalen (evtl. die Bence-Jones-) Proteine bei einzelnen Kranken im Serum in der Form von Komplexen vorhanden seien, die die Niere nicht passieren können.

Adams, Alling, Lawrence (*5*) konnten bei 21 von 29 Myelomfällen, die sie elektrophoretisch untersuchten, aus der im Diagramm sichtbaren hohen und engen Myelomzacke die richtige Diagnose ohne weiteres stellen. Das Myelomprotein wanderte bei der Mehrzahl der Fälle mit jeweils verschiedener Geschwindigkeit zwischen der normalen γ- und β_1-Zacke. Als neue Beobachtung fügen sie hinzu, daß bei 6 Fällen das Myelomprotein langsamer als die normale γ-Fraktion wanderte.

Der zweiten Gruppe von 8 Myelomen fehlten große, abnormale Zacken; aber es ließen sich Unterfraktionen in geringer Menge an abnormaler Stelle finden, die auf Myelom sehr verdächtig waren; Diagramme dieser Gruppe waren kaum von denen anderer Erkrankungen zu unterscheiden. Bei den Fällen der zweiten Gruppe war regelmäßig Bence-Jones-Eiweiß im Urin nachweisbar, das nicht bei allen mit derselben Geschwindigkeit wanderte wie die kleine abnormale Fraktion im zugehörigen Plasma, während bei der ersten Gruppe nur in 5 Fällen unter 21 Bence-Jones-Protein im Urin vorhanden war.

Das Fehlen der Ausscheidung von Bence-Jones-Protein führen auch Adams und Mitarbeiter darauf zurück, daß die große Menge hochmolekularen Eiweißes im Plasma eine Komplexbindung mit Bence-Jones-Protein eingehe und es so im Plasma festhalte.

Mehl (*407*) bestätigt die Befunde von Adams und Mitarbeitern (*5*). Er fand auch gelegentlich Fälle ohne Hyperglobulinämie, aber nicht ohne abnormale Befunde, unter die er auch eine Erniedrigung der γ-Globuline oder das Auftreten kleiner M-Zacken im φ-Bereich aufgenommen wissen will. Diesen kleinen Zacken entsprach oft die Wanderungsgeschwindigkeit des Bence-Jones-Proteins im Urin, und er nimmt an, daß der Verlust im Urin eine Hyperglobulinämie verhindere. Er konnte andererseits aber öfters zeigen, daß das Protein der Myelomzacke im Serum und das Bence-Jones-Protein im Urin sich elektrophoretisch verschieden verhielten, besonders wenn es außer bei p_H 8,5 auch bei p_H 4,5 analysiert wurde.

Reiner und Stern (*485*) sahen unter 91 Seren von Myelomkranken bei 78% ausgeprägte Myelomzacken, bei 22% nur geringe Dysproteinämien; bei den letzteren waren Bence-Jones-Proteine relativ häufig gegenüber den ersteren. Gelegentlich wurde Albuminurie neben der Bence-Jones-Proteinausscheidung gefunden. Bei langfristiger Beobachtung fanden diese Autoren einmal prämortal ein starkes Absinken der Myelomproteine im Serum, zweimal veränderte sich die Wanderungsgeschwindigkeit des Myelomproteins während des Krankheitsverlaufes.

Blackman, Barker, Buell und Davis (*62*) fanden bei einem β-Myelom Bence-Jones-Eiweiß im Urin, das die gleiche Wanderungsgeschwindigkeit zeigte wie die β-Fraktion des normalen Serums. Malmros und Blix (*387*) berichten über ein γ-, zwei β-Myelome und über eines mit fast ganz normalem Elektrophoresediagramm. Die letzteren 3 Kranken zeigten starke Ausscheidung von Bence-Jones-Protein. Das Bence-Jones-Eiweiß eines β-Myelomfalles wanderte zwischen normalem β- und γ-Globulin und zeigte in der Ultrazentrifuge eine für Bence-Jones-Eiweiß öfters nachweisbare Sedimentationskonstante.

Rundles (*503*) stellte bei vergleichenden Untersuchungen von Serum und Urin fest, daß die M-Fraktion im Serum Molekulargewichte zwischen 120 000 und 200 000 aufwiesen, die Urineiweiße indessen zwischen 24 000 und 90 000. Während er bei einigen Seren mit geringem M-Proteingehalt viel Bence-Jones-Proteine im Urin fand, trat bei anderen mit hoher M-Proteinmenge nur wenig Bence-Jones-Protein im Urin auf. In etwa der Hälfte dieser Fälle war die Wanderungsgeschwindigkeit der abnormen Eiweiße im Serum und Urin gleich, bei den anderen Fällen wanderte das Urinprotein z. T. erheblich rascher.

Scholtan und Jahnke (*522*) fanden in der Ultrazentrifuge bei einem γ-Myelom zwei γ-Uroproteine, deren Sedimentationskonstanten unter sich verschieden und etwa halb so groß waren wie die der Serumfraktion.

Dialer (*123*) fand bei einem Myelom für das Paraprotein, das im β_2-Bereich wanderte, ein Molekulargewicht von 83000 (4,3 S); das Uroprotein dieses Falles hatte ein Molekulargewicht von 41000. Beide Proteine waren immunologisch identisch! [Der gleiche Autor hat auch beim Normalen in der 4,5 S (A)-Komponente kleine Mengen β_2-Globulin gefunden.]

Bei zwei anderen Myelomen fand er ein Makroglobulin (18 S), bei einem anderen zwei Makroglobuline (20 S und 18 S); beide hatten elektrophoretisch einen Myelomgradienten zwischen β- und γ-Fraktion.

Molekulargewichte unter 70000 wiesen Addis und Barrett (*6*) bei Bence-Jones-Proteinen nach.

Diese Ergebnisse wurden so gedeutet (*503, 522*), daß es sich bei den niedrigmolekularen Uroproteinen um Ausscheidungsprodukte, die in den Nieren bei der Ausscheidung entstanden sind, handelt. Bock (*71*) hält die Ausscheidung von Bence-Jones-Protein für eine fakultative Begleiterscheinung der Myelomatose, die mit der Ausscheidungsfunktion der Niere zusammenhänge.

Martin (*394*) isolierte bei einem γ-Myelom die γ-Fraktion und verglich sie mit γ-Globulinen aus normalem Serum. Die Myelom-γ-Fraktion verhielt sich bei der Elektrophorese wie ein normales γ-Globulin, während sie sich in der Ultrazentrifuge wie auch in ihrem Verhalten gegen Acetatpuffer p_H 6 als ungleich erwies.

Olhagen (*439, 440*) berichtet, daß sich unter seinen γ-Myelomen Fälle befanden, deren γ-Fraktion schneller wanderte und ein größeres Molekulargewicht hatte als normales γ-Globulin. Dieses als „γ_x-Globulin" bezeichnete Globulin hatte nach Erhitzen ausgesprochen antikomplementäre Eigenschaften und war von ihm auch in Seren mit starker Eigenhemmung bei der Wa.R. festgestellt worden (*438*).

Hillmann und Mitarbeiter (*245*) erhielten bei Fällung nach Cohn γ-Myelomglobuline aus dem Serum, die elektrophoretisch zu 96 bis 100% rein waren. Sie hatten bis auf eines eine einheitliche Sedimentationskonstante und entsprachen auch im UV-Spektrum und im Methioningehalt normalem γ-Globulin. Nur der Kohlenhydratgehalt der γ-M-Globuline war erniedrigt. Die Aminoendgruppen verhielten sich oft wie bei normalem γ-Globulin (*78*).

Müting (*427*) fand bei Untersuchungen des Aminosäurehaushaltes Myelomkranker, daß die Myelomproteine zwar die stärksten Veränderungen in der Bausteinzusammensetzung zeigen, daß aber auch die anderen Blutproteine und die untersuchten Organproteine in geringerem Umfang eine abnormale Zusammensetzung hatten. Es traten zwar keine neuen Aminosäuren auf, aber erhebliche Abweichungen im Aufbau. Ähnliche Ergebnisse bei anderen Kranken hatten Hartmann und Mitarbeiter (*216, 217*) mit z. T. anderen Methoden erzielt, die fanden, daß in allen untersuchten Krankheitsfällen keine grundsätzlichen Abweichungen im Grundbauplan der Proteine auftraten trotz erheblicher Abweichungen von der Norm.

Isolierte, elektrophoretisch einheitliche M-Proteine vom α_2-, β_1- und β_2-Typ zeigten meist 2—3 Komponenten mit verschiedenen Sedimentationskonstanten (*357*). Im UV-Spektrum waren sie nicht verschieden von den γ-M-Proteinen (*245*). Der Gehalt an Lipoproteiden in den M-Proteinen war geringer, der an Glucoproteiden höher als in normalen α- und β-Globulinen.

Leibetseder, Hugentobler, Wuhrmann und Wunderly (*334*) bestimmten bei zwei β_2- und zwei γ-Myelomen die Gesamtlipoide des Serums. Sie waren normal oder — besonders bei den β_2-Myelomen — erniedrigt; die Myelomglobuline enthielten also keine Lipoproteide.

Bei einem von Stobbe (*571*) untersuchten β-Myelom bestand das Myelomeiweiß aus Proteinen verschiedenen Molekulargewichts, obwohl es in einer Zacke wanderte.

Bei der von Hoessly und Mitarbeitern *(248)* mitgeteilten, aus einer β_1- und einer β_2-Komponente zusammengesetzten Myelomzacke handelt es sich nicht um eine echte Trennung, sondern um einen Pufferungseffekt.

Rice *(486)* fand in 10 von 12 Myelomproteinen ein Kohlenhydrat, das er auch im Paramyloid gefunden hatte. Dirr *(125)* vermißte in zwei isolierten Myelomproteinen Methionin, das in wanderndem γ-Globulin vorhanden ist.

Typische β- und γ-Myelome wurden beschrieben von Benhamou und Pugliese *(45)*, Brown, Read, Wiseman und France *(83)*, Berner *(57)*, Zöllner, Eymer und Scheid *(659)*, Grassmann, Hannig und Knedel *(193)*, Kaumanns und Rohkämper *(286)* und Esser *(156)*; von den letzteren beiden dazu je ein Fall mit normalem Elektrophoresediagramm und Bence-Jones-Proteinurie.

Ein von Maurer *(397)* beschriebener Fall (Abb. 56), dessen Diagramm eine geringe Vermehrung aller Globulinfraktionen zeigte, begann 1944 mit einem Plasmocytom des Rachendachs, welches sich dann nach Art einer multiplen Myelomatose ausbreitete. Der Patient starb nach langem protrahiertem Verlauf am 1. September 1950. Die Obduktion ergab ein typisches Plasmocytom. Die Plasmazellen des Markes zeigten keine Zeichen mangelnder Reife [Abb. bei Grosse-Brockhoff *(197)*].

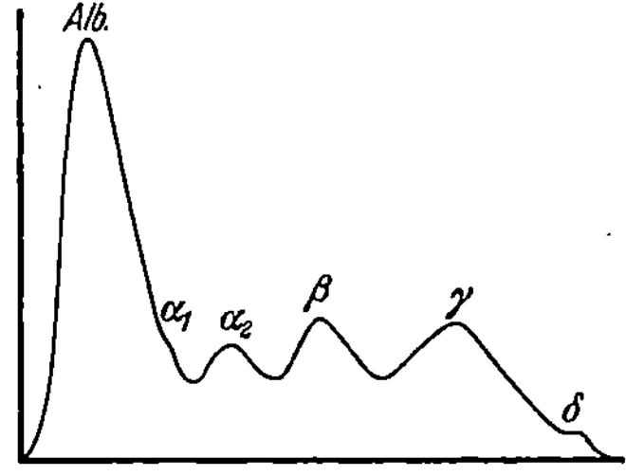

Abb. 56. *Versuchsbedingungen:* Michaelis-Puffer; p_H 9,1; Ionenstärke 0,1. 55 V, 2 mA; 18° C; 20 min; Verdünnung 1 + 3. *Klinischer Befund:* vgl. Text

Nachdem Lüdin *(365, 366)* bei zwei Myelomkranken, darunter einer Plasmazellenleukämie, eine erhöhte α-Globulinfraktion gefunden hatte, beschrieben Wuhrmann und Wunderly und Wiedemann *(624)* und Sandkühler *(505)* Myelomfälle, bei denen das Myelomprotein im Bereich der α-Fraktion wanderte. Diese Beobachtungen wurden von Reiner und Stern *(485)* und von Griffiths und Mitarbeitern *(195)* bestätigt, während Sonnet die α-Myelome als Sondergruppe ablehnt *(553)* in Übereinstimmung mit Rundles und Mitarbeitern *(502)*, die annehmen, daß die Veränderungen der α-Globuline mit Gewebsdestruktionen und vielleicht mit Leberzelldegenerationen zusammenhängen.

Eine Veränderung des Elektrophoresediagramms durch eine interkurrente Pneumonie bei einem γ-Myelom — reversibler Anstieg von α_1-, α_2- und β-Zacke — teilt Ott *(443)* mit. Im Gegensatz zu Wuhrmanns Meinung *(626)* zeigte dieses γ-Myelom ausgesprochen junge, unausgereifte Plasmazellen.

Rundles, Dillon und Dillon *(502)* verfolgten die Wirkung von Urethan. Die Menge des abnormalen Proteins wurde bei fünf Patienten deutlich reduziert, bei denen nach Kontrolle des Sternalmarks auch das Wachstum der Plasmocytomzellen vermindert wurde. Mit Verschwinden der Myelomzacke stiegen die Albumine an; ein Rest blieb aber während der Remission bestehen. Bei zwei Fällen fehlte ein Erfolg sowohl auf die Myelomzellen als auch auf das Plasmaeiweiß. Die Bence-Jones-Proteinurie wurde durch Urethan nicht in strenger Abhängigkeit von den Plasmaproteinen beeinflußt. Von vier Kranken mit leichten Veränderungen im Elektrophoresediagramm hatte nur einer eine starke Bence-Jones-Proteinurie von γ-Beweglichkeit, die sich nach Urethan verminderte, während die Blutveränderungen sich zur Norm veränderten.

Cortison hatte auf die Bluteiweißveränderungen beim Myelom keinen Einfluß *(248, 311)*.

Wuhrmann, Wunderly und Hugentobler *(630)* unterschieden bei ihren 60 Plasmocytomen 5 Gruppen:

a) Normale Bluteiweißverhältnisse oder höchstens unbedeutende Vermehrung der α-Fraktion (2 Fälle).

b) Mäßige bis starke Zunahme der α-, oft auch der β-Fraktion (10 Fälle). Übergänge zur Gruppe a) fanden sich häufig. In diese beiden Gruppen gehörten meist die Fälle von Plasmazellenleukämie.

c) Fälle mit Zunahme der β_1-Fraktion (10 Fälle), die meist sehr ausgesprochen ist.

d) Die β_2-Gruppe (15 Fälle). Myelomzacken dieser oder nur wenig verschiedener Wanderungsgeschwindigkeit sind von den meisten anderen Untersuchern auch gefunden worden; oft werden sie anders benannt (M-Zacken, ξ_1-Fraktion). Wuhrmann und Mitarbeiter konnten bei Prüfung des Verhaltens dieser Seren gegen andere

Serumteste (WELTMANN-, Nephelogramm-Methode, Cadmiumsulfatreaktion) finden, daß sich die β_2-Gruppe sowohl von der β_1-Gruppe als auch der γ-Gruppe wesentlich unterscheidet.

e) Starke Vermehrung der γ-Globuline (23 Fälle). Zwei Fälle zeigten eine sog. Kombinationsform — einmal von α- + β-Globulinen, einmal von β- + γ-Globulinen —, die auch von REINER und STERN (485) beobachtet wurde.

WUHRMANN und Mitarbeiter betrachten die Diagramme beim multiplen Myelom nicht als spezifische Kennzeichen dieser Erkrankung, sondern als Ausdruck abnorm starker, unspezifischer Verschiebungen von Globulinfraktionen, da sich bei anderen Krankheitsbildern — wenn auch selten — ähnliche Bilder finden. Hyperproteinämie war bei den β- und γ-Formen meist vorhanden, nicht aber bei der α-Gruppe. Der BENCE-JONES-Eiweißkörper war in etwa der Hälfte der Fälle in allen Gruppen nachweisbar.

MALMROS und BLIX (387) teilen aus ihren Untersuchungen fünf Fälle von Hyperglobulinämie mit, die im Elektrophoresediagramm eine sehr hohe γ-Zacke zeigten; einige Symptome sprachen für eine Myelomatose, jedoch ergab der Befund keine sicheren Hinweise. Blutungsneigung wurde nicht beobachtet. Die Autoren denken an prämyelomatöse Zustände, idiopathische Hyperglobulinämie oder reaktive Dysproteinämien nach unbekannten Infektionen.

Unterschiede im klinischen Verlauf ergaben sich insofern, als die α-Myelomfälle am bösartigsten waren und die γ-Typen den relativ langwierigsten Verlauf zeigten. Auch in dem morphologischen Aussehen der Plasmazellen prägt sich oft ein Unterschied aus (626), den WUHRMANN und WUNDERLY in einer wenig früher erfolgten Mitteilung (645) abgelehnt hatten: je atypischer die Myelomzellen im Sternalpunktat sind, um so eher gehört das Myelom der α-Gruppe an; je reifer die Myelomzellen, desto eher zur γ-Gruppe. Die β-Gruppen sind Übergangsformen.

OLHAGEN (442) konnte bei 16 Kranken die Myelomzellen im Sternalpunktat — je nach Verteilung und Konzentration der Nucleinsäuren in denselben — in zwei Typen einteilen, den „plasmazellähnlichen" A-Typ und den „mehr einer malignen Tumorzelle ähnlichen" B-Typ. Myelome vom A-Typ hatten im Serum eine deutliche β- oder γ-Myelomzacke, während die Fälle vom B-Typ mit normalem Elektrophoresediagramm einhergingen und BENCE-JONES-Protein im Urin ausschieden. Drei Fälle mit beiden Zelltypen im Sternalmark zeigten sowohl Hyperglobulinämie (β- oder γ-) als auch BENCE-JONES-Proteinurie. OLHAGEN schließt aus diesem Verhalten, daß der besser ausdifferenzierte A-Typ ein Protein mit höherem Molekulargewicht produziert und der unreife B-Typ ein solches mit niedrigerem, eben das BENCE-JONES-Protein.

RUNDLES und Mitarbeitern (502) schien es, daß, je größer die Menge Myelomgewebe im Körper und dessen proliferative Aktivität war, desto mehr abnormales Protein im Serum und Urin auftrat. Eine Beziehung zwischen der Struktur der Plasmazellen, die bei den verschiedenen Patienten beträchtlich wechselte, und dem Typ der Proteinabnormität war nicht zu finden.

ASTALDI (20) fand die Prognose vom Grad der Zellproliferation der plasmocytären Elemente im Sternalmark abhängig, konnte aber keinen Zusammenhang zwischen den Proliferationsindices und dem Grad der Dysproteinämie finden.

WUHRMANN und Mitarbeiter (629, 632) konnten unter 10 Myelomen bei vier β-Myelomen durch immunserologische Methoden die blutfremde Paraproteinnatur des Myelomproteins beweisen; bei einem β-Myelom und 5 γ-Myelomen waren die Reaktionen gegen das homologe Antigen negativ. Es kam nicht zu Kreuzungsreaktionen. Eine Beziehung zum Vorhandensein von BENCE-JONES-Protein im Urin wurde in allen 10 Fällen nicht gefunden.

LOHSS und HILLMANN (356) konnten im elektrischen Feld einheitlich wandernde M-Proteine immunchemisch nicht eindeutig voneinander differenzieren. Zu normalem γ-Globulin bestand bei allen untersuchten M-Proteinen immunologische

Verwandtschaft; die gemeinsame Komponente war in ihnen in jeweils verschiedener Menge vorhanden. Gegen die M-Proteine bildete sich in allen Fällen ein Restantikörper, der nur mit dem homologen Antigen reagierte. Nur die den Restkörper bildenden M-Proteinkomponenten werden zu den echten Paraproteinen gerechnet.

Das gleiche γ-Globulin wie in Myelomseren wurde von Martin (394) auch in blutfrei gewaschenem Plasmocytomgewebe und in der Milzpulpa gefunden, nicht aber in gleichbehandelten Organen gesunder Personen. Miller (412) bestätigt diese Befunde für das Myelomgewebe; das umgebende Organgewebe wies kein M-Protein auf. Bei einem β-Myelom fand Ott (447) in der blutfrei gespülten Niere und Leber keinen Myelomgradienten, wohl aber normale Proteinfraktionen dieser Gewebe.

Paramyloid, das Rice (486) als Sondergruppe der M-Paraproteine neben den Serum-M-Proteinen und den Bence-Jones-Uroproteinen und als besonders kohlenhydrathaltig beurteilt, wurde von Braunsteiner und Reinhardt (79) untersucht. Sie gewannen es bei einem γ-Myelom, das keine Bence-Jones-Proteine ausschied, freiliegend in abdominalen Tumoren. Sie erhielten zwei Proteidfraktionen, von denen die eine zwischen Albumin und α_1, die andere zwischen α_1 und α_2 wanderte; beide Fraktionen ließen sich auch in der Ultrazentrifuge trennen. Sie bestanden aus zwei Glucoproteiden.

Vergleiche zwischen chemischer Fraktionierung, Flüssigkeits- und Papierelektrophoresen bei M-Proteinen ergaben, daß die durch Fällung erhaltenen Proteinmengen kleiner waren, als sie nach den Elektrophoresen erwartet wurden. Die Papierelektrophorese ergab meist nur quantitative Differenzen zur Flüssigkeitselektrophorese und nur in einem Fall eine qualitative. Die Papierelektrophorese soll die β-Fraktion optimal darstellen, da die Refraktionsveränderung durch die Lipoproteide wegfällt, während die Bestimmung des Albumingehaltes richtiger durch die Flüssigkeitselektrophorese erfolgt, die vom Farbbindungsvermögen der Albumine unabhängig sei (110, 278).

Bei Plasmocytomen wurden verschiedentlich im Serum Proteine gefunden, die in ihren kolloidalen und thermischen Eigenschaften ein ganz besonders von der Norm abwegiges Verhalten zeigten. Ihre elektrophoretischen Eigenschaften sind selten beschrieben. Shapiro, Ross und Moore (541) erhielten bei einem Fall von Plasmocytom nach langer Dialyse gegen destilliertes Wasser eine große Menge eines zähflüssigen Proteins vom Molekulargewicht 162000; bei der Elektrophorese wanderte es mit der φ-Fraktion und bestand sicher nicht aus Fibrinogen; auch zeigte es nicht die Eigenschaften eines Bence-Jones-Proteins. Übereinstimmende Beobachtungen teilen Pearsall und Chanutin (452) und Dirr (125) mit.

Hill, Dunlop, Mulligan (242) und Blades (63) berichten über je einen Myelomfall, bei dem ein bei Abkühlung gelierendes, reversibel lösliches Protein auftrat, das chemisch Eigenschaften eines γ-Globulins zeigte; das von Hill, Mulligan und Dunlop (241) beschriebene Paraprotein enthielt große Mengen von Cholesterinestern. Ein gelierendes, mit den γ-Globulinen wanderndes Paraprotein bei einem Plasmocytom, das aus kleinen lymphocytären Plasmazellen mit allen Zeichen maligner Entartung bestand, beobachteten Blanchi, Giampalmo und Marmont (64).

Olhagen (441) fand bei drei verschiedenen Myelomkranken kältefällbare Proteine, die spontan kristallisierten. Im Elektrophoresediagramm traten sie in großer Menge auf und gehörten der γ-Fraktion an, zeigten aber eine etwas schnellere Wanderungsgeschwindigkeit als normales γ-Globulin. In einem Fall wurde das gleiche Protein auch im Urin ausgeschieden. Das Molekulargewicht lag an 180000; die Eigenschaften des Bence-Jones-Proteins fehlten. Ein ähnliches Protein bei Myelomkranken beschrieben Barr, Reader, Wheeler (37) und Haerens und Scholtis (205). Chemisch wichen diese Globuline der γ-Fraktion in Einzelheiten voneinander ab.

Bei einem Myelom, das eine mit der β_2-Fraktion wandernde „Myelomzacke" aufwies, fanden Lüscher und Labhart (367) eine in dieser enthaltene Komponente, die die normale Blutgerinnung infolge Hemmung der Fibrinbildung störte. Auch STOBBLE (*571*) berichtet über ein β-Myelom mit stärksten Schleimhautblutungen, BENCE-JONES-Proteinurie und Störung der Blutgerinnung, dessen M-Protein in der Ultrazentrifuge in mehreren Komponenten sedimentierte. Eine ähnliche Störung bei einer hochgradigen Hyperglobulinämie (β-Fraktion), bei der die klinischen Befunde für ein Plasmocytom sprachen, veröffentlichte UEHLINGER (*585*).

Zusammenfassung

1. Bei den Plasmocytomen wird im Elektrophoresediagramm in der Mehrzahl der Fälle eine Proteinkomponente in großer Menge nachweisbar, deren Wanderungsgeschwindigkeit häufig mit der der normalerweise im Plasma vorhandenen Globulinfraktionen zusammenfällt. Nicht selten aber zeigt das „Myelomprotein" Wanderungsgeschwindigkeiten, die mit der der üblichen Fraktionen nicht konform gehen. Je schneller das Myelomprotein im elektrischen Feld wandert, desto seltener wird sein Auftreten beobachtet.

Der Befund einer typischen Myelomzacke ist durchaus nicht obligat. Jedem Untersucher sind Plasmocytomkranke bekannt, die in keiner Weise vom gewöhnlichen klinischen Krankheitsbild abweichen und deren Serumproteinfraktionen normal oder nur wenig verändert sind. Beziehungen zwischen den so verschiedenartig imponierenden Ergebnissen der Elektrophorese und Merkmalen des klinischen Krankheitsbildes in größerem Umfang klarzustellen, gelang bisher nicht.

WUHRMANN meint, bei der großen Zahl der von ihm beobachteten Kranken den Reifegrad der Plasmocytomzellen einerseits, die Wanderungsgeschwindigkeit und den klinischen Verlauf andererseits in ein umgekehrtes Verhältnis bringen zu können. Wenn eine solche Beziehung generaliter auch nicht mit Gründen bestritten werden kann, so ist doch sicher, daß eine ganze Anzahl von Ausnahmen bekannt sind.

WUHRMANN fand die leukotischen Formen des Plasmocytoms am häufigsten in der Gruppe der α-Plasmocytome.

RUNDLES ist der Auffassung, die Menge des „Myelomproteins" stehe mit der Menge des wuchernden Plasmocytomgewebes in direkter Beziehung, wobei er sich auf seine Beobachtungen bei der Urethanbehandlung berufen kann.

Regelmäßige Unterschiede zwischen solitären, diffusen und multiplen Plasmocytomen lassen sich aus den Elektrophoresediagrammen nicht erschließen.

2. Daß es sich bei den „Myelomproteinen" um „blutfremde" Paraproteine handelt, ist bei denjenigen offensichtlich, die in der Kälte kristallisieren, gelieren, viscös werden oder sonstige, den normalen Bluteiweißen nicht zukommende pathophysiologische Wirkungen hervorbringen, wenngleich sie in den Bereichen der normaliter vorhandenen Proteinfraktionen wandern.

Für die „Myelomproteine", die zwischen den normalen Fraktionen wandern, ist die Paraproteinnatur wahrscheinlich, und für eine Reihe von β-Myelomen konnte serologisch der Beweis erbracht werden. Bei den im γ-Bereich wandernden „Myelomproteinen" ist dieser Nachweis schwieriger; eingehende Prüfung mit anderen physikalischen oder mit chemischen Methoden zeigte aber oft deutliche Unterschiede gegenüber γ-Globulin von normalen Menschen.

Aus der geringen Spreizung der Myelomzacken im Diagramm auf Homogenität des „Myelomproteins" schließen zu wollen, wäre nicht richtig. Durch Ultrazentrifugierung, chemische und serologische Methoden wurde mehrmals gezeigt, daß in der Elektrophorese homogen scheinende „Myelomproteine" aus verschiedenen Proteinen bestanden. Die Inhomogenität wurde bei β-Myelomprotein öfters bewiesen als bei γ-Myelomprotein.

7*

3. Das Bence-Jones-Eiweiß kann bei weitem nicht bei allen Myelomkranken gefunden werden. Sein Erscheinen im Urin hängt weder davon ab, in welchem Bereich des Elektrophoresediagrammes das „Myelomprotein" wandert, noch davon, ob eine Myelomzacke im Plasmadiagramm vorhanden ist oder nicht.

Vom Gesichtspunkt der Elektrophorese her sind die von den einzelnen Kranken ausgeschiedenen Bence-Jones-Proteine nicht identisch, da sie sehr verschiedene Wanderungsgeschwindigkeiten haben können. Bei einigen Fällen konnte nachgewiesen werden, daß das Bence-Jones-Protein ein Bestandteil des „Myelomproteins" im Serum war, bei anderen enthielt dieses nur Spuren des serologisch charakterisierten Bence-Jones-Proteins. Zu den ersteren gehörten Proteine im β-Bereich, zu den letzteren solche im γ-Bereich. Bei einigen Myelomen ohne typische Myelomzacken im Serum zeigte das ausgeschiedene Bence-Jones-Protein gleiche Wanderungsgeschwindigkeit wie eine kleine Extrazacke im Serumdiagramm.

Daß die Verhältnisse so unübersichtlich sind, liegt z. T. daran, daß die Niere Proteine nur bis zu einer bestimmten Molekülgröße ausscheiden kann und daß man ihre Fähigkeit, größere Molekülaggregate zu trennen, nicht kennt. Die mehrfach geäußerte Vermutung, daß das Bence-Jones-Protein im Serum zu großmolekularen, nicht harnfähigen Komplexen gebunden auftreten kann, hat vieles für sich. Man wird die viel regelmäßiger im Urin ausgeschiedenen Proteine, die nicht den typischen Bence-Jones-Charakter tragen [Sandkühler (505)], in die Untersuchungen einbeziehen müssen.

Auch die von Olhagen vertretene Anschauung, daß nur bestimmte morphologisch und funktionell charakterisierte Zellen des Plasmocytomgewebes für die Bildung des Bence-Jones-Proteins verantwortlich seien, müssen nachgeprüft werden.

4. Für die klinische Diagnostik eines Plasmocytoms ist der Befund der Elektrophorese — so wichtig er ist — niemals ausschlaggebend, zumal wenn man sich erinnert, daß ähnliche „schmale, hohe" Zacken — wenn auch selten — wie beim Myelom auch bei Erkrankungen des lympho-reticulären Systems gefunden worden sind. Für die allgemein verbreitete, durch viele Befunde belegte Auffassung, daß die Paraproteine Produkte der krankhaft wuchernden plasmacellulären Reticulumzellen seien, ist das Vorkommen von Plasmocytomen ohne Paraproteinämie eine noch nicht erklärte Schwierigkeit.

2. Waldenströmsche Makroglobulinämie

Waldenström (594, 595) beschrieb 6 Kranke, bei denen hämorrhagische Diathese, starke Blutsenkungsbeschleunigung, Lymphdrüsenschwellung und Hyperglobulinämie die auffälligsten klinischen Merkmale waren. Das Serum zeigte eine erhebliche Steigerung der Viscosität.

Im Elektrophoresediagramm war ein Paraprotein in großer Menge enthalten, das teils im β-, teils im γ-Bereich wanderte und ein enorm hohes Molekulargewicht (über 1 Million) hatte.

Für ein Plasmocytom brachte der klinische Befund keinen Beweis. Die Untersuchung excidierter Lymphdrüsen ergab eine Proliferation der reticulären Zellelemente. Im Sternalmark waren keine Plasmocytomzellen sichtbar; es fanden sich zahlreiche mononucleäre, wie unreife Lymphocyten aussehende Zellen, die Heilmeyer (226) in einem ähnlichen, selbstbeobachteten Fall, dessen Serum 8—10% im γ-Bereich wandernde Makroglobuline enthielt, als dem Reticulum entstammend beurteilt. Im ganzen sind bisher 33 durch Untersuchung in der Ultrazentrifuge eindeutig diagnostizierte Kranke beobachtet.

Die Makroglobuline wandern elektrophoretisch in einer hohen, schmalen Zacke, die der Myelomzacke gleicht, mit zwischen β_1 und γ_2 wechselnder Geschwindigkeit.

In der Ultrazentrifuge sind die Sedimentationskonstanten der Makroglobuline von Fall zu Fall meist etwas verschieden, hier und da wurden mehrere Makroglobuline mit verschiedenen Sedimentationskonstanten gefunden.

Die pathologischen Makroglobuline ließen sich von den normalen, die in kleiner Menge regelmäßig vorhanden sein sollen, immer abtrennen (*225, 282, 579, 600, 602, 609*). Ihre Paraproteinnatur konnte durch spezifische Präcipitationsversuche erwiesen werden (*283*).

Die Makroglobuline, die bei Entzündungen, Hepatopathien, Nephrosklerosen und Nephrosen gefunden wurden, zeigten bei serologischer Prüfung keine spezifischen Präcipitationen (*283*).

Viscositätsveränderung, Spontangelifizierung, Kryoglobulinämie des Plasmas wurden bei der Makroglobulinämie WALDENSTRÖMs beschrieben (*282, 602*).

Der klinische Befund mit seiner gleichbleibenden Symptomatologie scheint den Autoren recht zu geben, die die Makroglobulinämie WALDENSTRÖMs als ein Krankheitsbild sui generis ansehen (*282, 602*).

Makroglobuline wurden jedoch bei Myelomen, Stammzellenleukämien, leukämischen Lymphadenosen, Lebercirrhose, Nephrose gefunden (*123, 263, 532*), und es wurden Kranke mit auf Makroglobulinämie WALDENSTRÖM verdächtigen Symptomen entdeckt, bei denen atypische Makroglobuline, die nicht die typische Sedimentationskonstante aufwiesen, gefunden (*264*). Es müssen danach Zweifel geäußert werden, ob es richtig ist, den Nachweis von Makroglobulinen als genügenden Grund anzusehen, um das Krankheitsbild „Makroglobulinämie" zu benennen.

Die auf S. 98 beschriebenen Plasmocytome und der von DONTENWILL beschriebene Fall (*133*), die im klinischen Bild Symptome der Makroglobulinämie zeigen, dürfen nicht zu diesem Krankheitsbild gerechnet werden, da Untersuchungen in der Ultrazentrifuge nicht vorgenommen wurden.

3. Purpura hyperglobulinaemica (WALDENSTRÖM)

WALDENSTRÖM (*594—596*) beschrieb als Syndrom — nicht als ätiologisch abgegrenzte Krankheit — eine chronisch in Schüben auftretende Purpura, die Pigmentationen hinterließ, die mit Senkungsbeschleunigung, Anämie, Leukopenie ohne Störung des Blutgerinnungssystems einhergeht und bei der man immer eine beträchtliche Vermehrung der γ-Globuline — meist mit Hyperproteinämie — findet; der γ-Gradient ist breitbasig; die Albumine sind nur gering vermindert. In der Ultrazentrifuge sind keine Makroglobuline nachweisbar; Kryoglobuline wurden nicht beobachtet.

Seit WALDENSTRÖMs Mitteilung wurden etwa 40 einschlägige Beobachtungen mitgeteilt (*602*). Meist tritt das Syndrom der Purpura hyperglobulinaemica sekundär auf. Es wurde beobachtet als Komplikation bei Lebercirrhose, Rheumatismus, BOECKschem Sarkoid, Uveoparotitis chron., chronischen Infekten, chronischen Lymphadenosen, Reticulosen, Plasmocytomen (*103, 127, 221, 320, 596, 602*).

Dieser symptomatischen Form der Purpura hyperglobulinaemica stehen Fälle gegenüber, bei denen ein Grundleiden nicht entdeckt werden konnte, die also als primäre oder essentielle Form bezeichnet werden können. DÖRKEN (*127*) reiht diese Erkrankungen als chronische Verlaufsformen der Peliosis rheumatica SCHÖNLEIN und HENOCH in den Kreis der rheumatisch vasculären Erkrankungen ein.

Das Auftreten von Paraproteinen wird für die Purpura hyperglobulinaemica meist abgelehnt. Jedoch beobachteten LUCEY, LEIGH, HOCH, MARRACK und JOHNS (*363*) einen Kranken mit Purpura und Hyperglobulinämie ohne besondere Kälteüberempfindlichkeit, bei dem sich für ein Myelom klinisch kein Beweis fand. Im Serum bildete sich in der Kälte ein Gel, das im β-Bereich wanderte, sich aber nicht wie ein β-Globulin verhielt. Molekulargewicht 400000 bis 1 Million. Serologisch gab das Proteingel eine Kreuzreaktion mit Antiseren zu normalem γ-Globulin. Veränderungen des Knochensystems ließen an eine PAGETsche Erkrankung denken, während Schwellung der Speicheldrüsen und Uveoparotitis als verdächtig auf eine Reticuloendotheliosis bzw. Sarkoidosis angesehen wurden.

Bei dem von Sehnert (*532*) mitgeteilten Fall bestand eine starke Vermehrung der Knochenmarkplasmazellen, ohne daß bei der Obduktion ein Plasmocytom festgestellt werden konnte; in der Ultrazentrifuge sedimentierten Makroglobuline in 4 Komponenten.

Auch Kryoglobulin wurde gefunden. So berichten Lerner, Watson und Greenberg (*336, 337*) über einen schweren Fall von Purpura haemorrhagica mit Hyperglobulinämie, bei dem im Plasma große Mengen eines in der Kälte ausfallenden Globulins, das als ein anomales γ-Globulin aufgefaßt werden muß, vorhanden war. Braunsteiner und Falkner (*80*) fanden bei einem Kranken mit Lebercirrhose und ausgedehnter, organlokalisierter, nodolärer, lymphatischer Hyperplasie, der an langdauernder Purpura litt, ein Kryoglobulin, das im γ-Bereich wanderte, in der Ultrazentrifuge in mehreren makromolekularen Komponenten sedimentierte und im Elektronenmikroskop eine starke Hemmung der Thrombocytenfunktion beobachten ließ.

Beim Vorliegen einer Kryoglobulinämie kann sich die Purpura hyperglobulinaemica mit anderen Symptomen der Paraproteinosen wie Raynaudscher Gangrän, Thrombosen, Arthritiden u. a. verbinden (*479*).

VIII. Bösartige Neubildungen (Carcinome)

· Luetscher (*370*) stellte bei 3 Kranken mit ausgedehnten *Carcinomen* außer einer von Fall zu Fall wechselnden Hypalbuminämie uncharakteristische, unbedeutende Erhöhungen einzelner oder mehrerer Globulinfraktionen fest. Die zugehörige *Ascitesflüssigkeit* enthielt wechselnde Mengen der einzelnen Fraktionen ohne bestimmtes Verhältnis zum Blutspiegel; eher schienen lokale Krankheitsprozesse in der Bauchhöhle (Pfortaderstauung, Metastasenaussaat, Entzündung) den maßgebenden Einfluß auszuüben. Bei einem Kranken mit ausgedehnter Metastasierung eines Appendixcarcinoms in die freie Bauchhöhle mit Ascites fanden Sanigar, Karejci, Kraemer (*507*) eine erhebliche Erhöhung der α-Globuline und sonstige mit Luetschers Beobachtungen übereinstimmende Veränderungen.

Seibert und Mitarbeiter (*539*) fanden bei 23 Kranken mit *Carcinomen verschiedener Organe* meistens eine sehr breitbasige γ-Zacke, die meistens nicht erhöht war. Einige ihrer Fälle mit Lebermetastasen hatten abnorm hohe γ-Werte; die α_2-Globuline waren in nahezu allen Fällen deutlich erhöht. Gutman (*202*) meint, daß Sekundärinfektionen beim Zustandekommen der von ihm beobachteten Plasmaeiweißveränderungen bei Carcinompatienten eine wichtige Rolle spielen.

Mider, Alling, Morton (*411*) werteten ihre Untersuchungen an 288 Kranken mit Carcinom — Kranke mit Ileus, Sepsis, massiven Blutungen, Pneumonie und ähnlichen Komplikationen sind in dieser Zahl nicht enthalten — nach den üblichen statistischen Regeln aus und kamen zu dem Ergebnis, daß diese Erkrankung zu einer Veränderung in den elektrophoretisch trennbaren Plasmafraktionen führt, die immer ausgesprochener wird, je mehr das Krebswachstum fortschreitet.

Hypalbuminämie wurde sogar gefunden, wenn der Prozeß noch relativ lokalisiert war. Bei Berücksichtigung der Zunahme der Gesamtglobuline nahm die φ-Fraktion relativ stärker zu, während die Vermehrung der α-Globuline sich in der gleichen Größenordnung hielt. Die Veränderungen der β- und γ-Globuline waren viel geringer. Bei einigen sehr fortgeschrittenen Krankheitsbildern war die γ-Fraktion sogar niedriger als in der Norm. Der Typus der Veränderungen war der gleiche, ob es sich um Mammacarcinome oder solche des Magens oder des Darmes handelte.

Diese Ergebnisse wurden bestätigt (*13, 158*). Eine Abgrenzung der Veränderungen bei Neoplasmen gegenüber Erkrankungen entzündlichen Ursprungs ist im *Einzelfall* nicht möglich. In Durchschnittswerten liegen bei den Carcinomen die α_2-Globuline höher und die γ-Globuline niedriger (*158*).

GRAY und BARRON (*194*) beschreiben bei *carcinomatösen Lebermetastasen* aus primären Pankreas-, Leber- und Rectumtumoren mäßige Hypalbuminämie bei Erhöhung der α- und β-Fraktionen und normaler γ-Fraktion.

OLHAGEN (*439*) fand bei 2 Fällen von Lebermetastasen nach Coloncarcinom und 2 Hypernephromen Hypalbuminämie wechselnden Grades und nur eine geringe α-Vermehrung; die β-Fraktion war hingegen stärker vermehrt, φ- und γ-Fraktionen in geringem Maße nur bei den Hypernephromen. HARTMANN und STEINEBACH (*211*) stellten bei Metastasenleber Erhöhung aller Globulinfraktionen fest. Gegenüber anderen Lebererkrankungen (Hepatitis, Cirrhose) war die γ-Fraktion relativ in geringerer Menge vorhanden. WUNDERLY und WUHRMANN (*645*) zeigten, daß es bei ausgedehnten Carcinomen vor allem zur Vermehrung der α- und β-Globulinfraktionen auf Kosten des Albuminanteils kommt. Bei Lebercarcinomen bzw. Lebermetastasierung ist nach ihren Feststellungen eher mit einer Vermehrung der β-, bei Nekrosen eher der α-Fraktion zu rechnen.

Beim *Bronchialcarcinom* fanden KNEDEL und ZETTEL (*300*) fast regelmäßig Erscheinungen einer erheblichen Dysproteinämie (Hypalbuminämie, Vermehrung der α_2- und der γ-Globuline), die sich aber von den Veränderungen bei chronischentzündlichen Erkrankungen der Lunge nicht abgrenzen lassen (*449*). .

Bei *Knochentumoren* ergaben sich die gleichen Veränderungen der Eiweißzusammensetzung (*186*).

PETERMANN und HOGNESS (*462*) vergleichen 25 Kranke mit *Magencarcinom* mit 6 *Magengeschwürskranken*. Bei beiden Gruppen fanden sich immer Albuminwerte, die unter der Norm lagen. Bei den Carcinomträgern lag von den Globulinfraktionen α_1 meist oberhalb des Normbereichs; auch α_2 war erhöht, wenn auch nicht so regelmäßig. Die φ-Globuline lagen meist über dem Mittelwert, wogegen die β- und die γ-Fraktion normal blieben. Bei den Ulcusträgern wurde nur einmal eine leicht anomale Globulinverteilung gefunden. Dagegen fand RAFSKY (*475*) beim *Ulcus ventriculi* häufig erhebliche Veränderungen des Elektrophoresediagrammes (Albuminverminderung, Erhöhung von α_1-, α_2- und β-Fraktion). Er vermutet die Ursache in Komplikationen oder Begleiterkrankungen. Eine Verminderung der β-Globuline sah auch LAUDAHN (*331*)[1].

War das Carcinom inoperabel, so zeigten weitere Untersuchungen (*463*) ein Gleichbleiben der Globulinveränderungen; konnte der Tumor entfernt werden, kehrten die Werte für die α- und die φ-Globuline in wenigen Wochen zur Norm zurück. Im Gegensatz dazu stiegen die Albumine sehr langsam zur Norm; daß sie es tun, zeigen die Normalwerte, die bei 5 Kranken gefunden wurden, die vor 5 Jahren erfolgreich operiert waren. Bei einem Patienten konnte zwar der Magentumor entfernt werden; es bestanden aber Lymphdrüsenmetastasen, die zurückgelassen werden mußten. Nach der Operation normalisierten sich α- und φ-Fraktionen innerhalb von 11 Tagen, während das Albumin noch nach 108 Tagen trotz einer eiweißreichen Kostform unverändert niedrig war.

Zur Überwachung der Strahlentherapie hat sich die Kontrolle der Bluteiweiße nur in Einzelfällen bewährt, da eine Besserung des Geschwulstleidens sich erst sehr spät in einer Normalisierungstendenz der Elektrophorese auswirken kann (*40, 512*). VEIT (*587*) sah nach der Bestrahlung am häufigsten eine Zunahme der α_2-Fraktion, die er als Ausdruck des Zellzerfalls ansieht.

---

[1] Im *normalen Magensaft* wurden von mehreren Untersuchern 5—6 trennbare Fraktionen gefunden (*231, 232, 244, 380, 434*). Fraktion 1, wahrscheinlich ein mit Albumingeschwindigkeit wanderndes Mucoproteid (*380*), war in geringer Menge vorhanden, wogegen Fraktion 5, ein Mucoproteid, das in der Wanderungsgeschwindigkeit dem γ-Globulin entspricht, am reichlichsten vorhanden ist.

Während beim *Ulcus ventriculi* und *Ulcus duodeni* nur geringe Abweichungen von dieser Norm gefunden wurden, traten bei *atrophischer Gastritis* dem Grad der Schleimhautschädigung entsprechend deutliche Veränderungen auf.

Beim *Carcinom des Magens* ähnelten die Diagramme des Magensaftes der Gradientenkurve des Serums.

Die Unterschiede werden als so charakteristisch beurteilt, daß eine diagnostische Verwertung geprüft werden muß (*231*).

Während die mit der üblichen Methodik ausgeführten Untersuchungen des Elektrophoresediagrammes wohl charakteristische Veränderungen, aber keine für Carcinom spezifischen Merkmale gezeigt hatten, glaubten Petermann, Karnofsky und Hogness (464), einer solchen auf der Spur zu sein. Sie fanden im Serum eine Komponente, die bei p_H 4 negativ geladen ist und anodial wandert und die sie deshalb als „saure Komponente" (SK) bezeichnen.

Bei einigen Arten bösartiger Neubildungen sahen sie diese Fraktion deutlich erhöht, und zwar bei Carcinomen des Magens und der Lunge; auch bei lymphatischer Leukämie und Hodgkinscher Erkrankung fanden sie einige hohe Werte. Bei Normalen und verschiedenen Erkrankungen (darunter 6 Magengeschwüren) war die Menge der SK nie vermehrt. Von 16 Kranken mit Magencarcinomen hatten nur drei einen Wert für SK innerhalb der Norm. Drei Monate nach Entfernung des Tumors waren die SK-Werte nur noch wenig vermehrt. Sechs Patienten hatten ein Jahr nach der operativen Entfernung des Carcinoms normale Werte. Die SK war dann immer am reichlichsten vertreten, wenn die α-Globuline am deutlichsten vermehrt waren. Elektrophoretisch isolierte SK-Mengen zeigten das typische UV-Absorptionsspektrum der Proteine. Es handelt sich nicht um Hyaluronsäure. Am ehesten ist die SK mit dem Mucoproteid Winzlers zu vergleichen.

Winzler und Mitarbeiter (614—617) isolierten aus gesammeltem menschlichen Blutplasma eine eiweißähnliche, in Sulfosalicylsäure lösliche Fraktion, die sie als Mucoproteide charakterisierten und bei Carcinomfällen in vermehrter Menge fanden. Durch Elektrophorese bei p_H 4,5 konnte diese Fraktion in 3 Komponenten zerlegt werden. Winzler fand die von Petermann und Mitarbeitern (464) beschriebene Serumkomponente ebenfalls im bei p_H 4,5 angefertigten Elektrophoresediagramm bei einer Anzahl von Patienten, bei denen auch der „Mucoproteid"-Spiegel erhöht war. Die elektrophoretisch isolierte SK zeigte gleiche chemische Eigenschaften wie eine seiner „Mucoproteid"-Komponenten. Die Mucoproteide sind sehr reich an Polysacchariden und wahrscheinlich auch bei anderen Erkrankungen in vermehrter Menge vorhanden.

Mehl, Humphrey, Winzler (406) bestätigten das Vorhandensein der 3 Mucoproteidkomponenten in normalen Seren (MP-1, MP-2, MP-3). Durch Messung der Wanderungsgeschwindigkeiten und Zugabe der isolierten MP-1-Komponente zu normalem Serum konnte gezeigt werden, daß MP-1 bei p_H 8,4 mit der α_1-Fraktion wandert und einen Teil derselben ausmacht. In Seren, deren Mucoproteidspiegel mit chemischen Methoden erhöht gefunden wurde, fanden Mehl, Golden und Winzler (405) bei Elektrophorese bei p_H 4,5 zwei saure Fraktionen M-1 und M-2. Für M-1 ließ sich zeigen, daß es mit MP-1 und der von Petermann beschriebenen Serumkomponente gleichzusetzen ist und der α_1-Fraktion des Serums bei p_H 8,4 zugehörig ist. Eine Vermehrung der M-1-Komponente wurde nicht nur bei Carcinomkranken gefunden, sondern auch bei einigen Pneumonien. Für die M-2-Komponente des Serums konnte eine ähnliche Beziehung zu den Fraktionen des bei p_H 8,4 untersuchten Serums oder zu der Komponente der Mucoproteide noch nicht festgestellt werden.

In einer die oben besprochenen Untersuchungen zusammenfassenden Darstellung bestätigte Mehl (407) das vermehrte Vorkommen der „Mucoproteide" und ihre Darstellbarkeit im Elektrophoresediagramm bei Carcinomkranken und auch bei mit Krebs geimpften Versuchstieren. Da diese Proteidfraktion aber auch bei Tuberkulose, Pneumonie, rheumatischem Fieber und primär chronischer Polyarthritis in gleicher Menge gefunden wurde, spricht Mehl dem Befund jede diagnostische Bedeutung für das Carcinom ab.

Versuche, die Eiweißpolysaccharide in den elektrophoretisch getrennten Fraktionen durch Färbung oder andere Methoden zu erfassen, ergaben beim Neoplasma erhebliche Veränderungen gegenüber der Norm, die aber nicht von solchen entzündlichen Ursprungs unterschieden werden konnten (301, 545).

Elektrophoretische Untersuchungen von Extrakten aus Tumorproben haben bisher nicht zu deutbaren Ergebnissen geführt (119, 582).

Zusammenfassung

Das Elektrophoresediagramm zeigte bei Carcinomen neben einer Hypalbuminämie regelmäßig Veränderungen in den Globulinfraktionen, die mit der Ausdehnung des carcinomatösen Prozesses zunehmen. Das Verhältnis der Globulinfraktionen zueinander wird außer durch die Tumorbildung an sich durch andere pathogenetisch bedeutsame Faktoren beeinflußt (Entzündung, Nekrose, Gewebszerfall, Mutterorgan von Tumor und Metastasen). Am regelmäßigsten wurde eine Erhöhung der

φ- und der α-Fraktion gefunden, am unbedeutendsten war die γ-Fraktion verändert, häufiger die β-Fraktion; der letzteren kommt insofern eine gewisse Bedeutung zu, als sie bei Lebercarcinomen und Metastasenleber deutlich erhöht war. Im ganzen ist mit der Elektrophorese für die Diagnostik des Carcinoms kein wesentlicher Vorteil erarbeitet worden; sie ist aber nützlich, um den Verlauf und eine Besserung nach therapeutischen Eingriffen zu überwachen.

IX. Das Elektrophorese-Diagramm bei Hypoproteinämie und seine Veränderung nach Verabreichung von Eiweiß

1. Hypoproteinämie nach Blutentzug

ZELDIS und ALLING (*655*) fanden bei Hunden nach akuter Plasmapherese in den ersten 24 Std. ein Einströmen aller elektrophoretisch trennbaren Fraktionen in etwa gleichem Verhältnis, auch wenn kein Eiweiß verabreicht wurde. In den folgenden Tagen, wenn wieder gefüttert wurde, kam es zu einer relativen Vermehrung der α- und β-Fraktion. Die Albumine normalisierten sich etwas langsamer als die Globuline. Der Gesamtproteingehalt war zur Norm zurückgekehrt, auch das Verhältnis der Fraktionen war wieder das alte. Bei ähnlichen Untersuchungen (*98, 101, 428*) trat nach Abschluß der Plasmapherese eine auffallende Verminderung des gesamten zirkulierenden Albumins und γ-Globulins ein, wogegen die übrigen Globuline unverändert blieben. Der relative Gehalt des Plasmas an α-Globulinen stieg immer an, wenn das Albumin absank. Hydrolysiertes Casein und Lactalbumin waren gleichwertig in der Wirkung auf die Wiederherstellung der Albumine und der γ-Globuline; für die übrigen Globuline war Casein überlegen.

Bei einem Blutspender, der in mehreren Jahren 150 l Blut gespendet hatte, konnten krankhafte Veränderungen des Elektrophoresediagramms nicht gefunden werden. Nach einer Spende von 820 ml sank der Albuminspiegel ab. Der tiefste Wert war nach 4 Std., der normale Anfangswert nach 24 Std. erreicht. In den Globulinen kam es zu unwesentlichen Schwankungen (*143*).

2. Hypoproteinämie nach Eiweißmangelernährung

Hunde, die mehrere Wochen Eiweißmangeldiät erhalten hatten, zeigten nach ZELDIS, ALLING, McCOORD, KULKA (*656*) eine langsam fortschreitende Abnahme des Plasmaalbumins, während sich die Globulinkonzentration wenig veränderte. Wieder stieg vor allem die α-Fraktion relativ an und blieb sehr lange über der Norm, nachdem wieder Eiweißzulage gegeben wurde. Auch nach Zulage von großen Mengen Eiweiß dauerte es mehrere Wochen, bis das Albumin normalisiert war, während die Globuline immer prompt ersetzt wurden. Unter Mangelbedingungen werden nach ZELDIS und Mitarbeitern die Plasmaglobuline im Unterschied zu den Albuminen schneller aus dem Körpervorrat verfügbar gemacht.

GSELL (*199*) berichtet, daß er bei Hungerödemen neben der Albuminerniedrigung eine Vermehrung der Globuline, und zwar vor allem der γ-Globuline fand, wogegen α und β nur um ein geringes über der Norm lagen. Bei einem schwer unterernährten Kranken fand KREBS (*312*) eine Hypalbuminämie und eine besonders starke Erniedrigung der γ-Fraktion, während α leicht über der Norm und β in der Norm lag. Nach Immunisierung gegen Typhus trat bei ihm keine Zunahme der γ-Fraktion auf. Nach Ernährungstherapie nahm die γ-Fraktion wieder langsam zu. BIELER, ECKER, SPIES (*58*) verglichen zwei Gruppen von Kranken mit ernährungsbedingter Hypoproteinämie, von denen die eine an verschiedenen infektiösen Krankheiten litt, während es sich bei der anderen um Kranke mit unkomplizierter Unterernährung handelte. Das Bluteiweißbild der letzteren unterschied sich nur wenig von dem gesunder, gut ernährter junger Leute, wenn man das Verhältnis der einzelnen Fraktionen untereinander berücksichtigte; die Abnahme der Blutproteine wirkte sich auf Albumin stärker aus als auf die Globuline. Die Seren der Personen mit verschiedenen Sekundärerkrankungen zeigten mannigfache Veränderungen in der Verteilung der Fraktionen, wie sie bei den betreffenden Krankheiten auch ohne Unterernährung gefunden werden. TAYLOR, MICKELSON, KEYS (*574*) ließen vier

Gesunde, die etwa 4500 Cal. gebraucht hätten, bei absoluter Nahrungskarenz von 5 Tagen arbeiten. Es zeigte sich ein geringer Anstieg der Albuminfraktion; dabei trat eine ganz geringe Verminderung der α-Globuline auf. Auch das Gesamtprotein war angestiegen (Exsiccose?). Das Körpergewicht hatte um 9% abgenommen. Neun andere Personen erhielten über 6 Monate 1654 Cal., die 59 g Eiweiß enthielten; sie verloren etwa 24% ihres Körpereiweißes und bekamen manifeste Zeichen von Unterernährung. Nach 12 Wochen zeigte das Serumalbumin einen deutlichen Anstieg und das Gewicht einen Verlust von 18%, nach 24 Wochen war das Albumin zur Norm zurückgekehrt. Bei keiner der vielen Bestimmungen lag es unter der Norm. Die Veränderungen in den Globulinfraktionen waren minimal und zu vernachlässigen. Taylor und Mitarbeiter meinen nachgewiesen zu haben, daß calorische Unterernährung keine Veränderungen im Elektrophoresediagramm verursacht.

Chow (*99, 100, 102*) beobachtete bei Eiweißmangelzuständen infolge der verschiedensten Ursachen (postoperative Zustände, Unterernährung, Tuberkulose, Krebs) regelmäßig eine Erniedrigung des Albumins mit korrespondierendem Anwachsen der α-Fraktion und nimmt deshalb eine feste reziproke Beziehung zwischen Albuminen und α-Globulinen an. Die Schnelligkeit, mit der das α-Globulin bereitgestellt werde, zeige dessen Bedeutung im Körperhaushalt.

Die Kranken antworteten auf Caseinhydrolysat rasch mit einer Normalisierung der Fraktionen und des Gesamtproteingehaltes mit Ausnahme von wenigen moribunden Schwerkranken, die ihr Plasmaeiweiß nicht mehr regenerieren konnten, obwohl die N-Bilanz positiv wurde.

Da Chow bei etwa 200 Kranken ohne nachweisbare Mangelernährung dieselbe Relation zwischen Albuminen und α-Globulinen fand, vertritt er die Auffassung, daß die gleichartigen Veränderungen der Plasmaproteine — Hypalbuminämie und α-Globulinvermehrung — bei vielen Krankheiten durch den gleichen fundamentalen Mechanismus verursacht seien, nämlich durch eine unzureichende Eiweißretention.

3. Die Wirkung der Infusion von Bluteiweißen auf das Elektrophoresediagramm

Bruce und Alling (*85*) behandelten 6 Kranke, die nach einer *schweren Pneumonie* an Hypoproteinämie und Hypalbuminämie litten, mit intravenösen Injektionen von täglich 25 g Albumin an 4—6 Tagen. Darauf stieg das Albumin im Serum rasch an, während die erhöhten Globuline, besonders das α-Globulin, zur Norm sanken.

Thorn, Armstrong, Davenport (*578*) führten 5 Kranken mit schwerer *Lebercirrhose* mit Hypalbuminämie große Mengen Albumin intravenös zu. Gleichmäßig erfolgte erhebliche Zunahme des Albumins proportional der Dosis. Auf die Globuline wirkte die Albuminzufuhr wie eine Verdünnung; ihr Verhältnis wurde nicht beeinflußt. Sterling, Ricketts, Kirsner, Palmer (*567*) ernährten 10 Patienten mit Lebercirrhose, bei denen Ascites, sehr niedrige Blutalbuminwerte und erhöhte β- und γ-Fraktionen bestanden, mit hocheiweißhaltiger Diät und häufigen Albumininjektionen auf die Dauer vieler Monate. Mit deutlicher klinischer Besserung kam es auch zur Näherung der Proteinfraktionen an die Norm; einige Patienten erreichten fast normale Werte für die Dauer von 2 Jahren. Der unmittelbare Effekt intravenöser Albumininjektionen war Anstieg der Albumine und Verminderung aller Globulinfraktionen infolge Verdünnung. Kurz danach sank das Albumin wieder ab, und die Globuline nahmen wieder zu. Sterling und Mitarbeiter halten es für möglich, daß das injizierte Albumin den Kreislauf bald wieder verläßt und daß dann die Globuline infolge Verminderung des Plasmavolumens wieder ansteigen.

Bei der *Nephrose* fand Luetscher (*371*) nach einmaliger Infusion von 25 g Albumin eine viel geringere Veränderung der Verteilung der Proteinfraktionen, als er erwartet hatte. Wenn das gesamte zirkulierende Albumin und Globulin berechnet wurde, zeigte sich, daß schon nach 30 min eine große Menge des Albumins aus der Zirkulation verschwunden und eine ansehnliche Menge Globuline aufgetreten war. Die im Urin während dieser Zeit ausgeschiedene Menge war unbedeutend. Nach öfter wiederholten Injektionen sahen LUETSCHER, HALL, KREMER (*373*) eine Abnahme der Plasmaglobulinkonzentration nach jeder Injektion, die sich in den Intervallen wieder ausglich. Im ganzen ergab sich aber doch eine Normalisierungstendenz für Albumin- und Globulinwerte, die je nach Stärke der Albuminurie und des Grades der Ödeme eine kurze oder längere Zeit andauerte. Die Globulinfraktionen unter sich änderten sich nur unbeträchtlich.

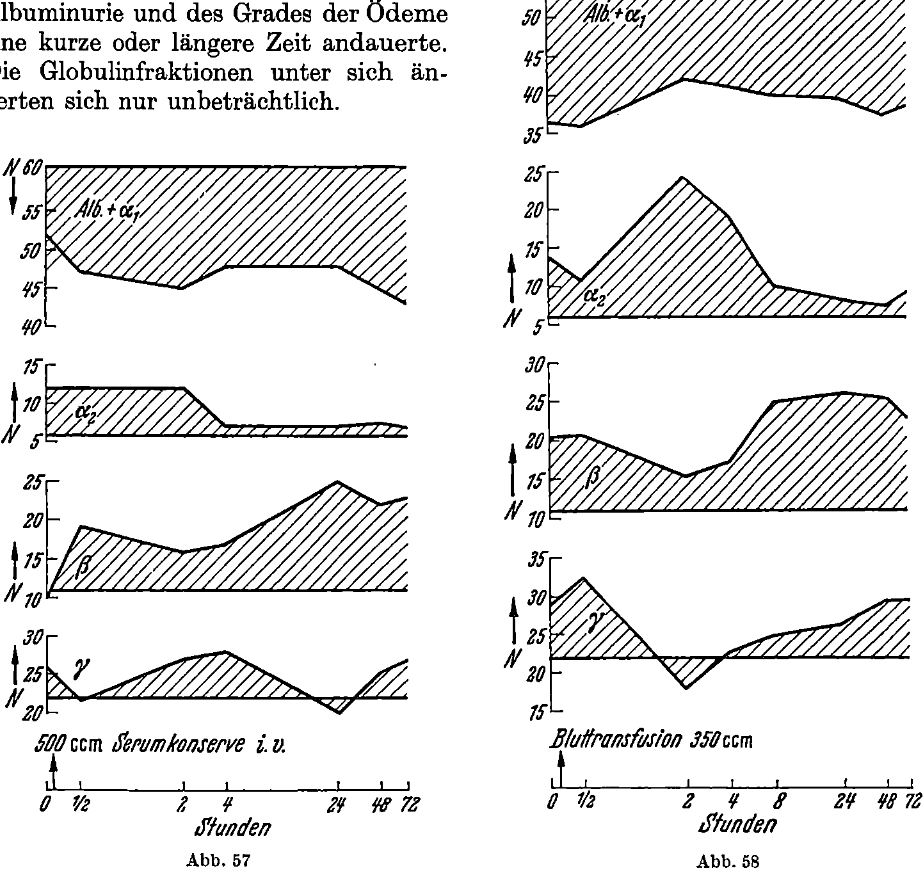

Abb. 57   Abb. 58

Abb. 57 u. 58. *Versuchsbedingungen:* MICHAELIS-Puffer; p_H 9,1; Ionenstärke 0,1. *Klinischer Befund:* Pseudonephrose bei chronischer Nephritis. Hypalbuminämie, Ödeme. Klinisch keine Besserung durch die Infusion

Bei der BRIGHTschen *Nierenkrankheit* führten nach THORN, ARMSTRONG und DAVENPORT (*577*) Albumininjektionen, wenn Hypalbuminämie und Ödeme bestanden und Hypertonie und Stickstoffretention fehlten, zu Anstieg des Serumalbuminspiegels und zu positiver N-Bilanz. In den Globulinfraktionen nahm hier und da die β-Fraktion ab, meist änderten sie sich nicht.

Eigene Versuche, durch Bluttransfusion, Serumkonserven oder Albuminzufuhr die Serumeiweiße bei verschiedenen Erkrankungen, die zu schwerer Hypalbuminämie geführt hatten, zu normalisieren, wurden durch in kurzen Abständen durchgeführte Elektrophoresen kontrolliert. Es zeigte sich dabei, daß die Gesamteiweißwerte und die Albumine sofort nach der Infusion nicht regelmäßig anstiegen, immer aber bald wieder absanken, so daß spätestens nach 24 Std. der Ausgangswert wieder erreicht war. Eine ähnliche Beobachtung ist von Felder (*168*) bei einer schweren Tuberkulose mitgeteilt worden. Die Globuline stiegen langsamer an und waren nach 24 Std. noch höher als vor der Zufuhr. Der Anstieg betraf bei den einzelnen Kranken verschiedene Globulinfraktionen. Es kam nicht zu immer in gleicher Weise eintretenden Veränderungen der Serumeiweiße des Empfängers nach Infusion von Blut, Serumkonserven oder Albumin. Manche Beobachtungen sprachen dafür, daß die Veränderungen der Globuline nach der Infusion von der Art der Grunderkrankung und von dem zur Transfusion benutzten Eiweißgemisch beeinflußt werden. Die Veränderungen der Serumeiweiße standen aber nicht in strenger Abhängigkeit von Menge und Art des zugeführten Eiweißträgers und müssen also als Folge einer reaktiven Leistung des Empfängers auf das infundierte Eiweiß aufgefaßt werden, die qualitativ und quantitativ verschieden sein kann.

Als Beispiele sind die Kurven zweier Infusionen beim gleichen Kranken mit einer Hypoproteinämie infolge einer Pseudonephrose (chronische Nephritis mit nephrotischem Einschlag) wiedergegeben (Abb. 57 und 58).

4. Die Wirkung von Austauschtransfusionen auf das Elektrophoresediagramm

Austauschtransfusion führt bei *normalen* Plasmaverhältnissen nicht zu Veränderungen des Elektrophoresediagramms (*21*). Normalisierung oder wesentliche Besserung desselben bei *nephrotischen* Kindern erwähnt Linneweh (*350, 351*) neben zwei Versagern. Der Effekt hielt aber nur für Stunden an. Das zugeführte Eiweiß war nur zum kleinen Teil im Harn und gar nicht in den Ödemen nachweisbar. Es wurde nach Linnewehs Ansicht von den Zellen aufgenommen. Über gleiche Erfahrungen berichtet Auerswald (*21*). Auch bei einem γ-Plasmocytom und einer myeloischen Leukämie trat nach Blutaustausch nur eine kurzfristige Beeinflussung des Elektrophoresediagramms ein (*21, 203*).

5. Hypoproteinämien in höherem Lebensalter

Nöcker (*433*) fand bei Reihenuntersuchungen älterer Menschen eine zunehmende Verminderung des Gesamteiweißes im Blut. Dabei beobachtete er auch qualitative Verschiebungen im Elektrophoresediagramm: Verminderung der Albumine, Zunahme der α_2- und β-Globuline, in geringerem Maße auch der γ-Globuline. Untersuchungen von Rafsky (*474*) zeigten die Zunahme der Globuline vorzüglich im Bereich der β- und γ-Fraktion und die von Manzoni (*388*) in der γ-Fraktion; sie stimmen aber sonst überein, wogegen Lampen (*326*) bei gesunden Personen auch der höchsten Lebensalter keine Abweichungen vom Bluteiweißbild jüngerer Menschen fand. Interessant ist die Feststellung Manzonis (*388*), daß die Veränderungen des Elektrophoresediagramms bei Erkrankungen im jugendlichen Alter stärker ausgeprägt seien als im Greisenalter, daß also die „Sensibilität" mit fortschreitendem Lebensalter abnehme.

6. Idiopathische Hypoproteinämien

Völliges Fehlen der *Albuminfraktion* fand Bennhold (*47, 50*) bei einer Patientin, die an leichten Knöchelödemen und rheumatischen Beschwerden litt. In der Familie zeigte ein Bruder dieselbe Anomalie (Gesamteiweiß 4,6 g-%, α_1: 7,4%, α_2: 19,7%, β: 32,1%, γ: 40,8%). Das Serum zeigte mit Antialbuminkaninchenserum keine Präcipitation. Infundiertes Humanalbumin hielt sich im Gegensatz zu sonstigen Erfahrungen fast 9 Monate im Serum. Auch im Cantharidenblaseninhalt fehlte die Albuminfraktion.

Das Fehlen der γ-Globulinfraktion *(Agammaglobulinämie)*, das bei Kindern im 1. Lebensjahr häufiger vorkommt und dann an Häufigkeit abnimmt *(305)*, wurde auch beim Erwachsenen öfters beobachtet *(25, 235, 327, 396)*. Es wird dann als „erworbene" Störung angesehen.

Die sekundäre symptomatische γ-Hypoglobulinämie bei verschiedenen Krankheiten muß streng unterschieden werden von der primären Agammaglobulinämie, die ein ausgeprägtes, besonderes klinisches Bild zeigt *(86)*. Eine große Anfälligkeit gegenüber schweren bakteriellen Infekten, das Ausbleiben der Bildung humoraler Antikörper und aktiver Immunisierung und das Fehlen von Plasmazellen und phagocytierenden Reticulumzellen im Sternalmark wurden meist gefunden.

Die Agammaglobulinämie ist nicht immer mit völligem Antikörperschwund verbunden, da Antikörper auch in der γ_1-(φ)-Fraktion enthalten sind *(396)*.

Injiziertes γ-Globulin wirkte gut auf die bakterielle Infektion und blieb auch lange in der Blutbahn *(327)*.

An dieser Stelle sei kurz auf die Mitteilung von HOMBURGER und Mitarbeitern *(250, 251)* hingewiesen, die z. T. schwere Veränderungen in der Verteilung der Globulinfraktionen bei mehreren Mitgliedern verschiedener Generationen einer Familie fanden, ohne daß sich trotz eingehender Untersuchung und langjähriger Beobachtung eine Ursache für diese Erscheinung fand. Klinisch bestanden Beinödeme, funktionelle Gefäßstörungen, Neigung zu congenitalen Mißbildungen und Totgeburten. Sie sprachen von einer idiopathischen Dysproteinämie, möglicherweise als vererbbarem Krankheitsbild.

Von BARBAGALLO-SANGIORGI *(35)* wurde ein Fall von Hypoproteinämie beschrieben, der allgemeine Schwäche, Zeichen einer Nebennierenunterfunktion, Störungen im Zucker- und Lipoidhaushalt und Uhrglasnägel zeigte. Es fand sich über lange Zeit eine Hypoproteinämie, die vor allem die Albumin- und die γ-Globulinfraktion betraf (Gesamteiweiß 2,8 g-%, Albumin 36,2%, 1,01 g-%. Globuline 63,8%, 1,79 g-%. α_1: 11,9%, 0,33 g-%; α_2: 17,7%, 0,5 g-%; β: 22,3%, 0,63 g-%; γ: 11,9%, 0,33 g-%).

Weitere Fälle bei WUHRMANN *(639)*.

Daß sich bei einzelnen Menschen klinisch unbedeutende Abweichungen von der gewohnten Form des Elektrophoresediagramms über lange Beobachtungszeiten immer wieder in gleicher Weise finden lassen, konnten wir bei einigen unserer gesunden Versuchspersonen immer wieder sehen.

Zusammenfassung

1. Nach akuter Plasmapherese bei Hunden strömen zuerst alle Fraktionen etwa in normalem Mengenverhältnis in den Kreislauf zurück. Die Globuline ersetzen sich später rascher als die Albumine. Im Verhältnis der Globulinfraktionen ist auffallend, daß die α-Globuline relativ hoch bleiben oder gar vermehrt sind.

2. Bei Eiweißmangelzuständen des Menschen, die regelmäßig mit einer Verminderung der Albumine einhergehen, wurde von einigen Autoren regelmäßig eine Zunahme der α-Globuline beobachtet, die CHOW zur Annahme einer festen reziproken Beziehung zwischen diesen beiden Fraktionen führte. Diese Beobachtungen konnten nicht immer bestätigt werden. Ursache und Grad des Eiweißmangels, komplizierende Erkrankungen, eine etwa vorliegende Exsiccation spielen bei der Veränderung des Bluteiweißgehaltes eine Rolle und scheinen nicht immer genügend berücksichtigt worden zu sein.

3. Albuminzufuhr bei Hypalbuminämie infolge von Infektionskrankheiten erzielte eine Vermehrung der Blutalbumine. Bei Lebercirrhose und Nephrose war die Wirkung nur von sehr kurzer Dauer, wenn sie überhaupt beobachtet werden konnte. Ein Abströmen der Albumine in die Zellen und eine Einschwemmung von Globulinen in den Kreislauf wurde deshalb angenommen. Reaktive Leistungen von seiten des Empfängerorganismus spielen nach Proteininfusionen eine maßgebende Rolle. Die Wirkung der Infusion von Eiweißlösungen unter dem Aspekt des Ersatzes eines im Blut mangelnden Proteins aufzufassen, trifft nicht das Wesen der wirklichen Vorgänge im zirkulierenden Blut.

4. Austauschtransfusionen bewirken keine längerdauernde Verbesserung des krankhaft veränderten Bluteiweißbildes.

5. Im höheren Lebensalter muß mit physiologischen Änderungen des Bluteiweißbildes gerechnet werden. Mit fortschreitendem Lebensalter prägen sich die Veränderungen des Bluteiweißbildes, die bei Erkrankungen auftreten, weniger stark aus.

6. Das Fehlen der Albumin- und der γ-Globulinfraktion wurde in einzelnen Fällen beobachtet und ging mit typischen klinischen Syndromen einher.

X. Die Zusammensetzung der durch Elektrophorese abgrenzbaren Fraktionen

Obwohl vor allem durch die Untersuchungen Cohns und seiner Mitarbeiter (*108, 109*) erwiesen ist, daß jede der durch Elektrophorese abgrenzbaren Fraktionen aus einem Gemisch verschiedener Proteine besteht, die sich vermöge der gleichen elektrischen Ladung in einem elektrischen Feld mit der gleichen Geschwindigkeit bewegen, ist immer wieder versucht worden, quantitative Veränderungen der elektrophoretisch getrennten Proteingemische auf das Verhalten einzelner Proteine zu beziehen, deren Wanderung innerhalb der betreffenden Elektrophoresefraktionen bekannt war und deren Verminderung oder Vermehrung im Plasma bei den jeweils vorliegenden Krankheitszuständen vermutet werden konnte oder bewiesen war.

1. Eine *Vermehrung der Albumine* wurde mit der elektrophoretischen Methode weder unter krankhaften noch unter normalen Umständen gefunden [Wuhrmann (*622, 639*)].

Eine widersprechende Angabe von Rietti (*491*), daß bei einigen Fällen von Rubeola, Myxödem, Diabetes insipidus eine solche beobachtet worden sei, ist vereinzelt und beruht vielleicht auf der Verwendung von Ergebnissen, die mit einer der Aussalzmethoden gewonnen sind, bei denen α_1-, α_2- und β-Globuline mitgefällt werden können [Petermann, Young, Hogness (*461*)].

Die bei den verschiedensten krankhaften Zuständen sich wiederholende *Hypalbuminämie* wird verschiedenen Faktoren zugeschrieben, die sich gegenseitig oft überschneiden und in ihrer Wirkung potenzieren.

Mangelhafte Bildung oder Regeneration dieses für Aufrechterhaltung des onkotischen Druckes, der Wasserbilanz, der Transportfunktion und der Kolloidstabilität wichtigen Proteins, Zufuhr nicht vollwertigen Eiweißes in der Ernährung, Störung der Resorption und mangelhafte Ausnutzung des den albuminbildenden Zellen angebotenen Rohstoffes und zuletzt ein Abströmen der kleinmolekularen Albumine in Urin, Ergüsse oder Gewebe werden verantwortlich gemacht. Die Methode der Elektrophorese wurde zur Untersuchung einiger dieser Vorgänge angewandt, hat aber nicht wesentlich zu einer Aufklärung beitragen können (Albuminurie bei Nierenkrankheiten S. 83, Bildung von Ex- und Transsudaten S. 68 u. 74).

Nachdem Sharp, Cooper, Erickson, Neurath (*542*) über die komplexe Natur nativen und kristallisierten Pferdealbumins im Elektrophoresediagramm berichten konnten und nachdem Moore und Mayer (*420*) im Pferdealbumin nach längerem Stehen und fünfmaliger Kristallisation eine zweite Albuminkomponente, die im Albumin frischer Seren nicht auftrat, fanden, konnten Hewitt (*236—238*) und Kekwick (*288*) durch chemische Methoden aus tierischen Albuminlösungen drei definierte Komponenten — Globoglykoid, Cristalbumin, Seroglykoid — darstellen.

Luetscher (*368*) hat auch in menschlichen Serumproben bei p_H 4 zwei Albuminkomponenten verschiedener Wanderungsgeschwindigkeit erhalten, die sich bei Nephrosen und Lebercirrhosen in gegen die Norm verschiedenem Verhältnis zueinander zeigten. Auch Hoch und Morris (*247*) gelang beim Menschen eine Trennung des Albumins in zwei Komponenten, allerdings unter ganz anderen Versuchsbedingungen. Von anderen Beobachtern wurde über spontan auftretende zweigipflige Albuminzacken berichtet bei Einzelfällen von Myxödem und Diabetes mellitus (*382, 383, 515*).

In eigenen Untersuchungen mit Engels konnte gezeigt werden, daß im Elektrophoresebild des Albumingradienten auftretende *Aufspaltungen in mehrere Fronten* nicht als Zeichen einer echten Uneinheitlichkeit der Albuminfraktion gedeutet werden dürfen, sondern als anomales Verhalten einer Front, die durch abnorme Bedingungen in der Konzentration von Puffer- oder Eiweißlösung, in der Pufferart oder in der Wasserstoffionenkonzentration hervorgerufen werden.

WUNDERLY u. a. (*392, 648, 649*) stellten aus der im Papierelektrophoresediagramm getrennten Albuminfraktion, die sie in 3 Teile zerschnitten und getrennt eluiert hatten, 3 Antihumanalbuminkaninchensera her, die in den 3 Fraktionen eine Präcipitinreaktion verschiedener Stärke gaben; sie konnten mit dieser Methode Unterschiede zwischen Albuminen des Serums und anderer Körperflüssigkeiten nachweisen.

Aus Pferdealbumin isolierten MACHEBOEUF und Mitarbeiter (*375—378*) einen aus einem Protein, Phosphatiden und Cholesterinester bestehenden Lipoproteidkomplex (Cénapses phosphatido-stéroido-protéidiques), der sich durch chemische Methoden und Ultrazentrifugation nicht fraktionieren ließ, bei der Elektrophorese einheitlich in der Albuminfraktion wanderte und sich wie Cristalbumin verhielt. Wenn die Lipoide durch Extraktion entfernt wurden, war der Eiweißrest weder mit Albumin noch mit einem anderen bekannten Protein identisch.

Mit der Albuminfraktion wanderten der *Serumhemmungskörper* der Hyaluronidase (*189*), die *Hyaluronidase* (*559*) und die *Hypertensinase* (*466*).

In der Albuminfraktion wandern auch die Phosphatide; wenn die lockere Vehikelbindung während der Elektrophorese verlorengeht, haben sie unter den Bedingungen der üblichen Papierelektrophorese die gleiche Wanderungsgeschwindigkeit wie die Albumine (*398*).

2. Für die Erhöhung der α-Globuline wurde im erhöhten Polysaccharidgehalt eine Erklärungsmöglichkeit gefunden, die zur Grundlage der Deutung des Verhaltens dieser Fraktionen wurde.

Von den beiden α-Gradienten läßt sich der α_2-Gradient regelmäßig und scharf trennen, während die Abtrennung des α_1-Gradienten vom Albumingradienten schwierig ist und von methodischen Voraussetzungen abhängt[1]. Die meisten Angaben über die α-Globuline im Schrifttum beziehen sich deshalb streng genommen nur auf die α_2-Globulinfraktion; da diese Proteine aber nicht mit denen der α_1-Fraktion gleichgesetzt werden dürfen, wurden die beiden Fraktionen, wenn es möglich war, getrennt besprochen.

Von WINZLER, MEHL und Mitarbeitern (*405, 406*) wurde ein Acetglucosamin, Mannose und Galaktose als Polysaccharid enthaltendes Mucoproteid untersucht, das *zur* α_1-*Zacke* des Elektrophoresediagramms im Serum beiträgt.

BECKMANN, HILLES, SHEDLOVSKY, ARCHIBALD (*43*) fanden in Urinen bei Albuminurie ein Mucoproteid, das in der α-Fraktion des Serums wanderte und im Urin der Menge nach der α_1-Fraktion entsprach.

HEDLUND (*222*) und PERLMAN, BULLOWA, GOODKIND (*453*) wiesen elektrophoretisch nach, daß das im Serum bei verschiedenen Infektionskrankheiten entstehende Protein, das durch das Pneumokokken-Polysaccharid-C gefällt wird — das „C-reaktive Protein (CRP)" —, zu den α-Globulinen gehört, und zwar zu den α_1-*Globulinen* (*453*) und nicht, wie McLEOD und AVERY (*403*) und ABERNETHEY und AVERY (*2*) auf Grund der Aussalzungsmethoden annahmen, zu den Albuminen.

Das CRP wurde in den ersten entzündlichen Stadien von Pneumonie, Appendicitis, Cholecystitis, Cystopyelitis, rheumatischem Fieber, primär chronischer Polyarthritis, Endokarditis, Myokardinfarkt in vermehrter Menge gefunden (*38, 222, 240, 424*).

Nach McLEOD und AVERY (*403*) enthält das CRP ein Phosphorlipoid, ist also ein Lipoproteid; D'ESHOUGUES (*153*) dagegen sieht das CRP als ein in der α_1-Fraktion wanderndes Glucoproteid an.

---

[1] Durch Erhöhung der Pufferkonzentration läßt sich die Trennschärfe bei der Elektrophorese steigern, so daß auch Proteingemische mit wenig differenter Wanderungsgeschwindigkeit der Einzelkomponenten und mit hohen Konzentrationsunterschieden zwischen denselben gut getrennt werden können. Wir erzielten so eine gute Abgrenzung des α_1-Gradienten im ANTWEILER-Gerät durch Erhöhung der Pufferkonzentration auf 0,15 m, wenn wir die Elektrophorese bei 80 V und 30' lang durchführten.

Der von Blix, Tiselius, Svensson (*68, 69*) zuerst festgestellte und häufig bestätigte höhere Kohlenhydratgehalt der α_2-*Globuline* gegenüber den anderen Fraktionen wird von Seibert und Mitarbeitern als Bestätigung ihrer Annahme angesehen, daß die Erhöhung der α_2-Fraktion Folge der Vermehrung eines α_2-Glucoproteids sei. Sie zeigten durch statistische Korrelationen, daß Polysaccharidgehalt des Serums und Menge des α_2-Globulins immer zugleich ansteigen (*539*). Auch Mehl und Golden (*408*) vermuten, daß in der α_2-Zacke ein Mucoproteid wandere.

Mehl (*407*) fand dieses „Serummucoid" nicht nur bei bösartigen Neubildungen verschiedener Art in vermehrter Menge, sondern auch bei Tuberkulose, Pneumonie, rheumatischem Fieber und primär-chronischer Polyarthritis. Rosenberg und Schloss (*496*) erfaßten durch die von ihnen geübte Glucosaminbestimmung wohl dieses Glucoproteid; sie bestätigten die Mitteilung von Mehl (*407*) und fügen an Krankheiten Endokarditis, Pyelonephritis und Herzinfarkt hinzu.

Durch Ausführung des Papierelektrophoresediagramms wurde eine Erhöhung der α_2-Glucoproteide beim rheumatischen Fieber in Entsprechung mit der wechselnden Aktivität gefunden (*153, 266, 544*); auch eine Parallelität zur Stärke allergisch-hyperergischer Symptome wurde beobachtet (*319, 560*).

Ein Glucoproteid mit der Wanderungsgeschwindigkeit der α-Globuline isolierte Jayle (*269, 470*), das *Haptoglobulin*, das als Aktivator der Erythrocytenperoxydase wirkt und durch seine Funktion einer quantitativen Bestimmung zugänglich ist.

Jayle hält diesen Stoff für identisch mit dem Seroglykoid Hewitts und fand, daß er je nach der angewandten Methode sich wie ein Albumin oder wie ein Globulin verhalten kann; d'Eshougues (*153*) fand ihn in der α_2-*Fraktion*.

Haptoglobulin ist nach Jayle bei Infektionen, Intoxikationen, Krebs, Nephritiden erhöht. In der letzten Zeit haben Ghione und Ciamillo (*184, 185*) diesen Stoff näher untersucht und fanden u. a., daß seine Menge der Schwere einer Tuberkulose parallel geht.

Nachdem Shedlovsky und Scudder (*543*) zwischen der Höhe der α-Fraktion und der Beschleunigung der *Blutsenkungsgeschwindigkeit* eine direkte statistische Korrelation aufgedeckt hatten, glaubt Brissaud [zit. nach Jayle (*269, 470*)] im Haptoglobulin den entscheidenden Faktor für das Verhalten der Blutsenkungsgeschwindigkeit gefunden zu haben. Stary (*558*) fand die Blutsenkungsgeschwindigkeit gleichlaufend mit der Menge der Glucoproteide im Serum. Yoshizawa (*653*) konnte jedoch mit der Korrelationsrechnung an einem größeren Krankengut keine Beziehung der Höhe der Blutsenkung zu einer einzelnen Globulinfraktion (auch der α-Fraktion) erweisen.

Den „Leukocyten lockenden Faktor" in entzündlichen Exsudaten fanden Dillon, Cooper, Menkin (*124*) in einem Polypeptid, das in der α_2-Fraktion der Exsudate wanderte.

Hypertensinogen stellten Plentl, Page, Davis (*466*) in der α_2-Fraktion des Schweineserums fest, und Seibert und Nelson (*535*) berichten über einen im α_2-Bereich wandernden *Antikörper gegen Tuberkulin* im Kaninchenserum.

Diese Befunde verlocken allzu leicht dazu, eine Erhöhung der α-Globulinfraktionen bei krankhaften Zuständen als Ausdruck der Vermehrung eines in ihr nachgewiesenen Proteidkomplexes zu deuten. Es muß aber bedacht werden:

a) daß die beiden α-Fraktionen getrennt beurteilt werden müssen;

b) daß die Beweise für die Erhöhung einer der α-Fraktionen durch eines der genannten Proteide nicht durch Analyse der α-Fraktion kranker Menschen unmittelbar gewonnen sind;

c) daß keinerlei Angaben darüber vorliegen, in welchem Verhältnis die Menge der gefundenen Glucoproteide[1] zu der Gesamtmenge der α-Globuline steht;

d) daß auch die anderen Eiweißfraktionen des Serums reichlich Glucoproteide enthalten (*68, 69*), deren Aufteilung auf die einzelnen Fraktionen sich unter krankhaften Bedingungen ändern kann (*153, 266*).

e) daß die beiden α-Fraktionen Lipoproteide in beträchtlicher Menge enthalten; für das normale α_1-Globulin z. B. gibt Cohn den Lipoproteidgehalt mit 35% an (*200*).

---

[1] Südhof und Mitarbeiter (*572*) wiesen darauf hin, daß durch Dialyse oder verschiedene Fällungsmittel die Ergebnisse quantitativer Bestimmungen der Glucoproteide erheblich verändert werden können.

Der Lipoproteidgehalt der α-Fraktionen veränderte sich bei einigen Erkrankungen (Hypothyreose, Diabetes, Nephrose, Lebererkrankungen, Arteriosklerose) beträchtlich (*343*).

Mit seiner kombinierten immun-elektrophoretischen Methode konnte MARTIN (*392*) in der α_1-Fraktion drei und in der α_2-Fraktion fünf Unterfraktionen aufzeigen.

Bei dieser Sachlage ist es nicht möglich, die Vermehrung einer der α-Fraktionen auf ein einzelnes der beschriebenen Proteide zu beziehen.

3. Die *β-Globuline* sind die an Lipoproteiden reichste Fraktion des Blutserums (*200*), sind aber nicht die einzigen Lipoidträger unter den Serumeiweißfraktionen.

Mit β-Geschwindigkeit können auch nicht an Eiweiß gebundene Lipoide wandern (*69*). Ein höherer Lipoidgehalt verändert den Refraktionsindex erheblich und stört so die quantitative Erfassung (*19, 211, 461, 635*), wenn er zur Messung benutzt wird.

In krankhaften Seren teilt sich der β-Gradient oft in zwei oder mehrere *Untergradienten*. WUHRMANN konnte zeigen, daß in einigen Fällen eine β_1- und eine β_2-Fraktion auftreten, die sich durch chemische Merkmale voneinander unterscheiden (*635*). Die Aufteilung des β-Gradienten ist aber stark von der Pufferung abhängig und bedeutet dann keine echte Trennung in verschiedene elektrophoretische Fraktionen (*637*).

Die Lipoide sind aus der β-Fraktion z. T. leicht zu extrahieren, sind also dann locker gebunden (*68, 69, 359, 402, 471, 657*).

Bei Nephrosen ließen sich aus der β-Fraktion mehr Lipoide extrahieren als aus der α-Fraktion (*359*). Bei biliären Cirrhosen entsprach der Lipoidgehalt der Menge der β-Globuline (*323, 566*). Bei Leberkrankheiten ließen sich Korrelationen zwischen den cholinhaltigen Lipoiden und der Menge der α- wie der β-Globuline erweisen (*210, 211*).

Das Lipoproteid in der β-Fraktion scheint aber doch nicht allein bestimmend für die Menge der β-Globuline zu sein, da die β-Globulinwerte auch bei starkem Absinken des Serumlipoidgehaltes noch erhöht waren und trotz Erhöhung der β-Zacken die Lipoide selten die Norm überschritten (*210, 211*). Auch bei atrophischer Lebercirrhose und β-Myelomen war die Übereinstimmung zwischen Serumlipoidwerten und der Menge der β-Globuline mangelhaft (*242, 334*), besser war sie bei den Nephrosen (*334*).

Eine Kombination der Papierelektrophorese mit spezifischen Lipoidfarbstoffen ermöglichte es SWAHN (*573*), den Gehalt der elektrophoretisch getrennten Fraktionen an Lipoproteiden zu bestimmen. Er fand bei Normalen 30% der Lipoproteide in der α_1-, 3% in der α_2- und 50% in der β-Fraktion. Bei Arteriosklerose, Myxödem, biliärer Cirrhose, Nephrose, Diabetes mellitus (Schrifttum s. dort) wurden erhebliche Verschiebungen des Gehaltes an Lipoproteiden in den einzelnen Globulinfraktionen gefunden, die als bedeutsam für die pathogenetische und klinische Forschung angesehen wurden.

Die Ergebnisse der Lipoidelektrophorese sind stark an die verwendete Methode gebunden, da die Trennungsbilder von der Art des elektrophoretischen Verfahrens und von der Färbemethode abhängig sind (*23*). Wird durch Vornahme der Elektrophorese auf mit Stärke imprägniertem Papier die Adsorption der Lipoproteide an das Papier verhindert (*4, 91, 431*), findet man im γ-Bereich keine Lipoproteide (*324, 431*), und die Trennung der Fraktionen im α- und β-Bereich erfolgt schärfer.

Eine Standardfärbemethode hat sich bis jetzt nicht durchgesetzt (*142, 163, 296, 431, 652*). Einen Weg zur Untersuchung des Farbstoffbindungsvermögens einzelner Lipoproteidfraktionen beschrieben WUNDERLY und PEZOLD (*650*). Eine grundsätzliche Bestätigung der mit der Elektrophorese gewonnenen Ergebnisse wurde durch Untersuchungen in der Ultrazentrifuge erbracht (*343*).

In allen Lipoproteidfraktionen wurden Cholesterin- und Phosphorlipoide gefunden (*4, 23, 164, 324, 431, 432*), ohne daß bisher Übereinstimmung über die Höhe in den einzelnen Lipoproteidfraktionen beim Normalen oder Kranken erzielt werden konnte.

Nach Fettaufnahme mit der Mahlzeit erhöht sich nicht nur der Lipoproteidanteil der γ-Fraktion, sondern auch in der α- und β-Lipoidfraktion findet eine Erhöhung statt (*23, 164*); auch der Quotient β/α-Lipoidfraktion ist von der Nahrungsaufnahme abhängig (*23*). Die Chylomikronen wandern in den α- und β-Lipoidfraktionen (*91, 431*).

Das Verhältnis der α- zu den β-Lipoproteiden wird mengenmäßig — besonders bei Kranken — stark beeinflußt durch Heparin (*296, 432*), Cortison (*164, 266*) und Insulin (*23*).

In der β-Fraktion sind erhebliche Mengen von Glucoproteiden und reinen Proteinen (*68, 69, 635*) enthalten; *Prothrombin* und andere wandern in der β-Fraktion. Bei Allergosen wurden die allergische Reaktion beeinflussende Eiweiße in dieser Fraktion gefunden (*360*), und auch bei Tieren wurden einige Antikörper in ihr festgestellt [z. B. Morgan (*426*), Koprowski, Richmond, Moore (*309*)].

Eisen wird im Serum unabhängig von seiner Wertigkeit selektiv an ein Protein der β_1-Fraktion gebunden und lagert sich — nur wenn es im Überschuß vorhanden ist — in lockerer Bindung an andere Globuline an (*252, 253, 268, 640, 641*).

Mit seiner immun-elektrophoretischen Methode konnte Martin (*392*) drei β-Fraktionen unterscheiden.

Wenn auch der größere Teil der β-Globuline zu den Lipoproteiden gehört und Mengenveränderungen der Lipoproteide sich deshalb in der Gesamtfraktion Geltung verschaffen müssen, haben die Untersuchungen der Lipoproteide des Serums klar erwiesen, daß die quantitative Messung der β-Globuline im Elektrophoresediagramm nicht ausreicht, um das Verhalten der Lipoproteide im Serum zu beurteilen.

4. Stenhagen (*564*) fand im Plasma eine zusätzlich zwischen β und γ wandernde *Fraktion* φ, die er dem Fibrinogen zuschrieb, da sie im Serum fehlte.

Durch Alkoholfällung stellten Seegers, Nieft, Vanderbelt (*531*) aus Rinderplasma ein Fibrinogenpräparat her, das sie durch sein Verhalten gegen Hitze in zwei Unterfraktionen teilen konnten, von denen die hitzecoagulable in der φ-Fraktion, die in viel geringerer Menge vorhandene hitzebeständige in der α_1-Fraktion wanderte [vgl. hierzu auch (*297*)].

Olhagen (*438*) fand bei Vergleichen der φ-Komponente mit den Ergebnissen chemischer Fibrinogenbestimmungen bei normalen Personen, daß die ersteren Werte im Durchschnitt um 18% höher lagen, und er führt das auf eine Beimengung anderer Komponenten gleicher Wanderungsgeschwindigkeit zurück.

Deutsch, Alberty, Gosting (*121*) fanden in den Fraktionen II und III nach Cohn ein von ihnen γ_1 *benanntes Protein*, das die gleiche Wanderungsgeschwindigkeit besitzt wie die φ-Fraktion und in jedem Normalserum mit 3% der Gesamtproteine vertreten ist.

Das hochgereinigte γ_1-Protein zeigte manche Eigenschaften der γ-Globuline, vor allem als Träger von Antikörpern. Deutsch und Mitarbeiter halten das γ_1-Globulin mit der als β_2 bezeichneten Unterfraktion des Serums für identisch und fanden es in mancher Beziehung analog mit der T-Komponente des Pferde-Immunserums.

Olhagens γ_x-*Komponente* (*438*) wanderte langsamer als die φ-Fraktion und ließ sich gut abgrenzen.

Sie war vermehrt in Seren, in denen der thermostabile antikomplementäre Faktor stark wirkte, wobei die Wirkung des Faktors an die γ_x-Komponente gebunden war. Ein abnormer Gehalt an Antikomplement wurde bei Lebercirrhose und chronischer Hepatitis gefunden (*438*).

Franklin, Popper, de la Huerga und Mitarbeiter (*175*) fanden bei Krankheiten verschiedener Art, die zu einer Erhöhung der φ-Zacke geführt hatten, chemisch niedrigere Werte, als der φ-Fraktion entsprach; auch war die φ-Zacke nicht ganz ausgelöscht. Das Serum-γ-Globulin war reichlicher vorhanden, als die γ-Fraktion im Plasma vermuten ließ. Die γ-Fraktion im Serum war oft in zwei Unterfraktionen γ_1 und γ_2 zu trennen. Rechnete man dann die γ_1-Komponente von der gesamten γ-Fraktion des Serums ab, so ergab sich Übereinstimmung der γ-Fraktionen in Serum und Plasma; wurde die γ_1-Komponente von der φ-Fraktion des Plasmas abgezogen, wurden die chemisch bestimmten Fibrinogenwerte erreicht.

Die γ_1-Fraktion ist somit eine echte Fraktion, die mit dem γ_x- und dem T-Faktor nicht gleichgesetzt werden kann.

Franklin (*177*) sieht die Vermehrung der γ_1-Globulinfraktion als Folge der Produktion eines Reaktionsglobulins durch reticuläre Zellen bei hyperimmunisierenden Prozessen an (*330*).

WHITMAN, ROSSMILLER, LEWIS (606) erklären den Widerspruch ihres Befundes, daß bei der Lebercirrhose häufig ein Anstieg der φ-Fraktion zu beobachten ist, zu den Ergebnissen anderer Methoden der Fibrinogenbestimmung mit der Gegenwart von γ_1-Globulinen in der φ-Fraktion bei dieser Erkrankung.

Damit gilt für die φ-Fraktion, daß sie — wie die anderen elektrophoretisch getrennten Fraktionen — als Proteingemisch anzusehen ist. Die Gleichsetzung der Werte für die φ-Fraktion mit der Fibrinogenmenge ist abzulehnen, besonders bei der Beurteilung einer krankhaften Erhöhung der φ-Fraktion.

Ob die im φ-Bereich des Serums wandernden, von den einzelnen Autoren verschieden benannten Komponenten (β_2, γ_1, γ_x, M, T) die gleichen oder differente Proteine bezeichnen, ist nicht zu sagen. Unterschiede in der Wanderungsgeschwindigkeit sind angegeben; sie können aber auf der Verschiedenheit der angewandten Wasserstoff-Ionenkonzentration und des Puffergemisches beruhen.

5. Der γ-Globulinfraktion wurde seit Beginn der Anwendung der Elektrophorese wegen ihrer Beziehungen zu den Antikörpern und den antikomplementären Stoffen von seiten der Serologie erhöhte Aufmerksamkeit geschenkt (113, 114, 202, 273, 275, 345, 438, 518).

Beim Menschen sind die meisten der bekannten Antikörper als der γ-Fraktion zugehörig erkannt worden, z. B. die gegen Diphtherietoxin, Influenza-A-Virus, Mumpsvirus, Typhus-H-Antigen gerichteten (152), die Rh-Antikörper (111), die heterophilen Antikörper bei infektiöser Mononucleose (565), Antikörper allergischer Menschen (429, 430), Antihyaluronidase (559), komplementbindender Antikörper der Tuberkulose (22), der L.E.-Faktor beim Lupus erythematodes diss. ac.

Aber auch in anderen Fraktionen wurden Antikörper gefunden, z. B. Typhus-O-Agglutinin, Isohämagglutinine, Pertussisagglutinine (122), WASSERMANN-Antikörper (113—115) und Tuberkuloseantikörper (262) in der γ_1- bzw. der φ-Fraktion, Antistreptolysin-S in einem Lipoid der Albuminfraktion (256), Antikörper bei Allergie gegen Eiereiweiß in α_2- oder β-Fraktion (88). Der hämolytische Hammelblutamboceptor des Kaninchens verhielt sich wie ein Gemisch von Proteinen heterogener Wanderungsgeschwindigkeit. Die hämolytische Wirksamkeit war von Beginn des β-Gradienten bis zum Ende des γ-Gradienten nachweisbar (457, 458).
Nach TISELIUS und KABAT (581) konnte mehrfach bestätigt werden (273, 275, 345), daß bei einigen hyperimmunisierten Tieren durch Fällung des Antikörpers mit Antigen die γ-Zacke entsprechend kleiner wurde. Die bei hyperimmunisierten Tieren einzelner Species erhaltenen hohen γ-Zacken, die mit dem Antikörpergehalt zusammenstimmten, können indessen nicht als Ausdruck eines regelhaften Verhaltens angesehen werden, da bei anderen Tieren der γ-Globulingehalt mit der Menge der auf Antigeninjektion gebildeten Antikörper nicht vergleichbar übereinstimmte. Es muß beachtet werden, daß die Veränderungen der Globulinfraktionen bei Immuntieren verschiedener Species nicht gleichartig auftreten. Dafür erbrachten KABAT (272) und LEYTON (346) Beweise.

Beim Menschen konnte OLHAGEN (440) mit MALMGREN bei einzelnen Infektionskranken mit hohem Antikörpertiter Fällungen mit Antigenen erzielen, die in einer etwa entsprechenden Größenordnung lagen. Diese Befunde dürfen nicht verallgemeinert werden. Bei Tuberkulösen ergaben Adsorptionsversuche mit virulenten Tuberkelbacillen eine so kleine Antikörpermenge, daß das Elektrophoresediagramm nicht verändert wurde (22).

KABAT (273) berechnete die weitaus größte Menge an zirkulierendem Antikörper bei einem gerade von einer Pneumonie genesenen Menschen auf 1 mg/1 ml Serum. Schon unter normalen Bedingungen müßten nach KABAT Dutzende, wenn nicht Hunderte verschiedener Antikörpersubstanzen vorhanden sein, um das im Serum vorhandene γ-Globulin auszumachen.

Der Anstieg der γ-Fraktion bei einigen Infektionen ist sehr groß und steht in keinem Verhältnis zu den durch serologische Methoden identifizierbaren spezifischen Antikörpern. Es ist nicht bekannt, bis zu welchem Ausmaß dieser γ-Globulinzuwachs durch echte Antikörper bedingt ist (90). Nicht alles γ-Globulin ist Antikörper (108), wie nicht jedes Immunglobulin ein γ-Globulin ist (637).
Bei hyperimmunisierten Tieren kehrt der hohe γ-Gradient rascher zur Norm zurück als der erzielte Antikörpertiter. Diese Diskrepanz spricht dafür, daß nicht

die Vermehrung der γ-Globuline das Wesentliche ist, sondern eine qualitative Änderung in dieser Fraktion (*460*). Der Hauptteil der γ-Fraktion scheint aus einem Proteingemisch zu bestehen, das Gutman (*202*) als „unspezifische Antikörper" bezeichnet.

Daß auch die γ-Fraktion ein Gemisch verschiedener Proteine ist, ist durch mehrere Untersucher mit verschiedenen Methoden nachgewiesen (*3, 4, 89, 121, 122, 259*). Auch ein hoher schmaler γ-Gradient weist nur auf sehr ähnliche oder gleiche elektrochemische Eigenschaften, nicht auf wirkliche Homogenität hin (*633, 634*).

Bei verschiedenen Erkrankungen entgingen γ-Globuline der Fällung durch Uranylacetat; der niedrige Gehalt an Methionin und Oxyprolin wies sie als Paraproteine aus (*126*).

Lohss und Hillmann (*356*) fanden das γ-Globulin immunologisch heterogen; γ-Globulin-Antiseren banden beträchtliche Mengen von Globulinen aus anderen Fraktionen.

Mit anderer Methodik (*392*) verhielten sich die γ-Globuline als Eiweißgruppe unterschiedlicher Wanderungsgeschwindigkeiten in bezug auf die Antigene ähnlich.

Schultze und Schönenberger (*525*) konnten durch Äthanolfällung elektrophoretisch reine γ-Globuline erhalten, die die Immunglobuline ohne großen Verlust an Antitoxinaktivität enthielten und sich in der Ultrazentrifuge als „einheitliche" Proteine erwiesen; die Nativstruktur und der Gehalt an prosthetischen Kohlenhydraten waren nicht verändert.

Pearsall und Chanutin (*452*) sowie Lever, Gurd und Mitarbeitern (*338*) gelang es, kleine Plasmamengen (20 ml bzw. 5 ml) nach Cohn mit Äthanol in Fraktionen zu teilen und diese dann in die elektrophoretischen Komponenten zu zerlegen. Ergebnisse bei normalen und kranken Menschen teilten Pearsall und Chanutin mit. Es gelang so, die Zahl der trennbaren Fraktionen wesentlich zu vermehren. Bei Myelomen konnte gezeigt werden, daß die Wanderungsgeschwindigkeit einer Komponente des Plasmas nicht ausschlaggebend dafür ist, in welcher der Äthanolfraktionen sie erscheint. Spezifische, diagnostisch bedeutsame Unterfraktionen wurden bisher nicht gefunden.

Zusammenfassung

Faßt man die Ergebnisse, die bisher bei der Prüfung der Zusammensetzung der einzelnen Fraktionen des Elektrophoresediagramms erhalten worden sind, zusammen, so kann man den Charakter der Fraktionen als Proteingemische nicht scharf genug betonen. Für die Deutung der Ergebnisse, die man bei der Elektrophorese des Plasmas und Serums kranker Menschen erhält, ist nur die Folgerung möglich, daß unbedingt vermieden werden muß, eine bei irgendeinem krankhaften Zustand festgestellte Erhöhung einer Fraktion als Folge einer Vermehrung irgendeines in derselben nachgewiesenen Proteins zu bezeichnen. Nur bei zusätzlicher Verwendung anderer physikalischer, chemischer oder serologischer Methoden ist zu erwarten, daß man das Verhalten einzelner Proteine beim Kranken erfassen kann.

XI. Deutung des Elektrophoresediagrammes der Serumproteine als Folge regulierender oder störender Einflüsse von seiten der Gewebe

Bei der Verwendung der elektrophoretischen Trennung der Serumeiweiße in der Klinik zeigte sich, daß mit dieser Methode kein spezifisches, nur *einer* Erkrankung zugehöriges Merkmal gefunden werden konnte. Es fiel vielmehr auf, daß Erkrankungen, die nach Genese und Symptomatik unterschieden werden mußten, ähnliche Veränderungen des Elektrophoresediagramms gemeinsam waren oder daß in einzelnen Stadien verschiedenartiger Krankheitsbilder die Verteilung der elektrophoretisch getrennten Fraktionen ein ähnliches charakteristisches Gepräge trug. Die Suche nach übergeordneten Mechanismen, die für die Verteilung der Serumeiweißfraktionen und ihr charakteristisches Verhalten zueinander verantwortlich gemacht werden könnten, lag nahe.

1. Die *Erniedrigung der Albumine*, die bei der elektrophoretischen Fraktionierung wie bei den anderen bisher angewandten Methoden als krankhafte Veränderungen bei allen Krankheiten, die mit Serumproteinveränderungen einhergehen, beobachtet wurde (*492*), wird als Folge eines „einseitig inversen" regulativen Geschehens zwischen Albuminen und Globulinen aufgefaßt, das einem sehr straffen, einseitig gebahnten zentralen Regulationsmechanismus unterstellt sein müsse [WUHRMANN (*622, 637, 639*)].

Nur bei Säuglingen wurde von Hyperalbuminämien berichtet und deshalb dieser Regulationsmechanismus bestritten (*306*).

Den Reiz zur Regulation soll eine Erhöhung des kolloidosmotischen Druckes geben, der bei Anstieg der Globuline durch Verminderung der Albumine ausgeglichen wird, wobei die Globuline der α_1-Fraktion eine besondere Wirkung zu entfalten vermögen (*446, 448, 639*).

WUHRMANN verlegt in Übereinstimmung mit zahlreichen Untersuchern die Bildung der Albumine in die Leber, ist aber der Ansicht, daß — zumindest wenn keine schwere primäre Erkrankung der Leber vorliegt — die Albuminverminderung im Blut nicht auf eine gestörte Neubildung zurückzuführen ist, sondern daß der Albuminanteil wahrscheinlich durch eine Speicherung in der Leber (oder in der Milz) sekundär herabgesetzt werde, um den onkotischen Druck normal zu halten (*639*). Als erste Voraussetzung dieser Hypothese wird der onkotische Druck der Albumine um dreimal größer angenommen als der der Globuline. Sie kann nach den Messungen OTTs (*448*) nicht mehr anerkannt werden, bis deren Unrichtigkeit erwiesen ist.

Für die zweite Voraussetzung — Abfluß der Albumine aus dem Capillarsystem und Speicherung in der Leber oder Milz — ist ein Beweis nicht erbracht. Da alle Serumproteinfraktionen die Capillarwände passieren können (*637*), müßte man annehmen, daß eine selektive Durchlässigkeit der Capillaren für Albumine beim Eintritt der Hypalbuminämie besteht. Für eine solche haben sich bei der Untersuchung der Exsudatentstehung (s. dort) Hinweise ergeben. Auch experimentell ergaben sich Befunde, die auf eine Abhängigkeit der Capillarpermeabilität von einer Verschiebung der Eiweißrelationen hindeuten (*493, 647*). So aufgeklärt sind diese Wechselbeziehungen zwischen Dysproteinämie und Capillarpermeabilität aber nicht, daß man damit die These vom Ausgleich des onkotischen Druckes bei primärer Hyperglobulinämie durch sekundäre Albuminerniedrigung stützen kann.

Die Elektrophorese der Leberproteine von DEMLING und Mitarbeitern (*117, 118, 230*) ergab zwar einen relativ niedrigen Organalbumingehalt; weitere Untersuchungen müssen aber abgewartet werden.

EMMRICH (*148*), der auch Hypalbuminämien durch primäre diffuse Leberzellschäden von solchen, die durch extrahepatisch ausgelöste Globulinvermehrung reaktiv ausgelöst werden, unterscheidet, konnte bei schwer lebergeschädigten Tieren zeigen, daß die Globuline ansteigen können, wenn auch die Albumine ansteigen, und daß die Albumine absinken können, ohne daß die β- und γ-Globuline zunehmen. Leider wurde bei diesen Versuchen der onkotische Druck nicht gemessen (*151*).

EWERBECK (*161*) zieht aus seinen Untersuchungen, in denen er Pfortaderblutserum mit Venenblutserum nach Elektrophorese verglich, den Schluß, daß die Produktion der Albumine in der Leber zu einem wesentlichen Teil auf Kosten der hauptsächlich extrahepatisch gebildeten Globuline erfolge. Retention der Globuline und mangelhafte Bildung der Albumine in der Leber wären dann die Zügel des Regulationsmechanismus.

Beobachtungen bei Herzinfarkten (*219, 220*) und bei durch schwere Kontusionen herbeigeführten Schocks, wobei nach kurzer Zeit Hypalbuminämie und Hyperglobulinämie auftraten, wurden so gedeutet, daß die Verschiebung der Fraktionen durch eine vegetativ-nervöse Steuerung herbeigeführt wurde, um eine durch Capillarundichtigkeit verursachte Albuminverminderung auszugleichen (*219*). Auch

Verschiebungen in den Eiweißfraktionen kurz nach einmaliger körperlicher Arbeit sind einer solchen Deutung zugänglich (227).

Beim orthostatischen Kollaps des Kaninchens ging die Albumin-Globulinverschiebung mit den humoralen und morphologischen Merkmalen der vegetativen Gesamtumschaltung nach Hoff einher; dieser Befund sprach für eine vegetativ-nervöse Regulation der Albumin-Globulinverhältnisse.

Bei Ratten wurde jedoch nach Aderpreßschock keine Änderung der Proteinzusammensetzung im Serum gefunden (604).

Das Fehlen von Veränderungen des Bluteiweißspektrums nach Pneumoencephalographie bei älteren Kindern, obwohl die Zeichen der „vegetativen Umschaltung" beobachtet werden konnten, forderte die Ablehnung eines Steuerungszentrums für die Serumproteine (162). Bennhold (48) hält mit Recht in dieser Lage eine Steuerung durch zentrale Regulation für bisher nicht nachgewiesen.

Hormonale Einflüsse auf das krankhaft veränderte Bluteiweißspektrum wurden für Thyroxin, Cortison, ACTH, Insulin und Heparin aufgewiesen; es fehlt aber jeder Hinweis auf ein beim Normalen wirksames, wirkliches hormonales Regulationsgeschehen (48, 49).

Nach Bennhold geschieht die Regulation Albumin-Globulin auf Grund von Gleichgewichtszuständen zwischen Zell- und Bluteiweiß, also durch autochthone Regulation (48).

Gras (191), der die Beziehungen zwischen Albuminen und Globulinen rechnerisch prüfte, fand, daß sich die molaren Konzentrationen (Alb.) und (γ-Glob.) in einer Beziehungskurve darstellen lassen, die der Dissoziationskurve des Wassers gleicht. Nach seiner Ansicht liegt ein hoher Grad von Wahrscheinlichkeit vor für die Annahme, daß (Alb.) und (γ-Glob.) in einem festen gegenseitigen Verhältnis stehen, das durch die Phänomene der Assoziation oder Dissoziation beherrscht wird, deren bestimmende Größen noch nicht bekannt sind, wogegen eine Steuerung der beiden Proteinfraktionen, die dann unabhängig voneinander veränderlich sein müßten, durch biologische Regulationsmechanismen unwahrscheinlich sei.

2. Für die *Vermehrung der* α_2-*Globuline* errechnete Chow (100) aus seinen Beobachtungen an 198 Kranken eine Korrelation zur jeweils gefundenen Albuminerniedrigung; er konnte zeigen, daß Zufuhr von Eiweißhydrolysaten eine dem Anstieg der Albumine entsprechende Senkung der erhöhten α_2-Fraktion herbeiführt. Für das Verhältnis der Gesamtproteinmengen zu den Albuminen oder das der Albumine zu den übrigen Fraktionen ließ sich eine ähnliche Korrelation nicht feststellen. Aus seinen Ergebnissen schließt er auf einen fundamentalen Regulationsmechanismus, der die Veränderungen der normalen Plasmaproteine bewirke; eine unzulängliche Eiweißretention sei das jeder der von ihm untersuchten Krankheiten (Magengeschwür, Tuberkulose, Unterernährung, verschiedene andere Erkrankungen) gemeinsame Merkmal. Auch Taylor, Mickelson, Keys (574) fanden die inverse Regulation Albumin/α_2-Globulin und sind der Ansicht, daß Albuminverminderung und α_2-Erhöhung bei vielen Erkrankungen die Antwort auf einen gewissen Typ der Schädigung sei und in weiten Grenzen unabhängig vom Stickstoffverlust.

3. Shedlovsky und Scudder (543) fanden eine Vermehrung der α_2-Globuline mit jeder Art erheblicher *Entzündung* oder schwerer *Gewebsdestruktion* (Myokardinfarkt, Verbrennungen, Frakturen) verknüpft. Ihre Beobachtung ist der Ausgangspunkt für die immer wieder geäußerte Meinung, die Erhöhung der α_2-Fraktion sei der Ausdruck einer Reaktion des Organismus auf einen mit Gewebszerfall einhergehenden Krankheitsprozeß, z. B. der Ausdruck einer Reaktion des Mesenchyms bei Destruktion (Depolymerisation) der Grundsubstanz der Bindegewebe (29).

Perlmann, Glenn, Kaufman (454) fanden bei Kälbern, denen große Verbrennungen gesetzt waren, eine Vermehrung der α_2-Globuline im Serum. Chanutin und Gjessing (95,187,188) sahen bei Hunden nach Verbrühungen, Verbrennungen, Knochenbrüchen, Terpentinabscessen einen Anstieg der α_2-Fraktion. Bei Ratten, die bei Elektrophorese des normalen Serums keine nachweisbare α-Fraktion zeigen, waren in nach Cohn gefällten Unterfraktionen α-Globuline nachweisbar; diese waren wie beim Hund nach thermischen Traumen und nach Terpentinabscessen wie auch nach ACTH-Verabreichung erhöht. Schwere Muskeltraumen (Crush-Syndrom) führten bei der Ratte zu starken Hypalbuminämien mit erheblichem Anstieg der α- und γ-Fraktionen [KOSLOWSKI, HARTMANN und VOGES (*310*)]. Nach Desoxycorticosteron in großen Dosen sahen BOHLE, HIERONYMI und HARTMANN (*73*) bei der Ratte eine geringe Vermehrung von α- und β-Fraktion. Die histologischen Veränderungen im Gewebe wurden in ähnlicher Weise, wie sie von SELYE beschrieben sind, gefunden.

Daß verschiedene Tierspecies ein sehr unterschiedliches Verhalten ihrer Proteinfraktionen aufweisen, zeigten DEUTSCH, GOODLOE (*120*) und MOORE (*422*). ZELDIS und Mitarbeiter (*657*) fanden z. B. beim Hund im Unterschied zum Menschen die leicht extrahierbaren Lipoproteide nicht in der β-Fraktion, sondern mit den α-Globulinen wandernd, und GJESSING (*188*) konnte bei Ziegen die bei Hund und Ratte nach thermischen und anderen Traumen beobachteten Serumproteinverschiebungen nur in geringem Maß oder gar nicht finden. Bei der weißen Maus fanden MOORE und FOX (*425*) im Schock nach Abbinden einer Hinterpfote das Auftreten einer mit γ-Geschwindigkeit wandernden Proteinkomponente, die in ihrer Menge dem Grad des Schocks entsprach. Es ist also Veranlassung gegeben, bei der Übertragung von in Tierversuchen gewonnenen Ergebnissen auf das Verhalten der Serumproteine beim Menschen große Vorsicht walten zu lassen.

Bisher ist der Beweis nicht geliefert, daß die beim Menschen nach Einwirkung schwerer Entzündungen oder Gewebsdestruktionen beobachteten Veränderungen im Verhältnis der Proteinfraktionen zueinander auf den Gewebszerfall an sich oder einen durch ihn ausgelösten allgemeinen Regulationsmechanismus — etwa unter Leitung endokriner oder neuraler Impulse — zurückzuführen sind.

4. Von zahlreichen Autoren konnten Belege dafür beigebracht werden, daß die *grobdispersen Globuline* ihren Ursprung in Zellen des *reticuloendothelialen* Systems haben [Schrifttum bei HEINLEIN (*228*), WUHRMANN (*639*)].

Das Gleichlaufen immunbiologischer Prozesse mit morphologischen Veränderungen in diesem System und mit einer Vermehrung dieser Globuline bei verschiedenen Erkrankungen und experimentell herbeigeführten Reizzuständen im reticuloendothelialen System wird so gedeutet. Die reaktiven Verschiebungen des Elektrophoresediagramms zugunsten der grobdispersen Globuline bei entzündlichen Erkrankungen als direkten Ausdruck der Reaktionslage des reticuloendothelialen Systems aufzufassen (*639*), hat darin Ursprung und Berechtigung.

Die Fehlbildung von grobdispersen Proteinen durch die von den „reticulären Plasmazellen" abgeleiteten Zellen der Plasmocytome führte zu der Annahme, daß diese Zellen nicht nur unter neoplastischer Entartung, sondern auch unter normalen Verhältnissen für die Bildung der Globuline verantwortlich seien; ein unbestrittener Beweis liegt dafür noch nicht vor [HEINLEIN (*228*), WUNDERLY und WUHRMANN (*645*), KABELITZ (*276*)].

Faßt man mit ROHR, ALDER, MARKOFF, KUDRITZ u. a. die „reticulären Plasmazellen" als besonders differenzierte Zellen des reticuloendothelialen Systems auf, so wäre die Bezeichnung des reticuloendothelialen Systems als Quelle der Globuline unter normalen und pathologischen Bedingungen als zutreffend anzuerkennen.

Bei Untersuchung des Sternalmarks von Kranken, die eine Vermehrung der grobdispersen Serumeiweiße aufwiesen, fand sich eine Zunahme des Gesamtreticulums die aber den lymphoidzelligen Anteil mindestens im gleichen Umfang betraf wie den plasmacellulären (*81*).

In einer größer angelegten Untersuchung wurde eine Beziehung zwischen γ-Globulinvermehrung und prozentualem Gehalt des Sternalmarks an Plasmazellen oder anderen cellulären Elementen des reticulären Apparates nicht gefunden. Wenn auch beim größten Teil der γ-Hyperglobulinämien Zeichen einer Funktionssteigerung, die auf eine erhöhte Proteinsynthese bezogen wurde, gesehen wurden, fanden sich auch gesicherte Fälle einer γ-Hyperglobulinämie ohne auffällige Veränderungen an den Plasmazellen (*31*).

Ein elektrophoretischer Vergleich des Sternalmarkserums mit peripherem Blutserum zeigte im Gesamtproteingehalt keine Differenzen; wohl war das Markblut reicher nicht nur an β- und γ-Globulinen, sondern auch an $α_1$-Globulinen (*33*), ein

Unterschied, der nicht mit Verschiedenheiten zwischen venösem Blut und Capillarblut erklärt werden kann (*34, 180*).

Beim Kaninchen wurden im Mark der langen Röhrenknochen nicht nur der Gesamtproteingehalt, sondern auch die Albumin- und γ-Globulinwerte höher gefunden als im peripheren Blut (*468*).

Eine regelmäßige Zunahme der α_1-Globuline im Venenblutserum wurde bei Tierversuchen nach Reizung der Erythropoese durch protrahierte Hypoxämie, große Aderlässe oder Kobaltchloridverabreichung gleichlaufend mit der Reticulocytenkrise beobachtet (nicht bei perniciöser Anämie des Menschen!) (*523*).

Bedenkt man neben den Mängeln dieser Beweisführung, daß mit guten Gründen die Selbständigkeit des plasmacellulären Apparates und eine Unabhängigkeit vom reticuloendothelialen System behauptet wird, wird man die Deutung der Vermehrung der grobdispersen Globuline im Elektrophoresediagramm als Ausdruck der Funktion des reticuloendothelialen Systems als hypothetisch bezeichnen müssen.

5. Als bei den verschiedensten entzündlichen Erkrankungen eine oft mit Hyperproteinämie verbundene abnorm starke Vermehrung der γ-Globuline beobachtet wurde[1], die sich von der in späteren Stadien infektiöser Erkrankungen gewöhnlich als Folge reaktiver Verschiebung der Fraktionen erscheinenden γ-Erhöhung — wenn auch ohne scharfe Grenze — wesentlich unterschied, und als bei diesen Kranken gleichzeitig eine Vermehrung der „reticulären Plasmazellen" im Sternalmarkausstrich gefunden wurde, lag es nahe, diese Form der Dysproteinämie als Zeichen einer besonderen Reaktivität dieses Zellsystems aufzufassen und als wichtiges pathogenetisches Merkmal anzusehen. Zur Vorsicht mahnt eine Mitteilung von Berlin (*56*), der bei einer größeren Zahl von verschiedenen Infektionskrankheiten, die mit γ-Hyperglobulinämie einhergingen, in keinem Fall eine Vermehrung der Knochenmarksplasmazellen fand. Die Bedenken, die Heinlein (*228*), Leitner (*335*), Kirsch und Westphal (*295*) gegen eine Beweisführung aus dem Plasmazellgehalt des Sternalmarkausstriches geäußert haben, werden dadurch bekräftigt.

Gleiche elektrophoretische Befunde bei Erkrankungen, bei denen hämatologisch eine Vermehrung nicht der „reticulären Plasmazellen", sondern der Grundzellen des reticulären Stromas des lymphatischen Apparates festzustellen war (Brill-Symmerssche Erkrankung, Pfeiffersches Drüsenfieber, Boecksches Sarkoid), führten zu der Annahme, daß auch die undifferenzierte Reticulumzelle als solche an der starken γ-Erhöhung durch Überproduktion beteiligt sei, eine These, die Heinlein (*228*) für alle Globuline nachdrücklich vertreten hat. Auch Roth und Jasiński (*498*) deuten die hier und da bei Leukämie gefundenen schweren Plasmaeiweißveränderungen als Folge eines Befallenseins des reticulären Stromas.

Man stößt hier wieder auf die oben erwähnte Diskrepanz der Meinungen über die Entstehung der „reticulären Plasmazellen", deren Verwandtschaft mit dem reticuloendothelialen System z. B. von Fleischhacker (*173,174*), Keilhack und Link (*287*) abgelehnt, von Bayrd (*41*) auf Grund von Untersuchungen an Myelomen behauptet wird.

Bei der Beurteilung dieser Zusammenhänge müssen die Untersuchungen von Jasiński und Mitarbeitern (*267*) berücksichtigt werden, die ergaben, daß bei Krankheitsbildern, die den breitbasigen, heterogenen γ-Gradienten zeigen, der „LE-Faktor" vorlag, auch wenn kein Lupus erythematodes disseminatus acutus diagnostiziert werden konnte. Seine Untersuchungen führten ihn zu der These, daß bei diesen Krankheitsbildern mit dem Auftreten pathologischer γ-Globuline, die außer dem cellulären LE-Phänomen andere morphologische Veränderungen an den Zellen des Blutes, z. B. leukopenische Reaktionen hervorrufen können, gerechnet werden müsse.

Die öfter geäußerte Hypothese, daß Autoimmunisierungsvorgänge sich in der heterogenen γ-Zacke ausprägen können, ist bisher nicht durch Beweise gestützt.

Die Elektrophorese konnte immer wieder die älteren Befunde bestätigen, daß es gar nicht so selten diffuse Plasmocytome gibt, die Hyperproteinämie und Zeichen einer Proteinfehlproduktion in Blut und Urin vermissen lassen.

---

[1] Von Ley (*344*) als Reaktionskonstellation „Typ der schweren chronischen Entzündung mit ungünstiger Prognose" bezeichnet.

Folgt man den Ausführungen RANDERATHs (*476*), so müßte in diesen Fällen durch eine entsprechende histologische Untersuchung die Ablagerung von Paraproteinen in Gewebsspalten und innerhalb der Zellen ausgeschlossen werden, bevor man bei diesen Fällen eine Fehlleistung der Myelomzellen ablehnen kann.

Gezeigt hat die Elektrophorese auch, daß Reticulosen und Retothelsarkome wenigstens zeitweise ohne eine stärkere Dysproteinämie oder eine Heteroproteinämie einhergehen können, wenn auch für die Mehrzahl das Gegenteil zutrifft (*149, 357*).

Als Ergebnis dieser Überlegungen und Befunde müssen wir festhalten, daß auch ein noch so imponierendes Zusammentreffen von schweren Veränderungen im Elektrophoresediagramm mit Veränderungen eines einzelnen Zellsystems nicht ohne weiteres zur Annahme einer kausalen Abhängigkeit berechtigt. Sowohl die „reticulären Plasmazellen" als auch das reticuloendotheliale System stehen zum Bluteiweißbild in Beziehung; diese bedarf aber noch einer wesentlichen Klärung, bevor man sie in einer bestimmten Richtung festlegen darf.

6. Untersuchungen von McMASTER und HUDACK (*404*), DOUGHERTY, CHASE, WHITE (*137, 138, 605*), KASS (*284*), HARRIS und Mitarbeitern (*208*) führten zum Versuch, die Antikörperbildung oder Speicherung in die Lymphocyten zu verlegen, die dann unter Einfluß von ACTH oder DOCA zerfallen und die Antikörper freigeben sollten. KASS (*284*) glaubt in den Lymphocyten γ-Globuline, die Antikörper waren, nachgewiesen zu haben. HARRIS, MOORE, FARBER (*209*) fanden nach Impfung mit Antigen in der Lymphe einer regionären Lymphdrüse keine Vermehrung von β- und γ-Globulinen, und ABRAHMS und COHEN (*3*) gelang der Nachweis einer γ-Globulinkomponente in Extrakten lymphatischer Gewebe weder durch Ultrazentrifugierung noch durch Elektrophorese. SCHWEIZER und REBER (*529*) lehnen die Theorie der Antikörperentstehung in den Lymphocyten und die Ausscheidung ins Blut durch deren Auflösung ab. Nach Antigeninjektion zeigte sich bei ihren Katzen keine signifikante Zunahme der β- und γ-Globuline im Serum und in der Lymphe des Ductus thoracicus.

Zusammenfassend gibt der derzeitige Stand unserer Kenntnisse keine Möglichkeit, die Veränderungen der durch Elektrophorese erhaltenen Proteinfraktionen als Ausfluß eines definierten, in seinem Wesen erkannten Regulationsvorganges oder als Folge einer durch Erkrankung eines bestimmten Körpergewebes verursachten Störung des Eiweißstoffwechsels mit einiger Sicherheit zu deuten.

XII. Das Elektrophorese-Diagramm in der Klinik

1. In den letzten Abschnitten konnte gezeigt werden, wie wenig es begründet wäre, wenn man am Krankenbett aus Veränderungen einzelner, durch Elektrophorese getrennter Serumeiweißfraktionen Schlüsse auf das Vorhandensein bestimmter Proteine im Serum oder auf Verhalten und Funktion bestimmter Gewebe des kranken Organismus ziehen wollte.

Trotzdem kann man solchen Deutungen im Schrifttum immer wieder begegnen, die dann zu trügerischen Scheinbeweisen herangezogen werden. So, wenn z. B. ein Autor die bekannten Befunde einer Hypalbuminämie mit Vermehrung der α_2- und γ-Globuline, die er bei 4 Kranken mit primär-chronischer Polyarthritis erhoben hatte, als Beweis einer Hyperimmunität bei dieser Erkrankung ansieht, eine Antikörperproduktion zu für den kranken Organismus nicht besonders nützlichen Zwecken annimmt und folgert, daß der Kranke der Antikörperproduktion zuliebe sein Albumin — wie sein Hämoglobin und seine allgemeine Gewebstrophik — opfert.

Die Elektrophorese ist ein auf eindeutig definierten, physiko-chemischen Grundlagen fußendes Verfahren zur Trennung von Proteingemischen, dessen Ergebnisse nur nach gewissenhafter Berücksichtigung sowohl der vorgegebenen methodischen Grenzen als auch der gesicherten patho-physiologischen Kenntnisse gedeutet und für die Klinik nutzbar gemacht werden dürfen, soll es nicht zur Grundlage für unbegründete Spekulationen werden.

2. Aus den ersten Abschnitten geht hervor, daß mit Hilfe der Elektrophorese diagnostische Merkmale nicht zu erhalten sind, die für bestimmte Krankheitsbilder spezifisch sind. Nicht einmal das multiple Myelom ist durch eine spezifische Veränderung des Elektrophoresediagramms gekennzeichnet. Klinisch eindeutige

Myelome mit normalem oder wenig verändertem Elektrophoresebefund sind genau so bekannt wie myelomähnliche Zackenbildungen im Diagramm verschiedener andersartiger Erkrankungen. Auch der Nachweis von Makroglobulinen im Serum genügt nicht zur Diagnose einer „Waldenströmschen Makroglobulinämie", seit Erkrankungen mit Makroglobulinämie gefunden worden sind, die klinisch nicht das Gepräge des von Waldenström beschriebenen Krankheitsbildes tragen.

Trotzdem wäre es verfehlt, der Elektrophorese der Plasmaeiweißkörper ihre Bedeutung für die Erkennung und Beurteilung krankhafter Zustände abzusprechen.

3. Wenn sich auch keine einzelne Krankheit durch eine immer nur bei ihr wiederkehrende Eigentümlichkeit des Elektrophoresediagramms auszeichnet, so ließen sich bei der klinischen Anwendung doch Veränderungen in Menge und gegenseitigem Verhalten der getrennten Fraktionen herausarbeiten, die die Annahme gesetzmäßiger Beziehungen zu einzelnen Krankheitsformen, zu verschiedenen Stadien in der Entwicklung einer Erkrankung und zu bestimmten Eigentümlichkeiten des Verlaufs zulassen.

Infektionskrankheiten, Lebercirrhose, Nephrose, Plasmocytom und andere Erkrankungen besitzen in den Elektrophoresediagrammen charakteristische Merkmale, die in der Differentialdiagnose Bedeutung haben können; einer akuten rheumatischen Erkrankung ist eine andere Verteilung der Fraktionen zugeordnet als einer chronischen, einer exsudativen Tuberkulose eine andere als einer proliferativen, zur Cirrhose neigenden, und — als letztes Beispiel — eine chronische Nephritis zeigt im Verhältnis der Fraktionen eine wesentliche Änderung, wenn eine sekundäre Nephrose dazutritt.

Was die Elektrophorese der Bluteiweißkörper an Wert für die Feststellung einer Erkrankung dadurch verliert, daß ihr die Fähigkeit abgesprochen wird, eindeutige und spezifische Krankheitsmerkmale zu liefern, gewinnt sie durch die Möglichkeit, mit ihrer Hilfe den Einfluß der Erkrankungen auf die Zusammensetzung der Plasmaeiweiße messend verfolgen und Aussagen über ihren Verlauf machen zu können.

4. Die Veränderungen der Plasmaproteine begleiten in stetem Wechsel den Ablauf der meisten Erkrankungen und haben sich für den Arzt am Krankenbett in der Form der Bestimmung der Blutkörperchensenkungsgeschwindigkeit und der Serumlabilitätsreaktionen schon lange als wichtige Helfer bei Diagnose, Prognose und Verlaufsbeurteilung der ihm gegenübertretenden Krankheitsbilder bewährt.

Diese Proben haben den Nachteil, daß sie von zahlreichen physikalisch-chemischen Faktoren abhängen, in deren Zusammenwirken wir im einzelnen Fall einen recht unvollkommenen Einblick haben und deren positiven oder negativen Ausfall man oft nicht befriedigend erklären kann. Man tadelt sie deshalb häufig als zu sehr oder zu wenig empfindlich oder bemängelt ihre Zuverlässigkeit.

Bei der Elektrophorese dagegen haben wir es mit einem physikalisch-chemischen Reaktionsablauf zu tun, der in seinen Bedingungen bekannt ist und dessen Ergebnisse eine eindeutige Aussage zulassen, wenn man sie nicht durch unangebrachte Deutungsversuche wieder verschleiert.

5. Die Entwicklung von Mikroverfahren gestattet, die Elektrophorese der Plasmaeiweiße so oft zu wiederholen, wie es notwendig ist, um das Mitreagieren der Plasmaproteine bei Erkrankungen in viel eingehenderer Weise messend zu verfolgen, als es mit anderen Methoden möglich ist. Die Serumlabilitätsreaktionen und die Bestimmung der Blutsenkungsgeschwindigkeit werden so in wertvoller Weise ergänzt.

Bei der Verwertung elektrophoretischer Ergebnisse muß berücksichtigt werden, daß die Papierelektrophorese andere physikalisch-chemische Grundlagen hat als die Elektrophorese in flüssiger Phase. Die mit den beiden Methoden erhaltenen Werte können also — besonders wenn krankhaft veränderte Eiweiße analysiert werden — aus methodischen Gründen mengenmäßig erheblich differieren, wenn sie auch gleichgeartete Gradientenkurven liefern.

Die Möglichkeit, durch Färbung der auf Papier getrennten Proteinfraktionen die Lipoproteide und Glucoproteide in den einzelnen Serumeiweißfraktionen quantitativ erfassen zu können, verspricht für die klinische Medizin neue Erkenntnismöglichkeiten. Bei diesem Verfahren ist es besonders wichtig, methodische Verschiedenheiten zu beachten (Papiere! Farbstoffe!), da sie die Ergebnisse stark beeinflussen und einen Vergleich derselben unmöglich machen können.

6. Die Elektrophorese ordnet die große Zahl der Proteine des Plasmas nach ihrer Wanderungsgeschwindigkeit im elektrischen Feld in eine Anzahl verschiedener Untergruppen. Soll der Sinn von Proteinverschiebungen geklärt oder sollen pathogenetische Zusammenhänge aufgedeckt werden, so ist die zusätzliche Anwendung anderer Methoden zur Erfassung der Vorgänge in den Eiweißen der Körperflüssigkeiten ebenso notwendig wie bei der Untersuchung von Problemen des Eiweißstoffwechsels oder der Genese einzelner Proteine.

Die Elektrophorese in der Pädiatrie

Von

H. Ewerbeck

Wenn in den letzten Jahren auch in der Kinderheilkunde die Untersuchung und Beurteilung der Bluteiweißkörper als wichtiger Bestandteil des Blutes immer mehr an Bedeutung gewonnen haben, so liegt das nicht daran, daß man etwa an dem selbstverständlichen Primat der exakten klassischen Untersuchungsmethodik wie Inspektion, Palpation, Perkussion und Auskultation zu zweifeln begonnen hätte. Die von der experimentellen Physiologie übermittelte Erkenntnis, daß es sich beim Blut und den Bluteiweißkörpern nicht um ein isoliertes, von einem geschlossenen Gefäßsystem umgebenes, eigengesetzliches Organ handele, sondern um die flüssige Phase des gesamten Organismus, die in einem ständigen, dynamischen Austausch mit sämtlichen Organ- und Zellproteinen steht und in ihrer Zusammensetzung von der Verfassung aller Organe und Zellen abhängig ist, hat auch dem Kinderkliniker ein weites Feld eröffnet. Es ist bis heute erst teilweise bearbeitet. Das liegt vor allem daran, daß *der Pädiater* bei fast allen diagnostischen und prognostischen Hilfsuntersuchungen *auf Mikromethoden angewiesen* ist. Diese werden fast immer erst aus den Makromethoden entwickelt und benötigen dann noch eine längere Zeit, bis ihre klinische Brauchbarkeit und genügende Exaktheit erwiesen sind. Die wachsende Beliebtheit der Mikroelektrophorese und vor allem auch der Nachweis der klinischen Brauchbarkeit der Papierelektrophorese hat nun in den letzten Jahren auch in zunehmender Weise die Bearbeitung speziell pädiatrischer Fragestellungen ermöglicht. Darüber hinaus aber zeigt sich immer klarer, in welchem Ausmaß die Ergebnisse dieser Methode mit den Verhältnissen beim Erwachsenen übereinstimmen, und wann man mit typischen Abweichungen rechnen kann.

I. Normalwerte

1. Gesamteiweiß

Der Serumeiweißspiegel des Kindes stimmt *erst etwa ab 5. Lebensjahr mit dem des Erwachsenen überein* [J. Metcoff, and F. J. Stare (76), Ewerbeck und Levens (33)] (Tab. 8).

Tabelle 8. *Normalwerte des Gesamteiweiß der verschiedenen Lebensalter* (Mikro-Kjeldahl-Methode)

Alter	Gesamteiweiß in g-%
Frühgeburt . . .	4,55±0,59
Neugeborener . .	5,11±0,76 bis 5,70±0,45
Im 1. Lebensjahr	6,10±0,29
1.—4. Lebensjahr	6,94±0,47
5.—12. Lebensjahr	7,30±0,59
Erwachsene . . .	7,18±0,013

Die Werte variieren etwas in Abhängigkeit von der angewandten Methode. Die in der Tabelle angegebenen Zahlen (nach METCOFF und STARE) sind kjeldahlometrisch gewonnen und deshalb nur relativ zu nehmen. G. W. SCHMIDT (95) fand an 166 Probanden, daß der Serumeiweißgehalt des Neugeborenen direkt nach der Geburt dem des Erwachsenen entspricht, daß er dann bis zur dritten Lebenswoche auf durchschnittlich 4,8% abfällt, bis zum 6. Monat auf 6,1 g-% im Durchschnitt ansteigt und dann am Ende des ersten Lebensjahres etwa 6,5 g-% erreicht.

2. Elektrophoretische Fraktionen

Bei der elektrophoretischen Trennung zeigen sich wieder *beim Neugeborenen die größten Unterschiede* im Verhältnis zu den Normalwerten beim Erwachsenen.

Tabelle 9. *Fraktionen* (in Prozent des Gesamteiweißes)
Veronal-Natriumveronalpuffer $p_H = 8,4\ \mu = 0,1$

	Albumine	α	β	γ
			Globuline	
Neugeborene[1] ..	64,7±2,8	8,05±2,0	6,3±2,0	20,3±3,5
Erwachsene[2] ...	63,4±2,8	12,4 ±2,0	12,7±1,9	11,6±2,5

[1] Nach EWERBECK und LEVENS (33).
[2] Nach DOLE [Kapitel II, (72)].

Durchschnittlich ist unter den Globulinfraktionen der prozentuale Anteil der *γ-Fraktion bei der Geburt und in den ersten Lebensmonaten erhöht* [LONGSWORTH, CURTIS and PEMPROKE (71), DU PAN and MOORE (25), EWERBECK und LEVENS (33)], während die α- und β-Fraktion unter dem Erwachsenenwert liegt. Der γ-Globulinspiegel des Neugeborenen ist bei normalen Schwangerschaften immer über dem mütterlichen γ-Globulinspiegel. SCHÄFER (92) fand die Höhe und anschließende Normalisierung des Neugeborenen-γ-Globulinspiegels bis zur 8. Lebenswoche *unbeeinflußt von der zugeführten Nahrung* (Colostrum, reife Frauenmilch, angesäuerte Frauenmilch, Frauenmilch mit Aminosäurenzusatz).

Das steht im Gegensatz zu den Verhältnissen bei frisch geworfenen Fohlen [POLSON (84)] und Kälbern HANSEN (42). Bei Fohlen erscheint das γ-Globulin erst nach 5 Tagen Colostralernährung im Serum. HANSEN (42) beobachtete bei neugeborenen Kälbern nach Ernährung mit Colostrum einen Anstieg der γ-Globuline von 1,1 auf 24% des Gesamteiweißes. Eine Ernährung mit isoliertem Colostrum-Pseudoglobulin hatte dieselbe Folge. Wenn er Colostrum bzw. Colostrum-Pseudoglobulin erst nach Ablauf der ersten 24 Std. gab, stieg der γ-Globulinspiegel nicht merklich an. Bei colostrumfreier Ernährung wurde der normale γ-Globulinspiegel erst nach Ablauf von 8 Wochen erreicht.

Die besondere Zusammensetzung der Serumeiweißkörper des Neugeborenen zeigt sich auch an der beobachteten positiven Cephalin-Cholesterin-Flockungsprobe nach HANGER-PATEK [PRINCE (85), SALMON und RICHMON (90)].

Nach 2—3 Lebenswochen nähert sich dann das Serumeiweißbild den typischen Verhältnissen des Säuglingsalters: Hypoproteinämie und Hypoglobulinämie, besonders γ-Hypoglobulinämie [IMPERATO (50), DU PAN und MOORE (25)]. Dafür kommt es zu einer relativen Erhöhung der α-Globuline [9,7—17,4% des Gesamteiweißes, KARTE (59)] und einer relativen Hyperalbuminämie. Albuminwerte von über 70% des Gesamteiweißes, wie sie im Erwachsenenalter überhaupt nie vorkommen (WUHRMANN), sind für den Säugling durchaus nicht selten (IMPERATO (50), KARTE (59), KÖRVER (64), NORTON (79)].

Auch bei der Frühgeburt finden sich ähnliche Verhältnisse: in der dritten bis vierten Lebenswoche fallen die γ-Globulinwerte ab, während die relativen Albuminwerte ansteigen [IMPERATO (50), RÖPKE (86)]. Die Ursache für die Hypoglobulinämie beim Säugling und bei der Frühgeburt sieht KARTE (59) in einer noch bestehenden Unreife der Bildungsstätten für Globuline, während KÖRVER (64) dazu noch eine

Regulationsstörung der vegetativen Zentren im Sinne einer Hemmung der Produktion diskutiert. *Bis zum Ende des ersten Lebensjahres* haben sich *die elektrophoretischen Fraktionen* des kindlichen Serums *normalisiert* und zeigen dann in der weiteren Entwicklung des Kindes keine Unterschiede zu den Erwachsenenwerten mehr.

II. Die Eiweißwerte bei Krankheiten

Aus der Beobachtung der veränderten Reaktionsweise der Bluteiweißkörper bei Krankheiten gegenüber Labilitätsproben hatte der Kliniker schon lange den Schluß gezogen, daß zwischen Organ- und Bluteiweißkörpern ein engster Zusammenhang bestehen müsse, und die Ergebnisse neuerer Untersuchungen über das dynamische Gleichgewicht zwischen Zell- und Plasmaproteinen (WHIPPLE) waren für ihn nur eine Bestätigung seiner Beobachtungen. Es ist hier nicht der Platz, auf die klinische Bedeutung und kolloidchemischen Bedingungen der zahlreichen Reaktionen ein-zugehen [Blutsenkung, WELTMANNsches Koagulationsband, Takata-Ara, fraktionierte Salzfällung, Nephelogramm nach WUNDERLY, Thymoltrübungstest (MacLagan), Cadmiumreaktion (WUNDERLY und WUHRMANN), Cephalin/Cholesterinflockungs-reaktion]. Schon die Anzahl und das dauernde Bekanntwerden neuer Proben be-weist ihre mangelnde Spezifität infolge ihrer komplexen Reaktion. Die Einführung der *Elektrophorese* durch TISELIUS brachte der Klinik eine neue, allerdings diesmal sehr exakte Möglichkeit, das Verhalten der Bluteiweißkörper — hier im elektrischen Feld — zu prüfen. Es zeigte sich bald, daß auch ihre Ergebnisse nur in den seltensten Fällen pathognomonisch und damit von klinisch-diagnostisch *einmaliger* Bedeutung sind wie z. B. beim Myelom, sondern daß sie wiederum nur im Zusammenhang mit den üblichen zahlreichen Hilfsuntersuchungen des klinischen Laboratoriums das diagnostische und prognostische Bild des Klinikers am Krankenbett abzurunden, oft auch wertvoll zu ergänzen vermögen. Dieser Umstand und die Tatsache, daß bis vor kurzem für die elektrophoretische Untersuchung noch relativ viel Plasma bzw. Blutserum benötigt wurde, brachte es mit sich — ganz abgesehen von der kost-spieligen Apparatur —, daß der Pädiater sich erst neuerdings für die Elektrophorese interessiert. Die bisherigen Ergebnisse sind vielfach mehr von grundsätzlicher als von praktischer Bedeutung, doch zeichnet sich jetzt schon ein Gebiet ab, in dem die Elektrophorese auch in der Kinderheilkunde ihren Platz behaupten und behalten wird.

1. Unterernährung und Hunger

Wenn der menschliche Körper hungert oder unterernährt wird, d. h. in diesem Zusammenhang vor allem zu wenig Eiweiß bekommt, verringert sich sein Eiweiß-bestand, und zwar — nach Verlust des Depoteiweißes — gleichmäßig sowohl sein Zelleiweiß als auch sein Plasmaeiweiß. Die *erste Reaktion* ist, besonders ausgeprägt *beim Kind* — eine kompensatorische Verminderung des kreisenden *Blutvolumens* [EWERBECK (*27, 28*), GOLLAN (*40*), METCOFF (*76*)]. Der Serumeiweißspiegel, ge-messen in der üblichen Weise in g-%, bleibt dadurch normal trotz bereits bestehenden Verlustes an kreisenden Serumeiweißkörpern. Erst in *fortgeschrittenen Stadien* kommt es auch zum *Abfall des Serumeiweißspiegels*. Das *Kind* ist deshalb hinsichtlich seiner Ernährungslage mit der Prüfung seines Serumeiweißspiegels schlechter zu beurteilen als der Erwachsene, der zudem noch in der Eiweißmangelsituation eine größere Ödemneigung besitzt. Das letztere rührt daher, daß es *erst beim schwer hunger-geschädigten Kind* zu einem *Abfall der Albumine* und einem relativen Anstieg der Globuline kommt [GOLLAN (*40*), YOSHIDA (*107*), ANDERSON und ALTMANN (*5*)], ein Symptom, das für den erwachsenen Hungerkranken typisch ist. Der *onkotische Druck* bleibt also beim eiweißunterernährten Kind relativ länger erhalten.

Eine gleichartige bemerkenswerte Beobachtung beim Erwachsenen stammt von KANZOW (*58*), der bei einem Hungerkünstler nach 27 tägigem Hungern eine relative Albuminvermehrung auf 71,7% beschreibt.

Andere Ursachen der fehlenden kindlichen Ödemneigung sind bis jetzt noch nicht bekannt. Unter den Globulinen kommt es zu einem *Abfall der γ-Globuline* [Chow (*11*), Ewerbeck (*21*), Krebs (*67*)], was mit der schlechten Immunitätslage der Kinder in Zusammenhang gebracht wird.

In diesem Zusammenhang kann auch das *idiopathische, kongenitale, hypoproteinämische Ödem* genannt werden, das in den letzten Jahren in seltenen Fällen beobachtet und elektrophoretisch bearbeitet worden ist. Neben der Hypoproteinämie besteht eine ausgesprochen starke Verminderung der Albumine und γ-Globuline, während die α- und β-Globuline vermehrt sind. Weitere Symptome sind wechselnde Ödemneigung, auffallende Resistenzlosigkeit gegen Infekte bei sonst normaler körperlicher und geistiger Entwicklung. Keine groben Störungen des Serumchemismus, gelegentlich Neigung zu allergischer Diathese und Alteration der Leberfunktion. Bei zur Autopsie gekommenen Fällen fand sich als einziger pathologischer Befund eine nicht entzündliche Leberfibrose, weshalb pathogenetisch eine Leberschädigung angenommen wird, die eine mangelhafte Albuminsynthese verursacht [Bound und Hackett (*12*), Ehrengut (*26*), Rystand (*89*), Schick und Greenbaum (*94*), Wyngaarden, Crawford, Chamberlin und Lever (*106*)].

2. Säuglingskrankheiten

Auf diesem Gebiet bestehen aus den bereits geschilderten Gründen bis jetzt die wenigsten Veröffentlichungen elektrophoretischer Untersuchungen, und erst die Einführung der Mikromethodik hat hier einen Wandel ermöglicht.

a) *Bei der plasmacellulären Pneumonie* des Frühgeborenen fallen die γ-Globuline ab und die α-Globuline steigen an, wenn die Pneumonie in der 6.—8. Woche manifest wird. Tritt sie in der 10.—13. Lebenswoche auf, sinken die Albuminwerte unter gleichzeitigem Anstieg der α- und γ-Globuline [Röpke (*86*)].

b) Beim *Säuglingsekzem* besteht Hypoproteinämie ebenso wie bei der Dermatitis seborhoides [Johanssen (*53*), Karte (*59*)] mit wechselnden Fraktionswerten, am häufigsten geringe Albuminverminderung unter Anstieg der α-, gelegentlich auch β- und γ-Globuline [Karte (*59*)], selten auch γ-Globulinverminderung, besonders bei nässendem Ekzem.

c) *Entzündliche Erkrankungen*, Pneumonieformen, Otitis media, Rhinopharyngitis, abscedierende Prozesse zeigen wie beim Erwachsenen Zunahme der α-Globuline und weniger starke Vermehrung der γ-Globuline. Die α-Globulinvermehrung ist oft ausgeprägter als beim Erwachsenen und die γ-Globulinvermehrung kann beim Säugling auf dem Höhepunkt der Erkrankung vorübergehend in eine Verminderung umschlagen [Karte (*59*)]. Auffallend aber ist, wie häufig gerade Säuglinge bei entzündlichen Erkrankungen normale Elektrophoresewerte zeigen [Karte (*59*)]. Differentialdiagnostische Bedeutung besitzt die Methode dabei nicht.

d) *Gastroenteritis* des Säuglings und *Intoxikation*. Im Verlauf der Erkrankung steigen die anfänglich niederen γ-Globulinwerte an, häufig besteht auch ein Anstieg der α-, besonders der $α_2$-Fraktion. Die Albumine zeigen dann eine entsprechende Abnahme [Burgio (*18*), Hallmans, Kauhtio, Louhivuori und Uroma (*41*), Körver (*64*), Schmidt (*95*)]. Unter der Behandlung der Toxikose tritt oft ein Anstieg der γ-Globuline ein. Bei Anwendung einer i.v. Dauertropfinfusion sind die Veränderungen in den Serumeiweißfraktionen in den ersten 24 Std. deutlich größer als in den folgenden Tagen [Schmidt (*95*)].

e) Beim *Pylorospasmus* kommt es zu keinen signifikanten Verschiebungen im Serumeiweißspektrum [Schmidt (*95*)].

f) Entsprechende Untersuchungen beim *Icterus gravis neonatorum* (Rh-bedingt) ergaben Albuminverminderung und γ-Globulinverminderung (Kahl).

3. Akute Infektionskrankheiten

Bei allen akuten Infektionskrankheiten finden sich einförmige und meistens nur geringgradige Veränderungen im Serumeiweißbild:

Scharlach zeigt im Serumeiweißbild (Papierelektrophorese) die Veränderungen der akuten Entzündung mit Albuminverminderung und Zunahme der α-Globuline, vor allem α-2. Bei fortlaufenden Untersuchungen findet sich entsprechend dem klinischen Verlauf eine Normalisierung der Verhältnisse, Komplikationen lassen sich durch Albuminsturz und erneute Zunahme von α_2-Globulinen frühzeitig erkennen [HILLER und GRANZER (*46*)]. Gleichzeitig kann die Takata-Ara-Reaktion positiv werden, in der dritten Woche nach PASCHEDAK und PÜSCHEL (*82*) bis zu 80%.

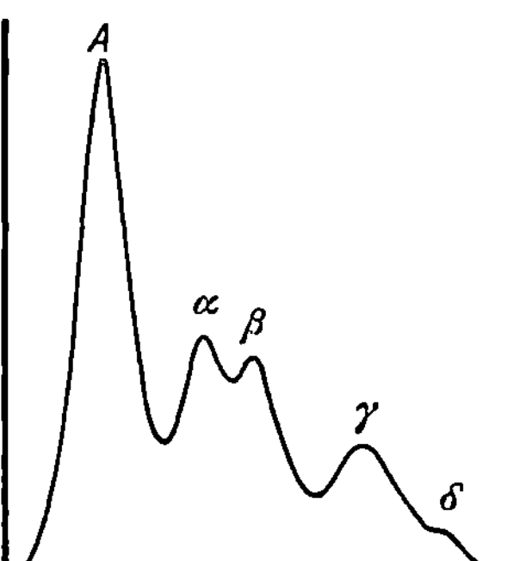

Abb. 59. Elektrophoresediagramm bei einer toxischen Diphtherie (Kind We., Kranken]. Nr. 1908/1950). Albumin 42,0%, α-Globulin 22,0%, β-Globulin 16,9%, γ-Globulin 17,9%

Diphtherie. Bei der Diphtherie findet sich nur bei α- und β-Globulinzunahme (s. Abb. 59) in toxischen Fällen eine bemerkenswerte Veränderung im Elektrophoresediagramm [HILLER und GRANZER (*46*)].

Masern, Rubeolen, Keuchhusten zeigen nach WUHRMANN und WUNDERLY (S. 184) keine signifikanten Veränderungen im Serumeiweißbild. Nach Beobachtungen der Kölner Kinderklinik kommt es in der *Masernrekonvaleszenz* zu einem *Anstieg der γ-Globuline*.

Poliomyelitis. Im Gegensatz zu allen anderen Infektionskrankheiten fanden ROUTH und PAUL (*88*) dabei auffallend niedrige γ-Globulinwerte, am niedrigsten war der γ-Globulinspiegel bei 13 Fällen mit bulbärer Form und letalem Ausgang. Daneben bestand eine Albuminverminderung, besonders bei schweren paralytischen Erkrankungsfällen, während die α_1- und α_2-Globuline und das Fibrinogen erhöht waren. SEIGMAN (*97*) fand dagegen normale Werte.

Typhus abdominalis und *Paratyphus.* Dabei wurde von BENHAMOU (*8*) *Hypoproteinämie, Absinken der Albumine, Zunahme der Globuline und des Fibrinogens* entsprechend der Schwere der Krankheit und in der Rekonvaleszenz Anstieg der γ-Globuline beobachtet. Untersuchungen von HERTEN (*44*) bestätigen diese Befunde und zeigen darüber hinaus, daß *der Verlauf des Agglutinationstiters nicht mit dem Wechsel im γ-Globulinspiegel kongruiert* (s. Tab. 10).

Tabelle 10. *Verlauf der Fraktionen und des Agglutinationstiters bei Patient Ko.[1], 8,4 Jahre alt, mit schwerem Paratyphus (Meningismus, Delirium)*

Krankheits-tag	Titer	Albumin %	α %	β %	γ %
				Globuline	
1.	1:200 Ty. 1:400 Paraty.	43,8	27,9	9,6	18,6
10.		44,4	24,6	12,3	18,6
12.	1:800 Ty. 1:800 Paraty.	41,2	22,6	13,2	22,8
23.	1:100 Paraty.	40,6	21,1	11,0	27,4

[1] Arch. Nr. 586. *1950/51.*

Neben dem weiteren Anstieg der γ-Fraktion trotz Titerabfalls fällt der *hohe α-Globulinspiegel* bei *normal bleibender β-Fraktion* auf. Interessant ist auch die von HERTEN gemachte Beobachtung, daß die therapeutisch wirksame *Chloromycetinmedikamentation* bei Typhus abdominalis *ohne wesentlichen Einfluß auf die Eiweißfraktionen*, vor allem auf die γ-Fraktion ist (s. Tab. 11). Gleiche Beobachtungen hat inzwischen HUBER (*48*) gemacht.

Tabelle 11. *Verlauf der Fraktionen und des Agglutinationstiters bei Patient We.[1], 13 Jahre alt, mit schwerem Typhus abdominalis unter Chloromycetinbehandlung*
Elektrophoretische Trennung bei Tab. 10 und 11 im Veronal-Veronalnatriumpuffer $p_H = 8,4$, Ionenstärke = 0,1. Antweiler-Gerät

Krankheits-tag	Titer	Therapie	Albumin %	α %	β % Globuline	γ %
9.	∅	·	48,9	21,3	13,1	16,8
12.		Chloromycetin	43,2	22,4	14,1	20,1
14.	1:200 Ty.	Chloromycetin	42,1	20,3	10,1	26,7
	1:200 Paraty.	Chloromycetin				
18.	1:200 Ty.	Chloromycetin	42,0	21,3	11,7	25,0
	1:200 Paraty.					
23.	1:200 Ty.	Chloromycetin	40,3	17,3	16,2	26,2
	1:200 Paraty.	—				
34.	1:200 Ty.	—	46,3	14,4	14,6	24,8
	1:50 Paraty.					

[1] Arch. Nr. 513. *1950/51.*

4. Chronische Infektionskrankheiten

Tuberkulose. Bei der unbehandelten Meningitis tuberculosa und der Miliartuberkulose im Kindesalter fand Ewerbeck (*29, 30*) *Abnahme der Albumine* und eine *Hyperglobulinämie*, vor allem bedingt durch eine *enorme Zunahme der α-Globuline.* Sie wird hauptsächlich durch eine Vermehrung der $α_1$-*Fraktion* bedingt. Die β-Globuline sind weniger stark vermehrt, die γ-Globuline teils vermehrt, teils normal.

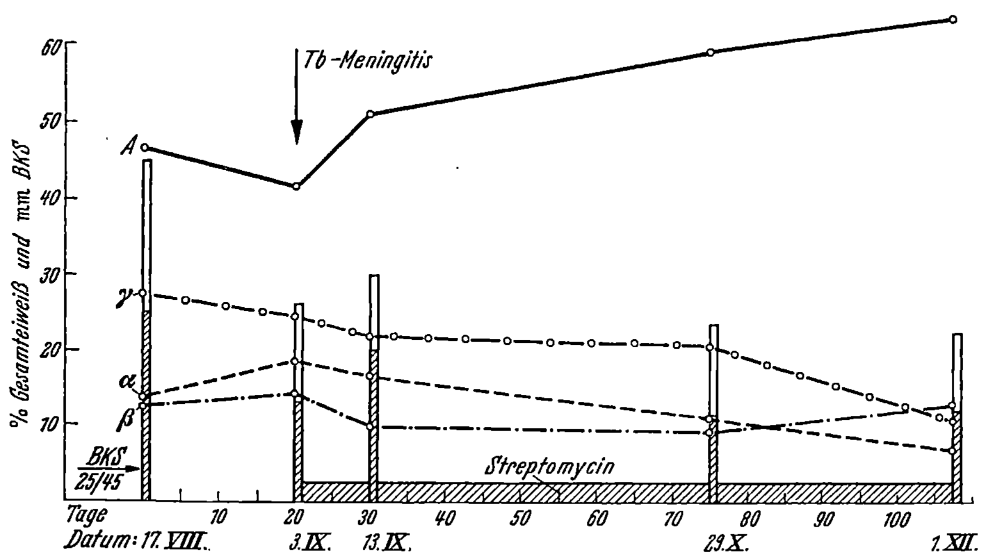

Abb. 60. Verlauf der elektrophoretischen Fraktionen bei einer günstig verlaufenden Tb-Meningitis (Kind Fe., Krankenj. Nr. 958/1949)

Unter der Streptomycinbehandlung kommt es zu einer langsamen *Normalisierung* des Serumeiweißbildes. Bei therapeutischer Wirkungslosigkeit des Medikamentes bleiben die Veränderungen bis zum Schluß bestehen. Die Normalisierung des Diagramms geht synchron mit dem klinischen Bild (s. Abb. 60).

In einigen Fällen fand sich trotz dauernder klinischer Verschlechterung in den letzten vier Wochen ante exitum eine zunehmende Normalisierung des Diagramms.

Es wurde ein Fall beschrieben, bei dem stark veränderte Elektrophoresediagramme bei noch günstigem klinischen Bild für den weiteren ungünstigen Verlauf prognostisch von Bedeutung waren. Ähnliche Beobachtungen stammen von SEIBERT und NELSON (96) und LUETSCHER (74). SCHAFFNER (93), VOLK (102), LUKAS und SCHMAGER (73), TEPE und FIRZLAFF (100), LEVIN, KAUFMANN und DE LA HUERGA (69), FELDER (35) u. a. konnten mit der Papierelektrophorese im akuten Stadium vor allem eine α_2-Globulinvermehrung sowie eine Erhöhung der γ-Globuline nachweisen. Ein Zusammenhang zwischen Tbk-Antikörperkonzentration und Serumeiweißbild besteht nicht [KÖRVER, MASSENBERG und SCHÜRMER (64)]. Der für den Ausfall der Hämagglutinationsreaktion verantwortliche Antikörper wandert mit der γ-Globulinfraktion [BRODHAGE (14)]. Derselbe Autor glaubt auch, daß sich aus dem Verhalten der Fraktionen prognostische Schlüsse ziehen lassen: Überwiegen der α_1- und α_2-Fraktion über die γ-Fraktion deutet auf eine schlechte Prognose, ebenso starker β-Anstieg bei starker Albuminabnahme. Auch der komplementbindende Antikörper gegen Tbc wandert im γ-Globulinbereich, der größte Teil der die γ-Globulinvermehrung bei Tbc ausmachenden Proteine ist aber unspezifisch [BALDWIN und ILAND (6)]. Ob sich aus dem Verhalten der α_2-Globulinwerte Rückschlüsse auf die geeignete Dosierungshöhe von z. B. Conteben ziehen lassen [HERNRING, KUHLMANN und VOGEL (43)], erscheint problematisch.

Auch bei der experimentellen Kaninchentuberkulose findet sich eine Hypalbuminämie und Hyperglobulinämie infolge Anstiegs der α-Globuline (bis zu 300% des Normalwertes). Sie ist verbunden mit einer Hyperlipämie [JOHANSSON (52)] und entwickelt sich progredient mit der Schwere des Krankheitsbildes.

Lues connata. Vor allem bei der visceralen Form kann es dabei zu schweren Dysproteinämieformen kommen mit Hypalbuminämie und γ-Hyperglobulinämie bei normalen oder leicht erhöhten α- und β-Globulinen, die als Leberschaden (Albuminbildungsstörung) gedeutet werden. Das luische Nephrosesyndrom des Säuglings unterscheidet sich von der genuinen Nephrose des Kindesalters durch hohe γ-Globulinwerte. Es besteht kein Zusammenhang zwischen Art und Stärke der Dysproteinämie und Ausfall des Cardiolipintiters [KARTE (60)].

Morbus Banti. Hierbei fand SALVESEN (91) Hyperproteinämie und einmal sehr hohe Globulinwerte bei reduziertem Albumin, ein zweites Mal sehr tiefe Globulinwerte bei fast normalem Albumin (Salzfällung nach HOWE). Elektrophoretische Beobachtungen konnten im pädiatrischen Schrifttum nicht gefunden werden.

Kala-Azar im Kindesalter. Dabei besteht wie beim Erwachsenen Hyperproteinämie und eine sehr starke Vermehrung der γ-Globuline, die sich unter der Behandlung langsam normalisieren (BERET und DE LARRAMENDI (9)].

Polyarthritis rheumatica (Rheumatic fever). In dieser Krankheitsgruppe werden bemerkenswerte Veränderungen in den Elektrophoresekurven berichtet, im Gegensatz zu den Fällungsmethoden, mit denen keine auffallenden Werte erhalten werden. Allerdings sind die Ergebnisse der elektrophoretischen Beobachtungen noch teilweise widersprechend, weshalb noch weitere Beobachtungen, vor allem systematische Verlaufskurven nötig sind. KNAPP, GIFFEE und JACKSON (63) berichten, daß während der aktiven Phase des Prozesses die Plasma*albumine* regelmäßig und merklich *verringert* sind, die Werte für die γ-*Globuline*, α_2-*Globuline* und *Fibrinogen erhöht* sind. In der Mehrzahl der Fälle übertrifft beim Kind die Erhöhung der α-Globuline zunächst die γ-Globulinvermehrung, bei günstigerem Verlauf fallen aber die α-Globuline schnell ab, während die γ-Globuline noch weiter ansteigen [ALTHOFF und KROPP (2)]. Fortschreiten oder Wiederaufflackern des Prozesses zeigt sich durch erneuten Anstieg der α-Globuline und Abfall der γ-Globuline an. Bei der chronischen Polyarthritis des Kindes findet sich eine starke Zunahme der α-Globuline bei nur mäßig vermehrten oder normalen γ-Globulinen[1]. Bei der *Chorea minor* dagegen fanden die Autoren geringe α- und starke γ-Globulinvermehrung. Das Gesamteiweiß ist bei allen Rheumatosen normal oder gering vermehrt.

Mit Besserung des klinischen Bildes normalisieren sich die Eiweißverhältnisse, wobei die Normalisierung der Eiweißwerte und Blutsenkung meist gleichzeitig stattfindet, aber auch Ausnahmen zu beobachten sind. Wallis (*102*) findet dasselbe, beobachtet aber in drei von vier Fällen vor dem γ-Globulin im Serum eine *neue Eiweißkomponente* mit der Wanderungsgeschwindigkeit des Fibrinogen, die er *T* nennt. Über andere Beobachtungen an rheumatischen Kindern berichten Wilson und Lubschez (*103*). Sie untersuchten zuerst 30 klinisch gesunde Kinder und fanden ihre elektrophoretischen Werte in guter Übereinstimmung mit den Normalwerten, wenn auch die individuellen Schwankungen manchmal größer waren. Bei 27 anderen, ebenfalls klinisch gesunden Kindern, die aber in den letzten vier Monaten verschiedene Infektionskrankheiten durchgemacht hatten, fand sich in 40% der Fälle ein erhöhtes γ-Globulin. Lag die durchgemachte Krankheit im letzten Monat vor der Untersuchung, waren die Unterschiede am größten. Bei 79 Plasma- oder Serumproben von 42 Rheumatikern fanden sie sowohl bei klinischer Gesundheit des Probanden nach einer vorhergegangenen Krankheit der oberen Luftwege als auch während eines akuten rheumatischen Schubs immer ein erhöhtes γ-Globulin, ob sich nun anschließend ein neuer Schub entwickelte oder nicht. Fehlte die vorausgehende Krankheit, so waren auch während des akuten rheumatischen Fiebers die γ-Globuline normal. Die Autoren schließen daraus, daß die γ-Globulinerhöhung nicht im Zusammenhang mit dem rheumatischen Prozeß stehe. Die α-Globuline waren während der fieberhaften Periode meist erhöht. Es ging aus diesen Untersuchungen nicht hervor, daß die Reaktion bei Rheumatikern im Serumeiweißbild vor allem auf Streptokokkeninfektionen anders verliefe als bei Nichtrheumatikern. Anderson, Kunkel und McCarty (*4*) untersuchten Patienten mit Streptokokkeninfektionen und fanden ein Übereinstimmen der Veränderung des γ-Globulinspiegels, des Antistreptolysin- und Antistreptokinasetiters. Patienten, bei denen es zu rheumatischen Erscheinungen kam, zeigten einen weiteren Anstieg dieser Komponenten. Nach *Cortison* und *ACTH-Behandlung* normalisieren sich nach Olhagen (*81*) in kurzer Zeit die pathologischen Serumbefunde, während Hess, Cobure und Rosenberg (*45*), Jager, Brown und Nickerson (*49*) sowie Mehl und Golden (*75*) unter dieser Behandlung keine deutlichen oder typischen Veränderungen beobachten.

Die *Subsepsis hyperergica* weist nur mäßige α-Globulin- und starke γ-Globulinerhöhung auf [Althoff und Kropp (*2*)].

5. Nephrose

Die kindliche Nephrose war in ihrem schicksalsmäßigen Verlauf an ihrem stark erniedrigten Gesamteiweißspiegel als Eiweißstoffwechselstörung schon lange bekannt und deshalb für elektrophoretisch arbeitende Untersucher besonders interessant. Longsworth (*71*) hatte schon elektrophoretisch gefunden, daß die Albumine stark erniedrigt waren, während die α- und β-Globuline vermehrt waren. Der dabei ausgeschiedene Urin glich in seinen Fraktionen weitgehend dem normalen Serumeiweiß. Das konnten Block, Jackson, Stearns und Butsch (*10*) bei der kindlichen Nephrose bestätigen, indem sie *Albuminwerte bis 0,3 g-%* mit entsprechend vermehrten Globulinwerten fanden. Gleichzeitig war auch meist das *Fibrinogen vermehrt*. *Die Globulinvermehrung kann teilweise wieder zu einem fast normalen Gesamteiweißwert führen, so daß die Diagnose tatsächlich nur durch die Fraktionierung zu stellen ist.* Die

---

[1] Differentialdiagnostisch läßt sich dieses Symptom allerdings nicht verwerten, weil die Übergänge fließend sind und nur die Dauer der Veränderungen für die chronische Polyarthritis spricht [W. Freislederer u. E. Stöber: Serumelektrophoretische Untersuchungen beim Rheumatismus, Z. Kinderheilk. **75**, 532 (1955)].

von ROUTH (*87*) und Mitarbeitern veröffentlichten Werte der Plasmaeiweißkörper in den verschiedenen Stadien der kindlichen Lipoidnephrose sind der Tabelle zu entnehmen (Tab. 12).

Tabelle 12. *Gesamteiweiß und elektrophoretische Fraktionen bei der Nephrose im Kindesalter* (Fraktionen als Prozent des Gesamteiweißes)

Schwere der Krankheit	Gesamt-eiweiß g-%	Albumin %	α 1 %	α 2 %	β %	γ %	Fibrinogen %
Frühstadium (geringe Ödeme)	5,6—8,2	21,7—39,1	2,4—4,3	13,3—18,3	28,2—38,1	6,8—10,4	7,1—10,8
Mäßige Ödeme und Ascites	4,3—5,4	16,4—38,5	4,6—26,4	21,6—34,8	6,2—22,7	2,6—6,8	6,1—15,8
Schwere Ödeme und Ascites	3,6—6,0	1,4—30,1	3,1—31,5	25,8—61,5	6,5—44,2	0,5—15,2	6,4—15,9

Für den Globulinanstieg werden von den Autoren drei Möglichkeiten diskutiert:

1. relativer Anstieg durch Albuminabfall bedingt;

2. geringerer Verlust der Globuline infolge Urinausscheidung auf Grund des höheren Molekulargewichtes der Globuline;

3. Anstieg von α_2 und β als Ergebnis der nephrotischen Lipoidvermehrung im Serum.

Gleichlautende Beobachtungen sind inzwischen in großer Anzahl erschienen [FISCHER, STEINMAN, CARPENTER und MENTEN (*36*), HOOFT und CLARA (*47*), KROPP und ALTHOFF (*66*), LINNEWEH und MANEKE (*70*), METCOFF, KELSEY und JANEWAY (*77*) u. v. a.].

Auch die von nephrotischen Kindern ausgeschiedenen *Urine* wurden untersucht. *Albumin*, α_1- und *β-Globuline* wurden *immer* gefunden, α_2 *und γ-Globuline selten.* *Fibrinogen* ließ sich im Urin elektrophoretisch *nicht* nachweisen. Auch den bei ihren Patienten auftretenden Ascites und Pleuratranssudate hat diese Arbeitsgruppe elektrophoretisch analysiert und fand dabei eine dem jeweiligen Plasma ähnliche Zusammensetzung bis auf einen etwas höheren Albumingehalt.

Nach Beobachtungen von EWERBECK wird aber im Urin bei der schweren Lipoidnephrose auch γ-Globulin in erheblichen Mengen ausgeschieden (Abb. 61). Jedenfalls entsprechen die Eiweißkörper in Urin, Ascites und Pleuratranssudat in ihrer elektrischen Beweglichkeit den Plasmaeiweißkörpern des Patienten [GITLIN und JANEWAY (*38*)]. CHINARD, LAWSON und VAN SLYKE (*20*) konnten diese Identität auch immunologisch am Albumin des Urin und Ascites nachweisen.

In der Aminosäurenzusammensetzung dieser Eiweißkörper scheint diese Identität zumindest nicht in allen Stadien der Krankheit zu bestehen. So fanden ALBANESE, DAVIS, SMETAK und LEIN (*1*), daß die Aminosäurenwerte im Urin mit der Schwere der Krankheit variierten, daß die

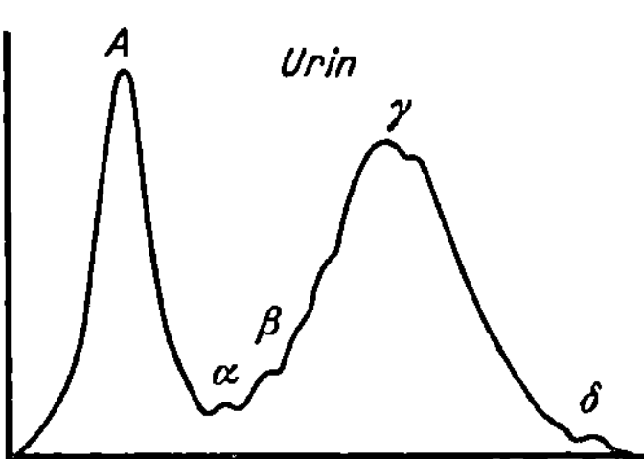

Abb. 61. Elektrophoresediagramm von Serum und Urin bei einer kindlichen Nephrose (Kind Zl., Krankenj. Nr.1445/1949). Veronal-Veronalnatriumpuffer p_H 8,4

Zusammensetzung der Asciteseiweißkörper nicht den gleichzeitig auftretenden Urineiweißkörpern entspräche, und daß die Aminosäurenwerte des Urinalbumin sich erst im fortgeschrittenen Stadium der Krankheit den Werten des Serumalbumins näherten.

Nun haben neuerdings WUHRMANN und WUNDERLY (*105*) (1950) bei der Untersuchung von Uroproteinen mit der Ultraviolettabsorptionsmethode gefunden, daß sich die spezifischen Absorptionskurven aller untersuchten eiweißhaltigen Urine von den normalen Serumeiweißabsorptionskurven unterscheiden.

Man muß also trotz der elektrophoretischen Differenzierbarkeit der Urinproteine *mit Strukturveränderungen während der Nierenpassage* rechnen, auch bei der Nephrose, und kann *nicht ohne Einschränkung* aus der gleichen Beweglichkeit im elektrischen Feld auf *eine Identität der Serum- und Urinproteine* schließen, wenn sich auch eine *große Ähnlichkeit* beweisen läßt. Auf der anderen Seite gibt es genügend Beobachtungen, die zeigen, daß *beim nephrotischen Syndrom atypische Proteine im Serum* vorhanden sind. So sind die Albuminmoleküle von sehr unterschiedlicher Größe [Bourdillon (*13*)], besitzen ebenso wie die Globuline eine atypische Baustruktur [Goetsch (*39*)] und haben offenbar eine abweichende Zusammensetzung der Aminosäurenbausteine [Alving und Mirsky (*3*), Kazmeier und Gassen (*61*), Müting (*78*), Plückthun, Schreier und Hauss (*83*)], wobei es dahingestellt sei, ob es sich nur um eine Dysproteinämie handelt und die Unterschiede in der Aminosäurenzusammensetzung nur durch die quantitativen Verschiebungen der einzelnen Fraktionen bedingt sind [Plückthun, Schreier und Hauss (*83*)] oder ob doch eine tiefergehende Eiweißstoffwechselstörung besteht, die zu echten Paraproteinen führt. Die Ausscheidung dieser atypischen und damit körperfremden Proteine gehört zu den Funktionen der Nieren als Ausscheidungsorgan [Wuhrmann und Wunderly (*105*)], so daß es nicht verwunderlich ist, daß die Uroproteine strukturell offenbar different von den *normalen* Serumeiweißkörpern sind.

Die *elektrophoretischen Befunde* bestätigen die Auffassung von der *erhöhten Glomerulusdurchlässigkeit* bei der Nephrose, wie sie heute durch den feineren Ausbau der Nierenfunktionsprüfungen, besonders durch die Clearence-Untersuchungen Allgemeingut geworden ist. Sie besteht also *für alle Eiweißkörper des Blutes*, ohne Rücksicht auf ihre Molekülgröße und ohne Veränderung ihrer elektrophoretischen Beweglichkeit.

Für die *Diagnose der kindlichen Nephrose* hat damit die *Elektrophorese* der Serum- und Urineiweißkörper *eine große Bedeutung* gewonnen und die *klinische Symptomatik* um einige wichtige Punkte vermehrt: Neben der *Hypoproteinämie, Lipoidämie* mit Vermehrung der Cholesterine, Fettsäuren und Phospholipoide, *Hypocalcämie*, findet man bei der elektrophoretischen Fraktionierung eine starke *Hypalbuminämie*, eine oft *extreme Vermehrung der α- und β-Globuline* als Träger der Lipoide und eine *Verminderung der γ-Globuline*, was man mit der allgemeinen Resistenzlosigkeit der kindlichen Nephrotiker in Zusammenhang bringt. Das *Elektrophoresediagramm* gewinnt dadurch eine derart *charakteristische Konfiguration*, daß bereits aus ihm in allen Fällen eine klinische Diagnose gestellt werden könnte.

Es soll nicht auf die klinische Unterteilung des nephrotischen Syndroms eingegangen werden (Lipoidnephrose, Amyloidnephrose, chronische Nephritis mit nephrotischem Einschlag), da sie den Rahmen dieser Übersicht sprengen würde und dazu noch zahlreiche Überschneidungen bestehen [s. Wuhrmann und Wunderly, Kap. II (*310*), Oettel (*80*)]. Nur der Hinweis scheint in diesem Zusammenhang wichtig, daß nicht zuletzt die Ergebnisse der Elektrophorese mit ihren beim nephrotischen Syndrom bizarren Diagrammen ein weiterer Beweis für die Auffassung gewesen sind, daß es sich bei diesem Symptomenkomplex um eine *generalisierte Eiweißstoffwechselstörung* handelt, bei der nie die Nieren, sondern *immer die Leber* im Mittelpunkt des Krankheitsgeschehens steht, wie es von Oettel vor allem vertreten wurde. Es ist wohl immer nur die Frage des einzelnen Falles, ob eine primär geschädigte Niere für die Leber zum Schrittmacher einer tiefgreifenden Eiweißstoffwechselstörung wird [Wuhrmann, Kap. II (*310*)], die dann „hepatogen" ist und sekundär zu einer weiteren Nierenschädigung führt, oder ob schon primär eine Leberschädigung vorliegt, die dann als hepatogene Toxikose [Oettel (*80*)] zur Nierenschädigung führt. Es wird allerdings noch weiterer intensiver Beobachtungen bedürfen, ob nicht das ganze eiweißbildende System des Körpers an der Entstehung dieser nephrotischen Dysproteinämie ursächlich beteiligt ist und die Leber nur die Rolle des dadurch belasteten und dann auch geschädigten Zentralorgans spielt.

Dafür spräche die von KUNKEL und WARD (*68*) gemachte Beobachtung, daß es zusammen mit dem erhöhten Fibrinogengehalt im Nephroseserum zu einem überdurchschnittlichen Anstieg der Serumesterase kommt. Da die Esteraseproduktion, die in die Leber verlegt wird, nicht beeinträchtigt wird, glauben sie, daß die mangelhafte Eiweißproduktion bei der Nephrose nicht durch eine Leberschädigung verursacht wird, sondern eher durch den Mangel gewisser notwendiger Substanzen.

Diese Beobachtung und vor allem ihre Konsequenz bedürfen noch der Bestätigung. Auffallend ist allerdings auch von seiten der Proteinanalyse, daß bei der Nephrose das Fibrinogen normal oder erhöht ist, während es bei der chronischen Leberinsuffizienz und Cirrhose frühzeitig zur Fibrinopenie als Zeichen der Leberschädigung kommt (OETTEL), und daß außerdem das Elektrophoresediagramm der Nephrose und Leberinsuffizienz verschiedenster Ursache große Unterschiede zeigt.

Auch mit *ACTH-Behandlung* läßt sich beim Nephrosekranken keine Änderung im Gesamteiweiß, im Albumingehalt und im Verhalten der Globulinfraktionen erreichen [HOOFT und CLARA (*47*)].

6. Innere Erkrankungen im Kindesalter

1. Leberkrankheiten. Die in dieser Krankheitsgruppe vorkommenden elektrophoretischen Veränderungen (Hepatitis, Lebercirrhose, chronische Leberinsuffizienz) entsprechen im Kindesalter völlig den Befunden bei Erwachsenen, so daß an dieser Stelle nicht mehr darauf eingegangen wird (s. S. 72). *Gerade auf diesem Gebiet wird die Elektrophorese auch in der Kinderheilkunde ihren Platz behalten.*

2. Blutkrankheiten. *Akute Leukose:* Niedere Albuminwerte, γ-Globuline vermehrt [BENHAMOU (*7*), BROWN und READ (*15*)].

Chronische lymphatische Leukämie; tiefe relative und absolute γ-Globulinwerte [BROWN, READ, WISMAN und FRANCE (*15*)].

Chronisches Myelom und *maligne Reticulose:* Albumine abgesunken, hohe Werte für γ-Globulin [BENHAMOU (*7*)].

Morbus Hodgkin: Hohes γ-Globulin (ibid.).

Infektiöse Mononucleose; STERLING (*98*) fand in sieben Fällen das *Albumin erniedrigt* und die γ-*Globuline erhöht.* Nur in zwei Fällen waren auch α- und β-Globuline vermehrt. Die *heterophilen Antikörper* waren vor allem *an die γ-Globuline gebunden.* Nach Fällung der Antikörper blieb das Elektrophoresediagramm unverändert. Sie halten dies „typische" Diagramm entweder für eine Folge einer Leberschädigung oder für eine direkte Folge des Virusinfektes.

3. Multiples Myelom. Dieses in der Pädiatrie sehr seltene Krankheitsbild mit seiner Hyperproteinämie, Dys- und Paraproteinose ist gleich der Nephrose und den Lebererkrankungen für die elektrophoretische Untersuchung besonders geeignet, da sich dabei ebenfalls pathognomonisch eindeutige Diagramme mit excessiver Vermehrung einzelner Globulinfraktionen darbieten. Die Ergebnisse dieser Methodik sind im Kapitel des Internisten dargestellt. Für die Pädiatrie typische Besonderheiten sind nicht bekannt, weshalb hier nicht weiter darauf eingegangen sein soll.

4. Reticuloendotheliose. Ein Fall von LETTERER-SIWEscher Krankheit wurde von COHEN (*22*) und Mitarbeitern elektrophoretisch untersucht und zeigte eine *Albuminverminderung* (28%) und eine *allgemeine Globulinvermehrung*, vor allem *in α_1* ($\alpha_1 =$ = 12%, $\alpha_2 = 15\%$, $\beta = 16\%$, $\gamma = 28{,}3\%$).

5. Purpura fulminans. GASSER und VON MURALT (*37*) haben dieses infauste Leiden kürzlich beobachtet und elektrophoretisch untersucht. Sie fanden dabei eine *mäßige Albuminverminderung* (43,0—38,2%) und eine γ-*Globulinvermehrung* (31,8 bis 25,4%). Zusammen mit der Plasmazellvermehrung und Eosinophilie im Knochenmark deuteten sie dies als *Zeichen einer starken Antikörperproduktion* und fassen die Krankheit als allergische Manifestation mit hochgradiger Hautsensibilisierung auf. Durch Austauschtransfusion gelang es, das Kind zu retten.

6. Essentielle Hypoglobulinämie im Kindesalter. Dieser Symptomenkomplex wurde 1946 von Fanconi (*34*) beschrieben und besteht aus: *Hypoproteinämie*, vor allem *Hypoglobulinämie*, Ödemneigung, überschießender Verdünnungs- und Konzentrationsversuch nach Volhard, Hypocalcämie, Normocholesterinämie, verminderter Blutsenkungsreaktion, niederem Blutdruck, Lymphopenie, herabgesetzter Resistenz. Die Globulinwerte liegen dabei tief, die γ-Globuline fehlen zeitweilig ganz, außerdem besteht eine wechselnde Aminoacidurie [Bound und Hackett (*12*), Corbeel, Lahey und Guest (*23*), Wyngaarden (*106*)].

7. Agammaglobulinämie. Vollständiges Fehlen der γ-Globuline wurde zum ersten Mal von Bruton (*16*) beschrieben. Das Gesamteiweiß war bei diesem 8jährigen Jungen immer normal, auch die übrigen Serumfraktionen. Vor wiederholten Infekten (allein 19mal eine Sepsis mit 10maligem Pneumokokkennachweis im Blut) konnte der Patient nur durch dauernde Substitutionstherapie mit menschlichem γ-Globulin in monatlichen Abständen bewahrt werden. Ein zweiter Fall wurde 1953 von Keidan (*62*) entdeckt. Hier trat 2 Wochen nach der Pockenschutzimpfung eine generalisierte Vaccine auf, die zum Tod führte.

8. Favismus. Bei 14 Kindern nach dem Genuß von Fava-Bohnen fand Careddu (*19*): Normo- oder Hypoproteinämie, Hyperalbuminämie mit Erniedrigung der α- und β-Globuline, seltener auch der γ-Globuline. Nur in einem Fall waren die β-Globuline anfangs erhöht und sanken später ab, während die γ-Globuline erhöht blieben.

III. Zusammenfassung

Der Überblick über die Bedeutung der elektrophoretischen Trennung der Serumeiweißkörper in der Kinderheilkunde führt heute zu folgendem Ergebnis:

1. Bei den *akuten* und *chronischen Infektionskrankheiten* besitzt die Methode *keine diagnostische Bedeutung*. Die nachweisbaren Veränderungen bei einmaligen Untersuchungen sind einförmig und nur graduell unterschiedlich: Abnahme der Albuminfraktion, Zunahme der α-Globulinfraktion vor allem beim Beginn einer derartigen Erkrankung, im Verlauf dann Abnahme der α-Fraktion und Zunahme der γ-Globuline. Einmalige elektrophoretische Untersuchungen sind von geringem Wert. *Verlaufsuntersuchungen* können, wie am Beispiel der kindlichen Miliartuberkulose und tuberkulösen Meningitis ersichtlich ist, *von prognostischer Bedeutung* sein.

2. Auf dem Gebiet der *Säuglingskrankheiten* liegen die Verhältnisse ähnlich. Hier ist vor allem die Domäne der Papierelektrophorese mit ihrem geringem Materialverbrauch. Die bisherigen Veröffentlichungen zeigen aber, daß der Methode bei den üblichen Erkrankungen dieser Altersstufe sicher keine entscheidende diagnostische oder prognostische Bedeutung zukommt.

3. Das *eigentliche Gebiet der Elektrophorese* sind auch *in der Kinderheilkunde die inneren Erkrankungen*, vor allem die *kindliche Nephrose*, die *Lebererkrankungen* und das sehr seltene *Myelom*. Hier ist die Methode auch diagnostisch von großer Bedeutung und wird deshalb auch in Zukunft in die Reihe der üblichen Laboratoriumsuntersuchungen eingereiht werden. Aber auch bei dieser Krankheitsgruppe bedeutet die Elektrophorese nur eine, wenn auch wichtige Hilfsuntersuchung, die nur im Zusammenhang mit dem klinischen Befund am Patienten und den Ergebnissen der anderen Hilfsuntersuchungen des klinischen Laboratoriums ihre Bedeutung gewinnt.

Die Elektrophorese in der Geburtshilfe und der Gynäkologie

Von

K. STÜRMER

Unsere Fachrichtung blickt auf wenige Jahre elektrophoretischer Arbeit zurück. Ein Längsschnitt durch die Geburtshilfe und Gynäkologie kann deshalb nicht den Eindruck eines geschlossenen, gesicherten Wissens machen; wir müssen vorerst mit einem lückenhaften Mosaik zufrieden sein.

I. Schwangerschaft

Der Organismus der schwangeren Frau zeigt physiologische, charakteristische Abweichungen von dem Verhalten des nichtschwangeren Organismus. Es gilt zunächst, die Besonderheiten zu erkennen und die Grenze abzustecken, wo die Norm übergeht in die Pathologie der Schwangerschaft. Darunter verstehen wir die Schwangerschaftsgestosen oder -toxikosen.

Die Bluteiweißveränderungen stellen natürlich nur einen kleinen, aber wichtigen Teil des Funktionswandels im schwangeren Organismus dar und sind ihrerseits eine Reaktion auf viele, z. T. noch unbekannte Faktoren. Im Sinne von ROBERT SCHRÖDER (275) dienen alle diese Veränderungen im Rahmen der gesamten Umstellung des weiblichen Körpers in der Gravidität dem Ziel, optimale Bedingungen für die Anpassung an den Zustand der Schwangerschaft zu schaffen.

Es ist viel Mühe darauf verwandt worden, mit den zur Verfügung stehenden Methoden Einblicke zu erhalten in die Mengenverhältnisse und die Zusammensetzung der Proteine im Serum der Schwangeren. Wir können hier, was die älteren Arbeiten anbelangt, auf die 1943 erschienene Monographie von ALBERS (3) über „Kolloide, Elektrolyte und Hormone" verweisen. Sie gibt einen orientierenden Überblick über die vorher liegenden Forschungsergebnisse und bringt die eigenen, vielseitigen und verdienstvollen Untersuchungen. Eine zusammenfassende und erweiternde Betrachtung finden diese Probleme in der Abhandlung von ROBERT SCHRÖDER (275) über „Die Schwangerschaft — ein besonderer Leistungsanspruch" aus dem Jahre 1949. In beiden Arbeiten sind die elektrophoretischen Forschungen der letzten 10 Jahre noch nicht berücksichtigt.

Um die Fortschritte unseres Wissens durch die Methode der Elektrophorese deutlich zu machen, stellen wir in Tab. 13 die nichtelektrophoretischen Arbeiten von 1938 bis heute zusammen und ergänzen damit die Aufstellungen von SIEDENTOPF (283) und ALBERS (3). Im übrigen verweisen wir auf die Autoren SIEDENTOPF (283), ZANGEMEISTER (322—326), v. OETTINGER (218), KABOTH (123), HAFNER (87), EUFINGER und SPIEGLER (57), KESSLER (127), EASTMAN (49), RONA und HOFFENREICH (251), ALBERS (3), NEUWEILER (209, 210), HAMILTON und HIGGINS (89), ZINSER (331), LIDDELOW (160), MILLER, DAWIS, KING und HUGGINS (196), MUKHERJEE (205), DEKANIC-MILOSEVIC und MARINKOV (42), GLEISS und RÖTTGER (77).

Eine Zusammenstellung der elektrophoretisch gewonnenen Ergebnisse gibt Tab. 14.

Die Verschiebung der relativen Eiweißwerte im Laufe der Monate einer normalen Schwangerschaft geht aus einer graphischen Darstellung hervor, die sich auf eigene, noch nicht veröffentlichte Untersuchungen stützt. Wir haben die Serumeiweißwerte von 90 Frauen vom 2.—10. Schwangerschaftsmonat bestimmt. Die Meßpunkte sind Mittelwerte von je 10 Frauen aus jedem Schwangerschaftsmonat (Abb. 62).

Unsere Kurven verlaufen in ihrer Tendenz parallel mit den ebenfalls elektrophoretisch gewonnenen Werten von M. DU PAN, D. MOORE und E. A. FISCHER (223) und der inhaltlich identischen Arbeit von D. MOORE, DU PAN und CL. BUXTON (202), ferner von LEVENS (153), PFAU (231).

Tabelle 13. *Durch Refraktometrie nach* KJELDAHL *gravimetrisch oder durch Fällung gewonnene Serumeiweißwerte bei gesunden Nichtschwangeren und normalen Schwangeren*

Autor	Jahr	Methode	Gesunde Nichtschwangere				Normale Schwangere			
			Zahl der Fälle	Total-protein g-%	Albumin g-%	Globulin g-%	Zahl der Fälle	Total-protein g-%	Albumin g-%	Globulin g-%
SIEDENTOPF (283)	1938	gravimetrisch	18	7,99	5,38	2,61	32	7,01	4,44	2,57
INGJULLA (117)	1939	Mikro-KJELDAHL	—	—	—	—	15	8,5	4,6	2,57
STANDER und PATORE (287)	1940	Fällungsmethode	—	—	—	—	—	6,8	3,6	3,0
NEUWEILER (209)	1940	gravimetrisch—KJELDAHL, titrimetrisch	10	6,35	3,69	2,75	24	5,5	2,98	2,18
GUTMAN et al. (86)	1941	Fällungsmethode	36	7,2	5,2	2,0	—	—	—	—
ALBERS (3)	1943	gravimetrisch	—	7,85	5,24	2,60	10	6,95	4,42	2,44
FERRO und GASKON (62)	1943	KJELDAHL, HOWE	—	—	—	—	39	6,63	3,76	2,32
RINEHARD (249)	1945	Fällungsmethode KINGSLEY	31	6,49	4,96	1,99	28	6,79	4,4	2,39
SPITZER (284)	1946	KJELDAHL	—	—	5,1	2,6	—	—	4,7	2,5
MOELLER, CHRISTENSEN und THYGESEN (198)	1946	Fällungsmethode	20	7,16	4,67	2,49	20	6,18	3,75	2,43
NOVAK und LUSTIG (215)	1947	HOWE	—	—	—	—	22	6,28	130 g	95 g
									gesamtzirkulierende Menge	
WORSHAM (320)	1948	Fällungsmethode	—	—	—	—	377	4,9—7,9	—	—
LINDEBOOM (161—166)	1948	HOWE, TORSTEN-THEORELL	—	—	4,4—5,3	1,8—2,4	60	6,32	3,95	2,38

Es ist also durchaus erlaubt, in der normalen Schwangerschaft von einem bestimmten Gesamteiweißgehalt des Blutserums zu sprechen. Dagegen verschieben sich die relativen Albumin- und Globulinanteile mit jedem Monat der Schwangerschaft. Um einen Überblick über die Befunde zu gewinnen, ergänzen wir unsere Tab.13 und 14 mit den Durchschnittswerten aus einer von MOELLER-CHRISTENSEN und THYGESEN (198, 199) 1946 gebrachten Zusammenstellung von Literaturangaben (Tabelle 15).

MOELLER-CHRISTENSEN und THYGESEN (198,199) stützen sich in der Untersuchung von normalen, nichtschwangeren Frauen auf 11 Autoren mit mehr als 112 Fällen und in der Untersuchung von normalen Schwangeren auf 13 Autoren mit mehr als 199 Fällen. Die mit den verschiedensten Bestimmungsmethoden gewonnenen Resultate gleichen sich, soweit es die gesunden Nichtschwangeren angeht. Dagegen variieren bei den Graviden die Werte der Eiweißfraktionen je nach der Untersuchungsmethode erheblich. Dies bestätigt eine Erfahrung aus der inneren Medizin, daß tatsächlich die Unterschiede zwischen den elektrophoretisch gewonnenen Zahlen und denen, die durch Fällung oder Refraktometrie oder gravimetrisch erzielt wurden, in pathologischen Fällen zunehmen. Diese Differenz der Werte je nach der Bestimmungsart ist noch erheblicher bei den Toxikosen.

Hier zeichnet sich bereits ab, daß die normale Schwangere im Hinblick auf ihren Eiweißstoffwechsel in der Mitte steht zwischen der nichtschwangeren Frau und der toxisch erkrankten Schwangeren.

Wir ziehen aus Tab. 13 und 14, ferner aus Abb. 62 folgende Schlüsse:

Die Gesamteiweißwerte liegen bei der normalen schwan-

Tabelle 14. *Durch Elektrophorese gewonnene Serumeiweißwerte bei gesunden Nichtschwangeren und bei normalen Schwangeren*

| Autor | Jahr | Methode (Apparat) | Gesunde Nichtschwangere | | | | | | Normale Schwangere | | | | | |
| | | | Zahl der Fälle | Total-protein | Albumin | Globulin α | β | γ | Zahl der Fälle | Total-protein | Albumin | Globulin α | β | γ |
						% am Totalprotein oder g-%						% am Totalprotein oder g-%		
DOLE (*46*) .	1944	TISELIUS	15	—	63,3%	12,4%	12,7%	11,6%	—	—	—	—	—	—
COHN (*38*) .	1947	TISELIUS	—	—	58%	14%	13%	11%	—	—	—	—	—	—
LONGSWORTH (*173*)	1945	TISELIUS	—	—	—	—	—	—	10	7,17 g-%	3,56 g-%	1,26 g-%	1,62 g-%	0,72 g-%
NEUWEILER (*210, 211*)	{1948 /49	TISELIUS	—	7,2g-% 7,2g-%	60% 4,32 g-%	11% 0,8 g-%	14% 1 g-%	14% 1 g-%	10 —	6,9 g-% 6,9 g-%	46,3% 3,1 g-%	16,8% 1,15 g-%	18,5% 1,3 g-%	18,4% 1,25 g-%
BLEEK, SCHUBERT u. VEIT (*19*)	1950	ANT-WEILER[1]	—	—	—	—	—	—	50 m. X.	—	40,0%	18,0%	20,0%	22,0%
LEVENS und EWERBECK (*151*)	1950	(DOLE-Puffer)	—	—	—	—	—	—	—	6,1 g-%	51,7%	14,4%	18,7%	15,2%
FRIEDBERG (*67*)	1951	ANT-WEILER[1]	—	—	—	—	—	—	—	7,0 g-%	4,2 g-%	0,4 g-%	1,0 g-%	1,4 g-%
Durchschnitt[2]				7,2g-%	60,4% 4,34 g-%	12,4% 0,89 g-%	13,2% 0,95 g-%	12,2% 0,88 g-%		6,79 g-%	46,0% 3,12 g-%	16,4% 1,08 g-%	19,0% 1,39 g-%	18,5% 1,22 g-%

2,72 g-% (Gesunde Nichtschwangere, Globulin Durchschnitt); 3,69 g-% (Normale Schwangere, Globulin Durchschnitt)

[1] Veronal, Veronal-Na-Puffer.

[2] Die Durchschnittswerte berücksichtigen nicht die Streuung, nicht den statistischen Fehler und nicht die Differenzen, die durch die Methodik gegeben sind. Sie sind deshalb nur untereinander im Vergleich zu verwerten.

geren Frau um 5—10% niedriger als bei der gesunden Nichtschwangeren und schwanken in der normalen Gravidität nicht nennenswert. Funktionell wichtiger als der Gesamteiweißspiegel sind Verschiebungen, welche sich im Albumin und in den Globulinfraktionen spiegeln. Der relative und absolute Albumingehalt des Serums bei Schwangeren nimmt vom 2. Monat der Gravidität linear ab bis zum 7. Monat, insgesamt um 10—15%, also von etwa 60% oder 4,21 g-% auf etwa 46—50% oder 3,12 g-%. Vom 7. Monat bis zur Entbindung wird ein leichter Anstieg der Albumine beobachtet. Der Globulingehalt des Serums dagegen wächst während der Schwangerschaft relativ und absolut, um insgesamt 10—15%, und zwar von 38% oder 2,72 g-% auf 49% oder 2,72 g-% auf 49% oder 3,69 g-%. In der Globulinfraktion selbst bleiben die γ-Globuline fast konstant bei 18—20%. Die α- und β-Globuline steigen von 8 bzw. 9% auf 15 bzw. 17% an.

Das Serum der Graviden unterscheidet sich also vom Serum der Nichtgraviden in allen Schwangerschaftsmonaten durch seinen niedrigen Totalproteingehalt, ferner in den letzten Schwangerschaftsmonaten durch den stark erniedrigten Albuminanteil und die erhöhte Globulinkomponente. Diese Erhöhung ist durch erhebliche Vermehrung der α- und β-Fraktion bedingt und von einer geringfügigen Steigerung oder Konstanz der γ-Globuline begleitet.

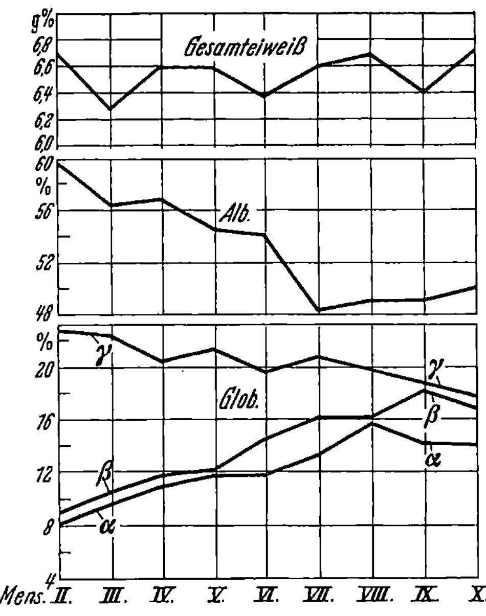

Abb. 62. Verlauf der Serumeiweißwerte in der normalen Schwangerschaft. (Mikroelektrophorese nach ANTWEILER, Veronal, Veronal-Na-Puffer)

Tabelle 15. *Durchschnittliche Serumeiweißwerte von gesunden Nichtschwangeren und normalen Schwangeren aus Sammelstatistiken*

Durchschnittswerte aus	Methode	Gesunde Nichtschwangere			Normale Schwangere		
		Total-protein	Al-bumin	Glo-bulin	Total-protein	Al-bumin	Glo-bulin
		in g-%			in g-%		
Sammelstatistik von MOELLER-CHRISTENSEN und THYGESEN (*198, 199*)	nicht elektrophoretisch	7,30	4,65	2,65	6,35	3,88	2,47
Tab. 14	elektrophoretisch	7,20	4.34	2,72	6,79	3,12	3,69

Unsere Schlußfolgerungen decken sich teilweise mit den Erfahrungen, die LAGERCRANTZ (*139*) an 9 Schwangeren vom 2.—8. Schwangerschaftsmonat und an einer zweiten Gruppe von 12 Schwangeren aus dem 9.—10. Schwangerschaftsmonat machte (TISELIUS-Apparatur). Nach LAGERCRANTZ (*139*) nehmen die Albumine im 9. Monat verstärkt ab, so daß seine Kurvenlinie in den letzten beiden Graviditätsmonaten stärker absinkt. Die Globulinanteile verhalten sich ähnlich wie in unserer Abb. 62. Über den Anstieg der α- und β-Globuline in der normalen Gravidität besteht unter den Autoren Übereinstimmung. Während aber LAGERCRANTZ (*139*), M. DU PAN und Mitarbeiter (*223*), BLEEK (*19*), FRIEDBERG (*67*) und wir (*291, 292*)

in Abb. 62 ein konstantes Verhalten der γ-Globuline beobachteten, fanden NEU-
WEILER (*210*), ferner EWERBECK und LEVENS (*59*) auch einen Anstieg der γ-Globuline.
Dabei stützen sich allerdings EWERBECK und LEVENS (*59*) nicht auf eigene Ausgangswerte von Nichtschwangeren oder von Schwangeren im 1. Monat der Gravidität,
sondern auf die von DOLE (*46*) an 15 nichtschwangeren Frauen erzielten Resultate.
Das γ-Globulin von DOLE (*46*) weist mit 11,6% einen besonders niedrigen Wert
gegenüber anderen Untersuchern auf. Neueste Untersuchungen mit Hilfe papierelektrophoretischer Methoden stammen von MANCIA (*184*); PFAU (*231*), G. WOLF (*319*).

Wenn auch die Frage nach dem biologischen Sinn der Bluteiweißveränderungen
in der normalen Schwangerschaft nur vom Standpunkt des wachsenden und reifenden
Feten aus beantwortet werden kann, interessieren uns hier doch die Auswirkungen
der quantitativen und qualitativen Verschiebung im Serumeiweiß auf den schwangeren Organismus. Damit hängt zusammen die sachlich richtige Aufteilung der Befunde in Ursache und Wirkung.

Die Albumine des Blutes regulieren als niedrig-disperse Eiweißstoffe den Wasserhaushalt.
Wir wissen, daß der onkotische oder kolloid-osmotische Druck — also das Wasserbindungs-
vermögen des Eiweißes — vom Albumingehalt weitgehend abhängt. Bei Verminderung des
Albuminanteils im Serum sinkt die Fähigkeit, Wasser im Blut zu fixieren, so daß die Abwanderung
des Wassers aus der Blutbahn in das Gewebe erleichtert ist. Wir wollen auf diese Zusammenhänge nicht näher eingehen; es sei nur betont, daß mit zunehmender Verschiebung der Eiweiß-
anteile zur gröber dispersen Phase, also mit relativer Abnahme der Albumine und entsprechender
Vermehrung der Globuline, die Neigung des Gewebes zu Ödemen steigt. So wird es verständlich,
daß bei jeder Schwangeren eine Ödembereitschaft vorliegt und daß man fast stets latente Ödeme
findet. Auch hier ist die klinische Abgrenzung gegen beginnende Toxikosen schwierig.

Inwiefern sich die relative und absolute Hyperglobulinämie in der normalen
Schwangerschaft auf den Organismus auswirkt, ist noch wenig geklärt. Lediglich
über die α-Globulinvermehrung kann man nach den Arbeiten von COHN (*38*) die
Vermutung äußern, daß in der α-Globulinfraktion ein vasocontractorischer Stoff,
das Hypertensinogen enthalten ist. Diese Hypothese gewinnt an Interesse bei der
Eklampsie. Die β-Globuline sollen die Träger der Lipoide und des Cholesterins sein.
Von der Antikörperfunktion, die an die γ-Globulinkomponente gebunden ist, wissen
wir in der Schwangerschaft noch nichts. Man könnte allerdings annehmen, daß eine
γ-Globulinvermehrung einhergehen müsse mit verminderter Infektabwehr. So glaubt
NEUWEILER (*211*), die gesteigerte Infektionsanfälligkeit bei Toxikosen deuten zu
können.

Bei diesen Überlegungen ist zu berücksichtigen, daß die Affinität des Hyper-
tensinogens an die α-Komponente oder die Beziehungen der Immunkörper zur
γ-Komponente des Globulins nichts über die quantitativen Verhältnisse aussagt.
Es wäre falsch, allein aus dem Wasserreichtum eines Flusses auf seinen Fischreichtum
Rückschlüsse zu ziehen. Diese Reservatio mentalis ist besonders bei den Toxikosen
angebracht.

Wenn wir nach der Ursache der Eiweißveränderungen in der normalen Schwangerschaft
fragen, so steht zweifellos der Eiweißbedarf des Feten im Vordergrund. Der schwangere Organismus ist nicht in der Lage, den von Monat zu Monat ansteigenden Eiweißverlust durch die Placenta
aus der Nahrung zu ergänzen.

Auf eine zweite Möglichkeit des Eiweißverlustes in der Schwangerschaft, welcher neuerdings
vermehrte Aufmerksamkeit geschenkt wird, sei kurz verwiesen: In der normalen Schwanger-
schaft ist die Durchlässigkeit der Capillarwand erhöht [SZONTAGH (*300*)]. Die Gefäßpermeabilität
wächst mit jedem Schwangerschaftsmonat und erreicht ihren Gipfelpunkt kurz vor der Geburt.
Nach Untersuchungen von RÖTTGER (*250*) und FRIEDBERG (*66, 68*) ist die Durchlässigkeit der
Zellmembran der roten Blutkörperchen am Ende der Schwangerschaft erhöht. Der für die seröse
Entzündung geprägte Begriff der „Albuminurie ins Gewebe" trifft bereits für die normale
Schwangerschaft zu und kann bei der Toxikose erhebliche Grade erreichen. Da man die Leber als
Hauptbildungsstätte der Eiweißkörper, vor allem der Albumine ansieht, deutet sich ein Circulus
vitiosus an, dessen Anfang mit dem Beginn jeder Schwangerschaft droht. Sein Schluß ist das
Zeichen eines Stoffwechselversagens, klinisch als Schwangerschaftstoxikose bekannt. Der Streit
ist müßig, welcher der beiden Wege der Abwanderung von Eiweiß aus dem mütterlichen Serum als
die primäre Ursache der Stoffwechselvorgänge im schwangeren Organismus bezeichnet werden soll.

II. Schwangerschaftstoxikosen

Unter Toxikose oder Gestose versteht man eine heterogene Sammlung von Krankheiten in der Schwangerschaft. Solange eine ätiologisch begründete Einteilung fehlt, hält man sich zweckmäßigerweise an die Unterteilung in Früh- und Spättoxikosen.

Nach der heute herrschenden Vorstellung entsteht die Hyperemesis gravidarum unter der Wirkung von histaminähnlichen Zerfallsprodukten der Decidua rings um den Trophoblast. Dabei spielen allergische Probleme mit. Die Erregung des Hypothalamus soll die bekannten Begleiterscheinungen im ersten Schwangerschaftsdrittel auslösen [H. Wagner (314)].

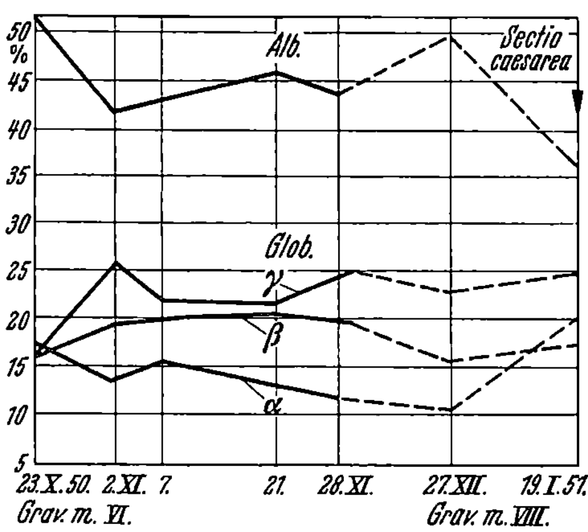

Abb. 63. Pat. Bl.: Verlauf einer Schwangerschaftstoxikose nach Hyperemesis mit Ikterus

Über das Serumeiweißbild bei Hyperemesis gibt die Literatur wenig Auskunft. Bei 5 Fällen von komplizierter Hyperemesis, die in Abständen von wenigen Tagen wiederholt untersucht wurden, sahen wir keine Veränderung der Serumproteine gegenüber der normalen Schwangerschaft. Jedoch fand Schuck (276) in einem Teil der von ihm untersuchten Hyperemesisfälle eine Dysproteinämie im Sinne eines erheblichen Methionindefizits im Plasmaeiweiß. Ähnliche Beobachtungen stammen von Levens (154) und von Veit (309).

Wenn die „Hyperemesis" sich länger hinzieht, als es die Definition der Erkrankung als Frühtoxikose erlaubt, so geht das Krankheitsbild über in eine Organerkrankung mit Leber- oder Nierenschädigung, verbunden mit allen Veränderungen im Serumeiweiß, die diesen Formen eigen sind [Levens (154) und Veit (309)]. Um vor falschen Erwartungen zu warnen, berichtet Abb. 63 von einer Patientin, welche im 6. Schwangerschaftsmonat in bedrohlichem Zustand zur Schwangerschaftsunterbrechung eingewiesen wurde: Seit 5 Monaten unstillbares Erbrechen, jetzt Apathie, Ikterus, granulierte Cylinder im Urin. Das Serumeiweißdiagramm vom Aufnahmetag (23. 10. 1950) weicht nur in einer geringen α- und β-Globulinerhöhung von der Norm des 6. Schwangerschaftsmonats ab. Besserung des Zustandes durch Infusionen, Transfusionen, Nebennierenrindenhormon und Methionin. Am 12. 12. 1950 Entlassung in gutem Zustand. Bei der Nachuntersuchung am 27. 12. 1950 haben sich auch die Globulinfraktionen normalisiert. Unter der Geburt am 19. 1. 1951 — Schnittentbindung wegen Placenta praevia — zeigt das Eiweißbild keine Besonderheiten.

Hier steht dem schweren klinischen Krankheitszustand eine relativ geringfügige Serumeiweißverschiebung gegenüber. Es wird der kasuistischen Sammlung vieler ähnlicher Beobachtungen bedürfen, um die Zusammenhänge klarer zu sehen und z. B. in unserem Falle den prognostisch wichtigen und therapeutisch entscheidenden Schluß zu erlauben, daß bei dem Gegensatz von klinischem Eindruck und elektrophoretischem Laboratoriumsbefund die Prognose günstig sei. Unser Beispiel soll anregen, in möglichst allen Fällen dieser Art den Eiweißstoffwechsel zu untersuchen und die Ergebnisse zu veröffentlichen. Es müßte gelingen, durch solche Beobachtungen die Differentialdiagnose bei der Trennung der beiden Krankheitsbilder „Ikterus in der Gravidität" und „Ikterus durch die Gravidität" zu erleichtern. Auf das Versagen der Leberfunktionsprüfung zu diagnostischen Zwecken dieser Art hat Lax (148) hingewiesen.

Ein anderes Endstadium der „Hyperemesis" stellt die Beobachtung aus Abb. 64 vor. Seit Beginn der Schwangerschaft Erbrechen, seit dem 5. Monat bis zu 30 mal täglich. Aufnahme am 15. 2. 1950 (mens VII) in reduziertem Allgemeinzustand, mit den Zeichen der Exsiccose, mit ikterischen Skleren und anhaltendem Erbrechen. Nach Infusion und Nebennierenrindenhormongabe am 19. 2. 1950 Spontangeburt von Gemini. Schnelle Rekonvaleszenz im Wochenbett. Hier zeigt das Elektrophoresediagramm kurz vor und nach der Geburt einen erstaunlich niedrigen Albumingehalt bei extrem hohem α-Globulin. Die Erholung der Eiweißverschiebung im Wochenbett geht der schnellen Besserung des klinischen Bildes parallel. Dieser Fall demonstriert die deletäre Wirkung des Hungerzustandes bei unstillbarem Erbrechen, hier vielleicht verstärkt durch vermehrten Albuminabbau im mütterlichen Blut infolge des gesteigerten Bedarfes von Zwillingen. Die im Kapitel über das fetale Serumeiweiß mitgeteilten Werte der Zwillinge lassen erkennen, daß die Feten von dem Albuminmangel des mütterlichen Blutes nicht beeinträchtigt worden sind.

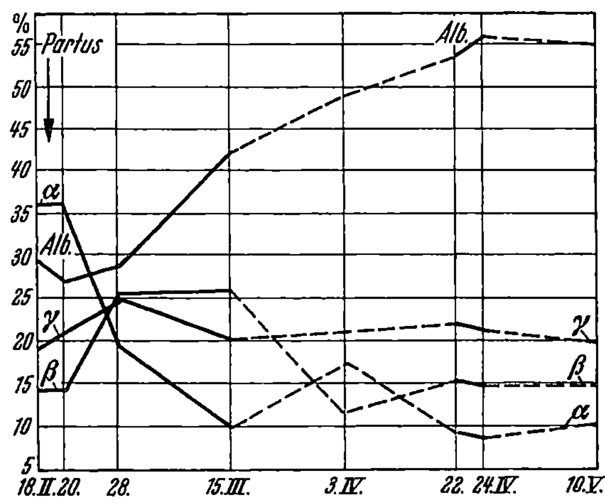

Es ist zweckmäßig, als Arbeitshypothese mit Robert Schröder (275) und seiner Schule den Leistungskampf des Organismus während der Gravidität in 3 Phasen aufzuteilen: Bis zum 4. Monat Stadium der Anpassung, vom 4.—7. Monat Stadium der Toleranz und vom 7.—10. Monat Stadium der Belastung. Mit dieser Anschauung wächst das Verständnis dafür, daß gerade die Stoffwechselstörungen als Zeichen der Insuffizienz des Organismus in den letzten Schwangerschaftsmonaten gehäuft sind.

Die oben erläuterten Verschiebungen des Serumeiweißbildes gehen in der normalen Schwangerschaft bei Versagen des Stoffwechsels fließend über in unphysiologische Bilder. Viele Arbeiten beschäftigen sich mit Einzelbefunden bei Spättoxikosen, aber nur wenige mit der Frage einer gesetzmäßigen Beziehung zwischen klinischem Bild und Serumeiweißveränderung. Dabei gewinnen wir erst nach Kenntnis dieser Wechselwirkungen Verständnis für die praktische Bedeutung des Elektrophoresediagramms bei Toxikosen.

In Tab. 16 überblicken wir die nichtelektrophoretisch gewonnenen Ergebnisse bei Spättoxikosen aus Arbeiten von 1938—1948. Demgegenüber bringt Tab. 17 die durch Elektrophorese erzielten Resultate aus den Jahren 1948—1951. Zu ähnlichen Ergebnissen kommen die mit der Apparatur von Tiselius arbeitenden Autoren Pfau (1951) (230), Glatthaar, Suenderhauf und Wunderly (1951) (76), Suenderhauf und Wunderly (1952) (298), Mack, Robinson, Wiseman, Schoeb und Macy (1951) (178), Mack, Thosteson, Wiseman, Robinson und Meyer (1953) (179, 180), ferner die Untersucher, die sich der Antweiler-Apparatur bedienten: Bleek und Veit (1952) (21) und Levens (1953) (154). Pfau (1954) (232) betont, daß seine papierelektrophoretisch gefundenen Werte vergleichbar sind mit den Ergebnissen der optischen Methoden.

In Tab. 18 stellen wir die Durchschnittswerte aus Tab. 17 den Durchschnittswerten einer Tabelle von Moeller-Christensen und Thygesen (198, 199) von 1945 gegenüber. In dieser Zusammenfassung sind die leichten und schweren Toxikosen nicht getrennt, sondern nur gegenüber der Eklampsie hervorgehoben.

Tabelle 16. *Durch Refraktometrie nach* KJELDAHL *gravimetrisch oder durch Fällung gewonnene Serumeiweißwerte bei leichten und schwereren Toxikosen sowie bei Eklampsie*

Autor	Jahr	Methode	Leichte Toxikose				Schwere Toxikose				Eklampsie			
			Zahl der Fälle	Total-protein g-%	Al-bumin g-%	Glo-bulin g-%	Zahl der Fälle	Total-protein g-%	Al-bumin g-%	Glo-bulin g-%	Zahl der Fälle	Total-protein g-%	Al-bumin g-%	Glo-bulin g-%
SIEDENTOPF (283)	1938	gravimetrisch	—	—	—	—	16	6,13	3,54	2,58	—	—	—	—
INGJULLA (117)	1939	Mikro-KJELDAHL	—	—	—	—	—	—	—	—	2	9,77	6,06	3,18
NEUWEILER (209)	1940	gravimetrisch-KJELDAHL-titrimetriert	27	5,22	2,63	2,62	—	—	—	—	—	—	—	—
ALBERS (3)	1943	gravimetrisch	—	—	—	—	19	5,44	2,52	2,81	—	—	—	—
RINEHARD (249)	1945	Fällungsmethode	—	—	—	—	5	5,6	3,5	2,3	—	—	—	—
SPITZER (284)	1946	KJELDAHL	—	—	3,6	2,9	—	—	—	—	—	—	—	—
MOELLER-CHRISTENSEN u. THYGESEN (198, 199)	1946	Fällungsmethode	8	5,95	3,26	2,69	11	5,40	2,91	2,49	5	5,56	3,27	2,29
NOVAK und LUSTIG (215)	1947	Howe	7	6,25	103 g	116 g	—	—	—	—	—	—	—	—
					gesamtzirkulier. Menge									
LINDEBOOM (161—166)	1948	Howe-Torsten-Theorell	31	6,05	3,58	2,48	—	—	—	—	—	—	—	—

Eine exakte Auswertung dieser Zahlen muß unterbleiben, da die gewonnenen Durchschnittszahlen aus verhältnismäßig wenigen Ausgangsfällen abgeleitet sind und kein homogenes Krankengut umfassen.

Die bisherigen Einteilungsversuche der Toxikosen halten sich an Symptome. LEVENS und EWERBECK (151) dringen tiefer, wenn sie das als Nephropathie bezeichnete Krankheitsbild mit dem Namen einer Hepatopathie belegen. Die funktionelle Anschauung hat vieles für sich, alle Spättoxikosen als gleitende Zwischenstationen aufzufassen auf der Strecke von der normalen Schwangerschaft zur Eklampsie, nur unterschieden durch den Grad der Stoffwechselinsuffizienz und erkennbar an der mehr oder weniger großen funktionellen Störung der einzelnen betroffenen Organe oder Organsysteme. Wir werden sehen, ob die Elektrophorese als Gradmesser dieser Störungen dienen kann.

Aus den Tab. 17 und 18 ergeben sich folgende Erfahrungen: Die Gesamteiweißwerte und die Albumine nehmen von der gesunden, nichtschwangeren Frau über die normale Schwangere linear ab bis zu den leichten und schweren Spättoxikosen; sie erreichen ihren Tiefpunkt bei der klinisch schwersten Form der Spättoxikose, der Eklampsie. Die Albuminverminderung kann erhebliche Grade erreichen: NEUWEILER (209) fand bei seinen 8 Toxikosefällen eine Abnahme der Albumine um etwa 50% gegenüber Nichtgraviden bei Berücksichtigung der absoluten Zahl.

Der Globulinfraktion ist nach neuesten Erfahrungen in der Beurteilung der Spättoxikosen erhöhte Bedeutung beizumessen. Wie schon erwähnt, haben COHN (38) und NEUWEILER (209) die

Tabelle 17. *Durch Elektrophorese gewonnene Serumeiweißwerte bei leichten und schwereren Toxikosen sowie bei Eklampsie*

			Leichte Toxikosen						Schwerere Toxikosen						Eklampsie					
Autor	Jahr	Methode (Apparat)	Zahl der Fälle	Total-pro-tein	Al-bumin	α	β	γ	Zahl der Fälle	Total-pro-tein	Al-bumin	α	β	γ	Zahl der Fälle	Total-pro-tein	Al-bumin	α	β	γ
						\% am Totalprotein oder g-%						\% am Totalprotein oder g-%						\% am Totalprotein oder g-%		
Neuweiler (*210, 211*)	1948 /49	Tiselius	8	5,5 g-%	42,3 %	26,3 %	17,8 %	13,6 %	—	—	—	—	—	—	—	—	—	—	—	—
			8	5,5 g-%	2,3 g-%	1,45 g-%	0,95 g-%	0,8 g-%	—						—			.		
Bleek, Schubert u. Veit (*19*)	1950	Antweiler[1]	—	—	—	—	—	—	—	—	—	—	—	—	10	—	30%	27%	22%	20%
Levens und Ewerbeck (*151*)	1950	Antweiler[1] (Dole-Puffer)	14	5,74 g-%	42,4 %	18,6 %	20,6 %	18,6 %	—	—	—	—	—	—	—	—	—	—	—	—
Friedberg (*67*)	1951	Antweiler[1] (Veronal-Na-Puffer)	—	—	—	—	—	—	14 (10)	6,6 g-%	2,7 g-% 40,9 %	1,2 g-% 18,7 %	1,1 g-% 16,6 %	1,7 g-% 25,7 %	8 (7)	5,7 g-%	2,5 g-% 43,9 %	1,3 g-% 19,2 %	0,84 g-% 14,8 %	1,37 g-% 24,1 %
Durchschnitt[2]			22	5,9 g-%	41,9 % 2,41 g-%	21,0 % 1,23 g-%	18,3 % 1,06 g-%	19,3 % 1,12 g-%				4,0 g-%			17	5,7 g-%	37,0 % 2,1 g-%	23,2 % 1,31 g-%	18,4 % 1,02 g-%	22,0 % 1,25 g-%

Leichte Toxikosen Durchschnitt: 3,41 g-% Eklampsie Durchschnitt: 3,55 g-%

[1] Veronal, Veronal-Na-Puffer.
[2] Die Durchschnittswerte berücksichtigen nicht die Streuung, nicht den statistischen Fehler und nicht die Differenzen, die durch die Methodik gegeben sind. Sie sind deshalb nur untereinander im Vergleich zu verwerten.

Arbeitshypothese aufgestellt, daß eine α-Globulinerhöhung parallel gehen müsse mit einer Blutdruckerhöhung. Leider steht die Wirklichkeit im Gegensatz zu diesen Vorstellungen. Bleek möchte die Eklampsie in α- und β-Typen einteilen je nach der überwiegenden Vermehrung einer dieser beiden Fraktionen. Er vermißt aber bei dieser Einteilung, daß ihr ein charakteristischer klinischer Symptomenkomplex zuzuordnen sei. Levens und Ewerbeck (*151*) machen den Vorschlag, das Krankheitsbild der Nephropathie in drei Gruppen zu untergliedern: Bei allen Gruppen sind die Albumine vermindert; bei Gruppe I und II normalisiert sich das klinische Bild nach der Entbindung schnell; die Globulinveränderung bildet sich in Gruppe I zurück und verschlechtert sich im Sinne einer Dyskolloidose in Gruppe II. Die Autoren ordnen die Gruppe I und II den Hepatosen zu, die Gruppe III den typischen Nephrosen. Hier ist die erhebliche Zunahme der α- und β-Globuline bei unverändertem γ-Globulin charakteristisch.

Tabelle 18. *Durchschnittliche Serumeiweißwerte von leichten und schweren Toxikosen sowie von Eklampsiefällen aus Sammelstatistiken*

Durchschnittswerte aus	Methode	Leichte und schwerere Toxikosen			Eklampsie		
		Total-protein g-%	Al-bumin g-%	Glo-bulin g-%	Total protein g-%	Al-bumin g-%	Glo-bulin g-%
Sammelstatistik von Moeller-Christensen und Thygesen (*198, 199*)	nicht elektrophoretisch	5,64	3,01	2,63	5,61	2,94	2,67
Tab. 17	elektrophoretisch	6,20	2,65	3,70	5,70	2,10	3,55

Von Friedberg (*67*) stammt der Vorschlag einer ähnlichen Einordnung. Er unterscheidet Schwangerschaftstoxikosen mit nephrotischem Einschlag (Gruppe I) von solchen, die mehr den Charakter einer Hepatose haben (Gruppe II). In Gruppe III sammeln sich die häufigen Mischformen.

Während Levens und Ewerbeck (*151*) ihre Einteilung nur auf die Nephropathie beschränken, ordnet Friedberg sowohl die Eklampsie als auch die Präeklampsie seiner Gruppierung unter. Gruppe I von Friedberg (*67*) deckt sich mit Gruppe III von Levens und Ewerbeck (*151*), während Gruppe II von Friedberg (*67*) den Gruppen I und II von Ewerbeck und Levens (*151*) ähnelt. Besonders wertvoll werden die Beobachtungen von Friedberg (*67*) dadurch, daß er in einem Teil seiner Fälle in Gruppe I mit Hilfe der Kreatinin-Clearens-Methode eine renale Störung nachweisen konnte. Hier gab die Leberfunktionsprüfung keine pathologischen Werte. Friedberg (*67*) betont aber, daß er Parallelen zwischen der Stärke der Veränderung in den Eiweißfraktionen und der Schwere des Krankheitsbildes nicht finden konnte. In Gruppe II ließen einige Fälle mit Hilfe der Testacidprobe und der Galaktosebelastung eine Leberschädigung eindeutig erkennen, während hier die Nierentätigkeit kaum beeinflußt war. Auf die jüngsten Untersuchungen von Heller (*95—100*) und Neumann (*208*) über die oxydative Leistung der Leber in der Schwangerschaft und über ihr Versagen bei Toxikosen können wir hier nicht näher eingehen.

Schuck (*276—278*) bezweifelt, daß die Elektrophorese den Weg der Differenzierung der Spättoxikosen zeigt. Er ist mit seinen Untersuchungen über den Aminosäureaufbau des Eiweißes zweifellos „tiefer in die Materie" eingedrungen. Seine Bemühungen sind von größter Wichtigkeit, da unser Wissen über den Methionin- oder Cystinbedarf in der Gravidität und bei Toxikosen mangelhaft ist. Da die Bestimmungsmethoden aber äußerst langwierig und kompliziert sind, so daß sich der klinische Gebrauch vorerst verbietet, glauben wir im Gegensatz zu Schuck (*276—278*), daß die Möglichkeiten der elektrophoretischen Differenzierung noch keineswegs erschöpft sind, sondern der erweiterten Anwendung bedürfen.

Das Ergebnis einer Zusammenstellung der Fälle von Spättoxikosen, die wir (*291, 292*) elektrophoretisch in wiederholten Untersuchungen sammelten, gibt Tab. 19. Hier wird das klinische Bild in Beziehung zum Elektrophoresediagramm gesetzt. Bei dem Versuch einer Ordnung entstehen 3 Gruppen, die alle gegenüber der Norm des entsprechenden Schwangerschaftsmonats eine Albuminverminderung zeigen. Diese 3 Gruppen unterscheiden sich in ihrer Globulinfraktion:

In Gruppe I sind α- und β-Globulin meistenteils vermehrt, während γ-Globulin vermindert oder unverändert ist.

Gruppe II ist ausgezeichnet durch prinzipielle Vermehrung der γ-Globuline, die α- und β-Fraktionen sind unwesentlich erhöht; eine dieser beiden Fraktionen kann auch vermindert oder normal sein.

Gruppe III umfaßt Fälle mit vorwiegender Vermehrung der α- und γ-Komponente, wobei auch das β-Globulin verstärkt ist.

Tabelle 19. *Versuch einer Systematik der Spättoxikosen in der Schwangerschaft*

	Albuminurie	Ödeme	Blutdruck-erhöhung	Serum-albumin	S-Globuline			Elektrophorese-diagramm
					α	β	γ	
Nicht schwangere Frau	$\emptyset$	$\emptyset$	$\emptyset$	=	=	=	=	a
Normale Schwangere	(+)	(+)	$\emptyset$	$\downarrow$	$\uparrow$	$\uparrow$	=	b
Nephrogene Spättoxikose	+	++	$\emptyset$	$\downarrow\downarrow$	$\uparrow\uparrow$	$\uparrow\uparrow$	$\downarrow$	c
Hepatogene Spättoxikose	+	+	++	$\downarrow\downarrow$	$\uparrow$o.=	$\uparrow$o.=	$\uparrow\uparrow$	d
Hepatorenale Spättoxikose	+++	++	++	$\downarrow\downarrow$	$\uparrow\uparrow$	$\uparrow$o.=	$\uparrow\uparrow$	e

Erklärung: = normal, $\uparrow$ vermehrt, $\downarrow$ vermindert ($\uparrow$ schwach, $\uparrow\uparrow$ stärker).

Es besteht also im Bereich der Globuline in Gruppe I eine sog. Rechtsverschiebung zur fein-dispersen Phase, in Gruppe II eine Linksverschiebung zur grob-dispersen Phase.

Wir lehnen uns hiermit an den Vorschlag von FRIEDBERG (*67*) an und bezeichnen entsprechend den Reaktionskonstellationen von WUHRMANN (*321*)

Gruppe I als *nephrogene Spättoxikose,*

Gruppe II als *hepatogene Spättoxikose,*

Gruppe III als *hepatorenale Spättoxikose,* identisch mit FRIEDBERGs (*67*) Mischform und im Anklang an den Begriff des „hepatorenalen Symptomenkomplexes" aus der inneren Medizin.

Jede Einteilung würde den klinischen Tatsachen Gewalt antun, wenn sich nicht von selbst verstünde, daß es falsch ist, funktionelle Störungen im Organismus in ein starres System zu zwängen. Unsere Definition läßt Spielarten zu und gestattet, daß Gruppe I oder Gruppe II übergeht in Gruppe III. Es soll mit der Einordnung einer Erkrankung in eine bestimmte Gruppe nur der Status festgelegt werden, um nach Möglichkeit therapeutisch sinnvoll einzugreifen. Es ist zu früh, in der Ätiologie über ein Primat der Leber- oder Nierenschädigung zu diskutieren. Wir wollen mit einem Schema die Basis für vergleichende Beobachtungen eines größeren Krankengutes von verschiedenen Autoren schaffen. Man wird lernen, ob unsere Deduktion, die sich auf relativ wenige Fälle aufbaut, falsch oder richtig war.

Mit der Bezeichnung „hepatogen" und „nephrogen" möchten wir weniger zum Ausdruck bringen, daß die Ursache der Spättoxikose primär in der Leber oder in der Niere zu suchen sei, es soll nur gesagt sein, daß die klinischen Symptome des Falles in Übereinstimmung mit dem Elektrophoresediagramm eine überwiegende Nieren- oder Leberschädigung andeuten.

Therapeutisch erwächst die Aufgabe, den Circulus vitiosus der Stoffwechsel-insuffizienz, charakterisiert durch kolloid-osmotischen Druckverlust des Blutserums und erhöhte pathologische Permeabilität der Capillarwand, irgendwo zu unterbrechen.

Theoretisch dürfte angesichts des Albuminabfalls im Serum die Therapie der Spättoxikose mit Humanalbumin zweckmäßig sein. TAYLOR (302) sah in einem Falle von Präeklampsie mit Anurie auch nach Infusionen von Plasma und großen Mengen Glykose keine Besserung. Nach der Zufuhr von 10 g Humanalbumin in 200 cm³ 10%iger Glykoselösung entleerten sich sofort 275 cm³ Urin. Postoperativ und am ersten Tag nach der Operation wurde nochmals Humanalbumin gegeben. Die Eiweißwerte veränderten sich innerhalb von 5 Tagen von 4,15 g-% Totalprotein auf 5,77 g-%, von 2,81 g-% Albumin auf 3,37 g-%, von 1,34 g-% Globulin auf 2,20 g-%.

Derartige Mitteilungen sind selten [HELLER (102—104), HELLER und KRAUSE (101)].

Wir haben bei einer Patientin mit schwerer Präeklampsie 3 Tage nach der Schnittentbindung wegen Verschlechterung des Allgemeinzustandes, konstanter Hypertonie und anhaltender Eiweißausscheidung im Urin eine intravenöse Dauertropfinfusionvon 250 cm³ 5%iger Humanalbuminlösung der Behring-Werke gegeben. Sofort nach Einlaufen der Lösung trat ein heftiger Schüttelfrost ein, 1 Std. später fühlte sich die Patientin wesentlich besser. In Abb. 65 ist die günstige Entwicklung des klinischen Bildes erkennbar.

Auf die vielen erfolgversprechenden Versuche, mit depressorischen Substanzen den Zustand der Eklampsie und Präeklampsie zu bekämpfen, sei hier nicht eingegangen [SAUTER (259), FRIEDBERG und SCHANZ (69)].

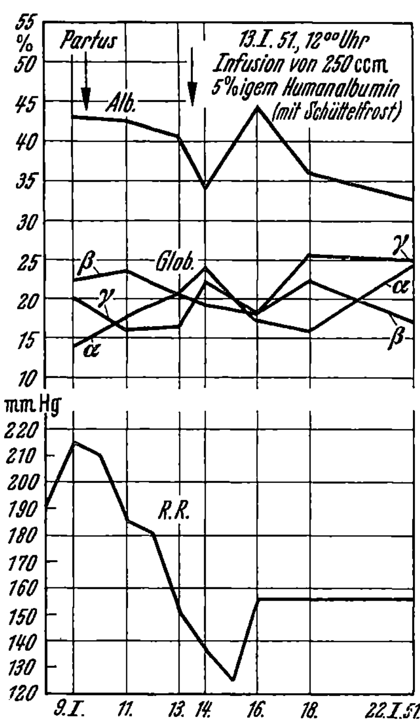

Abb. 65. Pat. Fr.: Präeklampsie (hepatorenale Spättoxikose) mit Schnittentbindung. Am 3. Wochenbettstag Verschlechterung des Zustandes. Nach Zufuhr von Humanalbumin schnelle Besserung

Wir sehen, daß der elektrophoretischen Deutung vorläufig ein Nachteil anhaftet: Es fehlt die erforderliche Erfahrung in der Auswertung, so daß man Gefahr läuft, unspezifische Veränderungen für spezifische zu halten. Wir glauben aber, daß das Elektrophoresediagramm unentbehrlich werden wird für die klinische Beurteilung der Schwangerschaftstoxikose und daß es große Dienste leisten kann in der Indikationsstellung neuer Therapieversuche und ihrer Kontrolle. Ob es auf prognostische Fragen antwortet, läßt sich noch nicht übersehen.

III. Geburt und Wochenbett

Angesichts der Verschiebungen des Serumeiweißbildes im Laufe der Schwangerschaft ist zu erwarten, daß sich diese Veränderungen im Wochenbett parallel zu den Vorgängen am weiblichen Genitale zurückbilden und der Ausgangsnorm nähern. Dies ist auch der Fall, wie übereinstimmend von den meisten Untersuchern gefunden wurde [LEVY-SOLAL (*157*); LINDEBOOM (*161, 166*); HOCH und MARRACK (*107*); HAMILTON und HIGGINS (*89*); ALBERS (*3*); MILLER und CROMBIE (*197*)]. Nur über die Schnelligkeit der Rückbildung gehen die Ansichten der Autoren auseinander. Die Meinungsverschiedenheit ist offensichtlich durch zu kurz dauernde Beobachtung und zu selten wiederholte Blutbestimmung bedingt.

Der Verlauf der postpartalen Serumeiweißverschiebungen geht aus Kurven hervor, die wir durch die Untersuchung von 14 Wöchnerinnen mit normalem Wochenbett nach ungestörter Schwangerschaft mit glatter Geburt vom Augenblick der Entbindung an über einen Zeitpunkt von 6—8 Wochen gewonnen haben (Abb. 66).

Zwischen dem 4.—6. Wochenbettstag ist im allgemeinen der Tiefpunkt jener Serumeiweißveränderungen erreicht, die unmittelbar auf die Geburt folgen. Von diesem Punkt an steigen Gesamteiweiß und Albumin kontinuierlich an, während α- und β-Globulin abfallen und γ-Globulin unverändert bleibt. Zwischen dem 40. und 60. Tag des Wochenbetts haben die Serumeiweißwerte die Norm der nichtschwangeren Frau erreicht.

In Abb. 67 illustrieren wir einen typischen Fall mit glattem Wochenbettsverlauf.

Wir konnten mit PROSKE (*241*) durch Untersuchung von 10 Müttern von Zwillingen nachweisen, daß bei ihnen die Werte des Gesamteiweißes und des Albumins in stärkerem Maße vermindert sind unter der Geburt und daß der Anstieg dieser Werte im Wochenbett verzögert ist gegenüber der Norm bei Müttern von Einzelkindern.

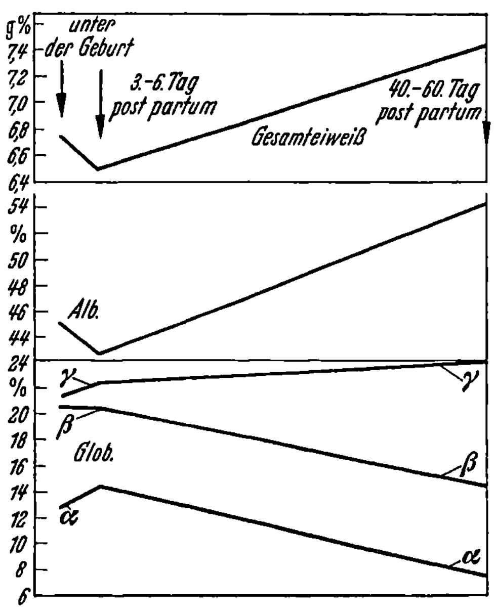

Abb. 66. Serumeiweißveränderungen im Wochenbett. (Durchschnitt von 14 Fällen nach glatter Geburt. Apparat ANTWEILER, MICHAELIS-Puffer, p_H 8,46)

Vergleichsuntersuchungen von Venen- und Retroplacentarblut liegen von BLEEK und HARTMANN (*20*), ferner von CHR. SCHAEFER (*266*) vor: Wie erwartet, entsprechen die Serumeiweißwerte im Retroplacentarblut den für die Spätschwangerschaft charakteristischen Veränderungen im Venenblut. Zu demselben Ergebnis kommen M. A. FRUNDER und H. FRUNDER (*70*) mit papierelektrophoretischer Methode.

Naturgemäß wirken sich Störungen in der Nachgeburtsperiode oder des Wochenbetts, welche klinisch zu einer verzögerten Rekonvaleszenz führen, auch im Serumeiweiß aus, so z. B. Atonie, Fieber, interkurrente Erkrankungen. Eine weitere Möglichkeit der verzögerten Rückbildung des Eiweißbildes im Wochenbett bringt Abb. 68: eine hepatorenale Form der Spättoxikose mit anhaltend niedrigem Albuminspiegel und gleichzeitig relativer Vermehrung der α- und β-Globuline, bei Verminderung des γ-Globulins im Wochenbett bis zum 21. Tage post partum. Erst dann erholen sich die Albuminwerte innerhalb von 15 Tagen und steigen an bis zum 64. Tag, dem Tag der letzten Blutbestimmung. Die Globulinfraktionen normalisieren sich ebenfalls vom 21. Wochenbettstage an.

In diesem Falle wäre es wahrscheinlich möglich gewesen, durch Humanalbuminzufuhr oder auch durch Gabe von bestimmten Aminosäuren die verzögerte Erholung des Serumeiweißbildes abzukürzen. Wir wissen noch nicht, ob ein durch die entsprechende Therapie gebessertes Elektrophoresediagramm im Wochenbett verbunden ist mit schnellerer Rekonvaleszenz, besserer Involution der Genitalorgane und damit gleichzeitig evtl. gesteigerter Lactation. Auch hier könnte die Bedeutung der Elektrophorese darin bestehen, die Indikation zur spezifischen Therapie zu stellen und ihren Erfolg zu kontrollieren.

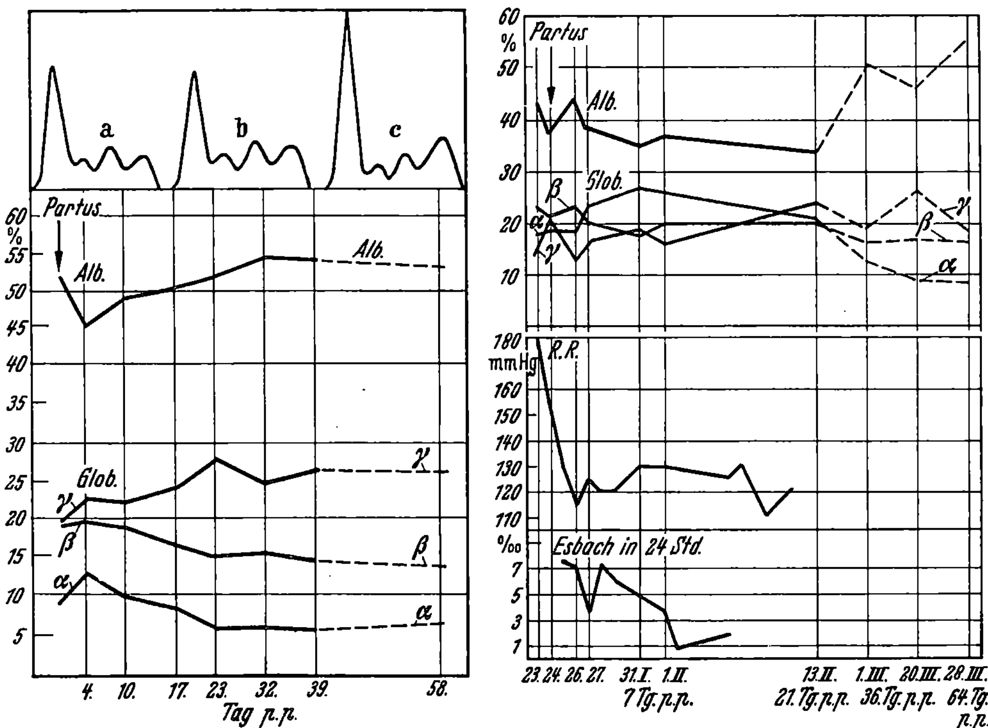

Abb. 67. Pat. Pl.: Normales Wochenbett nach Spontangeburt. Diagramm a): unter der Geburt, b): vom 4. und c): vom 58. Tag post partum. Kurven vom 1.—58. Wochenbettstag

Abb. 68. Pat. He.: Verzögerte Regeneration des Serumeiweißbildes im Wochenbett bei hepatorenaler Spättoxikose

IV. Feten und Neugeborene

Wer die Frage nach dem Eiweißgehalt des fetalen Blutes stellt, erwartet von ihrer Beantwortung außer der Mitteilung der tatsächlichen Werte in den verschiedenen Altersstufen des embryonalen und fetalen Lebens einen Zuwachs an Wissen über phylogenetische und ontogenetische Probleme, über die Placentadurchlässigkeit im Stoffaustausch zwischen Mutter und Kind und über die Herkunft und Bildung der Eiweißkörper.

Im Gegensatz zum Salzgehalt ist der Eiweißgehalt der Blutflüssigkeit in der Wirbeltierreihe sehr unterschiedlich [Krüger (*134*); Hausmann (*94*)].

Bevor wir auf die Herkunft der Eiweißkörper und die Rolle der Placenta bei der Bildung oder Durchlässigkeit der Eiweißfraktionen eingehen, müssen wir uns über die tatsächlichen Werte bei Feten und Neugeborenen orientieren. Die Beobachtungen von Knoll (*129*) und Sievers (*130*), Darrow und Cary (*41*), Künzer, Zanner und Zeisel (*137*), Rapoport, Rubin und Chaffee (*244*), McMurray, Roe und Sweet (*192*), Rimington und Bickford (*248*), G. W. Schmidt (*272*) sind aus methodischen Gründen unterschiedlich. Die wenigen, bisher vorliegenden elektrophoretischen Untersuchungen stammen von Moore, du Pan und Mitarbeitern (*202*), von Ewerbeck und Levens (*59*), von Pfau (*229*) [mit Papierelektrophorese (*232*)], ferner von uns in Zusammenarbeit mit Grell (*81, 82, 83*).

Moore und du Pan (*202*) haben mit der Tiselius-Apparatur das Blut von 6 Feten vom 3.—9. Schwangerschaftsmonat untersucht. Sie fanden, daß im Laufe des fetalen Lebens der Gesamteiweißgehalt des Blutes kontinuierlich ansteigt. Das Serumalbumin nimmt absolut zu und relativ von 73,1% im 3. auf 65,6% im 9. Monat ab. Die α- und β-Globuline vermindern sich nicht wesentlich. Die wichtigsten Veränderungen spielen sich am γ-Globulin ab: Die γ-Globuline steigen von 5,8% im 3. auf 23,4% im 9. Monat.

Tabelle 20. *Dysproteinämie der Mutter und Euproteinämie des Neugeborenen*

Name	H. M.	He.	F.	L. Sch.	Bl.
Art der Erkrankung	Hyperemesis und Hungerzustand[1])	Hepatorenale Spättoxikose[2])	Hepatorenale Spättoxikose[3])	Hepatogene Spättoxikose[4])	Toxikose nach Hyperemesis[5])
Kind	Spontangeburt Gemini mens VII.	Forceps, ausgetragen	Sectio, ausgetragen	Spontangeburt mens VIII	Sectio wegen Blutung, nicht ausgetragen, mens X

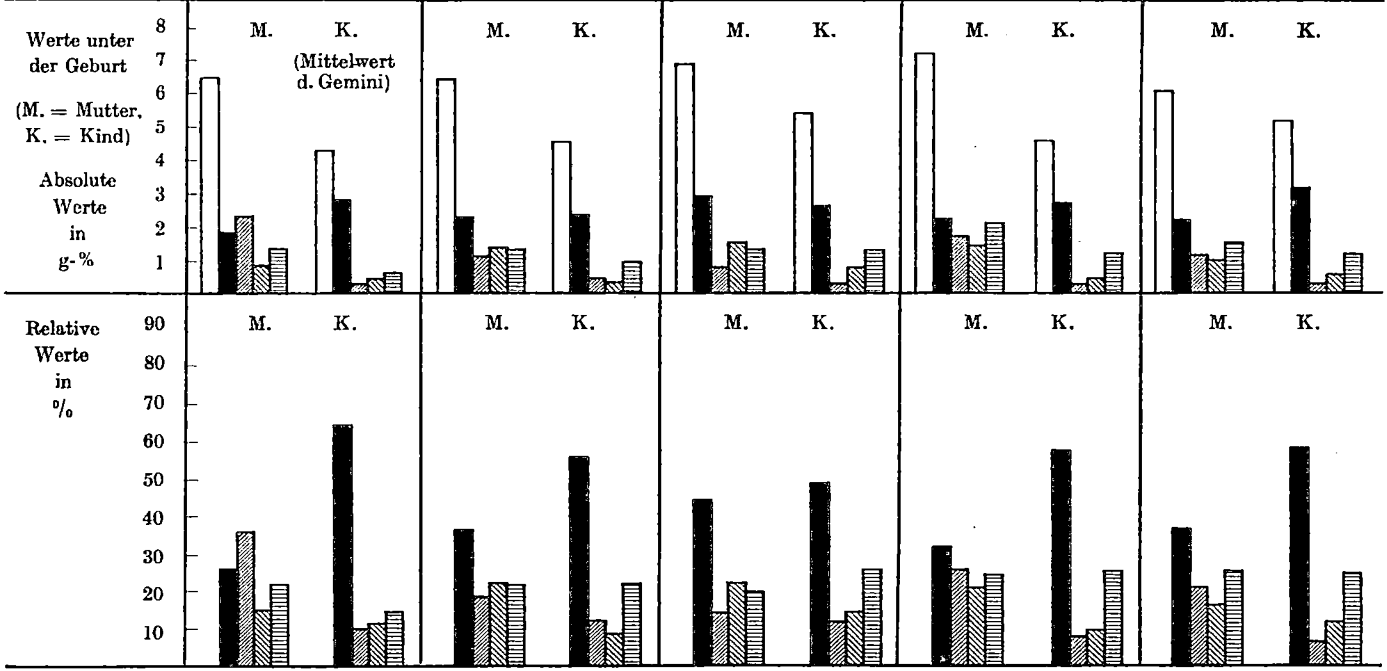

Werte unter der Geburt (M. = Mutter, K. = Kind)

Absolute Werte in g-% (8, 7, 6, 5, 4, 3, 2, 1) — M. / K. (Mittelwert d. Gemini)

Relative Werte in % (90, 80, 70, 60, 50, 40, 30, 20, 10) — M. / K.

Erklärung: ☐ Gesamteiweiß in g-%, ■ Albumin in %, ▨ α-Globulin in %, ▧ β-Globulin in %, ▤ γ-Globulin in %.

[1] Siehe Abb. 64. [2] Siehe Abb. 68. [3] Siehe Abb. 65. [4] Lebensfähige Frühgeburt. [5] Siehe Abb. 63.

Von Ewerbeck und Levens (*59*) liegen 20 Blutbefunde vor [Apparat Antweiler (*4*)], darunter 7 Neugeborene aus dem 10. Monat und 13 Feten aus den früheren Monaten. Die Befunde dieser Autoren decken sich weitgehend mit den Werten von Moore und du Pan (*202*). Die von Pfau (*229*) mit der Apparatur von

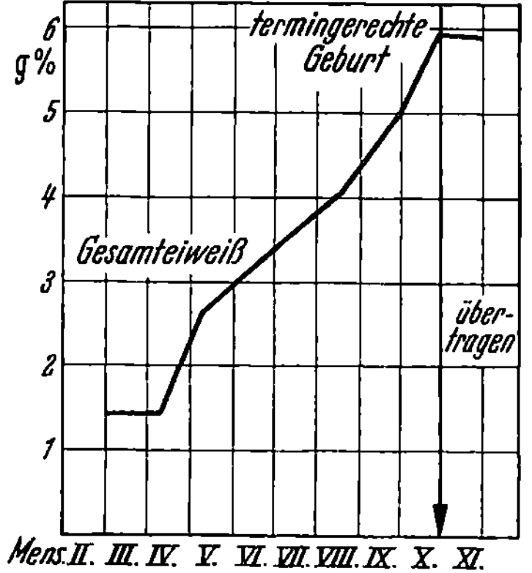

Abb. 69. Gesamteiweiß des Serums in der Entwicklung des Feten, beim Neugeborenen und bei übertragenen Kindern

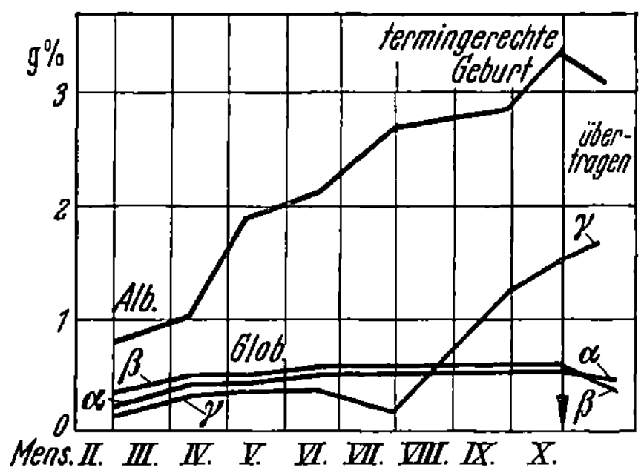

Abb. 70 Absolute Serumeiweißwerte bei Feten, Neugeborenen und übertragenen Kindern

Tiselius vorgenommenen Untersuchungen stimmen in vielen Punkten, abgesehen in der Ansicht von übertragenen Kindern, überein mit unseren Ergebnissen.

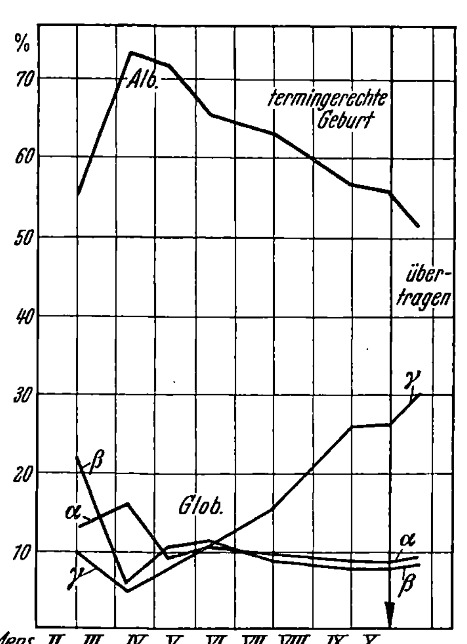

Abb. 71. Relative Serumeiweißwerte bei Feten, Neugeborenen und übertragenen Kindern

Aus Abb. 69 ist das Verhalten des Proteins in der fetalen Entwicklung auf Grund eigener Untersuchungen an 72 Feten und Neugeborenen zu ersehen: Die Gesamteiweißwerte steigen kontinuierlich an bis zum regelrechten Geburtstermin, der mit 5,87 g-% erreicht ist. Wenn wir die absoluten Werte der Fraktionen in Abb. 70 betrachten, fällt auch in unserer Kurve der erstaunliche Anstieg des γ-Globulins von 0,08 g-% im 3./4. Monat auf 1,61 g-% im 10. Monat auf, also eine Zunahme um das Zwanzigfache. Die Albumine vermehren sich kontinuierlich, während α- und β-Globuline nur geringe Veränderungen zeigen. Aus Abb. 71 geht die prozentuale Verschiebung der Fraktionen untereinander hervor: Die Albumine fallen ab von 73,2% im 3./4. Monat, α- und β-Globuline bleiben konstant, dagegen steigt das γ-Globulin auch relativ von 5,2% im 3./4. Monat auf 27,5% im 10. Monat.

Über das Serumeiweißbild des übertragenen Kindes, das für den Geburtshelfer praktische Bedeutung gewinnen kann, ist bisher nichts bekannt. Aus den in Abb. 69, 70 und 71 niedergelegten Werten der 17 übertragenen Kinder unserer Zusammenstellung läßt sich ablesen, daß sich nach Überschreiten des regelrechten Geburtstermins das Gesamteiweiß nicht ändert; es setzt sich also von diesem Zeitpunkt an der intrauterine gleichbleibende Anstieg nicht fort. Das Albumin vermindert sich absolut und relativ; α- und β-Globulin bleiben indifferent, während die γ-Globulinfraktion absolut und relativ ansteigt bis auf 1,84 g-% oder 30,9%.

Um das Verhalten der Eiweißfraktionen des übertragenen Kindes zu bewerten, müssen wir die Zahlen des ausgetragenen, termingerecht geborenen Neugeborenen in den ersten Tagen nach der Entbindung kennen. Aus den Arbeiten von MOORE, DU PAN und BUXTON (202) wissen wir, daß die Entwicklung der Blutserumwerte im extrauterinen Leben nach termingerechter Geburt entgegengesetzte Tendenzen zeigt: Anstieg des Gesamteiweißes; langsame Zunahme des Albumingehaltes; erhebliche Vermehrung der α- und β-Globuline in den ersten 5 Tagen nach der Geburt; schnelle Verminderung des γ-Globulins um 100% in den ersten 3 Tagen.

Wir möchten den eigenartigen Entwicklungsverlauf der Eiweißfraktionen im Serum des *übertragenen Kindes* als pathologisch, als Ausdruck einer *Schädigung des Organismus* deuten.

Unsere Befunde bei normalen Neugeborenen stehen in Übereinstimmung mit den von verschiedenen Untersuchern mitgeteilten Serumeiweißwerten von Frühgeburten und Neugeborenen [KROPP (133), LONGSWORTH, CURTIS und PEMBROKE (173)].

Entgegen der Meinung von NOVAK und LUSTIG (215), daß die Hypoproteinämie der Mutter eine physiologische Maßnahme des Körpers zur Angleichung an die fetalen Blutverhältnisse darstelle, müssen wir aus einem Vergleich der gleichzeitigen Entwicklung der mütterlichen und fetalen Eiweißkurve schließen, daß im allgemeinen keine erkennbaren Zusammenhänge bestehen. Es ist schon von LAGERCRANTZ (139), ferner von EWERBECK und LEVENS (59) betont worden, daß auch extreme Serumeiweißverschiebungen der Mutter bei Toxikosen sich auf die Zusammensetzung der Serumproteine des Neugeborenen nicht auswirken [BLEEK und HARTMANN (20), CHR. SCHAEFER (266), PROSKE (241)].

Wir bringen zur Illustration dieser Fragestellung, welche die Herkunft der Eiweißkörper und die Bedeutung der Placentaschranke beleuchtet, in Tab. 20 eine synoptische Darstellung jener Fälle, wo dem pathologisch veränderten Serumeiweißbild der Mutter eine physiologische Zusammensetzung des fetalen Bluteiweißes gegenübersteht. Es handelt sich um 5 Beobachtungen, deren klinisches Substrat an anderer Stelle mitgeteilt wird.

Soweit uns bekannt ist, konnte bisher nur 1 Fall mitgeteilt werden [GRELL und STÜRMER (83)], in dem die Bluteiweißwerte von Mutter und Kind nicht differieren, sondern übereinstimmen: Die klinischen Daten lauten folgendermaßen: Mutter G. Schm., 31jährige Viertgebärende, Heirat 1940, Partus 1942, Kind lebt. 1943 Abortus mens III, 1944 Totgeburt mens VII. Zweite Heirat 1946. 1948 Abortus mens I. Jetzt am 15. 11. 1950 Spontanpartus mens VII—VIII: weibliches Kind, 38 cm, 950 g. Kind am 20. 11. an „Lebensschwäche" gestorben. Obduktion verweigert.

Serologisch: Ehemann: A_1, Rh, Ehefrau 0, rh, keine initiale Hemmung. Im Blut der Mutter α-Titer von 1:128 in Kochsalz, 1:1024 in Gelatine. Im Blut des Kindes keine Antikörper nachweisbar. Bei der Mutter: Wa.R. positiv, Meinicke positiv, Sachs-Witebsky 2fach positiv.

Tab. 21 bringt die Werte vom 17. 11. 1950:

Tabelle 21

Fall G. Schm.	Gesamt-eiweiß g-%	Albumin	α-Globulin	β-Globulin	γ-Globulin
Mutter	6,7	44,1%=2,95g-%	14,1%=0,95g-%	19,8%=1,33g-%	22,0%=1,47g-%
Kind	6,8	41,9%=2,85g-%	15,8%=1,08g-%	20,7%=1,41g-%	19,3%=1,46g-%

Hierbei ist zu berücksichtigen, daß die Kombination von Lues und Erythroblastosekonstellation selten ist; wir möchten anregen, auf solche Beobachtungen zu achten.

Was die Frage der Erythroblastose und ihre Beziehungen zum Bluteiweißbild des Neugeborenen anbelangt, wissen wir aus eigener Beobachtung [GRELL und STÜRMER (*83*), STÜRMER, GRELL und PROKOP (*295*)], daß bei manifester Erythroblastose die Bluteiweißwerte des Kindes durchaus der Norm gesunder Kinder entsprechen können. BECK (*9*) hat 8 Kinder mit Erythroblastose papierelektrophoretisch nach GRASSMANN untersucht, auch 2 Fälle nach Blutaustauschtransfusion; die Werte differieren stark und bedürfen sorgfältiger Nachprüfung.

V. Menstruationscyclus

Die bisherigen, wenig zahlreichen Untersuchungen über die Abhängigkeit der Serumkolloide vom Cyclus der Frau geben nur scheinbar ein einheitliches Bild. Man ging von den bekannten Veränderungen der Serumeiweißkörper in der Schwangerschaft aus und erwartete ähnliche, wenn auch kleinere Verschiebungen im Eiweißbild während des Cyclus.

Diesen Erwartungen kamen die Untersuchungsergebnisse von EUFINGER und GOLDENER (*56*), DANFORTH, BOYER und GRAFF (*40*), ferner von ALBERS (*3*) entgegen.

Bei diesen Untersuchungen, wo es auf wiederholte Blutabnahme bei der Versuchsperson ankommt, zeigt sich die Überlegenheit der Mikroelektrophorese gegenüber allen Makrobestimmungen. Die benötigte, sehr viel kleinere Blutmenge stellt keine Belästigung dar. Mit der Mikromethode konnten wir diese Frage systematisch aufgreifen [ECKER (*50*)].

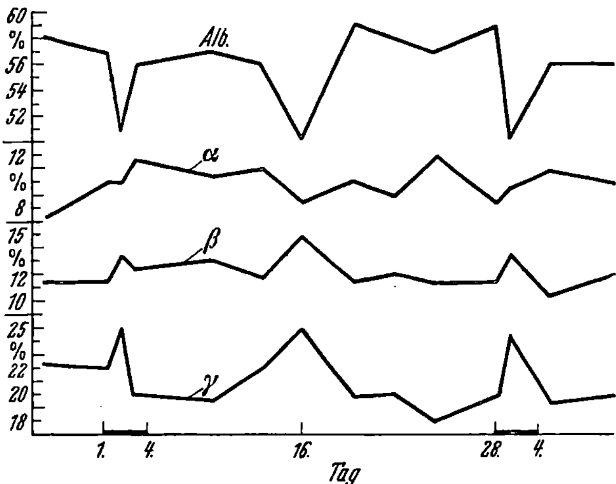

Abb. 72. Serumeiweißwerte im Cyclus mit Albuminzacke während der Menstruation und zur Zeit der Ovulation

Wir (*291, 292, 296*) fanden zwei charakteristische Veränderungen der Eiweißfraktionen im ungestörten Menstruationscyclus: einen Abfall des Albumins vom 2.—4. Tag der Menstruation bei entsprechender Albuminzacke von 24—48 Std. Dauer zur Zeit der Ovulation (Abb. 72). Da wir diese Feststellungen in 3 Versuchsreihen an 37 Frauen getroffen haben, halten wir die Serumeiweißverschiebung für gesetzmäßig. Eine Veränderung des Totalproteins konnten wir mit unserer Methodik nicht konstatieren.

Die ovulatorische Eiweißveränderung hat in Form und Dauer große Ähnlichkeit mit der menstruellen. Damit wird die Deutung von ALBERS (*3*) fraglich, daß es sich während der Menstruation um die Folge von Wundverhältnissen handele. Die Reaktion auf Resorptionsvorgänge nach Verwundungen pflegt nicht so kurzdauernd zu sein, wie wir aus dem Studium des postoperativen Zustandes wissen. Wahrscheinlicher scheint uns, daß beide Eiweißveränderungen auf andere, gemeinsame Ursachen — vermutlich neuro-hormonale — zurückzuführen sind.

Wir messen der *ovulatorischen Albuminverminderung* als *Methode zur Bestimmung des Ovulationstermins* praktische Bedeutung bei.

Neben den direkten Methoden der Biopsie der Ovarien bei der Operation und der Endometriumschau nach Abrasio halten wir sie unter den indirekten Methoden für eine der exaktesten und sichersten; sie ist ohne Störung des Cyclus durchführbar, ähnlich dem Ratten-Ovulationstest von FARRIS (*61*). Demgegenüber ist die Pregnandiolbestimmung für den klinischen Gebrauch zu kompliziert und ungenau [PLOTZ und DARUP (*235*)]. Die Untersuchung des Vaginalsmears hat nach ROTH (*257*) für diese Fragestellung keine praktische Bedeutung wegen der großen Schwierigkeit der Untersuchungstechnik; die Beurteilung des Cervixschleims zur Cyclusdiagnose ist schwierig und erfordert Spezialerfahrung; die Verwendung der Basaltemperaturkurve wird von vielen Autoren angewandt, sie ist aber wenig exakt für die Bestimmung [PLOTZ (*234*)] des genauen Ovulationstermins [FARRIS (*61*)].

Durch PÖTTER (*239*) haben wir in direktem zeitlichem Anschluß an die Albumin-zacke in 10 Fällen eine durch Operation gewonnene Excision des jungen Gelbkörpers im Ovar bzw. in 5 Fällen das Abrasionsmaterial histologisch untersuchen lassen und dadurch den exakten Beweis für die Bedeutung dieser Albuminverschiebung erbracht.

Entgegen der Meinung von DÖRING und WEBER (*45*), auch aus den Schwankungen des Gesamt-eiweißgehaltes des Blutserums im Menstruationscyclus lasse sich der Ovulationstermin ablesen, halten wir [STÜRMER und WARKALLA (*296*)] daran fest, daß dies nicht möglich ist, sondern man auf die Beobachtung der Albuminkurve angewiesen bleibt.

Wir werden in den nächsten Kapiteln näher auf hormonale Vorgänge im Serum-eiweißbild eingehen. An die Möglichkeit einer direkten gegenseitigen Einflußnahme lassen die neuesten Untersuchungen von SCHÄFER (*260, 261*) und Mitarbeitern (*262, 263, 264*) über das Plasmalogen denken. Diese lipoide Substanz, ein Monoamino-phosphatid, ist auch im Serum der Frau vorhanden und zeigt eine erstaunliche quantitative Abhängigkeit von der Ovarialfunktion; sie nimmt zu während der Menses, fällt im Postmenstruum ab, steigt dann an und erreicht den Höchstwert zwischen dem 13. und 17. Cyclustag. Dann vermindert sie sich wieder bis zum Beginn der nächsten Menses. Es wäre verfrüht, diesen Verlauf mit unseren Serum-eiweißfraktionen in Beziehung zu bringen und von einer gemeinsamen hormonalen Steuerung zu sprechen.

VI. Hormonale Störungen in Klinik und Tierexperiment

Die Physiologie kann auf zwei wichtige Fragen bisher keine befriedigende Antwort geben: Wo werden die Bluteiweißkörper gebildet und wodurch wird die Konstanz der Bluteiweißkörper garantiert?

Da wir glauben, daß die Hormone mit dem Schicksal der Plasmaproteine irgendwie verknüpft sind, interessiert uns das Verhalten der Eiweißfraktionen bei innersekretorischen Störungen. Aus dem spärlichen Wissen über diese Zusammenhänge läßt sich noch kein abgerundetes Bild geben, zumal wir teilweise auf Arbeiten aus der Zeit vor Einführung der Elektrophorese angewiesen sind [MacCOLLUM (*177*), BICKENBACH (*16*) VON FALKENHAUSEN und GAIDA (*60*), BERTRAM (*15*), SHER (*282*), PLOTZ (*233*), KÜHNAU (*135*), SCHEUNERT (*268*), M. J. BROWN (*30*), SEEL (*280*), KLEBANOW (*128*), STÜRMER (*291*), VON SCHMELING (*270*) und WAHLEN (*315*), FREU-DENBERG (*65*), PALADINO (*221*), LAROCHE und HOCHFELD (*146*), ALBERS (*3*), NIELSEN (*213*), MESSINGER (*194*), PODHRADSZKY (*236—238*), GÜLZOW und PICKERT (*85*), ABELS, NELSON, JOUNG und TAYLOR JR. (*2*), TAUSCHWITZ (*301*)].

Auch die Tierversuche, die sich mit den Beziehungen zwischen Hormon und Bluteiweiß befassen, geben ein vielseitiges Bild [PODHRADSZKY (*236—238*)].

Einige elektrophoretische Studien an Tieren befassen sich mit der Wirkung von Hypophyse und Nebennierenrinde. WHITE und DOUGHERTY (*316*) stellten an un-behandelten Ratten und Mäusen fest, daß Injektionen von adrenocorticotropem Hypophysenhormon ein deutliches Absinken der Konzentration des β- und γ-Globu-lins mit geringer Verminderung der Serumalbuminkonzentration bewirken. Die Injektion von corticotropem Hormon bei Kaninchen ruft eine 24 Std. andauernde Erhöhung der Globuline, besonders des γ-Globulins hervor. Übereinstimmend fanden MOORE, LEVIN und LEATHEM (*201*), LEVIN und LEATHEM (*156*), ferner LI (*158*) bei Ratten nach Hypophysektomie eine Abnahme des Totalproteins und derAlbumine mit Zunahme der Globuline. Dagegen zeigten die hypophysektomierten Tiere nach Gabe von Nebennierenrindenhormon kaum eine Abnahme der Albumine und keinerlei Veränderung der Globuline [Li und Reinhardt (*159*)]. Levin (*155*) und Leathem (*156*) äußern die Ansicht, daß die bei Hypophysektomie gesehenen Eiweißveränderungen unter Kontrolle der Nebennierenrinde erfolgen. Auch die Versuche von Levin (*155*) lassen vermuten, daß die Auswirkungen auf das Bluteiweiß nicht dem corticotropen Hypophysenhormon, sondern dem Nebennierenrindenhormon zukommen. Zur Kritik dieser Tierversuche ist aber zu sagen, daß sie nicht beweisend sind, weil die meisten Bestimmungen zu früh nach dem operativen Eingriff vorgenommen worden sind. Den Einfluß einer Operation auf das Eiweißbild werden wir unten kennenlernen; sie ist hier z. B. die Verhinderung des Albuminabfalls bei Nebennierenrindenhormongabe vielleicht nur als Wirkung auf die postoperative Erkrankung anzusehen.

Über die Bindung der Hormone an die Bluteiweißkörper wissen wir nur wenig.

Überblickt man die klinischen Beobachtungen und die Tierversuche, so erwächst die Forderung, mit elektrophoretischen Untersuchungen umfassende Untersuchungen an einer möglichst großen Zahl von hormonal erkrankten Patienten zu machen. Im Tierversuch sollte man im Interesse exakter Versuchsbedingungen den langdauernden und tiefgreifenden Veränderungen, die durch die Operation gesetzt werden, mehr Beachtung schenken. Außerdem sind Hund und Ratte als Modelltiere für Fragestellungen auf dem Gebiet der gynäkologischen Endokrinologie wenig geeignet.

Aus diesem Grunde waren wir (*293*) bemüht, das *Kaninchen* als Versuchstier für Serumeiweißstudien zu verwenden. Es bietet den Vorteil, daß sein Genitalcyclus weitgehend erforscht ist; so lassen sich — mit gebotener Zurückhaltung — Vergleiche mit hormonalen Problemen der Frau ziehen.

Frühere Untersucher der Eiweißwerte des Kaninchens stimmten mit den jüngsten, elektrophoretisch gewonnenen Erfahrungen von Tiselius (*304*), Tiselius und Kabat (*305*), Svensson (*299*), ferner von Bennhold (*11*) darin überein, daß das Kaninchen durch wechselnde, uneinheitliche und wenig vergleichbare Werte gekennzeichnet sei. Zu derselben Ansicht kamen Sharp, Taylor, D. Beard und J. W. Beard (*281*), die 1942 systematisch den Eiweißgehalt des normalen Kaninchenserums an 12 Tieren mit der Tiselius-Apparatur bestimmten. Es gelang ihnen nur in 3 Fällen, die α-Globulinfraktion von den Albuminen zu trennen. Die Summe von Albumin und α-Globulin schwankte bei den übrigen Tieren zwischen 51,5 und 73,3% des Gesamtproteins. Der γ-Globulingehalt betrug 13—29,5% des Totalproteins, während das β-Globulin noch größere Unterschiede aufwies. Sharp und Mit

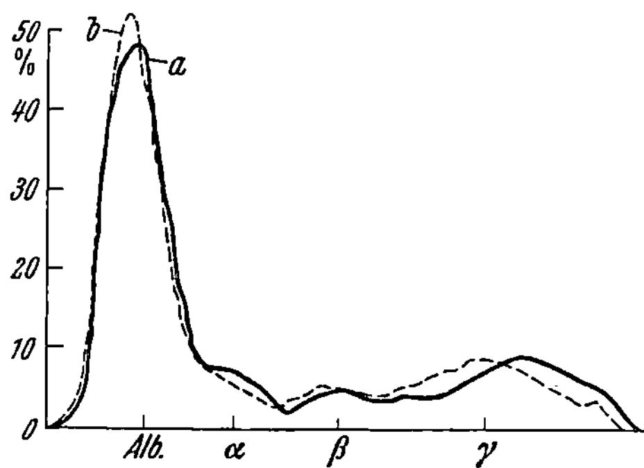

Abb. 73. Doppelversuch Kaninchen 10, Vers.-Nr. 203a, b vom 8. 2. 1950: Elektrophoresediagramm, Apparat Antweiler, Michaelis-Puffer, Verdünnung 1 + 3; 1,8 mA; p_H 8,46; Laufzeit 20 min

arbeiter (*281*) kamen zu dem Schluß, daß die gefundenen individuellen Unterschiede zwischen den Tieren das Kaninchen ungeeignet erscheinen lasse für Bluteiweißuntersuchungen.

Mit Hilfe der Mikroelektrophorese können die Blutwerte der Tiere monatelang wiederholt untersucht werden, ohne daß eine Anämie eintritt. Das Ergebnis unserer (*293*), mit R. Schlüter (*269*) an 13 gesunden weiblichen Kaninchen durchgeführten Bestimmungen lautet folgendermaßen: Die Möglichkeit der Differenzierung aller Fraktionen ist gut (s. Abb. 73); jedes Tier hat über Wochen fast konstante Albuminwerte, die bei dem gleichen Tier unwesentlich und nur im Bereich der Fehlerbreite der Methodik variieren; die Labilität der Globuline des Nagetieres verursacht größere Schwankungen im Bereich der Globulinfraktionen; Tiere, die dem gleichen Wurf entstammen oder durch einen Elternteil miteinander verwandt sind, haben geringere Unterschiede in ihren Werten.

Es ist also das *Kaninchen für die experimentelle Forschung* auf dem *Gebiet der Serumproteine* sehr *geeignet*. Unsere Erfahrungen mit Kaninchen haben sich im Laufe von 5 Jahren in mehr als 3000 Blutbestimmungen bewährt [M. BIWER (*17*), K. H. CASPERS (*33*), A. J. FUHRY (*71*), W. GABRIEL (*73*), G. LAMPE (*142*), H. LENTZ (*150*), K. MARX (*190*), G. W. PROWE (*242*), G. QUINKENSTEIN (*243*), P. VINGERHOET (*311*)]. Papierelektrophoretische Untersuchungen von Kaninchenserum stammen von EMMERICH (*55*).

Zu interessanten, ebenfalls papierelektrophoretisch gewonnenen Ergebnissen kommen BOGUTH (*24, 25*), ferner BOGUTH und RIECK (*26*) mit ihren Analysen des Serums von Haussäugetieren: Hund, Schwein, Ziege, Schaf, Rind, Pferd. Die Veränderungen im Serumeiweißbild beim trächtigen Hund gehen denen der schwangeren Frau parallel; dagegen sind die Befunde bei neugeborenen Tieren anders als bei menschlichen Neugeborenen, offenbar infolge der verschiedenartigen Placentation.

VII. Maligne Tumoren des weiblichen Genitale und ihre Bestrahlung mit Radium und Röntgen. Gewebsextrakte

Das Neoplasma verändert das Eiweißbild des Blutes nach dem heutigen Stand unseres Wissens nur in uncharakteristischer Weise. Dies entspricht der Tatsache, daß man nach BAUER (*6*) im Krebsgewebe selbst nur quantitative, keine qualitativen Abweichungen kennt, was den Gehalt an Eiweißkörpern betrifft. Sie verhalten sich im Plasma ähnlich, ob die Neubildung im Magen-Darm-Kanal [WUHRMANN (*321*)] oder an anderen Organsystemen [MEHL (*193*), WACKER und ALPHONSE (*312*)] lokalisiert ist.

WACKER und ALPHONSE (*312*) fanden auch bei Carcinomen der weiblichen Genitalien eine Hypoalbuminurie mit Globulinerhöhung. Interessant ist der Hinweis von WUHRMANN (*321*), daß 4 Patienten mit jahrelang bestehender Dysproteinämie plötzlich an malignen Tumoren (Lymphosarkom usw.) zugrunde gingen.

Die Untersucher sind sich darin einig, daß das *Elektrophoresebild nicht für die Diagnose des Carcinoms ausschlaggebend* sein kann, wohl für die Beurteilung des Verlaufs bei gesicherter Diagnose [ZETTEL und ENDRESS (*328*) (4 Fälle von Uterus-Carcinom, papierelektrophoretisch), MARGGRAF (*187*), LOCHER (*172*), LACKNER (*138*) („Tumorkonstellation", erkennbar durch kombinierte Anwendung von Elektrophorese, WELTMANN-Band, Blutsenkung, Cadmiumsulfatreaktion, wobei alle Globulinfraktionen ansteigen), BRÄUTIGAM und SCHREIER (*27*) (Papierelektrophorese), DEMLING (*43*)].

Von praktischem Wert ist die Frage, ob man aus dem Verhalten der Serumproteine prognostische Rückschlüsse auf die Wirkung der Strahlentherapie ziehen kann. Aus einer Arbeit von KEPP und MICHEL (*126*) wissen wir, daß die Sofortwirkung der *Röntgenstrahlen* auf wäßrige Proteinlösung der Wirkung von Wärme und Ultraviolettstrahlen ähnelt: Denaturierung infolge biochemischer Ursachen. Die Albumine scheinen stabiler zu sein gegen stärkere Bestrahlung als die γ-Globuline.

HÖHNE und Mitarbeiter (*108*) haben papierelektrophoretisch gefunden, daß röntgenbestrahlte Ratten — Überlebenszeit etwa 10 Tage! — Albuminverminderung und progressive Vermehrung der Globuline aufweisen, ein Vorgang, der weitgehend durch Cysteingabe gebremst werden konnte. Parallele Beobachtungen im Elektrophoresebild des röntgenbestrahlten Kaninchens liegen von STENDER und ELBERT (*290*) vor.

Bei Patienten mit Genitalcarcinomen hängt das Serumeiweißbild unter dem Einfluß der *Radium- oder Röntgenbestrahlung* wesentlich von der Ausgangslage ab, von einem guten Allgemeinzustand oder etwa einer manifesten Kachexie. Papierelektrophoretische Untersuchungen stammen von BAUER et al. (*7*), SCHERER und

Sucker (*267*), Pagani et al. (*220*), ferner von de Marco et al. (*185*). Mit Hilfe der Aussalzung fand Gombert (*79*) bei 22 Patienten, darunter ein Collum-Carcinom, daß unter der Bestrahlung ein massiver Abfall des Albumins nur bei Patienten in schlechtem Allgemeinzustand eintritt, während bei gutem Zustand die Albumine ansteigen.

Mit der Antweiler-Apparatur arbeitete Veit (*309*): Die charakteristischen Veränderungen nach Radiumbestrahlung sollen im Anstieg der γ-Globuline liegen, gleichzeitig mit Abfall der Albumine. Wir haben mit derselben Methodik die Frage von Wiktorin (*318*) und Fumagalli (*72*) überprüfen lassen: 12 Frauen mit Collum-Carcinom erhielten eine fraktionierte Röntgentiefenbestrahlung; charakteristische und verwertbare Veränderungen im Serumeiweißbild sahen wir nicht. 15 Frauen mit Collum-Carcinom wurden fraktioniert intrauterin mit Radium bestrahlt; bei fast allen Patientinnen sank der Albumingehalt ab, die Vermehrung der α-Globuline war eindeutig, während die β- und γ-Globuline uneinheitlich reagierten. Über die Prognose dieser Fälle können wir noch nichts sagen. Aus laufenden Untersuchungen [Bredebach (*28*), 10 Patienten mit Collum-Carcinom und kombinierter Radium- und Röntgen-Bestrahlung] gewinnen wir den Eindruck, daß die wiederholte Gabe von Hepsan während der Bestrahlung (jeden 2. Tag 5 cm³ Hepsan i.v.) geeignet ist, die Albuminverminderung aufzuhalten und den Anstieg der α-Globuline zu hemmen; gleichzeitig scheint der klinische Allgemeinzustand günstig zu reagieren. Dieselbe Beobachtung konnten wir mit Untersuchungen von Thissen (*303*) machen: Er gab 10 Patienten mit Collum-Carcinom während der kombinierten Radium- und Röntgen-Bestrahlung wiederholt Prohepar i.m. und per os und sah, wie Bredebach (*28*), eine günstige Wirkung auf das Verhalten der Albumine, der α-Globulinfraktion und das klinische Bild.

Durch Huffmann (*115*) konnten wir nachweisen, daß die Röntgenkastrationsbestrahlung keine im Elektrophoresebild erkennbaren Auswirkungen hat. Systematische Untersuchungen von Petermann und Hogness (*224—226*) lassen es als möglich erscheinen, prognostische Schlüsse aus dem Verhalten der Bluteiweißkörper nach therapeutischen Maßnahmen zu ziehen. Wenn die Erholung des Albumins trotz eiweißreicher Kost sich nicht einstellt, soll der Verdacht auf Metastasierung berechtigt sein. Hier wartet ein weites Feld ungeklärter Probleme auf den Untersucher.

Die Untersucher von *Extrakten von Tumorgewebe* [Demling (*43*), Pezold und Hinz (*228*), Eldredge und Luck (*53*), Höhne und Künkel (*110*), ferner Künkel und Höhne (*136*) (papierelektrophoretisch)] bestätigen, daß qualitative Ähnlichkeiten im Elektrophoresebild zwischen Gewebsextrakt und Serum aufzuzeigen sind.

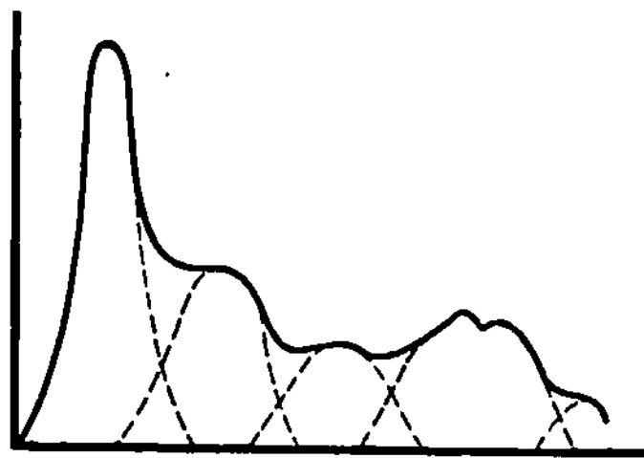

Abb. 74. Diagramm eines Gewebsextraktes aus Myom mit bindegewebigem Anteil. Michaelis-Puffer: 2,0 mA, Laufzeit 16 min; Gesamteiweiß: 4,13 g-%

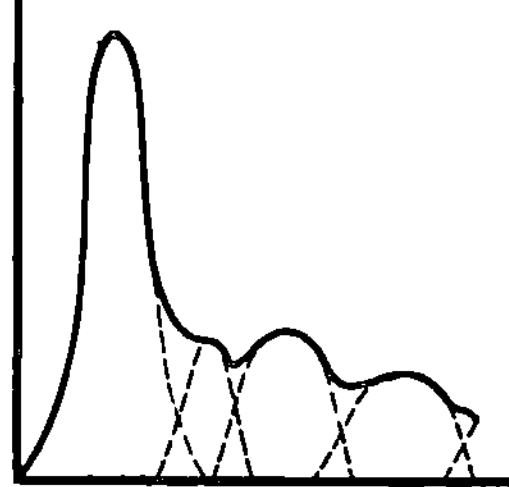

Abb. 75. Diagramm eines Gewebsextraktes aus Myom mit Erweichungserscheinungen. Michaelis-Puffer: 2,0 mA, Laufzeit 12 min. Gesamteiweiß: 4,45 g-%

Wir haben dieses Problem mit Schmetkamp (*271*) und mit Wächter (*313*) (Methode Antweiler) bearbeitet und folgendes gefunden: Unsere Methode zur Gewinnung von eiweißhaltigem Gewebsextrakt fußt auf der von Dubuisson und Jakob (*48*) angegebenen Technik; diese Autoren haben sehr brauchbare Elektrophoresebilder

(TISELIUS) vom Frosch- und Kaninchenmuskel gewonnen. Wir konnten ihre Technik mit Hilfe einer neukonstruierten Gewebspresse und durch Zerreiben des Gewebes mit chemisch reinem Quarzsand verbessern. Damit wird die nötige Eiweißkonzentration im Gewebssaft und die Erhaltung aller Eiweißkörper, welche der Elektrophorese zugängig sind, ermöglicht. Im Gewebssaft lassen sich die Eiweißmoleküle nach stärkerem Zerreißen des Gewebes durch Quarzsand wesentlich besser erfassen. Wir sahen, daß verschiedene pathologisch-anatomisch definierte Veränderungen in der Uterusmuskulatur und in Myomen begleitet sind von charakteristischen Eiweißfraktionen. In Abb. 74 stellen wir das Diagramm eines Myoms mit ausgedehnten bindegewebigem Anteil einem Myom (Abb. 75) mit Erweichungsherden gegenüber.

Wir haben den Eindruck, daß die 4 Fraktionen eines Elektrophoresediagramms aus Myompreßsaft identisch sind mit den 4 Fraktionen des Blutserums; sie zeigen dieselbe Wanderungsgeschwindigkeit, unterscheiden sich nur in der Konzentration.

VIII. Menschliches Sperma

Die elektrophoretische Prüfung des Spermaplasmas wurde mit dem Ziel durchgeführt, womöglich eine Aussage über Zusammenhänge zwischen elektrischer Beweglichkeit des Spermaplasmas und dem klinischen Bild einer Normo-, Oligo- oder Azoospermie zu erhalten [JOEL (*121*)]. In diesen Erwartungen sieht man sich bisher getäuscht.

Aus den grundlegenden Arbeiten von Ross und Mitarbeitern (*252, 253*) (TISELIUS-Apparatur) wissen wir, daß sich 4—5 "peaks", P 1, P 2, P 3, P 4 und evtl. P 5 im Diagramm normalen Spermas unterscheiden lassen. Konstant scheinen die Gradienten P 2, P 3 und P 4 zu sein. Nach Ross (*252, 253*) soll mitunter P 4 bei anomalem Samen fehlen. Im übrigen haben diese Untersucher keinen wesentlichen Unterschied zwischen Plasma normalen und anomalen Samens gesehen. Die Wahl des Puffers scheint von ausschlaggebender Wichtigkeit für Konstanz und Einheitlichkeit der Gradienten zu sein. Ross (*252, 253*) arbeitet mit einem Phosphatpuffer p_H 7,85. Auch JOEL (*121*) fand in einer Versuchsreihe von 3 normalen Spermaplasmen und 2 Fällen von Oligozoospermie mit der TISELIUS-Apparatur keine unterschiedliche Beweglichkeit der Spermaplasmen.

Mit papierelektrophoretischer Technik konnten KELLER und TSCHUMI (*125*), SCHNEIDER und Mitarbeiter (*274*), ferner OBÉ und HERMANN (*216*) ähnliche Ergebnisse erzielen. Nach SCHNEIDER (*274*) zeigen verschieden lange gelagerte Spermaplasmen ein völlig unterschiedliches Elektrophoresediagramm, offenbar auf Grund fermentativen Ab- oder Umbaues der elektrophoretisch wandernden Komponenten. OBÉ und HERMANN (*216*) wollen eine kathodisch wandernde Nachfraktion beobachtet haben; sie haben 19 Ejaculate und 33 Prostataexprimate untersucht.

Wir haben mit G. SCHÄFER (*265*) in zahlreichen Untersuchungen (ANTWEILER-Apparatur) an 4 gesunden Probanden mit Euspermie die Erfahrung gemacht, daß ein Phosphatpuffer mit geringerer Molarität und geringerer Ionenstärke im Elektrophoresebild gleichmäßigere Gradienten gibt, so daß man bei wiederholten Untersuchungen an einem Sperma unter gleichen Bedingungen — Dialyse, Amperezahl und Laufzeit — identische Kurvenbilder erhält. Unser Phosphatpuffer lag mit seiner Ionenstärke von 0,064 weit unter dem von Ross (*252, 253*) verwandten Gemisch. Allerdings hatten unsere 4 Versuchspersonen in mehreren Ejaculaten ein jeweils verschiedenes Elektrophoresediagramm. Konstant sahen wir die 3 Gradienten P 2, P 3 und P 4, während P 1 und P 5 inkonstant sind. Zweifellos diffundieren Teile des Polypeptidgemisches durch die Dialysiermembran hindurch und entziehen sich der Beurteilung. Unter diesem Gesichtspunkt ist die als Muster angeführte Abb. 76 aus unseren Versuchsreihen nur mit Vorbehalt zu beurteilen.

Bei kurzer Dauer der Dialyse wird das Gesamtbild, wohl durch Inkonstanz der Ladungen, unruhig; bei längerer Dauer der Dialyse gewinnen die Gradienten an Relief. Hierbei müssen die Pufferlösungen gewechselt werden, so daß sich uns eine Tropfdialyse bewährt hat. Die langsamst wandernde Fraktion P 1 soll nach Gray und Huggins (*80*) 60% der Gesamteiweißkörper des menschlichen Spermas ausmachen, mit positiver Biurett-Reaktion nach Lehnartz (*149*); P 1 stellt wohl ein Protein oder eine Proteose dar. Die fünfte Komponente, P 5, gilt als inkonstant; sie scheint oft mit P 4 zusammenzufallen und wird als Albumin angesehen. Unter Mithilfe des Ultraviolettabsorptionsspektrums [V. Ross und L. Ross (*253*)] und der Präcipitinreaktion [V. Ross (*254*)] läßt sich wahrscheinlich machen, daß die

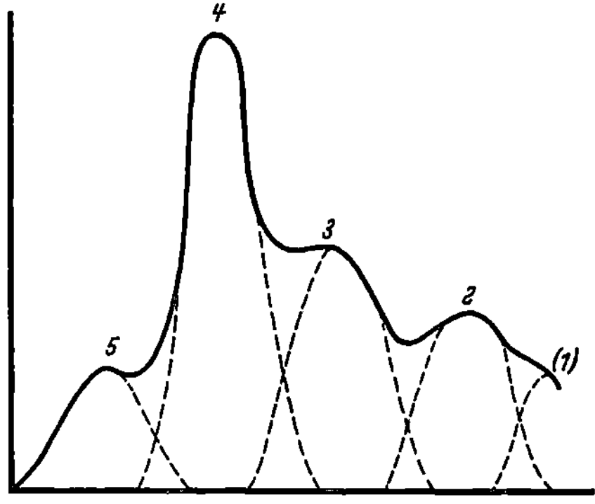

Abb. 76. Menschliches Spermaplasma. Dialyse 6 Std. Verdünnung 1:1; 2,5 mA/76 V, 16 min. P 5: 10,2%, P 4: 37,7%, P 3: 22,2%, P 2: 29,9%

Fraktionen P 2 und P 3 serologisch gewisse Beziehungen zu den Serumglobulinen haben, ohne mit ihnen identisch zu sein. Nach Huggins, Scott und Heinen (*116*) sollen diese Globuline 21—40% der Eiweißkörper des menschlichen Spermas ausmachen.

Laufende Untersuchungen von Nocke (*214*) befassen sich mit normalem und pathologischem Sperma, mit Variationen im Puffergemisch und der Erprobung verschiedener Dialysiermembranen. Vor allem steht zur Diskussion, ob für Spermauntersuchungen die Mikroelektrophorese von Antweiler oder die papierelektrophoretische Methode nach Grassmann vorzuziehen ist. Mit der letzteren Methode lassen sich [Nocke (*214*)] fast stets 5, oft bis zu 7 elektrophoretisch einheitliche Proteine fraktionieren. Wegen der komplizierten chemischen Verhältnisse erlauben diese Untersuchungen noch keine endgültigen Schlüsse. Es dürfte aber feststehen, daß *auch wir zwischen Zahl, Morphologie und Beweglichkeit der Spermien und der Anzahl bzw. der relativen Konzentration der elektrophoretisch darstellbaren Proteine des Spermaplasmas keine Beziehungen finden* können.

IX. Postoperativer Schock

Wir beschränken uns auf die Rolle, welche die Bluteiweißkörper bei der „postoperativen Erkrankung" spielen und berücksichtigen in erster Linie gynäkologische Operationen.

Zunächst fragt sich, wie das Bluteiweiß des gesunden Organismus auf Narkose und Operation reagiert. Es ist ein Unterschied, ob das operative Trauma einen — blutchemisch gesehen — gesunden Organismus trifft oder einen kranken mit bereits bestehendem Bluteiweißschaden.

Jeder Narkose wird eine toxische Wirkung nachgesagt; man vermutet eine Störung des Leberstoffwechsels. Dies mag zweifellos für länger dauernde Narkosen zutreffen. Da die isolierte schädigende Wirkung des Anaestheticums kaum von den gleichzeitigen Folgen des operativen Eingriffs zu trennen ist, sind wir vielfach auf das Tierexperiment angewiesen. Es ist ein Irrtum, wenn Casten, Bodenheimer und Barcham (*34*) glauben, daß die Höhe der Veränderungen im Bluteiweißbild ihrer operierten Patienten von der Dauer der Narkose abhänge. Sie vergessen dabei die Reaktion auf den operativen Schock.

Überzeugende Untersuchungen über die Narkosewirkung auf die Blutproteine mit Hilfe der Elektrophorese liegen bisher in der Literatur nicht vor. Unser Wissen über die Bindung von Medikamenten aller Art an das Plasmaeiweiß ist noch sehr gering, wie auch aus der jüngsten monographischen Darstellung von Goldstein (*78*) hervorgeht.

Wir haben eine Beeinflussung des Totalproteins oder der Albumin- und Globulinfraktion durch eine kurze Narkose (1 g Evipan intravenös, anschließend 30—50 cm³ Äther durch die Maske) oder einer potenzierten Narkose [nach FISCHER (*63*)] bei wiederholten Untersuchungen weder am Tage der Narkose noch an den darauffolgenden Tagen beobachten können.

Andererseits stimmen die Autoren darin überein, daß durch jeden operativen Eingriff eine Veränderung des Bluteiweißgefüges im Sinne einer Verminderung des Gesamteiweißes hervorgerufen wird, bedingt durch Albuminabfall bei Globulinanstieg [HUECK (*113, 114*), v. LATZKA (*147*), CASTEN, BODENHEIMER und BARCHAM (*34*), MEYER und KOZOLL (*195*), LANZARA, VITI und CIUFFINI (*144*), ZINSER (*329, 330*),

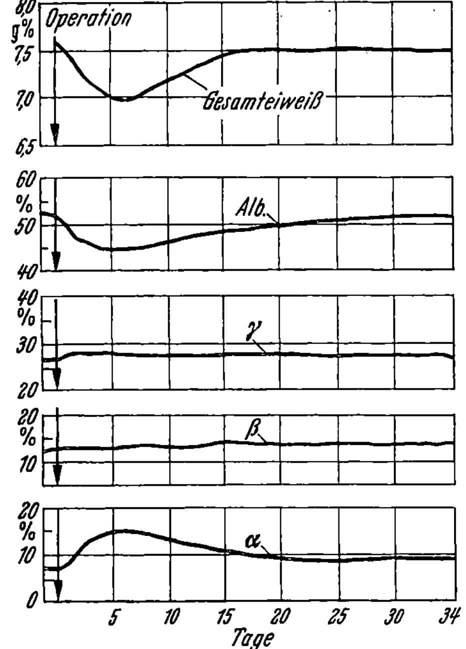

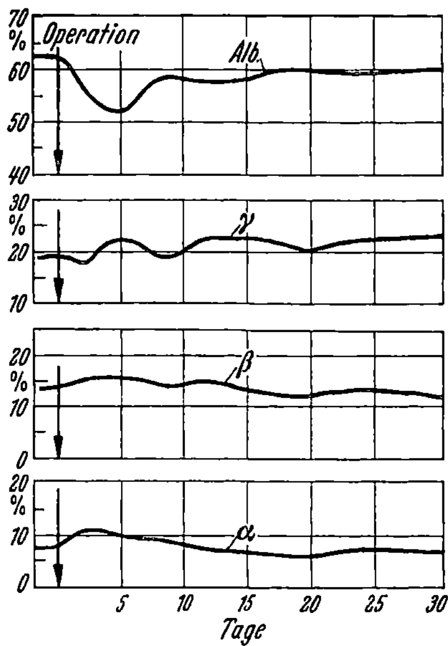

Abb. 77. Postoperatives Verhalten der Bluteiweißkörper bei 38 gynäkologischen Operationen. Kurven der Mittelwerte. (Apparat ANTWEILER, MICHAELIS-Puffer, pₕ 8,46, Verdünnung 1:3)

Abb. 78. Mittelwertkurve von 14 laparotomierten Kaninchen.(Apparat ANTWEILER, MICHAELIS-Puffer, pₕ 8,46, Verdünnung 1:3)

KORFMACHER (*131*), LINDENSCHMIDT (*166—171*), LYON, STANTON, FREIS und SMITHWICK (*176*), MAJOR (*183*), MARIANI (*188*), ZUCKSCHWERDT, KNEDEL und ZETTEL (*332*), HINRICHS und MARGGRAF (*106*), MARGGRAF und HINRICHS (*186*), G. ROST (*256*); ferner mit papierelektrophoretischer Untersuchungsmethode: GRUNDMANN und FISCHER (*84*), ZETTEL und KNEDEL (*327*), PALOMBA und RIMINI (*222*)]

Bei den Untersuchungen dieser Autoren handelt es sich um einzelne, zu verschiedenen Zeitpunkten nach der Operation gewonnene Werte. Dabei wird der augenblickliche Status erfaßt; Tendenz und Verlauf der Serumeiweißveränderungen während des postoperativen Zeitraumes lassen sich jedoch nicht erkennen. Wir können diese Beobachtungen ergänzen durch elektrophoretisch gewonnene Kurven von 38 gynäkologischen Operationen [HARZEM (*93*), MUYSERS (*206*), POP-LAZIC (*240*)]. Aus Abb. 77 sind die Mittelwerte ersichtlich: Das postoperative Geschehen im Bluteiweiß ist gekennzeichnet durch Absinken des Gesamteiweißes von 7,6 g-% auf 7,1 g-% um den 5.—6. Tag nach der Operation, sodann langsamen Anstieg im Laufe von 3 Wochen. Ähnlich verhält sich der Albuminspiegel. In der Globulinfraktion steigen die α-Globuline in den ersten 3 Tagen nach der Operation an; die β- und γ-Globuline zeigen nur geringgradige Ausschläge.

Im Tierexperiment verhalten sich die Bluteiweißkörper gleichsinnig; nach künstlich gesetzten Traumen vermindern sich Totalprotein und Albumin, während das Globulin ansteigt. Diese Feststellungen gehen zurück auf BERRI (14), GJESSING, LUDEWIG und CHAMELIN (75), GJESSING und CHAMELIN (74), D. H. MOORE und FOX (200), BERNER (12, 13) und werden ergänzt durch Arbeiten von K. LANG und H. LANG (143), BJÖRNEBOE (18), LAMPE (142), LENTZ (150), QUINKENSTEIN (243), MAJOR (182), PROWE (242), VINGERHOET (311), RIEHM (247), MOORE und PEREZMENDÈZ (203), CASPERS (33) und GABRIEL (73).

Es unterscheidet sich also offenbar der postoperative Zustand nicht prinzipiell vom posttraumatischen Status im Bluteiweißbild. Dies geht auch aus unseren (292, 293) Beobachtungen am Kaninchen hervor [FUHR (71)]: Die Mittelwertkurven in Abb. 78 demonstrieren die Verschiebungen in den Fraktionen von Tieren, die laparotomiert wurden: postoperativer Abfall der Albuminwerte mit Tiefpunkt am 5.—6. Tag, dann Anstieg. Die Schwankungen bei den α-Globulinen spielen sich in den ersten 5 Tagen, bei den γ-Globulinen mehr vom 3.—7. Tag nach der Operation ab. Die β-Globuline behalten ihr Niveau im wesentlichen bei.

Da die *postoperative Serumeiweißverschiebung als Gradmesser* für die Summe aller jener Vorgänge im Organismus anzusehen ist, die wir unter dem Begriff *des „postoperativen Schocks"* [s. auch bei LAMBRET et al. (141), COSTA (37), TRETHEWIE (307), MOYER (204), LINDENSCHMIDT (167—171), OCCIPINTI (217), ARIEL (5), CREWS (39), FRANK (64), L. SCHMIDT (273)] zusammenfassen, wird es verständlich, daß Operationsrisiko und -prognose in funktioneller Abhängigkeit von der Höhe des präoperativen Gesamteiweiß- bzw. Serumalbuminspiegels stehen. Hier wird die Forderung laut, die noch zu wenig ausgenützten Möglichkeiten der Elektrophorese für die Klinik nutzbar zu machen und sie in die chirurgische Tätigkeit einzubauen.

Es sei in diesem Rahmen nur kurz auf die Kreislaufwirkung von Bluttransfusionen oder Blutersatzmitteln während und nach der Operation hingewiesen. Sicher ist richtig, daß die Größe des Blutverlustes, auch bei gynäkologischen Operationen, stets unterschätzt wird [VARA-LOPEZ et al. (308), SALTZSTEIN und LINKNER (258), BUCHMAN (31)].

Der Blutverlust ist zweifellos am größten bei allen Carcinomoperationen [VARA-LOPEZ et al. (308)]. Untersuchungen über den Wasser- und Elektrolythaushalt des postoperativen Zustandes über den Einfluß von Plasma- oder Bluttransfusionen, von Infusionen mit Aminosäuren, Periston, Kochsalz oder Dextran bedienen sich in zunehmendem Maße der Bestimmung des Gesamteiweißes und elektrophoretischer Methoden: CHIARIELLO (36), AALKJAER (1), CHASSIN (35), REHN (245), KOSTER (132), OTT (219), BENNHOLD (11), BLEY (22), SCHWALM (279), BAUMGARTNER (8), HARTMANN (91, 92), BOCK (23), DRÜGE (47), LAMPE (142), LENTZ (150), QUIKENSTEIN (243), REVERS und EIKELENBOOM (246), STAGNARO und SOKOL (285), PETTAVEL (227). Auch die Frage der Beeinflußbarkeit des postoperativen Zustandes durch Gabe von Nebennierenrinden-Präparaten steht zur Diskussion: NEDELKOFF (207), LAIRES (140), HARDY (90), v. HALLER (88), STÄHLI (286), ZETTEL und KNEDEL (327), RIEHM (247), EHLERT (51). Arbeiten über die Wirkung der Nebennierenrindenhormone auf den postoperativen Schock im Serumeiweißbild im Tierversuch liegen vor von EHLERT (51), BJORNEBOE (18), PROWE (242), VINGERHOET (311).

Da das Serumalbumin wegen seiner kolloidosmotischen Wirkung im Mittelpunkt des Schocks und der postoperativen Erkrankung steht, lag es nahe, durch *direkte Zufuhr von Albumin in die Blutbahn* nach Möglichkeit einer Störung des Eiweißhaushaltes durch Operation und Schock vorzubeugen oder eine ungünstige Beeinflussung abzuschwächen [HEYL, GIBSON und JANEWAY (105), JANEWAY (118, 119) und Mitarbeiter (120), STEAD und Mitarbeiter (288, 289), LOVELL und COURNAND (174), HOORVEG (111, 112), ELMAN (54), v. KAULLA (124), REHN (245), CHASSIN (35), A. BÜTTNER und K. ROST (32), MARTINI (189), LUTZEYER (175), REVERS und EIKELENBOOM (246), ferner MACKAY (181)].

Neben der Auffüllung der Blutgefäße durch Vollbluttransfusion oder Blutersatzmittel kommt der Gabe von *Humanalbumin in der postoperativen Schockbekämpfung* erhöhte Bedeutung zu. Darauf weist besonders MACKAY (*181*) hin: Der kolloid-osmotische Druck des Gesamtblutes hängt zu 80% von seinem Albumingehalt ab. Die Wirkung einer Albumingabe tritt schneller ein und dauert länger an als die Zufuhr von Plasma oder Vollblut [ELMAN (*54*), CHASSIN (*35*), A. BÜTTNER und K. ROST (*32*), LINDENSCHMIDT (*170, 171*)]. Dies bestätigt auch HARTMANN (*92*), der bei Tieren nach Muskeltrauma die Gabe von Humanalbumin mit der ANTWEILER-Apparatur überprüfte.

Elektrophoretische Untersuchungen über die Wirkung von Humanalbumin während und nach Operationen bei Patienten liegen vor von HARTMANN (*92*), LINDENSCHMIDT (*171*) und uns [mit BRESSER (*29*), mit LENTZ (*297*)]. Es gilt, bereits

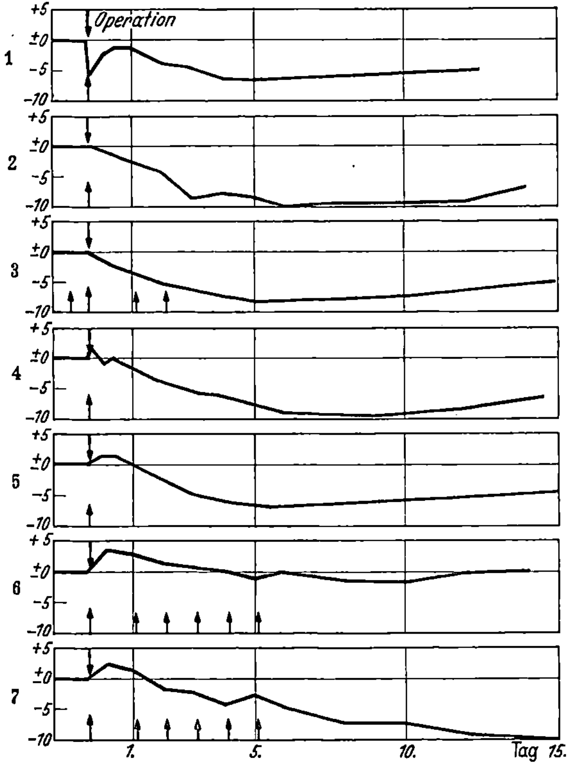

Abb. 79. Verlauf der Serumalbuminkurve nach gynäkologischen Operationen unter Einwirkung verschiedener therapeutischer Maßnahmen (Mittelwerte in Prozenten, bezogen auf Ausgangswert = 0).
Abkürzungen in den Kurven 1—7: *a* Zahl der Patienten, *b* Art der Operation, *c* therapeutische Maßnahmen, *d* Ergebnis.
Kurve 1. *a* 15 Patienten, *b* mittelschwere Laparatomien, *c* 500 cm³ Periston intra operationem i.v., *d* zunächst Verdünnungseffekt, dann geringe Beeinflussung. Die Bedeutung des Peristons liegt nicht auf blutchemischem Gebiet!
Kurve 2. *a* 8 Patienten, *b* mittelschwere Laparatomien, *c* 150—250 cm³ Periston-Plasmagemisch intra operationem i.v., *d* verlangsamter Abfall der Albumine am Operationstag.
Kurve 3. *a* 14 Patienten, *b* mittelschwere und schwere Laparatomien, *c* am Tage vor der Op. 20 mg Percorten „Ciba" i.m., während der Op. und an den 2 folgenden Tagen je 50 mg Percorten „Ciba" i.v., *d* bei angewandter Dosierung postoperativ kein Einfluß (möglicherweise zu niedrige Dosis)
Kurve 4. *a* 6 Fälle von Radikaloperation nach WERTHEIM bei Collum-Carcinom, *b* während der Op. Blutdauertransfusion von 500—800 cm³, *c* am Tage der Op. Albuminanstieg, ab Abend des Operationstages Absinken der Werte.
Kurve 5. *a* und *b* 4 Patienten mit vaginaler Operation, 14 Patienten mit mittelschwerer Laparatomie, *c* während der Op. 250 cm³ 5% Humanalbuminlösung „Behringwerke" i.v., *d* der sofortige postoperative Abfall der Albumine wird verhindert, Anstieg der Albuminkurve, nach 2—3 Tagen Rückkehr zur Norm.
Kurve 6. *a* 3 Patienten, *b* mittelschwere Laparatomien mit glattem postoperativem Verlauf, *c* 250 cm³ Humanalbumin 5% i.v. intra operationem, an 5 Tagen post operationem täglich Gabe von 50 cm³ Humanalbumin 20% i.v., *d* deutlicher Anstieg der Albuminkurve am 1.—3. Tag, nur geringe Senkung am 4.—10. Tag post operationem.
Kurve 7. *a* 2 Patienten, *b* mittelschwere Laparatomien mit klinisch gestörtem postoperativem Verlauf, *c* wie bei 6., *d* Anstieg der Albuminkurve am 1. Tag, dann verringerter Abfall gegenüber Fällen ohne Albumingabe, s. Abb. 77

während des operativen Eingriffes, im ersten Stadium also, den postoperativen Schock abzufangen und seiner Entstehung vorzubeugen. Aus unseren Beobachtungsreihen soll Abb. 79 (s. Legende) einen Überblick geben über Veränderungen im postoperativen eiweißchemischen Gefüge, die man nach Gabe von Vollbluttransfusionen, Plasma-Peristoninfusion, nach Gabe von Periston oder Nebennierenrinden-Präparaten erwarten darf [nach Riehm (*247*), Bock (*23*), Drüge (*47*), Bley (*22*)]. Vor allem demonstrieren diese Kurven den Effekt einer Bluttransfusion und der einmaligen oder wiederholten Gabe von Humanalbumin [nach Bresser (*29*), Stürmer und Lentz (*297*)]. Solche *Längsschnitte durch das Eiweißbild nach Operationen* versetzen uns in die Lage, die *Notwendigkeit therapeutischer Maßnahmen* wie ein Stratege von der Landkarte abzulesen.

Wir reproduzieren nur die Albuminkurven, um die Übersicht nicht durch die Globulinfraktionen zu stören; die α-Globulinfraktion verhält sich der Albuminkurve gegensinnig: Zunächst kurzer Abfall, wenn die Albumine unter dem Einfluß einer Bluttransfusion oder Humanalbumingabe ansteigen; sodann Anstieg der α-Globuline mit Höhepunkt am 4.—6. Tag, dann langsamer Abfall. Die β- und γ-Globuline lassen keine charakteristischen Abweichungen im postoperativen Verlauf erkennen (s. auch Abb. 77).

Wie man sieht, *gelingt es* nur *durch Vollbluttransfusionen, noch besser durch Humanalbumin*, das *postoperative Serumeiweißbild in günstigem Sinne zu verändern*. Die Beeinflussung ist flüchtig; anhaltende Wirkung dürfte nur durch wiederholte, mengenmäßig ausreichende Gabe von Humanalbumin erreicht werden (s. Kurve 6 in Abb. 79). Es bleibt dahingestellt, ob man die Änderung der Albuminwerte nach der Operation durch Humanalbumin mehr als Substitution deutet oder auch als wirkungsvolle Beeinflussung einer Leberstörung, welche die Albuminbildung verzögert. Wahrscheinlich gehen beide Momente ineinander über.

Wir gewinnen in unseren Untersuchungen den Eindruck, daß die *Stützung der Serumalbumine durch Humanalbumin* während und nach der Operation sich *nicht nur blutchemisch*, sondern *auch klinisch und praktisch gut auswirkt*. Diese therapeutische Möglichkeit wird natürlich reserviert bleiben für schwere Operationen, speziell für Patienten mit dysproteinämischen Ausgangswerten wie z. B. für kachektische Carcinomkranke.

Sie wird ihre besten Erfolge dort haben, wo die Zufuhr des Humanalbumins nach Menge und Zeitpunkt der Injektion gesteuert wird durch elektrophoretische Kontrolle des Serumeiweißbildes.

X. Schlußwort

Die bisherigen, elektrophoretisch gewonnenen Erfahrungen in der Geburtshilfe und Gynäkologie lassen sich folgendermaßen umreißen:

1. Die Gesamteiweißwerte liegen in der *normalen Schwangerschaft* um 5—10% unter der Norm der nichtschwangeren Frau; sie bleiben konstant.

2. Der Albumingehalt des Serums nimmt vom 2.—6. Monat der normalen Schwangerschaft fast linear ab und verändert dann seine Höhe nicht mehr wesentlich.

3. Der Globulingehalt wächst in der normalen Schwangerschaft; α- und β-Globulin steigen an, das γ-Globulin bleibt unverändert.

4. Die *Schwangerschaftstoxikose* als Zeichen von Versagen der Regulationskraft des Organismus ist charakterisiert durch diagnostisch, therapeutisch und möglicherweise auch prognostisch *wichtige Veränderungen im Bluteiweißbild:* Die Albumine sind gegenüber der ungestörten Schwangerschaft stärker vermindert; das unterschiedliche Verhalten der Globuline erlaubt den Vorschlag einer *Gruppierung der Spättoxikosen unter Berücksichtigung der klinischen Symptome:*

Gruppe I. α- und β-Globulin vermehrt, γ-Globulin vermindert oder unverändert = *nephrogene Spättoxikose* mit Ödemen, evtl. Albuminurie.

Gruppe II. γ-Globulin vermehrt; α- und β-Globulin leicht erhöht oder vermindert = *hepatogene Spättoxikose* mit Blutdruckerhöhung, evtl. Albuminurie.

Gruppe III. Vermehrung der α- und γ-Globuline, evtl. auch der β-Globuline = *hepatorenale Spättoxikose* als Mischform mit Ödemen, Blutdruckerhöhung und meist erheblicher Albuminurie.

5. Im ungestörten *Wochenbett* normalisieren sich die Serumeiweißfraktionen im Laufe von 6—8 Wochen. Am 4.—6. Wochenbettstag liegt der Tiefpunkt der postpartalen Veränderungen.

6. Das gestörte Wochenbett zeigt verlangsamte Bluteiweißregeneration.

7. Bei *Feten* verschiebt sich während ihrer Entwicklung das Verhältnis der Albumine zu den Globulinen. Mit zunehmendem Alter des Feten vermindert sich der Albuminanteil zugunsten des Globulinanteils, so daß vor allem die γ-Komponente erhöht ist.

8. Das *übertragene Kind* zeigt in seinem Bluteiweiß die Charakteristika der Schädigung: Die Gesamteiweißvermehrung sistiert; das Albumin vermindert sich absolut und relativ; das γ-Globulin steigt weiterhin an.

9. Die Konstanz der Eiweißwerte des Blutes im *Menstruationscyclus* wird unterbrochen durch eine Albuminverminderung z. Z. des Follikelsprungs und z. Z. der Menstruation. Diese „*ovulatorische Albuminzacke*" hat als sichere, exakte und den Patient nicht schädigende *Methode zur Bestimmung des Ovulationstermins* praktische Bedeutung.

10. Das Serumeiweißbild bei *hormonalen Erkrankungen* ist vieldeutig und noch nicht enträtselt; es läßt aber Zusammenhänge zwischen Hormonhaushalt und Bluteiweiß vermuten.

11. Als *Modelltier für Untersuchungen über Bluteiweiß* und *Sexualhormone* bewährt sich das *Kaninchen*. Es ist entgegen der Literaturmeinung hinreichend zuverlässig in seinen Eiweißfraktionen.

12. Das Serumeiweißbild läßt *keine Schlüsse* auf *den Grad der Malignität eines Tumors* zu.

13. Während der *Röntgenbestrahlung* von weiblichen Genitalcarcinomen *verändert sich das Serumeiweiß uncharakteristisch*. Während der *Radiumbestrahlung sinken die Albumine ab*, die α-*Globuline vermehren sich*.

14. *Gewebsextrakte* geben *charakteristische elektrophoretische Kurven*, entsprechend ihrem pathologisch-anatomischen Substrat.

15. *Beziehungen zwischen Spermiogramm und elektrophoretischer Wanderungsgeschwindigkeit des Spermaplasmas* wurden *nicht gefunden*. Die typischen Erhebungen ("peaks") im Elektrophoresediagramm des Spermaplasmas sind in ihrer Konstanz abhängig von der Wahl der Pufferlösung, der Dialysiermembran und wohl auch von der Methode der Elektrophorese.

16. Das *Substrat des postoperativen Schocks* ist die *Albuminverminderung im Blut*; ihr Grad entspricht der Größe des Schocks, wie gynäkologische Operationen und Kaninchenversuche beweisen. Bei der Indikation zum operativen Eingriff müssen die Bluteiweißwerte berücksichtigt werden. Prophylaktische und therapeutische Maßnahmen der Bekämpfung des operativen Schocks, soweit sie auf die blutchemische Seite des postoperativen Geschehens gerichtet sind, können nur durch fortlaufende Beobachtung der Veränderungen im Elektrophoresediagramm exakt dosiert und beurteilt werden.

17. Intra- und postoperative Gabe von Periston, Plasma-Peristongemisch, Nebennierenrindenpräparaten in relativ niedriger Dosis wirken sich elektrophoretisch nicht erkennbar aus. Dagegen *verhindern Vollbluttransfusionen und Humanalbumingabe die* für den Schock typische *Albuminverminderung. Eine länger andauernde günstige Wirkung* in diesem Sinne wurde *nach wiederholter Zufuhr von Humanalbumin* intra und post operationem beobachtet.

Die Elektrophorese in der Neurologie

Von

JOH. BOOIJ

I. Historische Übersicht

1. Einleitung

Wenn wir uns die Frage vorlegen, zu welchen Ergebnissen die elektrophoretische Erforschung für die Neurologie geführt hat, ist es wichtig, die Resultate der Untersuchung von Liquor cerebrospinalis sowie die, welche die Untersuchung des Blutes bei neurologischem Leiden ergeben hat, zu betrachten.

Abweichungen in der Zusammensetzung des Liquors bei Erkrankungen des zentralen und peripheren Nervensystems sind seit langem unsere treuen Führer bei der Diagnose von mehreren Krankheitsbildern in der neurologischen Klinik.

Die Elektrophorese hat sich hauptsächlich auf die Untersuchung der unterschiedenen *Eiweißfraktionen* in den Körperflüssigkeiten beschränkt. Was das Blut anbelangt, darüber sind in der Literatur ausführliche Daten vorhanden (*71*). Insofern diese sich auf die neurologischen Krankheitsbilder beziehen, werden wir unten noch darauf zurückkommen. In diesem Aufsatz werden wir uns beschäftigen mit den Ergebnissen der Elektrophorese der Liquorproteine. Kurz werden auch die Untersuchungen der Proteine des Gehirns gestreift werden.

Die Elektrophorese der Proteine in der Cerebrospinalflüssigkeit hat große Schwierigkeiten mit sich gebracht, die sich erst in den letzten Jahren größtenteils haben überwinden lassen.

2. Methodische Schwierigkeiten

Diese Schwierigkeiten hängen hauptsächlich mit der niedrigen Proteinkonzentration im Liquor zusammen. Bis etwa 1947 standen für die elektrophoretische Untersuchung der Proteine lediglich die Methoden von TISELIUS-SVENSSON (*65, 62*) und von LONGSWORTH (*39*) zur Verfügung. Für eine gute Fraktionierung der verschiedenen Eiweißkomponenten nach diesen Methoden muß die Eiweißkonzentration in der betreffenden Flüssigkeit mindestens 0,6—1,0 g-% betragen [TISELIUS (*65*) und SVENSSON (*62*), WIEDEMANN (*69*), HOCH (*30*), EWERBECK (*20*)]. Da die Eiweißkonzentration des Liquors unter normalen Verhältnissen 50 mg-% nicht übersteigt, ist es klar, daß eine elektrophoretische Untersuchung der Proteine ohne Einengen des Liquors nicht möglich ist. Abgesehen von den Schwierigkeiten, die mit der Einengung an sich verbunden sind, ist auch die benötigte *Menge Flüssigkeit* ein großer Nachteil. Die Zelle der TISELIUS-Apparatur, die mit der zu untersuchenden Flüssigkeit gefüllt werden soll, hat einen Inhalt von 10 cm³. Zur Erzielung einer geeigneten Konzentration soll der Liquor um das 10—15fache konzentriert werden; für eine elektrophoretische Analyse benötigt man dann also 100—150 cm³ Liquor. Eine solche Menge steht praktisch niemals zur Verfügung. Bei einem größeren Proteingehalt genügt eine entsprechend geringere Menge Liquor. Dennoch benötigt man eben dann 20 cm³ oder mehr, welche Mengen nur unter besonderen Umständen, wie bei Ventrikulographie und Encephalographie, zu erhalten sind. Es ist daher nicht zu verwundern, daß sich bis vor einigen Jahren nur wenig Veröffentlichungen über die Elektrophorese der Cerebrospinalflüssigkeit in der Literatur vorfinden. In den letzten Jahren hat sich das glücklicherweise geändert.

3. Die älteren Ergebnisse

a) Mit dem Verfahren nach Tiselius-Svensson-Longsworth

Die älteste Veröffentlichung auf diesem Gebiet ist die von Hesselvik (29) aus
dem Jahre 1939. Er untersuchte zwei Liquores mit einem gesteigerten Eiweißgehalt
von Patienten, die an Dementia paralytica litten. Dabei bediente er sich der
Tiselius-Apparatur; jedoch erwähnt er nicht, in welcher Weise er die oben beschriebenen Schwierigkeiten (die Flüssigkeitsmenge, das Konzentrieren) gelöst hat.
Er stellte die Anwesenheit von zwei Komponenten fest,
nämlich: eine Albuminfraktion und eine γ-Globulin-
komponente; α- und β-Globulin fand er nicht. Dann
folgt eine Arbeit von Kabat, Moore und Landow (28)
vom Jahre 1942. Sie bedienten sich ebenfalls der Tiselius-
Apparatur und registrierten die Grenzflächen nach der
Methode von Longsworth (36). Statt der Makrozelle
verwendeten sie eine Mikrozelle und benötigten so 2,0 cm³
eingeengten Liquors. Beim Gebrauch der Mikrozelle

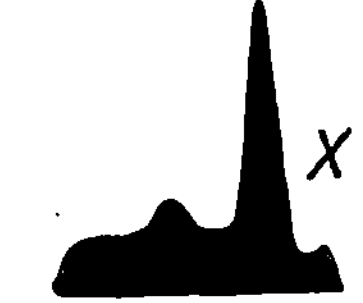

Abb. 80. Die X-Fraktion *vor* der
Albuminkomponente [nach
Kabat, Moore u. Landow (28)]

ist die Messung weniger genau (s. Antweiler, S. 27). Sie stellten fest, daß das
Elektrophoresediagramm der Cerebrospinalflüssigkeit demjenigen des Serums ähnlich
ist; neben der Albuminfraktion fanden sie auch α-, β- und γ-Globulin; die α-Globulin-
fraktion wurde aber nicht immer gefunden. Überdies stellten sie fest, daß in einigen
Liquores eine Fraktion anwesend war, die schneller wan-
dert als das Albumin und die sie als X-Fraktion bezeichneten. Abb. 80 zeigt ein derartiges Elektrophoresebild.
Der untersuchte Liquor mußte als normal qualifiziert
werden, mit einem Gesamteiweißgehalt von 38 mg-%
und normalen Ausflockungskurven. Außer einem deutlichen Albumingipfel zeigt das Diagramm noch β- und
γ-Globulin; α-Globulin wurde nicht gefunden; dagegen ist
die X-Fraktion deutlich *vor* dem Albumingipfel sichtbar.
Hierauf kommen wir noch zurück.

Im Jahre 1944 veröffentlichten K. F. und L. Scheid
(49) ihre ausführlichen Studien über die Elektrophorese
der Cerebrospinalflüssigkeit. Sie gebrauchten die Makrozelle von Tiselius, aber füllten nur einen Schenkel
der Zelle, und zwar den Kathodenschenkel, mit dem
zu untersuchenden vorher eingeengten Liquor. Der
andere Schenkel der Zelle (der Anodenschenkel) sowie
die Bodenzelle wurden mit einer verdünnten Serumlösung
gefüllt. Auf diese Weise brauchten sie nur 3,5 cm³ eingeengten Liquor; die größere Ungenauigkeit, die der Gebrauch
der Mikrozelle mit sich bringt, wurde so vermieden.

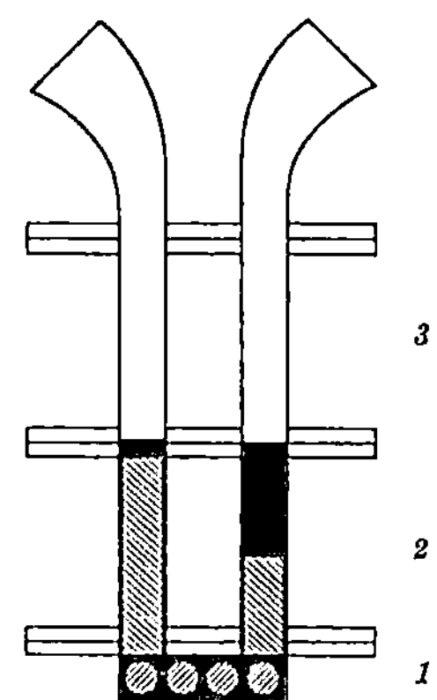

Abb. 81. *Trennsystem nach* Booij
für die Liquor-Elektrophorese. Die
untere Trennkammer (2) ist zu
einer Mikrozelle umgebaut. 1 Bodenzelle, 3 Obere Trennkammer
[nach Booij (7)]

Booij (7) bediente sich ebenfalls der Tiselius-Svensson-Methodik. Die Makrozelle wurde in einfacher Weise zu einer Mikrozelle umgebaut, wobei jedoch die
Genauigkeit der Makrozelle erhalten blieb. Dazu wurden in die beiden Schenkel der
unteren Trennkammer dünne Glasplättchen gebracht (s. Abb. 81). Im einen Schenkel
hatte das Plättchen dieselbe Höhe wie die Schenkel der Kammer (45 mm); es war
ebenso breit wie die Zelle (24 mm), während die Dicke 2,4 mm betrug. Dieser
Schenkel war also fast ganz mit Glas gefüllt; nur schmale Spalten zwischen der Glaswand der Zelle und dem Glasplättchen blieben übrig, die mit dem Liquor gefüllt
wurden. In dem anderen Schenkel der Zelle befand sich ebenfalls ein Glasplättchen
von denselben Abmessungen; nur war es 5 mm kürzer als der Schenkel der Zelle.

Die Bodenzelle wurde mit kleinen Glasstäbchen gefüllt. Der Inhalt der Zelle wurde auf diese Weise von 10 cm³ auf 2 cm³ herabgesetzt.

Die von Glas ausgefüllten Teile in der Bodenzelle *1* und in der unteren Trennkammer *2* sind schraffiert gezeichnet; die von Liquor eingenommenen Teile sind schwarz angegeben.

Durch eine genaue Einstellung der Optik war es möglich, noch bei Eiweißkonzentrationen zwischen 0,1% und 0,2% Grenzflächen zu registrieren. Wenn Liquor mit normalen Eiweißverhältnissen untersucht werden muß, genügt eine Menge von 10—15 cm³ Liquor, die bis auf 2 cm³ eingeengt werden soll.

Allerdings soll die Stromstärke bis auf 8 Milliampere herabgesetzt werden, um Störungen durch Wärmekonvektion zu vermeiden.

Diese Methode ermöglicht es also, mit verhältnismäßig geringen Mengen Liquor die Proteine, auch wenn der Eiweißgehalt nicht erhöht ist, auf elektrophoretischem Wege zu untersuchen.

b) Mit dem Mikroelektrophoresegerät nach Antweiler

Inzwischen hatte Antweiler sein Mikroelektrophoresegerät entwickelt (1947) (*2*). Gemäß dieser Methode kann mit 0,1 cm³ Flüssigkeit und einer Eiweißkonzentration von 1—2% eine gute Trennung erzielt werden. Ewerbeck (*20*) war der erste, der mit Hilfe dieser Apparatur die Liquorproteine analysierte. Versuche ergaben, daß bei einer Konzentration von 400 mg-% Proteinlösung reproduzierbare Werte erhalten werden können bei einer Menge von 0,2 cm³ Flüssigkeit. Es gelang ihm auch, im normalen Liquor alle aus dem Blutserum bekannten Eiweißfraktionen nachzuweisen. Die Elektrophoresekurve eines derartigen Liquors wird in Abb. 82 gezeigt.

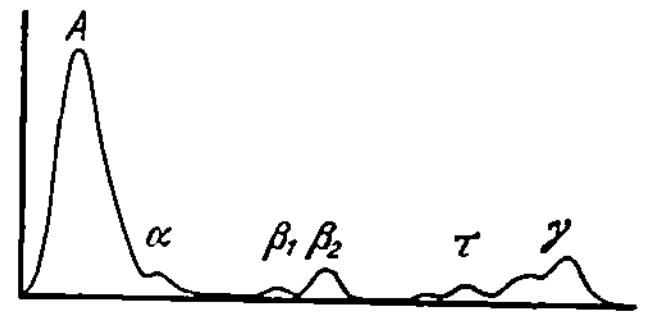

Abb. 82. Elektrophoresediagramm eines normalen Liquor cerebrospinalis (Veronal-Veronalnatriumpuffer pₕ 8,4). Albumin 75,5%, α-Globulin 2,9%, β-Globulin 5,3%, γ-Globulin 16,1%, Gesamteiweiß 34 mg-%, τ [nach Ewerbeck (*20*)]

c) Mit dem Mikroelektrophoresegerät nach Labhart, Staub und Lotmar

1951 veröffentlichten Labhart, Schweizer und Staub (*36*) eine ausführliche Untersuchung der Liquorproteine, die mit dem Mikroelektrophoreseapparat nach Labhart und Staub (*37*) in der Modifikation von Lotmar (*40*) durchgeführt wurde. Mit diesem Apparat gelingt die elektrophoretische Untersuchung von 0,4 cm³ 1 g-% Proteinlösung. Der Liquor muß also auch bei dieser Methode eingeengt werden.

d) Die Ungenauigkeit der Ergebnisse

Die nach den oben beschriebenen Methoden ermittelten Ergebnisse der Elektrophorese der Liquorproteine gehen ziemlich weit auseinander. Hesselvik und K. F. und L. Scheid führten ihre Untersuchungen nicht an normalem Liquor aus. Kabat und Mitarbeitern, Booij und Labhart, Schweizer und Staub gelang es aber wohl, die Elektrophorese von Liquor mit einer *normalen Menge Eiweiß* durchzuführen. Neben Albumin, das sich immer nachweisen ließ, wurde in den meisten Fällen auch Globulin gefunden. Eine Fraktionierung des Globulins in α-, β- und γ-Globulin brachte jedoch große Schwierigkeiten mit sich. Dies versteht sich, wenn man bedenkt daß für eine Trennung dieser Komponenten jede von ihnen eine Konzentration von etwa 0,02% haben soll [Hesselvik (*29*)], eine Konzentration, die in normalem Liquor auch nach der gebräuchlichen Einengung nicht vorhanden ist. So fand keiner dieser Untersucher α-Globulin. Booij und Kabat und Mitarbeiter fanden auch β-Globulin, während γ-Globulin auch wiederholt von Kabat und Mitarbeitern nachgewiesen wurde.

Wie schon erwähnt, fand erst EWERBECK (*20*) mit der ANTWEILERschen Technik alle auch im Blutserum bekannten Komponenten. In Liquores mit *gesteigerten Eiweißmengen* konnten die anderen Untersucher ebenfalls diese Komponenten nachweisen. Aus der Tatsache, daß die von den verschiedenen Untersuchern veröffentlichten Ergebnisse der Elektrophorese des normalen Liquors, also von einer Flüssigkeit mit niedrigem Eiweißgehalt, voneinander abweichen, geht jedoch hervor, daß die angewandten Untersuchungsmethoden nicht ideal sind.

4. Das Verfahren der Papierelektrophorese

Eine wichtige Verbesserung bedeutete die Anwendung der *Papierelektrophorese* auch in der Liquoruntersuchung. Die Papierelektrophorese, wie sie von WIELAND (*70*), CREMER und TISELIUS (*12*), DURRUM (*15*), TURBA und ENENKEL (*67*) und GRASSMANN, HANNIG und KNEDEL (*25*) entwickelt wurde, wurde zum ersten Male von SCHNEIDER und WALLENIUS (*57*) bei der Liquoruntersuchung zur Anwendung gebracht. Als wichtigen Vorteil dieser Methode gegenüber der Elektrophorese in der freien Lösung, die auch „freie Elektrophorese" genannt wird, nennen wir die geringe Menge Eiweiß, die für eine Analyse benötigt wird. Bei der Papierelektrophorese können schon exakte Trennungen durchgeführt werden mit Proteinmengen von unter 1 mg, während für die Auftrennung der einzelnen Globulinfraktionen bei der freien Elektrophorese eine Proteinmenge von etwa 100 mg notwendig ist [GRIES, ALY und v. OLDERSHAUSEN (*27*)]. Die bei der Papierelektrophorese notwendige Proteinmenge von etwa 1 mg soll in einer Konzentration von 2—5% vorliegen, damit gute Elektrophoresebilder erhalten werden können; es werden also 0,02—0,05 cm³ Flüssigkeit zur Verwendung kommen. Diese Bedingung ist unter anderem dadurch auferlegt, daß einerseits eine klare Fraktionierung nur durch Auftragung einer begrenzten Menge Eiweißlösung zustande kommt, andererseits für alle Fraktionen eine zur sicheren Auswertung genügende Konzentration gewährleistet sein muß. CREMER und TISELIUS (*12*) arbeiteten mit 0,02—0,03 cm³ Blutserum, GRASSMANN und Mitarbeiter (*25*) erhielten mit 0,01 cm³ Serum entsprechend 0,4—1 mg Eiweiß gute Elektrophoresediagramme. Bei einer Ausgangsmenge von 5—10 cm³ normalem Liquor soll diese also um das 100—150fache konzentriert werden, um die gewünschten Versuchsbedingungen zu erhalten [BÜCHER, MATZELT und PETTE (*11*)].

Bei gesteigertem Eiweißgehalt des Liquors genügt eine noch geringere Menge Flüssigkeit. ALY (*1*) z. B. verwendete bei seinen Untersuchungen von Liquor mit 30—70 mg-% Eiweißgehalt 5—8 cm³, bei einem Eiweißgehalt von 70—150 mg-% genügte 4—6 cm³ Liquor.

Als zweiten Vorteil der Papierelektrophorese nennen wir die verhältnismäßig billige Apparatur, mit der die Versuche durchgeführt werden können. Damit sind die wichtigsten Hindernisse der Untersuchung von Liquorproteinen mit Hilfe der freien Elektrophorese (die kostspielige Apparatur, die große Liquormenge) größtenteils aufgehoben.

Ein Nachteil der Papierelektrophorese ist die Tatsache, daß sich die Wanderungsgeschwindigkeit der verschiedenen Fraktionen nicht ohne weiteres bestimmen läßt. Um ein Band auf dem Filtrierpapierstreifen identifizieren zu können, muß dieser mit Bändern schon bekannter Eiweißfraktionen verglichen werden.

Die Wanderungsgeschwindigkeit ist von einer größeren Anzahl von Faktoren abhängig. Unter diesen sind solche, welche sich nicht sauber reproduzieren lassen. Um nun Aussagen über die gegenseitigen Beziehungen einzelner Eiweißfraktionen des Liquors zu den verwandten Fraktionen des Serums zu gewinnen, werden *Mischelektrophoresediagramme* von Serum und Liquor von ein und derselben Person ausgeführt. Dabei wird eine der Proteinkonzentration des Liquors entsprechende Serumquantität in den Liquor vor der Einengung eingetragen und nach der Konzentrierung eine Elektrophoresekurve der Mischung dargestellt. In Abb. 83 sind die Diagramme eines derartigen Versuches reproduziert.

Wie auch aus den Originaldiagrammen (s. Abb. 84) zu entnehmen ist, haben die Fraktionen im Serum und im Liquor ungefähr dieselben Wanderungsgeschwindigkeiten. Daraus läßt sich die Folgerung ziehen, daß sie die gleichen Komponenten

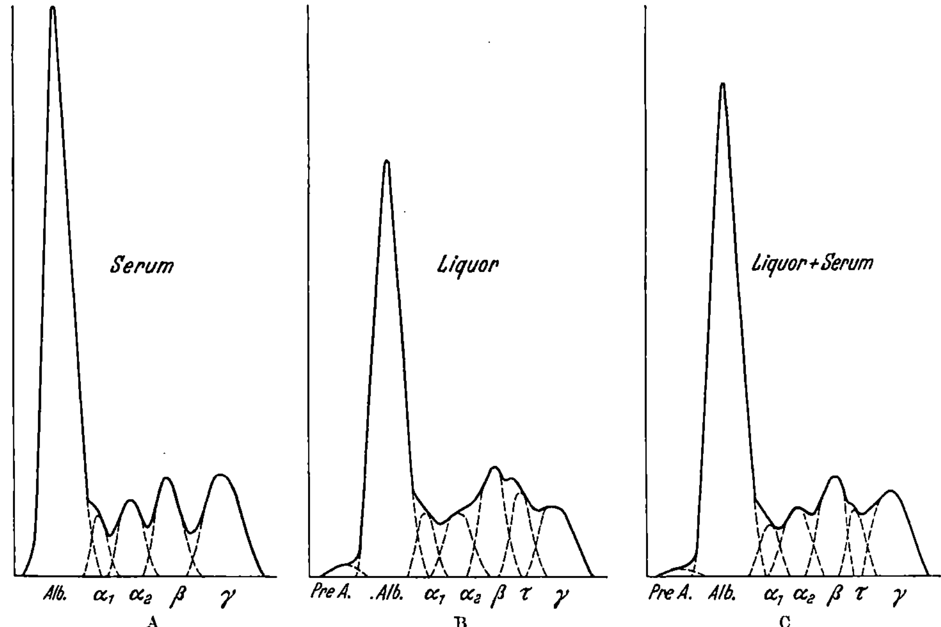

Abb. 83. *A* Serumelektrophoresediagramm, *B* Liquorelektrophoresediagramm, *C* Mischelektrophoresediagramm

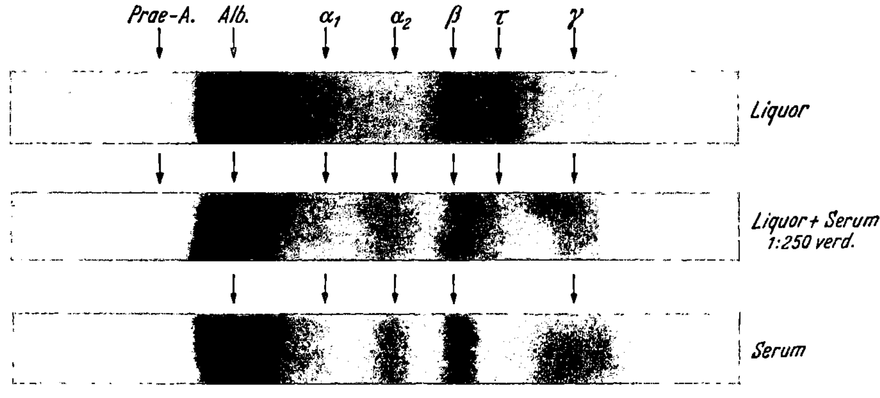

Abb. 84. Liquor-, Serum- und Mischpherogramm

angeben. Wir weisen jedoch auf zwei Bänder hin, die sich im Liquor und im Mischelektrophoresediagramm befinden, die als Vor- und τ-Fraktion bezeichnet werden (die Vorfraktion wird auch Pre-Albumin genannt; in der Abb. 83 *B* u. 84 mit Pre-A. und τ angegeben) und die nicht im Serumelektrophoresebild vorkommen. Wir kommen unten darauf zurück.

Einen weiteren Nachteil der Papierelektrophorese der freien Elektrophorese gegenüber nennen wir die Tatsache, daß die Fibrinogenfraktion nicht zur Darstellung kommt. Die Haftung zwischen dem Fibrinogen und den Papierfasern ist so stark, daß das Fibrinogen sich nicht unter dem Einfluß der elektrischen Spannung versetzen kann.

II. Die Einengung des Liquors

Wir haben gesehen, daß es notwendig ist, den Liquor zu konzentrieren, um eine Trennung der verschiedenen Eiweißfraktionen mit Hilfe der Elektrophorese zustandezubringen. Das Verfahren der *Liquorkonzentrierung* muß auf möglichst physiologische Weise den Entzug des Wassers bei gleichzeitiger Verminderung der Salzkonzentration ermöglichen, damit eine Eiweißdenaturierung vermieden wird und die Proteine nicht zur Ausflockung gelangen. Verschiedene Methoden kamen zur Anwendung, die hauptsächlich auf drei verschiedene Grundsätze zurückzuführen sind. Eine Gruppe von Untersuchern konzentriert den Liquor mittels der *Dialyse*, eine andere mittels *Ultrafiltration*, während auch *Eindampfen im Vakuum* zum Ziel führt.

1. Das Dialyseverfahren

a) Bei erhöhtem Druck

Die *Dialyse* läßt sich sowohl bei erhöhtem als bei atmosphärischem Druck durchführen. KABAT, MOORE und LANDOW (*31*) dialysierten durch eine *Cellophanmembran* gegen eine Kochsalzlösung bei einem Druck von etwa 250 mm Hg und einer Temperatur von 5° C. Auf diese Weise konnten sie 70 cm³ Liquor in zwei bis drei Tagen bis zu 2 cm³ einengen. FISK, CHANUTIN und KLINGMAN (*23*) bedienten sich einer *Kolloidiummembran* und dialysierten gegen eine Kaliumphosphatlösung, ebenfalls unter erhöhtem Druck bei 4° C. Der höhere Druck verkürzt die Dauer der Dialyse, was nicht nur eine Zeitersparnis bedeutet, sondern auch die Einwirkung von Bakterien und Schimmeln auf den Liquor verhindert. Durch Dialysieren bei niedriger Temperatur werden diese proteolytischen Vorgänge gleichfalls vermieden.

b) Bei Atmosphärendruck und gegen konzentrierte Lösungen hochmolekularer Substanzen

Außer durch Dialysieren bei höherem Druck kann die Dauer der Dialyse auch durch Dialysieren gegen konzentrierte Lösungen von hochmolekularen Substanzen verkürzt werden. Die Einengung des Liquors kann dabei unter *atmosphärischem Druck* stattfinden. SCHNEIDER und WALLENIUS (*57*) bedienten sich einer 10—20%igen Dextran-Lösung und dialysierten durch eine Cellophanmembran. EWERBECK (*20*) und auch STEGER (*59*) dialysierten gegen eine 10%ige Kollidon(= Polyvinylpyrrolidon)-Lösung durch eine Cellophanmembran; in 24—48 Std. wird eine geeignete Konzentration erzielt.

2. Die Unterdruckfiltration

MIES (*42*) hat sich neuerdings bei seinem Einengungsverfahren einer *Unterdruckfiltration* bedient. Er ging dabei aus von eiweißdichten Kollodiumhülsen, die er sich selber herstellte und die die Form von kleinen Säckchen haben, die unten eine kleine Ausstülpung besitzen von etwa 1 cm Länge und 0,5 cm Durchmesser. In der kleinen Ausstülpung sammelt sich bei der Einengung das Eiweiß, das mit einer Blutzuckerpipette in 0,05 ml Pufferlösung aufgenommen wird. Die Kollodiumhülse wird auf ein unten abgeschnittenes Reagenzglas 2—3 cm weit aufgeschoben; dieses Reagenzglas taucht in ein mit steriler Ringerlösung gefülltes Glasgefäß mit Ansatzrohr, woran eine Wasserstrahlpumpe angeschlossen wird. Dieses äußere Glasgefäß wird oben durch einen perforierten Gummistopfen luftdicht abgeschlossen. In der Bohrung des Stopfens wird das mit der Membran versehene Reagenzglas festgehalten. Beim

Absaugen beträgt der Unterdruck 200—300 mm Hg. Die Einengung ist in 60 bis 90 min beendet. Mit dieser Methode hat er, und auch Bauer (*3*), gute Ergebnisse bekommen.

3. Die Ultrafiltration

a) Gegen das Vakuum

K. F. und L. Scheid (*53*) waren die ersten, die den Liquor mittels *Ultrafiltration* durch eiweißdichte Membranen einengten. Sie bedienten sich dabei von Thiesen-Apparaturen und erreichten eine Konzentrierung bis etwa 1:3 innerhalb eines Tages. Auch Ewerbeck (*20*) hat sich der Ultrafiltration bedient. Bei einer Jenaer Glasfilternutsche mit abnehmbarem Fülltrichter wird auf dem Filterkopf ein eiweißdichtes Ultrafeinfilter wasserdicht eingespannt. Die Filtration erfolgt gegen *das Vakuum* und ist bei einer Ausgangsmenge von 20 cm³ Liquor innerhalb 12 Std. beendet. Es gelang Gries, Aly und v. Oldershausen (*27*), diese verhältnismäßig lange Dauer der Ultrafiltration bis auf 4—6 Std. zu verkürzen, nicht nur durch die Wahl ihrer Membran (Ultrafeinfilter, hergestellt von der Membranfiltergesellschaft der Sartoriuswerke in Göttingen), sondern auch dadurch, daß sie die Ultrafiltration unter *erhöhtem Druck* durchführten.

b) Bei erhöhtem Druck

Esser und Heinzler (*18*) konstruierten eine spezielle Apparatur, die es ermöglicht, bei 12 Atmosphären Überdruck und eiweißdichten Membranen für z. B. 5 cm³ Liquorflüssigkeit die Analysedauer auf 6 Std. abzukürzen, wobei das Protein vollständig auf der Membran zurückgehalten wird und das Filtrat eiweißfrei abläuft.

K. F. und L. Scheid wiesen darauf hin, daß die Ultrafiltration noch keine ideale Methode zur Konzentrierung eiweißhaltiger Flüssigkeiten ist. Sie fanden, wie auch von Duensing (*14*) beschrieben wurde, daß trotz Eiweißdichtigkeit der Membran der Proteingehalt der so konzentrierten Lösung niedriger liegen kann als nach der Berechnung, daß also offenbar die Membran Eiweiß absorbiert. Aly (*1*) aber hat bei seinen Versuchen keine Adsorption bestimmter Eiweißfraktionen an die Ultrafilter nachweisen können. Seiner Meinung nach können bei der Filtration des Liquors unter Standardbedingungen reproduzierbare Ergebnisse gemessen werden.

c) Durch Zentrifugo-Ultrafiltration

Vor kurzem hat Peters (*47*) eine Methode beschrieben, bei der die Konzentrierung des Liquors durch Zentrifugo-Ultrafiltration erreicht wird. Der Liquor wird in Kollodiumsäckchen, die sich in genau passenden, durch viele Löcher perforierten Hülsen aus Ebonit befinden, zentrifugiert. Innerhalb 4 Std. erreicht er dabei eine Konzentrierung auf das 20—60fache.

Erfahrungen mit dieser Methode stehen noch aus.

4. Einengung im Vakuum

Zum Schluß erwähnen wir noch, daß Booij (*6*) die Einengung von etwa 10 bis 15 cm³ Liquor *im Vakuum* bei Zimmertemperatur bis auf 2—4 cm³ innerhalb weniger als 6 Std. erreichte. Um die Fällung der Proteine durch die Zunahme der Salzkonzentration im Liquor zu verhüten, wurde der Liquor zuerst gegen neutrales Wasser in einer Cellophanmembran dialysiert; darauf fand die Einengung im Vakuum statt. Eine kleine Porzellanschale mit 10—15 cm³ Liquor wird in einen passenden Exsiccator, wie dieser auch bei der chemischen Analyse oft benutzt wird, gebraucht, worauf die Luft mittels Wasserstrahlpumpe abgesaugt wird, bis ein Vakuum von ungefähr 1 cm³ Hg erreicht ist. Während die Luft abgesaugt wird, engt sich die Liquormenge ein. Die eingeengte Flüssigkeit wird gegen Puffer dialysiert und zur Elektrophorese verwendet. Eine ähnliche Methode der Einengung im Vakuum ist von ANTWEILER beschrieben worden (2) (s. Abb. 10, S. 11 dieses Buches).

5. Einengung durch Acetonfällung

Ein ganz anderes Verfahren zur „Einengung des Liquors" wurde von BÜCHER, MATZELT und PETTE (11) gewählt. Sie fällen die Proteine im Liquor in der Kälte bei —5° C mit Aceton. Unmittelbar nach beendigter Fällung wird in Stahlbechern 10 min hochtourig abzentrifugiert. Der am Boden der Becher kompakt sitzende, geringe Eiweißniederschlag wird nach dem Dekantieren des Überstandes in 0,05 bis 0,1 cm³ auf 0° C gekühlten Puffer gelöst und zur Elektrophorese verwendet.

III. Allgemeines über die Elektrophoresediagramme

1. Einschränkungen und Möglichkeiten

Wir werden zunächst die mittels der Elektrophorese der Liquorproteine ermittelten Ergebnisse besprechen. Diese können nur einen vorläufigen Charakter haben. Die elektrophoretische Untersuchung des Liquors trägt noch zu sehr das Gepräge der Unvollkommenheit, die besonders damit zusammenhängt, daß die Untersuchungsmethode noch in der Entwicklung steht. Dies bringt mit sich, daß bei den Untersuchungen nicht einer bestimmten standardisierten Methode gefolgt wird, sondern daß jeder Forscher nach seiner eigenen Methode arbeitet. Die Vielzahl der benutzten Verfahren bringt es mit sich, daß die Ergebnisse einzelner Untersucher nur bedingt vergleichbar sind.

Wir müssen weiter berücksichtigen, daß eine Diagnose vorläufig nicht auf ein Elektrophoresediagramm des Liquors gegründet werden kann; bis jetzt wurden keine für bestimmte Krankheiten charakteristische Diagramme ermittelt. Mit steigender Kenntnis aber der Zusammensetzung und physiologischen Aufgaben von Stoffen, die man in den einzelnen Fraktionen des Elektrophoresediagramms erfaßt, wird es möglich sein, zu einer besseren Einsicht in Art und Entstehungsweise der Krankheit zu gelangen.

Tabelle 22

Pat. S.	Gesamt-protein °/₀₀	Nonne	PANDY	Zell-zahl	Al-bumin %	Globulin %		
						α	β	γ
Krankheitsbeginn	1,6	++	+++	1124/3	—	—	—	—
nach 10 Tagen	2,4	++	++++	442/3	75	—	—	25
nach 21 Tagen	3,2	++	++++	272/3	61	—	—	39
nach 35 Tagen	3,5	+	++++	354/3	55,8	—	4,9	37,3
nach 49 Tagen	5,1	++	++++	494/3	58,7	—	9,9	31,4
nach 70 Tagen	4,0	++	+++	192/3	57,9	—	7,4	34,7

2. Die Bedeutung von Längsschnittuntersuchungen

Es hat sich als möglich erwiesen, Längsschnittuntersuchungen zu machen, die uns ein Bild betreffend den Verlauf und bisweilen auch den Ernst des Leidens verschaffen. Zur Erläuterung erwähnen wir eine Längsschnittuntersuchung, die BOOIJ (7) bei einem Fall von *Meningoencephalitis* hatte durchführen können. Die Elektrophoresekurve des Liquors wies eine deutliche Zunahme des γ-Globulins auf, wie sie meistens bei Entzündungsprozessen des Zentralnervensystems vorkommt (s. weiter unten). Änderungen im γ-Globulingehalt des Liquors liefen mit dem Ernst

172 JOH. BOOIJ: Elektrophorese in der Neurologie

des klinischen Bildes parallel. Bei einem günstigeren klinischen Verlauf gab es eine Zunahme der γ-Globulinfraktion; war der Verlauf jedoch weniger günstig, so zeigte das Elektrophoresebild des Liquors eine Abnahme der γ-Globulinfraktion. Das wechselnde klinische Bild gab sich auch in der wechselnden Zahl der Zellen im Liquor kund; war der klinische Verlauf weniger günstig, so war die Zellzahl im Liquor vermehrt und umgekehrt, bei klinischer Besserung war die Zellzahl geringer. Zellzahl und γ-Globulingehalt änderten sich im entgegengesetzten Sinne (s. Tab. 22).

Der Gedanke liegt nahe, diesen Verlauf des γ-Globulins mit der *Abwehr* des Organismus zu verbinden, die sich im γ-Globulin als Träger der Immunstoffe widerspiegelt; gibt es mehr γ-Globulin, ist die Abwehr des Organismus größer, und umgekehrt.

Merkwürdig sind in diesem Zusammenhang die Ergebnisse von ROSSI und SCHNEIDER (*52*). Sie untersuchten 8 Fälle von Meningitis tuberculosa, die bis auf einen alle heilten. Der tödlich verlaufende Fall zeigte *keine* γ-Globulinvermehrung im Gegensatz zu den anderen Fällen, die alle eine erhebliche γ-Globulinvermehrung aufwiesen.

Auch BAUER (*3*) erwähnt eine ähnliche Längsschnittuntersuchung bei einem Fall von Meningitis tuberculosa, wobei namentlich auch der Verlauf des γ-Globulins kennzeichnend ist: zuerst eine Zunahme des γ-Globulins, die Zellzahl geht zurück,

Tabelle 23

Krankheitswoche	Zellen	PANDY	Ges.-Eiw. mg-%	Eiw-Quot.	Mastix-kurve	Liquor-Elektrophorese							
						V	A	α_1	α	α_2	β	τ	γ
~ 4	2520/3	+	10,4		10	0,7	66,1	7,5	12,7	5,2	9,2	—	11,3
~ 8	520/3	++	3,0	0,5	12	0,8	59,5	5,1	10,3	5,2	7,6	5,4	16,4
~ 10	440/3	++	2,8	0,16	12	0,4	68,3	2,3	7,1	4,8	8,0	—	16,2
~ 18	63/3	+	2,2	0,29	9	0,7	75,4	2,8	8,2	5,4	4,8	2,6	8,3
~ 24	22/3	+	1,2	0,33	8	0,6	78,1	3,5	6,9	3,4	5,6	3,2	5,6

auch der Gesamteiweißgehalt, als Zeichen der klinischen Besserung. Wenn die Heilung durchsetzt, gehen Zellzahl und Gesamteiweiß weiter zurück, und jetzt geht auch der relative γ-Globulinwert zurück. In Tab. 23 sind diese Daten zusammengestellt. Daraus ist der Verlauf des γ-Globulinwertes während der Krankheit deutlich zu sehen.

3. Das Elektrophoresediagramm von normalem Liquor

Elektrophoretisch ermittelte *Normalwerte* der Liquorproteinfraktionen wurden veröffentlicht von KABAT, MOORE und LANDOW (*31*), von LABHART, SCHWEIZER und STAUB (*36*), SCHNEIDER und WALLENIUS (*57*), BÜCHER, MATZELT und PETTE (*11*), von BAUER (*3*), von ESSER (*19*), von GRIES, ALY und v. OLDERSHAUSEN (*27*), von ROSSI und SCHNEIDER (*52*), von KUTZIM, SCHEID und VONKENNEL (*35*) sowie von BOOIJ (*6*) (s. Tab. 24, S. 174).

Zum Teil wurden diese Normalwerte mittels der freien Elektrophorese, zum Teil mit Hilfe der Papierelektrophorese ermittelt. Mit der freien Elektrophorese wurden nicht alle Fraktionen erfaßt, wie nachher die papierelektrophoretische Untersuchung lehrte. Wie schon erwähnt, ist die Empfindlichkeit der Tiselius-Apparatur nicht groß genug, um alle vorhandenen Komponenten unter den obwaltenden Versuchsbedingungen elektrophoretisch zu trennen.

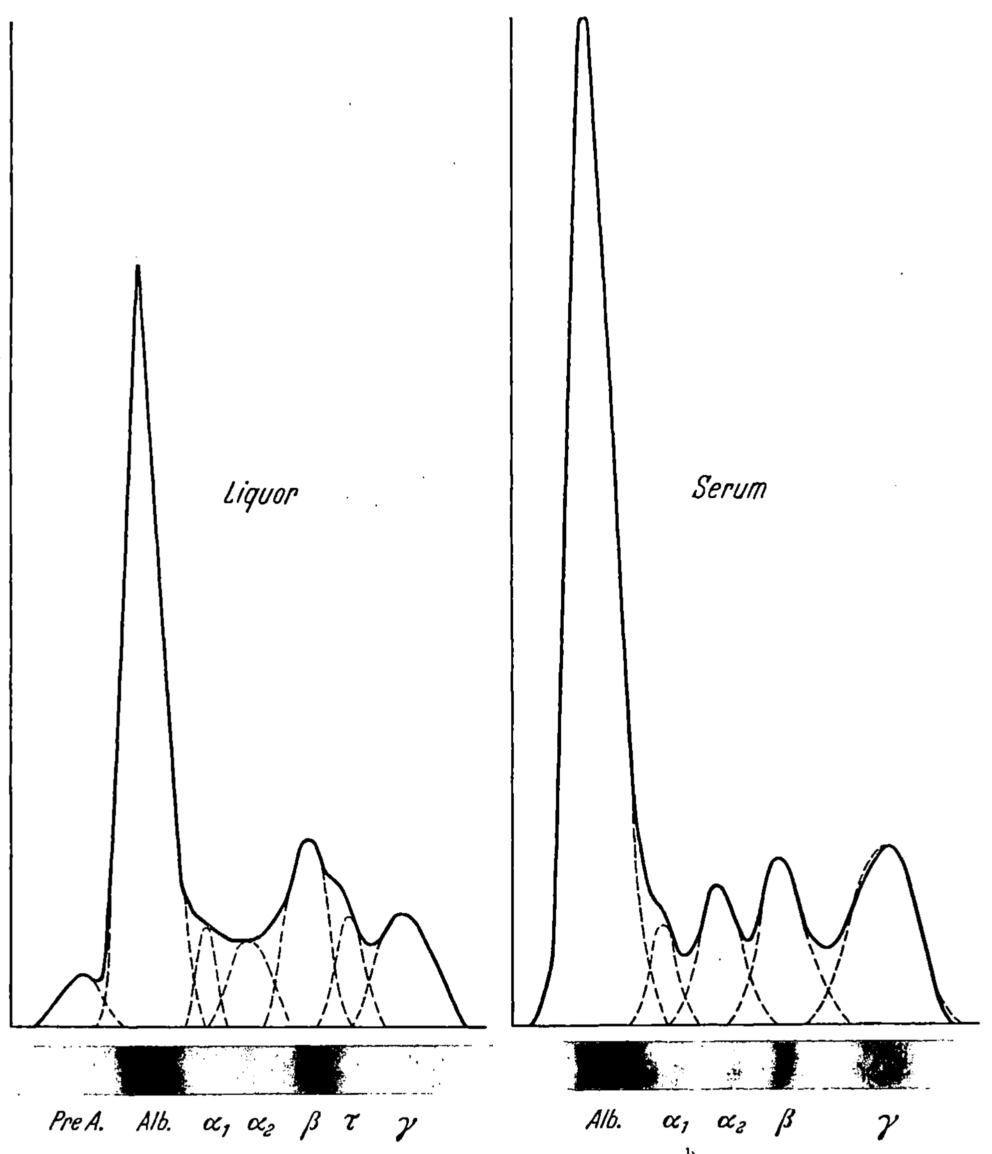

Abb. 85. *Elektrophoresediagramm.* *a* Eines normalen Liquors; die *Vorfraktion* und die *τ-Komponente* sind deutlich zu erkennen; *b* eines normalen Serums; es finden sich die bekannten Fraktionen vor, aber *keine* Vorfraktion und *keine* τ-Komponente, im Unterschied zum Liquor-Elektrophoresediagramm

a) Die verschiedenen Fraktionen

Anfangs war man der Ansicht, daß die im Serum vorhandenen Eiweißfraktionen in ungefähr gleicher Weise im Liquor vorkämen [Kabat, Moore und Landow (*31, 32*), Wallenius (*68*)]. Spätere Untersuchungen haben jedoch ergeben, daß es zwischen den Elektrophoresediagrammen der beiden Körperflüssigkeiten erhebliche Unterschiede gibt.

Abb. 85 zeigt die Elektrophoresekurven eines normalen Liquors und eines normalen Serums. Das Serumdiagramm weist die bekannten Fraktionen auf: Albumin, α-Globulin, dessen Unterfraktionen α_1 und α_2 deutlich sichtbar sind; dann folgt das β-Globulin und die γ-Globulinfraktion. Ein Vergleich mit dem Elektrophoresediagramm des Liquors ergibt folgendes:

1. Das Elektrophoresediagramm des Liquors zeigt eine Fraktion, die bis jetzt nicht im Serum gefunden wurde und schneller wandert als die Albuminkomponente. Sie wird daher als ein Gipfel *vor* der Albuminfraktion abgebildet. Obwohl diese Komponente schon 1942 von KABAT und Mitarbeitern (*31*) beobachtet wurde (s. Abb. 80, Fraktion X) und im Jahre 1944 von K. F. und L. SCHEID ebenfalls „ein Eiweißkörper mit einer sehr hohen Wanderungsgeschwindigkeit (10,7 $\times$ $\times$ 10^{-5} cm sec^{-1} Volt^{-1})" gefunden wurde, waren es doch erst BÜCHER, MATZELT und PETTE (*11*) einerseits und ESSER (*19*) anderseits, die ungefähr gleichzeitig auf diese schnell wandernde Fraktion die Aufmerksamkeit lenkten. BÜCHER und Mitarbeiter bezeichneten sie als *Vorfraktion*, ESSER nannte sie *Präalbumin*.

Tabelle 24

| Autor | Proteinmenge der verschiedenen Fraktionen in % des Gesamteiweißes | | | | | | |
| | Prä-Alb. | Alb. | Globuline | | | | |
			α_1	α_2	β	τ	γ
LABHART, SCHWEIZER, STAUB (1951) (M. E.)	—	70	—	—	30	—	—
BOOIJ (1952) (TISELIUS-Anordnung)	—	65	—	—	35	—	—
EWERBECK (1950) (ANTWEILER-Anordnung)	—	75,5	2,9		5,3	—	16,1
SCHNEIDER-WALLENIUS (1951) (P. E.)	—	56,5	9,8		15,8	—	18,0
ROSSI und SCHNEIDER (1953) (P. E.)	—	54,2—65,0	10,0—15,6		15,0—23,0	—	5,6—14,0
BAUER (1952) (P. E.)	—	59,4	13,4		7,7	—	9,4
BÜCHER, MATZELT, PETTE (1952) (P. E.)	4,4	49,7	15,4		11,5	8,0	11,0
ESSER (1952) (P. E.)	1,2	56,1	4,7	7,5	24,1	—	6,4
GRIES, ALY, v. OLDERSHAUSEN (1953) (P. E.)	4,3	51,3	5,8	8,4	17,1	6,8	6,3
KUTZIM, SCHEID, VONKENNEL (1954) (P. E.)	4,5	52	4,5	8	16	6	8,9

M. E. ist Mikroelektrophorese.
P. E. ist Papierelektrophorese.

2. Der relative Albumingehalt im Liquor ist, wie von den meisten Autoren berichtet wird [WALLENIUS (*68*), ESSER (*19*), ROSSI und SCHNEIDER (*52*)], ungefähr gleich groß wie im Serum.

3. Im Liquor kommt eine meist zweigipflige α-Globulinfraktion zur Darstellung, wie dies meistens im Serum auch der Fall ist.

4. Im Liquor findet man eine gut ausgebildete β-Globulinfraktion, die der Serumfraktion gegenüber vermehrt ist [ALY (*1*), ESSER (*19*), STEGER (*59*), ROSSI und SCHNEIDER (*52*)].

5. Im Liquor kommt eine deutlich von der β-Globulinfraktion abgesetzte „β-Nachfraktion" zur Darstellung, welche von BÜCHER und Mitarbeitern mit

τ-*Fraktion* bezeichnet wurde und im Serum mit den üblichen Methoden nicht gefunden wird. Einige Untersucher unterscheiden eine β_1-Globulinfraktion und eine β_2-Globulinfraktion [STEGER *(59)*, ESSER und HEINZLER *(18)*]. Die β_2-Globulinfraktion läßt sich mit der obengenannten „β-Nachfraktion" vergleichen. Beide Fraktionen sind wahrscheinlich identisch mit der τ-Fraktion von BÜCHER.

6. Im Liquor wird eine gut charakterisierte γ-Globulinfraktion gefunden, die kleiner als im Serum ist [ESSER *(18)*, BÜCHER und Mitarbeiter *(11)*, ROSSI und SCHNEIDER *(52)*]. In einigen Normalfällen sind von GRIES, ALY und VON OLDERSHAUSEN *(27)* zwei γ-Globulinfraktionen gefunden worden. Auch STEGER *(59)* erwähnt einige Male die Anwesenheit von zwei γ-Globulinfraktionen.

b) Die Normalwerte dieser Fraktionen

Was die quantitativen Verhältnisse der verschiedenen Eiweißfraktionen anbetrifft, darüber sind in der Literatur mehrere Daten vorhanden. In Tab. 24 sind die elektrophoretisch ermittelten Normalwerte der Liquorproteinfraktionen, wie diese von verschiedenen Untersuchern gefunden wurden, aufgeführt.

Aus der Tabelle geht hervor, daß die Normalwerte bei den verschiedenen Autoren ziemlich weit auseinandergehen. Wir haben schon darauf hingewiesen, daß diese Unterschiede zu einem großen Teil auf die Unvollkommenheit der Untersuchungsmethoden zurückzuführen sind. Teilweise aber hängen sie auch damit zusammen, daß die eine Gruppe von Autoren mit suboccipital erhaltenem Liquor arbeitete, während andere Lumballiquor verwendeten. Als Normalwerte der verschiedenen Fraktionen im Lumballiquor nehmen wir die Mittelwerte der zwei letzten genannten Gruppen von Untersuchern, in Prozenten des Gesamteiweißes (s. Tab. 24).

Prä-Alb.	Alb.	α_1	α_2	β	τ	γ
4,6	51,6	5,1	8,2	16,5	6,4	7,6

Diese Zahlen sind als vorläufige Mittelwerte anzusehen.

Wir möchten jetzt noch einige Bemerkungen über die einzelnen Eiweißfraktionen gesondert machen. Zuerst dann über die Vorfraktion.

c) Bemerkungen über die einzelnen Fraktionen

Die Vorfraktion. Obwohl die Vorfraktion sich am leichtesten mit Hilfe der Papierelektrophorese nachweisen läßt, ist sie doch auch mittels der freien Elektrophorese wiederholt gefunden worden. Wir haben schon darauf hingewiesen, wie diese Komponente von KABAT und Mitarbeitern *(31)* (s. Abb. 80) und auch von K. F. und L. SCHEID *(55)* mit Hilfe der TISELIUS-Apparatur registriert wurde. BOOIJ *(8)*, der sich der TISELIUS-SVENSSON-Technik bediente, fand diese Vorfraktion ebenfalls in einem durch Punktieren einer Meningocele erhaltenen Liquor; der Eiweißgehalt dieses Liquors war 0,8 °/$_{00}$.

Tabelle 25

Komponente	Wanderungs-geschwindigkeit cm² sec⁻¹ volt⁻¹ 10⁵	Rel.-% des Gesamteiweißes
Vorfraktion	8,3	1,4
Albumin	6,7	67,7
α_1-Globulin	5,7	2,4
α_2-Globulin	4,9	2,4
β-Globulin	3,7	4,8
τ-Fraktion	1,6	9,8
γ-Globulin	0,2	12,0

Abb. 86 zeigt das Elektrophoresebild dieses Liquors. In Tab. 25 sind die verschiedenen, durch ihre Wanderungsgeschwindigkeit charakterisierten Fraktionen und ihre relativen Mengen aufgeführt.

Wie aus der Tabelle ersichtlich ist, hat die Vorfraktion eine 1,3 mal so große Wanderungsgeschwindigkeit wie die Albuminfraktion. Dies entspricht der Geschwindigkeit, die von KABAT, MOORE und LANDOW *(31)* und von K. F. und L. SCHEID *(55)* für die von ihnen gefundene, schnell wandernde Komponente angegeben wird. Fisk, Chanutin und Klingman (23) haben neben dieser Fraktion noch eine zweite Komponente gefunden, deren Wanderungsgeschwindigkeit nicht nur die der Albuminfraktion, sondern auch die der Vorfraktion übersteigt. Sie nannten diese Komponente die X_1-Fraktion, die durch eine Wanderungsgeschwindigkeit gekennzeichnet ist, die 1,5mal so groß ist wie die der Albuminfraktion. Diese Fraktion wird von den andern Autoren nicht erwähnt. Auch mit Hilfe des Antweilerschen Mikroelektrophoresegerätes ist es Aly (1) gelungen, die Vorfraktion nachzuweisen.

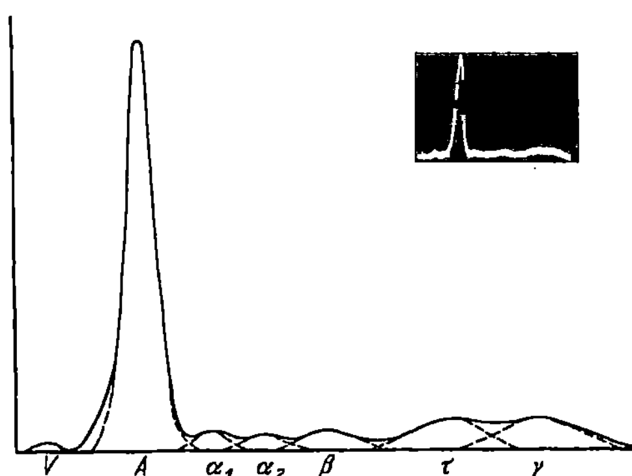

Abb. 86. *Elektrophoresediagramm* eines Liquors, bestimmt nach der Methode der freien Elektrophorese (Trennsystem Tiselius-Svensson-Booij). Wanderungsgeschwindigkeit des Prä-Albumins: 1,3mal die der Albuminfraktion. Wanderungsgeschwindigkeit der τ-Fraktion: ungefähr die Hälfte der β-Globulinfraktion

Was die Vorfraktion nun darstellt, darüber ist noch nichts Sicheres bekannt. Die Auffindung von schneller als Albumin wandernden Fraktionen im Kammerwasser des Auges und in Gelenkpunktaten sowie der Nachweis bei letzteren, daß es sich um Hyaluronsäure bzw. um einen an Proteine gekoppelten Hyaluronsäurekomplex handeln könnte [Schürch, Viollier, Süllmann (58)], wirft die Frage auf, ob die Vorfraktion des Liquors ebenfalls einen derartigen Stoff darstellt. Entsprechende Versuche von Matzelt verliefen negativ [Bauer (3)]. Die Vorfraktion ist im Ventrikelliquor am größten und nimmt im Laufe der Passage ab, obwohl das Gesamteiweiß nach unten zunimmt. Nach Angaben von Steger (59) enthält der normale Ventrikelliquor durchschnittlich 13—20% Vorfraktion, der cysternale 7—13% und der lumbale Liquor unter 7%. Steger meint, daß der unterschiedliche Gehalt an Vorfraktion in den einzelnen Höhen möglicherweise zu erklären ist durch eine relativ schnellere Resorption dieses Stoffes.

Die Albumin- und die α-Globulinfraktion. Die relativen Werte der Albumin- und der α-Globulinfraktion stimmen ungefähr mit den in Serum gefundenen Werten überein.

Die β-Globulinfraktion. Von den schon bekannten Globulinfraktionen nennen wir noch insbesondere das β-Globulin. Wie aus den Untersuchungen von Steger (59), Esser (19), Rossi und Schneider (52) hervorgeht, gibt es im Liquor eine relativ starke Anreicherung an β-Globulin. Esser findet sogar die doppelte Höhe der normalen Serumwerte. Er trennt aber keine τ-Fraktion von der β-Fraktion, wie dies auch nicht von Rossi und Schneider gemacht wird. Ihre Werte müssen also höher ausfallen als die der anderen Autoren.

Die obengenannte *τ-Fraktion* wurde zum ersten Male von Bücher und Mitarbeitern (11) in die Literatur gebracht. Andere Untersucher sprechen von einer „β-Nachfraktion". Wieder andere unterscheiden eine β_1-Globulinfraktion und eine β_2-Globulinfraktion [Steger (59), Esser und Heinzler (18)]. Wahrscheinlich sind diese „β-Nachfraktion" und die β_2-Globulinfraktion identisch mit der τ-Fraktion von Bücher. Rossi und Schneider (52) rechnen sie „ihrem Erscheinungsbild entsprechend" zu dem β-Globulin.

Die τ-Fraktion. Zu den Komponenten des normalen Liquors gehört, wie wir sahen, auch die τ-Fraktion. Diese ist noch nicht einer näheren Analyse unterzogen worden. Vereinzelte Beobachtungen aber deuten darauf hin, daß die Globulinfraktion vielleicht mit immunbiologischen Reaktionen etwas zu tun haben könnte. Esser (19) berichtet über die Feststellung einer besonderen Proteinkonzentration im Beginn der Wanderungsstrecke des γ-Globulins bei luischen Erkrankungen des Zentralnervensystems. Er weist ferner darauf hin, daß von DAVIS, MOORE und KABAT und von COOPER, CRAIG und BEARD nachgewiesen werden konnte, daß der rein dargestellte syphilitische Antikörper im elektrischen Feld zwischen β- und γ-Globulin wandert, also gerade da, wo auch die τ-Fraktion zur Ausbildung kommt. Wir möchten weiter darauf hinweisen, daß BAUER (*11*) bei liquorpositivem Neurolues eine Vermehrung der τ-Fraktion fand. Diese Beobachtungen unterstützen die Auffassung, daß die τ-Fraktion tatsächlich mit immunbiologischen Reaktionen im Zusammenhang stehen könnte.

Die φ-Fraktion. Die φ-Fraktion wird bei der Papierelektrophorese nicht beobachtet. Die Haftung zwischen dem Fibrinogen und den Papierfasern ist so stark, daß das Fibrinogen sich nicht unter dem Einfluß der elektrischen Spannung versetzen kann. Mit Hilfe der freien Elektrophorese jedoch wäre es schon möglich, diese Fraktion zu bestimmen, vorausgesetzt, daß die Konzentration genügend hoch ist. Wie schon gesagt, soll die Eiweißkonzentration mindestens 0,02 % betragen, um im Elektrophoresediagramm zur Darstellung zu gelangen. In normalem Liquor wurde diese Fraktion jedoch bis jetzt nicht gefunden [KABAT, MOORE und LANDOW (*31*), SCHNEIDER und WALLENIUS (*57*)]. Im Liquor mit gesteigertem Eiweißgehalt, bei multipler Sklerose und verschiedenen Formen von Polyneuritis [KABAT, MOORE und LANDOW (*31*)], konnte diese Fraktion nachgewiesen werden.

Die γ-Globulinfraktion. Die Höhe der γ-Globulinfraktion ist in der Regel in normalem Liquor niedriger als im Serum [ESSER (*19*), ROSSI und SCHNEIDER (*52*)].

Zusammenfassend kann man sagen, daß der Liquor normalerweise relativ mehr β-Globulin und relativ weniger γ-Globulin enthält als das Serum. Auch das Vorkommen einer Vorfraktion muß als gesichert betrachtet werden.

Aus dem Vorangehenden mag aber wohl deutlich geworden sein, daß es noch nicht möglich ist, definitive Schlußfolgerungen zu machen, besonders auch, was die quantitativen Verhältnisse angeht.

Weitere Untersuchungen werden abgewartet werden müssen. Es wäre dabei sehr wünschenswert, wenn die verschiedenen Untersucher sich auf eine bestimmte Methode einigen könnten. Die erhaltenen Ergebnisse würden dann untereinander besser vergleichbar sein. Es wäre schon vieles gewonnen, wenn ein gemeinsames Einengungsverfahren gewählt werden könnte.

4. Das Elektrophoresediagramm von pathologischem Liquor

Der Ausdruck „pathologischer Liquor" bezieht sich auf Liquor von Patienten, die an einer neurologischen oder psychiatrischen Krankheit leiden, die Änderungen im Liquor verursacht. Besonders die Änderungen in den Eiweißverhältnissen sind dann für uns von Interesse. Absichtlich sprechen wir von Änderungen in den Eiweißverhältnissen und nicht von einer Steigerung des Eiweißgehaltes. *Es können nämlich Änderungen in den Eiweißverhältnissen auftreten, Verschiebungen im Verhältnis zwischen den unterschiedenen Eiweißfraktionen, ohne daß die gesamte Eiweißmenge sich geändert hat.* Namentlich die elektrophoretischen Liquoruntersuchungen haben diese Tatsache deutlich hervorgehoben, wie wir noch sehen werden.

a) Linksausfall der Normomastixkurve bei multipler Sklerose

Verschiedene Untersucher haben nachgewiesen, daß bei *multipler Sklerose* eine ausgesprochene Vermehrung des γ-Globulins gefunden wird [KABAT (*31*), ESSER (*19*)], während dennoch der Gesamteiweißgehalt normal sein kann. STEGER (*59*) weist auf die bekannte Tatsache hin, daß bei multipler Sklerose bei normalen Gesamteiweißwerten oft ein Linksausfall der Kolloidreaktionen gefunden wird.

In Abb. 87 sind die Befunde eines derartigen Falles wiedergegeben. Die Normomastixkurve zeigt einen deutlichen Linksausfall bei normalem Gesamteiweißwert (G. E. = 0,36 °/₀). Das Elektrophoresediagramm zeigt eine enorme Vermehrung der γ-Globulinfraktion auf fast 30% des Gesamteiweißgehaltes; die übrigen Fraktionen sind nicht vermehrt.

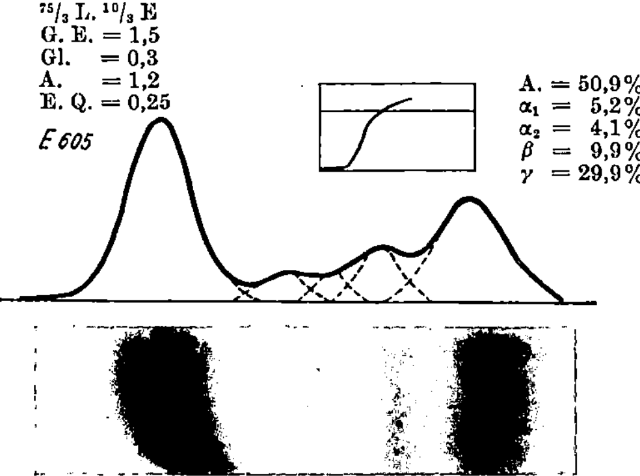

Abb. 87. Typischer multipler Sklerose-Liquor mit normalem Gesamteiweiß und Linksausfall der Mastixkurve nach den bisherigen Methoden. Aus dem Elektrophoretogramm des Liquors ersieht man eine γ-Globulinanreicherung auf fast 30% des Gesamteiweißgehaltes [nach Steger (59)]

Der Linksausfall der Mastixkurve ist auf diese γ-Globulinanreicherung zurückzuführen, wie die Untersuchungen von Kabat, Moore und Landow (31) und von K. F. und L. Scheid (56) gezeigt haben.

Bei *postkontusionellen Syndromen* findet Bauer (3) eine isolierte Vermehrung der β-Globulinfraktion, während dabei so gut wie nie pathologische Mastixkurven oder andere Liquorveränderungen zur Beobachtung gelangten.

b) Änderungen der verschiedenen Fraktionen

Welche Änderungen können im Elektrophoresediagramm des pathologischen Liquors auftreten? Soweit der heutige Stand der Untersuchungen es gestattet, werden wir versuchen, diese Frage zu beantworten.

Änderungen der Vorfraktion. Bei erhöhtem Eiweißgehalt im Liquor ist die relative *Menge Vorfraktion manchmal geringer.* Sowohl Bauer (3) als Gries, Aly und von Oldershausen (27) fanden, daß die Vorfraktion relativ abnimmt, je höher der Eiweißgehalt ist, bis sie schließlich im Elektrophoresebild nicht mehr wahrnehmbar ist. Als Beispiel nennen wir das von Steger (59) bei Stoppliquor aufgenommene Elektrophoresediagramm, also bei Liquor, der unterhalb eines totalen Stopps gewonnen wird. Der Eiweißgehalt kann hier derart hoch sein, daß es zur Spontangerinnung des Liquors kommt.

Wie in Abb. 88, die das Elektrophoresediagramm eines Stoppliquors zeigt, zu sehen ist, fehlt die Vorfraktion völlig. Dies bedeutet jedoch nicht, daß sie sich nicht

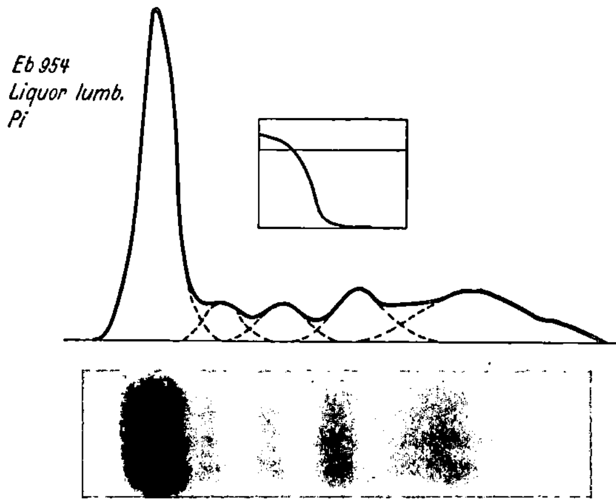

Abb. 88. Elektrophoresediagramm eines Stoppliquors; *keine* Vorfraktion. Ähnlichkeit mit einem Serumelektrophoresediagramm [nach Steger (59)]

mehr im Liquor befindet; wegen des hohen Eiweißwertes wird die Vorfraktion relativ gering und kommt schließlich nicht mehr zur Darstellung. Diese Auffassung unterstützt der Befund von Grassmann (26), der bei präparativen Trennungen mit der von ihm angegebenen Apparatur auch im *Serum* Spuren eines der Vorfraktion entsprechenden Körpers vor dem Albumin fand. Ganz allgemein kann gesagt werden, daß bei akut entzündlichen Erkrankungen, aber auch bei längerdauernden Entzündungen mit wesentlicher meningealer Beteiligung sowie auch bei Tumoren die Vorfraktion im Liquor meistens vermindert ist [Bauer (3), Gries, Aly, von Olders-

HAUSEN (*27*)]. KUTZIM, SCHEID und VONKENNEL (*35*) aber fanden bei luischen Entzündungen des Zentralnervensystems, auch wenn der Gesamteiweißgehalt hoch war, eine deutliche Vorfraktion (s. Abb. 93).

Die Vorfraktion kann auch erhöht sein, wie STEGER (*59*) mitteilt, und im Ventrikelliquor sogar bis zu mehr als 25% des Gesamteiweißgehaltes betragen. Abb. 89 zeigt das Diagramm eines derartigen Liquors.

Die Vorfraktion beeinflußt die Normomastixkurve anscheinend nicht, wie aus dem normalen Verlauf dieser Kurve zu sehen ist. Welche Bedeutung die Vorfraktion für den Körper hat, wissen wir noch nicht.

Änderungen der Albuminfraktion. Die Albuminfraktion kann sowohl erhöht als erniedrigt sein, im Gegensatz zum Serum, in dem nur eine Verminderung gefunden ist (ESSER). So findet VON OLDERSHAUSEN (*43*) im akuten unbehandelten Stadium der tuberkulösen Meningitis eine starke Vermehrung des Albumins, und BOOIJ (*8*) fand bei einem Fall von Leukoencephalitis eine bedeutende Erniedrigung dieser Fraktion.

Änderungen der α- und β-Globulinfraktion. Von den Globulinfraktionen haben die α- und β-Globulinfraktionen bis jetzt wenig spezifische Änderungen aufgewiesen. BAUER (*3*) fand eine *vermehrte α-Globulinfraktion* bei Tetanie und MENIÈRISCHEM Syndrom; auch einige Male in der Frühphase entzündlicher Erkrankungen. ROSSI und SCHNEIDER (*52*) geben an, daß bei

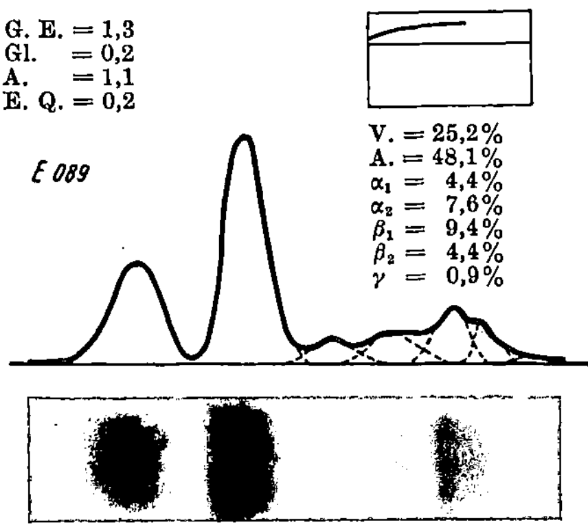

Abb. 89. Ungewöhnlich hohe Vorfraktion im Ventrikelliquor. Im Gesamteiweißgehalt kommt die Vermehrung der Vorfraktion zum Ausdruck, sie hat aber keinen Einfluß auf die Normomastixreaktion [nach STEGER (*59*)]

der tuberkulösen Meningitis sowohl eine Vermehrung als auch eine Verminderung der α-Fraktion gefunden werden kann.

Eine Vermehrung der *β-Globulinfraktion* wurde gefunden bei Epilepsien, postkontusionellen Syndromen, Cerebralsklerosen und hirnatrophischen Prozessen [BAUER (*3*)]. STEGER (*59*) fand eine starke Zunahme der β-Globulinfraktion im Ventrikelliquor bei einem

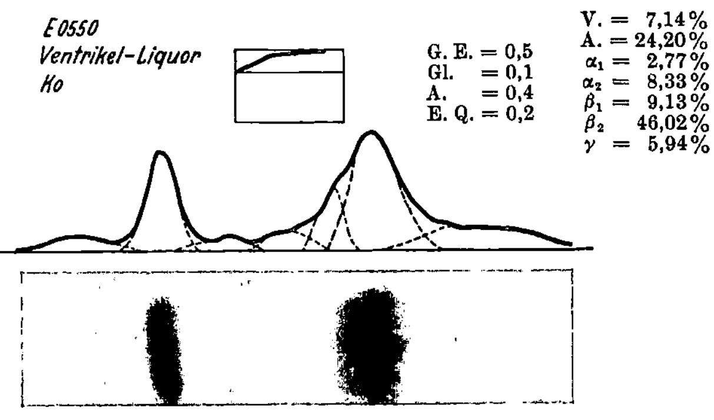

Abb. 90. Ventrikel-Liquor eines Hirntumors. Exzessiver β-Globulingipfel, KAFKA-Werte und Normomastixkurve normal [nach STEGER (*59*)]

Hirntumor und bei einer Lipoidose. Wie aus Abb. 90 hervorgeht, beträgt die β-Globulinvermehrung fast das Doppelte des Albumins. Eine Verminderung dieser Fraktion fand ESSER (*19*) bei Kohlenoxydvergiftung. ROSSI und SCHNEIDER fanden bei der tuberkulösen Meningitis ebenfalls eine Verminderung, und v. OLDERSHAUSEN, GRIES und ALY (*44*) fanden dies auch während der ersten 3 Paresentage bei Poliomyelitis anterior acuta.

Änderungen der τ-Fraktion. Über die τ-Fraktion sind nur wenig feststehende Daten bekannt. BAUER (*3*) fand eine Erhöhung bei der liquorpositiven Neurolues. Auch in einem Fall von tuberkulöser Meningitis war die Fraktion vermehrt.

Daß auch die τ-Fraktion vermindert sein kann, wurde schon früher erwähnt. BAUER (*3*) fand auch bei Hirnabscessen eine Verminderung oder sogar ein Fehlen dieser Fraktion.

12*

Was wir bei der Vorfraktion gesehen haben, gilt auch für die τ-Fraktion, nämlich, daß auch diese Fraktion bei höherem Gesamteiweiß zwar vorhanden ist, aber durch die anderen Fraktionen überdeckt wird und im Elektrophoresediagramm nicht zur Ausbildung gelangt.

Änderungen der γ-Globulinfraktion. Wichtig sind die Änderungen der γ-Globulinfraktion. Wir hatten schon einige Male Gelegenheit, darauf hinzuweisen. Alle Autoren sind darüber einig, daß bei *entzündlichen Erkrankungen* im Bereich des Zentralnervensystems die γ-Globulinfraktion erhöht ist. Die Höhe der Fraktionen zeigt Abhängigkeiten, vor allem von der Ätiologie, zum Teil von der Aktivität des entzündlichen Geschehens [ESSER (*19*), BOOIJ (*7*), ROSSI und SCHNEIDER (*52*)]. Der höchste γ-Globulinwert wurde bis jetzt von BAUER gefunden bei einem Fall von Panencephalitis PETTE-DÖRRING; er fand nicht weniger als 60% γ-Globulin. Auch bei luischen Erkrankungen des Zentralnervensystems kann sie sehr hoch sein. So fanden KUTZIM, SCHEID und VONKENNEL (*35*) in einem Fall von progressiver Paralyse nicht weniger als 55,7 Rel.-% γ-Globulin (s. auch Abb. 93).

5. Verschiedene Typen des Elektrophoresediagramms

ESSER und BAUER haben versucht, zu einer Einteilung der Elektrophoresediagramme pathologischer Liquores nach bestimmten, auffallenden Abweichungen vom normalen Typ zu kommen, um sie, wenn möglich, mit bekannten klinischen Syndromen in Verbindung zu bringen.

a) Die Einteilung nach ESSER

ESSER (*19*) unterscheidet sechs Typen, die er die Verteilungstypen I—VI nennt. Typ I gibt die normalen Verteilungsverhältnisse wieder, die er u. a. bei Tetanie, genuiner Epilepsie und Thalliumvergiftung findet. Typ II ist durch niedriges Albumin und hohes β-Globulin charakterisiert; diese findet er bei Contusio cerebri mit sicheren Ausfallerscheinungen und auch bei hirnatrophischen Prozessen. Typ III mit hohem Albumin und niedrigem β-Globulin hat er bei Kohlenoxydvergiftung gefunden. Typ IV mit *mäßiger γ-Globulinvermehrung* unter Verminderung der übrigen Fraktionen wird bei entzündlichen Prozessen gefunden, wie u. a. bei Poliomyelitis acuta anterior, Polyneuritis, Polyradiculitis, bei Meningokokken-Meningitis, bei eitriger Streptokokken-Meningitis, bei primären Hirntumoren mit erhöhtem Gesamteiweiß und bei metastatischen Hirntumoren. Typ V mit *exzessiver γ-Globulinvermehrung* findet er bei multipler Sklerose, Hirnabscessen und Tbc.-Meningitis. Typ VI mit einer γ-Globulinvermehrung, die sich von den übrigen γ-Globulinvermehrungen unterscheidet durch eine massive Proteinkonzentrierung im vorderen Anteil der Wanderungsstrecke dieser Fraktion (die sog. luische Form der γ-Globulinvermehrung) wird gefunden bei der Paralyse, Tabes dorsalis und Lues cerebrospinalis.

b) Die Einteilung nach BAUER

BAUER (*3*) unterscheidet eine Reihe von pathologischen Typen, die er nach den *vermehrten Fraktionen* bezeichnet; so spricht er von einem α-, β- und γ-Typ und meint damit eine isolierte Vermehrung der α-, β- oder γ-Globuline. Reine α-Typen wurden einige Male von ihm gefunden in der Frühphase entzündlicher Erkrankungen, öfters jedoch bei den verschiedenartigsten Störungen auf nichtentzündlicher Basis wie bei tetanischen Anfällen, MENIÈREschem Syndrom, schwerer Migräne und andere mehr. Der β-Typ, also eine isolierte Vermehrung des β-Globulins, fand sich vorzugsweise bei Epilepsien, postkontusionellen Syndromen, Cerebralsklerosen, hirnatrophischen Prozessen. Bei den reinen β-Typen werden so gut wie nie pathologische Mastixkurven oder andere Liquorveränderungen beobachtet. Abb. 91 zeigt von jedem dieser Type ein Beispiel.

Die entzündlichen Erkrankungen und die multiple Sklerose zeigen gewöhnlich den γ-Typ; so wird dieser Typ u. a. gefunden bei verschiedenen Formen der Encephalomyelitis, Poliomyelitis und Neurolues. Als *Mischelektrophoresediagramm* bezeichnet er ein Bild mit folgenden Kennzeichen:

1. eine niedrige bzw. fehlende Vorfraktion;
2. eine von der β-Fraktion schlecht trennbare niedrige oder fehlende τ-Fraktion;
3. die α-Unterfraktionen, besonders die α_2-Fraktion, treten deutlich hervor.

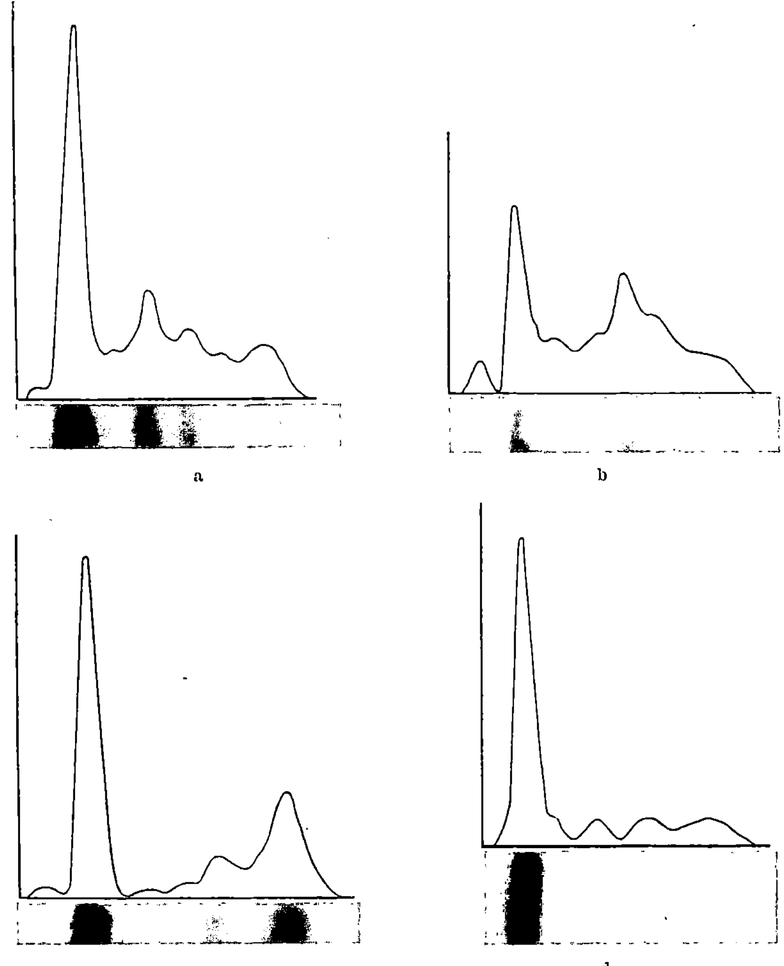

Abb. 91a—d. a) α-Typ. Akute, otogene Meningitis. V. = 0,6%, Alb. 51,1%, $\alpha_1 = 6,0\%$, $\alpha_2 = 15,6\%$, $\beta = 10,8\%$, $\tau = 5,0\%$, γ 10,9%. b) β-Typ. β-Plasmocytom, neurologisch seit Jahren als multiple Sklerose imponiert (schubweiser Krankheitsverlauf, paraspastisches Krankheitsbild). V. = 6,1%, Alb. = 46,5%, $\alpha_1 = 4,7\%$, $\alpha_2 = 5,5\%$, $\beta = 20,3\%$, $\tau = 7,9\%$, $\gamma = 9,0\%$. c) γ-Typ. Schubweise verlaufende multiple Sklerose. V. = 3,0%, Alb. = 49,9%, $\alpha = 5,4\%$, β und $\tau = 14,3\%$, $\gamma = 28,4\%$. d) Misch-Typ. Aquäduktverschluß bei einem Liquor-Gesamteiweiß von 1820 mg-%. Alb. = 62,4%, $\alpha_1 = 6,0\%$, $\alpha_2 = 6,2\%$, $\beta = 9,6\%$, $\gamma = 15,1\%$ [nach Bauer]

Außerdem ist das Gesamteiweiß erhöht (s. Abb. 91 d).

Dieser Mischtyp wird fast immer gefunden bei entzündlichen Prozessen mit meningealer Beteiligung, ferner bei ausgedehnteren Gefäßmißbildungen und besonders bei Tumoren.

Auch Kombinationsformen der hier besprochenen Grundtypen kommen vor. So hat BAUER bei längerdauernden entzündlichen Erkrankungen öfters eine Kombination des Mischelektrophoresediagramms mit dem γ-Typ gefunden.

Vergleichen wir die Einteilungen von Esser und Bauer, so fällt auf, daß in der ersteren der α-Typ von Bauer fehlt. Der β-Typ von Bauer läßt sich mit dem Verteilungstyp II von Esser vergleichen; auch was die klinischen Bilder anbetrifft, finden wir hier eine ziemlich gute Übereinstimmung (postkontusionelle Syndrome und hirnatrophische Prozesse). Die Esserschen Typen III, IV und V decken sich größtenteils mit dem γ-Typ Bauers, auch nach den klinischen Bildern.

Wie aus den beiden obigen Einteilungen hervorgeht, ist es noch nicht möglich, zu einer befriedigenden Charakterisierung der Elektrophoresekurven zu kommen. Dazu befindet sich die ganze Liquorforschung mittels der Elektrophorese noch zu sehr im Entwicklungsstadium. Wir werden die weiteren Untersuchungen abwarten müssen, um zu einer befriedigenden Einteilung zu gelangen.

IV. Das Elektrophoresediagramm des Liquors bei neurologischen Krankheiten

Im Laufe unserer obigen Betrachtungen hatten wir wiederholt Gelegenheit, auf Abweichungen hinzuweisen, die im Elektrophoresediagramm des Liquors bei verschiedenen neurologischen Krankheiten auftreten.

Wir werden jetzt in mehr systematischer Weise der Frage nachgehen, welche Angaben über das Elektrophoresediagramm bei diesen Erkrankungen sich in der Literatur vorfinden. Wir weisen nochmals darauf hin, daß diese Daten einen vorläufigen Charakter tragen, zum Teil auch, weil die Untersuchungsmethodik noch keine endgültige Form erhalten hat.

1. Die entzündlichen Erkrankungen

a) Die Meningitiden

Bei *Meningitis tuberculosa* haben alle Untersucher einen gesteigerten γ-Globulinwert gefunden [Schneider und Wallenius (*57*), Booij (*7*), Rossi und Schneider (*52*) und Esser (*19*), von Oldershausen, Aly und Gries (*43*), Labhart, Schweizer und Staub (*36*) und Bauer (*3*)]. Esser (*19*) spricht sogar von einer exzessiven γ-Globulinvermehrung. Von Oldershausen, Aly und Gries (*44*) finden nicht nur einen höheren γ-Globulinwert, der dreimal der normale Wert ist (18,8 Rel.-% gegen 6,3 Rel.-% normal), sondern auch eine starke *Verminderung* der Vorfraktion; auch das β-Globulin und der τ-Gipfel sind niedriger; hingegen ist die Albuminfraktion mäßig erhöht. Labhart, Schweizer und Staub (*36*) fanden oft, aber nicht immer einen erhöhten Globulinwert; das Albumin war leicht vermindert. Auch Bauer (*3*) findet eine Verminderung der Vor- und τ-Fraktion sowie eine erhöhte γ-Globulinfraktion (also eine Mischelektrophoresekurve). Rossi und Schneider (*52*) fanden gleichzeitige Verminderung des relativen Albumin- und β-Globulingehaltes bei stark vermehrtem Gesamteiweiß (über 100 mg-%). Auch das γ-Globulin fanden sie fast immer vermehrt. *Ganz auffallend ist ihr Befund bei dem einzigen der von ihnen untersuchten Fälle, der tödlich endete, daß der γ-Globulinwert normal war.*

Bei *Meningitis lymphocytaria* fanden Labhart und Mitarbeiter (*36*) einen auffallend hohen γ-Globulinwert, ein Befund, der auch von Bauer bestätigt werden konnte. Rossi und Schneider (*52*) berichten, daß sie meistens eine Verminderung des Albumins fanden, und invers dazu war vor allem das γ-Globulin vermehrt.

Bei *otogener Meningitis* wurde ebenfalls ein gesteigerter γ-Globulinwert gefunden [Booij (*7*), Bauer (*3*)]. Auch kann eine Vermehrung der α-Globuline gefunden werden.

Esser (*19*) fand bei einer *Meningokokken-Meningitis* einen erhöhten γ-Gipfel und eine Verminderung der übrigen Fraktionen.

Bei *Pneumokokken-Meningitis* wurde von WALLENIUS (*68*) eine Erhöhung von allen Eiweißfraktionen nachgewiesen.

b) Die Encephalitiden

Verschiedene Formen von *Encephalitis* (disseminierte Encephalitis, Impf-Encephalitis, Panencephalitis) weisen ebenfalls einen erhöhten γ-Globulingehalt auf, in einem Fall von Panencephalitis PETTE-DÖRING war die Vermehrung sogar 61% des Gesamteiweißgehaltes [BAUER (*3*), KABAT, GLUSMAN und KNAUB (*33*), BOOIJ (*7*)].

Bemerkenswert sind auch die Liquorverhältnisse bei *Leukoencephalitis*.

Auch bei der Leukoencephalitis ist das Liquorbild nicht kennzeichnend. In einigen Fällen ist neben einer geringen Zellenvermehrung auch eine geringe Eiweißvermehrung festgestellt worden. Oft aber stellte es sich heraus, daß weder der Zellengehalt noch der Eiweißgehalt erhöht war. Jedoch ist es höchst merkwürdig, daß in

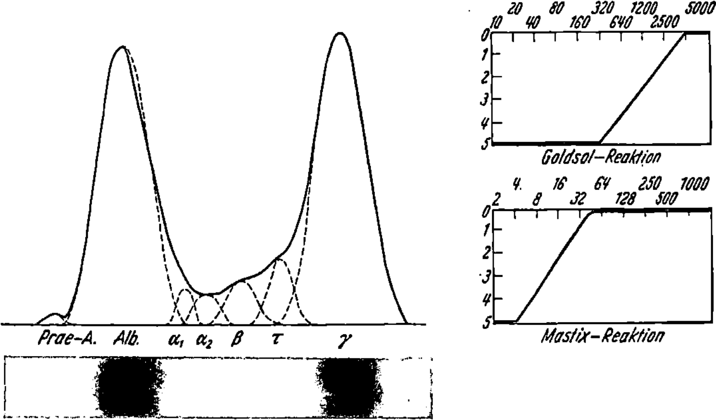

Abb. 92. Leuko-Encephalitis, starke Erhöhung der γ-Globulinfraktion und Linksausfall der Kolloidkurven bei normalem Gesamteiweißgehalt. Prä-Alb. 0,5%, Alb. 43,5%, α_1-Glob. 1,7%, α_2-Glob. 2,1%, β-Glob. 3,4%, τ-Frakt. 3,7%, γ-Glob. 45,1%, G. E. 0.30⁰/₀₀

diesen Fällen dennoch oft eine deutliche Ausflockung in den Normomastix- und Goldsolkurven gefunden wird. Diese Ausflockung ist hauptsächlich ein Linksausfall; die Kurve erinnert dann auch an eine Paralyse-Kurve. Solche Fälle wurden u. a. von ROSANOF (*51*), EICKE (*17*), LEONHARD (*38*), PAARMANN (*46*) beschrieben. Sie bedienten sich jedoch nicht der Elektrophorese und waren folglich nicht imstande, die Globuline zu differenzieren. Im Zusammenhang mit unseren obigen Betrachtungen aber müssen wir eine Vermehrung des γ-Globulins für möglich halten. BOOIJ beschreibt das Elektrophoresediagramm eines Liquors, dessen Gesamteiweißgehalt normal, d. h. 0,30⁰/₀₀ war, und worin auch die Zahl der Zellen keine Abweichungen aufwies; diese Zahl war 5/3. In der Goldsol- und Normomastixkurve finden wir jedoch eine deutliche Ausflockung vom Paralysetyp.

Wie aus Abb. 92 ersichtlich, ist der γ-Globulingehalt enorm gesteigert, und zwar bis 45,1% des Gesamteiweißgehaltes; diese Erhöhung vollzieht sich auf Kosten des Albumingehaltes, der auf 43,5% gefallen ist. Wie aus der Elektrophoresekurve hervorgeht, ist die Vorfraktion nur in einer kleinen Menge vorhanden, 0,5%. Wir finden hier ähnliche Verhältnisse wie bei der multiplen Sklerose.

c) Die Neuritiden

Der *Polyneuritisliquor* unterscheidet sich vom normalen ebenfalls durch eine Anreicherung an γ-Globulin [STEGER (*59*), KABAT, MOORE und LANDOW (*31*)]. Das elektrophoretische Bild des Liquors bei der *Polyneuritis* GUILLAIN-BARRÉ ist immer gleichsinnig verändert; das γ-Globulin ist erhöht, die Vorfraktion ist meistens erniedrigt und kommt nur ganz vereinzelt zur Darstellung [Steger (*59*), Kabat, Glusman, Knaub (*33*), Schneider und Wallenius (*57*)].

d) Die luischen Erkrankungen

Das Elektrophoresediagramm bei *luischen Krankheiten des Zentralnervensystems* ist besonders auffallend durch die starke Zunahme der γ-Globulinfraktion, die mehr als 55% des Gesamteiweißes betragen kann [Kutzim, Scheid, Vonkennel (*35*)]. Esser (*19*) hat darauf hingewiesen, daß die γ-Globulinvermehrung sich von den übrigen unterscheidet durch eine massive Proteinkonzentrierung im vorderen Anteil

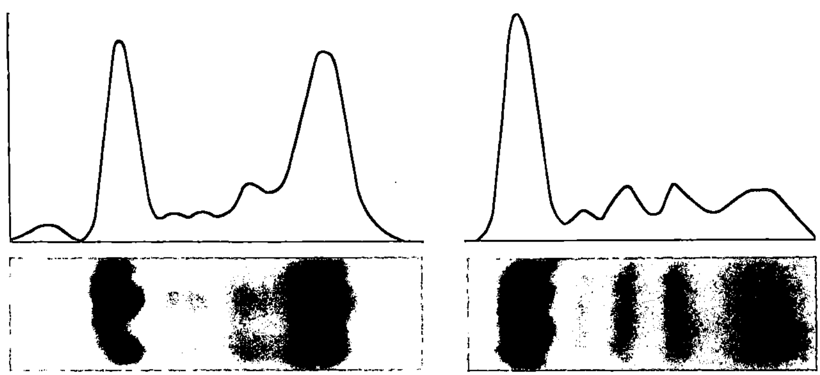

Abb. 93. *Tabes dorsalis:* Gesamt-Protein: 70 mg-%. Vorfraktion und τ-Fraktion sind beide anwesend; Prä-Alb. 1,3%, Alb. 36,9%, α_1-Glob. 5,8%, α_2-Glob. 5,2%, β-Glob. und τ-Frakt. 19%, γ-Glob. 31,8%
[nach Kutzim, Scheid und Vonkennel (*35*)]

der Wanderungsstrecke dieser Fraktion, und Bauer (*3*) fand, daß auch die β- und τ-Fraktion erhöht sind. Weil Esser keine τ-Fraktion unterscheidet, können wir annehmen, daß sein vorderer Anteil der γ-Globulinfraktion mit dem τ-Band Bauers übereinstimmt. Bauer fand in zwei Fällen sogar 12,8% τ-Globulin (Mittelwert = 5,7%), also eine sehr große Vermehrung. Die τ-Fraktion konnte auch von Kutzim, Scheid und Vonkennel festgestellt werden. Sie war besonders deutlich in einem Fall von Tabes dorsalis. Diese Autoren fanden auch eine deutliche Vorfraktion, trotz hoher Gesamteiweißwerte. Die Fraktion war aber meistens etwas niedriger als bei normalem Liquor. Abb. 93 zeigt das Liquorbild von einem Patienten mit Tabes dorsalis. Sowohl die Vorfraktion als auch die große Zunahme des γ-Globulins ist deutlich zu erkennen.

Es wurde bereits mitgeteilt, daß Esser die γ-Globulinvermehrung bei den luischen Erkrankungen des Zentralnervensystems zurückführt auf eine Vermehrung der luischen Antikörper. Das hier gekennzeichnete Elektrophoresebild wird bei *Dementia paralytica, Tabes dorsalis* und *Lues cerebrospinalis* gefunden [Kabat, Moore und Landow (*31*), Schneider und Wallenius (*57*), Esser (*19*), Bauer (*3*), Booij (*7*), Kutzim, Scheid und Vonkennel (*35*)].

e) Poliomyelitis anterior acuta

Auch bei *Poliomyelitis anterior acuta* findet man die für die entzündlichen Erkrankungen kennzeichnende γ-Globulinvermehrung [Bauer (*3*)]. Esser (*19*) fand außerdem eine Verminderung der übrigen Fraktionen. Auch Booij (*7*) berichtet über die γ-Globulinvermehrung bei der Kinderlähmung. Rossi und Schneider (*52*) haben nicht nur die γ-Globulinvermehrung festgestellt, sondern sie finden auch, daß Albumin und β-Globulin gleichzeitig vermindert sind; regelmäßig ist aber der α-Globulingehalt vermehrt.

Von Oldershausen, Gries und Aly (44) finden die ausgeprägtesten Liquoreiweißveränderungen erst zwischen der zweiten und vierten Woche nach Eintritt der Paresen, und zwar eine Erhöhung des Albumins und der γ-Globulinfraktion, eine Verminderung aber der Vorfraktion, der τ-Fraktion und der β-Globulinkomponente.

Die Ergebnisse der verschiedenen Autoren sind nicht einheitlich, wie aus dem Gesagten hervorgeht. Alle sind aber darüber einig, daß die γ-Globulinfraktion vermehrt ist.

Das Gemeinsame aller dieser entzündlichen Erkrankungen ist eine Zunahme des γ-Globulingehalts im Liquor cerebrospinalis. Für die Poliomyelitis acuta anterior hat Booij (7) darauf hingewiesen, daß der Körper sich gegen den Infektionserreger wehrt durch Vermehrung des γ-Globulins im Liquor, was gleichbedeutend sein soll mit einer Erhöhung von Antikörpern. Dies wäre vergleichbar mit einer Leukocytose im peripheren Blut bei akuten Infektionskrankheiten, die u. a. auch den Zweck hat, die Abwehrkraft des Körpers zu steigern. Der Gedanke liegt also nahe, daß die vermehrte γ-Globulinfraktion in der Cerebrospinalflüssigkeit bei den entzündlichen Erkrankungen denselben Zweck hat, nämlich eine Erhöhung der Abwehr des Organismus dem Infektionserreger gegenüber. Die Ergebnisse des Studiums, betreffend die γ-Globulinschwankungen im Längsschnitt bei den entzündlichen Prozessen könnte man als eine Bestätigung dieser Hypothese betrachten.

Von Oldershausen c. s. (43) beschreiben im akuten unbehandelten Stadium der tuberkulösen Meningitis im Liquor eine extreme Verminderung der Vorfraktion, eine starke Vermehrung des Albumins und des γ-Globulins und ein völliges Fehlen der τ-Fraktion. Im späteren akuten Stadium der tuberkulösen Meningitis 1 bis 4 Wochen nach Beginn einer tuberkulostatischen Behandlung läßt sich im Liquor ein mäßiger *Anstieg* der Vorfraktion, eine *Normalisierung* des Albumins nachweisen, aber noch ein eindeutiger *Anstieg* der γ-Globulinfraktion; man könnte sagen, die Abwehr des Organismus nimmt zu. Erst *nach* erfolgreicher Behandlung findet im inaktiven Stadium weitere Zunahme der Vor- und τ-Fraktion sowie eine Abnahme der γ-Globulinfraktion statt. Man wäre geneigt zu sagen, der Prozeß ist erfolgreich bestritten, der γ-Globulinwert kann jetzt abnehmen. Bauer und Booij beschrieben ähnliche Verhältnisse, wie wir schon gesehen haben, Bauer (3) bei einem Fall von tuberkulöser Meningitis und Booij (7) bei einer Patientin mit Meningoencephalitis. Auch sie finden im akuten Stadium eine Zunahme des γ-Globulins, die mit dem Ernst des Krankheitsprozesses wechselt.

Es ist also wahrscheinlich, daß die γ-Globulinvermehrung in der Cerebrospinalflüssigkeit bei den entzündlichen Erkrankungen als eine Erhöhung der Abwehr des Organismus den Krankheitserregern gegenüber betrachtet werden kann.

2. Nichtentzündliche Erkrankungen

a) Die multiple Sklerose

Betrachten wir noch kurz die elektrophoretischen Verhältnisse des Liquors bei der *multiplen Sklerose*. Wir haben bereits darauf hingewiesen, wie von fast allen Autoren bei der multiplen Sklerose eine γ-Globulinvermehrung gefunden wurde, auch dann, wenn der Totalproteingehalt des Liquors nicht erhöht ist. Der γ-Globulinwert kann dabei so hoch werden, daß er dem Albuminwert gleichkommt (s. Abb. 87). Kabat, Glusman und Knaub (33) haben mit immunochemischen Methoden in 85% der Fälle einen erhöhten γ-Globulinwert gefunden.

Die Normomastixkurven können auch bei einem normalen Gesamteiweißwert eine starke Ausflockung in den ersten Röhrchen aufweisen. Die α- und β-Globulin-

,fraktionen sind dabei nicht angereichert. Ob dabei die γ-Globulinfraktion noch wieder unterteilt werden muß in eine γ_1- und γ_2-Fraktion, wie dies von Steger (60) gemacht wird, bleibt vorläufig dahingestellt. Wie wir schon erwähnten, ist die Ausflockung in den Goldsol- und Mastixkurven der relativen Zunahme des γ-Globulins zuzuschreiben [Kabat, Moore und Landow (31), K. F. und L. Scheid (56)].

b) Tumoren

Die bisherigen Beobachtungen haben keine charakteristischen Elektrophoresekurven bei *Tumoren* des Zentralnervensystems ergeben. Untersuchungen liegen vor von K. F. und L. Scheid (55), von Wallenius (68), Esser (19), Kabat und Mitarbeitern (33), von Bauer (3), von Steger (59) und Booij (7). Es werden normale Elektrophoresediagramme gefunden, in denen die Verteilung der verschiedenen Komponenten sich nicht geändert hat, auch dann nicht, wenn der Gesamtproteingehalt erhöht ist (Wallenius), neben solchen mit erhöhtem γ-Globulingehalt und Verminderung der übrigen Fraktionen (Esser). Steger (59) fand bei einem Hirntumor eine elektive β-Globulinvermehrung, die fast das Doppelte des Albumins beträgt (s. Abb. 90). Dabei war der Gesamteiweißwert normal; auch die Normomastixreaktion zeigte keinen pathologischen Ausfall; die β-Globuline beeinflussen die Normomastixkurve nicht in pathologischem Sinne. Es ist klar, daß hier nur die Elektrophorese ans Licht bringt, daß es sich um einen pathologischen Liquor handelt. Weitere Untersuchungen werden ausweisen müssen, ob es bei Tumoren bestimmte Gesetzmäßigkeiten in der Zusammensetzung der Liquorproteine gibt.

c) Stoppliquor

Steger (59) hat Untersuchungen angestellt an *Stoppliquor*, also an unterhalb eines totalen Stopps gewonnenem Liquor. Es zeigte sich hinsichtlich Wanderungsgeschwindigkeit und Gehalt an den einzelnen Eiweißfraktionen eine auffallende Ähnlichkeit der Elektrophoresediagramme von Stoppliquor und Serum. Im Liquor war ein etwas höherer Gehalt an Albumin, α_1- und γ-Globulin waren in beiden Flüssigkeiten gleich, α_2- und β-Globulin waren aber im Serum etwas höher als im Liquor.

d) Cystenliquor

Untersuchungen über die Eiweißzusammensetzung von *Hirncystenflüssigkeit* wurden von K. F. und L. Scheid (54) und Steger (59) veröffentlicht. Im Gegensatz zu Steger wurde von den anderen Autoren in der Hirncystenflüssigkeit auch die schnell wandernde Vorfraktion festgestellt. Das Albumin und die verschiedenen Globulinfraktionen unterschieden sich nicht von denen des Serums, auch nicht hinsichtlich der prozentualen Zusammensetzung.

Booij (8) hat den Liquor eines Patienten untersucht, bei dem sich nach der Operation eines Glioms durch die Dekompressionsöffnung eine *Meningocele* entwickelte. Der Liquor dieser Meningocele, der einen Gesamtproteingehalt von 0,80% hatte, wurde mit Hilfe der Tiselius-Svensson-Apparatur elektrophoretisch untersucht. Abb. 86 zeigt das Elektrophoresediagramm, und in Tab. 25 sind die verschiedenen Fraktionen mit ihren Wanderungsgeschwindigkeiten aufgeführt. Die Vorfraktion ist deutlich sichtbar; die Wanderungsgeschwindigkeit ist 1,3 mal so groß wie die der Albuminfraktion, wie dies auch von Fisk und Mitarbeitern gefunden wurde. Weiter gibt es eine α_1-, eine α_2-, eine β-Globulinfraktion, und auch die γ-Globulinfraktion ist deutlich zu erkennen.

Vor der γ-Globulinfraktion unterscheiden wir noch eine Komponente, eine β-Nachfraktion, die wahrscheinlich identisch mit der τ-Fraktion von Bücher ist. Die Wanderungsgeschwindigkeit dieser Fraktion mit 1,6 cm^2 sec^{-1} Volt^{-1} 10^5 liegt zwischen denen der β- und γ-Fraktionen. Bis jetzt wurde die Wanderungsgeschwindigkeit dieser Fraktionen noch nicht bestimmt, so daß der oben angegebene Wert nicht mit schon bekannten Daten verglichen werden kann. Wir werden weitere Untersuchungen abwarten müssen, um diese τ-Fraktion mit Sicherheit charakterisieren zu können (s. auch S. 176).

V. Das Elektrophoresediagramm des Serums bei neurologischen Krankheiten

In letzter Zeit sind einige Veröffentlichungen über die Zusammensetzung der verschiedenen Eiweißfraktionen des *Serums* bei einigen neurologischen Krankheiten erschienen, über die wir das Wichtigste hier mitteilen möchten. Diese Untersuchungen beziehen sich hauptsächlich auf die *Meningitis tuberculosa*, die *Poliomyelitis acuta anterior*, die *Polyneuritis*, die *luischen Erkrankungen* und die *funikuläre Spinalerkrankung*. Sie haben den Zweck, nachzuprüfen, ob im Verlauf dieser Krankheiten im Elektrophoresediagramm Änderungen auftreten, und wenn ja, welche. Namentlich erhebt sich die Frage, ob es möglich ist, auf Grund des Elektrophoresediagramms in verschiedenen Stadien der Krankheit etwas über deren weiteren Verlauf vorherzusagen. Wir hatten schon Gelegenheit, auf die Bedeutung dieser Längsschnittuntersuchungen *des Liquors* bei verschiedenen Krankheiten hinzuweisen.

Die Veränderungen der Bluteiweißkörper bei den *übrigen Erkrankungen* des Nervensystems sind bei dem heutigen Stand unseres Wissens nach WUHRMANN (*71*) praktisch bedeutungslos.

1. Meningitis tuberculosa

Bei der *Meningitis tuberculosa* fand EWERBECK (*21, 22*) mit der ANTWEILERschen Apparatur die folgenden Kennzeichen des Elektrophoresediagramms der Serumproteine: erniedrigte Albuminwerte, stark erhöhtes α-Globulin, mäßig vermehrtes β-Globulin und wechselndes (erhöhtes und normales) γ-Globulin.

Er stellte weiter fest, daß die Fälle mit einem *niederen γ-Globulingehalt* zu Beginn der Behandlung mit Streptomycin *keinen günstigen* Verlauf zeigten. Die Anzahl der Beobachtungen sei aber zu gering, um in dieser Beziehung eine Gesetzmäßigkeit abzuleiten. Trotzdem ist die Tatsache zu beachten, daß die γ-Globulinfraktion, als Träger der Immunkörper, hoch sein soll für eine günstige Prognose. Auch SEIBERT hat darauf hingewiesen. Wenn die Wirkung des Streptomycins günstig vor sich geht, dann kommt es im Verlauf von Wochen und Monaten zu einer Normalisierung des Serumeiweißbildes, wobei die γ-Globulinfraktion am längsten erhöht bleibt. Die Veränderungen des Elektrophoresediagramms gehen mit der Entwicklung des klinischen Bildes konform. ROSSI und SCHNEIDER (*52*) fanden kein einheitliches Bluteiweißbild bei der tuberkulösen Meningitis, entsprechend der langen Dauer und dem wechselnden klinischen Bild der Erkrankung. In Übereinstimmung mit EWERBECK fanden auch sie eine Albuminverminderung, während zu Beginn der Erkrankung die Globulinfraktionen erhöht und niemals vermindert gefunden wurden. Mit der klinischen Besserung normalisiert sich allmählich das elektrophoretische Bild, wobei leichte γ-Globulinvermehrungen noch relativ spät vorkommen können.

Zu ähnlichen Ergebnissen kamen VON OLDERSHAUSEN, ALY und GRIES (*43*). Sie führen aber die Erhöhung des α-Globulins auf einen Anstieg des α_2-Globulins zurück, während EWERBECK die α_1-Globulinfraktion dafür verantwortlich macht.

2. Poliomyelitis anterior acuta

Über die elektrophoretisch ermittelten Serumproteinveränderungen bei der *Poliomyelitis anterior acuta* liegen nur einige wenige Mitteilungen vor. VON OLDERSHAUSEN, GRIES und ALY (*44*) fanden, daß bei Beginn der Krankheit, im präparalytischen Stadium oder innerhalb der ersten drei Paresentage, das Serum bereits ausgeprägte Veränderungen im Sinne einer stärkeren Albuminabnahme und Zunahme der α_1- und α_2- sowie der β-Globulinfraktion aufweist; die γ-Globulinfraktion nimmt gleichfalls zu und setzt sich am längsten fort. Es konnten aber keine eindeutigen Korrelationen festgestellt werden zwischen den Serumeiweißveränderungen bei Poliomyelitis und den klinischen Daten. Auch Booij (9) hat mit der Tiselius-Svensson-Apparatur bei Poliomyelitis ähnliche Veränderungen der Serumproteine festgestellt; namentlich die γ-Globulinfraktion fand er stark erhöht.

Ganz merkwürdig zeigte sich in seinem Elektrophoresebild eine vor dem Albumin wandernde Fraktion, die er vorläufig die P_m-*Komponente* genannt hat (s. Abb. 94).

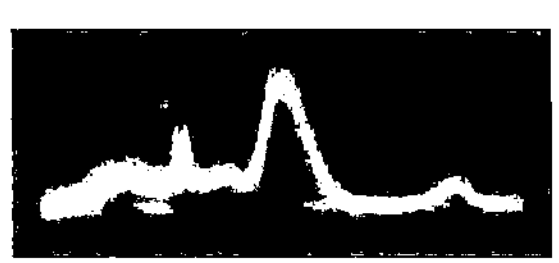

Abb. 94. Serumdiagramm bei Poliomyelitis; die P_m-Komponente vor der Albuminfraktion

Die Wanderungsgeschwindigkeit dieser neuen Komponente ist 9,2 cm² sec⁻¹ pro Volt⁻¹ 10⁵ und ist ungefähr 1,8mal so groß wie die des Albumins; die Menge beträgt im Mittel 6,1% des Totalproteins. Sie wurde nur gefunden in akuten Stadien; in einigen Fällen, wo die Krankheit schon längere Zeit ausgeheilt war, wurde diese P_m-Fraktion nicht gefunden. Welche Bedeutung diese Komponente hat und was sie darstellt, darüber wissen wir gar nichts. Die Wanderungsgeschwindigkeit ist größer als die der im Liquor bekannten Vorfraktion, welche auf 1,3mal die der Albuminfraktion angegeben wird. Es ist also nicht wahrscheinlich, daß diese P_m-Komponente im Serum identisch ist mit dieser Vorfraktion. Weitere Untersuchungen zur Klärung dieser Fragen werden abgewartet werden müssen.

3. Neuritiden

Wuhrmann und Wunderly (71) haben festgestellt, daß bei der *Polyneuritis* Plasmaveränderungen fehlen. Steger (59) aber hebt ausdrücklich hervor, daß er bei einzelnen Polyneuritiden vom Typ Guillain-Barré deutliche Abweichungen in der Eiweißzusammensetzung des Serums elektrophoretisch nachweisen konnte; es handelte sich dabei um schwere Polyneuritiden, die in akuten Stadien zur Untersuchung gelangten. Dabei fand er eine deutliche γ-Globulinvermehrung bei gleichzeitiger Verminderung des Albumins. Diese Abweichungen sind aber auch nach Steger nicht immer vorhanden.

4. Die funikuläre Spinalerkrankung

Furtado (24) beschreibt die Anwesenheit einer anomalen Globulin-Komponente zwischen der β- und γ-Globulinfraktion in zwölf Fällen von *funikulärer Spinalerkrankung*. Dieser Fraktion erkennt er pathogene Bedeutung zu in der Entstehung dieser Krankheit. Die Untersuchungen wurden mittels Papierelektrophorese ausgeführt, so daß die Wanderungsgeschwindigkeit nicht ermittelt werden konnte; auch eine genauere Analyse dieser unbekannten X-Fraktion steht noch aus.

VI. Über Korrelationen zwischen der relativen Zusammensetzung der Liquor- und Serumproteine

Verschiedene Untersucher haben sich die Frage vorgelegt, ob es einen Zusammenhang gibt zwischen den Liquor- und Serumproteinen in der Weise, daß Änderungen der Fraktionen in der einen Körperflüssigkeit notwendig und gleichzeitig die gleichsinnigen Änderungen in der anderen Körperflüssigkeit zur Folge haben. A priori würde man sich so einen Zusammenhang denken können, weil man sich ja vorstellt, daß der Liquor sich vom Blute her bildet. Die Frage, ob der Liquor ein Filtrat,

Exsudat, Ultrafiltrat, Dialysat oder ein spezifisches Sekret ist, kann bis heute nicht zufriedenstellend beantwortet werden. Auch die Lokalisation der Produktionsstätten ist nicht geklärt. Man stellt sich aber vor, daß die beiden Körperflüssigkeiten durch eine Art „Schranke", die Blut-Liquorschranke, voneinander getrennt sind, wodurch Unterschiede in der Zusammensetzung beider Flüssigkeiten sich ausgleichen können. Wir werden die Probleme, die um diese Blut-Liquorschranke auftauchen, hier nicht näher verfolgen. Nur möchten wir uns die Frage vorlegen: sind die verschiedenen Proteinfraktionen der beiden Körperflüssigkeiten derart funktionell miteinander verknüpft, daß z. B. eine Erhöhung der Serumalbuminkomponente auch gleichzeitig eine Zunahme dieser Fraktion im Liquor zur Folge hat? KABAT und seine Mitarbeiter MOORE und LANDOW (*31, 32*) waren die ersten, welche diese Frage mit Hilfe der Elektrophorese studierten. Sie fanden, daß das Elektrophoresediagramm der Serumproteine eine große Ähnlichkeit mit dem Diagramm der Liquorproteine zeigte. Sie fanden aber meistens die α-Globulinfraktion nicht im Liquor mit normalem Eiweißgehalt. Wohl fanden sie eine damals noch unbekannte X-Komponente, die nachher als Vorfraktion oder als Prä-Albumin von verschiedenen Autoren beschrieben wurde. Im Serum aber konnten sie diese Fraktion nicht nachweisen. Wenn der Gesamteiweißgehalt im Liquor erhöht ist, was bekanntlich bei verschiedenen neurologischen Krankheiten der Fall ist, wurde manchmal zwar die α-Komponente registriert, aber die Fraktionen der beiden Körperflüssigkeiten änderten sich nicht gleichzeitig in derselben Weise. Bei Lues des Zentralnervensystems fanden KUTZIM, SCHEID und VONKENNEL (*35*) schwere Verschiebungen der Liquoreiweißkörper, wie wir bereits erwähnt haben. Diese Eiweißveränderungen weichen aber weitgehend von denen des Blutes ab.

Abb. 93 (S. 184) zeigt die Elektrophoresediagramme von Liquor und Serum bei einem Patienten mit Tabes dorsalis. Es ist ohne weiteres deutlich, daß die Kurven sich gar nicht spiegelbildlich geändert haben. Auffallend ist auch hier die große Zunahme der γ-Globulinfraktion im Liquor, im Gegensatz zu derselben Fraktion im Serum, die sich kaum geändert hat. WALLENIUS (*68*) hat in einigen Fällen ein Spiegelbild des Elektrophoresediagramms beider Körperflüssigkeiten gefunden, in anderen Fällen aber änderten sich die Eiweißfraktionen nicht gleichsinnig; namentlich die Zunahme der Globulinfraktionen im Liquor wurde im Serum nicht gefunden. ESSER (*19*) hebt nachdrücklich hervor, daß das *Verteilungsverhältnis der Proteine im Serum und Liquor keineswegs identisch ist*, was von vielen anderen Autoren bestätigt wurde [BÜCHER, MATZELT und PETTE (*11*), BAUER (*3*), ROSSI und SCHNEIDER (*52*), ROBOR, HESS und TEMPLE (*50*)]. Bei den verschiedenen Krankheiten wird im Serum z. B. die Albuminfraktion *nur erniedrigt* gefunden (ESSER), im Liquor aber kann diese Fraktion sowohl *erhöht* als *erniedrigt* sein. Auch braucht eine Zunahme der Gesamtproteine im Serum nicht eine Erhöhung des Totaleiweißes im Liquor zur Folge haben; während umgekehrt eine starke Erhöhung des Totaleiweißes im Liquor, wie man das findet bei der *Poly-Radiculo-Neuritis* nach GUILLAIN-BARRÉ, im Blutserum keine Auffälligkeiten zu bringen braucht (WUHRMANN und WUNDERLY). STEGER (*59*) fand manchmal aber im Serum doch eine γ-Globulinvermehrung bei gleichzeitiger Verminderung des Albumins. Der Liquor zeigte dann eine Bevorzugung des γ-Globulins, aber ohne die im Serum zutage tretende Albuminverminderung.

Bei der *tuberkulösen Meningitis* besteht nach VON OLDERSHAUSEN und seinen Mitarbeitern ALY und GRIES auch keine Parallelität zwischen Änderungen der Eiweißfraktion in beiden Körperflüssigkeiten. ROSSI und SCHNEIDER (*52*) kamen zu ähnlichen Ergebnissen. VON OLDERSHAUSEN, GRIES und ALY (*44*) haben bei ihren Untersuchungen am Liquor und Serum bei *Poliomyelitis anterior acuta* im Eiweißbild auch keine gleichsinnigen Änderungen feststellen können. Auch die schnell wandernde P_m-Fraktion, welche BOOIJ (*9*) (s. Abb. 94) im Serum feststellen konnte, wurde im Liquor nicht gefunden.

*Zusammenfassend können wir sagen, daß eine enge Korrelation zwischen den Liquor-
und Serumproteinen und deren Änderungen nicht beobachtet wurde.*

VII. Über proteingebundene Kohlenhydrate und Lipoide des Liquors

Wir möchten noch kurz die Untersuchungen Bauers (*4*) erwähnen über die
Darstellung proteingebundener Kohlenhydrate und Lipoide des Liquors.

Elektrophoretische Untersuchungen von Swahn (*64*) und Wunderly und
Piller (*72*) an Blutserum haben ergeben, daß im Serum alle Proteinfraktionen eine
Kohlenhydratkomponente besitzen, während die Lipoide mit den α- und β-Globulin-
fraktionen wandern. Bauer fand nun, daß im Liquor die Kohlenhydrate an dieselben
Fraktionen gebunden sind wie im Serum. Für die Lipoide aber findet er einen
markanten Unterschied: Während auch hier, wie im Serum, die α_1-Globulinfraktion
Lipoide trägt, muß dagegen die β-Globulinfraktion des Liquors als lipoidarm angesehen werden. Im Elektrophoresebild fehlt die β-Lipoproteinbande nahezu völlig.
Im Gegensatz zu derjenigen des Serums ist die β-Globulinfraktion des Liquors also
eine lipoidarme Fraktion.

Auch bei Liquores mit sehr hohem Eiweißgehalt war keine deutliche Lipoprotein-
bande im Bereich des β-Globulins zu finden.

Im Gegensatz zu diesen Befunden konnte bei einer frischen Subarachnoidal-
blutung, bei welcher nach Zentrifugierung des blutigen Liquors ein Gesamteiweißgehalt von 225 mg-% gefunden wurde, eine sehr starke β-Lipoproteinbande nachgewiesen werden. Auch künstliche Blutliquorgemische zeigten diese β-Lipoproteine.
Bauer schließt aus diesen Befunden, daß die β-Globuline des Liquors eine wesentlich
andere Zusammensetzung haben als diejenigen des Nüchternserums.

VIII. Über die Elektrophorese der Eiweißkörper des Gehirns

Über die Elektrophorese der Eiweiße des Gehirns liegen noch keine Veröffentlichungen vor. In einer Mitteilung von Carl Riebelung: „Zur Frage der Hirnschwellung" (*49*) werden die Ergebnisse erwähnt, die Kaps erhalten hat bei seinen
elektrophoretischen Untersuchungen an Hirnbrei und Gehirnextrakten. Der Hirnbrei wurde gewonnen durch sorgfältige Zermalmung des Gehirns teils mit, teils ohne
Zusatz von Quarzsand. Auch wurde mit wäßrigen Extrakten gearbeitet; damit
wurden bessere Erfolge erzielt, als mit
Hirnbrei. Das Eiweißelektrophoresedia-
gramm des *normalen Gehirns*, das von Brei
erhalten wurde, „zeigt einen Gipfel in der
Gegend der Globuline".

Bei den wäßrigen Extrakten zeigte sich,
daß der Globulingipfel aus mehreren
kleinen Gipfeln besteht, daß also mehrere
Globuline da sind. In Übereinstimmung
damit hat auch Booij* mit wäßrigen Extrakten mehrere Unterfraktionen gefunden.

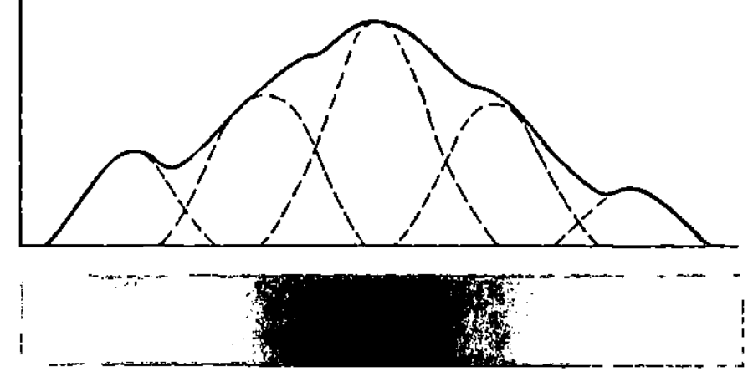

Abb. 95. Elektrophoresediagramm eines normalen
Gehirns (wäßriger Extrakt)

Abb. 95 zeigt das Elektrophoresebild von normalem Gehirn (Lobus parietalis).
In diesem Bilde sind auf jedem Falle fünf Komponenten ersichtlich. In einem
anderen Fall, gleichfalls bei normalem Gehirn aus der Lobus parietalis, wurden
mindestens sieben Fraktionen erhalten. Er hat diese sieben Komponenten in

---

* Noch nicht veröffentlicht

einem Mischelektrophoresediagramm von Serum und Gehirnextrakt mit den Komponenten des Serums verglichen.

In Abb. 96 ist das Elektrophoresediagramm von dem wäßrigen Gehirnextrakt (I) und von Serum (III) zu sehen; auch das Mischelektrophoresediagramm von Gehirn-

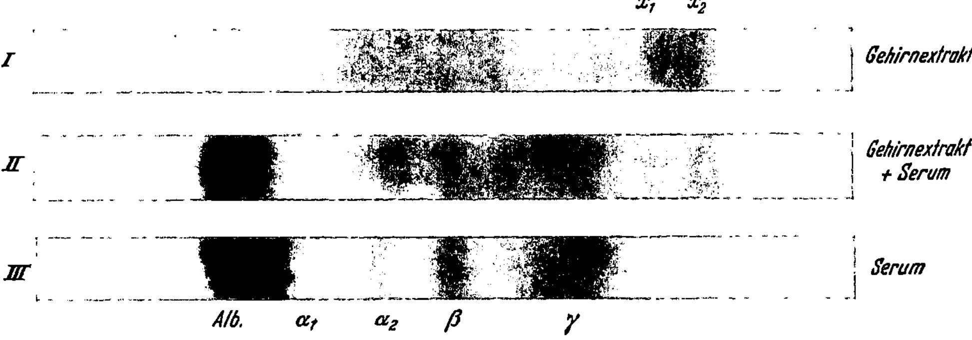

Abb. 96. I. Gehirnextrakt. II- Gehirnextrakt + Serum. III. Serum

extrakt und Serum ist abgebildet (II). In Abb. 97 sind die verschiedenen Kurven ersichtlich; die Kurve des Serums ist voll ausgezogen; die des Gehirnextraktes ist gestrichelt, während das Mischelektrophorese-diagramm in einer Punkt-Strichellinie wiedergegeben ist.

Wie aus der Abbildung zu entnehmen ist, kann die erste Fraktion im Gehirnextrakt mit der Albuminkomponente des Serums verglichen werden; die folgenden vier Fraktionen fallen im Bereich der Globuline des Serums (s. Abb. 97). Es werden aber auch noch zwei Fraktionen außerhalb dieses Bereiches gefunden, wie aus der Kurve zu entnehmen ist, die Fraktionen x_1 und x_2.

Pathologisches Hirngewebe aus der Umgebung von Tumoren wurde gleichfalls von KAPS untersucht. Es wurde gefunden entweder eine wesentliche Erhöhung des Globulingipfels, also eine Zunahme des Globulins oder häufiger eine starke Albuminanschoppung, welche vielfach in der Rinde stärker als im Mark auftritt.

Unsere eigenen Untersuchungen am Gehirnbrei und Gehirnextrakten haben noch nicht zu eindeutigen Ergebnissen geführt.

Auch auf diesem Gebiete scheint die Elektrophorese von großer Bedeutung. Wir werden weitere Untersuchungen abwarten müssen.

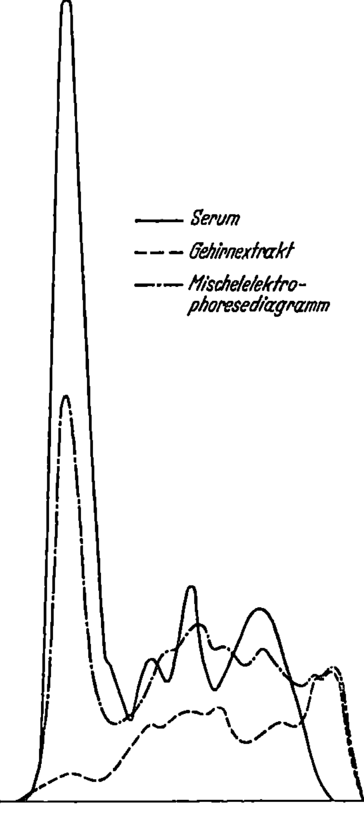

Abb. 97. Elektrophoresediagramme von Serum, Gehirnextrakt und Serum + Gehirnextrakt

Die Elektrophorese in der Dermatologie

Von

ARTHUR LEINBROCK

Die weitgehenden Proteindifferenzierungen durch die Elektrophorese eröffneten neue Möglichkeiten für das Studium der Korrelationen zwischen Dermatosen und gleichzeitig bestehenden Blutplasmaeiweißveränderungen der Erkrankten. Diese Veränderungen mit dieser neuen experimentellen Methode zu verfolgen, ist bei Hautkrankheiten deshalb besonders reizvoll, weil dabei die krankhaften Veränderungen sichtbar sind und dadurch ihre Art, Lokalisation und Ausdehnung den qualitativen und quantitativen Änderungen des Serum- bzw. Plasmaproteinspektrums vergleichend gegenübergestellt werden kann.

Von 1945 an wurden nach dem Makroverfahren von TISELIUS elektrophoretische Serum- und Plasmaeiweißuntersuchungen bei einigen Dermatosen vereinzelt (COOPER und Mitarbeiter, BENDITT und WALKER, ROBERT) durchgeführt. Das Mikroverfahren von ANTWEILER erlaubte dann erstmals Serienuntersuchungen bei zahlreichen Dermatosen (LEINBROCK) und eine häufige Kontrolle der Serumprotein-Konstellationen während des Krankheitsablaufes. Die dabei erhaltenen wesentlichen Erkenntnisse über die Beziehungen der Serumproteine zum klinischen Bilde der Dermatose und die methodischen Erleichterungen solcher Untersuchungen durch die Papierelektrophorese führten dazu, daß seit 1952 in zunehmendem Maße an dermatologischen Kliniken elektrophoretische Serumproteinuntersuchungen zur Durchführung kamen. Daneben wurden auch andere Substrate (Blasenflüssigkeit, Pleuraexsudat, Urin, Liquor) untersucht. Mit elektrophoretischen Untersuchungen der löslichen Proteine der gesunden und erkrankten Haut wurde vereinzelt begonnen.

Die in den folgenden Kapiteln vorgenommene Zusammenfassung verschiedener Dermatosen zu Gruppen entspricht nicht der z. Z. üblichen Einteilung in der Dermatologie. Es war für diese Einteilung vielmehr die Gleichartigkeit oder weitgehende Ähnlichkeit der elektrophoretischen, dysproteinämischen Serumproteinkonstellationen bestimmend. Es sollte dadurch versucht werden, den klinischen Verlauf einer Dermatose zusätzlich vom Eiweißstoffwechsel her zu betrachten und evtl. Beziehungen zwischen morphologischen und serumproteinchemischen Veränderungen aufzufinden.

I. Dermatitiden, Exantheme, Erythrodermien, purpuraartige Veränderungen und Erytheme

Das histologische Bild einer Dermatitis zeigt exsudativ-entzündliche Vorgänge vor allem im Corium mit Blut- und Lymphgefäßerweiterungen und Austritt von Serum in das Gewebe. Es kann dabei zu Ödemen kommen. Diese Vorgänge, im Gegensatz zu den sekundär folgenden Änderungen in der Epidermis, scheinen das Serumeiweißbild bei Dermatitiden wesentlich zu beeinflussen.

ROBERT berichtete erstmals über veränderte elektrophoretische Plasmaproteinbilder bei **Schwermetall-Hautentzündungen** (einer exogen bedingten Quecksilber-Erythrodermie und einer Salvarsan-Erythrodermie). Dabei ist leider nichts über die Art und Ausdehnung der entzündlichen Veränderungen angegeben. Aus den erhaltenen Gesamtproteinwerten und den elektrophoretischen Proteinspiegeln und der Angabe, daß es sich um eine schwere Erythrodermie gehandelt hat, muß bei gleichartigen Beobachtungen LEINBROCKs, die im Gegensatz zu ROBERTs einmaligen Bestimmungen während des Krankheitsablaufes mehrmals durchgeführt wurden und die Dermatose nach Art und Ausdehnung fixierte, auf eine großflächige und stark entzündliche Hautreaktion geschlossen werden (Tab. 26).

Je schwerer und ausgedehnter die Hg-Dermatitis war, um so erheblicher war der Gesamtproteinabfall, um so relativ und absolut niedriger die Albuminwerte und um so stärker vermehrt die α-Globuline, vor allem die α_2-Globuline. Bei einer Reihe unterschiedlich schwerer Hg-Dermatitiden sah LEINBROCK stets im Beginn der Dermatitis subnormale β-Globulinwerte. Die γ-Globuline waren bei den weniger ausgedehnten und leichteren Formen weniger stark erhöht als bei den schweren

Tabelle 26. *Quecksilber-Dermatitis*

Nach		Ges.-Prot. g-%	Rel. %				
			Albu-min	Globulin			
				α_1	α_2	β	γ
ROBERT	Pat.	4,9	37,6	4,2	8,4	12,4	37,4
LEINBROCK[1]	(B. J.)						
	4. 2.	6,8	36,2	7,5	11,0	11,4	33,9
	13. 2.	6,8	39,5	2,9	9,3	13,6	34,7
	28. 2.	8,5	33,6	4,0	7,8	12,4	42,2
	(M. R.)						
	12.11.	6,5	53,5	6,3	13,0	9,0	18,2
	22.11.	7,2	57,3	4,0	6,4	12,4	19,9

(s. a. ROBERT). Unter der Heilung fielen die Albuminwerte bisweilen noch etwas ab und stiegen dann wieder an, oder sie stiegen sofort an bei gleichzeitigem allmählichem Absinken der α-Globuline, besonders der α_2-Globuline zur Norm. Die β-Globuline stiegen wieder zur Norm an. Die γ-Globuline zeigten nach anfänglichem weiterem Ansteigen am spätesten fallende Tendenzen zur Norm. Die klinische Ausheilung ging der Normalisierung des nachhinkenden Proteinspektrums zeitlich voraus.

Die *Salvarsan-Dermatitiden*, selbst die schwersten universellen und nässenden, zeigten im Gegensatz zu den Hg-Dermatitiden niemals einen β-Globulinabfall unter die Norm, teilweise waren sie sogar etwas erhöht.

Geringgradige Verschiebungen im α_2- und β-Globulinbereich sahen RÖCKL und JAROSCHKA bei 1 Fall. HASSELMANN und LOHAUS haben dagegen bei 1 Fall einen β-Globulinwert von sogar über 22 rel. % bestimmt.

Die von ROBERT angeführte Salvarsan-Erythrodermie zeigte erhebliche dysproteinämische Verschiebungen mit stark gesenkten Gesamtprotein- und Albuminwerten bei stark angestiegenen α-(vor allem α_2-)Globulinzahlen und — was bedeutungsvoll ist — anfänglich normalen γ-Globulinwerten. Noch extremer ist das aus LEINBROCKs Untersuchungen über die Serumproteinverschiebungen bei Salvarsandermatitiden in Abb. 98 wiedergegebene Serumproteinspektrum nach Einlieferung des schwer salvarsangeschädigten Patienten. Entsprechend der ganz ausgeprägten relativen wie besonders absoluten Hypalbuminämie (rel. 30,3% = $^1/_2$ der Norm; absol. — bei 4,5 g-% Gesamtprotein — $^1/_3$ der Norm) und der sehr erheblichen Hyper-α-Globulinämie (rel. 32,4% — fast das Dreifache der Norm, absol. das Doppelte der Norm) bei wenig erhöhten γ-Globulinzahlen.

Eine fast gleichartige, schwere Hypo- und Dysproteinämie sahen RÖCKL und JAROSCHKA bei einer nässenden Erythrodermie nach Spirotrypan.

---

[1] Die elektrophoretischen Untersuchungen LEINBROCKs wurden stets mit der Mikromethode von ANTWEILER unter Verwendung von Veronal-Na-Acetatpuffer nach MICHAELIS (p_H 8,6) $\mu = 0,1$ bei 50—60 Volt Spannung und einer Stromstärke von 2 mA bei 12° C und einer Laufzeit von 23 min in steigenden Fronten durchgeführt.

Aus den der klinischen Heilung zeitlich stark nachhinkenden, sich allmählich der Norm nähernden elektrophoretischen Proteinspektren ist hervorzuheben: 1. das anfänglich weitere leichte Absinken der Albumine trotz bereits erkennbarer klinischer Besserung mit sofortigem Anstieg der Gesamtproteinwerte (wahrscheinlich durch das Nachlassen des Nässens stark entzündeter Hautpartien bedingt); 2. der gleichzeitig einsetzende α_2-Globulinabfall (etwas später auch der der α_1-Globuline) bei inversem γ-Globulinanstieg; 3. die anfangs leicht erhöhten β-Globuline nähern sich, kaum absinkend, in Wochen der Norm; 4. die Albumine steigen unter der Heilung wieder stärker an, die γ-Globuline bleiben aber bis zum Ende der Beobachtung, also dem Zeitpunkt der Ausheilung, noch stärker erhöht (31,0 rel. %).

Entsprechend dem ganz andersartigen klinischen Bild und Ablauf war auch der Verlauf der elektrophoretischen Serumproteinbewegungen und der Gesamtproteine bei einem Patienten mit schwerer universeller exfoliierender *Erythrodermie* mit totalem Haar- und

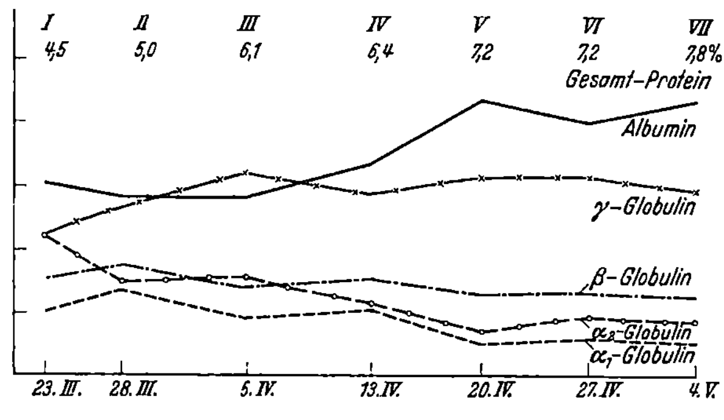
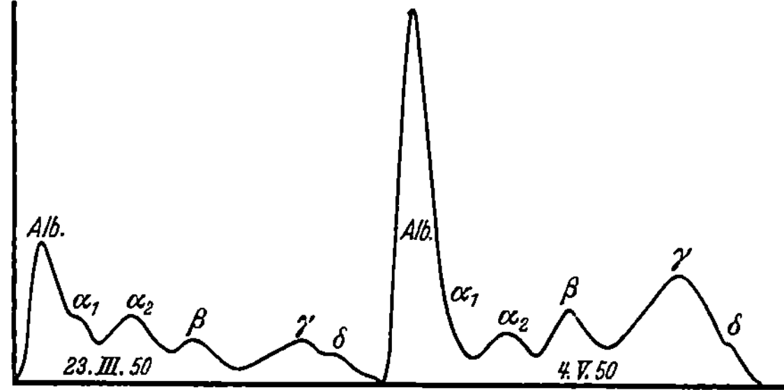

Abb. 98. Salvarsan-Dermatitis. R. K.

Nagelverlust nach *Arsen-Intoxikation* (nach Kartoffelkäferbekämpfung mit arsenhaltigem Spritzmittel) ein anderer (LEINBROCK). Infolge des chronischen Charakters der Erkrankung mit wechselnd starken Entzündungen der gesamten Haut, teils nässend, zeitweisen stärkeren lamellösen Schuppungen, stärkerer Störung der Erythropoese, Schädigung der Nieren und Leber, im großen ganzen aber weitgehend gleichem Krankheitsbild blieb auch das Serumproteinspektrum bei 28 maliger Untersuchung im Laufe von 12 Monaten Klinikaufenthalt in gewissen Grenzen weitgehend gleichartig (Zustandsbild Abb. 99). Die Albumine bewegten sich zwischen 17,1—23,8 rel. %, die α-Globuline zwischen 13,2—23,0, einmal sogar 32,0 rel. %, die β-Globuline zwischen 12,8—17,5 rel. % und die γ-Globuline zwischen 40,3—53

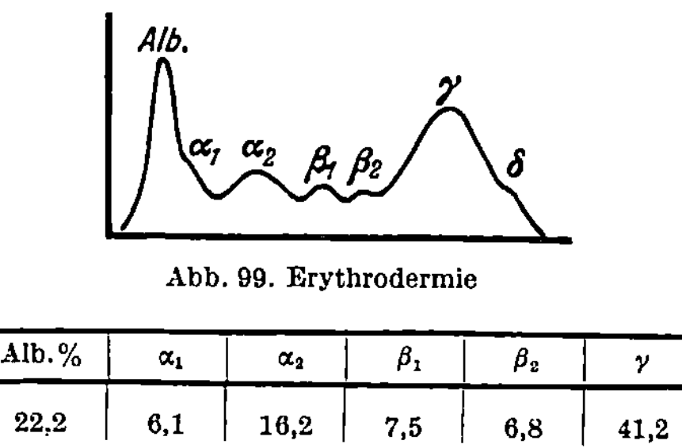

Abb. 99. Erythrodermie

Alb.%	α_1	α_2	β_1	β_2	γ
22,2	6,1	16,2	7,5	6,8	41,2

Gesamt-Protein 4,7 g-%

rel. %. Kurz vor dem Tode des Patienten fielen die relativen α-Globulinwerte zur Norm ab, die relativen β-Globulinwerte auf die Hälfte der Norm. Die absoluten α- und β-Globulinzahlen waren erheblich unternormal. Die durchschnittlich zwischen 4,7—5,3 g-% liegenden Gesamtproteinwerte zeigten kurzzeitige Anstiege bis zu 5,8 g-%, zum letalen Ausgang hin gegensinnige Bewegungen bis zu 4,1 g-%. Danach lag hier ein histologisch gesicherter, schwerer Leberparenchymschaden vor mit wahrscheinlich gestörter Albuminsynthese. Vielleicht ist die erhebliche γ-Globulinerhöhung wenigstens teilweise auf die Bildung von Paraproteinen zu beziehen.

Eine größere Zahl von **medikamentös bedingten,** mehr oder weniger ausgedehnten und schweren **Dermatitiden** mit teils erheblichen Verschiebungen innerhalb des elektrophoretischen Serumproteinspektrums und rückläufigen Bewegungen unter der Abheilung beobachtete LEINBROCK; so nach *Supronal* [ausgedehnte nässende Dermatitis mit purpuraartigen Blutungen an den Unterschenkeln (Abb. 100)], nach

Tabelle 27

1950	Ges.-Prot. g-%	Rel. %					
		Albu-min	Globulin				
			α_1	α_2	β	γ	
1. Universelle Dermatitis nach M.-P.-Puder	27.10.	6,8	37,0	16,9	13,1	11,4	31,6
	7.11.	6,8	47,1	5,3	5,9	12,9	28,8
	19.11.	7,2	51,8	3,1	6,1	15,1	23,9
2. Exanthem (Oberkörper) nach Prontosil	25. 7.	7,9	51,2	2,6	7,7	13,2	25,3
	3. 8.	8,5	48,7	6,6	6,3	9,9	18,5
3. Mitigal-Dermatitis und petechiale Blutungen	9. 1.	7,6	51,3	5,6	4,6	9,8	28,7

Prontosil-Einnahme [mit Dermatitis, teils Arzneiexanthem, nach äußerer *Prontosil*-und *Marfanil-Prontalbin-Puder*-Anwendung (teils nässende Dermatitiden, Tab. 27)]. Ähnliche Befunde erhob neuerdings LONGHI nach Sulfonamiden. Bei einer *Streptomycin-Toxikodermie* wurden neben beträchtlicher Hypalbuminämie (bis 29 rel. %)

vor allem α-Globulinanstiege (α_1: 12,7 rel. %, α_2: 19,1 rel. %) bei normalem β-Globulin und leicht angestiegenen γ-Globulinwerten beobachtet. Leichtere dysproteinämische Bilder nach Irgapyrin und Phenolphthalein beschrieben RÖCKL und JAROSCHKA.

Bei 1 Fall einer schweren *Avacan-Toxikodermie* beobachtete LEINBROCK eine längere Zeit anhaltende absolute Hypo-γ-Globulinämie bei schwerer Dysproteinämie (Albumin um 35 rel. %; α-Globulin um 25 rel. %, wobei α_2-Globulin besonders erhöht war). Erst nach parenteraler γ-Globulinapplikation

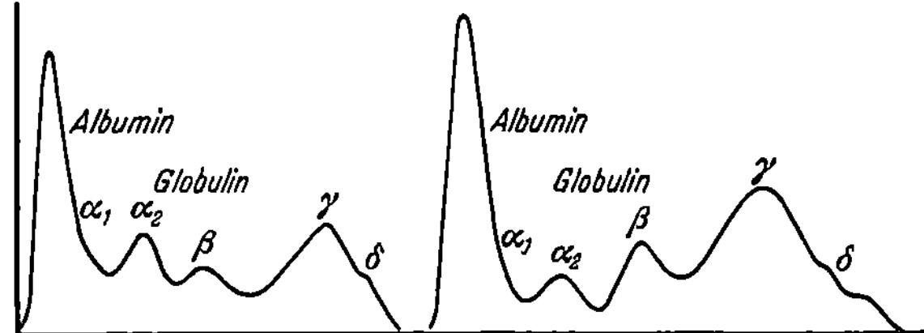

Abb. 100. Dermatitis nach Supronal (D.)

	Alb. %	Globulin %				Ges.-Prot. g-%
		α_1	α_2	β	γ	
I	32,0	7,9	17,2	12,1	30,8	6,5
II	31,4	6,5	11,2	13,0	37,9	8,1

kam es zu einem γ-Globulinanstieg mit Abheilung der Dermatose. Ein Zustandsbild nach wochenlanger Einnahme von *Adalin* (Arzneiexanthem an Armen, Stamm, vor allem Unterschenkeln mit petechialen Blutungen) gibt Abb. 101 wieder. In allen diesen Fällen ging die Dermatose mit einer mehr oder minder ausgeprägten Hypalbuminämie bei ebenso unterschiedlicher Steigerung der α-, vor allem der α_2-Globuline einher, während die β-Globuline nur geringe Schwankungen um die Normalhöhe zeigten. Die γ-Globuline waren unterschiedlich zu der Stärke der Albumin- und α-Globulinbewegungen invers erhöht. Die Schwere der Veränderungen stand auch hier im Verhältnis zu dem Proteinspiegel. Eine wesentliche Beeinflussung der Serumproteinspektren durch das Auftreten der purpuraartigen bzw. petechialen Blutungen war nicht sicher festzustellen. Selbst nach Mitigalgebrauch konnten bei einer Patientin bei geringgradigen Verschiebungen innerhalb des elektrophoretischen Serumeiweißbildes (Tab. 27) stärkere petechiale Blutungen an den Unterschenkeln beobachtet werden (LEINBROCK).

Bestrahlungen der Haut können zu Dysproteinämien führen. So sahen FUNK, GRASSMANN, WALTHER, HANNIG bei einer *Sonnen-Dermatitis* (befallen Gesicht, Hals, Arme) Relativwerte an Albumin von 35,4%, γ-Globulin von 30,0% bei leichten Erhöhungen der α- und β-Globuline; dagegen sahen sie bei 1 Fall von *UV-Dermatitis* (vor allem des Stammes) fast keine Serumproteinveränderungen.

Die Bedeutung der *proteingebundenen Kohlenhydrate des Serums* für *Entzündungsvorgänge der Haut* untersuchten WEBER, BRAUN-FALCO und THAESSLER. Papierelektrophoretische Serumstudien deckten dabei wesent-

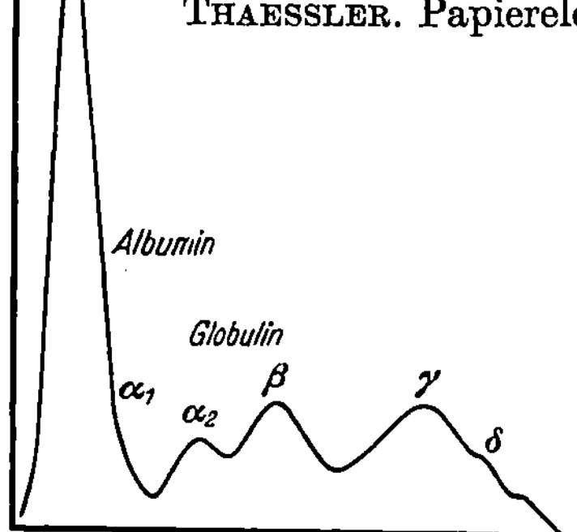

Abb. 101. Adalin-Exanthem (S. M.). Albumin 46,0%; Globuline: α_1: 7,5%; α_2: 8,9%; β 16,4%; γ: 21,2%; Gesamt-Protein 7,6 g-%

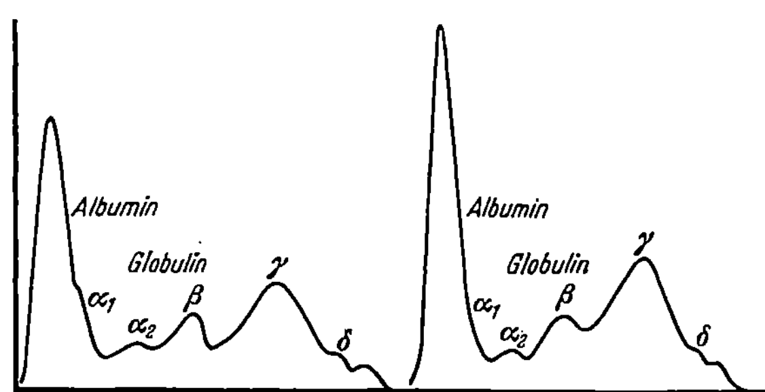

Abb. 102. Bromoderma tuberosum. Albumin 36,7%; α_1-Gl. 8,4%; α_2-Gl. 9,4%; β-Gl. 12,3%; γ-Gl. 33,2%; GesamtProtein: 7,9 g-%. Albumin 40,6%; α_1-Gl. 5,1%; α_2-Gl. 5,8%; β-Gl. 13,4%; γ-Gl. 35,1%; Gesamt-Protein 7,9 g-%

liche Anstiege der an α_1-, weniger an α_2-Globulin gebundenen, bei gleichzeitigem Abfall der Albumin-gebundenen Glykoproteide auf. Häufig war eine Erhöhung der Gesamt-Glykoproteide des Serums festzustellen.

Purpura hyperglobulinaemica. Über einen Fall, bei dem elektrophoretische Serumeiweißanalysen nach TISELIUS durchgeführt wurden, berichtete OBERSTE-

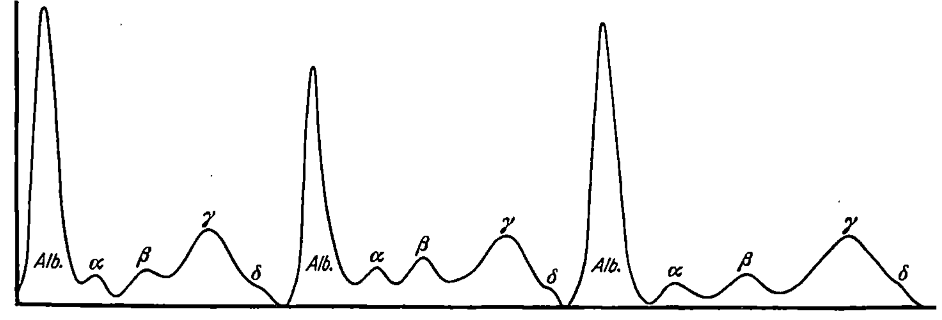

Abb. 103

	Rivanol-Dermatitis		Globulin		
	Ges. Prot. g-%	Album.	β relative %		
12. 12. 49	6,8	50,5	11,6	8,6	29,3
19. 12. 49	7,0	39,8	17,1	14,0	29,1
18. 1. 50	7,9	50,2	7,7	9,4	32,7

LEHN (Purpura hyperglobulinaemica unter dem Bilde der SCHAMBERGschen Erkrankung). Bei 11,08 g-% Gesamtprotein wurde ein elektrophoretisches Serumproteinspektrum von 28,0 rel. % Albumin, 3,6 rel. % α-Globulin, 6,5 rel. % β-Globulin und 61,8 rel. % γ-Globulin erhalten. Ähnliche Ergebnisse mit hohen γ-Globulinwerten des Serums zwischen 35—55 rel. % bei Hyperproteinämie teilten WALDENSTRÖM, CLAUSSEN, KORTING und ADAM, MÜLLER, MIELKE, SCHMENGLER und ESSER, TAYLOR und BATTLE JR., LATVALAHTI und Mitarbeiter mit.

Bei einer Patientin mit einem *Bromoderma tuberosum* (Abb. 102) nach lang andauerndem Einnehmen von Brompräparaten kam es zu einer erheblichen Dysproteinämie bei normalen Gesamtproteinwerten des Serums (LEINBROCK). Entsprechend dem eitrig entzündlichen Charakter der Dermatose mit Bindegewebswucherung und Infiltratbildungen in der Cutis und im Papillarkörper kam es zu einem starken Abfall der relativen Albuminwerte (Abb. 102, Kurve I), Anstieg der entzündlichen Komponenten (α-Globuline) und bei subakut chronischem Verlauf zu einer inversen, reaktiven und starken γ-Globulinvermehrung.

Leichtere elektrophoretische Serumeiweißveränderungen wurden durch *Rivanol* (Abb. 103) und andere Stoffe *(Soda, Eisessig, Ekzefug)* und ausgedehntere dermatitische Hauterscheinungen und demzufolge erhebliche Verschiebungen innerhalb der Serumproteinkonstellation durch *Schmier*-

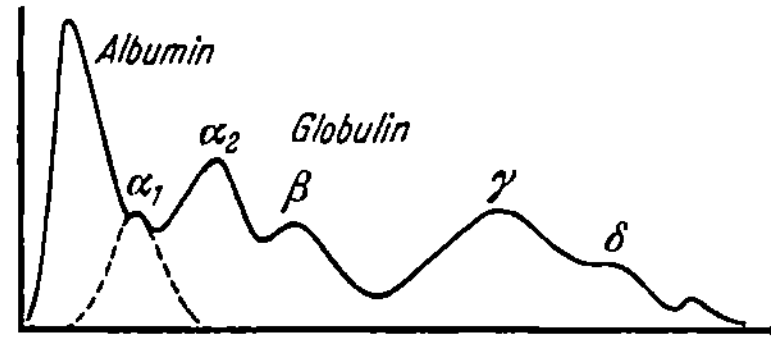

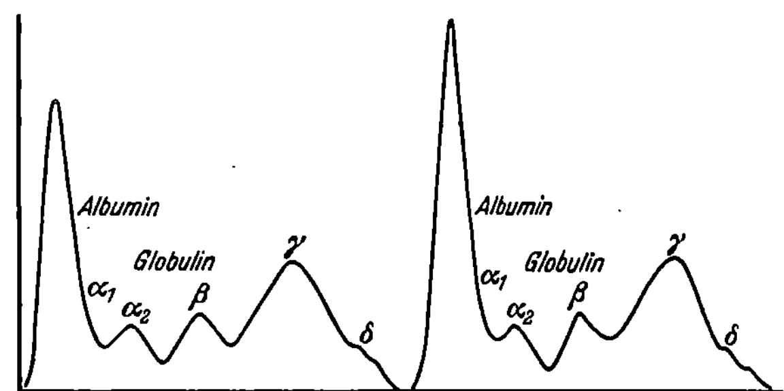

Abb. 104. Universelle toxische Erythrodermie (H. A.). Albumin 27,5%; Globulin: α_1 10,0%; α_2 22,1%; β 13,9%; γ 26,4%; Gesamt-Protein 6,1 g-%

Abb. 105. Erythema exsudativum multiforme. Albumin 36,4%; α_1-Gl. 5,2%; α_2-Gl. 9,7%; β-Gl. 14,4%; γ-Gl. 34,3%; Gesamt-Protein 7,6 g-%. Albumin 41,9%; α_1-Gl. 5,4%; α_2-Gl. 8,3%; β-Gl. 13,0%; γ-Gl. 31,4%; Gesamt-Protein 8,3 g-%

öle, Ichthyol, Tumenol mit Albuminwerten von 35—40 rel. %, α-Globulinen von 15—25 rel. % bei leicht erhöhten, später stärker angestiegenen γ-Globulinwerten (bis 35 rel. %) beobachtet (LEINBROCK).

Eine als Beispiel angeführte (Abb. 104) schwere universelle, akut entstandene und letal ausgegangene toxische Erythrodermie (LEINBROCK) mit flächenhafter Hautablösung, starkem Nässen (Nikolsky negativ!) ging mit schweren dysproteinämischen Veränderungen des Serumproteinspektrums (schwere Hypalbuminämie — 27,5 rel. % bei gleichzeitiger Hyper-α-Globulinämie — 32,1 rel. %) mit kaum erhöhten β-Globulinen und normalen γ-Globulinwerten einher. Es zeigte sich bei gleichartigen Fällen immer wieder, daß die Prognose dieser universellen, akut entstandenen Erythrodermien dann sehr ungünstig ist, wenn es in ihrem Verlauf nicht zu einem raschen Absinken der α-Globulinwerte, zu einem Anstieg der γ-Globulinwerte, bei allmählichem Steigen der Albumine und der Gesamtproteinmenge kommt. Hier zeigt sich ein ähnlicher Verlauf, wie er bei den akuten bullösen Dermatosen [z. B. beim Pemphigus vulgaris acutus und bei Verbrennungen 3., teils 2.—3. Grades (ROBERT)] angetroffen wird.

Die **sekundären Erythrodermien,** die mit universellen Hautveränderungen einhergehen, weisen je nach der Schwere der Erkrankung abgestuft ausgeprägte Hypalbuminämie mit erheblichen Anstiegen der α_1- und α_2- und der γ-Globuline auf, während die β-Globuline im Normalbereich bleiben (LEINBROCK, RÖCKL und JAROSCHKA).

Beim **Erythema exsudativum multiforme** und beim **Erythema nodosum** wurden Dysproteinämien beobachtet (LEINBROCK, LEVER, SCHULTZ und HURLEY). Die elektrophoretischen Serumproteinkonstellationen waren dabei wenig unterschiedlich (Abb. 105 und Tab. 28): erhebliche Hypalbuminämie mit Zunahme der α-Globuline bei stark inverser γ-Globulinvermehrung. Die β-Globuline sind beim Erythema exsudativum multiforme normale oder leicht erhöht, beim Erythema nodosum dagegen unter die Norm gesenkt. BERG erwähnt, ohne Einzelheiten anzugeben, daß sie beim **Erythema exsudativum multiforme** genau wie beim Pemphigus vulgaris und bei der Dermatitis herpetiformis eine elektrophoretisch (Tiselius) schneller als die Albumine wandernde Komponente mit gleichartigen elektrophoretischen Proteinänderungen im Serum wie beim Pemphigus bestimmt hat. Sie äußert die Vermutung, daß es sich dabei um Proteinabbauprodukte handeln könnte.

Bei 1 Fall von **Erythema elevatum diutinum** mit Hämorrhagien und Nekrosen an den Acren der Extremitäten war eine erhebliche Hypalbuminämie mit Erhöhung aller Globuline, besonders der γ-Globuline zu beobachten (vorgestellt: Südwestdeutsche Dermatologentagung in Würzburg 1952).

Tabelle 28

			Ges.-Prot. g-%	Rel. %				
				Albu-min	Globulin			
					α_1	α_2	β	γ
Erythema	1.		7,6	39,3	4,9	7,4	11,1	37,3
nodosum	2.		7,9	44,0	4,8	11,5	8,8	30,9
Erythema	1.	5. 5.	7,6	36,1	5,2	9,7	14,4	34,3
exsudativum			8,3	41,9	5,4	8,3	13,0	31,4
multiforme	2.	17. 5.	7,9	46,7	4,5	5,1	13,2	30,5

Kogoj und Puretić untersuchten bei einem Fall von **Dermatitis pemphigoides** die Proteinfraktionen des Serums und des Blaseninhaltes und fanden bei normalen Gesamtproteinwerten (6,64 g-%) weitgehende Übereinstimmung der Proteinspektren. Im Serum: Albumin 42,3 rel. %; Globuline: α_1 6,3 rel. %; α_2 15,5 rel. %; β 13,4 rel.%; γ 22,7 rel. %. Blaseninhalt: Albumin 40,0 rel. %; Globuline: α_1 9,0 rel. %; α_2 21,9 rel. %; β 14,0 rel. %; γ 14,7 rel. %.

II. Blasenbildende Dermatosen

Diese Dermatosen zeigen u. a. in Cutis bzw. Epidermis oder beiden Blut- und Lymphgefäßerweiterungen und mehr oder minder starkes Ödem. Soweit sie mit nässenden Wundflächen oder Blasen einhergehen, bestehen stärkere Serumverluste. Die Folge sind teils erhebliche Verschiebungen im elektrophoretischen Proteinspektrum des Serums, wobei sich die Diagramme der akut entzündlichen exsudativen bullösen Dermatosen (Dermatitis herpetiformis, Pemphigus vulgaris acutus, Impetigo herpetiformis) wesentlich von den chronisch entzündlichen (Pemphigus vegetans, Epidermolysis bullosa hereditaria) unterscheiden.

Pemphigus vulgaris und Pemphigus vegetans. Die ersten elektrophoretischen Serumproteinveränderungen (bestimmt nach Tiselius) bei Pemphigus vulgaris-Kranken veröffentlichte Robert. Es handelte sich hierbei um je ein Zustandsbild aus dem Krankheitsablauf mit Hypoproteinwerten von je 5,7 g-% mit erheblichen Dysproteinämien [Hypalbuminämie von 35,5 bzw. 37,2%, α-Globulinerhöhung von 24,1 bzw. 22,6% — im letzten Fall mit starker α_2-Globulinerhöhung (17,1%) —, β-Globulinerhöhung von 17,8 bzw. 15,4% und relativ gering erhöhten γ-Globulinwerten von 22,6 bzw. 24,8%].

Wiederholte elektrophoretische Serumproteinuntersuchungen während des Krankheitsablaufes führten Lever (bei 8 P.-vulg.-acut.-, 7 P.-vulg.-chron.-Fällen) makroelektrophoretisch und Leinbrock (3 P.-vulg.-acut.-Fälle, 1 beginnenden P.-vulg.-, 1 leichten Schleimhaut-P. und einem P. vegetans) mikroelektrophoretisch durch. Während beim P. vegetans normale Gesamtproteinwerte vorlagen, bestanden bei allen anderen Formen teils erhebliche Hypoproteinämien mit tiefsten Werten bei

3,6 g-% bei den akuten Formen (Lever, Leinbrock), bei 4,6 g-% bei den chronischen
Formen (Lever).

Bei allen P.-Formen wurden mehr oder minder schwere *Dysproteinämien* gesehen.

1. *Hypalbuminämie.* Sie nahm zu unter der klinischen Verschlechterung bis zu
Endwerten unter 20 rel. % (Lever, Leinbrock) beim P. acutus. Bei den P.-chron.-
Fällen lagen die relativen Albuminwerte höher (um 30 rel. % [Lever]). Die absoluten
Albuminmengen fielen dabei auf $^1/_4$—$^1/_8$ der Norm ab.

2. *Starke α-Globulinvermehrung.* Die α-Globuline nahmen unter der entzündlichen Exsudation zu und erreichten beim P. acutus Endwerte, die in extremis bei
30 rel. % (Leinbrock), bei 40 rel. % (Lever) lagen. Dabei waren nach Lever die
$α_1$- und $α_2$-Globuline meistens gleich stark beteiligt, nach Leinbrock dagegen die
$α_2$-Globuline stets stärker als die $α_1$-Globuline.

3. Die relativen *β-Globulinwerte* zeigten nach Leinbrock steigende Tendenz bis
zum letalen Ende, nach Lever kaum Erhöhungen. Dieser Unterschied dürfte darin
zu erblicken sein, daß Lever die normalen relativen β-Globulinwerte mit 19% angibt, Werte also, die nach anderer Auffassung (Antweiler) zu hoch liegen. Die
Leverschen $β_2$-Globuline müßten danach den γ-Globulinkomponenten zuzurechnen
sein. Dies geht auch daraus hervor, daß Lever die normale γ-Globulinhöhe mit
11%, Antweiler dagegen mit 15—16% angibt.

4. Die *γ-Globuline* waren meistens wenig erhöht, nach Leinbrock stiegen sie
zum letalen Ende hin an. Bei einem Fall von P. vulg. serpiginosus waren die γ-Globuline in zwei Komponenten gespalten. Die $γ_1$-Globuline blieben unter dem zunehmend
schlechter werdenden klinischen Verlauf konstant, während die $γ_2$-Globuline in
gleicher Zeit von 10,9 auf 20 rel. % anstiegen (Abb. 106, Kurven II und III).

Amorati, Rasponi und Roversi erhielten beim Pemphigus erheblich abweichende
Ergebnisse insofern, als sie bei bestehender Hypalbuminämie erniedrigte α-, besonders abgesunkene β-Globulinwerte (im Gegensatz zu den Ergebnissen Levers und
Leinbrocks) beobachtet haben. Diese Befunde der Italiener sind insofern nicht
erklärlich, als bei allen entzündlichen, besonders den stärker exsudativen Hautveränderungen stets Dysproteinämien mit stärkerer α-Globulinerhöhung angetroffen
wurden (Leinbrock). Die γ-Globuline waren nach Amorati und Mitarbeitern
meistens erhöht. Entgegen diesen Befunden wurden die von Lever und Leinbrock
gefundenen Ergebnisse später durch papierelektrophoretische Befunde von Röckl
und Jaroschka, Haensch, Funk und Mitarbeitern bestätigt.

Unter *Anwendung wirksamer Chemotherapeutica* zeigten die dysproteinämischen
Diagramme rückläufige Bewegungen der einzelnen Proteinkomponenten in Richtung
zur Norm. So zeigte ein Fall von P. acutus (Leinbrock) im Anschluß an die erste
Germaninkur eine drastische klinische Besserung mit Umkehr aller elektrophoretischen Proteinbewegungen in Richtung zur Norm, später aber eine erneute, chemo-
therapeutisch nicht aufzuhaltende klinische Verschlechterung mit negativer Veränderung der Serumproteinspektren (Abb. 106, V, VI, VII, VIII: die Kurven stellen
Extrempunkte im Krankheitsverlauf dar). Ferner wurde ein Fall von P. vulg.
acutus (Leinbrock) mit plötzlich einsetzender starker Blasenaussaat über den
ganzen Körper bei hoher Temperatur und schlechtem Allgemeinzustand mit Penicillin
ohne Erfolg, damit ohne wesentliche Beeinflussung der Dysproteinämie, danach
aber mit Aureomycin erfolgreich behandelt. Es trat kurz nach Beginn dieser Therapie
eine zunehmende klinische Besserung und Rückwärtsentwicklung der Serumproteindiagramme zur Norm ein. Mit der klinischen Ausheilung bis zur Entlassung der
Patientin hatten sich die Gesamtproteinwerte und die elektrophoretischen Diagramme weitgehend gebessert, ihre Normalisierung hinkte jedoch der klinischen
Besserung nach (Abb. 107).

Unter ACTH und Cortiphyson konnten die akuten Pemphigusformen klinisch
gebessert, teils sogar Heilungen erreicht werden (Lever, Leinbrock). Die erheblich

dysproteinämisch veränderten Serumproteinspektren bewegten sich unter der Therapie zum Normalbild hin. Zuerst fielen die α-, besonders die α_2-Globuline schnell ab bei gleichzeitigem Albuminanstieg. Die β-Globuline sanken auf Normalwerte. Am spätesten folgten die γ-Globuline.

Es war naheliegend, die *Proteine des Pemphigusblaseninhaltes* mit denen des zugehörigen Serums elektrophoretisch zu vergleichen. Die Albuminwerte der Blasenflüssigkeit lagen dabei ein wenig höher als die des Serums (LEVER, LEINBROCK). Bei diesem Mehr an Albumin der Blasenflüssigkeit ("False boundaries" nach SVENSSON, MOORE und LYNN) soll es sich nach BERG und Mitarbeitern um elektrophoretisch schneller wandernde Proteinabbauprodukte von Polypeptidnatur handeln, die sie auch bei der Dermatitis herpetiformis und dem Erythema exsudativum multiforme beobachtet haben und die nach Genesung des Patienten wieder aus dem Serum verschwinden.

Bei diesen vergleichenden Untersuchungen gehen in den Globulinfraktionen die Befunde LEVERs und LEINBROCKs teilweise auseinander. Letzterer fand stets höhere β-Globulinwerte und nur niedrigere α_2- und γ-Globulinwerte, LEVER dagegen niedrigere β_1- und meist höhere β_2-Globulinwerte, wechselnd positive und negative α_2- und meist höhere γ-Globulinwerte in der Blasenflüssigkeit. LEVER hat den Vorzug der größeren Anzahl dieser Untersuchungen. Zur Klärung der Differenzen sind weitere experimentelle Beobachtungen erforderlich. Beide Autoren stimmen darin überein, daß in der Blasenflüssigkeit teilweise wesentlich niedrigere Gesamtproteinwerte als im Serum angetroffen

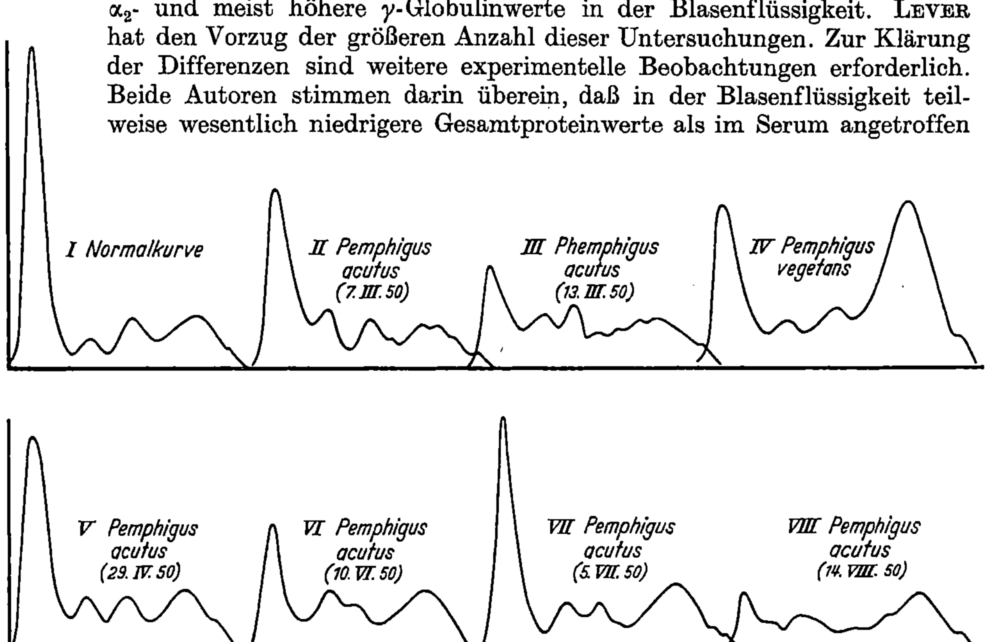

Abb. 106. Pemphigus vulgaris und Pemphigus vegetans. Mikroelektrophorese-Diagramme (steigende Fronten; MICHAELIS-Puffer p_H 8,6—0,1, Mol.; Verdünnung 1 + 3; E. 50—55 V, J: 2 mA; Laufzeit: 23 min; Temp. 12° C)

werden. Die analogen Untersuchungsbefunde AMORATIs und Mitarbeiter weichen in den α- und β-Globulin- und Gesamtproteinwerten der Blasenflüssigkeit erheblich und teils entgegengesetzt von den Befunden LEVERs und LEINBROCKs ab.

Die *beginnenden Pemphigusformen* (Mundschleimhautpemphigus mit zehnpfennigstückgroßer Blase am linken Gaumen) und ein weiterer beginnender Pemphigus vulgaris (latentes Stadium, wechselnd Blasen am Unterarm, Abheilung mit Sangostop) zeigten normale Gesamtproteinwerte, Dysproteinämien zwischen 40—50% Albumin, normalen bzw. unternormalen α- und β-Globulinwerten und inverser mehr oder minder starker γ-Globulinerhöhung.

Beim SENEAR-USHER-Syndrom sah LEVER ähnliche dysproteinämische Bilder wie beim Pemphigus acutus, während HAENSCH keine wesentlichen Abweichungen der Serumproteinkonstellationen gegenüber der Norm beobachtete.

Im Gegensatz zu dem sich stetig verschlechternden dysproteinämischen Serumproteinbild der stark entzündlichen, blasenbildenden Pemphigus vulgaris-Formen ist das elektrophoretische Zustands- wie Verlaufsbild der Serumproteine beim *Pemphigus vegetans* völlig anders und entsprechend dem chronischen, klinisch lange Zeit gleichbleibenden Charakter dieser Pemphigusart in seinen erheblichen Proteinfraktionsverschiebungen auch weitgehend konstant. Über eine 14 Monate lang elektrophoretisch kontrollierte Patientin mit einem schweren P. vegetans berichtete LEINBROCK. Trotz der zunehmenden Kachexie in den letzten 2 Monaten ante exitum blieben, was nicht zu erwarten war, die elektrophoretischen Serumproteinspektren und die im Normalbereich liegenden Gesamtproteinwerte konstant. Die Dysproteinämie war geprägt durch die erhebliche Hypalbuminämie (29—18 rel. % — absolut $^2/_5$ der Norm) und die inverse Hyperglobulinämie (46—61 rel. % — absolut das $2^1/_2$—$3^1/_2$fache der Norm). Die α-Globuline zeigten lediglich bei stärkerer Entzündung der Haut (teils infolge sekundärer Infektion) leichten Anstieg, die β-Globuline lagen in normalen Grenzen. Keine so wesentlichen Verschiebungen der einzelnen Serumeiweißfraktionen sahen beim *Pemphigus vegetans* RÖCKL und JAROSCHKA.

Eine wesentliche Beeinflussung des elektrophoretischen Serumproteinbildes des Pemphigus durch therapeutische Anwendung von Vollbluttransfusionen (LEINBROCK) oder Plasmatransfusionen (LEVER) war nicht zu erwarten. Das dadurch leicht gebesserte Proteindiagramm kehrte innerhalb von 24 Std. zu der Ausgangskonstellation vor der Transfusion zurück.

Eine andere blasenbildende, vom Pemphigus differentialdiagnostisch vielfach schwer abzutrennende, serumproteinchemisch untersuchte Dermatose ist die **Dermatitis herpetiformis DUHRING.** Je ein elektrophoretisches Zustandsbild (nach TISELIUS bestimmt)

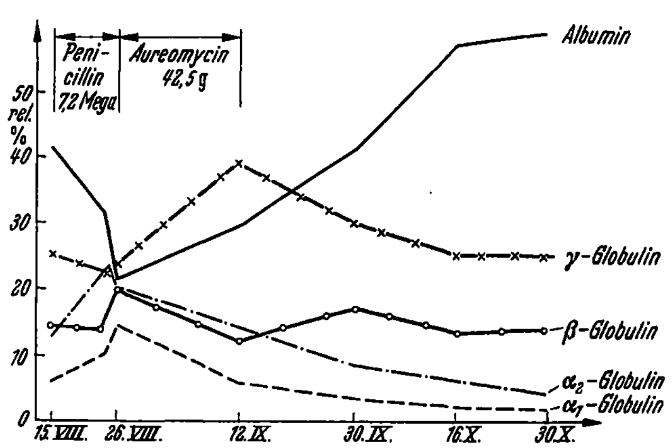

Abb. 107. Serum-Proteinfraktionen im Krankheitsverlauf eines durch Aureomycin geheilten Pemphigus acutus

erfaßte ROBERT bei zwei derartigen Kranken. In beiden Fällen waren trotz ausgedehnter bzw. generalisierter Formen nur geringgradige dysproteinämische Verschiebungen mit geringer Hypalbuminämie und leicht erhöhten α- und β-Globulinwerten bei fast normalen γ-Globulinwerten nachzuweisen. Zu ähnlichen Ergebnissen gelangten später in mehreren Fällen LEINBROCK, LEVER und Mitarbeiter, RÖCKL und JAROSCHKA und HAENSCH.

Wenn sich diese Befunde bei weiteren Untersuchungen, auch bei schwerem klinischen Verlauf, bestätigen lassen, dann wäre damit für die Untersuchung fraglicher Pemphigus- oder Dermatitis herpetiformis-Fälle die Elektrophorese ein wesentliches differentialdiagnostisches Hilfsmittel, weil gerade bei den beginnenden Pemphigusformen bereits erhebliche Hypalbuminämien anzutreffen sind (LEINBROCK).

Erwähnt seien noch Diskussionsbemerkungen von BERG zu LEVERs Arbeiten: sie sah bei Dermatitis herpetiformis ähnliche elektrophoretische Bilder wie beim

Pemphigus. Diese Beobachtungen wurden mit Befunden LONGHIs parallelgehen, der bei der Dermatitis herpetiformis während der Blasenschübe Hypalbuminämie mit Vermehrung der α- und γ-Globuline feststellte. Die Gesamtproteinwerte waren dabei deutlich erniedrigt.

AMORATI und Mitarbeiter sahen dagegen bei dieser Dermatose eine Vermehrung der Globuline *und* „Albumine" bei normalem Gesamteiweißspiegel. Dies steht in Widerspruch zu allen bisherigen elektrophoretischen Befunden der gesamten Medizin, wo bisher in keinem Fall Hyperalbuminämien beobachtet werden konnten.

Pathogenetische Studien mit intracerebraler Überimpfung von Blasenflüssigkeit von Dermatitis herpetiformis-Kranken auf weiße Mäuse ergaben keine elektrophoretisch bestimmbaren Abweichungen des Mäuseserumproteinspektrums von den Ausgangswerten (BERG und CURTIS).

Durch papierelektrophoretische Untersuchungen wurde von LEVER, WEBER, BRAUN-FALCO, THAESSLER bei allen Pemphigusformen und der Dermatitis herpetiformis DUHRING eine Zunahme der Totalglykoproteidwerte beobachtet. Der γ-Globulinanstieg ging mit gleichzeitigem Ansteigen der proteingebundenen Kohlenhydrate dieser Fraktion einher, während die Albumine des Serums weniger Kohlenhydrat gebunden hatten.

Erhebliche dysproteinämische Verschiebungen innerhalb des Serumeiweißbildes bei **Verbrennungen II. und III. Grades,** wobei es zu Blasenbildungen, teils bedeutenden Ausmaßes, mit Epithelabstoßungen und zu großflächigen, nässenden und epidermislosen Wundflächen kam, bestimmte ROBERT. Die von 3 Patienten mit 10—15%iger Hautoberflächenschädigung mitgeteilten Befunde gibt Tab. 29 wieder. Je schwerer die Schädigung war, um so erheblicher die Hypoproteinämie, die Hypalbuminämie und der Anstieg der α_2-Globuline. Die γ-Globuline waren wenig verändert, das elektrophoretische Bild unterscheidet sich von den akuten Pemphigusformen durch das völlige Fehlen der β-Globulinveränderung.

Eine ihrer Genese nach ganz andersartige Erkrankung, die wegen ihrer mechanisch auslösbaren Blasenbildungen, Substanzverlusten und Exsudationen hier mitbesprochen werden soll, ist die **Epidermolysis bullosa hereditaria** (Simplex- wie dystrophische Formen). Elektrophoretische Serumeiweißuntersuchungen bei einer Simplex- und sieben dystrophischen Formen deckten bei der Simplexform geringere, bei den dystrophischen Formen schwerere bis schwerste Dysproteinämien auf (LEINBROCK). Während bei der E. b. h. simplex nur geringe Verschiebungen mit leichter Veränderung der Albumine und γ-Globuline festzustellen waren (s. auch RÖCKL und JAROSCHKA) und ähnliche geringe Verschiebungen auch bei den leichteren dystrophischen Formen (Tab. 30, Pat. 2, 3) mit lokalen, wenig bullösen Hautveränderungen bestanden, wiesen die beiden Geschwister (Tab. 30, Pat. 4, 5) schon etwas stärkere Hypalbuminämien mit γ-Globulinerhöhung um 30 rel. % auf (aber auch hierbei waren die bullös dystrophischen Veränderungen auf Unterarme und -schenkel beschränkt).

Dies wurde später an 3 Fällen von RÖCKL und JAROSCHKA bestätigt.

Noch ausgesprochener waren die Veränderungen bei Pat. 6 und 7 (Tab. 30), bei denen erhebliche Hypalbuminämien um rel. 39% mit γ-Globulinwerten um 40 rel. % bestimmbar waren, und am extremsten bei Pat. 8 (Tab. 30, Abb. 108) mit einer Hypalbuminämie von rund 10 rel. % mit inverser γ-Globulinvermehrung auf rund 60 rel. %. In diesen drei letzten Fällen bestanden Hyperproteinämien von 8,5 bis

Tabelle 29. *Verbrennungen II. und III. Grades*

Patient	Ges.-Prot. g-%	Rel. %				
		Albumin	Globulin			
			α_1	α_2	β	γ
1.	7,5	45,0	8,1	12,5	14,6	19,8
2.	6,45	51,3	6,5	17,3	12,2	12,7
3.	5,9	45,0	7,1	20,5	14,3	13,1

9,7 g-%, bei den übrigen Fällen normale Gesamtproteinwerte. Die α- und β-Globulinwerte aller Patienten außer Nr. 8 waren meistens etwas erniedrigt, weniger normal. Die α-Globulinerhöhung bei Pat. 8, wo gleichzeitig eine leichte Hyper-β-Globulinämie vorlag, war durch akut entzündliche Sekundärprozesse bedingt. Bei mehrfacher Untersuchung dominierten auch im letzten Falle normale oder leicht gesenkte α- und β-Globulinwerte.

Tabelle 30

Epidermolysis bullosa	Pat.	Datum	Ges.-Prot. g-%	Rel. %				
				Albu-min	Globulin			
					α_1	α_2	β	γ
1. simplex	♀	21. 5. 50	7,0	54,9	3,4	5,1	12,0	21,2
2. dystrophica	♀	3. 10. 49	7,0	54,7	5,7	4,7	13,2	21,8
3. dystrophica	♂	10. 10. 50	7,5	54,1	5,9	8,1	7,7	24,2
4. dystrophica	♀	20. 1. 50	7,9	51,5	4,2	5,0	10,3	29,0
		18. 3. 50	7,2	50,3	2,7	5,5	11,4	30,1
5. dystrophica	♀	7. 2. 50	7,5	46,0	2,6	7,9	10,7	32,8
6. dystrophica	♂		8,6	39,4	2,9	4,6	12,6	40,5
7. dystrophica	♀	14. 11. 51	9,0	39,9	3,1	7,4	8,4	41,2
8. dystrophica + γ-Myelom (?)	♀		8,0	10,0	9,1	5,9	15,4	59,6

Diese Bilder lassen eine *mit der Schwere der Erkrankung zunehmende Senkung der Albumine mit inverser Steigerung der γ-Globuline als charakteristisch für die E. b. h.* erkennen. Weiterer Aufschluß über die Art der Hyper-γ-Globulinämie und vielleicht die Genese dieser ätiologisch völlig ungeklärten Erkrankung war durch die zwei Jahre lang durchgeführte klinische und proteinchemische Kontrolle der Pat. 8 gegeben.

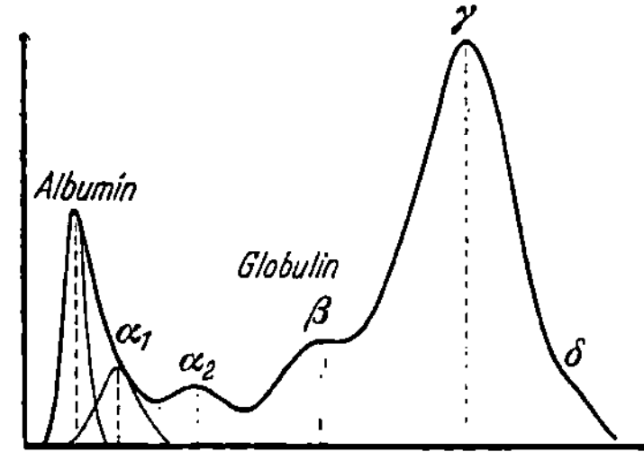

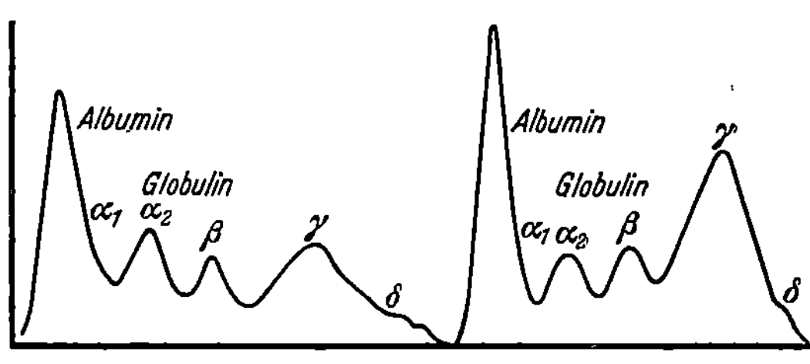

Abb. 108. Epidermolysis bullosa hereditaria + γ-Myelom (?)

Abb. 109. Impetigo herpetiformis (F. H.). Albumin 28,3%; α_1-Gl. 10,9%; α_2-Gl. 17,3%; β-Gl. 12,7%; γ-Gl. 30,8%; Gesamt-Protein 6,8 g-%. Albumin 32,3%; α_1-Gl. 6,5%; α_2-Gl. 8,5%; β-Gl. 14,2%; γ-Gl. 38,5%; Gesamt-Protein 7,9 g-%

Die etwa 20malige elektrophoretische Kontrolle ergab eine weitgehende Gleichartigkeit der erhaltenen relativen Serumproteinwerte: die Albumine zwischen 10—20 rel. %, die γ-Globuline zwischen 47—62 rel. % mit wenig veränderten α- und fast unveränderten β-Globulinwerten. Die Gesamtproteine stiegen in dieser Zeit von normalen Werten bis zu Werten von 9,7 g-%. Im Urin waren bei festgestellter Proteinurie und negativer BENCE-JONES-Probe ähnliche elektrophoretische Befunde wie im Serum zu beobachten. Die übrigen klinischen hämatologischen, insbesondere Sternalmarkbefunde und die röntgenologisch festgestellte Knochenauftreibung am linken Schädel machen es sehr wahrscheinlich, daß hier neben der Epidermolysis bullosa hereditaria noch ein γ-Myelom vorliegt, das sich entweder aus der E. b. h. entwickelte oder unabhängig davon neben dieser Erkrankung entstanden ist. Dieses Beispiel unterstreicht den diagnostischen Wert der elektrophoretischen Proteinuntersuchungen.

Bei einem klinisch schwer verlaufenen **Impetigo herpetiformis** mit massenhafter Aussaat kleiner Bläschen über den gesamten Körper beobachtete LEINBROCK eine erhebliche Dysproteinämie (Abb. 109, I) mit starker Hypalbuminämie, stark angestiegenen α-Globulinwerten, beträchtlich angestiegenen γ-Globulinprozenten bei normalen β-Globulinwerten. Leichte Hypoproteinämie. Unter Penicillin (2,4 Mega E.) in kurzer Zeit klinische Heilung mit bereits gebessertem Elektrophoresediagramm (Abb. 109, II).

Vergleichende elektrophoretische Untersuchungen über Proteinfraktionskonstellationen im Serum wie im Blaseninhalt eines Falles von **Impetigo bullosa** ergaben: 1. Praktisch keine Unterschiede zwischen beiden Substraten; 2. eine leichte Hypalbuminämie (um 51 rel. %) bei leicht erhöhten α-Globulinwerten [α_1 6,5 und α_2 11 rel. %; ganz geringer Anstieg der γ-Globuline (um 20 rel. %)] (HAENSCH).

Ein fast analoges Bild bei einer Patientin mit **vacciniformen Pyodermien** (behaarter Kopf, Gesicht, Hals, Rumpf, an Unterarmbeugen und allen Fingerstreckseiten mit 30% Eosinophilie) gibt Abb. 110 wieder (I vor, II nach der Behandlung und Heilung).

Wenn in diesem Zusammenhang auf zwei Viruserkrankungen (den *Herpes zoster* und eine *Vaccina inoculata* nach Kuhpockenimpfung) und die dabei erhobenen elektrophoretischen Befunde eingegangen wird, so deswegen, weil hierbei — wie bei den vorher besprochenen bullösen Dermatosen — die Blasen- bzw. Vaccine-Pustelbildung das Bild beherrscht und es im Beginn und Verlauf der Dermatose zu entzündlichen ödematösen und exsudativen Hautreaktionen in der Epidermis und in subepidermalen Bezirken gekommen war.

Die elektrophoretisch bestimmbaren Serumeiweißveränderungen waren bei mehreren untersuchten Patienten mit **Herpes zoster** nicht sehr erheblich (LEINBROCK).

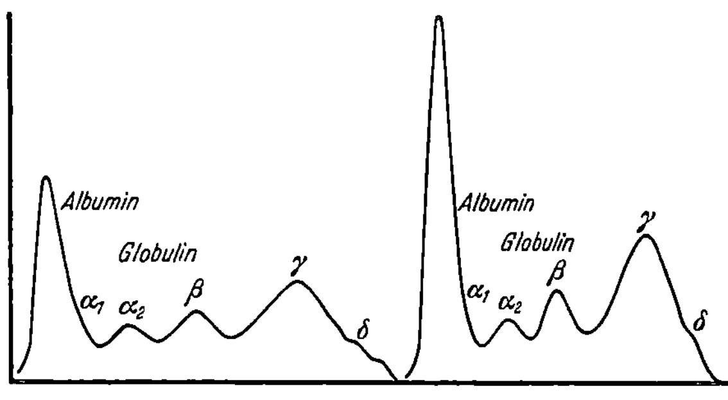

Abb. 110. Vacciniforme Pyodermien (S. M.)

	Alb. %	Globulin %				Ges.-Prot. g-%
		α_1	α_2	β	γ	
I	25,9	10,0	11,2	16,6	36,3	8,4
II	39,6	3,7	8,0	15,0	33,7	7,6

Tab. 31 gibt als Beispiele die Befunde vor und nach der Abheilung eines ausgedehnten (re. Hals-Brust-Oberarmbereich) Herpes zoster wieder: geringgradige Hypalbuminämie mit leicht erhöhten α-, gesenkten β-Globulin- und invers erhöhten γ-Globulinwerten und normalem Gesamtproteinwert. Ähnliche Ergebnisse erhielten RÖCKL und JAROSCHKA.

Tabelle 31

Herpes zoster	Datum	Ges.-Prot. g-%	Rel. %				
			Albumin	Globulin			
				α_1	α_2	β	γ
♂	30. 5. 51	7,2	50,7	3,6	9,7	9,3	26,7
	19. 6. 51	7,2	52,8	3,1	8,0	14,3	19,8

Zu dem klinischen Bild einer schweren **Vaccina inoculata** (Ausbreitung linsen- bis haselnußgroßer Vaccinepusteln über Kinn, Hals, Brust, Schulterbereich, über oberes Rückendrittel mit Achselhöhlen und Armen) mit hohen BKS-Werten (110/130) gehört die erhebliche Dysproteinämie (Abb. 111, I). Bei normalen Gesamtproteinwerten bestanden: Hypalbuminämie (25,6 rel. %), etwas erhöhte α-Globuline (16,3 rel. %) bei unternormalen β-Globulinwerten (9,5 rel. %) mit stark inverser, doppelgipfliger γ-Globulinvermehrung (48,6 rel. %). Bis zur Entlassung mit weitgehender Besserung, aber noch nicht Abheilung (Abb. 111, II) Absinken der α-Globulin-werte unter die Norm mit leichtem Steigen der Albumine, β- und γ-Globuline.

In diesem Zusammenhang seien die Ergebnisse von PUNTIGAM und BERGER erwähnt. Sie stellten bei *vaccinierten Rindern* einen zunehmenden Abfall der Albumine des Serums von 45,9 rel. % *vor* bis zu 28,1 rel. % am 15. Tage nach der Impfung fest. Danach stiegen die Albumine wieder an. Die γ-Globuline bewegten sich bis zum 11. Tage auf der Höhe der anfäng-lichen Werte von 19—23 rel. % und stiegen ab 15. Tag nach der Impfung auf etwa 35 rel. % an. Ein leichtes An-steigen der α- und β-Globulinwerte und ihr späterer Abfall war zu beobachten.

Der Inhalt der *Vaccinebläschen* des *Menschen* ergab nach PUNTIGAM und BERGER ein dem Serum des geimpf-ten Menschen analoges Protein-Phero-gramm.

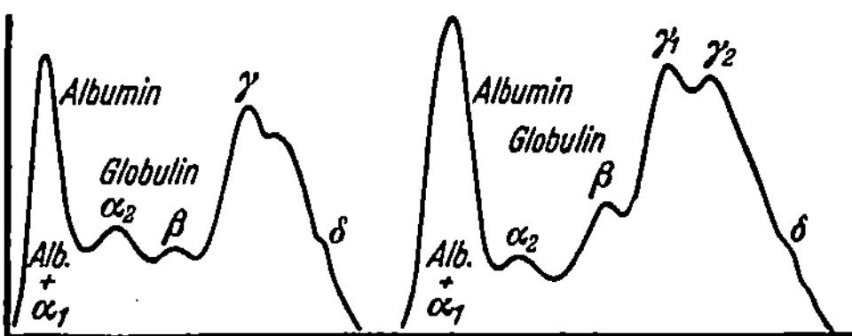

Abb. 111. Vaccine inoculata (W. E.). Albumin 25,6%; $\alpha_1 + \alpha_2$-Gl. 16,3%; β-Gl. 9,5%; γ_1-Gl. 27,0%; γ_2-Gl. 21,6%; Gesamt-Protein 7,6 g-%. Albumin 26,8%; α_1-Gl. 5,7%; α_2-Gl. 3,7%; β-Gl. 11,8%; γ_1-Gl. 23,2%; γ_2-Gl. 28,9%; Gesamt-Protein 8,6 g-%

Zusammenfassung zu Abschnitt I und II

Bei diesen mit Entzündungen, Erythemen, Exanthemen umschriebener Haut-bezirke oder mit einer Erythrodermie der gesamten Haut, teils mit stärkerer Exsuda-tion (Nässen, Blasenbildung) einhergehenden Dermatosen muß zwischen akut oder subakut entzündlichen (A) und chronisch entzündlichen Formen (B) unterschieden werden.

A. Die *akut entzündlichen* Dermatosen dieser Gruppe gingen mit

1. geringer bis erheblicher Hyperproteinämie und

2. Dysproteinämie mittleren bis schwersten Grades einher, die

a) sich in einer erheblichen Hypalbuminämie und

b) fast ausnahmslos in einer stärkeren α-Globulinerhöhung als Ausdruck des akut entzündlichen Vorganges spiegeln;

c) die β-Globulinmengen aufweisen, die meistens im Bereich der Norm liegen oder etwas erhöht, teilweise aber unternormal sind, während

d) die γ-Globuline selten im Normalbereich, meistens leichter oder stärker erhöht waren.

Die durch Bakterien oder Viren bedingten Dermatosen dieser Gruppe zeigten weitgehend ähnliche elektrophoretische Serumproteinkonstellationen.

B. Die *chronisch entzündlichen* Dermatosen dieser Gruppe gingen

1. a) teils mit erheblicher Hyperproteinämie einher (schwere Form der Epi-dermolysis bullosa hereditaria, Purpura hyperglobulinaemica),

b) teils mit normalen Gesamtproteinwerten (die weniger schweren Epidermolysis bullosa-Formen, Pemphigus vegetans),

c) teils mit erheblicher Hypoproteinämie (Arsenintoxikation) einher.

2. Die Dysproteinämie war meistens schwer und drückte sich

a) in einem beträchtlichen Albuminabfall (bis zu 25—10 rel. %),

b) und einer dazu inversen stärkeren γ-Globulinerhöhung (auf 40—60 rel. %) aus, während

c) die α- und β-Globuline normal oder subnormal waren.

Die α-Globuline waren nur dann etwas erhöht, wenn das Bild der Dermatose durch Sekundärinfektionen der erkrankten Haut überlagert war.

Die Ausdehnung und Schwere der erkrankten Hautbezirke entsprach weitgehend den Serumeiweißveränderungen.

III. Entzündungen ungeklärter Genese

(Ekzeme, seborrhoisches Ekzem, Neurodermitis, Acne vulgaris, Rosacea, Lichen ruber)

Bei dieser Gruppe von Dermatosen haben die bekannten Entzündungsvorgänge in der Epidermis bzw. im Papillar- und Subpapillarkörper (Ödem, Spongiose), ferner die akanthotischen und parakeratotischen Vorgänge in der Epidermis, z. B. beim Ekzem, ihre Rückwirkungen auf die Serumproteinzusammensetzung. Da die stärker entzündlichen exsudativen Vorgänge, verglichen mit den cutanen Vorgängen, bei den in den vorhergehenden Abschnitten behandelten Dermatosen geringere sind, sind relativ größere Serumeiweißverluste und demnach eine Hypoproteinämie kaum zu erwarten. Es kommt auch hier zu Dysproteinämien mit Hypalbuminämien und inversen γ-Globulinerhöhungen, bei den akut entzündlichen Ekzemformen zu einer Vermehrung der α-Globuline, während bei den subakuten und besonders chronisch entzündlichen Ekzemen und dem Lichen ruber die α-Globuline meistens normale Höhe haben. Die β-Globuline können bei den chronischen Ekzemen vermehrt sein.

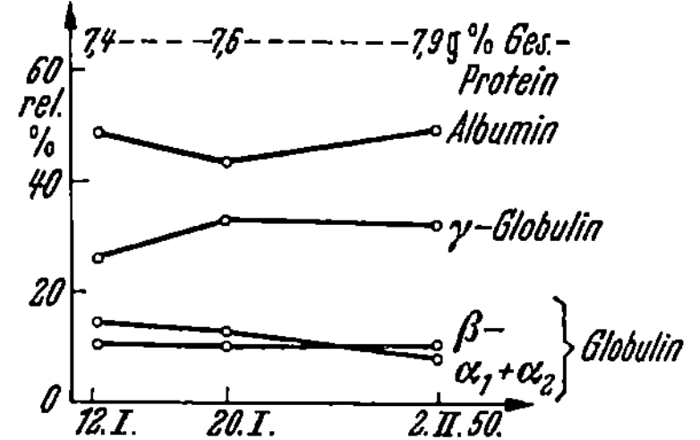

Abb. 112. Recidivierendes follikuläres Ekzem (P. H.)   Abb. 113. Ausgedehntes mykotisches Ekzem beider Unterschenkel (W. M.)

Ekzeme. Elektrophoretische Serumproteinuntersuchungen bei Ekzématikern führte Longhi durch. Exsudative (nässende) und nicht exsudative (trockene) Ekzeme ergaben differente Eiweißwerte. Bei der 1. Gruppe bestand in 76% der Fälle eine Hyperproteinämie mit Albumin- und Globulinverminderung. Bei der 2. Gruppe normale Gesamtproteinwerte mit erhöhten Globulinwerten. Systematische elektrophoretische Studien führte Leinbrock bei Ekzematikern durch. Die dabei erhaltenen Ergebnisse, von denen einige typische Beispiele angeführt werden, wurden von Lever, Röckl und Jaroschka bestätigt.

1. Ausgedehntes *follikuläres Ekzem* mit Dysproteinämie (Abb. 112) (im Gesicht, am Hals, an Brust und Rücken): leichte *Hypalbuminämie*, erhöhte γ-Globulinwerte, erhöhte α- und normale β-Globulinwerte. Unter der Heilung sanken die Albumine bei inverser γ-Globulinerhöhung weiter ab, um später wieder anzusteigen, während die erhöhten α-Globuline bis zur Heilung unter die Norm absanken. Die Gesamtproteinwerte waren normal.

2. Bei einem einige Wochen lang bestehenden, großflächigen *mykotischen Ekzem* der Unterschenkel und Füße (Abb. 113) bestand bei Hyperproteinämie eine erhebliche Dysproteinämie mit erheblicher Hypalbuminämie (29,8 rel. %) mit beträchtlicher γ-Globulinerhöhung (42,8 rel. %) und leicht erhöhten α- und β-Globulinwerten. Unter der klinischen Heilung kam es zu rückläufigen Bewegungen der Serumproteine.

3. Zwei elektrophoretische Zustandsbilder von zwei *chronischen Unterschenkelekzemen* (das eine mit unklarer Genese, das zweite nach Lianthralbehandlung und danach flächenhafter Ausdehnung eines Eczema cruris varicosum) gibt Abb. 114, I, II wieder.

Ein fast gleichartiges Bild mit ähnlicher Dysproteinämie bestand bei einem universellen *seborrhoischen Ekzem*, das über viele Monate ein elektrophoretisch weitgehend gleichartiges Spektrum aufwies (Abb. 115).

Es bestanden bei diesen Ekzemformen ganz beträchtliche Dysproteinämien mit erheblichen Hypalbuminämien und inversen γ-Globulinerhöhungen. Die α-Globulinwerte wiesen geringe Schwankungen um den Normalwert auf, die β-Globuline waren vorwiegend erniedrigt. Die Gesamtproteine bewegten sich zwischen normalen und hyperproteinämischen Werten bis zu 9,4 g-%.

4. Bei *chronisch allergischen Ekzemen* konnten geringe, bei stärker entzündlicher Reaktion des Gewebes und großflächiger Ausdehnung auch beträchtliche Dysproteinämien bei fast stets normalen Gesamtproteinwerten beobachtet werden (Tab. 32).

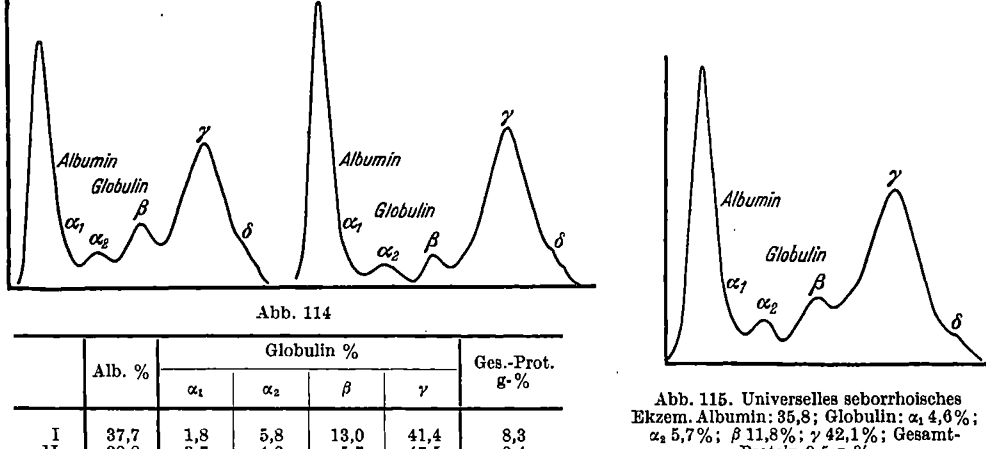

Abb. 114

	Alb. %	Globulin %				Ges.-Prot. g-%
		α₁	α₂	β	γ	
I	37,7	1,8	5,8	13,0	41,4	8,3
II	38,8	3,7	4,3	5,7	47,5	9,4

Abb. 115. Universelles seborrhoisches Ekzem. Albumin: 35,8; Globulin: α₁ 4,6%; α₂ 5,7%; β 11,8%; γ 42,1%; Gesamt-Protein 9,5 g-%

Bei Patient 1 (Gesicht, Unterarme befallen, Schübe vor allem in kalter Jahreszeit) bestanden geringe dysproteinämische Albumin-Globulinschwankungen bei etwas unternormalen α- und β-Globulinwerten. Bei Patient 2 (universelles chronisches Ekzem zur Zeit mit stark entzündlicher Reaktion bei leichterem Asthma bronchiale)

Tabelle 32

Chronisch-allergische Ekzeme	Datum	Ges.-Prot. g-%	Rel. %				
			Albu-min	Globulin			
				α₁	α₂	β	γ
1.	20. 1. 50	6,2	56,2	3,8	4,6	10,9	24,5
	17. 5. 51	7,2	52,9	2,7	5,6	12,3	26,5
2.	9. 1. 50	7,4	38,7	5,0	12,7	16,4	27,2
	24. 2. 50	7,9	37,7	5,6	10,3	14,5	31,9
	18. 3. 50	7,6	37,2	4,3	8,9	15,6	34,0

war die Dysproteinämie durch stärkere Hypalbuminämie, stärker erhöhte α₂-Globulinwerte und wenig erhöhte β-Globulinwerte bei entsprechenden γ-Globulinerhöhungen charakterisiert. Die Gesamtproteinwerte waren normal.

Auf blutproteinchemische Veränderungen bei der **Neurodermitis** wies bereits ABELSOHN hin. RÖCKL und JAROSCHKA sahen bei circumscripten Formen normale oder wenig veränderte (leichte Hypalbuminämie und inverse γ-Globulinerhöhung), bei disseminierten Formen etwas ausgeprägtere Veränderungen. Ein Absinken der Albumine unter 50 rel. % und ein Ansteigen der γ-Globuline über 30 rel. % wurde nicht beobachtet.

Die verschiedenen **Acne-Formen** wie die **Rosacea** wurden zuerst von Leinbrock elektrophoretisch untersucht (Beispiele Tab. 33). Bei der *Acne vulgaris* wurden geringgradige bis etwas stärkere Verschiebungen der Serumproteinfraktionen gesehen. Außer einer leichten Hypalbuminämie (nicht unter 50 rel. %) und γ-Globulin-anstiegen (kaum über 30 rel. %) wurden meistens erniedrigte α-Globuline (7 bis 8 rel. %), teils auch erniedrigte β-Globulinwerte (8—9 rel. %) beobachtet. Nur die **Acne indurativa-conglobata** zeigte etwas erhöhte α-, teils auch β-Globulinwerte. Dabei waren die γ-Globuline weniger erhöht als bei den Acne vulgaris-Formen. Die Ausdehnung und der mehr oder minder entzündliche Charakter der verschiedenen Acne-Formen bestimmten die Stärke der Verschiebungen im Pherogramm.

Tabelle 33

		Rel. %		
	Albu-min	Globulin		
		α	β	γ
1. Acne vulgaris	55,3	7,7	9,2	27,8
2. Acne vulgaris	49,3	10,0	8,5	32,2
3. Acne iuvenilis	53,7	8,4	10,3	27,6
4. Acne indurativa . . .	46,9	14,4	15,6	23,1
5. Acne conglobata . . .				
vor Behandlung . . .	54,4	12,4	10,6	22,6
nach Behandlung . . .	54,2	7,4	9,7	28,7

Serum-Pherogramme von Rosacea-Kranken liegen durch die Untersuchungen von Funk und Mitarbeitern, Leinbrock und Röckl und Jaroschka vor. Allgemein konnten leichte Dysproteinämien festgestellt werden, wobei die Albumine maximal bis etwa 48 rel. % abgesunken, die γ-Globuline meistens bis 25 rel. % erhöht waren. Die α-Globuline waren etwas erhöht (zwischen 13 bis 16 rel. %), nach Leinbrocks Befunden finden sich aber auch vereinzelt normal hohe oder leicht erniedrigte α-Globulinwerte. Die β-Globuline sind überwiegend normal hoch. Einzelfälle von Leinbrock wie von Funk und Mitarbeitern lassen β-Globulinerhöhungen auf 18—19 rel. % erkennen. Ob diese Erhöhungen Ausdruck einer stärkeren Leberbelastung darstellen, wie sie bei der Rosacea möglich sein kann, muß durch weitere Untersuchungen zu klären versucht werden.

Bei 2 Fällen von **Lichen ruber planus** zeigte das elektrophoretische Serumeiweiß-diagramm je nach der Fläche der erkrankten Hautbezirke mehr oder minder starke Abweichungen vom Normalen (Leinbrock). Im 1. Fall (Tab. 35) lag eine geringe Hypalbuminämie mit entsprechender γ-Globulinerhöhung bei normalem α- und sub-normalem β-Globulin vor. Bei dem 2. Fall bestand eine ausgesprochene Dysprotein-ämie (erhebliche Hypalbuminämie mit inverser γ-Globulinerhöhung bei normalen α- und β-Globulinen). Die Gesamtproteine lagen im Normalbereich.

Diese Ergebnisse konnten von Weber, Braun-Falco, Thaessler bei 2 Lichen ruber-Fällen bestätigt werden. Der erste Fall war ein **Lichen ruber exanthematicus,** bei dem eine exzessive Dysproteinämie mit einem Albuminwert von etwa 39 rel. % und eine α_2-Globulinerhöhung von etwa 23 rel. % bei sonst normalen Protein-fraktionen vorlag. Gleichsinnig verändert waren dabei die Glykoproteide dieser Fraktionen.

Im Gegensatz dazu konnte Leinbrock bei einem Patienten mit einem **Lichen ruber reticularis,** der die gesamte Körperoberfläche ergriffen hatte, bei mehrmaligen Bestimmungen vor und unter einer Salvarsantherapie ein fast normales Serum-Pherogramm bestimmen. Ebenso wies das Serum-Pherogramm eines Patienten mit einem lokalisierten **Lichen ruber verrucosus** Normalwerte von Albumin und γ-Globu-lin, neben leicht erhöhten α- und β-Globulinwerten auf.

Zusammenfassung zu Abschnitt III

Bei allen Dermatosen dieser Gruppe bestanden geringe oder etwas stärkere Dysproteinämien.

Die Stärke der inversen Verschiebungen zwischen Albumin (Hypalbuminämie) und γ-Globulinen (Hyper-γ-Globulinämie) wird von dem Charakter (ob akut, chronisch, mehr oder minder infiltriert) und der Ausdehnung der Dermatose bestimmt, besonders bei den verschiedenen Ekzemformen. Die Acneformen wie die Rosacea zeigen selten stärkere Verschiebungen, beim Lichen ruber sind sie meistens geringgradig. α-Globulinerhöhungen, wie sie bei akuten Ekzemen, der Acne indurativa und der Rosacea zu beobachten sind, werden von dem Entzündungscharakter der Dermatose bestimmt. Auffallend ist eine α-Globulinerniedrigung bei den gewöhnlichen Acneformen.

Die β-Globuline sind die am wenigsten ansprechende Fraktion bei dieser Dermatosen-Gruppe. Bei einigen Ekzemformen wie bei manchen vereinzelten Rosacea-Formen kommen geringe Erhöhungen vor. Bei der Acne vulgaris sind sie meistens etwas erniedrigt.

Bei klinischer Heilung trat etwas nachhinkende Normalisierung der Pherogramme ein.

IV. Auf Stoffwechselstörungen beruhende Dermatosen

Die in diesem Kapitel abgehandelten Dermatosen sind zum Teil sicher, zum Teil aber wahrscheinlich als Stoffwechseldermatosen aufzufassen. Es liegen hierbei Störungen des Fett-Cholesterin- bzw. des Protein-Stoffwechsels vor. Es kommt teils zu Ablagerungen dieser Stoffe in das Gewebe.

Die ersten elektrophoretischen Serumproteinuntersuchungen bei der **Psoriasis vulgaris** gehen auf LONGHI zurück, der nur ganz vereinzelt dysproteinämische Abweichungen vom Normalen festgestellt hat. Sie stehen im Gegensatz zu den Befunden

Tabelle 34

	Datum	Ges.-Prot. g-%	Rel. %				
			Albu-min	Globulin			
				α_1	α_2	β	γ
Fall 1:	17. 2. 50	6,8	55,5	7,2	11,5	13,4	12,5
Ps. vulgaris	5. 3. 50	7,6	55,7	6,2	11,3	12,3	14,5
Fall 2:	24. 8. 50	7,9	39,8	5,1	11,1	13,5	30,5
Ps. vulgaris	7. 9. 50	7,7	39,9	13,0		17,4	29,7
(univ.)	10. 10. 50	8,5	41,6	5,3	9,1	12,7	31,3
	24. 10. 50	9,0	42,4	3,7	7,4	12,5	34,0

LEINBROCKs, der bei umfangreichen Untersuchungen bei Psoriatikern vielfach geringere oder manchmal erhebliche Dysproteinämien sah. Die Stärke dieser Veränderungen stand in engem Zusammenhang mit der Art und flächenhaften Ausdehnung der psoriatischen Effloreszenzen. Zu ähnlichen wechselvollen Veränderungen des Serumproteinbildes gelangten durch ihre Untersuchungen LEVER, teils auch RÖCKL und JAROSCHKA. Einige Beispiele seien angeführt.

1. *Exsudative Psoriasis vulgaris* (frischer Schub an oberen und unteren Extremitäten) (Tab. 34, 1) und *universelle Psoriasis vulgaris* (mit pfennig- bis handflächengroßen, stärker schuppenden Herden an Stamm, Ellenbeugen und Unterschenkeln) (Tab. 34, 2): Bei normalen Gesamtproteinwerten, die unter der Therapie teils anstiegen, bestand im 1. Fall eine geringgradige, im 2. eine beträchtliche Hypalbuminämie mit entsprechenden γ-Globulinerhöhungen (s. auch RICCIARDI, MENEGHINI, LEVI, POZZO). Während im 1. Fall die α-Globuline, besonders stark die α_2-Komponente, stärkeren Anstieg aufwiesen, kam es im 2. Fall nur zu einem leichteren Anstieg. Die β-Globuline waren in beiden Fällen normal, im 2. Fall stiegen sie unter

der Therapie (fettarmer Diät) vorübergehend an, um später normal zu werden. Gleichzeitig fielen die α-Globuline ab, während die Albumine steigende und die γ-Globuline anfänglich steigende, später fallende Tendenz aufwiesen.

Im Gegensatz dazu wiesen die generalisierten *erythrodermischen Psoriasisfälle* Levers im Serumeiweißbild nicht nur einen α_1- und α_2-, sondern auch einen β-Globulinanstieg bei gleichzeitiger Hypalbuminämie (um 40—45 rel. %) auf. Diese Befunde bestätigten später Leinbrock, Röckl und Jaroschka, Bolgert, Blamoutier und Mme. Moret.

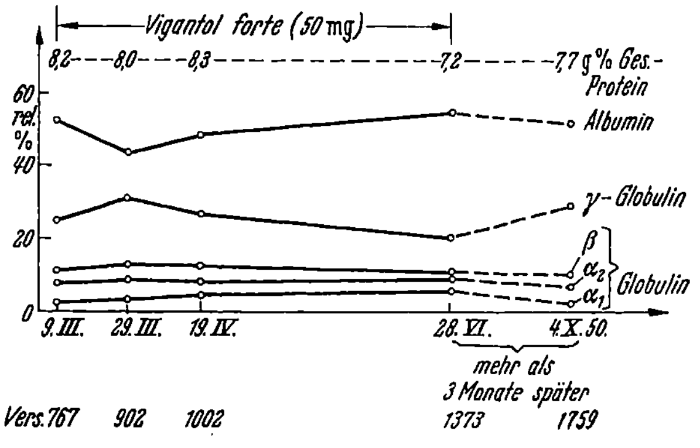

Abb. 116. Psoriasis (B. G.)

2. *Psoriasis vulgaris* unter *Vigantolbehandlung* (starke Schuppung, konfluierende Herde an Unterarmen, Kreuzbeingegend, Glutealbereich und Beugeseiten der Oberschenkel bis zu den Knien) (Abb. 116): Unter Vigantol forte und Normalkost weitgehende klinische Abheilung in 5 Wochen. Die Gesamtproteinwerte schwankten im normalen Bereich. Anfänglich geringe Dysproteinämie mit geringer Albuminverminderung, γ-Globulinerhöhung, normalen α- und leicht erniedrigten β-Globulinwerten. Unter Vigantol zunächst Albuminabfall mit inversem γ-Globulinanstieg bei leichtem Anstieg der α- und β-Globuline; später umgekehrter Verlauf bis zur Heilung.

3. *Psoriasis arthropatica* (Abb. 117): Bei 50 jähr. Patientin immer wieder Rezidive einer seit Kindheit bestehenden Psoriasis mit z. Z. stark schuppenden, exsudativ entzündlichen, kleineren und größeren Herden, besonders an der unteren Körperhälfte. Arthrosis der Gelenke (Finger, Knie), Leberschwellung; langsame *Abheilung unter fettarmer Diät*. Elektrophoretische Untersuchungen von Januar bis März 1950 ließen bis zur klinischen Entlassung keine wesentlichen Veränderungen erkennen. Bei erneutem Schub im Jahre 1951 und gegenüber 1950 fast unverändert gebliebenem Elektrophoresediagramm des Serums kam es unter der allmählich einsetzenden

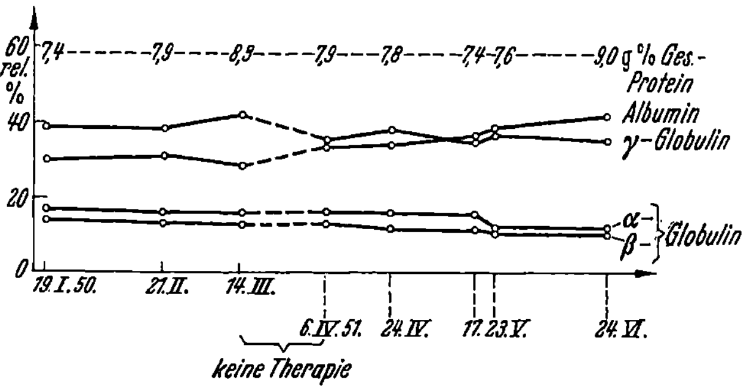

Abb. 117. Psoriasis arthropathica (M. G.)

klinischen Besserung bis zur vollständigen Heilung und Rückgang der Gelenkbeschwerden zur weitgehenden Normalisierung des Serumdiagramms. Die anfänglich erhebliche Dysproteinämie mit stark erniedrigten Albuminwerten, stark erhöhten γ-Globulinwerten bei angestiegenem α-Globulin und normalem β-Globulinwert zeigte Umkehr der Werte zur Norm.

Die Parapsoriasis wurde von Robert (einmalige Untersuchung bei einem Fall) erstmals elektrophoretisch studiert. Es handelte sich um eine *Parapsoriasis guttata*, bei der völlig normale Gesamtproteinwerte und ein normales Elektrophoresediagramm gefunden wurden. Bei einem Fall von *Morbus Brocq* (Abb. 118) fand Leinbrock bei normalem Gesamtproteinwert eine Dysproteinämie mit erheblicher Hypalbuminämie und inverser γ-Globulinerhöhung. Die α-Globuline waren normal, die β-Globuline erniedrigt. Das klinische Bild (kleinschuppende, gyrierte und konfluierende Herde am Bauch und an den Oberschenkeln) war wie das elektrophoretische Zustandsbild nach einem Jahr unverändert.

Eine Dysproteinämie mit Hypalbuminämie (42,1 rel. %) und Globulinverschiebungen (α_1 4,8; α_2 13,5; β 17,5; γ 22,0 rel. %) bei normalem Gesamt-Proteinwert fanden WEBER, BRAUN-FALCO und THAESSLER bei 1 Fall von *Pityriasis lichenoides chronica*. Dabei waren die Gesamt-Glykoproteide erhöht, wobei die Albumine des Serums erniedrigte, die β-Globuline erhöhte Mengen an Kohlenhydraten gebunden enthielten.

Elektrophoretische Serumeiweißuntersuchungen wurden von LEVER und McLEAN bei 2 Patienten mit primärer familiärer Xanthomatose und bei 2 Patienten mit biliärer Cirrhose mit **Xanthomatose** durchgeführt. Diese Lipoidosen berühren die

Tabelle 35

Lichen ruber planus	Ges.-Prot. g-%	Rel. %				
		Albu-min	Globulin			
			α_1	α_2	β	γ
I	7,6	54,5	2,3	7,8	9,8	25,6
II	7,9	47,8	3,8	5,9	12,8	29,7

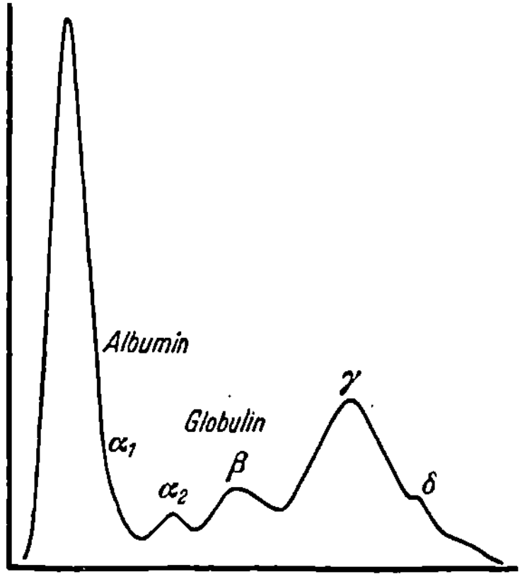

Abb. 118. Morbus Brocq (V. H.). Albumin 48,2%; Globuline: α_1 4,2%; α_2 5,3%; β 10,9%; γ 31,4%; Gesamt-Protein 7,6 g-%

Dermatologie insofern, als dabei tumorartige cutane Veränderungen auftreten. Es wurden erhebliche Dysproteinämien festgestellt, wobei besonders die β_1-Globuline ·starke Erhöhungen aufwiesen (Tab. 36). Daneben bestanden bei der ersten Form

Tabelle 36

	Pat.	Ges.-Prot. g-%	Rel. %					
			Albu-min	Globulin				
				α_1	α_2	β_1	β_2	γ
I. Primäre familiäre	1	8,9	51,7	5,5	7,3	21,4	2,2	11,9
Xanthomatose	2	9,88	42,4	3,5	45,1		2,1	6,8
II. Biliäre Cirrhose	3	11,74	22,9	4,6	7,9	20,3	33,1	11,2
u. Xanthomatose	4	10,54	27,5	5,4	9,9	35,1		22,3

geringe Hypalbuminämien mit normalen γ-Globulinwerten, bei der zweiten Form stärkere Hypalbuminämien mit teilweiser geringer γ-Globulinerhöhung. Nach LEVER hat

1. die β_1-Globulinkomponente des Serums bei den Patienten der ersten Gruppe eine größere elektrophoretische Wanderungsgeschwindigkeit als bei den Patienten der zweiten Gruppe, und

2. sich nach Ätherextraktion des Serums der Patienten der ersten Gruppe ein normales Serumproteinspektrum eingestellt, bei denen der zweiten Gruppe eine erniedrigte Albuminzacke und ein angestiegener γ-Globulinwert.

Die LEVERschen Befunde, die später durch weitere Fälle gestützt wurden und bei denen die Beziehungen der Serum-Fett- und -Cholesterinwerte zu den spezifischen Erhöhungen der β_1- und evtl. α_2-Globulinkomponenten des Serums untersucht wurden, konnten durch vereinzelte Beobachtungen von Leinbrock, Korting, Weber, McGinley, Hardin und Gofman bestätigt werden.

Als Beispiel sei 1 Fall von **Xanthoma tuberosum** (multiple bis bohnengroße, intra- und subcutane Knoten an beiden Handinnenflächen, Fingern, Ellenbogenaußenseiten und Kniescheiben) mit einer Hyperlipämie (Ges.-Fett 3,09 g-%) und Hypercholesterinämie (freies: 365 mg-%, gebundenes: 463 mg-%) angeführt, die mit einer wesentlichen Dysproteinämie einherging. Die β-Globulinerhöhung war durch ätherextrahierbares Fett bedingt (Leinbrock):

Im Gegensatz zu diesen Befunden mit erheblichen β-Globulinerhöhungen wurde von Kalkoff ein Fall von **Necrobiosis lipoidica diabeticorum** (knotige Veränderungen an beiden Unterarmen; stark erhöhte Blutzucker- und Cholesterinwerte im Serum) anläßlich einer Tagung mit hoher Hyper-α-Globulinämie des dysproteinämischen Serumeiweißbildes demonstriert.

Geringgradige Verschiebungen der Serumeiweißfraktionen (Albumin 51 rel. %; Globuline: α_1 5,9; α_2 10,0; β 9,7; γ 22,8 rel. %) stellten bei 1 Fall von **Granulomatosis disciformis chronica et progressiva** (Miescher) Keining und Braun-Falco, fest.

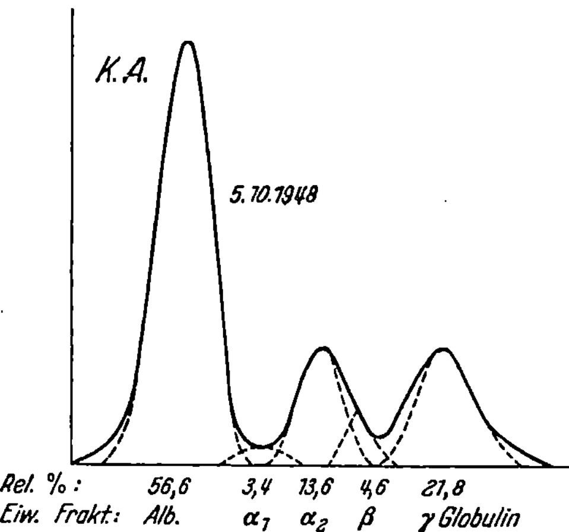

Abb. 119. Elektrophoresediagramm des Serums. α_2- und γ-Globuline vermehrt, β-Globulin vermindert

Tabelle 37

Ätherextraktion	Rel. %				
	Albumin	Globulin			
		α_1	α_2	β	γ
vor	43,2	1,8	5,3	20,0	29,7
nach . . .	46,3	1,8	6,7	7,5	37,7

Über einen Fall von gleichzeitiger Dyslipoidämie mit Dysproteinämie bei der **Hyalinosis cutis et mucosae** und dabei durchgeführten Lipoid- und elektrophoretischen Serumproteinuntersuchungen berichteten Fritze, von Zezschwitz und Schulze. Bei dieser generalisierten Lipoidose mit knötchenförmigen Protein-Lipoidablagerungen in Haut und Schleimhaut traten dysproteinämische Veränderungen auf (Abb. 119) mit geringer Hypalbuminämie, stärker erhöhten α_2-Globulinen und etwas erhöhten γ-Globulinen; die β-Globuline waren — bei gleichzeitig bestehender Verminderung der Serumlipoide — erniedrigt — zu einem späteren Zeitpunkt erhöht. Ähnliche Ergebnisse erhielten bei 2 Patienten mit H. c. et m. Holtz und Schulze und bei 1 Fall Braun und Weybrecht. Es scheint demnach eine mit der Lipoidose gekoppelte Protein-Lipoidstörung vorzuliegen.

Eine auf Schilddrüsendysfunktion bezogene Dermatose ist das **Myxödem.** Bei den histologischen degenerativen Prozessen (Veränderung des kollagenen und elastischen Gewebes in Cutis und Subcutis mit Schleimablagerungen) mit teigiger Schwellung und ödematöser Durchtränkung der befallenen Hautbezirke müssen elektrophoretische Serumproteinveränderungen erwartet werden. Von Fischer berichtet über derartige Befunde bei einer Patientin mit **Myxoedema tuberosum** (Unter- und Oberarme, Brust- und Schulterbereich mit monomorphen knotigen Veränderungen übersät). Unter Calcium-Diuretintherapie trat klinische Heilung ein, die auch aus den elektrophoretischen Verlaufsanalysen erkennbar ist (Tab. 38). Die erhebliche Hypalbuminämie mit stärkerer β- und γ-Globulinerhöhung geht unter der klinischen Besserung eine Richtungsänderung zur Norm ein. Das elektrophoretische Serumdiagramm hinkte der klinischen Ausheilung nach. Die Gesamtproteine waren normal.

Gleichsinnige Veränderungen mit β_1- und γ-Globulinerhöhungen des Serums beobachteten LEVER und Mitarbeiter beim **Myxoedema circumscriptum.** Zusätzliche α-Globulinerhöhungen sahen LANGER und PÜRSCHEL bei 1 Fall von histologisch gesicherter **Myxomatosis cutis papulosa,** der mit einer Hyperproteinämie (8,1 bis 10,2 g-%) bei erheblicher Dysproteinämie (Albumin 24 rel. %; Globuline: α_1 10,0; α_2 11,0; β 17,0; γ 28 rel. %) einherging. Es scheint demnach in diesem Falle das pathologische Mucoproteid in der α- und β-Globulinkomponente verankert zu sein.

Zur *Ablagerung* einer *eiweißartigen Substanz* im kollagenen Bindegewebe kommt es bei der **Amyloidose** bzw. **Paramyloidose.** Bei *Haut-Amyloidose* liegen vereinzelte elektrophoretische Befunde vor. So kam es bei 1 Fall von *Amyloidosis cutis* mit

Tabelle 38

	Datum	Ges.-Prot. g-%	Rel. %				
			Albu-min	Globulin			
				α_1	α_2	β	γ
Myxoedema	20. 4. 48	7,4	38,6	2,3	9,8	19,8	29,5
tuberosum	17. 8. 48	8,1	49,0	2,1	10,3	12,7	25,9
	9. 11. 48	8,1	49,8	3,0	8,7	14,6	23,9

Makroglossie zu einer ausgeprägten Dysproteinämie, wobei besonders die β-Globulinerhöhung auf 33 rel. % auffiel. Die γ-Globuline waren erniedrigt (8 rel. %), die α-Globuline normal, die Albumine auf 45 rel. % abgefallen. Das Schwergewicht der dysproteinämischen Verlagerung lag dagegen bei 1 Fall von **Haut-Muskel-Amyloidose** bei einer Hyper-γ-Globulinämie ($\beta + \gamma$: 41,6 rel. %; papierelektrophoretisch überwiegend γ-Globulin) bei normalem α-Globulin. Die Hypalbuminämie betrug 41,6 rel. % bei geringer Hyperproteinämie (8,28 g-%) (NÖDL). Im Gegensatz dazu bestimmte WEYBRECHT bei 1 Fall von *Lichen amyloidosus* normale Serumeiweißfraktionswerte.

Ein seltener Fall von diffuser **Plasmocytomatose** des Skelets mit gleichzeitigen multiplen tumorösen Einlagerungen *paramyloider Substanz in die* Haut wurde von ANDERS mitgeteilt. Es bestand dabei eine wesentliche Hyperglobulinämie mit deutlichen Veränderungen im α-, β- und γ-Globulinbereich.

Über eine eigenartige Dysproteinose mit cutanen und subcutanen knotigen Ablagerungen von Eiweißkristallen im *Rückenbereich* berichteten HAMPERL und KALKOFF. Sie deuteten das Bild als Paraproteinose. Ein chemisch-physikalischer Nachweis von Paraproteinen erfolgte leider nicht. Das Serumeiweißbild ergab bei Hyperproteinämie (8,5—9,4 g-%) eine wesentliche Hypalbuminämie (um 42 rel. %) und Hyper-γ-Globulinäme (um 34 rel. %).

Bei 1 Fall von **endogener Ochronose** bzw. *familiärer Alkaptonurie* mit Pigment-Hautablagerungen an beiden Ohrmuscheln, auf den Skleren und erbsgroßem Tumor auf der linken Wange wurden von FRIEDRICH und NIKOLOWSKI, wie zu erwarten, keine nennenswerten Abweichungen vom Serum-Pherogramm des Normalserums festgestellt.

Eine andere in diesem Zusammenhang zu besprechende Erkrankung ist die **Sklerodermie.** Die ödematösen Veränderungen im Interstitium treten gegenüber der Bindegewebssklerose im späteren Stadium der Erkrankung zurück und haben demzufolge Einfluß auf das elektrophoretische Serumproteinspektrum, wie zuerst von WALKER und BENDITT beobachtet wurde (sowohl bei diffuser wie circumscripter Sklerodermie). Teilweise bestand eine Hypoproteinämie. Die rel. Mittelwerte der

Albumine lagen bei 5 Fällen von *diffuser Sklerodermie* bei 47,7% der γ-Globuline, bei 21,6%, während die übrigen Fraktionen Normalwerte aufwiesen. Die analogen Werte bei einem Fall von *circumscripter Sklerodermie* waren gleichartige. Diese Befunde konnten später durch weitere 14 Fälle der zwei Formen bestätigt werden, ebenso durch einige Fälle LEINBROCKs, bei denen ähnliche elektrophoretische Befunde bei circumscripter Sklerodermie erhoben wurden. Analoge Ergebnisse liegen von LEINWAND, RÖCKL und JAROSCHKA, PARISI und PAGLIARDI für die *circumscripten Sklerodermieformen* vor. Je multipler diese Herde vorkamen oder je diffuser die Sklerodermie war, um so ausgeprägter war die Dysproteinämie (RÖCKL und JAROSCHKA).

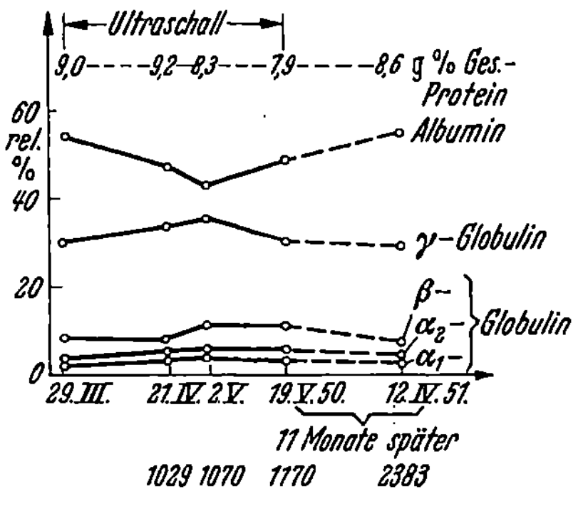

Abb. 120. Sklerodermie (M. H.)

Abb. 120 gibt die Verlaufsanalysen während einer versuchten *Ultraschalltherapie* wieder. Danach bewirkte diese Therapie eine zunehmende Albuminverminderung bei inverser γ-Globulinerhöhung, um im späteren Verlauf — noch unter Ultraschall — in umgekehrte Bewegungen überzugehen. Die α- und β-Globulinwerte, die anfangs subnormal waren, stiegen zur oberen Grenze der Norm, um danach wieder abzufallen. Die Gesamtproteine (anfangs Hyperproteinämie von 9 g-%) zeigten unter Ultraschall ebenfalls fallende Tendenz und stiegen nach der Behandlung wieder an. 11 Monate nach dieser Behandlung wurden dieselben elektrophoretischen Befunde wie vor der Therapie erhoben. Diese elektrophoretischen Proteinbewegungen sind ein Spiegelbild der unter Ultraschall auch nur vorübergehend erreichten Erweichung des sklerotischen Gewebes.

Eine wahrscheinlich durch endokrine Dysfunktionen ausgelöste Dermatose ist die **Dermatomyositis,** die mit Hautschwellungen und Muskelbeteiligungen einhergeht. Elektrophoretische Befunde liegen von WALKER und BENDITT vor. Sie fanden bei

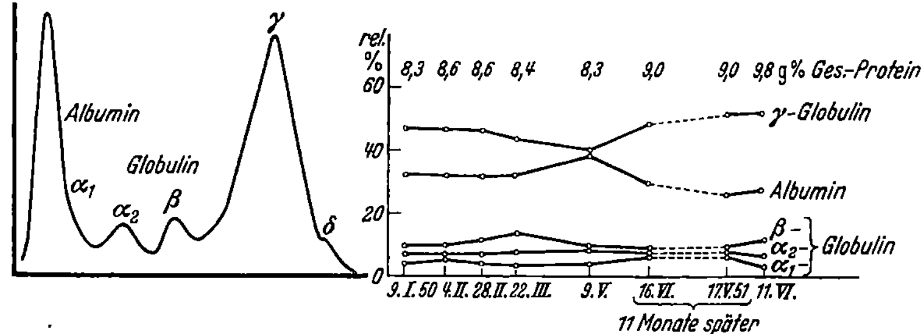

Abb. 121. Poikilodermatomyositis (F. J.). Albumin 26,0%; Globulin: α_1 6,0%; α_2 7,6%; β 9,3%; γ 51,1%; Gesamt-Protein 9,0 g-%

4 Patienten ausgesprochene Hypoproteinämien (um 5,7 g-%) mit Hypalbuminämien von 47,3 rel. % = 2,71 g-% bei γ-Globulinerhöhung, etwas erniedrigten β- und normalen α-Globulinwerten (LEINBROCK, THEISMANN, CORNBLEET und DE LA HUERGA, RÖCKL und JAROSCHKA, KLÜKEN und REITZ). Bei schwer kranken Patienten im akuten Stadium konnte LEVER eine ausgeprägte Hypoproteinämie und eine erhebliche Dysproteinämie feststellen. Die rel. Albuminwerte lagen dabei zwischen 29 bis 46% bei wesentlichen α-Globulinerhöhungen (zwischen 20—45%). Die β- und γ-Globulinwerte waren nicht bzw. unwesentlich verändert. APLAS teilte analoge Ergebnisse von 1 Fall von Dermatomyositis mit.

Bei einem Fall von **Poikilodermatomyositis** (LEINBROCK) (eunuchoider Hochwuchs mit schweren poikilodermatischen und myositischen Veränderungen am ganzen Körper) bestand eine schwere dysproteinämische Störung (Abb. 121), die vor allem die Albumine und γ-Globuline betraf. In einer Beobachtungszeit von 6 Jahren blieben die Serumproteindiagramme weitgehend die gleichen: Hypalbuminämie von 25—30 rel. % bei inverser γ-Globulinerhöhung von 45—52 rel. %; die α-Globuline waren meist, die β-Globuline stets normal oder unter der Norm gelegen. Die Hyperproteinämie betrug 8,3—9,8%. Im Bereich der Wahrscheinlichkeit liegt die Bildung von Paraproteinen.

In diesem Zusammenhang erwähnenswert ist ein von RÖCKL und JAROSCHKA untersuchter Fall von **Poikilodermia vascularis atrophicans** (PETGES-JACOBI) mit Hautveränderungen an der oberen Körperhälfte, der deutliche Dysproteinämie aufwies (Albumin: 49,8 rel. %; Globuline: γ 27 rel. % bei unverändertem α- und β-Globulin).

Zusammenfassung zu Abschnitt IV

Die Serumeiweißveränderungen dieser Gruppe von Dermatosen sind einmal durch die Erkrankung bestimmter Hautabschnitte bedingt, wobei die Größenausdehnung der befallenen Hautpartien (z. B. bei den psoriatischen Erythrodermien) die Schwere der Dysproteinämie mitbestimmen. Zum anderen sind besondere Veränderungen im Serum-Pherogramm, wie die starke Erhöhung der β_{1-2}-, der α_2-Globuline bei manchen Psoriasis- und Parapsoriasisformen, bei Xanthomatosen der Haut, Ausdruck einer vorliegenden schweren Stoffwechselstörung, hier des Fett- bzw. Fett-Cholesterin-Stoffwechsels. Dabei sind die „echten", durch Lipoproteid bedingten α_2- bzw. β-Globulinanstiege von den „unechten" zu trennen, die durch Mitwanderung nicht proteingebundener Neutralfette und Lipoide im α_2-β_1-Globulinbereich des Serum-Pherogramms zustandekommen. Diese „unechten" α_2-β_1-Globulinerhöhungen sind ätherextrahierbar, also kein Lipoproteid. Die Psoriasis- wie Xanthomatose-Kranken weisen Hypalbuminämien (um 40 rel. %) auf; die inversen γ-Globulinanstiege der Psoriatiker (30—40 rel. %) stehen aber im Gegensatz zu den wenig oder nicht erhöhten γ-Globulinwerten der Xanthomatose-Patienten.

Bei Erkrankungen an Myxödem der Haut und Hyalinosis cutis et mucosae liegen neben teilweisen β-Globulinanstiegen (bedingt durch Lipoproteidzunahme) noch α-Globulin-, besonders α_2-Globulinanstiege vor, die wahrscheinlich durch übermäßige Glykoproteidbildung und -ablagerung im Gewebe und Ausschwemmung in die Blutbahn erklärbar sein dürften. Die Dysproteinämien gehen mit Hypalbuminämien um 40—50 rel. % und wesentlichen α- und γ-, meist auch β-Globulinanstiegen einher.

Ablagerungen von Patho-Proteinen (Amyloid, Paramyloid bei Amyloidosen; Paraproteinen beim Plasmocytom u. a.) können das Serum-Pherogramm ebenfalls wesentlich dysproteinämisch verändern (besonders die β-, evtl. auch γ-Globulinkomponente). Hier kann es auch zu Hyperproteinämien kommen.

Umstritten ist die Stoffwechsel-Genese der Sklerodermieformen und der Dermatomyositis. Die hierbei auftretenden Dysproteinämien drücken sich vor allem im Albuminabfall bei inversem γ-Globulinanstieg aus. Ein Fall wies ein extrem hohes γ-Globulin auf.

V. Atrophien und Dystrophien der Haut

Elektrophoretische Serumproteinbestimmungen bei der Acrodermatitis atrophicans liegen von LEINBROCK vor (Tab. 39). Bei gleichbleibend normalen Gesamtproteinwerten bestand anfänglich geringe Hypalbuminämie (wenig unter 50 rel. %) mit γ-Globulinerhöhung (wenig über 30 rel. %) bei stets erniedrigten α- und β-Globulinwerten. Unter Penicillinbehandlung sanken die Albumine zunächst etwas ab, um später bei gleichzeitigem Abfall der γ-Globuline anzusteigen, während die α- und β-Globuline noch subnormal blieben. Bei später untersuchten Fällen konnten auch leichte α-Globulinerhöhungen beobachtet werden (Leinbrock, Röckl und Jaroschka, Hauser, Ludwig).

Bei 1 Fall von *Acrodermatitis atrophicans* mit *arthropatischen* Veränderungen bestimmten Weber, Braun-Falco und Thaessler eine wesentliche Dysproteinämie, die vor allem durch eine erhebliche Zunahme der α-Globuline (27,2 rel. %) bei

Tabelle 39 a. *Acrodermatitis atrophicans*

	Datum	Ges.-Prot. g-%	Rel. %				
			Albu-min	Globulin			
				α_1	α_2	β	γ
Patient 1:	24. 1.50	7,9	47,5	1,7	7,6	10,4	32,8
1. Kur	2. 2.50	7,6	45,0	3,7	5,9	9,1	36,3
(4 Mega E. Aquacillin)	8. 2.50	7,9	50,0	3,0	6,5	11,9	28,6
Patient 2:	17. 6.50	8,3	48,5	3,2	4,9	12,1	31,3
2 Kuren	15. 7.50	7,6	46,4	4,1	5,8	12,9	30,8
(insgesamt 8 Mega E. Aquacillin)	8. 11.50	7,6	54,1	4,4	1,8	10,7	29,0

Hypalbuminämie (49,2 rel. %) bedingt war. Die Totalglykoproteide waren wesentlich erhöht, was auf einen Glykoproteidanstieg im β-Globulinbereich zu beziehen war. Diese Befunde dürften weniger durch die Acrodermatitis atrophicans als durch die Gelenkveränderungen bedingt sein.

Bei den **Dystrophien** im Gebiete der **Hornbildung** (Ichthyosis vulgaris, Keratoma hereditarium palmare et plantare, Morbus Darier) mit Hypertrophien der Hornschicht und degenerativen Veränderungen im Stratum granulosum und spinosum, teils mit Hypoplasien und Atrophien in der Epidermis mußten Serumproteinveränderungen erwartet werden, zumal bei diesen ätiologisch ungeklärten Erkrankungen eine zentrale Störung wahrscheinlich ist.

Elektrophoretische Serumproteinuntersuchungen bei einem Fall von **Ichthyosis vulgaris** (ganzer Körper stärker schuppend, Hautentzündung durch Sekundärinfektion) (Tab. 39a) und bei einem Fall von **Erythema ichthyosiforme congenitale**

Tabelle 39 b

	Datum	Ges.-Prot. g-%	Rel. %				
			Albu-min	Globulin			
				α_1	α_2	β	γ
I. Ichthyosis vulgaris	14. 11.50	7,6	44,3	5,2	8,3	15,2	27,0
	21. 11.50	7,9	44,2	6,6	7,2	14,6	27,4
II. Erythema ichth.forme congenitale	12. 1.51	7,9	53,1	5,5	10,3	7,2	23,9
	20. 1.51	7,3	50,4	4,2	10,7	13,8	20,9
	20. 2.51	7,6	53,9	5,2	10,9	10,6	19,4

(Haut des ganzen Körpers gerötet, kleine weiße Schuppen) (Tab. 39 b) wurden von Leinbrock durchgeführt. Bei der *Ichthyosis vulgaris* wurde bei normalen Gesamtproteinwerten eine Dysproteinämie mit wesentlicher Hypalbuminämie und inverser γ-Globulinerhöhung, mit leichter α-Globulinerhöhung und kaum angestiegenen β-Globulinwerten bestimmt. Im Gegensatz dazu war bei *Erythema ichthyosiforme congenitale* bei normalen Gesamtproteinwerten die Hypalbuminämie gering, dagegen waren die α-, vor allem die α_2-Globuline entsprechend dem stärker entzündlichen

Charakter der Dermatose mehr erhöht als bei der Ichthyosis vulgaris. Die γ-Globulin-erhöhungen waren geringfügiger, die β-Globuline subnormal. Die Vitamin A-Therapie hatte keinen wesentlichen Einfluß auf das Serumeiweißbild.

Diesem letzten Falle weitgehend ähnlich ist der Ausgangsbefund bei einem Fall von **Keratoma palmare et plantare** [mit ringförmigen hyperkeratotischen Einschnürungen — Akrokeratome — im Bereich der Endphalangen der Finger mit Knochenbeteiligung (LEINBROCK)]. Aus Abb. 122 ist eine anfänglich leichte Dysproteinämie mit geringer Hypalbuminämie, etwas erhöhten α- und γ-Globulin- und fast normalen β-Globulinwerten erkennbar. Unter Vitamin-A-Therapie traten rückläufige Bewegungen der Proteinfraktionen in Richtung zur Norm ein. Die Gesamtproteine waren normal (s. auch bei RÖCKL und JAROSCHKA).

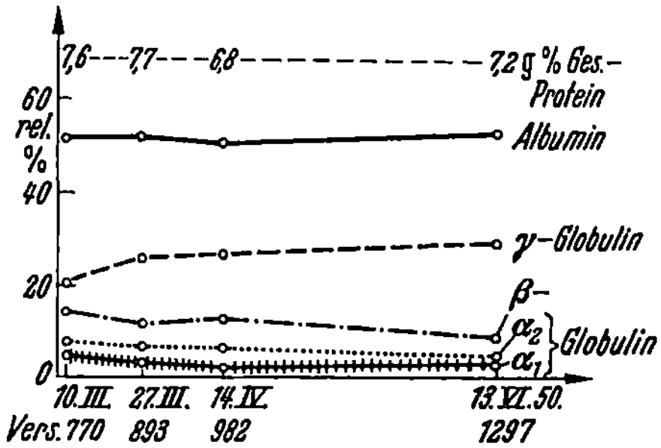

Beim **Morbus Darier** (stärkere Hyperkeratosen an Brust und Rücken, follikuläre Anordnung, teils sekundär infiziert) wurde eine erhebliche Dysproteinämie, die vor allem die Albumine, α- und γ-Globuline betraf, beobachtet (LEINBROCK, RÖCKL und JAROSCHKA). Die Gesamtproteine waren normal.

Abb. 122. Keratoma palmare et plantare

Eine wahrscheinliche Systemerkrankung des elastischen Bindegewebes mit Quellung und Fragmentierung der elastischen Fasern ist das **Pseudoxanthoma elasticum**. Elektrophoretisch faßbare Änderungen im Serumeiweißbild konnten bisher nicht beobachtet werden (1 Fall von VILANOVA und CARDENAL, 1 Fall von LEINBROCK).

Zusammenfassung zu Abschnitt V

Bei der Acrodermatitis atrophicans und den Dystrophien der Hornbildung konnten bei normalen Gesamtproteinwerten leichtere bis erhebliche dysproteinämische Störungen beobachtet werden. Die Albumine waren leicht erniedrigt, stärker beim Erythema ichthyosiforme congenitale, die γ-Globuline entsprechend erhöht. Die β-Globuline lagen im Bereich der Norm, die α-Globuline bei den Hornbildungsanomalien über, bei der Acrodermatitis atrophicans dagegen unter der Norm. Beziehungen zwischen den Serumproteinveränderungen und der Schwere und dem Ausmaß der Hautveränderungen waren nicht sicher feststellbar.

VI. Durch Kreislaufstörungen bedingte Dermatosen

Ulcus cruris varicosum. Elektrophoretische Serumproteinbefunde liegen von LEINBROCK vor. Sie zeigen bei normalen Gesamtproteinwerten auf die morphologischen Veränderungen zu beziehende, ausgeprägte Dysproteinämien (Abb. 123 und Tab. 40). *Zu Abb. 123:* Am linken Unterschenkel handtellergroßes, ovales Ulcus mit höckrigem Rand und schmierig belegt, daneben mehrere kleine Ulcera; Umgebung braun livide verfärbt. Unter symptomatischer äußerer Therapie Abheilung. Elektrophoretisch bestand eine erhebliche Dysproteinämie mit Hypalbuminämie (39 rel. %), erhöhte α-Globulinwerte (19,5 rel. %), ein subnormaler β-Globulinwert und eine γ-Globulinvermehrung auf 30,6 rel. %. Unter der Therapie blieben die α-Globuline zunächst unverändert, die Albumine sanken etwas ab, die β-Globuline stiegen auf fast normale Werte und die γ-Globuline auf 36,4 rel. %. Danach trat Umkehr der Proteinbewegungen zur Norm ein: erhebliches Ansteigen der Albumine, starkes Absinken der γ-Globuline bei unveränderten α- und β-Globulinwerten.

Zu Tab. 40: Großflächiges, manschettenförmig den rechten Unterschenkel umfassendes Ulcus cruris varicosum mit schmierig belegtem Grund, sklerosierten Rändern und Stauungserscheinungen oberhalb dieses abschnürenden Ulcus; es trotzt jeder Therapie. Es bestand während eines ganzen Jahres eine weitgehend gleich-

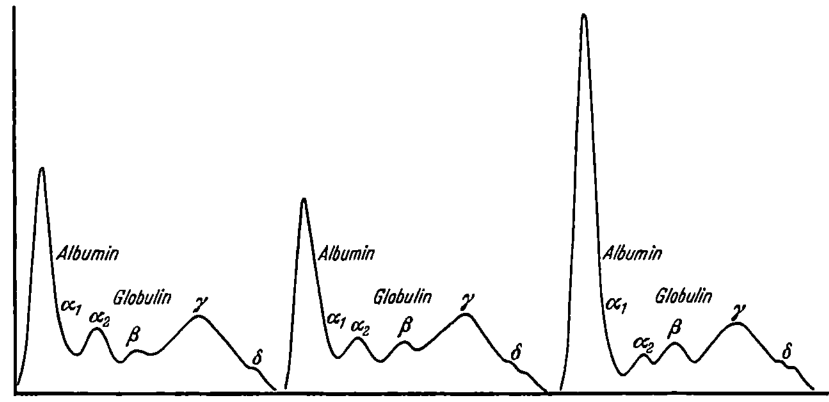

Abb. 123. Ulcus cruris (H. E.)

starke Dysproteinämie mit Hypalbuminämie von 35—40 rel. %, entsprechender γ-Globulinerhöhung und β-Globulinwerten zwischen 14—18,8 rel. %. Die α-Globuline antworteten bei stärkerer Verschmierung mit α₂-Globulinanstieg.

Tabelle 40. *Großflächiges Ulcus cruris*
(re. Unterschenkel)

Datum	Ges.-Prot. g-%	Albumin	Globulin			
			α₁	α₂	β	γ
20. 4. 50	7,8	42,4	4,6	9,6	14,8	28,6
2. 5. 50	7,9	36,8	6,0	9,9	14,1	33,2
10. 5. 50	7,6	39,7	3,5	9,5	15,4	31,9
25. 5. 50	7,6	39,6	6,4	9,8	17,1	27,1
12. 6. 50	6,7	38,2	2,5	10,8	18,8	29,7
5. 7. 50	7,6	36,7	2,4	9,7	17,6	33,6
30. 8. 50	7,6	35,1	3,0	8,4	17,8	35,7
23. 1. 51	6,5	41,3	6,2	9,6	18,8	24,1

Die beiden Arten von Ulcera lassen erkennen

1. die Gleichartigkeit der erheblichen Dysproteinämie in bezug auf die Albumin-, α- und γ-Globulinbewegungen;

2. einen deutlichen Unterschied in den β-Globulinwerten.

Das gutheilende Ulcus cruris wies normale bis subnormale β-Globulinwerte auf, das schlecht heilende chronische Ulcus cruris unveränderte erhöhte β-Globulinzahlen. Das gut heilende Ulcus zeigte Serumproteinbewegungen zur Norm unter der Therapie, das schlecht heilende weitgehende konstante Serumproteinkonstellationen über lange Zeit.

Gleichartige Beobachtungen machten später Röckl und Jaroschka, Funk und Mitarbeiter.

VII. Dermatosen bei Erkrankungen des hämatopoetischen Systems

Bei mehreren Fällen von **lymphatischer Leukämie** mit *lokalisierten lymphatischen Hautinfiltraten* wurden von Leinbrock Serumeiweißuntersuchungen durchgeführt. Bei einem Fall mit umschriebenen Herden im Gesicht und an der Hand war eine geringgradige Abweichung von der Norm (mit leichter Hypo-α-Globulinämie und geringem γ-Globulinanstieg) bei unverändertem Albumin- und β-Globulinwert zu beobachten. Dagegen zeigte ein zweiter Fall mit größeren flächenhaften Infiltraten beider Unterarme eine wesentliche Dysproteinämie mit Albuminwerten zwischen 50—42 rel. % und γ-Globulinwerten von 25—35 rel. % bei normalen α- und β-Globulinhöhen.

VIII. Chronisch entzündliche Granulationsgeschwülste unbekannter Ätiologie

Im *prämykotischen* und im *infiltrativen, tumorfreien Stadium* der **Mycosis fungoides** sind die elektrophoretischen Verschiebungen der Serumproteine geringgradige. Es kommt zu einer leichten Dysproteinämie mit Hypalbuminämie und gering erhöhten γ-Globulinwerten (LEINBROCK, LEVER, SCHULTZ und HURLEY, RÖCKL und JAROSCHKA, FUNK und Mitarbeiter, WALTHER). Im *Tumorstadium* der *Mycosis fungoides* kann es, besonders bei stärkeren nekrotischen Gewebseinschmelzungen und unter Sekundärinfektionen der erkrankten Hautabschnitte, zu Hypoproteinämien und schweren Dysproteinämien kommen (LEINBROCK). Es seien 2 Beispiele angeführt:

Nach ROBERT bestand bei einem *Patienten im Tumorstadium* (Zustandsanalyse) bei normalem Gesamtproteinbefund eine Dysproteinämie mit Hypalbuminämie von 46,1 rel. %, Erhöhung der α_2-Globuline, unwesentliche Erhöhung der β-Globuline bei leicht angestiegenen γ-Globulinwerten (23,6 rel. %). Es handelte sich um Veränderungen im Beginn des Tumorstadiums. Sie entsprachen den elektrophoretischen Veränderungen des Serums im prämykotischen Stadium.

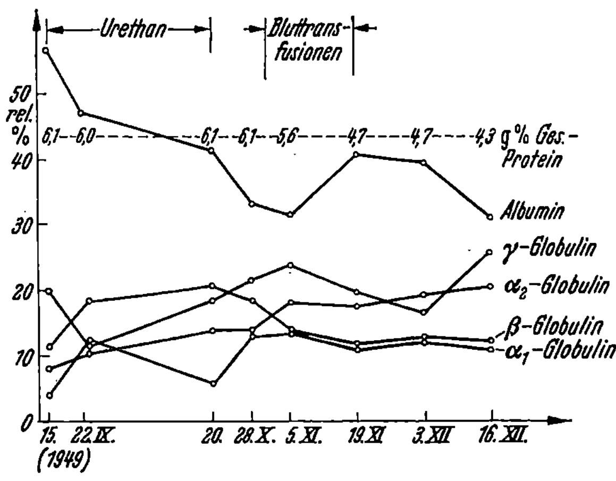

Abb. 124. Mycosis fungoides

LEINBROCK führte elektrophoretische Verlaufsanalysen während drei Monaten bis zum letalen Ende bei einem Patienten mit *Mycosis fungoides im Tumorstadium* durch. Der anfänglich erhaltene dysproteinämische Befund (Abb. 124) ist weniger ausgeprägt als der von ROBERT wahrscheinlich in einem späteren Stadium der Erkrankung bestimmte. Im Verlauf der *Urethantherapie* (147 g) fielen die Albumine von 56,4 auf 41,5 rel. % ab. Die α-Globuline stiegen stärker an, während die γ-Globuline zeitweise sogar unternormale Werte aufwiesen. Die β-Globuline stiegen erheblich an (20,5 rel. %), um nach Absetzen des Urethans bis zum Tode des Patienten allmählich zur Norm abzufallen. Die Hypalbuminämie wurde noch stärker, zeigte später unter Bluttransfusionen eine leichte Besserung der relativen Albuminwerte, die später wieder auf einen Endwert von 31,2 rel. % abfielen. Die absolute Albuminmenge entsprach auch infolge der zunehmenden Hypoproteinämie (am Anfang 6,1 g-%, am Ende 4,3 g-%) weniger als $^1/_3$—$^1/_4$ der Norm. In dieser Krankheitsphase stiegen die α-Globulinwerte (besonders die α_2-Werte) auf einen Endwert von 31,3 rel. % an (absolut etwa 50%ige Steigerung gegenüber der Norm). Die γ-Globuline waren wenig erhöht, entsprachen normalen Absolutprozentwerten.

Erwähnt sei noch, daß die Totalpolysaccharide des Serums im Tumorstadium der Mycosis fungoides erheblich angestiegen waren (WEBER, BRAUN-FALCO, THAESSLER).

Ein weitgehend gleichartiges Serumproteinspektrum bei einem gleichartigen klinischen Hautbefund wie bei der Mycosis fungoides im Tumorstadium wurde von

Musger bei einem Fall von histologisch gesicherter **Reticulohistiocytose** der *Haut* beobachtet: Eine schwere Dysproteinämie (Albumin fast 36 rel. %; Globuline: α_1 8,5; α_2 29,3; β 9,3; γ 16,7 rel. %) mit Hypoproteinämie von 5,6—4,6 g-%.

Bei dieser Erkrankung wie bei den verschiedensten erythrodermatischen bzw. nicht erythrodermatischen generalisierten Dermatosen, die mit Pigmentablagerungen und Drüsenveränderungen einhergehen und zu den sog. **lipomelanotischen Reticulosen** zu rechnen sind, wurden vereinzelte elektrophoretische Serumproteinuntersuchungen durchgeführt (Leinbrock, Randerath und Ulbricht, Kissling und Tritsch, Haensch). Das Dysproteinämiebild wies bei mehr oder minder ausgeprägtem α-Globulinanstieg (vor allem der α_2-Globuline) eine entsprechende Hypalbuminämie (bis zu 30 rel. %) auf. Die γ-Globuline waren dabei mehr oder weniger (bis etwa 30 rel. %) angestiegen, während die β-Globuline normale oder eher erniedrigte Werte aufwiesen. Solche Serum-Pherogramme fanden sich bei den verschiedensten Dermatosen (z. B. Prurigo Hebrae, Lichen chronicus Vidal, Mycosis fungoides und charakteristischen lokalen oder generalisierten Lymphadenitiden bei uncharakteristischen entzündlichen Dermatosen).

Bei 1 Fall von **basophilem Lymphocytom** waren die Serumproteinverschiebungen im Albumin-, α- und γ-Globulinbereich völlig gleichartige (Spier und Hegewald). Eine analoge Dysproteinämie bestand bei einem Fall von **Lymphogranulomatose mit Hautbeteiligungen** wie im Tumorstadium der Mycosis fungoides (Haensch).

Bei je einem Fall von **Eosinophilem Granulom** stellten Leinbrock und Knoth geringgradige Verschiebungen der Serumeiweißfraktionen fest (leichte α-Globulinerhöhungen, sonst normales Pherogramm).

Nur durch histologische Unterschiede im lymphatischen Gewebe von dieser Krankheitsgruppe unterschieden und klinisch oftmals schwerer verlaufend ist die **Brill-Symmer**sche Erkrankung. Elektrophoretisch ähneln sich die Serumeiweißbilder sehr bis auf zusätzlich erhöhte β-Globulinwerte dieser Dermatose.

Sie verläuft in der Minderzahl der Fälle mit universellen, infiltrativen, entzündlichen Hauterscheinungen und frenetischen Juckkrisen, wie sie im prä-

Tabelle 41

BRILL-SYMMERSsche *Erkrankung* (LÖBLICH-WAGNER)	Datum	Ges.-Prot. g-%	Rel. %			
				Globulin		
			Albumin und α_1-Glob.	α_2	β	γ
Fall I	9. 2. 50	7,9	34,5	9,7	17,2	38,6
	1. 4. 50	8,05	34,5	11,0	20,4	34,1
Fall II	11. 2. 50	6,9	44,6	15,2	17,1	23,1
	30. 3. 50	7,91	63,7	5,1	9,4	21,8

mykotischen Stadium der Mycosis fungoides aufzutreten pflegen. Wenn dabei die zusätzlichen Drüsenvergrößerungen und ihre histologischen Veränderungen noch fehlen, kann ihre differentialdiagnostische Abgrenzung gegenüber der Mycosis fungoides erhebliche Schwierigkeiten bereiten. Hier scheint, wie aus den wenigen bisher elektrophoretisch geprüften Fällen zu ersehen ist, den Serumproteinkonstellationen eine gewisse diagnostische Bedeutung zuzukommen. Löblich und Wagner berichteten über drei Fälle, von denen elektrophoretische Serumproteindifferenzierungen vorliegen. Der eine klinisch leicht verlaufene Fall ergab ein normales Serumproteinspektrum. Die beiden schwer verlaufenen Fälle wiesen eine erhebliche Dysproteinämie bei normalen Gesamtproteinwerten auf (Tab. 41). Bei beiden Fällen kam es zu einer erheblichen Hypalbuminämie mit erhöhten α- und β-Globulinwerten. Fall 1 wies eine starke Hyper-γ-Globulinämie auf, die — wie alle anderen Komponenten — bei späterer Zustandsanalyse weitgehend unverändert blieb, während Fall 2 eine nur leichte γ-Globulinerhöhung aufwies und nach erfolgreicher Therapie mit einer weitgehenden Normalisierung aller elektrophoretischen Proteinspektren abheilte. Die hierbei festgestellte Unterschiedlichkeit scheint davon abzuhängen, in welchem

Stadium der Erkrankung die Serumproteinkontrolle erfolgte. Bei dem in Tab. 42 angeführten Fall (LEINBROCK), der bisher $1^1/_2$ Jahre lang verfolgt wurde und bei dem erst relativ spät Drüsenbeteiligungen auftraten, ist die progrediente Verschlechterung des elektrophoretischen Serumproteinspektrums deutlich erkennbar. Allmählich stellte sich eine Hyperproteinämie ein, eine zunehmend schwere Hypalbuminämie bei vorübergehender α- und β-Globulinvermehrung, die nach Röntgenbestrahlungen in subnormale Werte wechselte und zu einer zunehmend starken γ-Globulinver-

Tabelle 42. BRILL-SYMMERS*sche Erkrankung*

| | | | Rel. % | | | | |
| | Datum | Ges.-Prot. g-% | Albu-min | Globulin | | | |
				α_1	α_2	β	γ
Fall:	3. 8. 50	8,3	46,5	4,5	6,1	11,1	31,8
LEINBROCK	5. 4. 51	7,6	35,3	4,5	8,2	16,0	35,9
	12. 5. 51	8,5	28,3	7,7	8,6	14,0	41,4
	5. 7. 51	9,3	20,2	5,3	3,5	12,7	58,6
	11. 9. 51	8,6	25,9	3,0	5,3	10,8	55,0
	6. 11. 51	9,9	37,5	2,6	4,4	14,0	41,5
	21. 2. 52	8,6	48,5	3,4	4,2	13,6	30,5
Fall: ROSSIER-SPÜHLER		11,77	16,3	3,8		9,7	70,2

mehrung führte. Diese Werte entsprechen in etwa den elektrophoretischen Befunden, die ROSSIER und SPÜHLER bei einem von WUHRMANN elektrophoretisch geprüften Fall von BRILL-SYMMERSscher Erkrankung ohne Hautbeteiligungen fanden (Tab. 42), ferner den Befunden von RANDERATH und ULBRICHT, HAENSCH. Im weiteren Verlauf

der guten klinischen Besserung unter Röntgenbestrahlungen trat Umkehr der Proteinbewegungen zur Norm ein.

Differentialdiagnostisch scheint wichtig, daß bei der Mycosis fungoides die γ-Globuline niedrige Werte aufwiesen.

FRANKE und BAUMANN beschrieben einen Fall von **Lymphknotenplasmocytom mit Hautveränderungen**, bei dem von LEINBROCK elektrophoretisch eine erhebliche Dysproteinämie (Tab. 43) bei normalem Gesamtproteinwert bestimmt wurde.

Tabelle 43.
Lymphknoten-Plasmocytom mit Hautveränderungen

| | | Rel. % | | | | |
| | Ges.-Prot. g-% | Albu-min | Globulin | | | |
			α_1	α_2	β	γ
I Serum	7,5	35,1	5,4	10,0	15,8	33,7
II Serum	7,0	50,0	3,0	5,8	15,3	25,9
III Serum	6,8	50,0	5,4	6,8	16,2	21,6

I *vor*, II *nach* der Drüsenexstirpation und Röntgenbestrahlung, III etwas später bei sich entwickelnder Erythrodermie.

Die Ähnlichkeit des Serumproteinspektrums, der cutanen und histologischen Untersuchungsbefunde läßt vermuten, daß auch hier ein Fall von BRILL-SYMMERSscher Erkrankung vorgelegen hat. Nach Exstirpation der tumorartigen Inguinaldrüsen, Antimontherapie und Röntgenbestrahlungen besserte sich das klinische und elektrophoretische Serumproteinbild zusehends.

Eine andere genetisch ungeklärte und histologisch wahrscheinlich den chronisch entzündlichen Granulationsgeschwülsten zuzuordnende Dermatose ist der **Lupus erythematodes.** Bei den akuten Formen steht das Ödem des Capillarkörpers noch stärker im Vordergrund als bei den chronisch verlaufenden Formen des L. erythematodes discoides. Demzufolge müssen auch unterschiedliche elektrophoretisch faßbare

Serumproteinverschiebungen zu erwarten sein. Die Untersuchungen von Coburn und Moore bei 15 Patienten mit disseminiertem L. erythematodes ergaben eine Umkehr der Albumin-Globulinverhältnisse mit Hyper-γ-Globulinämie, die ein konstantes Merkmal dieser Dermatose sein soll. Benditt und Walker bestätigten diese Beobachtung und fanden bei 14 Patienten mit L. erythematodes *Dysprotein-ämien,* die sich bei den

1. akuten nnd subakuten Formen in einer beträchtlichen Hypalbuminämie mit inverser γ-Globulinerhöhung ausdrückte. Dieser Albuminabfall war bei den akuten Formen ausgesprochen stärker, die γ-Globulinwerte waren entsprechend höher. Gleichzeitig bestand eine leichte α-Globulinvermehrung und β-Globulinerniedrigung,

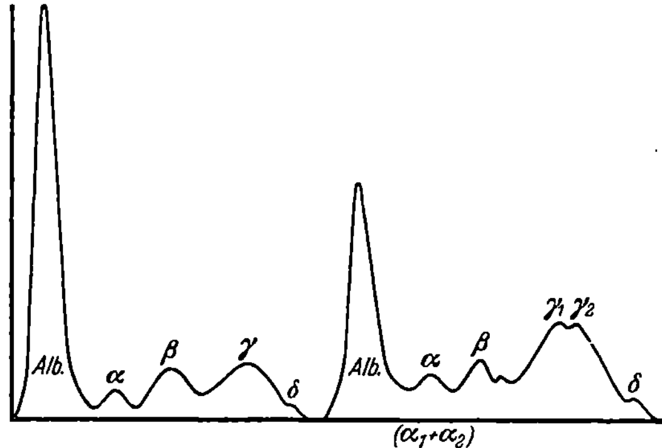

Abb. 125. L. erythematodes acutus (He. A.)

während die subakuten Formen fast normale α- und β-Globulinwerte aufwiesen. Leinbrock, Leinwand, Longhi, Pagliardi, Vitelli, Gaidano fanden analoge Werte (Abb. 125).

In einem Fall von *Erythematodes acutus* mit Erkrankung größerer Hautbereiche, wurden sogar wesentlich erhöhte α-Globulinwerte (22,8 rel. %) bei ausgeprägter Dysproteinämie bestimmt. (Leinbrock):

Hierbei ist die prägnante Hypo-β-Globulinämie im Beginn der Erkrankung und der tiefe Albuminwert bei normalem β-Globulin ante exitum bemerkenswert. Die von Lever und Mitarbeitern erhobenen Befunde deckten sich mit diesen Beobachtungen, nur waren bei ihnen die β-Globuline normal hoch oder leicht erhöht. Die γ-Globuline waren stark erhöht.

Ähnliche Werte der Serumeiweißfraktionen beim Libman-Sacks-*Syndrom* bestimmten Osterwald und Frank; sie fanden ähnliche Proteinspektren im Pleuraexsudat der Kranken. Nach ihnen wandert der L. E.-Faktor, der bei den akuten Erythematodes-Formen im peripheren Blut gefunden wird und für das L. E.-Zellphänomen verantwortlich ist, mit γ-Globulingeschwindigkeit. Nach Prieto und Elosegui besitzt das Serum mit hohem γ-Globulingehalt des Erythematodes acutus-Kranken die

Tabelle 44

| | Rel. % | | | | Ges.-Prot. g-% |
| | Albu-min | Globulin | | | |
		α	β	γ	
9. 7. 51	34,2	22,8	5,9	37,1	7,6
20. 4. 52†	23,4	22,6	13,2	40,8	6,8

Induktionsfähigkeit für die Auslösung des L. E.-Zellphänomens. Diesen L. E.-Faktor wies Hauser auch im Urin-Protein von Erythematodes acutus-Kranken durch Induktion nach. Auch hier wandert er elektrophoretisch im γ-Globulinanteil des Pherogramms.

Erwähnenswert ist eine Beobachtung von Bonicelli, die nach den bisherigen Erfahrungen beim Erythematodes acutus ungewöhnlich ist. Bei einem Fall von *Erythematodes visceralis malignus* lag eine Hypalbuminämie (37,6 rel. %), hohes α-Globulin (38 rel. %), erniedrigtes β-Globulin (8,6 rel. %) bei normalem γ-Globulin (15 rel. %) vor. Es bestand zudem eine Hypoproteinämie von 5,17 g-%. Unter einer Cortisontherapie wurde die Dysproteinämie günstig beeinflußt. Ähnliche Rückwirkungen auf das Serumeiweißbild beobachteten Leinbrock, Osterwald und Funk nach ACTH- und Cortisonbehandlung beim akuten Erythematodes.

Inverse Bewegungen des Serum-Komplementgehaltes und der γ-Globuline sahen VAUGHAN, BAYLESS und FAVOUR beim *Erythematodes disseminatus*. Unter ACTH fielen die γ-Globuline ab bei Wiederanstieg des Komplements.

2. Die chronischen Erythematodes-Formen weisen allgemein eine weniger starke Hypalbuminämie mit entsprechender γ-Globulinerhöhung bei weitgehend normalen α- und β-Globulinwerten auf (WALKER und BENDITT, LEINBROCK, CORNBLEET und DE LA HUERGA, RÖCKL und JAROSCHKA). AMORATI und Mitarbeiter, später LEVER teilten auch α-Globulinanstiege beim chronischen Erythematodes mit.

LONGHI ist der einzige, der beim chronischen Erythematodes Hypoproteinämien bestimmte.

WEBER, BRAUN-FALCO und THAESSLER wiesen auf die erhebliche Verminderung der proteingebundenen Totalpolysaccharide beim subakuten Erythematodes hin. Bei den chronischen discoiden Erythematodes-Formen waren diese Werte normal. Die dabei erhaltenen Serum-Pherogramme deckten sich mit den Befunden anderer Autoren (s. oben).

Zusammenfassung zu Abschnitt VIII

Die Genese dieser Granulationsgeschwülste dürfte, nach der Entwicklung ihrer Serumproteinspektren während des Krankheitsablaufes zu urteilen, eine sehr unterschiedliche sein.

Die *Mycosis fungoides* weist im prämykotischen, im beginnenden Tumorstadium und selbst bei Vorhandensein multipler Tumoren zunächst eine in keinem Verhältnis zum Erscheinungsbild der Dermatose stehende, relativ geringgradige Dysproteinämie, die fast ausschließlich das inverse Verhältnis der Albumine zu den γ-Globulinen betrifft, auf. Je nach dem Entzündungsgrad der Infiltrate kann es zu leichten α-Globulinanstiegen kommen. Erst beim nekrotischen Zerfall der Tumoren und dem Einsetzen eines allgemeinen Gewebsabbaues bis zur Kachexie wird die Dysproteinämie zunehmend stärker, wobei es außer stärkerem Albuminabfall und inversem γ-Globulinanstieg zur stärkeren Zunahme der α-, besonders der α_2-Globuline kommt. Die β-Globuline steigen an. In den Endphasen der Krankheit besteht Hypoproteinämie.

Ähnliche elektrophoretische Zustandsbilder — leider keine wiederholten Analysen während des Krankheitsablaufes — liegen bei einem Fall von *Reticulohistiocytose der Haut, Lymphogranulomatose mit Hauterscheinungen* und bei Erkrankungen vor, die unter dem Sammelbegriff „*lipomelanotische Reticulosen*" laufen.

Bei der BRILL-SYMMERSschen *Erkrankung* der *Haut* dagegen entwickelt sich eine dem universellen Hautbefall und der Schwere der chronischen Erkrankung entsprechende Dysproteinämie mit einer Hypalbuminämie bis zu 20 rel. % mit inversem γ-Globulinanstieg auf 35—60 rel. %, vereinzelt höher. Die α-, besonders α_2-Globuline können etwas erhöht sein. Die β-Globuline bewegen sich meist im Normalbereich, können aber auch ansteigen. Im Beginn der Erkrankung ist die Dysproteinämie weniger ausgeprägt. Oft liegt eine Hyperproteinämie vor.

Beim *chronischen Erythematodes* bestehen vom lokalisierten kleinen Krankheitsherd bis zum größerflächigen Hautbefall alle Übergänge vom leicht bis schwer veränderten Serumeiweißbild. Die Dysproteinämie ist bestimmt durch die Stärke des Albuminabfalls mit inversem γ-Globulinanstieg. Auffallend sind die häufig beobachteten erniedrigten β-Globulinwerte. Die Gesamtproteine bewegen sich im Normalbereich.

Bei *Exacerbation der chronischen Form* oder beim *akuten Erythematodes* kommt es plötzlich zu einer ausgeprägten Dysproteinämie. Die Albumine sinken relativ schnell ab, entsprechend steigen die γ- und α-, besonders die α_2-Globuline an. Zu einer Hypoproteinämie kommt es manchmal. Das L. E.-Zellphänomen des peripheren Blutes konnte auf einen mit den γ-Globulinen wandernden Faktor, der auch im Urin nachzuweisen war, bezogen werden.

IX. Echte Geschwülste

[Carcinome, Melanocarcinome, Retothelsarkome, Sarcoma idiopathicum haemorrhagicum multiplex (Kaposi)]

Serumproteinstudien bei Kranken mit echten Geschwulstbildungen wurden bisher nur von LEINBROCK (1 Fall), FUNK und Mitarbeitern (1 Fall), RÖCKL und JAROSCHKA (5 Fälle) und WEBER, BRAUN-FALCO, THAESSLER (1 Fall) durchgeführt. Die hier folgenden Erfahrungen stützen sich auf noch nicht veröffentlichte Ergebnisse, die bei einschlägigen Untersuchungen einer größeren Zahl von Patienten von LEINBROCK und REINHARDS erhalten wurden.

1. Carcinome der Haut

a) Lokalisierte solitäre erbs- bis walnußgroße, nicht ulcerierende Hautcarcinome des Gesichtsbereiches (vorwiegend spinocellulär), ohne Metastasen gingen mit leichteren Serumproteinverschiebungen einher [Albumin um 50 rel. %; Globuline: γ um 20; α 8—13; β 6—13 (einmal 18) rel. %]. Die *gleiche Art von Carcinomen* (spino-, baso- oder basospinocellulär) *mit ulcerösem Zerfall* hingegen ließ eine schon prägnantere Hypalbuminämie (bis 47 rel. %) mit inverser Hyper-γ-Globulinämie (20—30 rel. %) bei wechselnden, leichten Veränderungen der α- (7—12 rel. %) und β-Globuline (8—14,5 rel. %) erkennen.

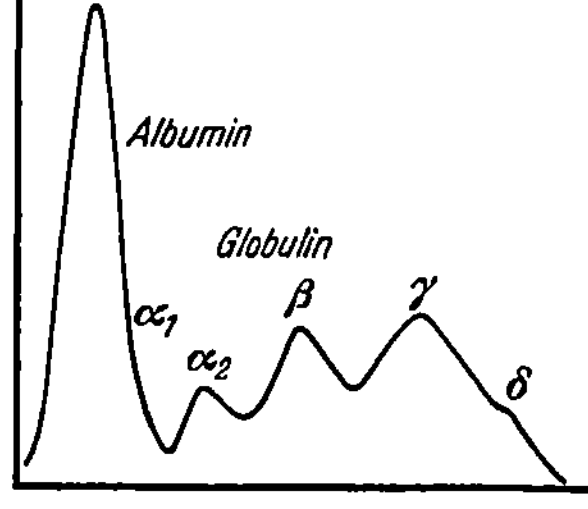

Abb. 126. Carcinoma spinocellulare (S. C.). Albumin: 44,5%; Globulin: α₁ 3,1%; α₂ 8,2%; β 18,2%, γ 26,0%; Gesamt-Protein 6,5 g-%

b) Lokalisierte, multiple und stärker ausgedehnte, ulceröse Carcinome (spino- oder basocellulär) **ohne Metastasen** des Gesichts- und behaarten Kopfbereiches, der Hände oder Unterschenkel ergaben etwas ausgeprägtere Dysproteinämien (Albumin 41—47 rel. %, γ-Globulin 26—37 rel. %) bei leichten Erhöhungen oder Erniedrigungen der α- und β-Globuline. Der früher von LEINBROCK mitgeteilte Fall eines spinocellulären Carcinoms der Haut (Abb. 126) gehört hierher. Es stehen demnach, was bei den folgenden ausgedehnteren, metastasierenden Formen noch deutlicher wird, der morphologische Charakter und die Ausbreitung der klinischen Carcinomerscheinungen in unmittelbarer Beziehung zum Intensitätsgrad der Dysproteinämie.

c) Lokalisierte oder ausgedehntere Haut-Carcinome mit Metastasen, die entweder *primär* als spino- oder basocelluläre Carcinome angelegt, sich weiter ausbreiteten oder *sekundär* auf der Basis eines abgeheilten Lupus vulgaris oder Röntgenbestrahlungsschadens entstanden waren, ließen wesentlich ausgeprägtere Dysproteinämien erkennen. Die Albumine fielen auf 40—30 rel. %, in einem Fall sogar darunter, die γ-Globuline stiegen auf über 30 rel. % an. Dort, wo die Carcinomherde stärker exulcerierten, stärker nekrotisch wurden, stiegen die α-Globuline auf 25—35 rel. % an. Ähnliche α-Globulinwerte wurden bei einem jauchig zerfallenen, ausgedehnten Carcinoma in lupo des Gesäßes beobachtet. Abheilungen nach Röntgenbestrahlungen oder in einem Fall die Amputation erbrachten sofort eine Umkehr der Serumproteinbewegungen, vor allem einen Abfall der α-Globuline zur Norm. Traten im weiteren Verlaufe neue Metastasen auf, so reagierten die α-Globuline sofort mit einem erneuten Anstieg. Die β-Globuline lagen meistens im Normalbereich. In einem Fall von LEINBROCK (Carcinoma in lupo des Gesichts, letaler Ausgang) stiegen sie auf 27 rel. % an. In einem gleichartigen Fall, über den FUNK und Mitarbeiter berichteten, bestand eine Hypoproteinämie (5,6 g-%) mit Abfall der Albumine bei inversem Anstieg der γ-Globuline auf 30 rel. %, Ansteigen der α-, besonders α₂-Globuline auf etwa 26 rel. % und einem β-Globulinwert von 12,9 rel. %.

LEINBROCK und REINHARDS bestimmten bei einem *großflächigen spinocellulärem Oberschenkelhaut-Carcinom* mit *Metastasen* und letalem Ausgang im Serum folgende Endwerte: Albumin um 30 rel. %; Globuline: α um 35; β um 17; γ 18 rel. %.

Bei einem Fall von *Carcinoma erysipelatodes* (re. Mammabereich) lag eine Hypoproteinämie (6,1 g-%) und schwere Dysproteinämie vor: Albumin 33 rel. %; Globuline: α_1 4,5; α_2 14,8; β 15,9; γ 31,5 rel. %; bei einem Fall von *Cancer en cuirasse* (panzerartig vom Hals bis Nabel reichend) waren die Serumeiweißstörungen noch prägnanter: Gesamt-Protein 4,6 g-%; Albumin 36,5 rel. %; Globuline: α_1 5,3; α_2 9,9; β 17,5; γ 30,8 rel. % (RÖCKL und JAROSCHKA).

Eiweißgebundene Polysaccharide des Serums beim *spinocellulären Haut-Carcinom* bestimmten WEBER, BRAUN-FALCO und THAESSLER. Eine Massierung dieser Kohlenhydrate war im α- und β-Globulinanteil des Serums zu beobachten.

2. Melano-Carcinome (und Melanome)

Zur Beurteilung des Serumeiweißbildes von Kranken mit Melanocarcinomen untersuchten LEINBROCK und REINHARDS einige Sera von *Melanom-Trägern* mit solitären oder mehreren Melanomen an verschiedenen Körperstellen. Es konnten dabei nur ganz geringe Abweichungen der Proteinfraktionen von der Norm festgestellt werden.

Elektrophoretische Serumeiweiß-Untersuchungen bei Kranken mit *Melano-Carcinomen* wurden bisher nur vereinzelt durchgeführt. RÖCKL und JAROSCHKA berichteten über einen Fall, LEINBROCK und REINHARDS (3 Fälle), WEBER, BRAUN-FALCO, THAESSLER (1 Fall).

Bei allen Kranken lagen anfangs leichtere, im fortgeschrittenen Erkrankungsstadium sehr erhebliche Dysproteinämien vor, die der Schwere des jeweiligen Krankheitszustandes entsprachen. In 4 Fällen waren ausgedehntere Metastasen in der Umgebung und in inneren Organen aufgetreten.

1. Fall (LEINBROCK und REINHARDS): **Unterschenkel-Melano-Ca**; einzelne *Metastasen.* Schwere Dysproteinämie: Albumin bis zu 41,5 rel. %; γ-Globulin um 30 rel. %, α- und β-Globuline anfangs erniedrigt, später normal.

2. Fall (WEBER, BRAUN-FALCO, THAESSLER): **Melano-Ca der Großzehe**; keine Metastasen. Gesamt-Protein 8,0 g-%. Schwere Dysproteinämie. Albumin 32,6 rel. %; Globuline: α_1 1,6; α_2 15,0; β 22,9; γ 23,4 rel. %. Die proteingebundenen Totalpolysaccharide waren stark erhöht und überwiegend an β-, vor allem an γ-Globulin gebunden, während der α-Globulin-gebundene Anteil gegenüber der Norm erheblich erniedrigt war.

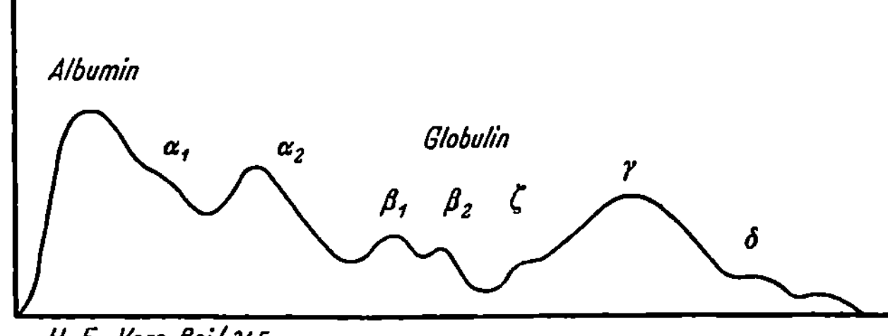

Abb. 127. Melano-Carcinom mit multiplen Metastasen. H. E. Vers. Rei/245

3. Fall (RÖCKL und JAROSCHKA): *multiple, knotige* **Melanomalignom-Metastasen** (Subcutis des Halses, an beiden Oberarmen, am ganzen Stamm; Sektionsbefund: auch an inneren Organen). Normales Gesamt-Protein (7,9 g-%). Schwere Dysproteinämie: Albumin: 34,4 rel. %; Globuline: α_1 6,9; α_2 13,8; β 17,7; γ 27,2 rel. %.

4. Fall (LEINBROCK und REINHARDS) (Abb. 127): *Großflächiges, spinocelluläres* **Melano-Ca** eines Unterschenkels mit flächenhafter Ausbreitung zum Oberschenkel hin. **Multiple Metastasen.** Hypoproteinämie 4,0 g-%. Schwerste Dysproteinämie:

Bemerkenswert erscheint hierbei die ausgeprägte Hypalbuminämie (relativ $\frac{1}{4}$, absolut $\frac{1}{7}$—$\frac{1}{8}$ der Norm). Die α-, besonders α_2-Globuline waren relativ auf das

3 fache, absolut auf das Doppelte, die β-Globuline dagegen relativ nicht, absolut sogar auf $^3/_5$ der Norm vermindert. Die anfangs unveränderten γ-Globuline stiegen bis zum Ende relativ etwas an, absolut lagen sie aber unter der Norm.

5. Fall (Leinbrock und Reinhards): **Melano-Ca bei Naevomatosis.** Vor 4 Jahren mehrere stark dunkel pigmentierte Naevi des Gesichts operativ entfernt, Entstehung

Tabelle 45

| | Rel. % | | | | | Ges.-Prot. g-% |
| | Albumin | Globulin | | | | |
		α_1	α_2	β	γ	
10. 12. 54	38,8	4,8	22,2	14,8	16,0	3,4
1 Monat später 11 Tage ante exitum	25,6	13,1	22,7	11,7	24,9	2,0

neuer, zahlreicher stecknadel- bis linsengroßer, dunkel pigmentierter braunschwarzer Naevi am ganzen Körper. Am *rechten Ohr* Melano-Ca. Später im *linken Oberbauch Tumor* tastbar; *Drüsenmetastasen.*

Von anfangs leichten Serumeiweißveränderungen ausgehend, entwickelte sich im Laufe eines Jahres eine erhebliche Dysproteinämie: Albumin 40,0 rel. %; Globuline: α um 23; β 14; γ 18 rel. %. Leichte Hypoproteinämie.

3. Sarkome der Haut

Über 4 Fälle von **Retothelsarkomen** liegen elektrophoretische Serumeiweißbefunde vor (Tab. 46).

1. Fall (Röckl und Jaroschka): Faust- und kleinapfelgroße Tumoren im Gesicht, zahlreiche blaugraue Flecken über beiden Mammae und in der Gesäß-Kreuzbeingegend.

2.—4. Fall (Haensch): Bei einem Kranken (2. Fall) bestand ein umschriebener Tumor der rechten Gesichtshälfte; bei den beiden anderen Fällen lagen generalisierte Formen mit ausgedehnten Hautmetastasen bei primärem Lymphdrüsenbefall vor.

Die Albumin-γ-Globulinveränderungen zeigen je nach der Schwere des klinischen Bildes unterschiedliche Prägnanz. In allen Fällen bestand eine α_2-Globulinerhöhung. Die β-Globuline waren kaum verändert. Im letzten Fall war die zusätzliche Hypoproteinämie Ausdruck der Kachexie.

Tabelle 46

| | Rel. % | | | | | Ges.-Prot. g-% |
| | Albumin | Globulin | | | | |
		α_1	α_2	β	γ	
1.	46,3	6,9	9,9	12,9	24,0	6,2
2.	48,8	7,8	10,4	13,6	19,4	8,1
3.	43,8	6,8	10,2	13,2	26,0	8,0
4.	39,6	7,3	9,0	13,6	30,5	5,2

Relativ geringe Verschiebungen unter den elektrophoretischen Serumeiweißfraktionen konnten Röckl und Jaroschka bei einem Fall von **Sarcoma idiopathicum haemorrhagicum multiplex (Kaposi)** beobachten. Nur die β-Globuline waren leicht erniedrigt, die γ-Globuline leicht erhöht.

Zusammenfassung zu Abschnitt IX

Bei Kranken mit Carcinomen und Sarkomen der Haut bestehen Dysproteinämien unterschiedlicher Prägnanz. Die Stärke des Albuminabfalls und inversen γ-Globulinanstieges richtet sich danach, ob Herde solitär oder multipel, klein oder großflächig, ulcerös oder nicht ulcerös und vor allem ohne oder mit Metastasen einhergehen. Ulceröser, nekrotischer oder gar jauchiger Zerfall der Hauttumoren kann im Gefolge haben:

1. Eine schwere Hypalbuminämie (40—20 rel. %);

2. eine α-, besonders α_2-Globulinerhöhung (bis zu 35 rel. %);

3. in manchen Fällen, besonders den metastasierenden, auch β-Globulinanstieg (auf 15—25 rel. %, selten mehr);

4. γ-Globulinerhöhungen (bis zu 40 rel. %). In manchen Fällen lagen aber gerade die relativen γ-Globulinwerte im Bereich der Norm oder waren leicht erhöht; die absoluten Werte waren aber sogar subnormal. Vielleicht darf darin u. a. eine allgemeine Abwehrschwäche (mangelnde Antikörperbildung) gesehen werden.

5. Die schwersten Formen der Haut-Carcinome und -Sarkome wiesen Hypoproteinämien, teilweise erheblichen Grades, auf.

6. Eine wirksame Therapie macht sich zunächst in einem Abfall der α-Globulinerhöhungen zur Norm bei gleichzeitigem Albuminanstieg bemerkbar. Später folgen die evtl. erhöhten β- und die γ-Globuline mit rückläufigen Bewegungen zur Norm.

7. Unterschiede im Serumeiweißbild zwischen spinocellulären und basocellulären Haut-Carcinomen waren, allerdings bei der relativ kleinen Zahl von etwa 40 untersuchten Fällen, vorerst nicht festzustellen.

X. Durch pyogene Bakterien, Pilze und tierische Parasiten ausgelöste Dermatosen

(Erysipel, Impetigo contagiosa, Pyodermien, Trichophytien, Epidermophytien, Favus, Scabies norwegica, Leishmaniose der Haut)

Das umschriebene **Erysipel** führt zu Hypalbuminämien (50—45 rel.-%) und inversen γ-Globulinerhöhungen (auf 30 rel. %). Die β-Globuline können initial etwas erniedrigt sein, die α-Globuline liegen im Bereiche der Norm (LEINBROCK).

In einigen Fällen von **Impetigo contagiosa** waren Dysproteinämien mit Hypalbuminämien (um 50—45 rel. %), γ-Globulinanstiegen auf 30 rel. % und α_1-, besonders α_2-Globulinerhöhungen bis auf 15—20 rel. % festzustellen (LEINBROCK).

Pyodermien in umschriebenen Hautbezirken führen nur bei den *chronischen Formen* zu prägnanteren Dysproteinämien [Hypalbuminämie von 50—45 rel. %, γ-Globulinanstieg auf 25—30 rel. %; die α-Globuline bewegten sich im Normalbereich, die β-Globuline waren auffallend häufig erniedrigt (7—9 rel. %)]. Die *akuten*, umschriebenen Formen hingegen wiesen unerhebliche Schwankungen im Serumeiweißbild auf. Bisweilen waren die α-Globuline etwas erhöht (LEINBROCK).

Schwerste Serumproteinveränderungen wurden von MARCUSSEN bei einem 71 jährigen Patienten beobachtet, der an **gangränösen Pyodermien** litt und in seinem Leben wiederholt von Eruptionen multipler oder solitärer Ulcerationen im Verlaufe von Furunkulosen befallen worden war. Das hervorstechendste Merkmal dieser schweren Dysproteinämie war eine ganz ungewöhnliche Hypo-γ-Globulinämie (0—5 rel. %!). Ebenso auffallend war ein sehr starker β-Globulinanstieg auf maximal 38,5 rel. %; die α_2-Globuline waren etwas weniger stark erhöht (bis maximal 22,8 rel. %), während die Mischfraktion Albumin + α_1-Globulin minimal bei 42 rel. % lag; sie normalisierte sich unter therapeutischer Gabe von γ-Globulin mit Antibioticis; dagegen blieb die β-Globulinfraktion auf 31 rel. % und die γ-Globulinfraktion auf 4,3 rel. % stehen. Spätere Bestimmungen unterblieben. Das schwere klinische Bild dürfte u. a. in der weitgehenden Antikörper-Bildungsschwäche (sehr niedriges γ-Globulin) eine Erklärung finden. Unerklärbar bleibt der hohe β-Globulinwert.

In einem Fall von **idiopathischer Hautgangrän** fanden WEBER, BRAUN-FALCO und THAESSLER ebenfalls eine schwere Dysproteinämie: Albumin 31,6 rel. %; Globuline:

α_2 auf 17,5 rel. % erhöht, β um 20 rel. %; im Gegensatz zum Fall von Marcussen (s. oben) bestand hier eine Hyper-γ-Globulinämie (26 rel. %). Die proteingebundenen Totalpolysaccharide waren stark erhöht und überwiegend an Albumin und α_1-Globulin gebunden.

Die Gesamtproteine lagen bei allen diesen Fällen im normalen oder leicht subnormalen Bereich.

Schwerste Serumeiweißverschiebungen waren die Folge einer **Aktinomykose der Haut** mit multiplen geschlossenen und exulcerierten, tumorösen Knoten im Brust-Sternumbereich (Leinbrock). Bei normalen Gesamtproteinwerten an der oberen Grenze der Norm waren die Albumine auf etwa 20 rel. % abgefallen; die α_2-, β- und γ-Globuline waren stark erhöht (α_1 6,2; α_2 15,4; β 21,3; γ 34,3 rel. %). Unter Penicillin allmähliche klinische Heilung bei zunächst weitgehend unverändertem Serumproteinbild.

Elektrophoretische Serumprotein-Untersuchungen bei **Trichophytien** führte Leinbrock durch. Die Ergebnisse lassen kaum einen Unterschied zwischen den **superficiellen** und **profunden** Formen (Nacken, Bart, Extremitäten) erkennen. In manchen Fällen bestand eine leichte Hypalbuminämie (55—50 rel. %), bei anderen Fällen lagen die Albuminwerte im Normalbereich. Die γ-Globuline reagierten invers (evtl. mit leichtem Anstieg). Stärkere Hypalbuminämie (um 45 rel. %) mit γ-Globulinanstieg auf 30 rel. % mit oder ohne α-, besonders α_2-Globulinerhöhungen bei initial gesenkten β-Globulinwerten (7—9 rel. %) kamen den schwer verlaufenden profunden Trichophytien zu. Tab. 47 gibt den Verlauf einer solchen Form unter klinischer Behandlung wieder.

Tabelle 47

	Datum	Ges.-Prot. g-%	Rel. %				
			Albumin	Globulin			
				α_1	α_2	β	γ
Trichophytia prof.	19. 6. 50	7,6	45,2	5,1	10,7	13,6	25,4
	28. 6. 50	7,2	48,9	4,7	7,1	13,9	25,4
	10. 7. 50	7,7	44,0	3,8	6,7	14,5	31,0
	30. 7. 50	7,7	52,2	4,3	5,8	13,5	24,2

Bei einer **Epidermophytie** (der Hände und Füße) wurden ähnliche Serumproteinverschiebungen wie bei der Tricophytia profunda beobachtet (Leinbrock). In Abb. 128 sind die charakteristischen Zustandsanalysen einer schweren, tiefen, ausgedehnten und blasenbildenden, aber schwer abheilenden Epidermophytie beider Füße angeführt, bei der unter klinischer Heilung eine rückläufige Entwicklung der veränderten Serumproteinfraktionen eintrat.

Bei begrenzten und leichten Formen von Epidermophytie lagen die Albumine bei 50 rel. %, die α- und γ-Globuline waren wenig verändert (Leinbrock).

Bei einem seit Jahren bestehenden, die ganze behaarte Kopffläche umfassenden **Favus** fanden sich bei wiederholter elektrophoretischer Serumkontrolle völlig normale Proteinwerte. Das Zustandsbild im Beginn der Therapie war: Albumin 61,7 rel. %, Globuline: α_1: 4,6 rel. %; α_2: 4,4 rel. %; β: 10,8 rel. %; γ: 18,5 rel. % (Leinbrock).

Bei einem Fall von **Scabies norwegica** führte Wagner mehrmals elektrophoretische Serumeiweißprüfungen durch (Tab. 48). Die anfänglich beträchtliche Dysproteinämie mit mittelstarker Hypalbuminämie, etwas erhöhtem α-Globulin- und invers angestiegenem γ-Globulinwert bei normalem β-Globulinwert ging im Laufe der Therapie in Normalisierung der α-Globuline, steigende Albumin- und fallende γ-Globulinwerte, also Tendenz zur Normalisierung, über.

Nosko sah bei einem Fall von Scabies norwegica um 100% erhöhte β-Globulinwerte bei entsprechender Hypalbuminämie. Bommer und Schwenke konnten dagegen bei 4 Fällen dieser Erkrankung keine derartigen Veränderungen im Albumin- und β-Globulinbereich beobachten.

Bei der **Haut-Leishmaniose (Orientbeule)** wurden von Amorati, Rasponi und Roversi elektrophoretische Serumproteinveränderungen gesehen. Hypo- wie Hyperproteinämien mit α- und β-Globulinverminderung im Serum-Pherogramm

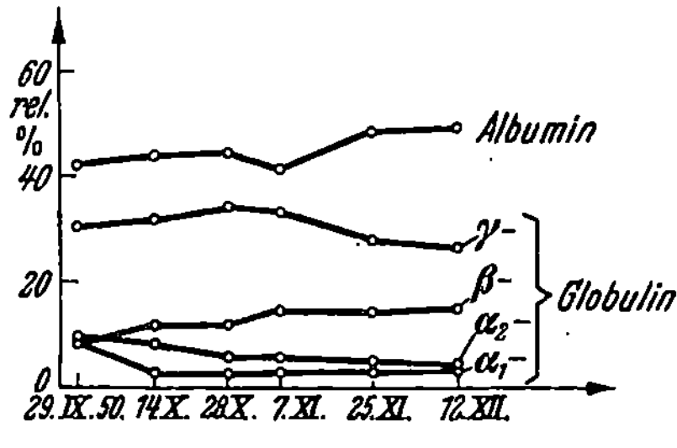

Abb. 128. Epidermophytie (S. J.)

Tabelle 48. *Scabies norwegica*

Datum	Albumin und α_1-Glob.	Rel. %		
		Globulin		
		α_2	β	γ
15. 7. 50	45,5	3,5	13,3	31,7
25. 7. 50	42,8	10,9	14,3	32,0
9. 9. 50	54,0	7,8	12,2	26,0

wurden bestimmt. Die viscerale Form der Leishmaniose (Kala Azar) soll von der Haut-Form unterschiedene Serumeiweißveränderungen aufweisen. Diese Befunde und Behauptungen bedürfen einer Nachprüfung.

Zusammenfassung zu Abschnitt X

Bei den bakteriell und durch Pilze ausgelösten umschriebenen Hauterkrankungen treten leichtere oder ausgeprägtere Dysproteinämien auf, in manchen Fällen ist das Serumeiweißbild unverändert. Albuminsenkungen unter 50 rel. % mit inversen γ-Globulinerhöhungen über 30 rel. % können bei den schwer verlaufenden Pyodermien, beim Erysipel, bei gangränösen Hautprozessen, manchen tiefen Trichophytien und der Scabies norwegica vorkommen. Leichtere α_2-Globulinanstiege sind dabei möglich. In einem Fall von Aktinomykose der Haut kam es zu einer ganz erheblichen Dysproteinämie mit stark gesenktem Albumin, wesentlich erhöhten α_2-, β- und γ-Globulinwerten.

XI. Hauttuberkulose und Lepra

Elektrophoretische Studien bei der Hauttuberkulose hat zuerst Longhi durchgeführt. Er hat nur vereinzelt von der Norm abweichende Veränderungen gesehen (die Originalarbeit war dem Autor leider nicht zugänglich). Umfangreiche Untersuchungen bei verschiedenen Hauttuberkuloseformen wurden von Leinbrock vorgenommen, die fast durchweg geringgradige, bisweilen auch erhebliche Verschiebungen innerhalb der Serumproteinspektren aufwiesen. Aus den noch nicht veröffentlichten Ergebnissen seien einige Beispiele angeführt:

Lupus vulgaris. Im allgemeinen weist der Lupus vulgaris Verschiebungen innerhalb des Serumproteinspektrums auf. Es kommt dabei meistens, entsprechend der Art und Ausdehnung der Dermatose, zu Dysproteinämien mit Hypalbuminämien zwischen 45—50 rel. %, kaum erhöhten α- und β-Globulinwerten und leichterem γ-Globulinanstieg. Die Gesamtproteine liegen bisweilen etwas hoch. Bei den ausgedehnten und schweren Formen kann die Hypalbuminämie 30—40 rel. % betragen. In Abb.129 werden die Serumproteinkonstellationen eines seit 20 Jahren bestehenden Lupus mit weitgehender Mutilation der linken Ohrmuschel, der 1948 mit Conteben und Vigantol forte zur Abheilung gebracht worden war und 1950 rezidivierte, wiedergegeben. Die Dysproteinämie mit Hypalbuminämie (47,4 rel. %), etwas erhöhten β-Globulin-, angestiegenen γ-Globulin- und normalen α-Globulinwerten ließ unter der Vigantol forte-Therapie, die zur klinischen Heilung führte, einen sofort einsetzenden leichten Albumin- und stärkeren γ-Globulinanstieg erkennen, während die α- und β-Globuline auf subnormale Werte fielen. Die Albumine zeigten weiterhin einen fast gleichmäßig leichten Anstieg bis auf 51,8%, während die γ-Globuline wieder auf den anfänglichen, etwas erhöhten Wert von 23,9 rel. % sanken. Die α- und β-Globuline erreichten relativ schnell Normalwerte. Die Gesamtproteine

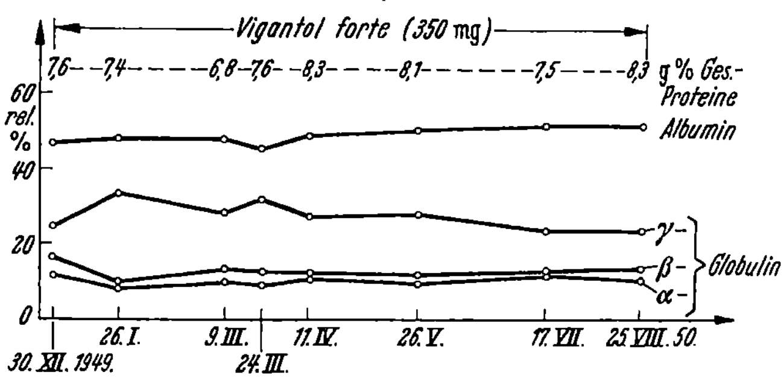

Abb. 129. Lupus vulgaris (F. M.)

blieben im Normalbereich. Diese Ergebnisse bestätigten später Lever, Cornbleet und de la Huerga, Funk, Grassmann, Walther und Hannig.

Tuberculosis cutis colliquativa. Auch bei dieser Hauttuberkuloseform (Abb. 130) sind die dysproteinämischen Störungen ähnlicher Art wie beim Lupus vulgaris (Leinbrock, Funk und Mitarbeiter).

Dysproteinämie mit Hypalbuminämie, inverser γ-Globulinerhöhung, kaum angestiegenen α-(besonders $α_2$-)Globulinwerten und subnormalem β-Globulinwert (9,1 rel. %). Unter Contebentherapie (37,5 g) wiesen die Albumine nach leichtem initialem Anstieg einen stärkeren Abfall auf, um nach $1^1/_2$ Monaten Behandlung in einen Albuminanstieg zu wechseln, der nach weiteren 3 Monaten zur Normalisierung

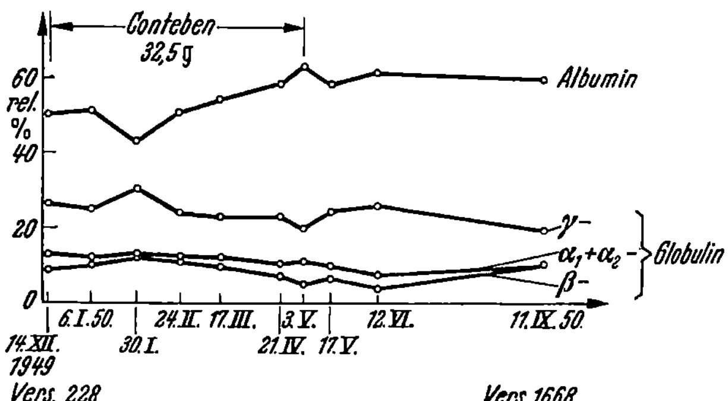

Abb. 130. Tuberculosis cutis colliquativa (Z. M.)

des Albumins führte. Inzwischen war klinische Ausheilung eingetreten, Conteben abgesetzt. Dieser Befund blieb bei weiterer elektrophoretischer Kontrolle (4 Monate) bestehen. Der γ-Globulinspiegel machte entsprechende gegensinnige Bewegungen durch, um am Ende der Beobachtungszeit unter 20 rel. % zu liegen. Die α-Globuline blieben unter Conteben weitgehend gleich (etwas erhöht), fielen allmählich auf normale, später subnormale Werte ab, um am

Ende der Beobachtungszeit die Norm zu erreichen. Die β-Globuline stiegen unter Conteben zuerst auf fast normale Höhe an, fielen aber später bis auf 4,4 rel. % ab, um in der Nachbeobachtungsphase auf 10,4 rel. % (also immer noch erniedrigte Werte) anzusteigen. Die Gesamtproteinwerte waren stets normal.

Wie therapeutisch schwierig eine Gefäßwandtuberkulose von der Art eines **Erythema indurativum Bazin** zu beeinflussen ist, geht auch aus den elektrophoretischen Serumproteinbewegungen bei einer Patientin (mit mehreren lividen, knotigen Infiltrationen beider Unterschenkel) unter spezifischer Behandlung hervor (Abb. 131) (Leinbrock). In den wiederholten Conteben-Behandlungsphasen wurde das anfänglich leicht dysproteinämisch veränderte Serumelektrophoresediagramm (später von Lever, Funk und Mitarbeitern, Röckl und Jaroschka bestätigt) stets im Sinne einer Veränderung zum Normalen hin beeinflußt, in der behandlungsfreien Zeit jedoch traten geringe rückläufige Bewegungen ein. Erst die kombinierte Streptomycin-PAS-Therapie normalisierte auch das Serumeiweißdiagramm.

Leichtere Dysproteinämien, wie beim Erythema induratum BAZIN, konnten von LEINBROCK, LEVER, FUNK und Mitarbeitern, RÖCKL und JAROSCHKA beim **Morbus Boeck** beobachten. Die γ-Globuline des Serums stiegen dabei auf Werte von etwa 30 rel. % an.

Bei der **Tuberculosis cutis papulonecrotica** wurden leichtere Dysproteinämien mit Hypalbuminämien um 50—45 rel. % und inversen γ-Globulinerhöhungen bis zu 25—30 rel. % beobachtet. Die α- und β-Globuline waren dabei kaum verändert (LEINBROCK).

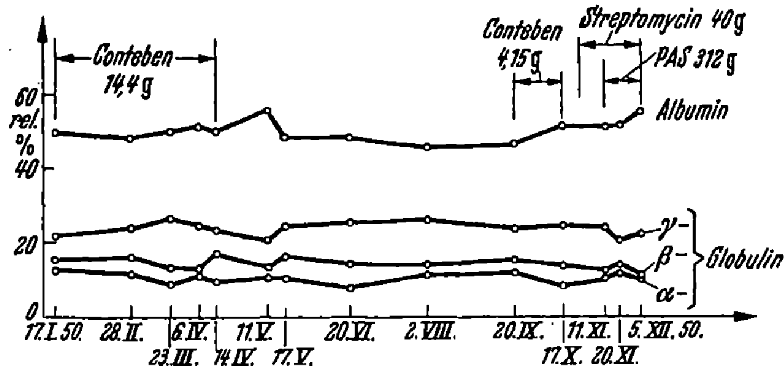

Abb. 131. Erythema induratum BAZIN (W. M.)

Über die Bewegungen der Albumine und Globulinfraktionen des Serums bei den verschiedenen Hauttuberkuloseformen unter der Therapie mit Vigantol forte, Conteben, PAS, Neoteben berichten LEINBROCK, FUNK und Mitarbeiter. Bei erfolgreicher Behandlung mit diesen Medikamenten normalisierten sich die Serumproteinspektren.

Beim **Granuloma annulare** waren bei den lokalisierten Formen mit solitären oder multiplen klinischen Herden kaum dysproteinämische Veränderungen zu beobachten. Selbst bei einem Fall von *Granuloma annulare giganteum* mit großen annulären Herden in symmetrischer Lokalisation auf beiden Körperhälften war das Serumproteinspektrum kaum verändert (LEINBROCK).

Lepra. Entsprechend der weitgehenden histologischen Ähnlichkeit der Hautveränderungen bei Lepra und Lupus müssen ähnliche dysproteinämische Veränderungen wie bei Hauttuberkulösen auch bei Leprakranken erwartet werden. Elektrophoretische Serumproteinbestimmungen liegen von 3 Kranken mit fortgeschrittener Lepra vor (SEIBERT und NELSON). Es wurde ein bemerkenswerter Anstieg der γ- und α-Globuline beobachtet. ZÖLLNER, EYMER und SCHEID berichteten von einem Leprafall mit einer Dysproteinämie von 44 rel. % Albumin, mit etwas erhöhtem α- (14,7 rel. %) und β-Globulinwert (17,7 rel. %) bei leichtem Anstieg der γ-Globuline (23,5 rel. %). Die Gesamtproteine waren normal (7,9 g-%).

Elektrophoretische Untersuchungen der Serumproteine führten ROSS und GEMAR bei 234 *Leprösen* aller Stadien durch. Sie fanden dabei Dysproteinämien leichten oder etwas schwereren Grades mit Hypalbuminämien von 55—40 rel. %, γ-Globulinerhöhungen auf 25—35 rel. %, teilweise auch α- und β-Globulinanstiege. Diese Ergebnisse deckten sich mit denen von HOXTER, BATTISTA und VELLINI, POZZO und HOFMANN, BONICELLI und PEROSA.

Zusammenfassung zu Abschnitt XI

Bei den tuberkulösen Hauterkrankungen und der Lepra sind die dysproteinämischen Verschiebungen der Serumeiweißkörper, wie es nach den bisherigen, nicht zahlreichen Veröffentlichungen scheint, im allgemeinen von geringerem Ausmaße als bei anderen Dermatosen. Die Hypalbuminämien bewegen sich, soweit sie überhaupt vorliegen, zwischen 55—45 rel. % bei entsprechendem Anstieg der γ-Globuline. Die α-Globuline sind dabei nicht oder nur wenig erhöht, die β-Globuline normal oder leicht erniedrigt. Stärkere Albuminsenkungen auf 40—30 rel. % kommen bei ausgedehnteren und schweren Lupus vulgaris- und Lepra-Erscheinungen vor. Über die meisten anderen Hauttuberkuloseformen liegen für eine entscheidende Beurteilung bisher zu wenige Ergebnisse vor.

XII. Lues

Die ersten elektrophoretischen Serumeiweißuntersuchungen bei der Lues wurden von Cooper und Atlas, Cooper mit der Makromethode (Tiselius) durchgeführt. Das Ergebnis von 13 analysierten Seren von früher seronegativer Lues bis zur Lues des Zentralnervensystems war: die Gesamtproteine blieben normal. Abfall des Albumin-Globulinquotienten mit einem relativen α-, β- und vor allem γ-Globulinanstieg auf Kosten der Albumine. Ähnliche Befunde erhob Neurath. Diese Änderungen traten bald nach der Infektion ein und blieben nach Erreichung einer bestimmten Proteinkonstellation unverändert, wenn keine Behandlung erfolgte. Bestimmte Beziehungen der einzelnen Globulinfraktionen und der Gesamtproteine zum positiven Ausfall der Kahn-Reaktion konnten nicht beobachtet werden.

Tabelle 49. *Lues*

Lues	Zahl der Fälle	Ges.-Prot. g-%	Rel. %				
			Albumin	Globulin			
				α_1	α_2	β	γ
Primäre	1	6,95	59,6	2,5	6,3	12,3	19,3
Sekundäre	5	6,72—8,76	38,2—49,2	3,9—6,6	9,3—12,4	11,5—17,8	19,9—31,7
Latens	14	6,39—7,44	36,1—53,0	3,7—12,8	8,4—15,3	6,3—18,0	13,0—34,4
Gumma	1	6,99	57,6	3,7	8,7	15,8	14,2
Tabes	2	6,61—7,38	41,0—55,0	4,7—5,2	6,3—12,4	10,3—16,3	19,6—29,2
Parese	3	6,23—6,98	38,4—46,4	5,6—6,2	9,1—9,9	14,8—18,0	21,5—20,9
Späte Iritis	1	6,61	55,0	4,7	6,3	11,2	22,8
Unbekanntes Stadium	1	7,23	54,0	4,7	9,8	13,4	18,1

An weiteren 28 luischen Seren verschiedener Stadien führten Cooper, Craig und Beard makroelektrophoretische Studien durch. Die erhaltenen Grenzwerte, die bei den einzelnen Luesstadien und einzelnen Proteinfraktionen erhalten wurden, gibt Tab. 49 wieder.

Im Sekundärstadium und bei der Lues latens bestanden meist stärkere Dysproteinämien mit teils ausgesprochen erniedrigten Albumin- und invers erhöhten γ-Globulinwerten. Die α_1-Globuline waren meist vermehrt, die α_2-Globuline nur wenig und nur einige β-Globulinwerte erhöht, die meisten normal. Teils erhebliche Hypalbuminämien mit inversem γ-Globulinanstieg ohne wesentliche Veränderungen der α- und β-Globuline lagen bei den untersuchten Fällen mit Paresen und Tabes vor. In diesen Fällen kam es teilweise zu Hypoproteinämie, bei vielen Fällen lagen normale Gesamtproteinwerte vor. Die übrigen in der Tabelle angeführten Luesarten zeigten von der Norm kaum abweichende Veränderungen der Proteinspektren. Diese Ergebnisse wichen in den α-Globulinwerten von den normalen α-Globulinbefunden von Cooper und Atlas, Cooper ab.

Benditt und Walker bestätigten die bereits vorhandenen Ergebnisse der anderen Autoren insofern, als sie bei Lues I, II, III erhebliche Hypalbuminämien

(Mittelwerte 48,8 bzw. 47,8 bzw. 49,5 rel. %), daneben leichte α_2-Globulinerhöhungen bei Lues II und III, leichten α_1-Globulinanstieg bei Lues II konstatierten. Die inversen γ-Globulinwerte lagen durchweg niedriger als die von Cooper, Craig und Beard bestimmten Werte. In den fast normalen β-Globulinbefunden stimmten alle Untersucher weitgehend überein. Die Schnelligkeit und Intensität der Rückkehr der dysproteinämischen Verschiebungen bei Lues II und III in Richtung zur Norm unter der spezifischen Behandlung konnte in keinen Zusammenhang zur Dauer der Lues und zum Luesstadium gebracht werden.

Die Frage, inwieweit die mit den β- und α-Globulinen wandernden Serumlipoide, die bei verschiedenen Erkrankungen erhebliche Erhöhungen dieser Komponenten zur Folge haben und nicht als echte Proteinsteigerungen gedeutet werden können, bei der Lues β- und α-Globulinanstiege bedingen, wurde von Rosen, Krashow und Lyons untersucht. Es wurde keine wesentliche lipoidbedingte Erhöhung dieser Globuline festgestellt.

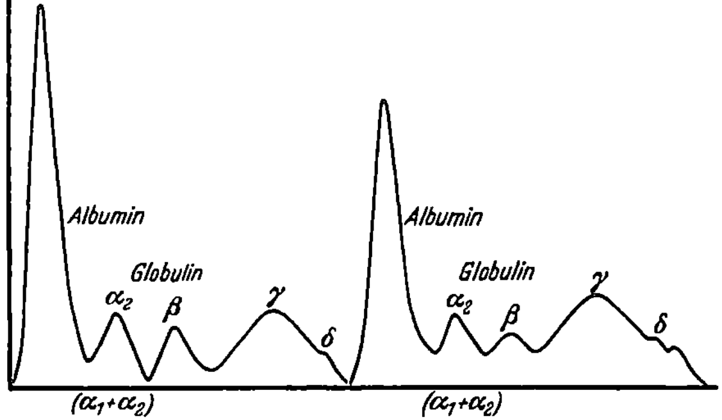

Abb. 132. Lues I-seronegativa-(B-KR.). Natrium-Salvarsan + Bismogenol

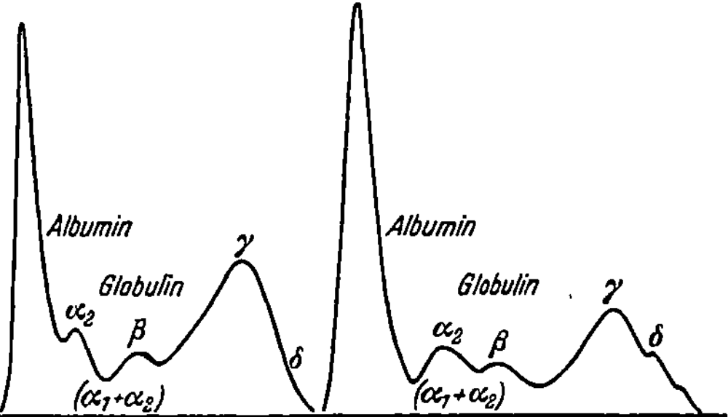

Abb. 133. Lues I-seropositiva. Penicillin

Mikroelektrophoretische Serumproteinuntersuchungen bei einer großen Zahl von Luespatienten aller Stadien unter Durchführung der Verlaufsanalysen des

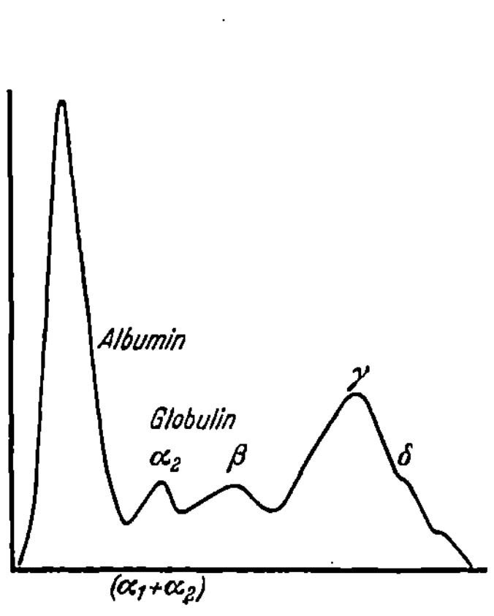

Abb. 134. Lues II (Vers. 1872)

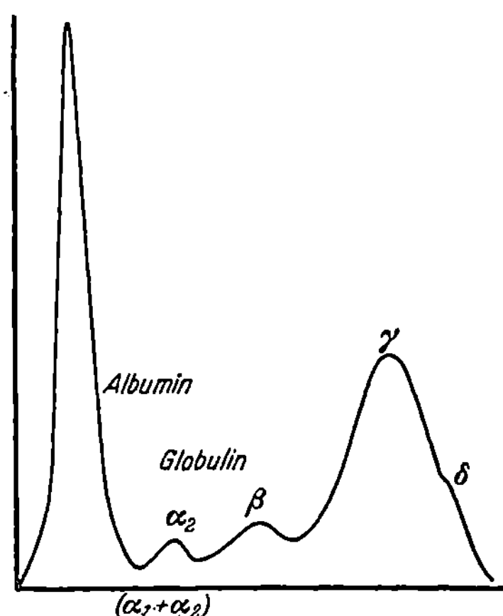

Abb. 135. Lues II/III (Vers. 540) Fr. L.

Serums unter der Behandlung, oft über eine Zeit von mehreren Kuren hinweg, und unter Anwendung verschiedener Therapeutica führte Leinbrock durch. Eine abschließende Beurteilung der erhaltenen Befunde liegt noch nicht vor. In Abb. 132—137 sind typische Diagramme verschiedener Luesformen vor spezifischer Behandlung wiedergegeben, in Abb. 138—142 zusätzlich solche nach Abschluß der jeweiligen Kur. Man ersieht daraus, daß schon im seronegativen Stadium der Lues I eine Hypalbuminämie um 50 rel. % möglich ist (Abb. 132), ferner, daß schon bei Vorhandensein

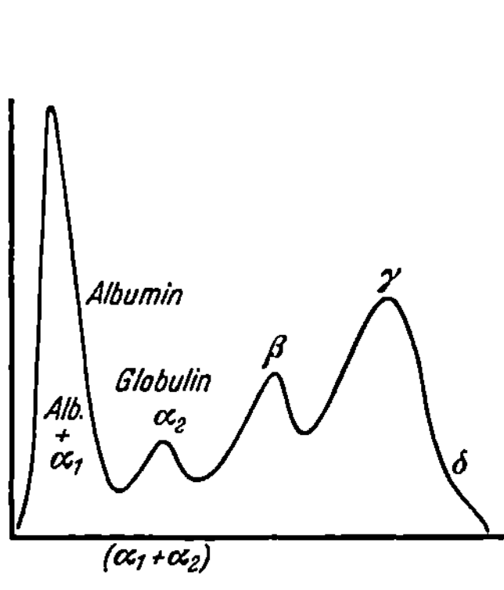

Abb. 136. Lues latens (Vers. 1048)

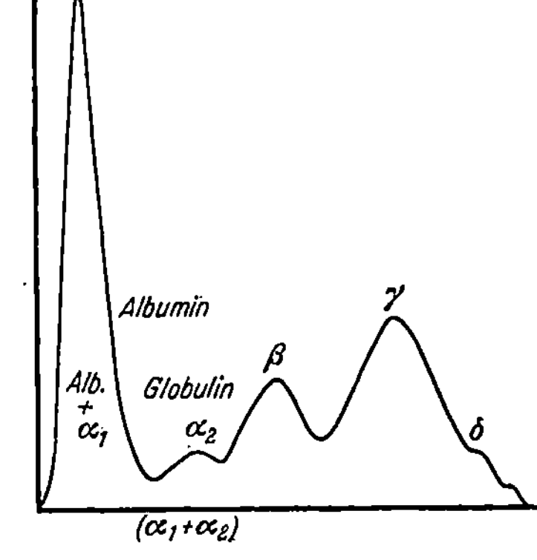

Abb. 137. Taboparalyse (Vers. 819)

nur eines oder einzelner Primäraffekte Hypalbuminämien unter 30 rel. % (Abb. 139) bestehen können, wodurch die inverse γ-Globulinerhöhung Werte zwischen 30 bis 40 rel. % erreicht. In Übereinstimmung mit Benditt und Walker konnte Leinbrock bei der Lues I öfter, bei der Lues II und der Lues latens fast regelmäßig α_1-

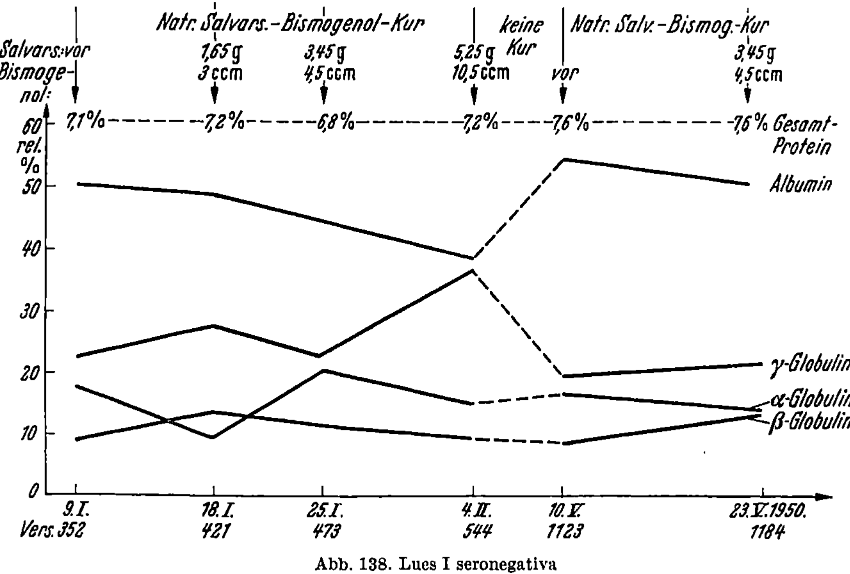

Abb. 138. Lues I seronegativa

und α_2-Globulinanstieg beobachten, während die β-Globuline kaum erhöhte, eher subnormale Werte, wie sie alle oben erwähnten Autoren sahen, aufwiesen. Häufiger, teils stärkerer β-Globulinanstieg wurde bei der Lues latens (Abb. 136) gesehen, weniger stark bei spätluischen Formen wie der Taboparalyse (Abb. 137). Die α-Globuline waren bei der Lues maligna, Lues III und den Spätformen der Lues niemals erhöht. Die Dysproteinämie kann vor allem bei der Lues latens, der Lues III und der Taboparalyse erheblich sein, so daß Albuminstürze auf 30 rel. % oder weniger und inverse Hyper-γ-Globulinämie von 30—45 rel. % öfter als bei den anderen Luesstadien auftreten. Bei einer allgemeinen Durchseuchung des Organismus wie bei der Lues spielen Art und Ausdehnung der cutanen Veränderungen anscheinend nicht die entscheidende Rolle, sonst wären so erhebliche Dysproteinämien im Primärstadium (Abb. 139) nicht möglich.

Die mitgeteilten elektrophoretischen Serumproteinbefunde der verschiedenen Lues-Stadien wurden später von AUERSWALD, MERKLEN, DE MENDE, BERTHAUX, LEVER, BENHAMOU, HADIOLA, TRINSIT, KARTE, RÖCKL und JAROSCHKA, POZZO und HOFMANN bestätigt.

Elektrophoretische Serumproteinuntersuchungen vor und nach der *Behandlung* (je einmal) führten BENDITT und WALKER bei sekundärer, tertiärer und kongenitaler Lues durch und stellten eine weitgehende Besserung der Proteinspektren, teilweise ihre völlige Normalisierung fest.

Bei häufigen Serumproteinkontrollen durch das mikroelektrophoretische Verfahren *während der Therapie* konnten von LEINBROCK *Serumproteinbewegungen* be-

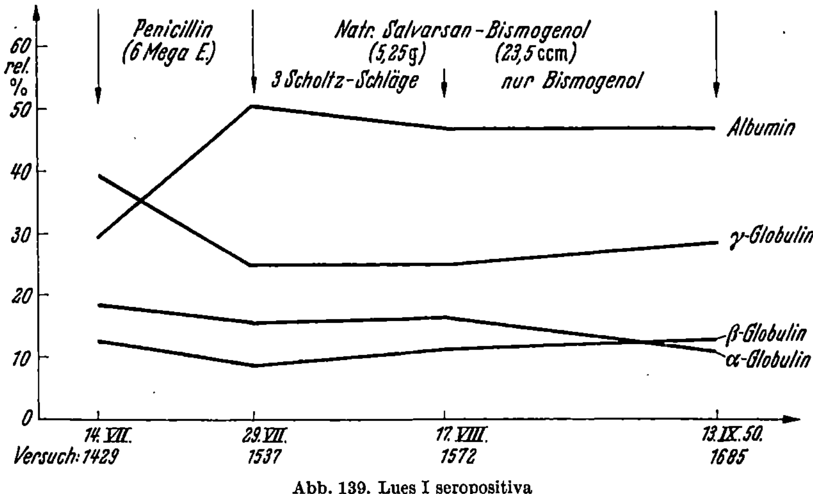

Abb. 139. Lues I seropositiva

obachtet werden, die in den einzelnen Behandlungsabschnitten verschieden waren und wesentliche *Unterschiede in der Anwendung von Salvarsan, Penicillin, zusätzlich Bismogenol und Pyrifer* erkennen lassen. Aus einem großen Versuchsgut seien einige Beispiele angeführt, welche die immer wieder beobachteten Serumproteinbewegungen bei Lues unter der Therapie wiedergeben.

Beispiel 1: Lues I seronegativa

Behandlung: *Natrium-Salvarsan und Bismogenol* (Abb. 138).

Die anfängliche Dysproteinämie ist gering: dem Albumin (50,3 rel. %) steht eine relativ geringe γ-Globulinerhöhung (22,6 rel. %) mit einer stärkeren relativen α-Globulinerhöhung (α_2: 10,9, α_1: 7,0 rel. %) gegenüber; die β-Globuline (9,2 rel. %) sind subnormal. Unter der *ersten Kur* mit Natrium-Salvarsan-Bismogenol kam es zu einem allmählich zunehmenden *Albuminabfall* auf 38,8 rel. %; gleichzeitig fielen zuerst (bis nach Vollendung des 1. SCHOLTZ-Schlages) die erhöhten α-Globuline auf 9,6 rel. % ab, während die β-Globuline auf 13,8 rel. % und die γ-Globuline auf 27,7 rel. % anstiegen. Dann folgte ein erheblicher α-Globulinanstieg (auf 20,3 rel. %) mit γ-Globulinabfall (auf 23,3 rel. %), um nach Vollendung des 2. SCHOLTZ-Schlages wieder in α-Globulinabfall und stärkeren γ-Globulinanstieg (auf 36,7 rel. %) zu wechseln. Die β-Globuline fielen nach dem 1. Scholtz-Schlag bis zum Kurende auf die subnormalen Ausgangswerte ab.

In dem *behandlungsfreien Intervall* bis zum Beginn der zweiten Kur trat eine *Umkehr der Proteinbewegungen* ein: die *Albumine* waren *erheblich angestiegen*, die γ-Globuline stark abgefallen, während die α-Globuline normal und die β-Globuline subnormal geblieben waren.

Unter der folgenden *zweiten kombinierten Kur* wiederholten sich die während der ersten Kur gemachten Beobachtungen.

Beispiel 2: Lues latens

Behandlung: *Penicillin*-Kur (6 Mega-E.) (Tab. 50).

Anfänglich bestand eine schwere dysproteinämische Störung mit starker Hypalbuminämie (28,4 rel. %) und inverse erhebliche Hyper-γ-Globulinämie (37,9 rel. %); die β-Globuline waren auf 19,0 rel. %, die α-Globuline weniger stark (14,4 rel. %) erhöht.

Unter Penicillingabe stiegen die Albumine sofort, aber weniger stark als bei Lues I und II an, die γ-Globuline nahmen leicht zu, während die α-Globuline auf subnormale, die β-Globuline auf noch übernormale Werte abfielen.

Tabelle 50. *Lues latens (mit 6 Mega Aquacillin vorbehandelt)*

Datum	Ges.-Prot. g-%	Rel. %				
		Albu-min	Globulin			
			α_1	α_2	β	γ
26. 4. 50	8,2	28,4	5,2	9,2	19,3	37,9
30. 4. 50	9,0	31,4	3,2	8,8	17,2	39,4
19. 5. 50	8,3	34,2	3,0	6,7	16,5	39,6

Da diese Serumproteinstudien am Anfang und am Ende derPenicillinkur durchgeführt wurden, mußte die Möglichkeit eines initialen Albuminabfalls nach den ersten Penicillininjektionen und ein erst danach folgender Albuminanstieg mit entsprechenden Globulinbewegungen durch häufige elektrophoretische Zustandsanalysen während der Kur erwogen werden. Es zeigte sich bei 3 tägigen Überprüfungen, daß der Anstieg der Albumine sofort einsetzt und sich alle Globulinfraktionen zur Norm bewegen.

Beispiel 3: Lues I seropositiva

Behandlung: *Penicillin*-Kur mit sofort angeschlossener *Natrium-Salvarsan-Bismogenol*-Kur (Abb. 139).

Die anfängliche erhebliche dysproteinämische Störung erfuhr unter der *Penicillinkur* (6 Mega-E.) eine völlige Veränderung mit *Anstieg der Albumine* von 29,6 auf 50,6 rel. %, eines Abfalls der γ-Globuline von 39,5 auf 24,9 rel. %, der erhöhten α-Globuline von 18,4 auf 15,6 rel. % und der β-Globuline von Normalwerten auf subnormale Werte (8,9 rel. %).

Unter der angeschlossenen Natrium-Salvarsan-Bismogenolkur kamen die oben erwähnten, der Penicillinwirkung entgegengesetzten Serumproteinbewegungen zustande.

Beispiel 4: Lues maligna (Abb. 140)

Behandlung. 1. Kur: reine *Penicillin*-Kur, fortgesetzt mit gleichzeitiger *Penicillin-Bismogenol-*, danach mit reiner *Bismogenol*-Therapie. Nach 5 wöchigem, behandlungsfreiem Intervall 2. Kur: reine *Penicillin*-Kur mit angeschlossener *Bismogenol*-Kur.

Die anfängliche erhebliche Dysproteinämie mit stärker erniedrigten Albumin-, stark erhöhten γ-Globulin- und normalen α- und β-Globulinwerten zeigte unter alleiniger Penicillingabe die oben angeführten Proteinbewegungen in Richtung zur Norm. Bei der angeschlossenen kombinierten Penicillin-Bismogenolbehandlung trat eine Umkehr dieser Serumproteinbewegungen ein (Albuminabfall, α- und β-Globulinabfall, γ-Globulinanstieg). Unter der folgenden alleinigen Bismogenolbehandlung stieg das erheblich erniedrigte Albumin etwas an, ebenso die α- und β-Globuline, während die γ-Globuline absanken.

Die nach dem behandlungsfreien Intervall einsetzende alleinige Penicillinbehandlung zeigte die oben erwähnten Proteinbewegungen bei alleiniger Penicillingabe, obwohl sie hier nicht so eklatant waren, weil die Ausgangsalbuminwerte bereits über

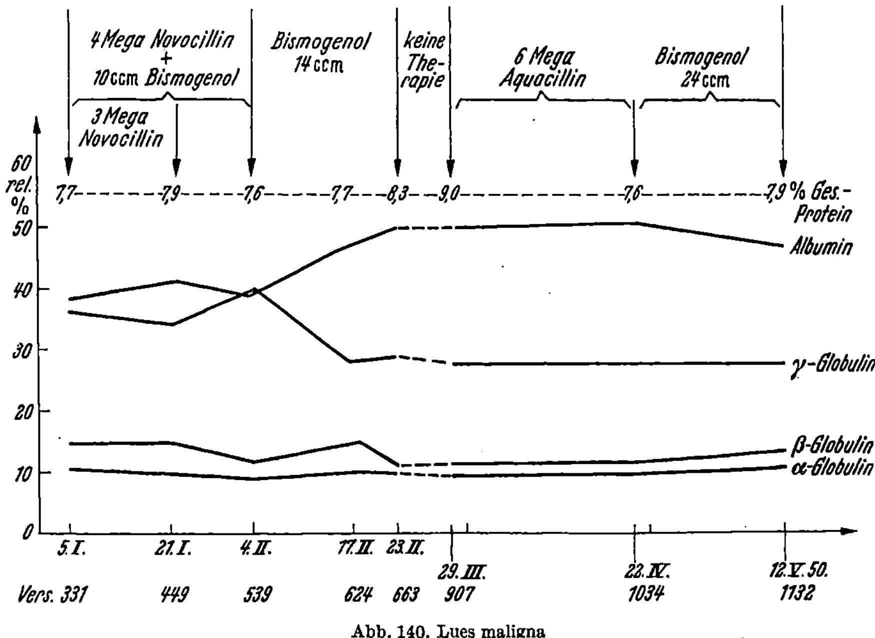

Abb. 140. Lues maligna

50 rel. % und die γ-Globulinwerte unter 30 rel. % lagen. Unter der anschließenden alleinigen Bismogenolgabe fielen die Albumine wieder ab, die γ-Globuline blieben unverändert, während die α- und β-Globuline leicht ansteigende Tendenz aufwiesen.

Daraus folgt, daß die *alleinige Bismogenolbehandlung ähnliche negative, allerdings quantitativ schwächere Serumproteinbewegungen auslöst, wie Natrium-Salvarsan in Kombination mit Bismogenol.*

Beispiel 5: Taboparalyse (Abb. 141)

Behandlung: *Novocillin-Pyrifer.*

Ein Ehepaar, beide im taboparalytischen Stadium, wurde gleichzeitig mit je 6 Mega-E. Novocillin und 8 Pyriferinjektionen steigender Stärke behandelt. Die Dysproteinämien betrafen anfangs vorwiegend die Albumine und γ-Globuline (bei der Frau stärkere Hypalbuminämie und Hyper-γ-Globulinämie als beim Ehemann). Die β-Globuline waren bei der Frau über-

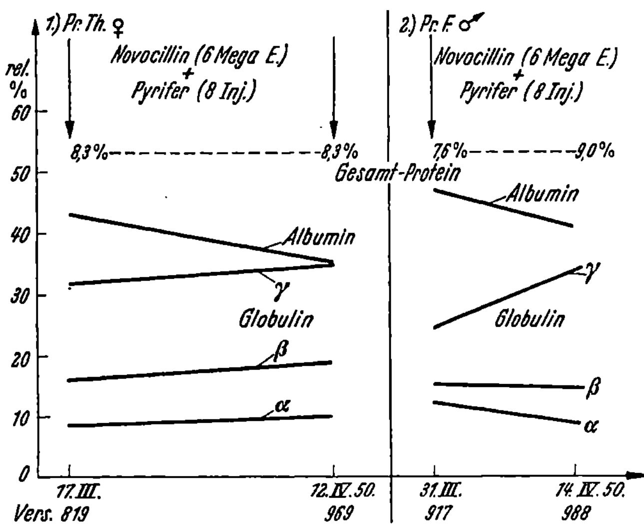

Abb. 141. Taboparalyse

normal, beim Ehemann subnormal; die α-Globuline bei der Frau subnormal, beim Ehemann etwas übernormal.

Unter der Behandlung fielen die Albumine erheblich ab, die γ-Globuline stiegen beträchtlich an (bei der Frau weniger stark als beim Ehemann). Die α- und β-Globuline zeigten bei der Frau steigende, beim Mann fallende Tendenz.

Im Gegensatz zu allen bisher angeführten Beispielen lagen die Gesamtproteinwerte etwas über der Norm.

Man erkennt aus diesen Beispielen, daß

1. die *positive Penicillinwirkung durch* den stark negativen Einfluß des *Pyrifers* auf die Bewegung der Serumproteinfraktionen *unterdrückt* wird und

2. die *Intensität eines Ansteigens oder Abfallens einer Proteinkomponente* und, wie es scheint, auch *ihre Richtung weitgehend von* den dysproteinämischen *Ausgangswerten bestimmt* wird; einen Beweis dafür liefert das folgende Beispiel.

Beispiel 6: Lues III (Abb. 142)

1. Fall: Tuberoserpiginöses Syphilid (großflächig).

2. Fall: Tuberoserpiginöses Syphilid (großflächig) mit Aortitis und Periostitis.

Behandlung: *Natrium-Salvarsan-Bismogenol*-Kur (beim 1. Fall mit normalen, beim 2. Fall mit kleinsten bis kleinen Dosen Salvarsan).

Beim 1. Fall bestand anfangs eine geringgradige Dysproteinämie mit wenig gesenktem Albumin (54 rel. %), etwas erhöhtem α- und γ- und normalem β-Globulin-

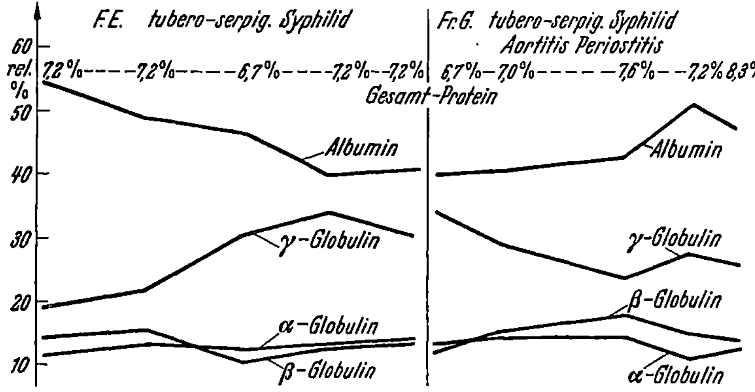

Abb. 142. Lues III. Natrium-Salvarsan + Bismogenol

wert; beim 2. Fall dagegen war die Dysproteinämie ausgeprägter mit einer Hypalbuminämie von 40,3 rel. %, entsprechend hohem γ-Globulin und leicht erhöhten α- und β-Globulinwerten.

Unter der spezifischen Behandlung traten

1. bei *Fall 1* (Natrium-Salvarsan *normal*dosiert) die unter kombinierter Behandlung beobachteten, oben erwähnten Proteinbewegungen ein, nämlich Albuminabfall, γ-Globulinanstieg mit leichten Veränderungen der α- und β-Globuline;

2. bei *Fall 2* (Natrium-Salvarsan *niedrig*dosiert) zu Fall 1 entgegengesetzte Bewegungen der Albumine und Globuline, nämlich Albuminanstieg und γ-Globulinabfall; wesentlich später stiegen die γ-Globuline an, während die Albumine abfielen.

Eine Erklärung für diese Gegensätzlichkeit der Proteinbewegungen im selben Luesstadium unter derselben Therapie kann vorerst noch nicht gegeben werden. Die bestehenden Möglichkeiten einer Deutung sind folgende:

1. Entweder ist die *Höhe des Ausgangsalbuminspiegels entscheidend,* indem bei relativ hohem Albuminspiegel das Natrium-Salvarsan zu Albuminabfall mit inverser γ-Globulinerhöhung führt, dagegen bei relativ niedrigem Albuminspiegel Albuminanstieg mit inversem γ-Globulinabfall eintritt. Oder:

2. die *applizierte Salvarsandosis* ist *entscheidend*, indem die hohen Dosen eine Hemmung der Albuminausschüttung der Leber, eine Parenchymschädigung oder vielleicht eine toxische Schädigung bestimmter, die Albumine synthetisierender Fermente der Leberzellen verursacht, während die niedrigen Dosen diese nachteilige Wirkung nicht ausüben, sondern nur für die selektive Schädigung der Lueserreger verbraucht werden.

LEINBROCK und ROSENKRÄNZER konnten ferner durch Salvarsaninjektionen von relativ hoher Dosis bei gesunden, also nicht luisch infizierten Kaninchen beweisen, daß die Serumproteinbewegungen ähnliche waren wie bei dem mit Salvarsan behandelten Luiker. Es kam zu einem zunehmenden Albuminabfall bei Anstieg der α- und γ-Globuline. Damit dürfte der Beweis erbracht sein, daß die Serumproteinbewegungen bei der Anwendung der kombinierten Salvarsan-Wismutbehandlung auf die Arsenwirkung des Natrium-Salvarsans auf das Leberparenchym zu beziehen sind.

Elektrophoretische Untersuchungen des Lumbal-Liquors cerebrospinalis bei Lues wurden von LABHART, SCHWEIZER und STAUB durchgeführt. Bei Vergleich der erhaltenen Pherogramme mit denen des Serums ergaben sich kaum Unterschiede. In den meisten Fällen von *progressiver Paralyse* und *Tabes dorsalis* waren keine Abweichungen von der Norm festzustellen. In Einzelfällen von Tabes dorsalis bestand eine Albuminverminderung (auf 35 rel. %) und inverse γ-Globulinerhöhung (auf 30 rel. %). In einigen Fällen war der γ-Globulingehalt des Liquors hoch ohne entsprechende Veränderung der Serum-γ-Globuline.

Zusammenfassung zu Abschnitt XII

In allen Luesstadien kommt es bei fast durchweg normalen Gesamtproteinwerten zu einer geringen, teils erheblichen Dysproteinämie. Dabei konnten keine quantitativen Beziehungen zwischen der Schwere der Dysproteinämie und der Art und Ausdehnung der cutanen Veränderungen festgestellt werden. So kann z. B. schon einer seronegativen Lues I mit einem Primäraffekt ein erheblich verschobenes Serumproteindiagramm zukommen. Die Albumine waren stets erniedrigt, teilweise ganz erheblich, die γ-Globuline invers erhöht. Die α-Globuline waren bis auf die Spätluesformen stets vermehrt, die β-Globuline lagen im Bereich der Norm.

Liquor-Untersuchungen bei progressiver Paralyse und Tabes dorsalis ergaben in Einzelfällen Verschiebungen im Liquor-Protein-Pherogramm mit Albuminabnahme und γ-Globulinanstieg.

Unter der Anwendung verschiedener luesspezifischer Medikamente ergaben sich folgende elektrophoretisch untermauerte, klinisch und therapeutisch wichtige Erkenntnisse:

1. Die *Behandlung des dysproteinämisch gestörten Luikers* mit *Salvarsan* führt zu einer *sofort einsetzenden Verschlechterung des Serumproteinspektrums.* Bedeutungsvoll ist dabei der teilweise erhebliche Albuminabfall mit inversem γ-Globulin- und teils α-Globulinanstieg, bei den Spätformen auch der β-Globulinanstieg. Erst im späteren Verlaufe dieser Behandlung kann eine Umkehr der Proteinbewegungen zur Norm eintreten.

2. *Bismogenol* hat, *allein angewandt*, eine *dem Salvarsan ähnliche*, aber *quantitativ schwächere negative Wirkung auf die Serumproteinbewegungen* beim Luiker. In therapeutischer Kombination mit Salvarsan dürften sich die elektrophoretisch gleichgerichteten Wirkungen beider Medikamente summieren.

3. *Penicillin* übt auf das dysproteinämisch gestörte elektrophoretische Serumeiweißbild des Luikers eine *dem Salvarsan konträre Wirkung* aus, indem *sofort nach Einsetzen der Therapie Proteinbewegungen zur Norm* beginnen, *vor allem* ein von den Ausgangswerten abhängiger, mehr oder minder starker *Albuminanstieg* bei absinkenden α-, β- und γ-Globulinwerten.

4. Die *Penicillin*-Wirkung auf das Serumproteinspektrum des Luikers wird durch die *gleichzeitige* Anwendung von *Bismogenol oder Pyrifer gehemmt.* Es kommt zu *negativen Proteinbewegungen* wie bei einer Salvarsan- oder Bismogenolbehandlung.

5. Daraus folgt, daß das Penicillin in der Therapie der Lues insofern dem Salvarsan, Bismogenol und dem Pyrifer überlegen ist, als unter Penicillin keine negative Wirkung auf die Leberzellen (an die die Albuminsynthese gebunden ist) ausgeübt wird, während die zunehmende Verschlechterung des Proteinspektrums unter Salvarsan, Bismogenol und Pyrifer als Blockierung der Albuminausschüttung oder -synthese, also als Fermenthemmung oder toxische Schädigung zu deuten sein dürfte. Diese Wirkungen auf die Serumproteinbewegungen besagen noch nichts über die therapeutische Wirkung dieser Stoffe auf den Lueserreger.

XIII. Elektrophorese und serologische Luesreaktionen

Die Wa.R. und die Flockungsreaktionen sind bekanntlich keine luesspezifischen Reaktionen. Fast ausschließlich amerikanische Forscher (s.unten) haben sich bemüht, die unspezifischen serologischen Luesreaktionen durch spezifische zu ersetzen, indem sie einmal gereinigte Antigene (z. B. Cardiolipin mit Lecithinzusatz) entwickelten und zum anderen auf elektrophoretischem Wege den Versuch zur Isolierung des den luischen Antikörper tragenden oder darstellenden Serumproteins unternahmen.

Cooper konnte bei der elektrophoretischen Serumproteindifferenzierung bei Lues keine Beziehungen zwischen dem Gesamtproteingehalt und den einzelnen Proteinfraktionen zu dem positiven Ausfall der Kahnschen Flockungsreaktion beobachten. Durch Elektrophorese des Serums vor und nach der Kahn-Flockung erhielt er die Stütze für seine Auffassung, daß das für die Wa.R. und Kahn-Reaktion verantwortliche syphilitische Reagin in der γ-Globulinkomponente zu suchen sei. Durch die elektrophoretischen Serumeiweißuntersuchungen vor allem von Davis, Moore, Kabat und Harris, ferner Neurath, Volkin, Erickson, Craig, Putnam und Cooper, ferner Cooper, Craig und Beard konnte festgestellt werden, daß der spezifische *syphilitische Antikörper* einen *kleinen Teil des γ-Globulins* ausmacht und seiner Wanderungsgeschwindigkeit im elektrischen Feld nach *zwischen den β- und γ-Globulinen liegt.* Davis und Mitarbeiter fanden, daß der Wa.R.-Antikörper des unveränderten Serums aus zwei Globulinen unterschiedlicher Molekülgröße (Molekulargewicht 160000—185000 bzw. 990000) besteht und daß aus der Hauptmenge des γ-Globulins nur ein kleiner Teil mit einer hohen Sedimentationskonstanten bei Ultrazentrifugation mit spezifischen Antikörpereigenschaften abtrennbar ist. Darüber hinaus fand sich in gereinigten Antikörperlösungen noch eine leichtere Globulinkomponente. Die der β-Globulinspitze näher liegende, also schneller wandernde γ-Globulinkomponente erwies sich als serologisch aktiver pro Milligramm gereinigten Proteins als die langsamer wandernde, also schwerere γ-Globulinkomponente (Erickson, Volkin, Craig, Cooper und Neurath). Da auch viele normale Seren und ferner Seren mancher nicht an Lues Erkrankter positive serologische Reaktionsausfälle ergeben können — Coburn und Moore fanden z. B. beim Erythematodes mit positivem Wa.R. das Reagin im β-γ-Globulinbereich —, bemühten sich die erwähnten Forscher darum, die serologischen Luesreaktionen spezifischer zu entwickeln, um die sog. biologic false tests auszuschließen. Die elektrophoretische Serumproteindifferenzierung führte hier aber nicht zum Ziel, weil zwischen dem Serumproteinspektrum des Luikers und solchen von Nichtluikern mit biologic false tests keine charakteristischen Differenzen erkennbar waren. Hohe γ-Globulinwerte konnten bei positiven bis negativen serologischen Reaktionen vorliegen, ebenso wie niedrige oder sogar normale γ-Globulinbefunde mit positiven serologischen Reaktionen gekoppelt gefunden wurden. Benditt und Walker, die auch vor und nach spezifischer Absorption der Antikörper keine Änderungen der

Serumproteinspektren, besonders der γ-Globulinkomponente feststellen konnten, schlossen daraus auf eine zu geringe Konzentration des eingehüllten Antikörpers für eine elektrophoretische Abtrennung. Die späteren Bemühungen von KARTE um die Isolierung der Wassermann-Reagine aus dem Bereiche der β- bis γ-Globuline des Serumproteinspektrums verliefen negativ.

XIV. Frambösie, Pinta, Lymphogranuloma venereum und Gonorrhoe

Frambösie (Yaws) und Pinta. Bei den der Lues verwandten tropischen Spirochaetosen mit cutanen, histologisch den Luesveränderungen nahestehenden Manifestationen wurden von DILLON und COOPER an je 3 Fällen elektrophoretische Serumproteinuntersuchungen durchgeführt. Sowohl bei der Frambösie wie der Pinta wurden vorwiegend Hyperproteinämien (8—10 g-%) mit weniger starken Dysproteinämien bei der Pinta, schwereren bei der Frambösie beobachtet (Tab. 51). Während bei der Pinta die dysproteinämischen Veränderungen denen der Lues II weitgehend ähneln, lagen bei der Frambösie doch beträchtlichere Verschiebungen innerhalb des Proteinspektrums vor (Hypalbuminämie von rel. 13—37,6%, inverse Hyper-γ-Globulinämie von 60,7—30,8% mit fast normalen α_2- und normalen α_1-Globulin- bei subnormalen β-Globulinwerten). Spezifische Serumproteine konnten nicht beobachtet werden.

Lymphogranuloma venereum (NICHOLAS FAVRE). Elektrophoretische Protein-

Tabelle 51

		Rel. %				
		Albu-min	Globulin			
			α_1	α_2	β	γ
Pinta	1	40,9	5,4	11,4	9,6	32,8
	2	52,6	6,1	10,8	8,5	22,1
	3	54,8	5,0	9,8	9,4	21,1
Yaws	1	13,2	5,8	11,5	8,9	60,7
	2	37,2	4,0	8,6	10,7	39,7
	3	37,6	6,8	13,8	11,1	30,8

untersuchungen (nach TISELIUS) liegen von GUTMANN und Mitarbeitern vor, die — entsprechend dem chronisch entzündlichen Charakter der Erkrankung — keine α- und β-Globulinerhöhungen mit mehr oder minder starker Hypalbuminämie und teils erheblichen Hyper-γ-Globulinämien beobachten konnten. Es bestand geringgradige, teils erhebliche Hyperproteinämie.

KABAT, MOORE und LANDOW, ferner CORNBLEET fanden Hyper-γ-Globulinämien von 35—40 rel. % bei entsprechender Hypalbuminämie. Bei einigen schwer erkrankten Patienten — teils kam es zum tödlichen Ausgang — waren wesentliche Anstiege der α_1- und α_2-Globuline zu beobachten (ROTTINO, SUCHOFF und STERN).

Gonorrhoe. Bei Untersuchungen über positive Seroreaktionsausfälle bei nichtvenerischen Erkrankungen wurde zufällig auch ein Fall von Gonorrhoe mit positivem Ausfall der Gonokokken-Komplementbindungsreaktion mit fast normalem Serumelektrophoresediagramm (Albumin 55,1 rel. %, γ-Globulin 20,1 rel. %, α- und β-Globulin normal) von COOPER, CRAIG und BEARD beobachtet.

Nach Einzeluntersuchungen von LEINBROCK, ferner STURM sanken bei 13 akuten wie chronischen *Gonorrhoe-Fällen*, mit oder ohne Epididymitis gonorrhoica, die Albuminwerte des Serums nie unter 52 rel. % bei leichter α-Globulinerhöhung und fast normalen γ-Globulinwerten. Sonst fehlen noch elektrophoretische Serumeiweißuntersuchungen bei dieser Erkrankung.

XV. Die löslichen Gewebsproteine der normalen und erkrankten Haut

Elektrophoretische Untersuchungen der Gewebsproteine wurden von interner bzw. gynäkologischer Seite (DEMLING und Mitarbeitern, MILLER und Mitarbeitern, BARRY, EDREDGE und LUCK, HÖHNE und KÜNKEL) durchgeführt. Die dabei angewandten Extraktionsverfahren zur Gewinnung der löslichen Gewebsproteine in ausreichender Konzentration für elektrophoretische Untersuchungen waren bei den verschiedenen Autoren unterschiedliche.

Die Haut bietet gegenüber den inneren Organen durch ihre Derbheit, vor allem der Epidermis, besondere Schwierigkeiten (LEINBROCK und REINHARDS, SPIER, RÖCKL und PASCHER). Die Hornschicht und der relativ hohe Gehalt der Epidermis an wasserunlöslichen Skleroproteinen stehen dem Bemühen, Hautproteine in genügender Konzentration zur elektrophoretischen Untersuchung zu bringen, entgegen. Von dermatologischer Seite liegen deshalb derartige Untersuchungen nur vereinzelt vor (LEINBROCK und REINHARDS, SPIER, RÖCKL und PASCHER). Erwähnt seien noch analoge elektrophoretische Studien an Oberhaut-Proteinen von Kaninchen, Lapinen und Jungrindern (bei letzteren wurden auch Vaccinepusteln untersucht) (PUNTIGAM und BERGER).

In der Tierhaut beobachteten PUNTIGAM und BERGER eine erhebliche Verschiebung des elektrophoretischen Proteinspektrums zugunsten der Globuline, besonders der γ-Globuline. Der Albumingehalt betrug nur $^1/_{10}$—$^1/_{12}$ der löslichen Gesamtproteine. In Vaccinepusteln war unter einer Vaccination der Rinder eine Albuminzunahme erkennbar.

SPIER, RÖCKL und PASCHER machten den Versuch, mit einer bestimmten Methodik die Epidermis vom Corium abzulösen und die wasserlöslichen Proteine dieser Schichten elektrophoretisch zu trennen. Sie erhielten aus *nicht erkrankter Menschenhaut* ein dem Serum des Individuums analoges Pherogramm, wobei die löslichen Proteine der *Epidermis* nur 5—8 rel. % Albumine und 92—95 rel. % Globuline enthielten. Bei einem Patienten mit einem *Basaliom* lag der Albumingehalt der Haut bei etwa 16 rel. %; die *unveränderte Epidermis* eines *Pemphigus*-Patienten zeigte dagegen keine Verschiebungen im Protein-Pherogramm gegenüber der Norm.

LEINBROCK und REINHARDS untersuchten die wäßrigen, gepufferten Extrakte der *nicht erkrankten* und *erkrankten Gesamthaut* (Epidermis + Corium) *des Menschen.* Dabei ergab sich, daß die Protein-Pherogramme der verschiedenen Hautabschnitte der Körperoberfläche, teils erheblich voneinander abweichen. Besonders zu erwähnen ist ein vor der Albuminfraktion wandernder Anteil, der aus niederen Peptiden bzw. Aminosäuren zu bestehen scheint. Aus den erhaltenen Ergebnissen seien 2 Beispiele in Tab. 52 angeführt:

Tabelle 52

	Vorlauf	Albu-min	Globuline			
			α	β	φ	γ
1. Fr. S.						
Brusthaut	1,0	34,8	12,5	4,9	3,5	43,3
Lumbalhaut . . .	—	33,3	12,0	8,9	4,8	41,0
Oberschenkelhaut .	13,1	40,5	11,2	6,0	3,6	25,6
2. A. U.						
Schulterhaut . . .	2,6	43,6	11,6	5,3	1,4	35,5
Brusthaut	12,4	27,2	7,6	4,2	—	48,1
Bauchhaut	—	37,2	11,5	7,5	3,1	40,7

In den Protein-Pherogrammen der wäßrigen Extrakte der *erkrankten Haut* scheinen wesentliche, von der Norm abweichende Proteinverschiebungen zu bestehen (LEINBROCK und REINHARDS). Diese Pherogramme weisen bei manchen Patienten Ähnlichkeiten mit denen des Serums auf. Als Beispiel gibt Tab. 53 die erhaltenen Haut-, Leber- und Serum-Pherogramme einer *Mycosis fungoides*-Kranken wieder.

Ein Vergleich der erhaltenen Befunde mit denen der Normalhaut (Tab. 52) ergibt einen stärkeren Anstieg der α-Globuline; die erhaltenen Werte waren teils sogar wesentlich höher als die der Leber oder des Serums. Die β-Globuline lagen nur wenig über den zugehörigen Werten der Normalhaut und etwas unter denen des Serums. Der β-Globulinwert der Leber stellt gegenüber den Werten normaler Leber (DEMLING u. a.) eine ganz erhebliche Erniedrigung dar. Die Albumine sind im erkrankten Hautbereich dieser Mycosis fungoides-Kranken erheblich vermindert.

Tabelle 53

Mycosis fungoides	Vorlauf	Rel. %				
		Albu-min	Globuline			
			α	β	φ	γ
Oberarm-Haut . . .	3,7	14,8	32,4	12,2	6,1	30,8
Bauchhaut:						
a) Hüfte	1,9	10,6	19,5	10,6	—	57,4
b) Nabelbereich . .	4,0	13,8	40,1	11,0	—	31,1
Oberschenkelhaut-Tumor	1,9	11,8	21,5	12,2	—	52,6
Leber	3,4	7,4	22,9	23,1	—	43,2
Serum	—	27,0	20,5	15,3	4,0	33,2

Analoge Untersuchungen der Haut, Leber von *Carcinom- und Melano-Carcinom-Kranken* wurden von LEINBROCK und REINHARDS veröffentlicht. Auch hierbei konnten Beziehungen der löslichen Haut-Proteine zu den elektrophoretisch trennbaren Serumproteinen festgestellt werden. Unterschiede zwischen erkrankter zu normaler Haut bestanden auch hier.

Von LEINBROCK und REINHARDS wurden noch die wasserlöslichen Proteine der *Psoriasis-Schuppen*

Tabelle 54

Proteine von	Rel. %				
	Vorlauf	Albu-min	Globuline		
			α	β	γ
Psoriasis-Schuppen Serum	0,9	6,3	11,5	21,7	61,3

eines an *Psoriasis-Erythrodermie* erkrankten Kindes untersucht. Auffallend ist der hohe Gehalt der mit β-Globulingeschwindigkeit und wahrscheinlich auch mit γ-Globulingeschwindigkeit wandernden Komponente (Tab. 54).

XVI. Überblick und Schlußfolgerungen

Es wurde versucht, die bisher in der Dermatologie vorliegenden elektrophoretischen Untersuchungsbefunde — soweit sie dem Autor zugänglich wurden — zu erfassen und, soweit auf einzelnen Gebieten schon größere Erfahrungen vorliegen, das Wesentliche herauszuschälen, wie z. B. bei der Lues und der Luesserologie. Bei den meisten Gruppen von Dermatosen dagegen wurde mit dieser Untersuchungsmethodik Neuland betreten, so daß manchmal auf die etwas ausführliche Wiedergabe von Einzelbefunden nicht verzichtet werden konnte, zumal vom Autor, aber auch von einigen anderen Untersuchern (LEVER, ROBERT, LÖBLICH und WAGNER, FRANKE und BAUMANN) versucht wurde, Beziehungen zwischen den klinisch dermatologischen Verlaufsbildern und den elektrophoretischen Verlaufsanalysen zu finden.

Die erhaltenen **Proteinänderungen des Serums** bei *Dermatosen* waren folgende:

1. In den meisten Fällen wurden normale oder geringer erniedrigte *Gesamtproteinwerte* gefunden. Die Extreme bewegten sich zwischen 3,6 g-% (P. acutus) und 11,7 g-% (BRILL-SYMMERSsche Erkrankung und Xanthomatose mit biliärer Cirrhose).

*Hyper*proteinämien wurden beobachtet mit Gesamtproteinwerten

von 8—9 g-% beim seborrhoischen Ekzem, Lues latens;

von 9—12 g-% bei Epidermolysis bullosa hereditaria + (γ-Myelom), bei Purpura hyperglobulinaemica, einem chronischen Unterschenkelekzem, Poikilodermatomyositis, Brill-Symmerssche Erkrankung, Xanthomatose, Frambösie und Lymphogranuloma inguinale.

*Hypo*proteinämien wurden beobachtet mit Gesamtproteinwerten

von 6—7 g-% bei Erythrodermie, chronisch allergischem Ekzem, diffuser Sklerodermie, chronischem Ulcus cruris, Lues; Haut-Ca und Melano-Ca;

von 5—6 g-% bei Pemphigus acutus, Verbrennungen 3. Grades, Dermatomyositis;

von 4—5 g-% bei Pemphigus chronicus, Mycosis fungoides, Arsenintoxikation; manche Haut- und Melano-Carcinome;

von 3—4 g-% bei Pemphigus acutus.

Die *Albumine* bewegten sich stets unter, nie über dem Normalwert von etwa 60 rel. %. Leichte (um 50 rel. %) und erheblichere (40—50 rel. %) Hypalbuminämien wurden häufig beobachtet; Werte zwischen 30—40 rel. % waren schon seltener. Sie waren, wie auch die folgenden extremen Hypalbuminämien bei den akuten wie chronisch-entzündlichen (auch weniger entzündlichen) Prozessen zu sehen. Die extremsten Einzelbeobachtungen wiesen Albuminwerte unter 20 rel. % auf.

Die *α-Globulinwerte* waren bei allen entzündlichen Dermatosen relativ, aber auch absolut, häufiger wenig oder seltener stärker angestiegen, vor allem die α_2-Globuline Die extremsten Werte lagen über 40 rel. % (Pemphigus acutus). Subnormale Werte von 3,5 rel. % kamen sehr selten vor.

Die *β-Globulinwerte* wiesen allgemein kaum Erhöhungen auf. Stärkere Anstiege über 20 rel. % waren ganz selten. Man sah sie mehr bei chronischen als bei den akuten Prozessen. Unternormale Werte um 4—5 rel. % kamen vor.

Die *γ-Globulinwerte* lagen nie unter der Norm und bewegten sich bis zu relativen Maxima über 60%. γ-Globulinerhöhungen bis zu 30 rel. % waren häufig, von 30 bis 50% nicht selten. Einzelne Befunde lagen darüber.

2. Die akuten und subakuten Entzündungsreaktionen der Haut, gleich ob sie exogen (mechanisch oder durch Fremdstoffe, medikamentöser oder sonstiger Art) oder endogen (durch Arzneimittel oder aus unbekannter Ursache) entstanden waren, zeigten alle folgende elektrophoretische Zustandsbilder: Immer kam es zu geringerer oder stärkerer relativer und absoluter Hypalbuminämie, sofortigem leichteren oder stärkeren Anstieg der α-Globuline (immer der α_2-Globuline, seltener der α_1-Globuline) und

a) in manchen sehr seltenen Fällen — wie beim Pemphigus acutus — zu keinem oder nur geringem relativen γ-Globulinanstieg, oder

b) fast stets zu einer mehr oder weniger starken relativen wie absoluten, zum Albuminabfall weitgehend inversen Hyper-γ-Globulinämie. Häufig gingen diese Veränderungen mit erheblicher Hypoproteinämie einher.

Nach der bisher möglichen Beurteilung der elektrophoretischen Zustands- und Verlaufsbilder dieser Dermatosen lassen sich folgende charakteristische dysproteinämischen Krankheitsgruppen unterscheiden:

Gruppe I. Relative und absolute Hypalbuminämie (unter etwa 25 rel. %), beträchtliche relative und absolute α-Globulinerhöhung, geringer bis stärkerer relativer β-Globulinanstieg (absolut wenig erhöht) mit einem γ-Globulinwert, der relativ wie absolut im Normalbereich lag. Zunehmend starke bis mitunter unter 4 g-% abgefallene Gesamtproteinwerte.

Dazu gehörten: Pemphigus vulgaris acutus, schwerste akute toxische Erythrodermie, Verbrennungen 2.—3. Grades, Mycosis fungoides (urethanbehandelt).

Gruppe II. Relative wie absolute Hypalbuminämie (etwa zwischen 25—35 rel. %) mit beträchtlichem relativen wie absoluten α-Globulinanstieg, relativ stärkerem (absolut aber kaum) erhöhten β-Globulinwert und — zum Unterschied zu Gruppe I — mit einer mehr oder minder ausgeprägten γ-Globulinerhöhung. Dazu geringe bis stärkere Hypoproteinämie.

Dazu gehörten: schwere, meist universelle Dermatitiden, die meisten akuten universellen Erythrodermien, schwere Arzneimittelintoxikationen nach bestimmten Sulfonamiden, nach Salvarsan.

Gruppe III. Relative wie absolute Hypalbuminämie (von etwa 55—35 rel. %) mit geringerem bis stärkerem, relativen und absoluten, α-Globulinanstieg, kaum veränderten β-Globulinwerten und geringer bis stärkerer, relativ mehr als absolut, γ-Globulinerhöhung. Dazu eine weniger erhebliche Hypoproteinämie (5,5 g-% bis zur unteren Normalgrenze) als bei Gruppe I und II.

In diese Gruppe gehören alle übrigen nicht Gruppe I und II zuzuordnenden akut oder subakut entzündlichen Dermatosen.

3. Bei den chronisch entzündlichen Dermatosen bestehen solche, die a) *mit*, b) *ohne* wesentliche Entzündungsreaktionen ablaufen. Demzufolge gehen diese Dermatosen mit leichten bis stärkeren, häufig durch Sekundärinfektionen der erkrankten Hautpartien ausgelösten und demnach als nur vorübergehend anzusehenden α-Globulinerhöhungen (a) *oder* aber ohne α-Globulinerhöhungen (b) — also mit normalen, bisweilen sogar subnormalen α-Globulinwerten — in ihren Serumproteinspektren einher.

Im allgemeinen ist das Elektrophoresediagramm chronischer Dermatosen außerdem charakterisiert durch meistens geringe bis extrem starke Hypalbuminämien mit inverser Hyper-γ-Globulinämie. Dabei können die β-Globuline normal, leicht oder selten stärker angestiegen sein. β-Globulinerhöhungen (über 20 rel. %) von einem Ausmaß wie bei den α_2-Globulinen sind in den bisher vorliegenden Befunden kaum zu finden. Die meisten chronischen Dermatosen gehen mit normalen Gesamtproteinbefunden einher, es kommen aber häufiger Hyperproteinämien, aber auch leichte, ganz selten starke Hypoproteinämien vor.

Auf Grund der bisher möglichen Beurteilung der elektrophoretischen Zustands- und Verlaufsbilder dieser *chronischen Dermatosen* läßt sich z. Z. folgende Unterteilung vornehmen:

Gruppe I. Hypoproteinämie (zwischen 6,5—4 g-%).

Nach der Schwere der verschiedenen Dysproteinämien unterscheiden sich die hierher gehörenden Dermatosen

a) in solche mit Hypalbuminämie von 10—30 rel. % und inverser Hyper-γ-Globulinämie (45 bis über 60 rel. %): Arsenintoxikation;

b) in solche mit Hypalbuminämie von 30—50 rel. % und entsprechend inverser Hyper-γ-Globulinämie (30—45 rel. %): Dermatomyositis; manche Haut- und Melano-Carcinome mit Metastasen.

Gruppe II. Hyperproteinämie (8—12 g-%).

a) Mit starker bis extremer (unter 35 rel. %) Hypalbuminämie und entsprechend inverser Hyper-γ-Globulinämie (über 45 rel. %) bei weitgehend normalen, teils subnormalen relativen α- und β-Globulinwerten.

Hierher gehören: Epidermolysis bullosa hereditaria + γ-Myelom (?), Purpura hyperglobulinaemica, Poikilodermatomyositis, BRILL-SYMMERSsche Erkrankung (letztere teils bei normalen Gesamtproteinwerten), Frambösie, universelles seborrhoisches Ekzem.

b) Mit weniger starker Hypalbuminämie (etwa 35—45 rel. %) mit entsprechend inverser Hyper-γ-Globulinämie (30—45 rel. %) bei normalen bzw. subnormalen α- und β-Globulinwerten.

Dazu gehören: seborrhoisches Ekzem, Sklerodermie, Lues latens (bisweilen auch mit Hyperproteinämie), Pinta, Lymphogranuloma inguinale.

Gruppe III. Gesamtproteinwerte. weitgehend in *normalen* Grenzen, stärkere Hypalbuminämie (30—50 rel. %) mit

a) weitgehend normalen relativen α-Globulinwerten und *normalen β-Globulinwerten.*

Dazu gehören: Morbus Darier, Ichthyosis vulgaris, Ekzeme (u. a. seborrhoische Ekzeme, chronisch-allergische Ekzeme), Psoriasis, Morbus Brocq, Lichen ruber planus, Hyalinosis cutis et mucosae, Erythematodes chronicus, Lymphknotenblasmocytom mit Hautveränderungen, Lues maligna, Lues latens (selten) und Lues III; Hautcarcinom;

b) normalen relativen α-Globulinwerten (oder sekundär bedingt erhöhten) und *β-Globulinerhöhung.*

Dazu gehören: chronisches Ekzem, Ulcus cruris varicosum, Lues latens (häufig), Taboparalyse, Myxödem.

Gruppe IV. Gesamtproteine normal mit relativ *geringen dysproteinämischen Verschiebungen:* Hypalbuminämie zwischen 60—50 rel. % mit entsprechend invers erhöhten γ-Globulinwerten bei weitgehend normalen oder etwas erhöhten relativen α- und β-Globulinwerten: Die komplikationslosen Hauttuberkuloseformen und die Lepra, das Hautcarcinom (1 Fall), Keratoma palmare et plantare, Akrodermatitis atrophicans, Lichen ruber planus, chronisch-allergisches Ekzem.

4. **Die Serumlabilitätsteste** sind in der Ungenauigkeit ihres Ansprechens als zusätzliche serumproteinbezogene Reaktionen in der Klinik begrenzt verwendbar, worauf bereits von Wuhrmann und Wunderly ausführlich hingewiesen wurde. Für ihren mehr oder minder starken positiven Ausfall bei einzelnen Arten und Gruppen von Dermatosen gelten dieselben klinischen und serumproteinchemischen Voraussetzungen wie in der inneren Medizin. Die von Wuhrmann und Wunderly aufgestellten Reaktions-Konstellationstypen, also die Beziehungen des Labilitäts-Testausfalles zu den elektrophoretischen Serumproteinverschiebungen findet man, besonders bei akuten, subakut-chronischen und chronisch-entzündlichen Gruppen von Dermatosen wieder. Es erübrigt sich deshalb, ausführlicher darauf einzugehen. Es sei lediglich erwähnt, daß bei akut entzündlichen Dermatosen *W.B.-Verkürzungen* aller Schattierungen, extrem bis —4 (0,65/00 $CaCl_2$), vorkommen können, daß bei Überlagerungen von akuten und chronischen Entzündungsreaktionen „stumme" W.B.er und bei chronisch-entzündlichen Dermatosen W.B.-Verbreiterungen bis extrem + 12 (0,03/00 $CaCl_2$) beobachtet worden sind (Leinbrock). Dem *W. Nephelogramm* kommt insofern eine besonders wertvolle Bedeutung für die Beurteilung von dermatologischen Serumproteinbewegungen zu, als es bei geringen dysproteinämischen Verschiebungen mit einer Erniedrigung der Kurvenmaxima bereits dann anspricht, wenn noch alle (s. oben) anderen Labilitätsteste negativ ausfallen. Die Takata-*Reaktion* (quantitativ modifiziert nach Mancke-Sommer) sprach bei den Dermatosen mit starken γ-Globulinerhöhungen mit Werten bis unter 30 mg-% an. Der Ausfall der $CdSO_4$-*Reaktionen* entsprach den von Wuhrmann-Wunderly angegebenen serumproteinchemischen Voraussetzungen.

Auch in der Dermatologie werden sich Reaktions-Konstellationstypen wie in der inneren Medizin aufstellen lassen, es muß aber vorher eine große Zahl von Serum- bzw. Plasma-Elektrophoresen gleichzeitig mit den angeführten Labilitätstesten bei den einzelnen Dermatosen durchgeführt werden, bevor eine klare Beurteilung möglich sein wird.

5. **Die vorliegenden elektrophoretischen Zustandsanalysen bei Dermatosen** lassen bisher

a) *kein* für eine bestimmte Dermatose *spezifisches* Elektrophoresediagramm,

b) *wohl aber* für bestimmte Dermatosen oder Gruppen von Dermatosen *charakteristische elektrophoretische Serumproteinbilder,* die innerhalb bestimmter Grenzen Schwankungen der einzelnen Proteinfraktionen offen lassen, erkennen.

Der bei der Einführung des Elektrophoreseverfahrens in die Medizin erhoffte *diagnostische und differentialdiagnostische Wert* dieser Methode ist *bisher*, auch in der Dermatologie, *ausgeblieben*. *Wohl* kann in *Einzelfällen* die elektrophoretische Zustandsanalyse wertvolle *diagnostische Hinweise vermitteln*, die in Verbindung mit anderen klinisch-chemischen und klinischen Befunden zur klinischen Diagnose führen, wie z. B. bei der angeführten Epidermolysis bullosa hereditaria mit dem noch fraglichen, gleichzeitig bestehenden γ-Myelom, oder bei der klinisch-histologisch bisweilen schwer zu erreichenden Differentialdiagnose zwischen Mycosis fungoides und BRILL-SYMMERSscher Erkrankung.

In diesem Zusammenhang muß vor einer kritiklosen Deutung der Elektrophoresediagramme, die z. B. in jeder stärker erhöhten Hyper-γ-Globulinämie bei Dermatosen das Vorliegen eines γ-Myeloms sieht und dabei alle reaktiv möglichen γ-Globulinerhöhungen außer acht läßt oder bei stärkeren γ-Globulinerhöhungen von einer (allerdings unbewiesenen) Entstehung von Paraproteinen spricht, entschieden gewarnt werden. Diese Fehldeutungen sind dazu angetan, diese auf exakten physikalisch-chemischen Erwägungen aufbauende, für die pathogenetische Betrachtungsweise der Dermatosen so wertvolle Methode zu entwerten. In Verbindung mit anderen modernen klinischen und physikalisch-chemischen Untersuchungsverfahren sind noch umfangreiche elektrophoretische Proteinuntersuchungen bei allen Dermatosen erforderlich als Voraussetzung für eine Beurteilung des möglichen diagnostischen Wertes der Elektrophorese für die Dermatologie.

6. Die elektrophoretischen Verlaufsanalysen mit Hilfe des Mikroverfahrens erlauben es, in jeder Krankheitsphase die Serumproteinkonstellation zu bestimmen. Damit besteht die Möglichkeit, die positiven oder negativen elektrophoretischen Serumproteinbewegungen mit den klinischen Erscheinungsbildern während des Krankheitsablaufes zu vergleichen und, wie die bisherigen Ergebnisse zeigten — allerdings mit größter Kritik und Zurückhaltung —, aus dem Serumeiweißbild *prognostische* Schlüsse zu ziehen. Da die bisherige Erfahrung der *Normalisierung* des dysproteinämisch veränderten *elektrophoretischen Diagramms einer Dermatose der klinischen Heilung zögernd folgt und zeitlich nachhinkt*, darf aus einem *Unverändertbleiben der Dysproteinämie bei scheinbarer klinischer Heilung* auf eine *Rezidivneigung* geschlossen werden, wie sie z. B. bei Psoriatikern, bei Hauttuberkulösen u. a. beobachtet wurden. Die elektrophoretische Verlaufsanalyse erlaubt ferner, die *Kontrolle der therapeutischen Wirksamkeit eines Medikaments oder anderer Behandlungsverfahren* (evtl. der medikamentösen negativen Nebenwirkung auf innere Organe) z. B. unter der Salvarsan-, Penicillin-, Pyrifertherapie der Lues, der Vigantol- oder Contebentherapie der Hauttuberkulose, der diätetischen oder Vigantolbehandlung der Psoriasis oder der Ultraschallbehandlung bei Sklerodermie (LEINBROCK), beim Myxödem unter Calcium-Diuretin (ROBERT) oder bei Lymphoblastomen unter Röntgenbestrahlungen (LÖBLICH und WAGNER, FRANKE und BAUMANN).

Die elektrophoretischen Serumproteinbewegungen, ausgehend vom dysproteinämischen Zustandsbild der Dermatose bis zu seiner Normalisierung unter der Heilung der Dermatose zeigen nach den bisherigen Befunden im großen ganzen folgenden Verlauf:

7. Das dysproteinämische Zustandsbild steht zu den pathologischen Veränderungen der Haut in Beziehung, da kaum eine Dermatose mit normalem Serumproteinspektrum einhergeht. Ein gewisses quantitatives Verhältnis zwischen der Art und dem Ausmaß der erkrankten Hautbezirke und den zugehörigen Proteinspektren findet man bei den schweren, akut, evtl. subakut entzündlichen, teils nässenden Dermatosen, wie z. B. beim Pemphigus acutus, schweren universellen Dermatitiden, Erythrodermien, Verbrennungen 2. und 3. Grades. Je exsudativer der Prozeß, durch diffusen oder circumscripten (z. B. bei Blasenbildungen) starken Serumeiweißverlust bedingt, verläuft, um so ausgesprochener sind die dysproteinämischen Verschiebungen, besonders die Hypalbuminämie und Hypoproteinämie. Auch bei den über die ganze Haut ausgedehnten pathologischen Veränderungen bei chronisch verlaufenden Dermatosen, wie z. B. beim Pemphigus vegetans, bei der Epidermolysis bullosa hereditaria mit γ-Myelom (?), bei der Poikilodermatomyositis, bei der Mycosis fungoides, der Brill-Symmersschen Erkrankung, die meist mit Hyperproteinämie und starker Hyper-γ-Globulinämie verlaufen, scheinen quantitative Wechselbeziehungen „Haut—Serumproteinspektrum" zu bestehen. Auch bei vielen weniger exsudativ und weniger universell verlaufenden Dermatosen scheinen diese quantitativen Wechselbeziehungen vorzuliegen. Offensichtlich bestehen diese aber

Dysproteinämie

	Albumin	α-Globulin	β-Globulin	γ-Globulin
Zustandsbild im Beginn	*erniedrigt* ↓	erhöht oder normal ↓	normal, subnormal oder etwas erhöht ↓	*erhöht* ↓
1. Phase	*erniedrigt* (unverändert oder stärker abgefallen) ↓	*Abfall* oder normal ↓	normal, subnormal oder noch erhöht ↓	*stärker erhöht* ↓
2. Phase	*erniedrigt* (unverändert) ↓	normal (oder erniedrigt) ↓	*Anstieg* (oder normal) ↓	*unverändert* stark erhöht ↓
3. Phase	allmählicher *Anstieg* zur Norm	normal	*Abfall* (bis normal)	allmählicher *Abfall* zur Norm

Die Zeile „Ablauf bis zur klinischen Heilung" umfaßt Zustandsbild im Beginn sowie 1., 2. und 3. Phase.

nicht bei allen Dermatosen; denn bei den mit allgemeiner Durchseuchung des gesamten Organismus einhergehenden Dermatosen, z. B. der Lues, Frambösie, dürften die teils geringen (Lues I) cutanen Veränderungen nur zum geringen Teil zu den Serumproteinverschiebungen Bezug haben. Außerdem ist es unerklärlich, warum z. B. eine Parapsoriasis guttata (Robert) ein fast normales Serumproteinspektrum aufweist. So scheinen bei manchen Dermatosen die sich abspielenden histologischen Veränderungen in gewisser Korrelation zu dem zugehörigen Serumproteinspektrum zu stehen: je stärker die am und in der Umgebung des Gefäßapparates der Cutis, teils auch der Epidermis, sich abspielenden Entzündungsreaktionen, besonders mit stärkerem Ödem, sind, um so ausgesprochenere Dysproteinämie mit starker Hypalbuminämie und Hypoproteinämie tritt auf. Auffallend ist ferner, daß die chronisch verlaufenden Dermatosen größtenteils mit erheblichen histologischen Veränderungen am Bindegewebe (teils am Gefäßbindegewebsapparat) und gleichzeitig mit Hyperproteinämie und wesentlichen dysproteinämischen Verschiebungen einhergehen, wobei auffälligerweise auch bei den mit Hyperkeratosen einhergehenden Formen die β- und α-Globuline häufig subnormale Werte aufweisen. Es bestehen zweifellos zwischen den histologisch erkennbaren Veränderungen einer Dermatose und dem Serumproteinspektrum uns noch unbekannte Beziehungen, auf die nur kurz hingewiesen sei und die nur durch umfangreiche Vergleichsuntersuchungen aufgedeckt werden können.

8. Die Hoffnungen, mit Hilfe der Serumprotein-Elektrophorese den **luesspezifischen Antikörper** der Wa.R. und der Flockungsreaktionen zu isolieren, dadurch die

Luesspezifität dieser Reaktionen zu schaffen und die bisher nicht mögliche diagnostische Abtrennung der Biologic false positive Serumreaktionen zu erreichen, sind enttäuscht worden. Die vorwiegend amerikanischen Forscher sind der Ansicht, daß der zwischen den β- und γ-Globulinen wandernde luesspezifische Antikörper in für die Elektrophorese nicht erfaßbaren, zu geringen Konzentrationen vorliegt. Dagegen konnten von seiten der Albumine her eine weitgehende Spezifität der Flockungsreaktionen erzielt werden.

9. Die therapeutische Anwendung der Albumine und unter den Globulinen vor allem der γ-Globuline, mit denen bestimmte Antikörper wandern sollen, hat in der Dermatologie bisher noch keine Bedeutung erlangt. Sie ist, was die Albumine anbelangt, durch die wenigen Versuche LEVERs beim Pemphigus vulgaris äußerst kritisch zu bewerten, zumal sich gezeigt hat, daß die durch therapeutische Albuminzufuhr erreichte Besserung der beträchtlich dysproteinämisch veränderten Serumproteinspektren nur eine vorübergehende und kurzfristige war und sich das vorherige elektrophoretische Zustandsdiagramm schnell wieder einstellte. Daraus dürfte auf eine therapeutisch kaum zu beeinflussende zentrale Steuerung des Serumproteinstoffwechsels zu schließen sein.

Literatur

Zur Methode der quantitativen Elektrophorese

1. ANTWEILER, H. J.: Eine Mikroschnellbestimmung der Eiweißstoffe im Serum. Z. angew. Chem. **59**, 33 (1947).
2. — Quantitative Mikroelektrophorese. Kolloid-Z. **115**, 130 (1949).
3. — u. H. ENGELHARD: Die Vortäuschung von Unterfraktionen bei der quantitativen Elektrophorese durch elektroosmotische Störungen. Kolloid-Z. **117**, 110 (1950).
4. — Die Empfindlichkeitsgrenzen optischer Meßmethoden bei Mikroelektrophorese und Mikrodiffusion. Mikrochem. **37**, 561 (1951).
5. — Quantitative Elektrophorese im Trennrohr. In HOUBEN-WEYL, Methoden der Organischen Chemie, Bd. III/2, 1955.
6. ARMSTRONG, S. H., M. J. E. BUDKA u. K. C. MORRISON: Darstellung und Eigenschaften von Serum- und Plasmaproteinen. XI. Quantitative Auswertung von elektrophoretischen Schlierendiagrammen der normalen Humanplasmaproteine. J. Amer. Chem. Soc. **69**, 416 (1947).
7. — — and M. HASSON: Darstellung und Eigenschaften von Serum- und Plasmaproteinen. XII. Brechungseigenschaften der Proteine des Humanplasmas und einiger gereinigter Fraktionen. J. Amer. Chem. Soc. **69**, 1747 (1947).
8. CREMVR, H. D., u. A. TISELIUS: Elektrophorese von Eiweiß in Filtrierpapier. Biochem. Z. **320**, 273 (1950).
9. DOLE, V.: Eine Theorie des Systems wandernder Fronten bei starken Elektrolyten. J. Amer. Chem. Soc. **67**, 1119 (1945).
10. — Elektrophoresediagramme des Normalplasmas. J. Clin. Invest. **23**, 708 (1944).
11. EDSALL, J. T., R. M. FERRY and S. H. ARMSTRONG JR.: Proteine der Blutgerinnung. J. Clin. Invest. **23**, 557 (1944).
12. ESSER, H., F. HEINZLER, F. KATZMEIER u. W. SCHOLTAN: Quantitative Serumeiweißfraktionierung mit der Elektrophorese in Filterpapier. Münch. med. Wschr. **1951**, Nr. 19.
13. EWERBECK, H.: Die elektrophoretische Darstellung normalen menschlichen Liquors. Klin. Wschr. **1950**, 692.
14. GRASSMANN, W., K. HANNIG u. M. KNEDEL: Ein Verfahren zur elektrophoretischen Bestimmung der Serumproteine auf Filterpapier. Dtsch. med. Wschr. **1951**, 333.
15. HACKER, W.: Über die Anwendung der KOHLRAUSCH-WEBERschen Theorie der wandernden Grenze bei Lösungen mehrerer Elektrolyte und bei Kolloiden-Lösungen. Kolloid-Beih. **41**, 147 (1935).
16. HALWER, M., G. C. NATTING u. B. A. BRICE: Molekulargewichte von Lactoglobulin, Ovalbumin, Lysozym und Serumalbumin auf Grund der Lichttrennung. J. Amer. Chem. Soc. **73**, 2786 (1951).
17. HOCH, H.: Vergleich der Elektrophoresediagramme von Humanserum bei Phosphat- und Veronalpuffer. Biochemic. J. **46**, 539 (1950).
18. JOHNSON, P., u. E. M. SHOOTER: Der Gebrauch der TISELIUS-Elektrophorese-Apparatur bei 20°. J. Colloid. Sci. **3**, 539 (1948).
19. KOHLRAUSCH, F.: Über Konzentrationsverschiebungen durch Elektrophorese im Innern von Lösungen und Lösungsgemischen. Ann. Physik, N. F. **62**, 209 (1897).
20. KÖIV, E., G. WALLENIUS u. A. GRÖNWALL: Papierelektrophorese in der klinischen Chemie. Scand. J. Clin. Lab. Invest. **4**, 47 (1952).
21. LABHARD, H., u. H. STAUB: Mikroelektrophorese. Helvet. chim. Acta **30**, 1954 (1947).
22. LAMM, O.: Messungen von Konzentrationsgefällen bei der Sedimentation und Diffusion mit Hilfe von refraktometrischen Methoden. Nova Acta Soc. Sci. Upsala **10**, Nr. 6 (1937).
23. LOTMAR, W.: Interferometeranordnungen für Mikroelektrophorese. Helvet. chim. Acta **32**, 1847 (1949).
24. LONGSWORTH, L. G.: Eine Modifikation der Schlierenmethode für den Gebrauch bei der elektrophoretischen Analyse. J. Amer. Chem. Soc. **61**, 529 (1939).
25. — u. D. A. MACINNES: Die Deutung einfacher Elektrophoresediagramme. J. Amer. Chem. Soc. **62**, 705 (1940).
26. — Neue Fortschritte beim Studium der Proteine durch Elektrophorese. Chem. Reviews **30**, 323 (1942).
27. — Studien an wandernden Fronten von Salzmischungen. J. Amer. Chem. Soc. **67**, 1109 (1945).
28. — Optische Methoden in der Elektrophorese. Industr. Engin. Chem. II, 18, 219 (1946).
29. — Interferometrie bei der Elektrophorese. Analyt. Chemistry **23**, 347 (1951).

30. McDonald, H. J.: Ionography. Chicago 1955.
31. Moore, D. H., u. J. U. White: Eine neue geschlossene Tiselius-Elektrophorese-Apparatur. Rev. Sci. Instr. 19, 700 (1948).
32. — J. B. Roberts, M. Costello u. T. W. Schonberger: Faktoren, die die elektrophoretische Analyse des Humanserums beeinflussen. J. of Biol. Chem. 180, 1147 (1949).
33. Ott, H., H. Huber u. G. Körver: Ein Vergleich der Elektrophoresemethoden nach Tiselius, Antweiler und Turba. Klin. Wschr. 1952, 34.
34. Perlmann, G. E., u. D. Kaufmann: Der Einfluß von Ionenstärke und Proteinkonzentration bei der elektrophoretischen Analyse von Humanplasma. J. Amer. Chem. Soc. 67, 638 (1945).
35. — u. L. G. Longsworth: Die Brechungszahl gereinigter Proteine. J. Amer. Chem. Soc. 70, 2719 (1948).
36. Philpot, J. St. L., u. G. H. Cook: Ein selbstzeichnendes interferometrisches System für die Ultrazentrifuge. Research (London) 1, 234 (1948).
37. — Die direkte Photographie von Sedimentationskurven bei der Ultrazentrifuge. Nature (London) 141, 283 (1938).
38. Sommerfelt, S.: Bemerkungen zur Auswertung von Papierelektropherogrammen von Proteinen. Scand. J. Clin. Lab. Invest. 5, 105 (1952).
39. Svensson, H.: Direkte photographische Aufnahme von Elektrophoresediagrammen. Kolloid-t. 87, 181 (1939).
40. — Theorie der Beobachtungsmethode der gekreuzten Spalte. Kolloid-Z. 90, 141 (1940).
41. — Elektrophorese nach der Methode der wandernden Fronten. Ark. Kemi (A) 22, Nr. 10 (1946).
42. — Echte und falsche Fronten bei der Elektrophorese. Ark. Kemi (B) 21, Nr. 5 (1945).
43. — Eine interferometrische Methode zum Aufzeichnen der Brechungskurve bei Konzentrationsgradienten. Acta chem. scand. (Copenh.) 3, 1170 (1949).
44. — Optische Anordnung zur gleichzeitigen Aufzeichnung der Brechungs- und Gradientenkurve bei geschichteten Lösungen. Acta chem. scand. (Copenh.) 4, 399 (1950).
45. — Das Verhalten schwacher Elektrolyte im System der wandernden Fronten. Die Gleichung der wandernden Front. Acta chem. scand. (Copenh.) 2, 841 (1948).
46. — Eine interferometrische Methode zur Aufzeichnung des Brechungsgradienten. Acta chem. scand. (Copenh.) 14, 1329 (1950).
47. Staub, F., u. A. Alder: Die Mikroelektrophorese als klinische Methode. Schweiz. med. Wschr. 1951, 483.
48. Tiselius, A.: Ein neuer Apparat für die elektrophoretische Analyse von Kolloidmischungen. Trans. Faraday Soc. 33, 524 (1937).
49. Turba, F., u. A. J. Enekel: Elektrophorese von Proteinen in Filterpapier. Naturwiss. 37, 93 (1950).
50. Wiedemann, E.: Die willkürliche Modifizierung der Milieubedingungen bei Elektrophoreseversuchen zur Eliminierung der Extragradienten (δ- und ε-boundaries) und ihre praktische Bedeutung. Helvet. chim. Acta 30, 168 (1947).
51. — Neue Zellensätze für Elektrophoresemessungen und kleinpräparative Elektrophoreseversuche. Helvet. chim. Acta 31, 2037 (1948).
52. — Die interferometrische Aufzeichnung von Brechungsindex-Gradientenkurven. Helvet. chim. Acta 35, 2314 (1953).
53. Wieland, Th., u. E. Fischer: Über Elektrophorese auf Filterpapier. Naturwiss. 35, 29 (1948).
54. — u. L. Wirth: Über Retentionsanalyse. IV. Quantitative Bestimmung von Aminosäuren mit der verbesserten Retentionstechnik. Z. angew. Chem. 62, 473 (1950).
55. Wogau, A. v.: Die Diffusion von Metallen in Quecksilber. Ann. Physik 23, 345 (1907).
56. Wunderly, C. H.: Die Papierelektrophorese. Aarau 1954.

Zur Physiologie des Eiweißes

1. Abramson, H. A., u. D. H. Moore: Besprechung der Elektrophorese besonders im Hinblick auf das Verhältnis von Allergenen und Serumeiweiß. J. Labor. a. Clin. Med. 26, 174 (1940).
2. Addis, T., L. J. Poo u. W. Lew: Über den quantitativen Eiweißverlust der verschiedenen Organe und Gewebe des Körpers während des Fastens. J. of Biol. Chem. 115, 111 (1936).
3. — Die Menge des gebildeten Eiweißes in den verschiedenen Organen und Geweben nach Wiederfütterung mit Casein. J. of Biol. Chem. 116, 343 (1936).
4. Adjutantis, G.: Elektrophoretische Trennung der löslichen Zelleiweißkörper der Rattenleber in Boratpuffer mit Filterpapier. Nature (London) 173, 539 (1954).
5. Allgöwer, M., u. H. Süllmann: Die Wirkung von Blutserumfraktionen auf die Wanderung menschlicher Leukocyten in vitro. Experientia (Basel) 6, 107 (1950).

6. AMBERSON, W. R., T. ERDÖS, B. CHINN u. H. LUDES: Untersuchungen von Eiweißextrakten aus Säugetiermuskulatur mit Hilfe der Elektrophorese und Ultrazentrifuge. J. of Biol. Chem. 181, 405 (1949).
7. ANDERSON, C. H., H. G. KUNKEL u. M. McCARTY: Quantitative Anti-Streptokinasebestimmungen bei mit hämolytischen Streptokokken (Gruppe A) infizierten Patienten. Ein Vergleich zwischen Serum-, Antistreptolysin- und γ-Globulin-Titer unter besonderer Berücksichtigung der Verhältnisse beim rheumatischen Fieber. J. Clin. Invest. 27, 425 (1948).
8. ANDREASEN, E., J. BING, O. GOTTLIEB u. N. HARBOC: Über mögliche Hinweise, daß die lymphoiden Gewebe der Ratte Serumproteine produzieren. Acta physiol. scand. (Stockh.) 15, 254 (1948).
9. ARMSTRONG, S. H., M. E. J. BUDKA u. K. C. MORRISON: Herstellung und Eigenschaften der Serum- und Plasmaproteine. J. Amer. Chem. Soc. 69, 916 (1947).
10. AUERWALD, W., u. M. WENZL: Elektrophoretische Plasmauntersuchungen zur Frage der Alterung von Blutkonserven. Wien. klin. Wschr. 1950, 775.
11. BALINT, P., u. M. BALINT: Über die chemische Zusammensetzung der menschlichen Bluteiweißkörper. Biochem. Z. 308, 83 (1941).
12. BASSET, J.: Antikörper und Proteine in Immunseren. C. r. Acad. Sci. Paris 226, 1480 (1948).
13. BENDICH, A., ü. E. A. KABAT: Immunchemische Bestimmung der Schwundgeschwindigkeit transfundierten γ-Globulins bei zwei Fällen mit Hypoproteinämie. J. Labor. a. Clin. Med. 35, 1066 (1949).
14. BENHAMOU, E., J. PUGLIÈSE u. P. GRIGUET: Die praktische Bedeutung der Elektrophorese (nach TISELIUS und mit Papier) für die Diagnose erblicher hämolytischer Krankheiten. Presse méd. 1954, 1513.
15. BENNHOLD, H., H. OTT u. M. WIED: Über den Bindungsunterschied lebergängiger und nierengängiger Substanzen an die Bluteiweißkörper. Dtsch. med. Wschr. 1950, 11.
16. — — Die Globulinvehikel. Zugleich ein Beitrag zur Frage der Farbstoffbindung an natives und denaturiertes Serumeiweiß. Schweiz. med. Wschr. 1952, 475.
17. — Diskussionsbemerkung auf der 60. Tagung Dtsch. Ges. Innere Medizin 1954. Dtsch. med. Wschr. 1954, 865.
18. BERGER, K.: Über die Veränderungen des weißen Blutbildes und der Bluteiweißkörper sowie über die Antikörperbildung nach cutaner, subcutaner und intracutaner Einverleibung von Pockenschutzimpfstoff. Z. Hyg. 138, 272 (1953).
19. BERGER, W., u. L. PETSCHACHER: Die Eiweißkörper im Blutplasma. Fol. haemat. (Leipz.) 40, 81 (1930).
20. BERGREN, W. R.: Streifenelektrophorese von anormalen Hämoglobinarten. Acta haematol. (Basel) 12, 160 (1954).
21. BERGSTERMANN, H.: Untersuchungen über die eiweißgebundenen Kohlenhydrate und ihre Beziehungen zu den Serumeiweißreaktionen. Ärztl. Forsch. 8, 377 (1954).
22. BERKES, I.: Papierelektrophoretische Untersuchungen der durch die RIVALTA-Reaktion klassifizierten inneren Ergüsse. Hoppe-Seylers Z. 294, 142 (1954).
23. BERSON, S. A., R. S. YALOW, J. POST, L. H. WISHAM, K. N. NEWERLY, M. J. VILLAZON u. O. N. VAZQUEZ: Verteilung und Schicksal des i.v. gegebenen menschlichen Globins und sein Einfluß auf das Blutvolumen. J. Clin. Invest. 32, 22 (1953).
24. BERWIND, TH.: Elektrophoretische Untersuchungen an Muttermilch und Colostrum. Zbl. Gynäk. 75, 328 (1953).
25. BIELER, M. M., E. ECKER u. D. T. SPIESS: Die Serumproteine bei der Hypoproteinämie infolge Unterernährung. J. Labor. a. Clin. Med. 32, 130 (1947).
26. BING, J., u. P. PLUM: Die Serumproteine bei Leukopenie. Acta med. scand. (Stockh.) 92, 415 (1937).
27. — Weitere Untersuchungen bei der Hyperglobulinämie. Acta med. scand. (Stockh.) 103, 565 (1940).
28. BJØRNEBOE, M., u. H. GORMSEN: Untersuchungen über das Vorkommen von Plasmazellen bei experimenteller Hyperglobulinämie bei Kaninchen. Klin. Wschr. 1941, 314.
29. — — Experimentelle Untersuchungen über die Rolle der Plasmazellen als Antikörperproduzenten. Acta path. scand. (Københ.) 20, 648 (1943).
30. — — u. FR. LUNDQUIST: Weitere Untersuchungen über die Rolle der Plasmazellen als Antikörperproduzenten. J. of Immun. (amer.) 55, 121 (1947).
31. BISERTE, G., u. K. MASSE: Elektrophoretische Studien an Frauenmilchcolostrum. C. r. Soc. Biol. (Paris) 1948, 664.
32. BLASIUS, R.: Elektrophoretische Untersuchungen von Herzmuskelproteinen. Klin. Wschr. 1953, 478.
33. BLIX, G.: Quantitative Bestimmung von drei Serumglobulinarten (elektrophoretische Analyse). Z. exper. Med. 105, 595 (1939).
34. — Elektrophorese lipoidfreien Blutserums. J. of Biol. Chem. 137, 495 (1941).
35. — A. TISELIUS u. H. SVENSSON: Lipoide und Polysaccharide in elektrophoretisch getrennten Blutserumproteinen. J. of Biol. Chem. 137, 485 (1941).

36. BOGUTH, W.: Papierelektrophoretische Analyse von Hundeserum. Naturwiss. **40**, 22 (1953).
37. BOURDILLON, J.: Die Elektrophorese des Influenza-A-Virus. Proc. Soc. Exper. Biol. a. Med. **45**, 679 (1940).
38. BOWEN, T. J.: Elektrophoretische Untersuchungen über die Beziehung zwischen Gesamtcholesterin und extrahierbarer Substanz im β-Globulin bei normalem und diabetischem Serum. Brit. J. Exper. Path. **32**, 70 (1951).
39. BUBB, W.: Medizinische Fortschritte in den USA während des Krieges. Schweiz. med. Wschr. **1947**, 239.
40. — u. A. PEDRAZZI: Einfluß der Nahrungsaufnahme auf den Ausfall einiger Serumeiweißfraktionen. Schweiz. med. Wschr. **1949**, 167.
41. CAMBELL, D. H., I. R. CANN, T. B. FRIEDMAN, u. R. A. BROWN: Durch Elektrophorese getrennte Serum-Reagin-Fraktion. J. Allergy **21**, 519 (1950).
42. CANN, J. R., R. A. BROWN u. J. G. KIRKWOOD: Die Fraktionierung menschlichen Immun-γ-Globulins. J. of Biol. Chem. **135**, 663 (1950).
43. — Elektrophoretische Untersuchung von Eialbumin. J. Amer. Chem. Soc. **71**, 907 (1949).
44. — Die Trennung des γ-Globulins durch Elektrophorese. J. Amer. Chem. Soc. **71**, 2687 (1949).
45. — Die Trennung der Rinderserumproteine durch Elektrophorese. J. Amer. Chem. Soc. **71**, 1609 (1949).
46. — Die Anwendung der Elektrophorese bei der Trennung von Rinderserum-γ-Globulin. J. of Biol. Chem. **181**, 161 (1949).
47. CARTWRIGHT, G. E., E. L. SMITH, D. M. BROWN u. M. M. WINTROBE: Elektrophoretische Serumuntersuchungen bei normalen und hypoproteinämischen Schweinen. J. of Biol. Chem. **176**, 585 (1948).
48. — P. BLACK u. M. M. WINTROBE: Studien über die Bindungsfähigkeit des Serums für Eisen bei infektiöser Anämie. J. Clin. Invest. **28**, 78 (1948/49).
49. CANNON, P. R., u. D. M. HEYSTED: Zit. nach EDSALL.
50. CHANUTIN, A., J. C. HORTENSTINE, W. S. COLE u. ST. LUDEWIG: Die Blutplasmaproteine bei Ratten nach partieller Hepatektomie und Laparotomie. J. of Biol. Chem. **128**, 246 (1938).
51. CHARLWOOD, P. A.: Eine elektrophoretische Studie an Diphtherie-Toxoid. Biochemic. J. **42**, 425 (1948).
52. CHENG, K. K.: Eine experimentelle Untersuchung über die Beziehung zwischen Plasmaproteinen und Leberstörungen. J. of Path. **61**, 23 (1949).
53. CHOW, B. F.: Das Verhältnis zwischen dem Albumin- und γ-Globulingehalt von Plasma. J. Clin. Invest. **26**, 883 (1947).
54. — R. D. SEELEY, J. B. ALLISON u. W. H. COLE: Die Wirkung des Plasmaeiweißentzuges bei Hunden. Elektrophoretische Untersuchungen. Arch. of Biochem. **16**, 69 (1948).
55. COHEN, S. S., u. E. CHARGAFF: Elektrophoretische Eigenschaften des thromboplastischen Eiweißes der Lungen. J. of Biol. Chem. **140**, 689 (1941).
56. COHN, E. J.: Chemische, physiologische und immunologische Eigenschaften und der klinische Gebrauch der Blutplasmabestandteile. Experientia (Basel) **3**, 126 (1947).
57. — Über bestimmte chemische Tatsachen beim Verhalten einzelner menschlicher Plasmaproteine untereinander. Blood **3**, 471 (1948).
58. DAFT, S. F., S. F. ROBSCHEIT u. G. H. WHIPPLE: Die Neubildung von Hämoglobin und der Eiweißstoffwechsel. J. of Biol. Chem. **103**, 495 (1933).
59. — Der Einfluß von intravenös gegebenem Plasmaprotein auf den Stoffwechsel des Körpers. J. of Biol. Chem. **133**, 87 (1938).
60. DEISS, W. P., E. C. ALBRIGHT u. F. C. LARSON: Eine Untersuchung über die Natur des zirkulierenden Schilddrüsenhormons bei euthyreotischen und hyperthyreotischen Personen durch Verwendung der Papierelektrophorese. J. Labor. a. Clin. Med. **40**, 791 (1952).
61. DELANNAY, A., J. LEBRUN u. M. DELANNAY: Das lymphoide Gewebe bei Tieren während der Immunisation. C. r. Acad. Sci. (Paris) **226**, 133 (1948).
62. DEMLING, L.: Elektrophoretische Untersuchungen an Strukturelementen der Zelle. Klin. Wschr. **1953**, 1103.
63. DENT, C. E., u. J. A. SCHILLING: Studien über die Proteinaufnahme: Die Aminosäurewerte im Portalblut. Biochemic. J. **44**, 318 (1949).
64. — Der Aminosäurestoffwechsel. Schweiz. med. Wschr. **1950**, 752.
65. DEUTICKE, H. J.: Über die Proteine der peripheren Nerven. Pflügers Arch. **255**, 46 (1952).
66. DEUTSCH, H. F., u. M. B. GOODLOE: Eine Übersicht über die Elektrophoresewerte des Plasmas bei verschiedenen Tierarten. J. of Biol. Chem. **161**, 1 (1945).
67. — R. A. ALBERTY, L. J. GOSTING u. J. W. WILLIAMS: Biophysikalische Studien an Plasmaproteinen: IV. Die immunologischen Eigenschaften des γ_1-Globulins im normalen menschlichen Plasma. J. of Immun. **56**, 183 (1947).

68. Deutsch, H. F.: Eine Studie über das Molkenprotein der Milch verschiedener Tierarten. Dep. Physiol. Chem. Physic. Chem. Univ. Wisconsin Madison **169**, 437 (1947).
69. — u. J. C. Nickol: Untersuchungen über die Fraktionierung von Serum normaler und immunisierter Pferde. J. of Biol. Chem. **176**, 792 (1948).
70. Dixon, F., D. W. Talmage, P. H. Maurer u. M. Deichmüller: Die Halbwertszeit des γ-Globulins bei verschiedenen Species. J. of Exper. Med. **96**, 313 (1952).
71. Doerr, R.: Die Immunitätsforschung, Bd. IV: Antikörper. Wien: Springer 1949.
72. Dole, V. P.: Die Elektrophoresewerte des normalen Plasmas. J. Clin. Invest. **23**, 708 (1944).
73. Dougherty, T. F., J. H. Chase u. A. Withe: Über die Wirkung der Nebennierenrindensekretion auf das lymphoide Gewebe und den Antikörpertiter. Proc. Soc. Exper. Biol. a. Med. **57**, 297 (1944).
74. Drury, D. R., u. P. D. McMaster: Die Leber als Bildungsstätte für Fibrinogen. J. of Exper. Med. **50**, 569 (1929).
75. Dubois-Ferrière, H.: Die Funktion der Plasmocyten. Schweiz. med. Wschr. **1943**, 1346.
76. Dubuisson, M., u. M. Jacob: Elektrophorese von Muskeleiweiß. Experientia (Basel) **1**, 272 (1945).
77. — u. L. Roubert: Elektrophoretische Untersuchung von Eiweißextrakten aus Molluskenmuskulatur. C. r. Soc. Biol. (Paris) **141**, 802 (1947).
78. Edsall, J. T.: Die Plasmaproteine und ihre Fraktionierung. Adv. Protein Chem. **3**, 383 (1947).
79. Ehrich, W. E.: Die cellulären Bildungsstätten der Antikörper. Klin. Wschr. **1955**, 315.
80. Ehrlich, W.: Untersuchungen über das lymphatische Gewebe. J. of Exper. Med. **49**, 347, 361 (1929).
81. — D. L. Drabkin u. C. Forman: Über die Nucleinsäuren und die Antikörperproduktion durch Plasmazellen. J. of Exper. Med. **90**, 157 (1949).
82. Elman, R., u. C. J. Heifetz: Experimentelle Hypalbuminämie. J. of Exper. Med. **73**, 417 (1941).
83. Emmerich, R.: Beeinflussung des Albumin- und Globulingehalts der Serumproteine durch orale Cystingaben. Klin. Wschr. **1950**, 563.
84. Endo, E.: Studien über den intermediären Eiweiß- und Kohlenhydratstoffwechsel in der Lunge unter verschiedenen Bedingungen. Tôhoku J. Exper. Med. **40**, 543 (1941).
85. Erdös, Th., u. O. Snellman: Elektrophoretische Untersuchungen an kristallisiertem Myosin. Biochim. et Biophysica Acta (N. Y.) **2**, 642 (1948).
86. Ewerbeck, H.: Die elektrophoretische Darstellung normalen menschlichen Liquors. Klin. Wschr. **1950**, 692.
87. — Zur Frage der Serumeiweißbildung in der Leber. Z. exper. Med. **117**, 237 (1951).
88. Eymer, K. P.: Das Serumeiweißbild bei gesunden Ratten. Ärztl. Forsch. **8**, 388 (1954).
89. Fanucchi, F., C. Buss u. F. Vitali: Veränderungen der kreisenden Plasmaproteine während des experimentellen Hungers. Rass. Fisiopat. clin. Terap. **21**, 315 (1949).
90. McFarlane, A. S.: Die Lipoide im menschlichen Serum. Nature (London) **149**, 439 (1942).
91. Felder, O.: Über die Möglichkeit einer elektrophoretischen Differenzierung der Pleuraexsudate. Münch. med. Wschr. **1953**, 928.
92. Felix, K.: Dynamik des Eiweißes. Verh. dtsch. Ges. inn. Med. **52**, 387 (1940).
93. — u. E. Schütte: Zur Physiologie des Eiweißes. Verh. dtsch. Ges. inn. Med. **55**, 191 (1949).
94. Fink, R. M., T. Enns, C. P. Kimball, E. Silberstein, W. F. Bale, S. C. Madden u. G. H. Whipple: Der Plasmaproteinstoffwechsel unter normalen Verhältnissen und beim Schock. J. of Exper. Med. **80**, 455 (1944).
95. Fleischhacker, H.: Über die Herkunft der Plasmaeiweißkörper. Wien. Arch. inn. Med. **34**, 96 (1940).
96. — Die Plasmazellen und das RES des Knochenmarkes. Dtsch. Arch. klin. Med. **186**, 506 (1940).
97. Fontan, R. J. L.: Über Zellsysteme, die an der Genese der Plasmaproteine teilhaben. Hisp. Médica **5**, 415 (1948).
98. Forsythe, R. R., u. J. F. Forster: Bemerkung über die Zusammensetzung des Eiereiweißes. (Elektrophoretische Untersuchung.) Arch. of Biochem. **20**, 161 (1949).
99. — Eiereiweiß. Elektrophoretische Studie. J. of Biol. Chem. **184**, 377 (1950).
100. Frunder, M. A., u. H. Frunder: Über das elektrophoretische Bild des Retroplacentarserums. Z. Ges. inn. Med. **7**, 318 (1952).
101. Fukuhara, R.: Studien über die Wiederherstellung des Bluteiweißes. Tôhoku J. Exper. Med. **30**, 465, 482, 506 (1936/37).
102. Gatto, D. I.: Zusammensetzung und Funktion der normalen Plasmaproteine. Relazione al XXIII Congresso della società Italiana di Pediatria Bologna, 19—21 Settembre 1954, Estratto dal Volume degli Atti del Congresso.
103. Geinitz, W.: Über Serumeiweiße von Tieren, die häufig als Versuchstiere oder zur Gewinnung von Heilseren dienen. Klin. Wschr. **1954**, 1108.
104. Gibson, S. T.: Das Blut und seine Derivate New England J. Med. **239**, 544 (1948).

105. Gjessing, E. C., u. A. Chanutin: Elektrophoretische Studien über das Plasma und die Plasmafraktionen bei normalen und versehrten Ratten. J. of Biol. Chem. 169, 657 (1947).
106. — St. Ludewig u. A. Chanutin: Fraktionierung, Elektrophorese und chemische Studien an Serumproteinen bei normalen und versehrten Meerschweinchen. J. of Biol. Chem. 174, 683 (1948).
107. Glanzmann, E.: Zur Pathologie des Eiweißstoffwechsels. Mitt. naturforsch. Ges. Bern, N. F. 1, 41 (1944).
108. Glick, D., u. H. D. Moore: Der Hyaluronidaseinhibitor in den elektrophoretisch getrennten Fraktionen des menschlichen Serums. Arch. of Biol. Chem. 19, 173 (1948).
109. Goldstein, A.: Das Verhältnis zwischen Pharmaka und Plasmaproteinen. J. of Pharmacol. 95, 102 (1949), Part. II.
110. Gollan, F.: Untersuchungen am Blut und der extracellulären Flüssigkeit bei der chronischen Unterernährung des Kindes. J. Clin. Invest. 27, 352 (1948).
111. Granzer, E.: Über die Wirkung von Hormonextrakten des Hypophysenhinterlappens auf die Serumproteinzusammensetzung sowie ihre Beziehungen zum Renin. Naturwiss. 39, 405 (1952).
112. Grassmann, W., u. K. Hannig: Elektrophoretische Untersuchungen an Schlangen- und Insektentoxinen. Hoppe-Seylers Z. 296, 30 (1954).
113. Grönwall, A.: Veränderungen in den Elektrophoresewerten der Kuhmilch während der ersten Laktation. Nature (London) 159, 376 (1947).
114. Gross, Ph., u. H. Weicker: Die Bedeutung des Lipoidelektrophoresediagrammes. Klin. Wschr. 1954, 509.
115. Grundmann, G., u. R. Fischer: Beitrag zur Alterung von Blutkonserven. Dtsch. med. Wschr. 1953, 18.
116. Gubler, C. J., M. E. Lathey, G. E. Cartwright u. M. M. Wintrobe: Der Transport des Kupfers im Blut. J. Clin. Invest. 32, 405 (1953).
117. Gülzow, M., u. H. Pickert: Regeneration des Plasmaeiweißes nach Plasmaentzug. Z. exper. Med. 115, 40 (1949).
118. McGugan, W. A.: Verbindung zwischen Casein und β-Lactoglobulin bei Erhitzen. Science (Lancaster, Pa.) 120, 435 (1954).
119. Gutzeit, K.: Über die Verteilung der Albumine und Globuline im tierischen Organismus. Arch. klin. Med. 143, 238 (1924).
120. Harris N., u. S. Harris: Histochemische Veränderungen in den Lymphocyten während der Erzeugung von Antikörpern in den Lymphknoten von Kaninchen. J. of Exper. Med. 90, 169 (1949).
121. Harris, T. N., D. H. Moore u. M. Farber: Physiologisch-chemische Untersuchungen an Lymphe und Lymphocytenextrakten bei normalem und gereiztem Gewebe. J. of Biol. Chem. 179, 369 (1949).
122. — u. S. Harris: Biologische und technische Faktoren bei der Demonstration der Antikörperproduktion durch lymphatisches Gewebe. J. of Immun. 64, 45 (1950).
123. Hedlund, P.: Das Auftreten von akutem Phasenprotein bei verschiedenen Krankheiten. Acta med. scand. (Stockh.) Suppl. 196, 579 (1947).
124. Heidelberger, M.: Untersuchungen an Antikörpern mit Hilfe der Ultrazentrifuge und Elektrophorese. Nature (London) 138, 165 (1936).
125. — u. K. O. Pedersen: Das Molekulargewicht der Antikörper. J. of Exper. Med. 65, 393 (1937).
126. Heinlein, H.: Die Bluteiweißbildung. Z. exper. Med. 112, 535 (1943).
127. Hellbrügge, Th. Fr., u. R. Marx: Elektrophoretische und gerinnungsphysiologische Untersuchungen an UV-bestrahltem Plasma und Plasmafraktionen. Med. Wschr. 1952, 30.
128. — Untersuchungen über den Einfluß der UV-Bestrahlung auf die Milcheiweißkörper. Vortrag auf der 50. Tgg. Dtsch. Ges. Kinderheilk. Lübeck 1950.
129. Henning, N., H. Kinzlmeier, L. Demling u. E. Mannuss: Elektrophoretische Untersuchung von Zelleiweißkörpern. Klin. Wschr. 1952, 390.
130. — L. Demling u. H. Kinzlmeier: Weitere Untersuchungen über die elektrophoretische Aufspaltung von Organproteinen. Klin. Wschr. 1953, 435.
131. — u. H. Kinzlmeier: Elektrophoreseuntersuchungen an menschlichen Magensäften. Dtsch. med. Wschr. 1952, 998.
132. — — Über die elektrophoretisch darstellbaren Proteine normaler und pathologischer Magensäfte. Münch. med. Wschr. 1953, 423.
133. Hess, R., u. H. F. Deutsch: Biophysikalische Untersuchungen an Plasmaproteinfraktionen und über die Eigenschaften des γ-Globulins normaler Kühe. J. Amer. Chem. Soc. 70, 84 (1948).
134. Hesselvick, L.: Elektrophoretische Untersuchungen an normalen und pathologischen Körperflüssigkeiten. Acta med. scand. (Stockh.) 101, 461 (1939).
135. — Elektrophoretische Untersuchungen an Proteinen des Auges und des Glaskörpers. Scand. Arch. Physiol. 82, 151 (1939).

136. Hiller, E., u. H. Bischof: Über den Protein- und Aminosäurengehalt des menschlichen Magensaftes, dargestellt mittels Elektrophorese und Papierchromatographie. Medizinische 1953, 1541.
137. Hink, H. J., u. F. F. Johnson: Über das Vorkommen von Antikörpern gegen H. pertussis in den Plasmafraktionen des Menschen. J. of Immun. 64, 39 (1950).
138. Höhne, G.: Elektrophoretische Untersuchungen am Serum röntgenbestrahlter Ratten. Klin. Wschr. 1952, 952.
139. Holmberg, C. G., u. C. B. Laurell: Studien über die Eisenbindungsfähigkeit des Serums: Mitteilung neuer Kenntnisse über den Regulationsmechanismus des Serumeisens. Acta physiol. scand. (Stockh.) 10, 307 (1945).
140. Horikawa, M.: Über die Veränderung des Bluteiweißes und dessen kolloidosmotischen Druck durch Abschaltung des Portalkreislaufes sowie Exstirpation der Leber. Tôhoku J. Exper. Med. 28, 90 (1936).
141. Horst, W., u. H. Rösler: Der Transport des Hormonjods im menschlichen Serum, untersucht mit Papierelektrophorese und Radiojod. Klin. Wschr. 1953, 17.
142. — u. H. H. Schumacher: Papierelektrophoretische Untersuchungen von Schilddrüsenextrakten und Serum in vitro nach Zusatz von Radiojod, Radiomangan und Radio cobalt sowie nach in vitro-Gaben von Radiojod. Klin. Wschr. 1954, 361.
143. — — Transport und Bindung im Serum. Klin. Wschr. 1954, 961.
144. Imperato, C.: Beziehungen zwischen O-Antistreptolysin und γ-Globulin. Minerva med. (Torino) 1952, 824.
145. Jabosson, K.: Elektrophoretische Isolierung von zwei Trypsin-Inhibitoren im menschlichen Blutserum. Scand. J. Clin. Lab. Invest. 5, 97 (1953).
146. Jacob, J.: Elektrophoretische Untersuchungen über die Veränderungen der Proteinzusammensetzung von Muskelextrakten bei Kaninchen nach Ermüdung und nach durch Natrium-Monobromacetat hervorgerufenen Kontraktionen. Experientia (Basel) 3, 241 (1947).
147. Jager, V. B., E. L. Smith, M. Nickerson u. D. M. Brown: Immunologische und elektrophoretische Untersuchungen an menschlichem γ-Globulin. J. of Biol. Chem. 176, 1177 (1948).
148. Jameson, E., u. C. A. Tostado: Über qualitative Trennung von Serumproteinen der Ratte durch Elektrophorese. Proc. Soc. Exper. Biol. a. Med. 40, 476 (1939).
149. Jürgens, R., u. F. Gebhardt: Untersuchungen über die Herkunft der Bluteiweißkörper. Arch. exper. Path. u. Pharmakol. 175, 558 (1934).
150. Kabat, E. A., u. K. O. Pedersen: Über das Molekulargewicht von Antikörpern. Science (Lancaster, Pa.) 87, 372 (1938).
151. — D. H. Moore u. H. Landow: Elektrophoretische Untersuchungen über die Proteinzusammensetzung des Liquor cerebrospinalis und dessen Verhältnis zu den Serumproteinen. J. Clin. Invest. 21, 571 (1942).
152. — D. F. Freedman, J. P. Murray u. V. Knaup: Eine Studie über das kristalline Albumin, γ-Globulin und Gesamteiweiß im Liquor cerebrospinalis bei 100 Fällen von multipler Sklerose und anderen Krankheiten. Amer. J. Sci. 219, 55 (1950).
153. Kallee, E.: Über J^{131}-signiertes Insulin. Z. Naturforsch. 7b, 661 (1952).
154. Keilhack, H.: Die Veränderungen der Eiweißkörper in Blutserum und Ascites bei der Lebercirrhose und ihre Bedeutung für die Frage nach der Genese der Albumine. Z. klin. Med. 143, 368 (1943).
155. Kerwick, R. A.: Elektrophoretische Analyse normalen menschlichen Serums. Biochemic. J. 33, 1122 (1939).
156. — Einige neuere Erkenntnisse über Plasmaproteine. Brit. Med. Bull. 5, 1204 (1948).
157. — u. N. Martin: Über Plasmaproteinfraktionen. Proc. Roy. Soc. Med. 41, 217 (1948).
158. Kenning, F. J., u. L. B. van der Slikke: Über die Rolle der unreifen Plasmazellen, Lymphoblasten und Lymphocyten bei der Bildung von Antikörpern, wie sie sich aus experimentellen Untersuchungen an Gewebskulturen ergibt. J. Labor. a. Clin. Med. 36, 167 (1950).
159. Klingemann, H.: Untersuchungen über Zusammenhänge zwischen den Serumglobulinen und den Plasmazellen im Sternalmark. Fol. haemat. (Leipz.) 70, 312 (1951).
160. Klinkenberg, H. G., u. E. Schauenstein: Elektrophoretischer Nachweis zweier Eiweißkomponenten im Fibrinogen. Z. Naturforsch. 8b, 483 (1953).
161. Krejci, L. E., A. H. Stock, E. B. Saniger u. E. O. Kraemer: Über die elektrophoretische Isolierung des für Erythrocyten toxischen Prinzips des Scharlachs und seine chemischen und physikalischen Eigenschaften. J. of Biol. Chem. 142, 785 (1942).
162. Kühnau, J.: Die biologische Bedeutung des Nahrungseiweißes. Synopsis, Hamburg 1948, 51.
163. Kusano, S.: Studien über die Eiweißkörper sowie den kolloidosmotischen Druck des den Skeletmuskel durchströmenden Blutes. Tôhoku J. Exper. Med. 34, 246, 260, 345, 373 (1938).

164. Kusin, A. M., u. N. A. Nevrajeva: Über die Bildung von Antikörpern in vitro. Biochimija 12, 49 (1947); Ref. Kongreßbl. inn. Med. 119, 391 (1949).
165. Kutzim, H.: Elektrophoretische Untersuchungen von Cantharidenblaseninhalt und Blutserum. Münch. med. Wschr. 1951, 2603.
166. Landsteiner, K., L. G. Longsworth u. J. van der Scheer: Elektrophoretische Versuche mit Eialbumin und Hämoglobin. Science (Lancaster, Pa.) 88, 83 (1938).
167. Lang, K., F. J. Feinen u. H. D. Cremer: Die Beständigkeit der Eiweißfraktionen und Fermente in lange gelagerten menschlichen Serumkonserven. Klin. Wschr. 1951, 217.
168. Larson, F. C.: Radiochromatische Identifizierung von Thyroxin in einer α-Globulinfraktion nach Trennung durch Stärke-Elektrophorese. J. Clin. Invest. 33, 230 (1954).
169. Larson, D. L., u. H. M. Ranney: Papierelektrophorese von menschlichem Hämoglobin. J. Clin. Invest. 32, 1070 (1953).
170. Lathey, M. E., C. J. Gubler, D. M. Brown, E. L. Smith, B. V. Jager, G. E. Cartwright u. M. M. Wintrobe: Die Beziehungen zwischen dem Serumkupferspiegel und verschiedenen Serumeiweißfraktionen. J. Labor. a. Clin. Med. 41, 829 (1953).
171. Latner, A. L.: Elektrophorese von menschlichem Magensaft zur Untersuchung nach Castles Intrinsic Factor. Brit. Med. J. 1953, Nr. 4808, 467.
172. Laurell, C. B.: Untersuchungen über den Transport und den Stoffwechsel des Eisens im Körper mit besonderer Berücksichtigung der eisenbindenden Komponente im menschlichen Plasma. Acta physiol. scand. (Stockh.) 14, Suppl. 46, 1 (1947).
173. Lepeschkin, W. W.: Elektrische Kurzwellen und Serumproteine. Biochem. Z. 318, 15 (1947/48).
174. Levi, A. M.: Über die Myelomkrankheit. Z. klin. Med. 119, 307 (1932).
175. Lewis, L. A., L. H. Page u. O. Gasser: Das Verhalten der Plasmaproteine des Hundes, normal und im Schock. Elektrophoretische Untersuchungen. Amer. J. Physiol. 161, 101 (1950).
176. Lohmann, H.: Untersuchungen zur Frage der Stabilität der Serumproteine. Inaug.-Diss. Köln 1952.
177. Longsworth, L., u. D. McInnes: Elektrophoretische Untersuchungen an nephrotischen Seren und Urin. J. of Exper. Med. 71, 77 (1940).
178. Lordkipanidze, J. G.: Regulierung des Volumens und der Zusammensetzung des Blutplasmas bei der experimentellen hämorrhagischen Anämie. Z. exper. Med. 87, 551 (1933).
179. Loveless, M. H., u. R. J. Cann: Die Verteilung der allergischen blockierenden Aktivität in menschlichen elektrophoretisch getrennten Serumeiweißfraktionen. Science (Lancaster, Pa.) 17, 105 (1953).
180. Luetscher, L. A.: Die Wirkung einer einzelnen Transfusion auf die kreisenden Proteine und die Proteinurie bei der Nephrose. J. Clin. Invest. 23, 365 (1944).
181. Lubschez, R.: Die Elektrophoresewerte in Plasma und Serum bei normalen Kindern. Pediatrics 2, 570 (1948).
182. Luck, M. J.: Die Leberproteine. Die Frage nach dem Proteindepot. J. of Biol. Chem. 115, 491 (1936).
183. Luckner, H.: Über das Ernährungsödem und seine Entstehung. Z. exper. Med. 103, 536 (1938).
184. Luetscher, J. A.: Elektrophoretische Untersuchungen an Plasmaproteinen und serösen Ergüssen. J. Clin. Invest. 20, 99 (1941).
185. Mack, M. H.: Vorläufiger Bericht über elektrophoretische Trennung menschlichen Magensaftes. J. Clin. Invest. 32, 862 (1953).
186. Madden, S. C., A. P. Turner, A. P. Rowe u. G. H. Whipple: Die Produktion der Plasmaproteine nach verschiedengradiger Hypoproteinämie und unter dem Einfluß von Aminosäurenzufuhr. J. of Exper. Med. 73, 571 (1941).
187. Mahaux, J., u. E. Kölw: Das Eiweißdiagramm und Lipoiddiagramm auf Filterpapier während der Behandlung von Myxödemen mit Thyroxin. Ann. d'Endocrin. 13, 691 (1952).
188. Martin, N.: Die Elektrophoresewerte der zirkulierenden Proteine. Proc. Roy. Soc. Med. 41, 220 (1948).
189. Masahiro, T.: Chemie und Biologie der Lipoide, XI. Gruppe A-Lipoide des menschlichen Pankreas. Tôhoku J. Exper. Med. 56, 299 (1952).
190. McMaster, Ph. D., u. J. G. Kidd: Die Lymphknoten als eine Quelle für ein Vaccine neutralisierendes Prinzip. J. of Exper. Med. 66, 73 (1937).
191. Masters, R. E., G. H. Tishkoff u. G. H. Whipple: Die Anwendung von radioaktivem Lysin beim Studium des Proteinstoffwechsels. Die Synthese und der Verbrauch von Plasmaproteinen. J. of Exper. Med. 90, 297 (1949).
192. Maurer, W.: Zur Frage der Transportfunktion einzelner Serumeiweißfraktionen für Phosphatide. Klin. Wschr. 1952, 323.
193. — u. L. Reichenbach: Über die Bindung des organischen Jods im Serum an einzelne Serumeiweißfraktionen. Naturwiss. 39, 261 (1952).

194. Mehl, J. W., F. Golden u. R. J. Winzler: Die Mukoproteine des menschlichen Plasmas. Proc. Soc. Exper. Biol. a. Med. 72, 106 (1949).
195. — Elektrophoretische Untersuchungen an den Mukoproteinen des Serums. Amer. J. Med. Soc. 6, 389 (1949).
196. Melander, O.: Elektrophoretische Untersuchungen von Casein. Biochem. Z. 300, 240 (1938/39).
197. Metcoff, J., D. Darling, M. H. Scanlon u. F. J. Stare: Ernährungszustand und Infektionsabwehr. J. Labor. a. Clin. Med. 33, 47 (1948).
198. Miller, G. L., M. A. Lauffer u. W. M. Stanley: Elektrophoretische Untersuchungen am PR-8-Stamm des Influenzavirus. J. of Exper. Med. 80, 549 (1944).
199. Miller, L. L., W. F. Bale, C. L. Yuile, R. E. Masters, G. H. Tishkoff u. G. H. Whipple: Die Anwendung von radioaktivem Lysin beim Studium des Proteinstoffwechsels. J. of Exper. Med. 90, 297 (1949).
200. Moeschlin, Sv.: Untersuchungen über die Genese und Funktion der Blutplasmazellen. Helvet. med. Acta 7, Suppl. 5/6, 227 (1940/41).
201. Moore, H. D., J. van der Scheer u. R. W. G. Wickoff: Elektrophoretische Analyse des Antipneumokokken-Pferdeserums. Science (Lancaster, Pa.) 90, 357 (1939).
202. — u. J. Lynn: Elektrophoretische Untersuchungen an normalem menschlichem Plasma. J. of Biol. Chem. 141, 819 (1941).
203. — u. L. Rimer: Analyse der Globinzusammensetzung mit Hilfe der Elektrophorese und Ultrazentrifuge. J. of Biol. Chem. 156, 411 (1944).
204. — u. T. N. Harris: Über das Vorkommen von Hyaluronidase-Inhibitoren in den elektrophoretischen Fraktionen des Serums. J. of Biol. Chem. 179, 377 (1949).
205. — J. B. Roberts, M. Costello u. F. W. Schonberger: Über Faktoren, die die Analyse des menschlichen Serums bei der Elektrophorese beeinflussen. J. of Exper. Biol. 180, 1147 (1949).
206. Motulsky, A. G.: Die Papierelektrophorese anormalen Hämoglobins und ihre klinische Verwendbarkeit. Blood 9, 897 (1954).
207. Münich, W.: Papierelektrophoretische Untersuchung der Kammerwasserproteine des Kaninchens. Klin. Wschr. 1952, 849.
208. Muskett, C. W., K. G. Stern u. R. H. Silber: Eine hämatologische und elektrophoretische Studie über die Blutregeneration bei Hunden nach wiederholter Phlebotomie. Amer. J. Med. Sci. 218, 58 (1949).
209. Murphy, J. B., u. E. Sturm: Das lymphoide Gewebe bei der Antikörperbildung. Proc. Soc. Exper. Biol. a. Med. 66, 303 (1947).
210. Myant, N. B.: Beobachtungen über den Stoffwechsel von menschlichem γ-Globulin, markiert mit Radiojod. Clin. Sci. 11, 191 (1952).
211. Myers, W., u. Ch. Keefer: Das Verhältnis der Plasmaproteine zu Ascites und Ödem bei der Lebercirrhose. Arch. Int. Med. 55, 349 (1935).
212. McNaught, J. B., V. C. Scott, F. M. Wood u. G. H. Whipple: Die Plasmaeiweißregeneration, geprüft und untersucht durch spezielle Ernährung. J. of Exper. Med. 63, 277 (1936).
213. Neumann, W., E. Habermann u. H. Hansen: Differenzierung von zwei hämolysierenden Faktoren im Bienengift. Naunyn-Schmiedebergs Arch. 217, 130 (1953).
214. Newell, J. M., A. Sterling, M. F. Oxman, S. S. Burden u. L. E. Krejci: Elektrophoretische Trennung von Antikörpern im menschlichen Serum von Allergikern. J. Allergy 10, 513 (1939).
215. Niklas, A., u. W. Maurer: Über die Neubildungsraten einzelner, getrennter Serumeiweißfraktionen nach oraler Gabe von S^{35}-L-Methionin. Naturwiss. 39, 11, 260 (1952).
216. — — Über die Neubildung einzelner, getrennter Serumeiweißfraktionen nach oraler Gabe von S^{35}-L-Methionin bei Ratten. Biochem. Z. 323, 68 (1952).
217. Nordmann, J.: Über einen wichtigen Grund des Irrtums in der Dosierung der Serumproteine. Presse méd. 1947, 830.
218. Norpoth, L., J. Cloesges, M. Finger u. M. Schulze: Elektrophoretische Studien am menschlichen Magensaft. Dtsch. med. Wschr. 1952, 563.
219. — — — — Über den Ort der Magenfermente im Elektrophoresediagramm. Klin. Wschr. 1953, 1005.
220. Oeff, K.: Nachweis der extravasculären Anteile von radioaktiven Plasmaeiweißfraktionen durch Austauschtransfusion. Klin. Wschr. 1954, 747.
221. Olhagen, B.: Über die Beziehungen zwischen den Elektrophoresewerten und einigen einfachen Globulinreaktionen im menschlichen Serum. Acta med. scand. (Stockh.) Suppl. 196, 478 (1947).
222. Pauling, L.: Eine Theorie über die Struktur und den Bildungsvorgang von Antikörpern. J. Amer. Chem. Soc. 62, 2643 (1940).
223. — u. D. H. Campbell: Die Produktion von Antikörpern in vitro. Science (Lancaster, Pa.) 94, 440 (1942).

224. Pedersen, K. O.: Untersuchungen mit der Ultrazentrifuge an Serum und Serumfraktionen. Upsala 1945.
225. Perlman, E., J. G. Bullowa u. R. Goodkind: Vergleichende immunologische und elektrophoretische Untersuchungen an Antikörpern gegen C-Polysaccharide und reaktivem Protein gegen akutes Phasenserum. J. of Exper. Med. 77, 97 (1943).
226. — Elektrophoretisches Verhalten von modifiziertem Ovalbumin. Nature (London) 161, 720 (1948).
227. Pernis, B.: Über die Aminosäurenzusammensetzung der menschlichen Serumproteine. Plasma 1, 365 (1953).
228. Pezold, F. A., u. G. Hinz: Elektrophoretische Untersuchungen der Eiweißkörper im Gewebssaft. Klin. Wschr. 1953, 600.
229. Pillemer, L., E. Ecker, J. L. Oncley u. E. J. Cohn: Herstellung und physikochemische Eigenschaften des Serumproteinanteils des Komplements. J. of Exper. Med. 74, 297 (1941).
230. Pommerenke, W. T., H. B. Slavin, D. H. Karcher u. G. H. Whipple: Blutplasmaregeneration kontrolliert durch Diät. J. of Exper. Med. 61, 261 (1935).
231. — Über die Verwertung von i.v. gegebenem Hundeplasma im Stoffwechsel des Hundes. J. of Exper. Med. 61, 283 (1935).
232. Polson, A.: Veränderungen der Serumzusammensetzung beim Pferd mit zunehmendem Alter. Nature (London) 152, 413 (1943).
233. — F. J. Joubert u. A. A. Haig: Elektrophoretische Untersuchung von Kobragift. Biochemic. J. 40, 265 (1945).
234. Prager, Fr.: Eiweißfraktionen und Wetter. Langenbecks Arch. klin. Chirurgie 275, 431 (1953).
235. Rafsky, H. A., A. A. Brill u. K. G. Stern: Elektrophoretische Studien am Serum normal gealterter Individuen. Amer. J. Med. Sci. 224, 522 (1952).
236. — B. Newman u. Ch. J. Krieger: Elektrophoretische Untersuchungen an Serum von gealterten Menschen. Amer. J. Med. Sci. 217, 206 (1949).
237. Reimann, H. A., G. Medes u. L. Fischer: Die Entstehung der Blutproteine. Fol. haemat. (Leipzig) 52, 186 (1934).
238. Roberts, S., u. C. M. Szego: Über die Natur des zirkulierenden Oestrogen: Das lipoproteingebundene Oestrogen im Plasma des Menschen. Endocrinology 39, 183 (1947).
239. — E. Adams u. A. White: Das Entstehen von Antikörpern aus lymphoidem Gewebe in vitro. J. of Biol. Chem. 174, 379 (1948).
240. — u. A. White: Die biochemischen Eigenschaften der Proteine aus lymphoidem Gewebe. J. of Biol. Chem. 178, 151 (1949).
241. Roche, J., u. Y. Derrien: Die menschlichen Hämoglobinarten und ihre Modifikationen. Sang 24, 97 (1953).
242. Röckl, H.: Zur Frage der dissoziierten Eiweißpermeabilität der Capillaren. Klin. Wschr. 1954, 253.
243. Rohr, K.: Bluteiweißkörper und Knochenmarksretikulum. Helvet. med. Acta 5, Suppl. 3, 544 (1938).
244. Roubert, L.: Die elektrophoretischen Bestandteile des γ-Globulins im Pferdeserum. C. r. Soc. Biol. (Paris) 141, 808 (1947).
245. Sabin, F. R.: Die celluläre Reaktion auf ein Farbprotein als Anlaß für die Konzeption einer neuen Anschauung über die Bildung der Antikörper. J. of Exper. Med. 70, 67 (1939).
246. Schade, A. L., u. L. Caroline: Die eisenbindenden Komponenten im Plasma des Menschen. Science (Lancaster, Pa.) 104, 340 (1946).
247. Schäfer, K. H.: Elektrophoretische Untersuchungen zum Milcheiweißproblem. (1) Vortrag auf der 50. Tagung Dtsch. Ges. Kinderheilk. 1950. (2) Mschr. Kinderheilk. 9a, 69 (1951).
248. Scheer, J. van der, R. W. G. Wykoff u. F. W. Clarke: Elektrophoretische Untersuchungen an verschiedenen Hyperimmunseren von Pferden. J. of Immun. 39, 65 (1940).
249. — Elektrophoretische Untersuchungen an Antitoxinseren. Proc. Soc. Exper. Biol. a. Med. 43, 427 (1940).
250. — Elektrophoretische Analyse von Tetanusantitoxinserum vom Pferd. J. of Immun. 40, 173 (1941).
251. — Antipneumokokken-Pferdeserum untersucht mit Hilfe der Elektrophorese und der Ultrazentrifuge. J. of Immun. 41, 209 (1941).
252. Scheid, K. F., L. Scheid u. W. Schneid: Vergleichende Untersuchungen über die Kolloidreaktionen, ihre kolloidchemischen Mechanismen und über ihre praktische Anwendung in der Diagnostik. V. Mitt. Arch. f. Psychiatr. 179, 337 (1948).
253. — u. L. Scheid: Studien zur pathologischen Physiologie des Liquor cerebrospinalis. IV. Mitt. Arch. f. Psychiatr. 179, 316 (1948).
254. Schiff, E.: Referat über die amerikanische pädiatrische Literatur von 1939—1947. Kinderärztl. Prax. 1948, 256.

255. Schlüssel, H., u. L. Sunder-Plassmann: Zur Lokalisation der Eiweißresorption im Magen-Darmtrakt. Tierexperimentelle Untersuchungen mit S^{35}-markiertem Hefeeiweiß. Klin. Wschr. 1953, 545.

256. Schmidt, H.: Immunochemie und Serologie. Zbl. Bakter. 15, 142 (1948/49).

257. Schneider, R. G.: Die Papierelektrophorese von Hämoglobin als praktische Methode zur Differenzierung von verschiedenen Typen der Sichelzellkrankheit und des Hämoglobins C. Texas Reports Biol. Med. 11, 352 (1953).

258. Schoenheimer, R., R. Ratner u. D. Rittenberg: Studien über den Eiweißstoffwechsel. J. of Biol. Chem. 130, 703 (1939).

259. — Das Verhältnis des Nahrungsstickstoffs zum Antikörperprotein bei aktiv immunisierten Tieren. J. of Biol. Chem. 144, 545 (1942).

260. Schramm, G.: Biochemie der Virusarten. Fortschr. Chem. 4, 87 (1945). Wien: Springer.

261. Schürch, O., G. Viollier u. H. Süllman: Elektrophoretische Untersuchungen von Kniegelenksergüssen. Schweiz. med. Wschr. 1950, 711.

262. Schweizer, W., u. H. Reber: Zur Frage der Antikörperbildung in Lymphocyten. Z. exper. Med. 116, 265 (1950).

263. Seligman, A. M., u. J. Fine: Die Entstehung von radioaktivem Plasma aus mit radioaktivem Schwefel markierten Aminosäuren. J. Clin. Invest. 22, 265 (1943).

264. Sharp, D. J., A. R. Taylor, D. Beard u. J. W. Beard: Elektrophoretische Untersuchung von Proteinen des Papillomvirus der Ratte. J. of Biol. Chem. 142, 193 (1942).

265. Shedlowsky, Th., u. J. Scudder: Ein Vergleich der Blutsenkungsgeschwindigkeit mit den Elektrophoresewerten normaler und pathologischer menschlicher Sera. J. of Exper. Med. 75, 119 (1942).

266. Shepard, C. C., u. G. A. Hottle: Untersuchungen über die Zusammensetzung des Livitins im Gelb des Hühnereis mit Hilfe der Elektrophorese. J. of Biol. Chem. 179, 349 (1949).

267. Shida, K.: Studien über die Veränderungen der Eiweißkörper und des kolloidosmotischen Drucks des zu- und abströmenden Nierenblutes. Tôhoku J. Exper. Med. 35, 394, 445 (1939).

268. Sibuya, H.: Studien über die Wiederherstellung des Bluteiweißes sowie dessen kolloidosmotischen Drucks unter verschiedenen Bedingungen. Tôhoku J. Exper. Med. 34, 122, 571 (1938).

269. Signer, H., H. Theorell u. J. Abelin: Zur Chemie, Physiologie und Pathologie des Eiweißes. Mitt. naturforsch. Ges. Bern, N. F. 1, 22 (194).

270. Singer, K., u. B. Fisher: Elektrophoretische Demonstration von Typ S (Sichelzell) Hämoglobin in Erythrocyten, die sonst keine Sichelzellsymptome besitzen. Blood 8, 270 (1953).

271. — — Zusammensetzung der Nicht-S-Hb-Fraktion im Blut bei Sichelzellanämie. J. Labor. a. Clin. Med. 42, 193 (1953).

272. Smith, C. H., I. Schulman u. J. E. Morgenthau: Eisenstoffwechsel bei Säuglingen und Kindern. Serumeisen und serumeisenbindendes Protein. Adv. in Pediatr. 5, 195 (1952).

273. Smith, E. L.: Die Immunproteine des Rinderkolostrums. J. of Biol. Chem. 164, 345 (1946).

274. — Isolierung und Eigenschaften des Immun-Lactoglobulins der Rindermolke. J. of Biol. Chem. 165, 665 (1946).

275. — u. T. D. Gerlough: Isolierung und Eigenschaften der Proteine, die im Pferdeplasma antitoxische Eigenschaften gegen Tetanusgift zeigen. J. of Biol. Chem. 167, 679 (1947).

276. Smith, E. W.: Filterpapierelektrophorese von menschlichem Hb mit besonderer Berücksichtigung der Häufigkeit und klinischen Zeichen des Hämoglobins C. Bull. John Hopkins Hosp. 93, 94 (1953).

277. Stanier, M. W., u. M. S. Thompson: Die Serumproteinwerte bei neugeborenen afrikanischen Kindern. Arch. Dis. Childh. 29, 110 (1954).

278. — — Die Serumproteine bei Afrikanern. Nature (London) 171, 880 (1953).

279. Stary, Z., H. Bodur u. F. Batiyok: Die Blutsenkungsgeschwindigkeit als Funktion des Glucoproteingehaltes im Blutplasma. Schweiz. med. Wschr. 1951, 1273.

280. Stats, D., E. Perleman, J. G. M. Bullowa u. R. Goedkind: Elektrophorese und Stickstoffbestimmung des Antikörpers eines Kältehämagglutinins. Proc. Soc. Exper. Biol. a. Med. 53, 188 (1943).

281. Stein, W., u. St. Moore: Aminosäurenzusammensetzung des β-Lactoglobulins und Rinderserum-Albumins. J. of Biol. Chem. 178, 79 (1949).

282. Stemmermann, W.: Die Elektrophorese der menschlichen und tierischen Linse. Klin. Wschr. 1952, 1102.

283. Stenhagen, E.: Plasmaelektrophorese beim Menschen. Biochemic. J. 32, 714 (1938).

284. Stern, K. G., M. Reiner u. R. H. Silber: Über die Elektrophoresewerte der Erythrocytenproteine. J. of Biol. Chem. 161, 731 (1945).

285. Stöckel, W., u. M. K. Zacherl: Papierelektrophoretische Untersuchungen des Serums von Rind und Pferd. Hoppe-Seylers Z. 293, 278 (1953).

286. Surgenor, D. M., B. A. Koechlin u. L. E. Strong: Über metallbindendes Globulin im Plasma des Menschen. J. Clin. Invest. 27, 344 (1948).

287. TARVER, H., u. C. L. A. SCHMIDT: Die Umwandlung von Methionin zu Cystin. Versuche mit radioaktivem Schwefel (S³⁵). J. of Biol. Chem. **130**, 67 (1939).
288. — u. W. O. REINHARDT: Mit radioaktivem Schwefel markiertes Methionin als Indikator bei der Untersuchung der Proteinbildung des hepatektomierten Hundes. J. of Biol. Chem. **167**, 395 (1947).
289. TAYLOR, A. R., D. BEARD u. J. W. BEARD: Die Elektrophorese normalen Kaninchenserums. J. of Immun. **44**, 165 (1942).
290. TISELIUS, A.: Die Elektrophorese gereinigter Antikörper. J. of Exper. Med. **65**, 641 (1937).
291. — Die Elektrophorese von Serumglobulin. Elektrophoretische Analyse von normalem und Immunserum. Biochemic. J. **31**, 1464 (1937).
292. — u. E. A. KABAT: Die Elektrophorese von Immunserum. Science (Lancaster, Pa.) **87**, 416 (1938).
293. TREFFER, H. P., H. D. MOORE u. M. HEIDELBERGER: Quantitative Versuche mit präzipitierenden Antikörpern. Antigeneigenschaften von mit Hilfe der Elektrophorese getrennten Pferdeserumfraktionen. J. of Exper. Med. **75**, 135 (1943).
294. TROWELL, O. A.: Die Funktionen der Lymphocyten. Nature (London) **160**, 845 (1947).
295. VIGNEAUD, V. DU, G. W. KILMER, J. R. RACHELE u. M. COHN: Über den Mechanismus der Umwandlung von Methionin zu Cystin in vivo. J. of Biol. Chem. **155**, 645 (1944).
296. UNDRITZ, E.: Die Plasmazellen im Tierreich und ihre anzunehmende Bedeutung als Drüsenzellen für die Bildung der Bluteiweißkörper. Helvet. med. Acta **5**, 548 (1938).
297. VECCHIO, F.: Elektrophoretische Untersuchungen bei COOLEY-Anämie. Pediatria (Napoli) **60**, 413 (1952).
298. VILLAR-CASO, J., A. E. ZOFMANN u. J. L. RIVERO-FONTÉN: Hormonregelung der Plasmaproteine. Einfluß der Schilddrüse. Rev. span. Enferm. Apar. digest. **10**, 446 (1951).
299. WATERSTRADT, K.: Über die Stabilität der Serumproteine. Ärztl. Forsch. **6**, 181 (1952).
300. WEECH, A. A., E. GOETSCH u. E. B. REEVES: Ernährungsödeme beim Hund. J. of Exper. Med. **61**, 299 (1935).
301. WELLS, J. C., u. H. A. ITANO: Das Verhältnis des Sichelzellanämie-Hb zum normalen Hb bei Sichelzellanämie. J. of Biol. Chem. **188**, 65 (1951).
302. WESTPHAL, U., H. OTT u. P. GEDIGK: An welche Komponenten der Serumproteine ist das Bilirubin gebunden. Hoppe-Seylers Z. **285**, 200 (1950).
303. WHIPPLE, G. H.: Proteinproduktion und Stoffwechsel des Körpers einschließlich Hämoglobin, Plasmaprotein und Zellprotein. Amer. J. Med. Sci., N. s. **196**, 609 (1938).
304. WHITE, A., u. T. F. DOUGHERTY: Der Einfluß des adrenotropen Hormons der Hypophyse auf die Menge der vom lymphatischen Gewebe freigegebenen Serumglobuline. Endocrinology **86**, 207 (1945).
305. WHITMAN, J. F., A. R. ROSSMILLER u. L. A. LEWIS: Elektrophoretische Untersuchungen über die Proteinveränderungen bei portaler Lebercirrhose. J. Labor. a. Clin. Med. **35**, 167 (1950).
306. WOLFF, H. P., N. LANG u. M. KNEDEL: Untersuchungen mit Cu⁶⁴ über die Bindung des Kupfers an die Serumeiweißkörper. Klin. Wschr. **1955**, 186.
307. WÜRFLER, W.: Die elektrophoretische Trennung der Milchproteine. Diss. Köln 1954.
308. WUHRMANN, F., u. B. JASINSKI: Untersuchungen über die Bindung des Eisens an das Serumglobulin β_1 mit Hilfe des Radioeisens Fe⁵⁹ und dessen klinische Bedeutung. Schweiz. med. Wschr. **1954**, 661.
309. — u. CH. WUNDERLY: Neuere klinische Untersuchungen über die Proteinurie. Bull. schweiz. Akad. med. Wiss. **6**, 254 (1950).
310. — — Die Bluteiweißkörper des Menschen. Basel: Benno Schwabe 1952.
311. — Einige aktuelle klinische Probleme über die Serumglobuline. Schweiz. med. Wschr. **1952**, 937.
312. — u. P. DE NICOLA: Über Bluteiweißuntersuchungen bei 200 Krankheitsfällen mit γ-Globulinanämie und ihre klinische Bedeutung. Z. klin. Med. **147**, 73 (1950).
313. WUNDERLY, CH.: Vergleich der hydrophilen und lipophilen Eigenschaften der Sera. Nature (London) **165**, 850 (1950).
314. — Die Papierelektrophorese. Aarau: H. R. Sauerländer 1954.
315. YASUDA, H.: Studien über die bluteiweiß- und kolloidregulierende Tätigkeit der Leber. Tôhoku J. Exper. Med. **31**, 437 (1937).
316. ZIFF, M., u. D. H. MOORE: Elektrophorese, Sedimentation und Adenosintriphosphataseaktivität des Myosins. J. of Biol. Chem. **153**, 653 (1949).

Die Elektrophorese bei inneren Krankheiten

1. ABE, S.: Untersuchungen über die Veränderungen der Plasmaproteine und der Verteilung des Körperwassers bei der Serositis mit Erguß. Iryo (Tokyo) **6**, 19 (1952).
2. ABERNETHEY, T. J., u. O. T. AVERY: Das Vorkommen eines im normalen Blut nicht enthaltenen Eiweißes bei akuten Infektionen. J. of Exper. Med. **73**, 173 (1941).

3. ABRAHMS, u. COHEN: Elektrophoretische und chemische Charakterisierung von menschlichem, lymphatischem Gewebe und von Kalbs-Thymusdrüse. J. of Biol. Chem. 177, 439 (1949).

4. ACKERMANN, P. G., G. TORO u. W. B. KOUNTZ: Die Papierelektrophorese bei Untersuchungen der Serumlipoproteide. J. Labor. a. Clin. Med. 44, 517 (1954).

5. ADAMS, W. S., E. L. ALLING u. J. S. LAWRENCE: Multiples Myelom. Seine Diagnose in Klinik und Laboratorium unter besonderer Berücksichtigung der elektrophoretischen Abnormitäten. Amer. J. Med. Sci. 6, 141 (1949).

6. ADDIS, T., E. BARRET, L. G. POO u. H. UREEN: Prärenale Proteinurie. I. Teilbericht. Amer. Med. Assoc. Arch. Int. Med. 88, 337 (1951).

7. ALBERTSEN, K., N. R. CHRISTOFFERSEN u. F. HEINTZELMANN: Die Prüfung isolierter Serumeiweiße mit der Sublimat- und Thymolreaktion. Acta med. scand. (Stockh.) 136, 302 (1950).

8. ALBERTY, R. A., E. A. ANDERSON u. J. W. WILLIAMS: Homogenität und elektrophoretisches Verhalten einiger Proteine. J. Physic. Colloid Chem. 52, 217 (1948).

9. ALTHOFF, H., u. K. KROPP: Weitere Untersuchungen über die Dysproteinaemie beim Rheumatismus verus und verwandten Krankheiten. Z. Kinderheilk. 72, 549 (1953).

10. ANDERSEN, B., u. A. SAMUELSON: Ein Fall von Hyperglobulinämie mit ausgesprochenen Augenveränderungen und Akrocyanose. Acta med. scand. (Stockh.) 117, 248 (1944).

11. ANDERSON, E. A., u. R. A. ALBERTY: Homogenität und elektrophoretisches Verhalten einiger Proteine. II. Merkmale der Einheitlichkeit von Banden im Elektrophoresediagramm und reversible Spreizung derselben. J. Physic. Colloid Chem. 52, 1345 (1948).

12. ANDERSON, H. C., u. M. McCARTY: Die Bestimmung des gegen Pneumokokkenpolysaccharid C gebildeten Eiweißes im Blut als Maß der Aktivität des Krankheitsprozesses beim akuten rheumatischen Fieber. Amer. J. Med. 8, 445 (1950).

13. ANDREONI, O., u. G. PISANI: Über das Verhalten der Plasmaproteine bei malignen Tumoren während der Elektrophorese. Tumori (Milano) 39, 289 (1953).

14. ANTONINI, F. M., G. PIVA, L. SALVINI u. A. SORDI: Lipoproteide und Heparin im Bluteiweißbild und ihre Bedeutung für die Pathogenese der Arteriosklerose. Giorn. Gerontol. Supl. N. 1, 3 (1953).

15. — u. L. SALVINI: Die Anwendung der Papierelektrophorese bei Untersuchungen des Eiweiß- und Lipoproteidstoffwechsels bei der Arteriosklerose. Giorn. Gerontol. Supl. N. 1, 207 (1953).

16. APITZ, K.: Die neuen Anschauungen vom Plasmocytom des Knochenmarks. Klin. Wschr. 1940, 1025.

17. — Die Störung des Eiweißstoffwechsels bei Plasmocytomträgern. Klin. Wschr. 1940, 1058.

18. — Die Paraproteinosen. (Über die Störung des Eiweißstoffwechsels beim Plasmocytom.) Virchows Arch. 306, 631 (1940).

19. ARMSTRONG, S. H. J., M. J. E. BUDKA u. K. S. J. MORRISON: Herstellung von Serum- und Plasmaeiweißen. XI. Genaue quantitative Auswertung der elektrophoretischen Schlierendiagramme von normalen menschlichen Eiweißen. J. Amer. Chem. Soc. 69, 416 (1947).

20. ASTALDI, G., C. MAURI, F. WUHRMANN u. CH. WUNDERLY: Untersuchungen über Korrelationen zwischen Proliferationstätigkeit, cytologischem Bild, Para-Dysproteinämie und klinischem Verlauf des Plasmocytoms. Klin. Wschr. 1954, 139.

21. AUERSWALD, W., H. BRAUNSTEINER u. H. VINAZZER: Das Verhalten der Plasmaproteine bei großem Blutaustausch und bei Plasmaersatz. Wien. Z. inn. Med. 32, 366 (1951).

22. BALDWIN, R. W., u. C. N. ILAND: Elektrophoretische Untersuchungen der Serumproteine bei der Tuberkulose. Amer. Rev. Tbc. 68, 372 (1953).

23. BANSI, H. W., R. T. GRONOW u. H. REDETZKI: Über den klinischen Wert der Lipoidelektrophorese, ihre Beziehung zu den Serumlipoiden und ihre Beeinflussung durch orale Fettbelastung. Klin. Wschr. 1955, 101.

24. — F. FRETWURST u. R. T. GRONOW: Zur klinischen Chemie der Hypothyreosen. Zugleich ein Beitrag zur Wirkung des Trijodthyronins. II. Mitt. Die elektrophoretische Untersuchung der Serumproteine und -lipoide und deren Beeinflussung durch Trijodthyronin. Klin. Wschr. 1956, 39.

25. BARANDUN, S. VON, H. BÜCHLER u. A. HÄSSIG: Das Antikörpermangelsyndrom (Agammaglobulinämie). Schweiz. med. Wschr. 1956, 33.

26. BARBAGALLO-SANGIORGI, G.: Elektrophoretische Untersuchungen entfetteter Sera bei Hyper-β-Globulinämie. Boll. Soc. ital. Biol. sper. 28, 1522 (1952).

27. — Das Verhalten der Serumproteine während der Elektrophorese bei Infektionskrankheiten. Boll. Soc. ital. Biol. sper. 29, 1081 (1953).

28. — Über pathologische Veränderungen des Gamma-1-Globulins im Serum. Arch. „E. Maragliano" Pat. 8, 413 (1953).

29. — Die Elektrophorese der Serum- und Plasmaproteine in der klinischen Praxis. Prinzip der Methode, Technik, Analyse, Kritik und klinischer Wert der Ergebnisse. Minerva med. (Torino) 1954, 1.

30. Barbagallo-Sangiorgi, G., u. A. Cajozzo: Das Verhalten der Gesamtheit der Serumlipoproteide bei der menschlichen Arteriosklerose. Policlinico, Sez. med. **59**, 1 (1952).

31. — — Über die Beziehungen des Bluteiweißbildes zur Morphologie und Funktion der plasmaréticulären Bestandteile des Knochenmarkes. Boll. Soc. ital. Biol. sper. **28**, 1526 (1952).

32. — — Das elektrophoretische Verhalten der Serumproteine bei Blutkrankheiten und Krankheiten der blutbildenden Organe. Boll. Soc. ital. Biol. sper. **29**, 819 (1953).

33. — — Elektrophoretische Studien über das Eiweißbild der Marksubstanz bei verschiedenen Erkrankungen. Boll. Soc. ital. Biol. sper. **29**, 822 (1953).

34. — — Elektrophoretische Studien über die Serumproteine des venösen Blutes und des Kapillarblutes. Boll. Soc. ital. Biol. sper. **29**, 825 (1953).

35 — — Die Untersuchung eines Falles von idiopathischer Hypoproteinämie. Settimana med. (Firenze) **41**, 3 (1953).

36. — u. A. Caputo: Die elektrophoretische Bestimmung des Fibrinogens bei Lebercirrhose und anderen krankhaften Zuständen. Boll. Soc. ital. Biol. sper. **29**, 827 (1953).

37. Barr, Reader u. Wheeler: Kälteglobulinämie. I. Bericht über zwei Fälle. Besprechung der chemischen Merkmale, des Vorkommens und ihrer Bedeutung. Ann. Int. Med. **32**, 6 (1950).

38. Bauer, H., u. D. Seitz: Klinische Untersuchungen über das „Akute-Phase-Protein" (C-reaktives Protein). Klin. Wschr. **1953**, 323.

39. Bauer, R.: Der Mechanismus der modernen Serumteste in Beziehung zu ihrer klinischen Bedeutung. Rev. gastro-enterol. **16/2**, 158 (1949).

40. — H. Ott u. S. Piller: Ergebnisse elektrophoretischer Serienuntersuchungen am Serum-Eiweißbild bestrahlter Krebskranker. Strahlenther. **94**, 12 (1954).

41. Bayrd, E. D.: Das Knochenmark im Sternalpunktat des multiplen Myeloms. Blood **3**, 987 (1948).

42. Beckmann, H., H. Antweiler u. A. Hilgers: Elektrophoretische Untersuchungen der Serum-Proteinfraktionen bei Silikosen und Siliko-Tuberkulosen im Vergleich mit verschiedenen Serumlabilitätsreaktionen. Beitr. Silikoseforsch. H. 20 (1953).

43. Beckmann, W. W., A. Hilles, T. Shedlovsky u. R. M. Archibald: Das Vorkommen eines in Trichloressigsäure löslichen Proteins im Urin. J. of Biol. Chem. **148**, 247 (1943).

44. Benhamou, E.: Die Serumeiweiße bei Infektionskrankheiten. Ann. Méd. **48**, 225 (1947).

45. — u. J. Pugliese: Die Elektrophorese und ihre klinische Anwendung. Presse méd. **1948**, 689.

46. — — u. E. Albou: Die Elektrophorese bei Herzerkrankungen. Arch. Mal. Coeur **44**, 995 (1951).

47. Bennhold, H.: Über einen Fall von familiärer Analbuminämie. Ber. Physiol. **172**, H. 1, 165 (1954).

48. — Die Rolle der Bluteiweißkörper im Regulationsgeschehen. Verh. dtsch. Ges. inn. Med. **59**, 135 (1953).

49. — Diskussionsbemerkungen. Verh. dtsch. Ges. inn. Med. **60**, 768 (1954).

50. — H. Peters u. E. Roth: Über einen Fall von kompletter Analbuminämie ohne wesentliche klinische Krankheitszeichen. Verh. dtsch. Ges. inn. Med. **60**, 630 (1954).

51. Berglund, K., u. N. G. Nordenson: ACTH und Cortison bei der primär chronischen Polyarthritis. Ihre Wirkung auf die Bluteiweißfraktionen, auf die serologischen Reaktionen und auf das Knochenmarksreticulum. Acta endocrinol. (Copenh.) **8**, 1 (1951).

52. Bergstermann, H.: Über den Einfluß der Glyko- und Mucoproteide auf die Hitzestabilität der Serumeiweißkörper. (Ein Beitrag zum Wirkungsmechanismus des Weltmannschen Koagulationsbandes.) Klin. Wschr. **1952**, 392.

53. — Vergleichsuntersuchungen über den Mucopolysaccharidgehalt verschiedener Serumeiweißfraktionen von Gesunden und Kranken. Verh. dtsch. Ges. inn. Med. **59**, 495 (1953).

54. — Untersuchungen über die eiweißgebundenen Kohlenhydrate und ihre Beziehungen zu den Serumeiweißfraktionen. Ärztl. Forsch. **1954** I, 377.

55. Berkes, I., D. Dević-Mikac u. V. Karas: Papierelektrophoretische Untersuchung der durch die Rivalta-Reaktion klassifizierten inneren Ergüsse. Hoppe-Seylers Z. **249**, 142 (1954).

56. Berlin, J., St. L. Wallace u. L. M. Meyer: Knochenmarksuntersuchungen bei Hyperglobulinämie. Arch. Int. Med. **85**, 144 (1950).

57. Berner, A.: Ein Fall von ursprünglich solitärem Plasmocytom mit Hyperglobulinämie. Schweiz. med. Wschr. **1947**, 1104.

58. Bieler, M. M., E. E. Ecker u. T. D. Spies: Die Serumeiweiße bei Hypoproteinämie durch Nahrungsmangel. J. Labor. a. Clin. Med. **32**, 130 (1947).

59. Blackman, S. S., u W. E. Godwin: Über die Beziehungen zwischen den Konzentrationen des Gesamteiweißes und der Globuline im Urin und der Pathogenese gewisser renaler Schäden bei chronischer Nephritis. Bull. Johns Hopkins Hosp. **69**, 397 (1941).

60. — u. B. D. Davis: Elektrophoretische und Kjeldahl-Analysen von Eiweiß aus nephritischem Urin und die Wirkung der Proteinurie auf die menschliche Niere. South. Med. J. **36**, 247 (1943).

61. — — Elektrophoretische und chemische Analysen von Eiweiß in nephritischem Urin. J. Clin. Invest. **22**, 545 (1943).

62. BLACKMAN, S. S., W. H. BARKER, M. V. BUELL u. B. D. DAVIS: [Pathogenese der Nierenschädigung bei multiplem Myelom. Elektrophoretische und chemische Analysen von Eiweißen im Serum. J. Clin. Invest. 23, 163 (1944).
63. BLADES, A. N.: Kryoglobulinämie bei multipler Myelomatosis. Brit. Med. J. 28, 169 (1951).
64. BLANCHI, GIAMPALMO u. MARMONT: Beitrag zur Kenntnis der Gelbildung im Plasma in der Kälte und der aleukämischen Plasmocytose mit Gelierung des Blutes. Minerva med. (Torino) 1949, 101.
65. BLASIUS, R., H. NOWY u. W. SEITZ: Elektrophoretische Untersuchungen von Herzmuskelproteinen. Klin. Wschr. 1953, 478.
66. BLIX, G.: Quantitative Bestimmung von elektrophoretisch getrennten Serum-Globulinen. Z. exper. Med. 105, 595 (1939).
67. — Quantitative Bestimmungen von α-Globulin und γ-Globulin in Normalserum und in Pneumonie-Serum. Hygiea (Stockh.) 100, 77 (1939).
68. — A. TISELIUS u. H. SVENSSON: Lipoide und Polysaccharide in elektrophoretisch getrennten Blutserumeiweißen. J. of Biol. Chem. 137, 485 (1941).
69. — Elektrophorese von lipoidfreiem Blutserum. J. of Biol. Chem. 137, 495 (1941).
70. BLUMBERGER, K. J.: Serumeiweißveränderungen beim Q-Fieber. Elektrophoretische Untersuchungen. Verh. dtsch. Ges. inn. Med. 61, 250 (1955).
71. BOCK, H. E.: Neoplastische Prozesse des retothelialen Systems unter Berücksichtigung der Lymphogranulomatose und des Plasmozytoms. Regensb. Jb. ärztl. Fortbild. 6, 203 (1955).
72. BOHLE, A., F. HARTMANN u. W. POLA: Serumeiweißveränderungen bei experimenteller Amyloidosis der weißen Maus. Klin. Wschr. 1950, 106.
73. — G. HIERONYMI u. F. HARTMANN: Morphologische und elektrophoretische Veränderungen nach toxischen Desoxycorticosterongaben bei Albinoratten. Z. Kreislaufforsch. 40, 161 (1951).
74. BORKENSTEIN, E., u. H. STERZ: Elektrophoretische Untersuchungen von Serum und stauungsbedingten Körperflüssigkeiten bei kardialer Insuffizienz. Wien. klin. Wschr. 1953, 209.
75. BOSELLI, A., u. G. DELLA PORTA: Bemerkungen über Dysproteinämien, insbesondere über elektrophoretische Befunde bei der Silikose. Med. Lavoro 42, 326 (1951).
76. BOYCE, W. H., F. K. GARVEY u. C. M. NORFLEET: Proteine und andere Biokolloide des Urins während der Gesundheit und bei Nieren- und Blasensteinen. I. Elektrophoretische Untersuchungen der in 1 molarer NaCl-Lösung löslichen Bestandteile bei pH 4,5 und 8,6. J. Clin. Invest. 33, 1287 (1954).
77. BRAND VON, u. GOETZE: Multiples Myelom mit atypischen Serumeiweißveränderungen. Z. inn. Med. 6, 228 (1951).
78. BRAUNITZER, A. HILLMANN-ELIES, F. LOHSS u. G. HILLMANN: Aminoendgruppenbestimmung von Myelomglobulinen. Z. Naturforsch. 9 b, 615 (1954).
79. BRAUNSTEINER, H., u. F. REINHARDT: Untersuchungen über die Natur von Paramyloid bei Plasmocytom. Klin. Wschr. 1953, 710.
80. — R. FALKNER, A. NEUMAYER u. F. PAKESCH: Makromolekulare Kryoglobulinaemie. Klin. Wschr. 1954, 722.
81. BREU, H., E. E. REIMER u. R. SCHNEIDER: Knochenmarkretikulum und grobdisperse Serumeiweißkörper. Wien. Z. inn. Med. 33, 73 (1952).
82. BROICHER, H., u. H. ODENTHAL: Über die Beziehungen zwischen elektrophoretischen Serumeiweißverschiebungen und den durch Laparoskopie und Biopsie kontrollierten pathologisch-anatomischen Befunden bei chronischen Lebererkrankungen. Klin. Wschr. 1954, 592.
83. BROWN, R. K., J. T. READ, B. K. WISEMAN u. W. G. FRANCE: Die elektrophoretische Analyse der Serumeiweißkörper bei Bluterkrankungen. J. Labor. a. Clin. Med. 33, 1523 (1948).
84. BRUCE, R. A., u. E. L. ALLING: Elektrophoretische Veränderungen der Plasmaeiweiße bei Patienten mit Pneumokokkeninfektion. Proc. Soc. Exper. Biol. a. Med. 69, 167 (1948).
85. — — Die Wirkung von Albumin auf die Hypalbuminämie bei Pneumokokken-Pneumonie. Proc. Soc. Exper. Biol. a. Med. 69, 404 (1948).
86. BRÜCKEL, K. W., P. NEUFFER u. F. H. FRANKEN: Gamma-Globulin-Mangelsyndrome und humorale Abwehr unter besonderer Berücksichtigung der Agammaglobulinaemie. Klin. Wschr. 1956, 304.
87. BURKHARDT, R., u. E. SCHINNER: Über das Verhalten der Serumeiweißkörper bei Endocarditis lenta in Beziehung zum klinischen Bild der Erkrankung. Med. Mschr. 5, 559 (1951).
88. CAMPBELL, B.: Über eine allergisch wirksame, durch Konvektionselektrophorese erhaltene Serumeiweißfraktion. J. Allergy 21, 519 (1950).
89. CANN, J. R., R. A. BROWN u. J. G. KIRKWOOD: Anwendung der Konvektionselektrophorese zur Fraktionierung von Rinder-Gammaglobulin. J. of Biol. Chem. 180, 161 (1949).
90. CANNON, P. R.: Die Beziehungen des Eiweißstoffwechsels zur Antikörperproduktion und zur Resistenz gegen Infektionen. Adv. Protein Chem. 2, 135 (1945).

91. Carlson, L. A., u. B. Olhagen: Die elektrophoretische Beweglichkeit der Chylomikronen bei einem Fall von essentieller Hyperlipämie. Skand. J. Clin. Invest. 6, 70 (1954).
92. Caspani, R.: Vergleichende elektrophoretische Untersuchungen von Serum und intracavitären Flüssigkeiten. Plasma 1, 71 (1953).
93. Ceresa, C.: Über das Verhalten der Serumeiweiße bei der gutartigen Leptospirose während der Elektrophorese. Minerva med. (Torino) 1954, 1817.
94. Ceschka, J., E. Rissel u. F. Wewalka: Papierelektrophoretische Untersuchungen der Serumeiweiße bei Lebercirrhosen. Klin. Wschr. 1956, 241.
95. Chanutin, A., u. E. C. Gjessing: Elektrophoretische Serum-Analysen von verletzten Hunden. J. of Biol. Chem. 165, 421 (1946).
96. Chiesura, P.: Elektrophoretische Untersuchung der Veränderungen des Eiweißspektrums im Verlaufe eines nephrotischen Syndroms. Minerva med. (Torino) 1953, 132.
97. — Elektrophoretische Untersuchungen über Proteinurie. Minerva med. (Torino) 1953, 835.
98. Chow, B. F., J. B. Allison, W. H. Cole u. R. D. Seeley: Der Einfluß von Eiweißentzug auf die Plasma-Eiweiße beim Hund, elektrophoretisch gemessen. Proc. Soc. Exper. Biol. a. Med. 60, 14 (1945).
99. — Elektrophoretische Studien über die Wirkung von Plasmapherese und Eiweißmangelernährung und über die Regeneration der Plasmaproteine nach Fütterung mit Hydrolysaten aus Casein und Lactalbumin. Ann. N. Y. Acad. Sci. 47, 297 (1946).
100. — Die Beziehung zwischen dem Albumin- und dem α-Globulingehalt des Plasmas. J. Clin. Invest. 26, 883 (1947).
101. — R. D. Seeley, J. B. Allison u. W. H. Cole: Die Wirkung von Eiweißzufuhr nach Plasmapherese auf die Plasmaproteine beim Hund, durch Elektrophorese beobachtet. Arch. of Biochem. 10, 69 (1948).
102. — u. S. de Biase: Die Wirkung oraler Verabreichung von Caseinhydrolysaten auf die zirkulierenden Gesamt-Plasma-Proteine des Menschen. J. Labor. a. Clin. Med. 34, 453 (1949).
103. Claussen, F.: Ein Fall von Purpura hyperglobulinaemica. Verh. dtsch. Ges. inn. Med. 58, 607 (1952).
104. Cohen, P. P., u. F. L. Thompson: Über die für den Thymoltrübungstest verantwortliche Eiweißfraktion. J. Labor. a. Clin. Med. 32, 314 (1947).
105. — — Der Mechanismus des Thymoltrübungstestes. J. Labor. a. Clin. Med. 32, 475 (1947).
106. — — u. G. A. Nitshe: Elektrophoretische Analysen des Serums bei verschiedenen Krankheiten vor und nach dem Tode. J. Clin. Invest. 26, 820 (1947).
107. Cohn, C., u. B. I. Lidman: Hepatitis ohne Gelbsucht bei infektiöser Mononucleose. J. Clin. Invest. 25, 145 (1946).
108. Cohn, E. J.: Chemische, physiologische und immunbiologische Eigenschaften und klinische Anwendung von Blutderivaten. Experientia (Basel) 3, 125 (1947).
109. — Die chemische Spezifität der Wirkung verschiedener menschlicher Serumeiweiße. Blood 3, 471 (1948).
110. Conn, H. O., u. G. Klatskin: Papierelektrophoresediagramme des Serums beim multiplen Myelom. Amer. J. Med. 16, 822 (1954).
111. Coombs, R. R. A., u. A. E. Mourant: Über einige Eigenschaften von Antiseren gegen Menschenserum und seine verschiedenen Proteinfraktionen: ihre Verwendung bei der Aufdeckung der Sensibilisierung von menschlichen Erythrozyten mit incomplettem RH-Antikörper und die Natur dieses Antikörpers. J. of Path. 59, 105 (1947).
112. Cooper, G. R., C. R. Rein u. J. W. Beard: Elektrophorese des Serumeiweißes beim an Kala-Azar erkrankten Menschen. Hypergammaglobulinaemie mit negativen Serumreaktionen auf Syphilis. Proc. Soc. Exper. Biol. a. Med. 61, 179 (1946).
113. Davis, B. D., E. A. Kabat, A. Harris u. D. H. Moore: Die antikomplementäre Wirksamkeit des Serum-Gamma-Globulins. J. of Immun. 49, 223 (1944).
114. — — — — Untersuchungen über den Wassermann-Antikörper mit Elektrophorese, Ultrazentrifugierung und immunchemischen Methoden. J. of Immun. 49, 223 (1944).
115. — D. H. Moore, E. A. Kabat u. A. Harris: Untersuchungen über den Wassermann-Antikörper mit Elektrophorese, Ultrazentrifugierung und immunchemischen Methoden. J. of Immun. 50, 1 (1945).
116. Deiss, W. P., E. C. Albright u. F. C. Larson: Eine papierelektrophoretische Untersuchung über die Eigenschaft des zirkulierenden Schilddrüsenhormons bei euthyroiden und hyperthyroiden Personen. J. Clin. Invest. 31, 1000 (1952).
117. Demling, L.: Elektrophoretische Aufspaltung von Organeiweiß. Klin. Wschr. 1952, 74.
118. — H. Kinzlmeier u. N. Henning: Elektrophoretische Untersuchungen an Strukturelementen der Zelle. Klin. Wschr. 1953, 1103.
119. — Neoplasmen im Elektrophoresebild. Ärztl. Forsch. 4 I, 154 (1954).
120. Deutsch, H. F., u. M. B. Goodloe: Ein Überblick über die Elektrophorese der Plasmen von verschiedenen Tieren. J. of Biol. Chem. 161, 1 (1945).

121. Deutsch, H. F., R. A. Alberty u. L. J. Gosting: Biophysikalische Studien an Blut-Plasma-Eiweißen. IV. Trennung und Reinigung eines neuen Globulins aus normalem menschlichen Plasma. J. of Biol. Chem. **165**, 21 (1946).

122. — — — u. J. W. Williams: Biophysikalische Studien über Blut-Plasma-Eiweiße. VI. Immunologische Eigenschaften des γ_1-Globulins aus dem Plasma normaler Menschen. J. of Immun. **56**, 183 (1947).

123. Dialer, K.: Zur Charakterisierung von pathologischen Serumproteinen mit der Ultrazentrifuge. Z. Elektrochem. **55**, 525 (1951).

124. Dillon, M. L., G. Cooper u. V. Menkin: Elektrophoretische Untersuchungen über einen in Exsudaten gefundenen Faktor, der die Leukozytose steigert. Proc. Soc. Exper. Biol. a. Med. **65**, 187 (1947).

125. Dirr, K.: Neueste Ergebnisse über Plasmocytomeiweißkörper. Ber. Biol. **172**, H. 1, 166 (1954).

126. — Über Gamma-Paraproteine im Serum. Klin. Wschr. **1955**, 818.

127. Dörken, H.: Die Purpura hyperglobulinaemica (Waldenström) und ihre Zuordnung. Verh. dtsch. Ges. inn. Med. **60**, 761 (1954).

128. Dörr, R.: Die Immunitätsforschung. Ergebnisse und Probleme in Einzeldarstellungen. Bd. IV, Antikörper, II. Teil. Wien: Springer 1949.

129. Dole, V. P., u. K. Emerson: Elektrophoretische Veränderungen in Serumeiweißproben bei Patienten mit Malaria-Rückfällen. J. Clin. Invest. **24**, 644 (1945).

130. — R. F. Watson u. S. Rothbeard: Elektrophoretische Veränderungen in Serumeiweißproben bei Patienten mit Scharlach und mit rheumatischem Fieber. J. Clin. Invest. **24**, 648 (1945).

131. — A. Yeomans u. N. A. Tierney: Elektrophoretische Veränderungen in Serumeiweißproben eines Patienten mit Fleckfieber. J. Clin. Invest. **26**, 298 (1947).

132. — S. Rothbeard u. K. Winfield: Elektrophoretische Veränderungen im Serum eines Kranken mit primär chronischer Polyarthritis. J. Clin. Invest. **26**, 87 (1947).

133. Dontenwill, W.: Über schwerste Paraproteinämie mit Paramyloidose. Dtsch. Arch. klin. Med. **200**, 346 (1953).

134. Donzelot, E., H. Kaufmann u. J. E. Escalle: Untersuchungen der Eiweiße des Blutserums bei der subakuten infektiösen Endokarditis. Arch. Mal. Coeur **42**, 405 (1949).

135. — — u. S. de Mende: Ergebnisse der Elektrophorese bei Erkrankungen des Herzens und des Kreislaufes. Presse méd. **1949**, 701.

136. — J. M. Le Bozec, H. Kaufmann u. J. Laham: Die Bedeutung der Elektrophorese bei der Untersuchung der subakuten bakteriellen Endokarditis. Semaine Hôp. **1953**, 1533.

137. Dougherty, T. F., J. H. Chase u. A. White: Nachweis von Antikörpern in Lymphocyten. Proc. Soc. Exper. Biol. a. Med. **57**, 295 (1944).

138. — — — Der zelluläre Ursprung der Antikörper. J. Amer. Med. Assoc. **128**, 1232 (1945).

139. Drexel, H.: Untersuchungen über den Einfluß von Thermalschwefelbädern auf das Verhalten der Serumeiweißfraktionen bei Rheumatikern. Münch. med. Wschr. **1953**, 306.

140. Dreyfuss, F., u. G. Librach: Durch Kälte fällbare Serumglobuline ("Cold Fractions") ("Cryoglobulins") bei der subakuten bakteriellen Endocarditis. J. Labor. a. Clin. Med. **40**, 489 (1952).

141. Dryer, L. L., W. D. Paul u. I. J. Routh: Über die Wirkung der Verabreichung von Acetylsalicylsäure auf das Elektrophoresediagramm des menschlichen Plasmas. Proc. Soc. Exper. Biol. a. Med. **66**, 552 (1947).

142. Durrum, E. L., M. H. Paul u. E. R. B. Smith: Lipoidbestimmung mit Hilfe der Papierelektrophorese. Science (Lancaster, Pa.) **116**, 428 (1952).

143. Eggers, P., u. E. Zylmann: Klinische und elektrophoretische Untersuchungen eines Blutspenders nach Abgabe von insgesamt 150,0 Liter Blut. Klin. Wschr. **1952**, 1042.

144. Eisen, Meyer, D. H. Moore, Tarr u. Stoerk: Über die Wirkung einer Schädigung der Aktivität der Nebennierenrinde auf zirkulierende Antikörper und Gammaglobulin. Proc. Soc. Exper. Biol. a. Med. **65**, 301 (1947).

145. Eisfeld, G., u. E. Koch: Das Verhalten der alkalischen und sauren Serumphosphatase des Menschen bei der Papierelektrophorese. Z. inn. Med. **9**, 514 (1954).

146. Emmrich, R.: Über die makromolekulare Chemie der Serumproteine. VII. Mitteilung: Gros-Reaktion und Elektrophoresediagramme. Z. inn. Med. **7**, 316 (1952).

147. — u. R. Becker: Tierexperimentelle Untersuchungen über Regulationen des Bluteiweißbildes. Plasma **1**, 49 (1953).

148. — Leber- und Bluteiweißbild. Dtsch. med. J. **1953**, 202.

149. — Blutzellbild und Bluteiweißbild. Münch. med. Wschr. **1953**, 1289.

150. — u. E. Perlick: Zytomorphologische Veränderungen des Knochenmarkes und Veränderungen des Bluteiweißbildes bei Retikulosen. Z. inn. Med. **8**, 401 1953).

151. — u. H. Petzold: Das Buteiweißbild nach partieller Resektion der Rattenleber. Seine Beeinflussung durch Corhormon. Z. exper. Med. **122**, 264 (1953).

152. ENDERS, J. F.: Chemische, klinische und immunologische Untersuchungen über die Produkte der Fraktionierung des menschlichen Plasmas. X. Die Konzentrationen an bestimmten Antikörpern in Globulinfraktionen des menschlichen Blutserums. J. Clin. Invest. **23**, 510 (1944).
153. D'ESHOUGUES, J. R.: Die Glukoproteide des Serums beim akuten Gelenkrheumatismus. Algérie méd. **59**, 235 (1955).
154. ESSER, H., u. F. E. SCHMENGLER: Über Serumeiweißveränderungen bei Reticuloendotheliosen. Dtsch. med. Wschr. **1949**, 1323.
155. — Über Stoffwechselstörungen bei reaktiven Reticulosen. Dtsch. med. Wschr. **1950**, 706.
156. — Über seltene Befunde beim Plasmocytom. Z. klin. Med. **146**, 535 (1950).
157. — u. F. E. SCHMENGLER: SJÖGRENsches Syndrom und reaktive Reticulose. Ärztl. Forsch. **5 I**, 313 (1951).
158. — F. HEINZLER u. H. WILD: Serumeiweißwerte beim Carcinom. Klin. Wschr. **1953**, 321.
159. EVERS, A., F. HARTMANN u. H. R. SCHROEDER: Das Verhalten der Serumeiweißfraktionen bei Rheumatikern während der Badekur. Z. Rheumaforsch. **10**, 338 (1951).
160. EWERBECK, H.: Die Serumeiweißkörper bei der Meningitis tuberculosa. Klin. Wschr. **1950**, 638.
161. — Zur Frage der Serumeiweißbildung in der Leber. Z. exper. Med. **117**, 237 (1951).
162. — u. H. LOHMANN: Gibt es eine zentrale Regulierung der Serumproteine? Ärztl. Forsch. **1**, 391 (1954).
163 FASOLI, A.: Papierelektrophorese der Lipoproteide des Serums. Boll. Soc. ital. Biol. sper. **28**, 603 (1952).
164. — Papierelektrophorese der Lipoproteide des Serums. Acta med. scand. (Stockh.) **145**, 233 (1953).
165. FEIEREIS, H., u. H. E. SEHNERT: Seltene Form einer Paraproteinose. Klin. Wschr. **1954**, 998.
166. FELDER, O.: Serumeiweißbild bei Lungentuberkulose. Tuberkulosearzt **6**, 591 (1952).
167. — Über die Bindung der Tuberkulostatica an Serumproteine. Klin. Wschr. **1953**, 452.
168. — Über die Möglichkeit einer elektrophoretischen Differenzierung der Pleuraxsudate. Zugleich ein Beitrag zur Frage der Eiweißsubstitutionsbehandlung. Münch. med. Wschr. **1953**, 928.
169. — Die Serumeiweißreaktion nach GROS als Mittel zur Beurteilung des Serumeiweißbildes. Med. Klin. **1953**, 556.
170. FIORILLO, A. M.: Elektrophoretische Untersuchung des Serums bei Erkrankten durch Schistosomum mansoni. Hospital, Rio **45**, 647 (1954).
171. FISCHER, M. A., P. D. PAUL, A. STEINMAN, A. M. CARPENTER u. M. L. MENTEN: Elektrophoretische Darstellung der qualitativen und quantitativen Veränderungen der Plasmaproteine bei der Lipoidnephrose. J. Labor. a. Clin. Med. **37**, 894 (1951).
172. FISHER, A. M., u. B. D. DAVIS: Die Serumproteine beim BOECKschen Sarcoid: Elektrophoretische Untersuchungen. Bull. Johns Hopkins Hosp. **71**, 364 (1942).
173. FLEISCHHACKER, H., u. R. KLIMA: Beitrag zur Kenntnis des multiplen Myeloms. Fol. haemat. (Leipzig) **56**, 5 (1937).
174. — Über die Plasmazellen und das reticuloendotheliale System des Knochenmarks. Beitrag zur Herkunft der Plasmaeiweißkörper. Dtsch. Arch. inn. Med. **186**, 506 (1940).
175. FRANKLIN, M., H. POPPER, J. DE LA HUERGA, W. B. BEAN, F. STEIGMANN, O. ROTH u. BUDDE: Vergleich zwischen Elektrophoresekurven des Serums und solchen des Plasmas bei Leberkrankheiten unter besonderer Berücksichtigung der Gamma-Globulin-Fraktion. J. Labor. a. Clin. Med. **34**, 1600 (1949).
176. — W. B. BEAN, W. D. PAUL u. J. I. ROUTH: Elektrophoretische Untersuchungen bei Lebererkrankungen. I. Vergleich zwischen den Serum- und Plasmaelektrophoresediagrammen bei Lebererkrankungen unter besonderer Berücksichtigung der Fibrinogen- und der Gammaglobulinfraktion. J. Clin. Invest. **30**, 718 (1951).
177. — — — — Elektrophoretische Untersuchungen bei Lebererkrankungen. II. Gammaglobulin bei chronischen Lebererkrankungen. J. Clin. Invest. **30**, 720 (1951).
178. FRANSWORTH, E. B., u. N. C. RUPPENTAL: Elektrophoretische Untersuchungen der Serum- und Urineiweiße bei Nephrose nach Behandlung mit ACTH. J. Labor. a. Clin. Med. **38**, 407 (1951).
179. FREISLEDERER, W., u. E. STOEBER: Zur klinischen Brauchbarkeit serumelektrophoretischer Untersuchungen beim Rheumatismus des Kindesalters. Z. Kinderheilk. **75**, 532 (1954).
180. — u. H. VOHL: Vergleichende Bestimmung der Serumeiweißfraktionen in Capillar- und Venenblut. Klin. Wschr. **1956**, 335.
181. FRITZE, E., u. F. VON ZEZSCHWITZ: Bluteiweißveränderungen bei chronischer Polyarthritis. Z. Rheumaforsch. **8**, 235 (1949).
182. GALLICO, E., F. CHIERGO u. G. C. RABOTTI: Elektrophoretische Eiweißuntersuchungen krankhafter Flüssigkeiten. Tumori (Milano) **39**, 281 (1953).
183. GAMP, A., u. H. OSWALD: Das Bluteiweißbild in der klinischen Beurteilung chronischer rheumatischer Erkrankungen. Z. klin. Med. **151**, 397 (1954).

184. GHIONE, M., u. E. CIAMILLO: Die Bestimmung des Haptoglobulinindex bei der Lungentuberkulose. Policlinico, Sez. med. 56, 209 (1949).
185. — — Das Haptoglobulin bei neuerdings isolierten Plasmaeiweißkörpern. Policlinico, Sez. med. 56 (1949).
186. GIMES, B., u. Z. SZENDRÖI: Über die Bedeutung der Verschiebungen im Serumeiweißgehalt bei der Diagnose von Knochentumoren. Fortschr. Röntgenstr. 81, 567 (1954).
187. GJESSING, E. C., A. CHANUTIN u. C. S. FLOYD: Elektrophorese von Plasma und Plasmafraktionen normaler und verletzter Ratten. J. of Biol. Chem. 169, 657 (1947).
188. — Fraktionierung, Elektrophorese und chemische Untersuchungen bei Seren von verletzten Ziegen. J. of Biol. Chem. 174, 683 (1948).
189. GLICK, D., u. D. H. MOORE: Hyaluronidaseinhibitor in elektrophoretisch abgetrennten Fraktionen des menschlichen Serums. Arch. of Biochem. 19, 173 (1948).
190. GOLDECK, H., u. D. REMY: Bluteiweiß- und Eisenverschiebungen während der Megalonormoblastischen Markumstellung bei der perniziösen Anämie. Ärztl. Wschr. 1952, 890.
191. GRAS, J., V. TORRAS u. M. SALAZAR: Eine Untersuchung über die Beziehung zwischen Albumin und Gammaglobulin im menschlichen Serum. Plasma 2, 297 (1954).
192. — J. LATORRE u. J. M. GAMISSANS: Hypo-Agamma-Globulinämie bei einem Fall von Amyloidose. Klin. Wschr. 1954, 968.
193. GRASSMANN, W., K. HANNIG u. M. KNEDEL: Über ein Verfahren zur elektrophoretischen Bestimmung der Serumproteine auf Filterpapier. Dtsch. med. Wschr. 1951, 333.
194. GRAY, S. J., u. E. S. G. BARRON: Elektrophorese der Serumeiweiße bei Lebererkrankungen. J. Clin. Invest. 22, 191 (1943).
195. GRIFFITHS, L. L., u. A. L. BREWS: Das Elektrophoresediagramm beim multiplen Myelom. J. Clin. Path. 6, 187 (1953).
196. GROSS, P. H., u. H. WEICKER: Die Bedeutung des Lipoidelektrophoresediagrammes. Klin. Wschr. 1954, 509.
197. GROSSE-BROCKHOFF, F.: Lehrbuch der pathologischen Physiologie. Heidelberg: Springer-Verlag 1950.
198. GROULADE, M. M. J., P. J. TIZZANI u. B. DRUFOVKA: Eine quantitative mikro-papierelektrophoretische Untersuchung der Serumeiweiße bei Lebererkrankungen. Presse méd. 1954, 1349.
199. GSELL, O.: Untersuchungen über das Hungerödem. Helvet. med. Acta 12, 576 (1945).
200. GURD, F., J. ONELEY, J. EDSALL u. E. COHN: Die Lipoproteide des menschlichen Plasmas. Discuss. Faraday Soc. 6, 70 (1949).
201. GUTMAN, A. B., D. H. MOORE u. E. B. GUTMAN: Fraktionierung der Serumeiweiße bei Hyperproteinämie unter besonderer Berücksichtigung des multiplen Myeloms. J. Clin. Invest. 20, 765 (1941).
202. — Die Plasmaeiweiße in der Krankheit. Adv. Protein Chem. 4, 156 (1948).
203. GUTTER, F. J., J. R. KREVANS, G. A. MOULTON u. G. KEGELES: Elektrophoretische Bestimmungen des Bluteiweißspiegels bei einem Fall von akuter myeloischer Leukämie unter Behandlung mit Austauschtransfusionen. J. Nat. Cancer Inst. Washington 12, 323 (1951).
204. GUTTMAN, S. A., H. R. POTTER, F. M. HANGER, D. B. MOORE, P. S. PIERSON u. D. H. MOORE: Bedeutung des Cephalin-Cholesterin-Flockungstestes bei Malaria. J. Clin. Invest. 24, 296 (1945).
205. HAERENS u. SCHOLTIS: Cryoglobulinämie bei einem Fall von Myelom. Nederl. Tijdschr. Geneesk. 1955, 522.
206. HANGER, F. M.: Über durch den Cephalinflockungstest nachweisbare Abnormitäten in den Serumglobulinen. Trans. Assoc. Amer. Physicians 60, 82 (1947).
207. HANSER, A.: Elektrophoretische Untersuchungen bei Tuberkulose. Zbl. Bakter. 160, 229 (1954).
208. HARRIS, T. N., GRIMM u. Mitarb.: Die Rolle der Lymphozyten bei der Bildung von Antikörpern. J. of Exper. Med. 81, 73 (1945).
209. — D. H. MOORE u. FARBER: Physikochemische Untersuchungen an Lymphe und Lymphozytenextrakten aus normalen und gereizten lymphatischen Geweben. J. of Biol. Chem. 179, 369 (1949).
210. HARTMANN, F.: Untersuchungen über die Beurteilung der Funktion der Leber auf Grund von Störungen ihrer Stoffwechselleistungen. Z. klin. Med. 147, 375 (1950).
211. — u. K. STEINEBACH: Die diagnostische Verwertbarkeit der Serumeiweißbilder bei Erkrankungen der Leber. Dtsch. Arch. klin. Med. 197, 568 (1950).
212. — H. R. SCHROEDER u. W. VOGES: Die Dysproteinämien bei rheumatischen Erkrankungen. Z. Rheumaforsch. 10, 331 (1951).
213. — E. KOHL u. F. WAGNER: Serumeiweiß- und Organveränderungen bei experimenteller chronischer Dysproteinämie und Desoxycorticosteronbehandlung des Kaninchens. Z. Rheumaforsch. 10, 374 (1951).
214. — Die klinische Bedeutung der Dysproteinämie bei Infektionskrankheiten. Dtsch. med. Wschr. 1952, 97.

215. Hartmann, F. u. G. Schulze: Eiweiß- und Lipoidveränderungen im Serum bei Nierenerkrankungen. Verh. dtsch. Ges. inn. Med. **58**, 300 (1952).
216. — Aminosäurenzusammensetzung der Serumeiweißkörper bei Gesunden und Kranken. Verh. dtsch. Ges. inn. Med. **59**, 487 (1953).
217. — C. Lopez'Calleja u. G. Gattow: Röntgeninterferometrische Untersuchungen über die Feinstruktur der Serumeiweißkörper bei Gesunden und Kranken. Verh. dtsch. Ges. inn. Med. **61**, 273 (1955).
218. Hauser, W.: Elektrophoretische Untersuchungen des Serum- und insbesondere des Urineiweißes bei akut verlaufendem Lupus erythematodes. Ärztl. Wschr. **1953**, 840.
219. Hauss, W. H., u. J. Leist: Dysproteinämie nach Herzinfarkt. Klin. Wschr. **1952**, 481.
220. — L. Lammers u. H. Brückner: Über die humoralen Veränderungen nach Herzinfarkt, anderen akuten Erkrankungen und experimentell erzeugten Zuständen. Klin. Wschr. **1952**, 635.
221. Heckner, F.: Blutsenkungshemmung durch Conteben. Z. exper. Med. **116**, 327 (1950).
222. Hedlund, P.: Das Auftreten eines besonderen Serumeiweißes in akuten Stadien von verschiedenen Krankheiten. Acta med. scand. (Stockh.) Suppl. **196**, 579 (1947).
223. Heilmeyer, L.: Die Chemotherapie der Tuberkulose. Dtsch. med. Wschr. **1949**, 161.
224. — Beeinflussung der Entzündungsbereitschaft und der Plasmakolloide durch Conteben im Vergleich zu den Wirkungen der Hormone der Nebennierenrinde und der Hypophyse und ihre Bedeutung für das Rheumaproblem. Klin. Wschr. **1950**, 254.
225. — u. H. Begemann: Klinische Beobachtungen bei Störungen in der Zusammensetzung der Bluteiweißkörper. Med. Mschr. **4**, 260 (1950).
226. — Handbuch der inneren Medizin, Bd. II, 4. Aufl. Heidelberg: Springer-Verlag 1951.
227. Heinen, W.: Elektrophoretische Untersuchungen nach dosierter körperlicher Belastung. Ärztl. Wschr. **1954**, 968.
228. Heinlein, H.: Die Bluteiweißbildung. Z. exper. Med. **112**, 535 (1943).
229. Hennemann, H. H., u. K. E. Gillert: Serumlabilitätsproben und elektrophoretische Untersuchungen bei Erkrankungen mit positivem Coombs-Test. Dtsch. Arch. klin. Med. **201**, 158 (1954).
230. Henning, N., H. Kinzlmeier, L. Demling u. E. Mannuss: Elektrophoretische Untersuchung von Zelleiweißkörpern. Klin. Wschr. **1952**, 390.
231. — — — Elektrophoretische Untersuchung der Eiweißkomponenten des reinen Magensaftes von gesunden Menschen und von solchen mit Magenerkrankungen. Fol. clin. internac. **3**, 127 (1953).
232. — — — Über die elektrophoretisch darstellbaren Proteine normaler und pathologischer Magensäfte. Münch. med. Wschr. **1953**, 423.
233. Herrnring, G., F. Kuhlmann u. W. Vogel: Die Beeinflussung der elektrophoretisch bestimmten Serumeiweißfraktionen bei der Lungentuberkulose durch Conteben. Tuberkulosearzt **5**, 711 (1951).
234. Hess, E. L., A. Cobure u. E. F. Rosenberg: Elektrophoretische Untersuchungen des Serums von Patienten mit rheumatischer Arthritis, die mit Cortison behandelt wurden. J. Labor. a. Clin. Med. **38**, 526 (1951).
235. Heuchel, G., u. D. Jorke: Über die Gammaglobulin-Mangelkrankheit. Med. Welt **1955**, 1181.
236. Hewitt, L. F.: a) Trennung des Serumalbumins in zwei Fraktionen. Biochemic. J. **30**, 2229 (1936); b) Beobachtungen über die Natur der Glukoproteidfraktion. Biochemic. J. **31**, 360 (1937).
237. — Serumeiweiße unter normalen und pathologischen Bedingungen. I. Das Blutserum von normalen Tieren. II. Menschliches Blutserum und pathologische Körperflüssigkeiten. III. Fällungsreaktionen im Pferdeserum. Biochemic. J. **32**, 1540 (1938).
238. — Polysaccharidgehalt und Reduktionskraft der Proteine und ihrer Digerierungsprodukte. I. Biochem. J. **32**, 1554 (1938); II. Biochemic. J. **33**, 1496 (1939).
239. Hieronymi, G., H. Bohle u. F. Hartmann: Morphologische und elektrophoretische Untersuchungen bei der Masugi-Nephritis an Ratten. Arch. Kreislaufforsch. **18**, 34 (1952).
240. Hill, A. G. S.: Das „C-reaktive" Protein bei chronischen rheumatischen Erkrankungen. Lancet **1951**, 807.
241. Hill, R. M., R. M. Mulligan u. S. G. Dunlop: Plasmocytom mit starker Vermehrung der Plasmalipoproteide. Amer. J. Path. **24**, 688 (1948).
242. — S. G. Dunlop u. R. M. Mulligan: Über ein in hoher Konzentration im Plasma eines multiplen Myeloms vorgefundenes Kryoglobulin. J. Labor. a. Clin. Med. **34**, 1057 (1949).
243. Hiller, E., u. E. Granzer: Die Bedeutung der fortlaufenden Elektrophoreseuntersuchungen im Verlaufe von Diphtherie und Scharlach. Klin. Wschr. **1952**, 923.
244. — u. H. Bischof: Über den Protein- und Aminosäuregehalt des menschlichen Magensaftes, dargestellt mittels Elektrophorese und Papierchromatographie. Med. Welt **1953**, 1541.
245. Hillmann, A., G. Hillmann u. F. Lohss: Myelom-Plasma-Proteine. I. Mitt.: Über die chemische und physikalische Natur der Myelom-Gamma-Globuline. Z. Naturforsch. **8 b**, 28 (1953).

246. Hirscher, H., u. O. Entgelmeier: Serologische und elektrophoretische Verlaufsstudien an lipotrop behandelten Lebercirrhosen und akuter gelber Leberatrophie unter besonderer Berücksichtigung genetischer Eiweißmangelschäden. Z. inn. Med. 8, 150 (1953).
247. Hoch, H., u. C. J. O. R. Morris: Heterogenität des menschlichen Serum-Albumins. Nature (London) 156, 234 (1945).
248. Hoessly, J. P., u. L. D. Greenberg: Elektrophoretische Analysen des Serums bei einem Fall von multiplem Myelom mit Amyloidosis. J. Labor. a. Clin. Med. 39, 193 (1952).
249. Holmberg, C. G., u. A. Grönwall: Ein neues kristallisierendes Serumglobulin. Hoppe-Seylers Z. 273, 199 (1942).
250. Homburger, F., N. F. Young u. Mitarb.: Klinische Beschreibung und chemische Pathologie des Syndroms der familiär-idiopathischen Dysproteinämie. Amer. J. Med. 4, 456 (1948).
251. — u. M. L. Petermann: Untersuchungen über Hypoproteinämie. II. Familiär-idiopathische Dysproteinämie. Blood 4, 1085 (1949).
252. Horst, W., u. K. H. Schäfer: Die Eisenbindung im Serum und weiteren biologischen Flüssigkeiten, untersucht mit Papierelektrophorese und Radioeisen (Fe 59 und 55). Klin. Wschr. 1953, 340.
253. — — Die Eisenbindung im Serum und weiteren biologischen Flüssigkeiten, untersucht mit Papierelektrophorese und Radioeisen (Fe 59 und 55). Klin. Wschr. 1953, 791.
254. Horster, J. A.: Eiweißkristalle bei Lymphogranulomatose. Schweiz. med. Wschr. 1951, 348.
255. Huber, S.: Beobachtung der Bluteiweißfraktionen im Verlaufe des Typhus abdominalis unter Berücksichtigung der Chloromycetinanwendung. Wien. med. Wschr. 1953, 478.
256. Humphrey, J. H.: Die Natur des Antistreptolysins-S bei Menschen und verschiedenen Tieren. Lipoproteideigenschaften des Antistreptolysins-S. Brit. J. Exper. Path. 30, 365 (1949).
257. Hunt, T. E., u. J. A. Trew: Papierelektrophoretische Untersuchungen der Plasmaproteine bei rheumatischer Arthritis und beim Morbus Bechterew. Ann. Rheumat. Dis. (London) 13, 201 (1954).
258. Imperato, C.: Bericht über die Beziehungen zwischen 0-Antistreptolysin und Gamma-Globulin. Minerva med. (Torino) 1952, 824.
259. Jager, B. V., E. L. Smith, M. Nickerson u. D. M. Brown: Immunologische und elektrophoretische Untersuchungen über menschliches Gamma-Globulin. J. of Biol. Chem. 176, 1177 (1948).
260. — H. Brown u. M. Nickerson: Veränderungen in den Plasmaeiweißen und im Volumen von Plasmaeiweißen und Erythrocyten während der Behandlung mit ACTH oder Cortison. J. Labor. a. Clin. Med. 37, 3 (1951).
261. Jahnke, K., u. W. Scholtan: Elektrophoretische Untersuchungen der Bluteiweißkörper bei Lungentuberkulose nach T.B.I.-Behandlung. Z. exper. Med. 116, 13 (1950).
262. — — Plasmaproteine und Tuberkulose. Beitr. Klin. Tbk. 105, 249 (1951).
263. — — Ergebnisse klinischer Ultrazentrifugen-Untersuchungen. Dtsch. med. Wschr. 1954, 673.
264. — — Atypische Makroglobulinämien. Verh. dtsch. Ges. inn. Med. 61, 312 (1955).
265. Jansen, K.: Das Verhalten der Serumeiweiße bei der Lungentuberkulose unter Neoteben-behandlung. (Elektrophoretische Untersuchungen.) Inaug. Diss. Bonn 1955.
266. Jaqueline, F., J. Groulade u. B. Drufovka: Quantitative papierelektrophoretische Untersuchung der Glukoproteide und der Lipoidkomplexe der Serumeiweiße bei chronischer Polyarthritis. Rev. rhumat. (Paris) 21, 566 (1954).
267. Jasinski, B., G. E. Stiefel, H. Märki u. F. Wuhrmann: Über ein dem Lupus erythematodes-Phänomen ähnliches Zellbild im Cantharidenblaseninhalt und seine Beziehung zu den Gamma-Globulinen. Klin. Wschr. 1953, 252.
268. — u. F. Wuhrmann: Untersuchungen über die Bluteiweiße und das Serumeisen mit Hilfe des radioaktiven Fe 59. Verh. dtsch. Ges. inn. Med. 59, 326 (1953).
269. Jayle, M. F.: Bedeutung und Klinik der Glukoproteide des Serums. Presse méd. 1946, 281.
270. Johansson, G. A.: Elektrophoreseuntersuchungen in Blut und Harn bei Amyloidosen mit und ohne Amyloidnephrose. Klin. Wschr. 1949, 68.
271. — Elektrophorese bei der experimentellen Kaninchentuberkulose. Klin. Wschr. 1949, 70.
272. Kabat, E. A.: Molekulargewicht der Antikörper. J. of Exper. Med. 69, 103 (1939).
273. — Übersicht über die Immunchemie der Proteine. J. of Immun. 47, 513 (1943).
274. — F. M. Hanger, D. H. Moore u. H. Landow: Die Beziehung der Cephalinflockungsreaktion und der Goldsolreaktion zu den Serumproteinen. J. Clin. Invest. 22, 563 (1943).
275. — Immunchemie. Annual Rev. Biochem. 15, 505 (1946).
276. Kabelitz, H. J.: Plasmazellen und Eiweißstoffwechsel. Acta haematol. (Basel) 5, 232 (1951).
277. Kaipainen, W. J., u. E. J. Jokinen: Die sogenannte T- oder Gamma-Komponente im Serum von Rheumatikern. Ann. med. int. fenn. 42, 123 (1953).
278. Kaitz, A. L., E. H. Kass, W. H. Macmillan u. F. H. L. Taylor: Die Bestimmung der Gamma-Globuline in normalem und myelomatösem Plasma durch chemische Fraktionierung. J. Labor. a. Clin. Med. 41, 248 (1953).

279. KALK, H., u. E. WILDHIRT: Beitrag zur Genese des Ascites bei der Lebercirrhose. Verh. dtsch. Ges. inn. Med. 58, 368 (1952).
280. — — Bedeutet die Serumelektrophorese einen Fortschritt in der Diagnostik der Leberkrankheiten? Verh. dtsch. Ges. inn. Med. 59, 370 (1953).
281. KANZOW, U.: Elektrophoretische Serumeiweißuntersuchungen bei Leukämien. Ärztl. Wschr. 1953, 30.
282. — Die Makroglobulinämie Waldenström. Klin. Wschr. 1954, 154.
283. — W. SCHOLTAN u. A. MÜTING: Serologische Differenzierung von Makroglobulinämien. Klin. Wschr. 1955, 1043.
284. KASS, E. H.: Das Vorkommen von normalem Serum-Gamma-Globulin in menschlichen Lymphozyten. Science (Lancaster, Pa.) 101, 337 (1945).
285. KAUFMANN, H.: Über die Einteilung entzündlicher Zustände an Hand der Ergebnisse der Elektrophorese. Beziehungen zwischen Eiweißverteilung und Leukocytose. Presse méd. 1954, 319.
286. KAUMANNS, H., u. H. ROHKÄMPER: Das diffuse Plasmocytom unter dem Bilde der universellen calcipriven Osteopathie. Ärztl. Wschr. 1950, 699.
287. KEILHACK, H., u. LINK: Über die Plasmazellenleukämie. Dtsch. Arch. klin. Med. 188, 88 (1941).
288. KEKWICK, R. A.: Beobachtungen über die kristallisierbare Albumin-Fraktion des Pferdeserums. Biochemic. J. 32, 552 (1938).
289. — Die Serumeiweiße bei multipler Myelomatosis. Biochemic. J. 34, 1248 (1940).
290. — u. U. MARTIN: Diskussionsbemerkungen über Plasmaproteinfraktionen. Proc. Roy. Soc. Med. (London) 41, 217 (1948).
291. KELLEY, V. C., D. R. BRIGGS u. R. A. JENSEN: Elektrophoretische Kurven von Blutsera bei Poliomyelitis und GUILLAIN-BARRÉscher Krankheit. J. of Pediatr. 29, 433 (1946).
292. KENDALL, F. E.: Das nephrotische Syndrom. Amer. J. Med. 2, 386 (1947).
293. KILCHLING, H.: Über die Beeinflussung des Bluteiweißbildes durch TB I 698. Z. klin. Med. 146, 249 (1950).
294. — u. M. MATTHES: Blutsenkungsbeeinflussung durch Conteben. Klin. Wschr. 1951, 227.
295. KIRSCH, E., u. A. WESTPHAL: Plasmazellen in ihrer Beziehung zu pathologischen Serumeiweißveränderungen bei experimentellen Trypanosomeninfektionen. Z. Tropenmed. 2, 497 (1951).
296. KLEIN, E., u. F. H. FRANKEN: Das elektrophoretische Lipoproteidspektrum des Serums nach Heparineinwirkung und bei Leberkrankheiten. Dtsch. med. Wschr. 1955, 44.
297. KLINGENBERG, H. G., u. E. SCHAUENSTEIN: Elektrophoretischer Nachweis zweier Eiweißkomponenten im Fibrinogen. Z. Naturforsch. 8 b, 483 (1953).
298. KNAPP, E. L., J. W. GIFFEE u. R. L. JACKSON: Plasmaprotein. Studien bei Kindern mit rheumatischem Fieber. J. Labor. a. Clin. Med. 33, 1490 (1948).
299. KNEDEL, M.: Über die klinische Anwendung eines neuen Elektrophoreseverfahrens bei Lebererkrankungen. Med. Mschr. 5, 707 (1951).
300. — u. H. ZETTEL: Elektrophoretische Untersuchungen über das Verhalten der Bluteiweißkörper beim Bronchialkarzinom. Klin. Wschr. 1952, 594.
301. — Quantitative Glykoproteidbestimmungen an isolierten Serumeiweißfraktionen. Verh. dtsch. Ges. inn. Med. 61, 277 (1955).
302. — u. F. W. BUBE: Modellversuche zum Reaktionsmechanismus von Serumlabilitätsproben. Klin. Wschr. 1955, 64.
303. KNÜCHEL, F., u. F. KIENLE: Klinische, blutchemische und morphologische Veränderungen nach TB I. Ärztl. Forsch. 4 I, 81 (1950).
304. KÖRVER, G.: Über das Serumeiweißbild bei kindlichem akutem Gelenkrheumatismus. Z. Rheumaforsch. 10, 184 (1951).
305. — Ergebnisse über Gammahypoglobulinämie. Klin. Wschr. 1953, 1036.
306. — Diskussionsbemerkungen. Verh. dtsch. Ges. inn. Med. 59, 166 (1953).
307. KÖRVER, H., A. MASSENBERG u. L. SCHÜMER: Serumeiweißbild und Tbc.-Antikörper bei der Tuberkulose. Tuberkulosearzt 5, 581 (1951).
308. KOLFF, W. J., u. J. DHOUT: Das Plasmocytom und die begleitenden Störungen im Eiweißstoffwechsel. Amer. J. Med. Sci. 215, 405 (1948).
309. KOPROWSKI, H., G. RICHMOND u. D. H. MOORE: Elektrophorese von Antivirusseren. J. of Exper. Med. 85, 515 (1947).
310. KOSLOWSKI, E. L., F. HARTMANN u. W. VOGES: Veränderungen des Bluteiweißspektrums nach schweren Muskeltraumen (CRUSH-Syndrom). Klin. Wschr. 1950, 757.
311. KOULUMIES, R., u. A. TELKKÄ: Die Wirkung von Cortison auf die Serumeiweiße beim multiplen Myelom. Ann. med. int. fenn. 40, 275 (1951).
312. KREBS, E. G.: Erniedrigung der Gamma-Globulinfraktionen bei Hypoproteinämien durch Unterernährung. J. Labor. a. Clin. Med. 31, 85 (1946).
313. KROETZ, C., u. F. W. FISCHER: Zur Blutchemie der akuten fortschreitenden Arteriosklerose. Dtsch. med. Wschr. 1954, 653.

314. Kroop, I. G.: Über die Bewertung der Elektrophorese beim rheumatischen Fieber. Amer. Heart J. 48, 612 (1954).
315. Kropp, K., u. H. Althoff: Die Dysproteinämie beim Rheumatismus verus. Ärztl. Wschr. 1952, 25.
316. — — Serumeiweißveränderungen bei Nephrosen und ihre Bedeutung für Therapie und Pathogenese. Z. Kinderheilk. 70, 588 (1952).
317. Küchmeister, H., u. K. D. Voigt: Vergleichende papierelektrophoretische Gewebs- und Serumuntersuchungen des Eiweiß-Fettverhaltens bei verschiedenen Leberstörungen in Experiment und Klinik. Verh. dtsch. Ges. inn. Med. 59, 492 (1953).
318. — — Vergleichende papierelektrophoretische Gewebs- und Serumuntersuchungen des Eiweiß-Fettverhaltens bei verschiedenen Leberstörungen in Experiment und Klinik. Dtsch. Arch. klin. Med. 201, 1 (1954).
319. Küley, M., H. Bodur u. Z. Stary: Über Änderungen in der Zusammensetzung der Serumproteine bei der essentiellen Hypertonie und über ihre Beziehungen zur allergischen Reaktion. Erster internationaler Allergiekongreß Zürich, Sept. 1951.
320. Kuhn, E.: Diskussionsbemerkungen. Verh. dtsch. Ges. inn. Med. 60, 768 (1954).
321. Kukowka, A.: Über Serumeiweißfraktionen und den pH-Wert im Blut bei Rheumatikern. Z. Rheumaforsch. 14, 24 (1955).
322. Kunkel, H. G., u. L. L. Hoagland: Mechanismus und Bedeutung des Thymol-Trübungstestes bei Leberkrankheiten. J. Clin. Invest. 26, 1060 (1947).
323. — u. E. H. Ahrens: Die Beziehungen zwischen Serumlipoiden und Elektrophoresediagramm mit besonderer Berücksichtigung von Kranken mit primärer biliärer Cirrhose. J. Clin. Invest. 28, 1575 (1949).
324. — u. R. J. Slater: Darstellung der Lipoproteidfraktionen des Serums mit Hilfe der Papierelektrophorese. J. Clin. Invest. 31, 677 (1952).
325. Kutzim, H.: Elektrohoretische Untersuchung von Cantharidenblaseninhalt und Blutserum. Münch. med. Wschr. 1951, 2603.
326. Lampen, H.: Diskussionsbemerkungen. Verh. dtsch. Ges. inn. Med. 60, 890 (1954).
327. Lang, N., G. Schettler u. R. Wildhack: Über einen Fall von „Agammaglobulinämie" und das Verhalten parenteral zugeführten radioaktiv markierten Gamma-Globulins im Serum. Klin. Wschr. 1954, 856.
328. Larson, D. L., u. H. M. Ranney: Papierelektrophorese des menschlichen Hämoglobins. J. Clin. Invest. 32, 1070 (1953).
329. Latner, A. L., u. C. C. Ungley: Die Elekrophorese des menschlichen Magensaftes in bezug auf den Intrinsic Factor. Brit. Med. J. 1953, 467.
330. Laudahn, G.: Über Dysproteinämien bei Lebercirrhose mit extremer, elektrophoretisch homogener Gamma-Hyperglobulinämie. II. Mitt. Klin. Wschr. 1955, 851.
331. — u. H. J. Lejeune-Jung: Über β-Hyperglobulinämien in klinischen Elektrophoresediagrammen, ihre Entstehung und Bewertung. Ärztl. Forsch. 8 I, 407 (1954).
332. Laurent, B., u. E. A. Nikkilä: Untersuchungen über die experimentelle Proteinurie. I. Elektrophoretische und chemische Untersuchungen über Menge und Bestandteile der Urineiweiße bei der cytotoxischen Masugi-Nephritis der Ratte. Scand. J. Clin. Labor. Invest. 5, 158 (1953).
333. Layani, F., A. Bengui u. S. de Mende: Elektrophoretische und chemische Untersuchung der Serumeiweiße im Verlaufe der primär chronischen Polyarthritis und ihre Veränderungen unter dem Einfluß der Cortisonbehandlung. Semaine Hôp. 1952, 3221.
334. Leibetseder, F., F. Hugentobler, Ch. Wunderly u. F. Wuhrmann: Untersuchungen über Serumlipoide und Serumproteine Wien. Z. inn. Med. 32, 1 (1951).
335. Leitner, S. J.: Ein neuer morphologischer Befund im Sternalpunktat beim multiplen Myelom und Untersuchungen über die Bildung der Bluteiweißkörper. Schweiz. med. Wschr. 1944, 1152.
336. Lerner, A. B., u. G. R. Greenberg: Ein Serumeiweiß von einheitlicher Molekül-Struktur mit anomaler Löslichkeit. J. of Biol. Chem. 162, 429 (1946).
337. — u. R. F. Watson: Studien über Kryoglobuline. Ungewöhnliche Purpura mit dem Befund eines Kryoglobulins im Serum in hoher Konzentration. Amer. J. Med. Sci. 214, 410 (1947).
338. Lever, W. F., F. Gurd, E. Uroma, R. Brown, B. Barnes, K. Schmid u. H. Schultz: Chemische, klinische und immunbiologische Untersuchungen über die Produkte des menschlichen Plasmas. XL. Quantitative Trennung und Bestimmung der Eiweißkomponenten in kleinen Mengen des normalen menschlichen Plasmas. J. Clin. Invest. 30, 99 (1951).
339. Lewis, L. A., u. E. P. McCullagh: Die Elektrophorese der Plasmaeiweiße bei Über- und Unterfunktion der Schilddrüse. Amer. J. Med. Sci. 208, 727 (1944).
340. — R. W. Schneider u. E. P. McCullagh: Elektrophorese der Plasmaeiweiße bei Diabetes mellitus mit der Tiselius-Apparatur. J. Clin. Endocrin. 4, 535 (1944).
341. — u. E. P. McCullagh: Plasma-Eiweißkurven (Tiselius-Elektrophoresetechnik) beim Cushing-Syndrom. J. Clin. Endocrin. 7, 559 (1947).

342. Lewis, L. A., u. J. H. Page: Veränderungen der Plasmaeiweißkurven (Methode nach Tiselius) bei Patienten mit Hypertension und bei Hunden mit experimenteller renaler Hypertension. J. of Exper. Med. **86**, 185 (1947).

343. — — Elektrophorese und Ultrazentrifuge bei der Untersuchung der Serumlipoproteide normaler, nephrotischer und hypertonischer Menschen. Circulation (Baltimore) **7**, 707 (1953).

344. Ley, H.: Über die Herausstellung der „schweren chronischen Entzündung mit ungünstiger Prognose" als einer besonderen Reaktionslage des Organismus mit eigener Therapieform. Ber. inn. Med. **60**, 754 (1954).

345. Leyton, G. R.: Elektrophorese bei der Untersuchung der Antigene und Antikörper. Imprenta Univ. Santiago (Chile) 1948.

346. — Untersuchung der Blutseren von mit Mikromyceten immunisierten Tieren mittels Elektrophorese. Krebsarzt (Wien) **6**, 10 (1951).

347. Lezgus, R.: Über elektrophoretische Untersuchungen bei Amyloidosis. Z. klin. Med. **148**, 119 (1951).

348. Linke, A.: Primäre und sekundäre Dysproteinämien mit Purpura und Raynaud-Syndrom. Arch. f. Dermat. **191**, 123 (1949).

349. — Bluteiweißkörper und Plasmazellen bei der Endocarditis lenta. Dtsch. Arch. klin. Med. **198**, 351 (1951).

350. Linneweh, F.: Nephrose und Infekt. I. und II. Mitt. Med. Klin. **1949**, 1333 u. 1368.

351. — u. M. Mancke: Experimentelle klinische Untersuchungen über die Pathogenese der genuinen Nephrose. a) III. Mitt. über die Beziehungen von Blut- und Harneiweiß, beurteilt am Verhalten nach Austauschtransfusionen. Dtsch. med. Wschr. **1951**, 823; b) IV. Mitt. (Linneweh). Verhalten der Blut-Albuminfraktion bei Blut- und Plasmazufuhr. Dtsch. med. Wschr. **1951**, 927.

352. Lobo-Onell, C., I. Diaz Muñoz u. G. R. Leyton: Chemische und elektrophoretische Untersuchungen der Blut- und Urineiweiße bei der Nephritis und der Nephrose. Anales Seccion Urol. Hosp. de Salvador. S. 9 (1947).

353. — G. R. Leyton u. H. Waldmann: Die Elektrophorese und einige Reaktionen der Hitzekoagulation und der Fällung in bezug auf die Blut- und Urineiweiße. Semaine Hôp. **1952**, 3381.

354. Löffler, W., F. Wuhrmann u. Ch. Wunderly: Die Hyperproteinämien. Untersuchungsmethoden und klinische Bedeutung. C. r. Congr. franç. Méd. **27**, 91 (1949).

355. Lövgren, O.: Untersuchungen über den intermediären Stoffwechsel bei chronischer Polyarthritis. Acta med. scand. (Stockh.) Suppl. **122**, 163 (1945).

356. Lohss, F., u. G. Hillmann: Myelom-Plasma-Proteine. IV. Mitt. Zur Immunchemie der α- und β-Myelomproteine. Z. Naturforsch. **8 b**, 706 (1953).

357. — A. Hillmann-Elies u. G. Hillmann: Myelom-Plasma-Proteine. II. Zur physikalisch-chemischen Natur der α- und β-Myelomproteine. Z. Naturforsch. **8 b**, 619 (1953).

358. Longsworth, L. G., T. Shedlovsky u. D. A. McInnes: Elektrophoresekurven von normalem und pathologischem menschlichem Serum und Plasma. J. of Exper. Med. **70**, 399 (1939).

359. — u. D. A. McInnes: Eine elektrophoretische Untersuchung von Serum und Urin bei Nephrose. J. of Exper. Med. **71**, 77 (1940).

360. Loveless, M. H., u. R. J. Cann: Die Verteilung der allergisierenden und blockierenden Aktivität in menschlichen Serumeiweißen durch elektrophoretische Konvektion. Science (Lancaster, Pa.) **117**, 105 (1953).

361. Lubschez, R.: Immunologische und biologische Untersuchungen von Kleinkindern und Kindern unter besonderer Berücksichtigung des rheumatischen Fiebers. Pediatrics **2**, 570 (1948).

362. Lucas, E., u. A. Schmager: Klinische Erfahrungen und papierelektrophoretische Untersuchungen der Bluteiweißkörper bei Tuberkulösen unter Vitamin T-Medikation. Ärztl. Wschr. **1953**, 359.

363. Lucey, H. C., E. Leigh, H. Hoch, J. R. Marrack u. R. G. S. Johns: Über einen Fall von Purpura mit Knochenveränderung und Bildung eines Gels im Serum nach Abkühlung. Brit. J. Exper. Path. **31**, 380 (1950).

364. Luckner, H., u. K. Gaede: Zusammenhänge zwischen Herzmuskelschäden und Hypoproteinämien verschiedener Genese. Verh. dtsch. Ges. inn. Med. **61**, 287 (1955).

365. Lüdin, H.: Über Plasmazellenleukämie. Helvet. med. Acta **13**, 527 (1946).

366. — Zur Kenntnis der Eiweißstoffwechselstörung beim Plasmocytom. Schweiz. med. Wschr. **1947**, 190.

367. Lüscher, E., u. A. Labhart: Blutgerinnungsstörung durch Beta/Gamma-Globulin. Schweiz. med. Wschr. **1949**, 598.

368. Luetscher, J. A.: Serum-Albumin. II. Feststellung von mehr als einem Albumin im Serum von Pferd und Mensch durch elektrophoretische Wanderung in saurer Lösung. Amer. Chem. Soc. **61**, 2888 (1949).

369. Luetscher, J. A.: Elektrophoretische Analysen von Plasma- und Urineiweißen. J. Clin. Invest. **19**, 313 (1940).

370. — Elektrophoretische Analysen von Eiweißen aus Plasma- und serösen Ergüssen. J. Clin. Invest. **20**, 99 (1941).

371. — Die Wirkung einer einzelnen Injektion von konzentriertem menschlichem Serum-Albumin auf zirkulierende Eiweiße und Proteinurie bei Nephrosen. J. Clin. Invest. **23**, 365 (1944).

372. — Die Elektrophorese, ihre biologische und medizinische Anwendung. Physiol. Rev. **27**, 624 (1947).

373. — A. D. Hall u. V. L. Kremer: Behandlung der Nephrose mit konzentrierten menschlichen Serum-Albuminen. I. Wirkung auf die Eiweißkörper der Körperflüssigkeiten. J. Clin. Invest. **28**, 700 (1949).

374. Lyon, T. P., H. B. Jones, D. M. Graham, J. W. Gofman, F. T. Lindgren u. A. Yankley: Weitere Untersuchungen über das Verhältnis der Lipoproteidmoleküle mit der Sedimentationsgeschwindigkeit S_f 10—20 zur Arteriosklerose. Arch. Int. Med. **89**, 421 (1952).

375. Macheboeuf, M., u. H. Vanaud: Elektrophorese von lipoidgebundenen Eiweißen: säurefällbare Lipoideiweißkomplexe. C. r. Soc. Biol. (Paris) **135**, 1249 (1941).

376. — — Untersuchungen über die Lipoid-Eiweißkomplexe des Blutserums. C. r. Soc. Biol. (Paris) **136**, 1249 (1941).

377. — J. L. Delsal, P. Lépine u. J. Giuntini: Untersuchungen über den Zustand der Ester des Cholesterins und der Phosphatide im menschlichen Blutserum. Untersuchungen über die Einheitlichkeit der Phosphatid-Steroid-Eiweißkomplexe mit der Ultrazentrifuge und der Elektrophorese. Ann. Inst. Pasteur **69**, 321 (1943).

378. — u. Rebeyrotte: Untersuchungen über die Lipoproteidkomplexe des Pferdeserums. Discuss. Faraday Soc. **6**, 62 (1949).

379. Machida, K.: Über die Serumeiweißfraktionen bei Tuberkulosepatienten und ihre Beeinflussung durch Streptomycin- und INH-Therapie. Nagoya J. Med. Sci. **2**, 21 (1954).

380. Mack, M. H., S. Wolf u. K. G. Stern: Elektrophoretische Analyse des menschlichen Magensaftes. (Vorläufige Mitteilung.) J. Clin. Invest. **32**, 862 (1953).

381. Maclagan, N. F., u. D. Bunn: Flockungsteste mit elektrophoretisch getrennten Serumeiweißen. Biochemic. J. **41**, 582 (1947).

382. Mahaux, J., u. R. Delcourt: Hanger-Reaktion, Thymoltest, Cholesterinämie und Elektrophoresediagramm beim chronischen Hypothyreoidismus. Ann. d'Endocrin. **10**, 628 (1949).

383. — u. E. Wiedemann: Elektrophoretische Untersuchungen des Serums hyper- und hypothyreoider Personen. (Erste Beobachtungen.) Auszug aus dem französischen medizinischen Kongreß, 27. Sitzung, Genf 1949.

384. — u. E. Köiw: Papierelektrophorese von Eiweiß und Lipoproteiden beim Myelom. Die Wirkung des Thyroxins. Ann. d'Endocrin. **13**, 691 (1952).

385. — Das Elektrophoresediagramm und der kolloid-osmotische Druck des Serums beim Lupus erythematodes acutus disseminatus. Die Wirkung des Cortisons. Acta clin. belg. **8**, 92 (1953).

386. — R. Denolin-Reubens u. P. H. Mascart: Biologische Merkmale des Lupus erythematodes acutus disseminatus. — Veränderungen im Elektrophoresediagramm in ihrer Beziehung zum Auftreten der L. E.-Zellen. Rev. d'Hématol. **8**, 77 (1953).

387. Malmros, H., u. G. Blix: Die Verhältnisse der Plasmaeiweiße bei Kranken mit starker Senkungsbeschleunigung. Acta med. scand. Suppl. **170**, 284 (1946).

388. Manzoni, E., L. Ravizza, A. Rivolta u. R. Scarzella: Elektrophoretische Untersuchung des Eiweißbildes kranker Personen in drei verschiedenen Lebensstadien. Gerontol. e Geriatria (Roma) **2**, 252 (1952).

389. Marmion, B. P., H. J. Gardner, E. G. Saint u. J. L. Stubbe: Ein Mucoproteid des Magens und der Intrinsic Factor. Lancet **1953**, 273.

390. Marrack, J. R., R. G. S. Johns u. H. Hoch: Die Thymoltrübungsreaktion in der Immunologie. Brit. J. Exper. Path. **31**, 36 (1950).

391. Martin, E., G. Milhaud u. J. Le Coultre: Analyse der Hyperglobulinämie ohne Hilfe der Elektrophorese. Rev. méd. Suisse rom. **69**, 748 (1949).

392. — Die Immunoelektrophorese des Blutserums. Bull. Schweiz. Akad. med. Wiss. **10**, 193 (1954).

393. Martin, N. H.: Die Komponenten der Serumeiweiße bei infektiöser Hepatitis und homologem Serumikterus. Brit. J. Exper. Path. **27**, 363 (1946).

394. — Untersuchung der Plasma- und Gewebsglobuline bei Myelomatosen. J. Clin. Invest. **26**, 189 (1947).

395. — Elektrophoretische Untersuchung der Eiweißkomponenten des Serums bei der Lebercirrhose. Brit. J. Exper. Path. **30**, 231 (1949).

396. — Agammaglobulinämie, ein angeborener Defekt. Lancet **1954**, 1094.

397. MAURER, R.: Die multiplen Plasmocytome im Bereich der oberen Luftwege. Z. Laryng. 30, 63 (1951).

398. MAURER, W.: Zur Frage der Transportfunktion einzelner Serum-Eiweißfraktionen für Phosphatide. (Papierelektrophorese von P^{32}- und S^{35}-markiertem Eiweiß.) Klin. Wschr. 1952, 323.

399. McCULLAGH, E. P., L. A. LEWIS u. W. F. OWEN: Nebennierenversagen hypophysären Ursprungs. (Plasmaproteinuntersuchungen.) Cleveland Clin. Quart. 10, 88 (1943).

400. — — Untersuchungen der Plasmaproteine bei der ADDISONschen Krankheit. Elektrophoresemethode nach TISELIUS. J. Amer. Med. Assoc. 124, 801 (1944).

401. — — Elektrophoretische Untersuchungen der Plasmaproteine bei der ADDISONschen Krankheit mit der TISELIUS-Apparatur. Amer. J. Med. Sci. 210, 81 (1945).

402. McFARLANE, A. S.: Das Verhalten der Lipoide im menschlichen Serum. Nature (London) 149, 439 (1942).

403. McLEOD, C. M., u. O. T. AVERY: Das Vorkommen eines im normalen Blut nicht enthaltenen Eiweißes bei akuter Infektion. II. Isolierung und Eigenschaften des Proteins, das als Reaktion auf das Polysaccharid C der Pneumokokken entsteht. J. of Exper. Med. 73, 183 (1941).

404. McMASTER u. HUDACK: Die Bildung von Agglutininen in Lymphknoten. J. of Exper. Med. 61, 783 (1935).

405. MEHL, J. W., F. L. GOLDEN u. R. J. WINZLER: Mucoproteide aus menschlichem Plasma. IV. Elektrophoretischer Nachweis von Mucoproteiden im Serum bei p_H 4,5. Proc. Soc. Exper. Biol. a. Med. 72, 110 (1949).

406. — J. HUMPHREY u. R. J. WINZLER: Mucoproteide des menschlichen Blutplasmas. III. Elektrophoretische Untersuchung der Mucoproteide an Perchlorsäurefiltraten des Plasmas. Proc. Soc. Exper. Biol. a. Med. 72, 106 (1949).

407. — Elektrophoretische Untersuchung der Veränderungen der Plasmaeiweißkörper bei bösartigen Neubildungen. Texas Rep. Biol. Med. 8, II, 169 (1950).

408. — u. F. L. GOLDEN: Elektrophorese des menschlichen Serums bei p_H 4,5. J. Clin. Invest. 29, 1214 (1950).

409. — — Elektrophoretische Untersuchungen von Patienten mit rheumatischer Arthritis, die mit Cortison behandelt wurden. J. Labor. a. Clin. Med. 40, 10 (1952).

410. METKOFF, J., u. F. J. STARE: Die physiologische und klinische Bedeutung der Plasmaeiweiße und der Eiweißstoffwechselprodukte. N. England J. Med. 236, 26 (1947).

411. MIDER, G. B., E. L. ALLING u. J. J. MORTON: Die Wirkung von bösartigen Neubildungen und verwandten Krankheiten auf die Konzentration der Plasma-Eiweiße. Cancer 3, 56 (1950).

412. MILLER, G. L., C. E. BROWN, E. ESHELMAN-MILLER u. E. S. EIFELMAN: Eine elektrophoretische Untersuchung über den Ursprung der abnormen Plasmaproteine beim multiplen Myelom. Cancer Res. 12, 716 (1952).

413. MILNE, J., u. WHITE: Die Wirkung von Nebennierenrindenextrakten und Röntgenbestrahlung auf die Serumeiweißkörper der Maus. Proc. Soc. Exper. Biol. a. Med. 72, 424 (1949).

414. MOELLER, J.: Amyloid und Nierenerkrankung. Klin. Wschr. 1951, 65.

415. MOESCHLIN, S.: Einige Ergebnisse der Milzpunktion bei Blutkrankheiten. Dtsch. med. Wschr. 1950, 786.

416. MOORE, D. B., P. S. PIERSON, F. M. HANGER u. D. H. MOORE: Mechanismus der positiven Cephalin-Cholesterin-Flockungs-Reaktion bei der Hepatitis. J. Clin. Invest. 24, 292 (1945).

417. MOORE, D. H., J. VON DER SCHEER u. R. G. WYCKOFF: Eine elektrophoretische Untersuchung von Pferdeantiserum gegen Pneumokokken. J. of Immun. 38, 221 (1940).

418. — E. A. KABAT u. A. B. GUTMAN: BENCE-JONES-Proteinämie beim multiplen Myelom. J. Clin. Invest. 22, 67 (1943).

419. — L. LEVIN u. J. H. LEATHAM: Die Alpha-Globulinfraktion des Serums normaler und hypophysektomierter Ratten. J. of Biol. Chem. 153, 349 (1944).

420. — u. M. MAYER: Notiz über Änderungen im Albumin des Pferdeserums beim Altern. J. of Biol. Chem. 156, 777 (1944).

421. — L. LEVIN u. G. K. SMELSER: Fraktionierung der Eiweißkörper normaler und hypothyreotischer Ratten durch Elektrophorese und durch Aussalzung. J. of Biol. Chem. 157, 723 (1945).

422. — Artverschiedenheiten in Serumeiweiß-Proben. J. of Biol. Chem. 161, 21 (1945).

423. — u. T. N. HARRIS: Hyaluronidasehemmstoffe in elektrophoretisch getrennten Serumeiweißfraktionen. J. of Biol. Chem. 179, 377 (1949).

424. — J. B. ROBERTS, M. COSTELLO u. T. W. SCHÖNBERGER: Über Faktoren, die die elektrophoretische Analyse des menschlichen Serums beeinflussen. J. of Biol. Chem. 180, 147 (1949).

425. Moore, D. H., u. Fox: Die Wechselbeziehung zwischen elektrophoretischen Untersuchungen und anderen Faktoren bei dem Syndrom des sekundären Schocks. Nature (London) 165, 872 (1950).
426. Morgan, J. M.: Quantitative Untersuchungen über die Neutralisation des Virus der "Western Equine Encephalomyelitis" durch sein Antiserum und die Wirkung des Komplements. J. of Immun. 50, 359 (1945).
427. Müting, D.: Der Aminosäurenhaushalt beim Plasmocytom. Klin. Wschr. 1956, 231.
428. Mushett, Stern u. Silber: Hämatologische und elektrophoretische Untersuchungen über die Blutregeneration bei Hunden, die wiederholten Aderlässen unterworfen wurden. Amer. J. Med. Sci. 218, 58 (1949).
429. Newell, K. Sterling, Oxman, Burden u. Krejci: Elektrophoretische Trennung des Antikörpers aus dem Serum von allergischen Menschen. J. Allergy 10, 513 (1939).
430. Nikkilä, E. A., u. Krusius: Vergleiche zwischen einigen Labilitätsreaktionen und elektrophoretischer Bestimmung der Serum-Eiweißfraktionen. Ann. med. int. fenn. 39, 177 (1950).
431. — Die Verteilung der Lipoide in den durch Papierelektrophorese getrennten Serumeiweißfraktionen. Ann. med. exper. biol. fenn. 30, 331 (1952).
432. — Untersuchungen über das Verhalten der Lipoproteide in normalen und pathologischen Seren und die Wirkung des Heparins auf die Serumlipoproteide. Scand. J. Clin. Labor. Invest. 5, 1 (1953).
433. Nöcker, J.: Alterspathomorphose der Bluteiweißkörper. Verh. dtsch. Ges. inn. Med. 60, 865 (1954).
434. Norpoth, L., T. Surmann u. J. Clösges: Über den Ort der Magenfermente im Elektrophoresediagramm. Klin. Wschr. 1953, 1005.
435. Oldershausen, H. F. von, F. W. Aly u. G. Gries: Über die Veränderungen der Liquor- und Serumproteine bei der tuberkulösen Meningitis. Klin. Wschr. 1953, 649.
436. Olhagen, B.: Über das Elektrophoresediagramm des menschlichen Plasmas bei pathologischen Zuständen. Nord. med. 23, 1530 (1944).
437. — Über die Blutproteine beim chronischen Rheumatismus. Nord. med. 24, 2115 (1944).
438. — Untersuchungen über thermostabile antikomplementäre menschliche Seren. Stockholm 1945.
439. — Über die Beziehungen zwischen Elektrophoresediagramm und einigen einfachen Globulinreaktionen (Formol-, Takata- und Weltmann-Probe). Acta med. scand. (Stockh.) Suppl. 196, 478 (1947).
440. — Neuzeitliche Bluteiweißuntersuchungen. Nord. med. 34, 992 (1947).
441. — Spontane Fällung von kristallinem Globulin in Myelom-Serum. Proc. 21. Scand. Congr. Int. Med. 1949.
442. — P. Wising u. B. Thorell: Die endocelluläre Nucleinsäureverteilung und Plasmaeiweißbildung bei Myelomatosis. Scand. J. Clin. Labor. Invest. 1, 49 (1949).
443. Ott, H.: Serumeiweißveränderungen durch eine interkurrente Pneumonie bei Gamma-Plasmocytom. Dtsch. med. Wschr. 1950, 142.
444. — u. G. Schneider: Plasmaeiweißveränderungen bei experimenteller Amyloidose der Maus. Ärztl. Forsch. 4 I, 345 (1950).
445. — — Die Plasmaproteine bei experimenteller Amyloidose der weißen Maus. Z. exper. Med. 116, 545 (1951).
446. — Das Plasmaalbumin. Med. Welt 1951, 846.
447. — Diskussionsbemerkungen. Verh. dtsch. Ges. inn. Med. 58, 384 (1952).
448. — Der kolloidosmotische Druck der Serumfraktionen. Verh. dtsch. Ges. inn. Med. 61, 270 (1955).
449. Pätiälä, J., u. M. Turunen: Blutserum bei Lungencarcinom und bei Lungentuberkulose. Elektrophoretische Untersuchungen. Ann. chir. gynaec. fenn. 41, 1 (1952).
450. Pagliardi, E., u. A. Vitelli: Veränderungen im Bluteiweißbild und im Blut- und Markausstrich bei der primär chronischen Polyarthritis. Rev. rhumat. (Paris) 18, 643 (1951).
451. Paul, W. D., J. D. Gordon, R. Dryer u. J. L. Routh: Elektrophoretische Untersuchungen des Eiweißes von Plasma und Ascites bei der Lebercirrhose. Federat. Proc. 8, 235 (1949).
452. Pearsall, H. R., u. A. Chanutin: I. Elektrophorese, Stickstoff- und Lipoidbestimmung im Plasma und in Plasmafällungen beim gesunden jungen Menschen. II. Elektrophorese, Stickstoff- und Lipoidbestimmungen im Plasma und in Plasmafällungen bei verschiedenen Krankheiten. Amer. J. Med. 7, 297 u. 301 (1949).
453. Perlman, E., J. G. M. Bullowa u. R. Goodkind: Immunologischer und elektrophoretischer Vergleich des Antikörpers gegen das C-Polysaccharid der Pneumokokken und das als Reaktion gegen dieses Polysaccharid im Serum von akut Erkrankten gebildete Eiweiß. J. of Exper. Med. 77, 97 (1943).
454. Perlmann, G. E., W. L. Glenn u. D. Kaufman: Veränderungen der elektrophoretischen Kurven von Lymphe und Serum bei experimentellen Verbrennungen. J. Clin. Invest. 22, 627 (1943).

455. PERLMANN, G. E., D. KAUFMAN u. W. BAUER: Elektrophoretische Aufteilung der Serumeiweiße. J. Clin. Invest. 25, 931 (1946).
456. — M. W. ROPES, D. KAUFMAN u. W. BAUER: Das Elektrophoresediagramm der Proteine in der Gelenkflüssigkeit und im Serum bei rheumatischer Arthritis. J. Clin. Invest. 33, 319 (1954).
457. PETER, H., A. HANSER u. A. AMELUNG: Der Ausdruck eines „reinen" Immunisierungsprozesses im elektrophoretischen Serumeiweißbild. Z. Immun.forsch. 109, 383 (1952).
458. — u. R. REBLING: Über die Isolierung der wirksamen Eiweißfraktionen aus dem hämolytischen Hammelblutamboceptor vom Kaninchen mittels des präparativen Elektrophoresegerätes nach BROCKEMÜLLER-REBLING. Klin. Wschr. 1952, 1092.
459. — u. A. HANSER: Serologische und elektrophoretische Ergebnisse bei der Chemotherapie der Tuberkulose. Arzneimittel-Forsch. 3, 52 (1953).
460. — — Elektrophoretische Untersuchungen an Kaninchen bei der Herstellung von Anti-M- und Anti-N-Serum. Z. exper. Med. 121, 419 (1953).
461. PETERMANN, M. L., N. F. YOUNG u. K. R. HOGNESS: Ein Vergleich der Fällungsmethode nach HOWE mit der Elektrophorese für die Bestimmung von Plasma-Albumin. J. of Biol. Chem. 169, 379 (1947).
462. — u. K. R. HOGNESS: Elektrophorese der Plasmaproteine von Kranken mit bösartigen Neubildungen (Magenkrebs). Cancer 1, 100 (1948).
463. — — Elektrophoretische Untersuchungen über Plasma-Eiweiße bei Patienten mit bösartigen Neubildungen; saure Eiweißkörper im Plasma. Cancer 1, 104 (1948).
464. — D. A. KARNOFSKY u. K. R. HOGNESS: Elektrophoretische Untersuchungen der Plasmaeiweißkörper von Patienten mit bösartigen Neubildungen des lymphatischen Systems und bei Leukämien. Cancer 1, 109 (1948).
465. PEZOLD, F. A., u. G. HINZ: Elektrophoretische Untersuchungen der Eiweißkörper im „Gewebesaft". Klin. Wschr. 1953, 600.
466. PLENTL, A. A., I. H. PAGE u. W. W. DAVIS: Die Natur des RENIN-Activators. J. of Biol. Chem. 147, 143 (1943).
467. POLI, E.: Beitrag zur Elektrophorese des Serums bei einem Fall von Reticuloendotheliose. Minerva med. (Torino) 1952, 981.
468. — R. BEVACQUA u. R. CURLETTO: Elektrophoretische Analyse des aus dem Knochenmark gewonnenen Serums zum Nachweis einer Eiweißbildung im Knochenmark. Plasma (Milano) 1, 101 (1953).
469. — R. CASPANI, S. JUCKER u. A. M. VILLA: Die Veränderungen des Elektrophoresediagrammes des Serums bei Hepatopathie. Minerva med. (Torino) 1953, 1414.
470. POLONOWSKI u. M. JAYLE: Über die Herstellung einer neuen Plasmaeiweißfraktion des Haptoglobulins. C. r. Acad. Sci. (Paris) 211, 517 (1940).
471. POPJÁK, G., u. E. F. MCCARTHY: Der osmotische Druck in lipämischen Seren von Menschen und Versuchstieren. Bestimmung des Albumin/Globulin-Verhältnisses mit Hilfe der Elektrophorese. Biochemic. J. 40, 789 (1946).
472. POPPER, H., W. BEAN, J. DE LA HUERGA, M. FRANKLIN, FRUMAGARI, J. J. ROUTH u. F. STEIGMANN: Elektrophoretische Serumeiweißfraktionen bei Erkrankungen der Leber und der Gallenwege. Gastroenterology 17, 138 (1951).
473. RAFSKY, H. A., M. WEINGARTEN, C. I. KRIEGER, K. G. STERN u. B. NEWMAN: Elektrophoretische Untersuchungen bei Leberkrankheiten. Gastroenterology 14, 29 (1950).
474. — A. A. BRILL, K. G. STERN u. H. COREY: Elektrophoretische Untersuchungen des Serums von Normalpersonen höherer Lebensalter. Amer. J. Med. Sci. 224, 522 (1952).
475. — C. I. KRIEGER, A. P. BOLEMAN u. J. C. RAFSKY: Elektrophoretische Untersuchungen und Cholesterinbestimmungen bei Magengeschwüren. Gastroenterology 23, 363 (1953).
476. RANDERATH, E.: Über die Morphologie der Paraproteinosen. Verh. dtsch. Ges. Path. 32, 27 (1948).
477. RASBACH, K., u. L. WALZ: Die Bedeutung der Elektrophorese bei Herzmuskel- bzw. Lungeninfarkt. Med. Welt 1953, 745.
478. RAUSCH, F., u. A. LÜNENBORG: Das Serumelektrophoresediagramm bei Rohleberextrakt-Therapie. Med. Mschr. 7, 562 (1953).
479. RAVINA, A.: Die Kryoglobulinämie. Presse méd. 1951, 1595.
480. RAYNAUD, R., J. R. D'ESHOUGUES, R. BOURGAREL, M. S. CRUCK u. E. KAROUBI: Das Alpha-Globulin bei fieberhaften Herzerkrankungen. Arch. Mal. Coeur 45, 881 (1952).
481. — — u. P. BERNASCONI: Die Elektrophorese bei den subakuten bakteriellen Endocarditiden. Semaine Hôp. 1952, 2722.
482. — — P. PASQUET u. S. CRUCK: Die Elektrophorese bei der Arteriosklerose. Presse méd. 1952, 1215.
483. RECANT, L., E. CHAGRAFF u. F. M. HANGER: Vergleich zwischen Cephalin-Cholesterin-Flockungs-Test und Thymol-Trübungs-Test. Proc. Soc. Exper. Biol. a. Med. 60, 245 (1945).

484. REID, A. F., R. M. PIKE, S. E. SULKIN u. H. C. COGGESHALL: Elektrophoretische Charakterisierung des Serums von Patienten mit primär chronischer Polyarthritis. J. Labor. a. Clin. Med. 37, 264 (1951).
485. REINER, M., u. K. G. STERN: Elektrophoretische Untersuchungen über die Proteinverteilung im Serum von Patienten mit multiplem Myelom. Acta haematol. (Basel) 9, 19 (1953).
486. RICE, W. G.: Das Vorkommen einer PAS-positiven Eiweißfraktion im Serum bei Myelomatosis bei der Papierelektrophorese. J. Labor. a. Clin. Med. 44, 544 (1954).
487. RICKETTS, W. E., u. K. STERLING: Elektrophoretische Untersuchungen der Serumeiweiße bei der Virus-Hepatitis. J. Clin. Invest. 28, 1477 (1949).
488. — — J. B. KIRSNER u. W. L. PALMER: Elektrophoretische Untersuchungen der Serumeiweiße bei der Lebercirrhose. Gastroenterology 13, 205 (1949).
489. — J. B. KIRSNER, W. L. PALMER u. K. STERLING: Beobachtungen über den klinischen Wert von Lebertesten, histologischen Kontrollen und Elektrophorese der Serumproteine bei asymptomatischer Lebercirrhose. J. Labor. a. Clin. Med. 35, 403 (1950).
490. — K. STERLING u. R. S. LEVINE: Gamma-Globulinbestimmungen. Ein Vergleich zwischen Elektrophorese und Trübungsmessung. J. Labor. a. Clin. Med. 38, 153 (1951).
491. RIETTI: Multiples Myelom. Einige Punkte aus der Biochemie und Histologie. Acta haematol. (Basel) 3, 42 (1950).
492. RIVA, G.: Zur Semeiologie des elektrophoretischen Serumeiweißbildes. Schweiz. med. Wschr. 1952, 1108.
493. RÖCKL, H., M. METZGER u. H. W. SPIER: Zur Frage der dissoziierten Eiweißpermeabilität der Capillaren. Untersuchungen mit Hilfe des LANDIS-Tests in Kombination mit Serumeiweißelektrophorese. Klin. Wschr. 1954, 253.
494. ROPES, M. W., G. E. PERLMANN, D. KAUFMAN u. W. BAUER: Die elektrophoretische Verteilung des Plasmaeiweißes bei der rheumatischen Arthritis. J. Clin. Invest. 33, 311 (1954).
495. ROSE, RAGAN, PEARCE u. LIPMAN: Unterschiede in der Agglutination der Blutkörperchen normaler und sensibilisierter Schafe durch Seren von Kranken mit primär chronischer Polyarthritis. Proc. Soc. Exper. Biol. a. Med. 68, 1 (1948).
496. ROSENBERG, C., u. B. SCHLOSS: Erhöhung des Hexosamin-Spiegels im Plasma bei akutem rheumatischem Fieber. Amer. Heart J. 38, 872 (1949).
497. ROSENBERG, I. N., E. YOUNG u. S. PROGER: Papierelektrophoretische Untersuchungen der Serumlipoproteide normaler Personen und solcher mit Arteriosklerose. Amer. J. Med. 16, 818 (1954).
498. ROTH, O., u. B. JASIŃSKI: Die chronische und die akute Myelose. Helvet. med. Acta 12, 59 (1945).
499. ROTTINO, A., D. SUCHOFF u. K. STERN: Elektrophorese des Serums von Patienten mit Lymphogranulomatose. J. Labor. a. Clin. Med. 33, 624 (1948).
500. ROUTH, J. I., u. W. D. PAUL: Elektrophoretische Analysen von Plasma- und Serumeiweißen bei Kranken mit primär chronischer Polyarthritis. Arch. Phys. Med. 31, 511 (1950).
501. ROVESCALLI, A., u. M. T. CANESI: Die Elektrophorese der Tuberkulosekranken während der Therapie mit INH. Minerva med. (Torino) 1953, 1162.
502. RUNDLES, R. W., M. L. DILLON u. E. S. DILLON: Multiples Myelom. III. Wirkung der Urethan-Therapie auf Plasmazellwachstum, abnormale Serumeiweißkomponenten und BENCE-JONES-Eiweißkörper. J. Clin. Invest. 29, 1243 (1950).
503. — G. R. COOPER u. R. W. WILLET: Multiples Myelom. IV. Abnorme Serumbestandteile und BENCE-JONES-Eiweißköper. J. Clin. Invest. 30, 1125 (1951).
504. RUTSTEIN, D. D., F. H. CLARKE u. L. M. TARAN: Elektrophoretische Untersuchungen beim rheumatischen Fieber. Science (Lancaster, Pa.) 101, 669 (1945).
505. SANDKÜHLER, S.: Zur Klinik der Plasmocytomniere. Dtsch. Arch. klin. Med. 193, 434 (1948).
506. — Über Proteinurie bei Nierenkranken. Dtsch. med. Wschr. 76, 462 (1951).
507. SANIGAR, E. B., L. E. KREJCI u. E. O. KRAEMER: Elektrophorese und Ultrazentrifugierung der Ascitesflüssigkeit eines Krebspatienten. J. Franklin Inst. 235, 298 (1943).
508. SATOSKAR, R. S., R. A. LEWIS u. B. B. GAITONDE: Elektrophoretische Untersuchungen der Plasmaproteine bei der Virus-Hepatitis. J. Labor. a. Clin. Med. 44, 349 (1954).
509. SCHEER, J. VON DER, u. R. W. G. WYCKOFF: Elektrophoretische Analysen von hyperimmunen Seren. Science (Lancaster, Pa.) 91, 485 (1940).
510. — — u. F. H. CLARKE: Elektrophoretische Untersuchungen im Hyperimmunserum von Pferden. J. of Immun. 39, 65 (1940).
511. — — — Elektrophoretische Untersuchungen über Tetanus-Antitoxin im Pferdeserum. J. of Immun. 40, 173 (1941).
512. SCHERER, E., u. J. SUCKER: Über das Verhalten des Kälteagglutinintiters und Serumglobuline. Strahlenther. 89, 269 (1952).
513. SCHERLIS, F., u. D. S. LEVY: Untersuchung über die WELTMANN-Reaktion. Bull. Johns Hopkins Hosp. 71, 24 (1942).

514. SCHETTLER, G.: Über Serumeiweißveränderungen bei Polyarthritis rheumatica. Med. Mschr. 5, 622 (1951).
515. SCHEURLEN, P. G.: Über Serumeiweißveränderungen beim Diabetes mellitus. Klin. Wschr. 1955, 198.
516. SCHMENGLER, F. E.: Über rheumatische Hepatophatien. Med. Welt 1952, 1553.
517. SCHMID, J., J. ENZINGER, F. U. HERBST u. F. WARUM: Die Serumlipoide bei der primär chronischen Polyarthritis. Wien. klin. Wschr. 1953, 557.
518. SCHMIDT, H.: Fortschritte der Serologie. II. Aufl. Dresden-Leipzig: Steinkopff 1951.
519. — Vergleichende elektrophoretische Serum-Urinuntersuchungen bei Proteinurie verschiedener Genese mit der interferometrischen Mikromethode nach LABHART-STAUB. Klin. Wschr. 1953, 985.
520. SCHNEIDER, R. G.: Die Papierelektrophorese von Hämoglobinlösungen als eine brauchbare Methode zur Differenzierung der verschiedenen Typen der Sichelzell-Erkrankung und des Hämoglobin „C"-Merkmales. Texas Rep. Biol. Med. 11, 352 (1953).
521. SCHNEIDERBAUR, A.: Die Serumeiweißkörper bei Leberparenchymerkrankungen. Wien. klin. Wschr. 1953, 437.
522. SCHOLTAN, W., u. K. JAHNKE : Ultrazentrifugenuntersuchungen an Serum- und Harnproteinen. Verh. dtsch. Ges. inn. Med. 58, 371 (1952).
523. SCHUBERT, G., u. W. AUERSWALD: Der Einfluß gesteigerter Aktivität des erythropoetischen Systems auf das dynamische Proteingleichgewicht. Wien. Z. inn. Med. 32, 497 (1951).
524. SCHÜRCH, O., G. VIOLLIER u. H. SÜLLMANN: Elektrophoretische Untersuchungen von Kniegelenksergüssen. Schweiz. med. Wschr. 1950, 711.
525. SCHULTZE, H. E., M. SCHÖNENBERGER u. H. D. MATHEKA: Zur Kenntnis der Gamma-Globuline und antitoxischen Immunglobuline. Behringwerk-Mitt. Marburg 26, 21 (1952).
526. SCHUSTER, H. F.: Elektrophoretische Untersuchungen bei drei Erkrankungen tuberkulöser Genese. Dtsch. Gesundheitswesen 7, 493 (1952).
527. SCHWARTZ, T. B., u. B. V. JAGER: Kälteglobulinämie und RAYNAUDsches Syndrom bei einem Fall chronisch-lymphatischer Leukämie. Cancer Res. 2, 319 (1949).
528. SCHWARZ, K., u. I. WÜST: Das Verhalten der Serumproteine nach ACTH-Belastungen bei der chronischen Entzündung. Verh. dtsch. Ges. inn. Med. 60, 758 (1954).
529. SCHWEIZER, W., u. H. REBER: Zur Frage der Antikörperbildung in den Lymphozyten Z. exper. Med. 116, 265 (1950).
530. SCHWONZEN, T.: Über Serumeiweißveränderungen bei Trichinose (unter Berücksichtigung der Elektrophorese). Klin. Wschr. 1951, 612.
531. SEEGERS, W. H., M. L. NIEFT u. J. M. VANDERBELT: Zerlegungsprodukte des Fibrinogens und des Fibrins. Arch. of Biochem. 7, 15 (1945).
532. SEHNERT, H. E.: Einige besondere Verlaufsformen von Paraproteinämien. (Kritisches zur Makroglobulinämie Waldenström.) Verh. dtsch. Ges. inn. Med. 61, 308 (1955).
533. SEIBERT, F. B., K. O. PEDERSON u. A. TISELIUS: Molekulargewicht, elektrochemische und biologische Eigenschaften von Tuberkulineiweißen und Polysaccharidmolekülen. J. of Exper. Med. 68, 413 (1938).
534. — u. D. W. WATSON: Elektrophoretische Isolierung der Polysaccharide und Nucleinsäuren des Tuberkulins. J. of Biol. Chem. 140, 55 (1941).
535. — u. J. W. NELSON: Elektrophoretische Charakterisierung des Antikörpers gegen Tuberkulineiweiß. Proc. Soc. Exper. Biol. a. Med. 49, 77 (1942).
536. — — Elektrophoretische Untersuchungen über die Reaktion der Bluteiweiße auf experimentelle Infektion mit Tuberkulose. J. of Biol. Chem. 143, 29 (1942).
537. — — Elektrophorese des Serums; Die Serumproteine bei tuberkulösen und anderen chronischen Erkrankungen. Amer. Rev. Tbc. 47, 66 (1943).
538. — — Die Eiweiße des Tuberkulins. Amer. Chem. Soc. 65, 272 (1943).
539. — M. V. SEIBERT, A. J. ATNO u. H. W. CAMPBELL: Veränderungen des Gehaltes an Eiweiß und Polysacchariden im Serum bei den chronischen Krankheiten: Tuberkulose, Sarkoidose (M. Boeck und Carcinom). J. Clin. Invest. 26, 90 (1947).
540. SEITZ, W.: Über die klinische Brauchbarkeit der Serumlabilitätsreaktionen. Med. Mschr. 4, 241 (1950).
541. SHAPIRO, S., V. ROSS u. D. H. MOORE: Über ein aus dem Serum eines Myelomkranken in großen Mengen dargestelltes viskoses Eiweiß. J. Clin. Invest. 22, 137 (1943).
542. SHARP, D., H. COOPER, ERICKSON u. NEURATH: Die elektrophoretischen Eigenschaften der Serumproteine. II. Beobachtungen an Fraktionen kristallisierten Albumins aus Pferdeserum. J. of Biol. Chem. 144, 139 (1942).
543. SHEDLOVSKY, T., u. J. SCUDDER: Ein Vergleich zwischen Blutsenkungsgeschwindigkeit und Elektrophoresediagramm in normalem und krankhaftem Serum. J. of Exper. Med. 75, 119 (1942).
544. SHETLAR, M. R., u. Mitarb.: Die Reaktion der Polysaccharid- und Eiweißfraktionen bei Patienten mit rheumatischem Fieber auf die Behandlung mit Cortison. J. Labor. a. Clin. Med. 39, 372 (1952).

545. Shetlar, M. R.: Die Glukoproteide der Serumproteide beim Krebs. Texas Rep. Biol. Med. 10, 228 (1952).
546. Sibille, A., u. J. Sonnet: Die Veränderungen des α_2-Globulins beim Myocardinfarkt. Bruxelles méd. 34, 505 (1954).
547. Singer, K., I. Chernoff u. L. Singer: Studien über ein abnormes Hämoglobin. II. Seine Identifizierung mit Hilfe der fraktionierten Denaturierungsmethode. Blood 6, 429 (1951).
548. — u. B. Fisher: Studien über abnorme Hämoglobine. VI. Elektrophoretische Darstellung vom Typ S(Sichelzell)-Hämoglobin und nicht sichelnden Erythrocyten. Blood 8, 270 (1953).
549. — — Studien über abnorme Hämoglobine. VII. Die Zusammensetzung der Nicht-S-Hämoglobin-Fraktion im Blut bei Sichelzellenanämie. Eine vergleichende quantitative Studie mit Hilfe der Elektrophorese und der alkalischen Denaturierung. J. Labor. a. Clin. Med. 42, 193 (1953).
550. — Z. Chapman, S. R. Goldberg, H. M. Rubinstein u. S. A. Rosenblum: Untersuchungen über abnorme Hämoglobine. IX. Reine (homozygote) Hämoglobin C-Krankheit. Blood 9, 1023 (1954).
551. Slater, R. J., u. H. G. Kunkel: Papierelektrophorese unter besonderer Berücksichtigung der Urineiweiße. J. Labor. a. Clin. Med. 41, 619 (1953).
552. Sonnet, J., u. A. Sibille: Die Bedeutung der Elektrophorese der Bluteiweiße beim Myocardinfarkt. Acta cardiol. (Bruxelles) 8, 479 (1953).
553. — Elektrophorese und Fällungsteste beim Myelom. Rev. belg. path. 23, 197 (1954).
554. Soulier, J. P.: Elektrophoretische Untersuchung über 86 Fälle von Proteinurie (Albuminurie). Presse méd. 1953, 49.
555. — u. D. Alagille: Untersuchungen der Lipoproteide bei der menschlichen und experimentellen Arteriosklerose mit Hilfe der Elektrophorese und anderer unspezifischer Eiweißreaktionen: Prüfung des Heparineffektes. Plasma (Milano) 1, 439 (1953).
556. Spaet, T. H.: Die Identifikation abnormer Hämoglobine mittels Papierelektrophorese. J. Labor. a. Clin. Med. 41, 161 (1953).
557. Stadler, L., u. F. Gehrig: Über Veränderungen der Bluteiweißkörper unter Thiosemicarbazon-Behandlung (TB I 698) bei Lungentbc. Arch. inn. Med. 1, 537 (1950).
558. Stary, Z., H. Bodur u. F. Batiyok: Die Blutsenkungsgeschwindigkeit als Funktion des Glukoproteidgehaltes im Blutplasma. Schweiz. med. Wschr. 1951, 1273.
559. — u. S. Tekman: Über die klinische und pathologische Bedeutung der Hyaluronidasen. Münch. med. Wschr. 1951, 2.
560. — H. Bodur, S. G. Lisie u. F. Batiyok: Über die Polysaccharide des Blutserums und die bei der Lungentuberkulose auftretenden Typen der Polysaccharidämie. Klin. Wschr. 1953, 399.
561. Stassi, M., u. G. Barbagallo-Sangiorgi: Das Verhalten der Serumeiweiße während der Elektrophorese zu Beginn und beim Abklingen schwerer Verletzungen. Estralto Atti del XII. Congresso Nazionale della Società Italiana di Medicina Legale e delle Assicurazioni. Bari, 6.—9. Ottobre 1953.
562. Staub, H.: Klinische Demonstrationen. S. 356. Elektrophoresen bei Hepatitis. Helvet. med. Acta 14, 334 (1947).
563. Stein, L., u. E. Wertheimer: Eine neue kälteempfindliche Eiweißfraktion im Blut von mit Kala-Azar infizierten Hunden. Ann. Trop. Med. 36, 17 (1942).
564. Stenhagen, E.: Elektrophorese von menschlichem Blutplasma. Elektrophoretische Eigenschaften des Fibrinogens. Biochemic. J. 32, 714 (1938).
565. Sterling, K.: Die Serumeiweiße bei infektiöser Mononucleose. J. Clin. Invest. 28, 1057 (1949).
566. — u. W. E. Ricketts: Elektrophoretische Untersuchungen der Serumproteine bei biliärer Lebercirrhose. J. Clin. Invest. 28, 1469 (1949).
567. — — J. B. Kirsner u. W. L. Palmer: Die Serumeiweiße bei Lebercirrhose unter ärztlicher Behandlung. J. Clin. Invest. 28, 1236 (1949).
568. — Leberfunktion bei Weilscher Krankheit. Gastroenterology 15, 52 (1950).
569. Stern, K. G., u. M. Rainer: Elektrophorese in der Medizin. Yale J. Biol. 19, 67 (1946).
570. Stevens, A. R., u. E. Gill: Die Sichelzellanämie. Dtsch. med. Wschr. 1956, 26.
571. Stobbe, H.: Atypisches Beta-Plasmocytom. Münch. med. Wschr. 1954, 1528.
572. Südhof, H., H. Kellner, A. Steinhoff u. E. Vietze: Eiweißschädigung bei der Serumdialyse, Verminderung der proteingebundenen Kohlenhydrate. Klin. Wschr. 1955, 286.
573. Swahn, B.: Eine Methode zur Bestimmung der Serumlipoide durch Papierelektrophorese. Scand. J. Clin. Labor. Invest. 4, 98 (1952).
574. Taylor, H. L., O. Mickelson u. A. Keys: Die Wirkung von Impfmalaria, akuter Unterernährung und chronischer Mangelernährung auf das Elektrophoresediagramm des Serums normaler junger Menschen. J. Clin. Invest. 28, 273 (1949).
575. Tepe, J., u. H. U. Firzlaff: Papierelektrophoretische Untersuchungen bei der Behandlung der Lungentuberkulose mit Isoniazid. Tuberkulosearzt 7, 574 (1953).

576. Terbrüggen, A.: Grundformen der allgemeinen Amyloidose mit besonderer Berücksichtigung der Amyloidniere und Nephrose. Virchows Arch. 315, 250 (1948).
577. Thorn, G. W., S. H. Armstrong u. V. D. Davenport: Chemische, klinische und immunologische Untersuchungen über die Produkte der Plasmafraktionierung beim Menschen. XXX. Die Verwendung von salzarmen, konzentrierten Albuminlösungen aus menschlichem Serum bei der Behandlung der chronischen Nephritis. J. Clin. Invest. 24, 802 (1945).
578. — — — Chemische, klinische und immunologische Untersuchungen über die Produkte der Fraktionierung des menschlichen Plasmas. XXXI. Die Verwendung von salzarmen, konzentrierten Lösungen von menschlichen Serumalbuminen bei der Lebercirrhose. J. Clin. Invest. 25, 304 (1946).
579. Tischendorf, W., u. F. Hartmann: Makroglobulinämie (Waldenström) mit gleichzeitiger Hyperplasie der Gewebsmastzellen. Acta haematol. (Basel) 4, 374 (1950).
580. — Dysproteinämische Osteo-Arthro-Myopathien. Z. Rheumaforsch. 10, 302 (1951).
581. Tiselius, A., u. E. Kabat: Elektrophorese von Immunseren und gereinigten Antikörperpräparaten. J. of Exper. Med. 69, 119 (1939).
582. Toennies, G.: Das Carcinom als ein Problem der Eiweißforschung: letzte Ergebnisse. Texas Rep. Biol. Med. 10, 254 (1952).
583. Treffers, H. P., D. H. Moore u. M. Heidelberger: Quantitative Versuche mit Antikörpern bei spezifischen Fällungen. III. Die antigenen Eigenschaften von durch Elektrophorese und Ultrazentrifugierung isolierten Fraktionen des Pferdeserums. J. of Exper. Med. 75, 135 (1941).
584. Tyor, M. P., u. D. Cayer: Die Eliminationsquote des jodierten menschlichen Albumins aus dem Serum und ihr Verhältnis zur Albuminkonzentration, zur Gesamtheit des zirkulierenden Albumins und zum Auftreten von Ascites bei Patienten mit Cirrhose. J. Labor. a. Clin. Med. 39, 874 (1952).
585. Uehlinger, E.: Über eine Blutgerinnungsstörung bei Dysproteinämie. Helvet. med. Acta 16, 508 (1949).
586. — K. Ackert u. W. Pirozynski: Nebennierenhormone und Gelenke. Bull. Schweiz. Akad. med. Wiss. 6, 157 (1950).
587. Veit, H.: Das Verhalten der Serumproteine bei der Bestrahlung gynäkologischer Erkrankungen. Strahlenther. 90, 148 (1953).
588. Verschure, J. C. M., u. L. W. Janssen: Die Beziehung zwischen Leberfunktion und Serumproteinverteilung. Acta haematol. (Basel) 4, 186 (1950).
589. — Elektrochromogramme der menschlichen Galle. Clin. chimica Acta 1, 38 (1956).
590. Vigliani, E., A. Boselli u. Maffezoli: Untersuchungen über die Serumproteine bei der Silikose. Bericht auf dem 40. Jahrestag der Gründung der Klinik für Arbeitsmedizin „Luigi Devotto", Milano. Arch. Mal. Prof. 2, 559 (1950).
591. — — u. L. Pechial: Untersuchungen der Komponenten des Blutplasmas bei der Silikose. Medicin. Lav. 41, 33 (1950).
592. Voigt, K. D., u. E. A. Schrader: Papierelektrophoretische und arteriographische Untersuchungen bei arteriosklerotischen und endangitischen arteriellen Gefäßverschlüssen. Z. Kreislaufforsch. 43, 2 (1954).
593. Volk, B. W., A. Saifer, L. E. Johnson u. I. Oreskes: Fraktionierung der Serumeiweiße durch Elektrophorese und Fällungsreaktionen bei der Lungentuberkulose. Amer. Rev. Tbc. 67, 299 (1953).
594. Waldenström, J.: Beginnende Myelomatose oder essentielle Hyperglobulinämie mit Fibrinogenopenie — ein neues Syndrom? Acta med. scand. (Stockh.) 117, 216 (1944).
595. — Zwei interessante Syndrome mit Hyperglobulinämie (Purpura hyperglobulinaemica und Makroglobulinämie). Schweiz. med. Wschr. 1948, 927.
596. — Purpura hyperglobulinaemica und verwandte Zustände. Verh. dtsch. Ges. inn. Med. 58, 557 (1952).
597. Wallis, A. D.: Die Serumeiweiße bei primär chronischer Polyarthritis. Ann. Int. Med. 32, 63 (1950).
598. Walz, L., u. K. Rasbach: Welche Hinweise gibt die Elektrophorese beim Verschlußikterus? Med. Welt 1953, 536.
599. — — Elektrophoretische Serumeiweißveränderungen bei der aktiven Lungentuberkulose (ohne und mit Chemotherapie). Med. Welt 1955, 421.
600. Weicker, H.: Paraproteinosen infolge reticuloendothelialer Entgleisung. Ärztl. Wschr. 1950, 923.
601. Weihe, W. H., u. J. Bothe: Ergebnisse mit der Mastrixreaktion im Serum. Klin. Wschr. 1951, 352.
602. Weinreich, J.: Die diagnostische und klinische Abgrenzung von Makroglobulinämie (Waldenström) und Purpura hyperglobulinaemica (Waldenström). Münch. med. Wschr. 1955, 1488.
603. Wertheimer, E., u. L. Stein: Die kälteempfindliche Globulin-Fraktion im pathologischen Serum. J. Labor. a. Clin. Med. 29, 1082 (1944).

604. WESTPHAL, U., E. DE ARMOND, S. G. PRIEST u. J. F. STETS: Azorubinbindungskapazität und Eiweißzusammensetzung des Rattenserums nach einem Aderpreßschock und nach Behandlung mit CCl_4. J. Clin. Invest. 31, 1064 (1952).
605. WHITE, A., u. T. F. DOUGHERTY: Der Einfluß des adenotropen Hypophysenhormons auf die Struktur der lymphatischen Gewebe in Beziehung zu den Serumeiweißen. Proc. Soc. Exper. Biol. a. Med. 56, 26 (1944).
606. WHITMAN, J. T., H. R. ROSSMILLER u. L. A. LEWIS: Eiweißveränderungen bei Lebercirrhose im Elektrophoresediagramm. J. Labor. a. Clin. Med. 35, 167 (1950).
607. WIEDEMANN, E.: Elektrophoreseversuche im Serum. II. Mitt. Schweiz. med. Wschr. 1945, 229.
608. — Elektrophoreseversuche an Serum und Plasma. Schweiz. med. Wschr. 1946, 241.
609. — Zur Charakterisierung des Morbus Waldenström mittels Elektrophorese und Ultrazentrifuge. Klin. Wschr. 1953, 933.
610. WIEDERMANN, D.: Einige Bemerkungen zur Papierelektrophorese mit besonderer Berücksichtigung der Kolloidverhältnisse im nephrotischen Syndrom. Schweiz. med. Wschr. 1954, 1367.
611. WIEDING, H.: Verschiebungen der Serumeiweißfraktionen bei der Endocarditis lenta. Dtsch. Gesundheitswesen 7, 340 (1952).
612. WILDHACK, R.: Die Bedeutung des elektrophoretischen Eiweißbildes für die Lymphogranulomatose. Münch. med. Wschr. 1955, 662.
613. WILSON, M. G., u. R. LUBSCHEZ: Elektrophoretische Kurven von Plasma und Serum bei rheumatischen Krankheiten von Kindern. Pediatrics 2, 577 (1948).
614. WINZLER, R. J., A. W. DEVOR u. J. W. MEHL: Isolierung und Charakterisierung von Glykoproteiden aus menschlichem Plasma. Cancer Res. 6, 496 (1946).
615. — — — Ein Mucoproteid im normalen menschlichen Serum. Federat. Proc. 6, 303 (1947).
616. — — — u. I. M. SMYTH: Untersuchungen über die Mucoproteide des menschlichen Plasmas. I. Bestimmung und Isolierung. J. Clin. Invest. 27, 609 (1948).
617. — u. I. M. SMYTH: Untersuchungen über die Mucoproteide des menschlichen Plasmas. II. Plasma- und Mucoproteidspiegel bei Krebspatienten. J. Clin. Invest. 27, 617 (1948).
618. WÜNSCHE, H. W.: Das Eiweiß in der Cantharidenblase beim Gesunden und beim Lungentuberkulösen. Klin. Wschr. 1953, 170.
619. WUHRMANN, F., u. C. WUNDERLY: Elektrophorese-Untersuchungen beim Plasmocytom und ihre klinische Bedeutung. Schweiz. med. Wschr. 1945, 234.
620. — — Elektrophoretische Untersuchungen beim nephrotischen Syndrom und bei der Lebercirrhose. Klinische Bedeutung. Schweiz. med. Wschr. 1946, 251.
621. — Dysproteinämie und Neoplasma. Schweiz. Z. Path. Suppl. 10, 202 (1947).
622. — — Die Bluteiweißkörper des Menschen. Basel: Schwabe & Co. 1947.
623. — — u. U. W. BUBB: Zur Prüfung der Kolloidlabilität des menschlichen Blutserums in der Praxis. Schweiz. med. Wschr. 1948, 178.
624. — — u. E. WIEDEMANN: Über das Alpha-Globulin-Plasmocytom. Schweiz. med. Wschr. 1948, 180.
625. — Klinik der Bluteiweißkörper mit besonderer Berücksichtigung der Dys- und Paraproteinämien. Helvet. med. Acta 12, 713 (1949).
626. — Über Paraproteinämie. Verh. dtsch. Ges. inn. Med. 55, 284 (1949).
627. — Über Dysproteinämien und Paraproteinämien, wie der Kliniker sie heute sieht. Verh. dtsch. Ges. Path. 32, 5 (1949).
628. — — Die Cadmiumreaktion. J. Labor. a. Clin. Med. 34, 1162 (1949).
629. — — u. F. HUGENTOBLER: Immunserologische Untersuchungen über Paraproteine. Helvet. med. Acta 16, 279 (1949).
630. — — — Über Bluteiweißuntersuchungen bei 60 Fällen von Plasmocytom und ihre klinische Bedeutung. Dtsch. med. Wschr. 1949, 481.
631. — — — Über die Kombination der WELTMANN-Calciumchloridhitzekoagulation und der Cadmiumsulfattrübungsreaktion zur Abschätzung der Globulinunterfraktionen α_1, β_1, β_2 und γ. Dtsch. med. Wschr. 1949, 1263.
632. — — u. A. HÄSSIG: Immunologische Untersuchungen bei 10 Plasmocytomfällen. Brit. J. Exper. Path. 31, 507 (1950).
633. — — u. P. DE NICOLA: Über die Heterogenität der γ-Globuline im krankheitshalber veränderten Blutserum. Klin. Wschr. 1950, 667.
634. — — — Über Bluteiweißuntersuchungen bei 200 Krankheitsfällen von γ-Hyperglobulinämie und ihre klinische Bedeutung. Z. klin. Med. 147, 73 (1950).
635. — — — u. F. HUGENTOBLER: Über Bluteiweißuntersuchungen bei 76 Krankheitsfällen von β-Hyperglobulinämie und ihre klinische Bedeutung. Helvet. med. Acta 17, 197 (1950).
636. — Nephrose-Myocardose. Ärztl. Forsch. 5 I, 153 (1951).
637. — Einige aktuelle klinische Probleme über die Serum-Globuline. Schweiz. med. Wschr. 1952, 937.

638. WUHRMANN, F., u. C. PAGNAMENTA: Über die Silikose. II. Teil: Über Bluteiweißuntersuchungen bei 88 Fällen von Silikose. Vjschr. naturforsch. Ges. Zürich **95**, Beih. 2/3, 46.
639. — u. C. WUNDERLY: Die Bluteiweißkörper des Menschen. Basel: Schwabe & Co. 1952.
640. — u. B. JASIŃSKI: Untersuchungen über die Bindung des Eisens an das Serumglobulin β_1 mit Hilfe des Radioeisens Fe 59 und dessen klinische Bedeutung. Schweiz. med. Wschr. **1953**, 661.
641. — — Zur klinischen Bedeutung der Eiweiß-Eisen-Stoffwechselbeziehungen. Klin. Wschr. **1955**, 97.
642. WUNDERLY, C., u. F. WUHRMANN: Die Cadmiumreaktion im Blutserum. Schweiz. med. Wschr. **1945**, 1128.
643. — — Zum Chemismus der Cadmiumreaktion im Blutserum. Experientia (Basel) **2**, 318 (1946).
644. — — Die Wirkung eines künstlich erhöhten Gehaltes an Albumin oder γ-Globulin im Serum auf die Reaktionsbereitschaft von Trübungs- und Flockungstesten. Brit. J. Exper. Path. **28**, 286 (1947).
645. — — Über Veränderungen der Bluteiweißkörper bei bösartigen Geschwülsten. Oncologia (Basel) **1**, 73 (1948).
646. — W. BOLLAG u. F. WUHRMANN: Über den Einfluß der Thiosemicarbazone auf die Blutkörperchensenkungsgeschwindigkeit. Dtsch. med. Wschr. **1950**, 139.
647. — u. F. WUHRMANN: Über die Wechselbeziehungen zwischen den Plasmaproteinen und dem Gewebe. Schweiz. med. Wschr. **1951**, 1102.
648. — u. A. HÄSSIG: Die serologische Prüfung von Albumin in Albuminpräparat, Blutserum und Uroprotein. Naturwiss. **39**, 620 (1952).
649. — — u. F. LOTTENBACH: Die Differenzierung des Serumalbumins vom Albumin in Liquor, Pleuraexsudat und der Ödemflüssigkeit. Klin. Wschr. **1953**, 49.
650. — u. F. A. PEZOLD: Über die Bindung von Farbstoffen an die einzelnen Serumproteinfraktionen. Eine Anwendung der präparativen Papierelektrophorese. Z. exper. Med. **120**, 613 (1953).
651. — u. F. WUHRMANN: Kapillar-Permeabilität und Bluteiweißstoffe. Plasma **1**, 27 (1953).
652. — u. S. PILLER: Die Färbung der im Blutserum enthaltenen Proteine, Lipoide und Kohlenhydrate nach Papierelektrophorese. Eine chemische Trias. Klin. Wschr. **1954**, 425.
653. YOSHIZAWA, H.: Elektrophoretische und statistische Untersuchungen über die Beziehung zwischen Blutsenkungswert und Plasmaeiweißfraktionen bei der Lungentuberkulose. Keijo J. Med. **1**, 235 (1952).
654. YOUNG, E. G., u. R. V. WEBBER: Über den Ursprung der menschlichen Plasmaproteine: Elektrophoretische Analysen bei ausgewählten Krankheiten. Canad. J. Med. Sci. **31**, 45 (1953).
655. ZELDIS, L. J., u. E. L. ALLING: Plasmaeiweißstoffwechsel (elektrophoretische Untersuchungen). Wiederherstellung der zirkulierenden Eiweißkörper nach akutem Eiweißverlust durch Plasmapherese. J. of Exper. Med. **81**, 515 (1945).
656. — — A. B. McCOORD u. J. P. KULKA: Plasmaeiweißstoffwechsel (elektrophoretische Untersuchungen). Chronische Verminderung des zirkulierenden Eiweißes während Eiweißmangelfütterung. J. of Exper. Med. **82**, 157 (1945).
657. — — — — Plasmaeiweißstoffwechsel (elektrophoretische Untersuchungen). Der Einfluß der Plasmalipoide auf das Elektrophoresediagramm von menschlichem Blut. J. of Exper. Med. **82**, 411 (1945).
658. ZÖLLNER, N.: Über die Bildung des γ-Globulins bei der therapeutischen Malaria. Klin. Wschr. **1949**, 670.
659. — K. P. EYMER u. L. SCHEID: Möglichkeiten und Grenzen der Elektrophorese in der Pathophysiologie der Plasmaeiweiße. Dtsch. med. Wschr. **1949**, 486.
660. — — — Das Elektrophoresebild von Lebererkrankungen. Klin. Wschr. **1950**, 62.

Die Elektrophorese in der Pädiatrie

1. ALBANESE, A. A., V. J. DAVIS u. E. M. SMETAK: Über die Aminosäurenzusammensetzung der vom nephrotischen Kind ausgeschiedenen Proteine. J. Labor. a. Clin. Med. **34**, 326 (1949).
2. ALTHOFF, H., u. K. KROPP: Weitere Untersuchungen über die Dysproteinämie beim Rheumatismus verus und verwandten Krankheiten. Z. Kinderheilk. **72**, 549 (1953).
3. ALVING, A. S., u. E. A. MIRSKSKY: Über die Natur des Plasma- und Urinproteins bei Nephrose. J. Clin. Invest. **15**, 215 (1936).
4. ANDERSON, H. C., H. G. KUNKEL u. M. McCARTY: Quantitative Antistreptokinasebestimmungen bei mit haemolytischen Streptococcen (Gruppe A) infizierten Patienten. Ein gleichzeitiger Vergleich mit dem Antistreptolysin- und γ-Globulintiter im Serum besonders beim rheumatischen Fieber. J. Clin. Invest. **27**, 425 (1948).

5. ANDERSON, C. G., u. A. ALTMANN: Die elektrophoretischen Serumeiweißfraktionen bei der malignen Unterernährung. Lancet **1951 I**, 203.
6. BALDWIN, R. W., u. C. N. ILAND: Elektrophoresestudien bei Tuberkulose. Amer. Rev. Tbc. **68**, 372 (1953).
7. BENHAMOU, E., u. J. PUGLIESE: Elektrophoresewerte bei Krankheiten des Blutes und der blutbildenden Organe. Paris méd. **1949**, 237.
8. — Die Serumproteine bei Infektionskrankheiten. Ann. Méd. **48**, 225 (1947).
9. BERET, F. C., u. A. M. R. DE LARRAMANDI: Untersuchungen über die peripheren Erythrocyten und die Proteinämie bei Kala-Azar der Kinder. Arch. Pediatr. (Barcelona) **3**, 91 (1954).
10. BLOCK, M. W., R. L. JACKSON, G. STEARNS u. M. P. BUTSCH: Die Lipoidnephrose. Klinische und biochemische Untersuchungen an 40 Kindern mit 10 Sektionsbefunden. Pediatrics **1**, 733 (1948).
11. BOUGIOVANNI, A. M., u. J. J. WOLMAN: Plasmaproteinfraktionen in der Kinderheilkunde. Amer. J. Sci. **218**, 700 (1949).
12. BOUND, J. P., u. W. R. HACKETT: Idiopathische hypoproteinämische Ödeme und Amino-acidurie bei einem Säugling. Arch. Dis. Childh. **28**, 104 (1953).
13. BOURDILLON, J.: Studien am osmotischen Druck der Proteinfraktionen Gesunder und Nephrosekranker. J. of Exper. Med. **69**, 819 (1939).
14. BRODHAGE, H.: Serumuntersuchungen bei Tuberkulösen mit Hämagglutinationsreaktion und der Elektrophorese. Beitr. Klin. Tbk. **107**, 494 (1952).
15. BROWN, R. K., J. T. READ, B. K. WISEMAN u. W. G. FRANCE: Elektrophoretische Untersuchung der Serumproteine bei Blutkrankheiten. J. Labor. a. Clin. Med. **33**, 1523 (1948).
16. BRUTON, O. C.: A-γ-Globulinämie. Pediatrics **9**, 722 (1952).
17. — A-γ-Globulinämie, kongenitales Fehlen der γ-Globuline. Med. Ann. Distr. Columbia **22**, 648 (1953).
18. BURGIO, G. R., u. O. GIACALONE: Elektrophoretische Untersuchungen bei Säuglings-dystrophie. Boll. Soc. ital. Biol. sper. **29**, 695 (1953).
19. CAREDDU, P.: Die papierelektrophoretisch bestimmte Dysproteinämie bei Favismus. Minerva pediatr. (Torino) **4**, 801 (1952).
20. CHINARD, F. P., H. D. LAWSON u. D. D. VAN SLYKE: Zit. bei BOUGIOVANNI.
21. CHOW, B. F.: Die Wirkung von Eiweißentzug auf die Plasmaproteine und Proteinregeneration nach oraler Zufuhr von Casein- und Lactalbuminhydrolysaten. Elektrophoretische Untersuchungen. Ann. N. Y. Acad. Sci. **47**, 297 (1946).
22. COHEN, P. P., F. THOMSON u. G. A. NITSKE: Elektrophoretische Untersuchungen an Seren vor und nach dem Tod. J. Clin. Invest. **26**, 820 (1947).
23. CORBEEL, L., E. LAHEY u. G. M. GUEST: Die Hypo-Gamma-Globulinämie beim Kind. Arch. franç. Pédiatr. **11**, 561 (1954).
24. DOLE, V. P., u. S. ROTHARD: Veränderungen der Elektrophoresewerte im Serum von Patienten mit Arthritis rheumatica. J. Clin. Invest. **36**, 87 (1947).
25. DU PAN, R. M., D. MOORE u. C. L. BUXTON: Eine elektrophoretische Studie am Serum der Mutter, des Feten und Kindes. Amer. J. Obstetr. **57**, 322 (1949).
26. EHRENGUT, W.: Die angeborene idiopathische Ödemkrankheit mit Hypoproteinämie. Z. Kinderheilk. **74**, 141 (1954).
27. EWERBECK, H.: Zur Frage der Plasmakörperregulation des Kindes beim Eiweißmangel-schaden. Klin. Wschr. **1949**, 102.
28. — Der latente Eiweißmangelschaden des Kindes. Z. Kinderheilk. **67**, 85 (1949).
29. — Das Elektrophoresediagramm bei der kindlichen Tuberkulose. Mschr. Kinderheilk. **98**, 150 (1950).
30. — Die Serumeiweißkörper bei der Meningitis tuberculosa und der Miliartuberkulose und ihre Veränderungen unter der Streptomycinbehandlung. Klin. Wschr. **1950**, 638.
31. — Die elektrophoretische Darstellung normalen menschlichen Liquors. Klin. Wschr. **1950**, 692.
32. — u. H. E. LEVENS: Elektrophoretische Untersuchungen am Fetalserum. Klin. Wschr. **1950**, 582.
33. — — Die Bildung der Serumeiweißkörper des kindlichen Organismus bis zur Geburt und ihre Beziehungen zum mütterlichen Serumeiweißspektrum während der Schwangerschaft. Mschr. Kinderheilk. **99**, 297 (1951).
34. FANCONI, G.: Über Störungen des Wasser-Kochsalz- und Plasma-Haushaltes. Schweiz. med. Wschr. **1946**, 791.
35. FELDER, O.: Serumeiweißbild bei der Lungentuberkulose. Tuberkulosearzt **6**, 591 (1952).
36. FISCHER, M. A., P. A. STEINMAN, A. M. CARPENTER u. M. L. MENTEN: Elektrophoretische Darstellung qualitativer und quantitativer Veränderungen der Plasmaproteine bei der Lipoidnephrose. J. Labor. a. Clin. Med. **37**, 894 (1951).
37. GASSER, C., u. G. DE MURALT: Purpura fulminans mit Faktor V-Mangel und Heilung mit Blutaustauschtransfusion. Helvet. paediatr. Acta **5**, Fasc. 4, 364 (1950).
38. GITLIN, D., u. CH. A. JANEWAY: Eine immunochemische Studie über Albumin im Serum. Urin, Ascites und Ödemflüssigkeit beim Nephrosesyndrom. J. Clin. Invest. **31**, 223 (1952).

39. GOETSCH, E., u. J. D. LITTLE: Präzipitinstudien bei Nephrose und Nephritis. J. Clin. Invest. 19, 9 (1940).
40. GOLLAN, F.: Untersuchungen am Blut und der extracellulären Flüssigkeit bei der chronischen Unterernährung des Kindes. J. Clin. Invest. 27, 352 (1948).
41. HALLMANS, N., J. KAUHTIO, A. LOUHIVUORI u. E. UROMA: Elektrophoretische Studien der Plasmaproteine bei schwerer Gastroenteritis des Säuglings. Scand. J. Clin. Invest. 4, 89 (1952).
42. HANSEN, R. G., u. P. H. PHILLIPS: Elektrophoretische Untersuchungen an Blutserum von Kälbern verschiedenen Alters, die ohne und mit Kolostralmilch ernährt wurden. J. of Biol. Chem. 171, 223 (1947).
43. HERRNRING, G., F. KUHLMANN u. W. VOGEL: Die Beeinflussung der elektrophoretisch bestimmten Serumeiweißfraktionen bei der Lungentbc durch Conteben. Tuberkulosearzt 5, 711 (1951).
44. HERTEN, M.: Zur Reaktion der Serumeiweißkörper beim Typhus abdominalis und Paratyphus B. Z. Kinderheilk. 70, 300 (1952).
45. HESS, E. L., A. COBURE u. E. F. ROSENBERG: Elektrophoretische Untersuchungen des Serums von Patienten mit Polyarthritis unter ACTH-Behandlung. J. Labor. a. Clin. Med. 38, 526 (1951).
46. HILLER, E., u. E. GRANZER: Die Bedeutung der fortlaufenden Elektrophoreseuntersuchungen im Verlauf von Diphtherie und Scharlach. Klin. Wschr. 1952, 923.
47. HOOFT, C., u. R. CLARA: ACTH und Lipoidnephrose. Mschr. Kindergeneesk. 19, 346 (1951).
48. HUBER, S.: Beobachtungen der Bluteiweißfraktion im Verlauf des Typhus abdominalis, unter Berücksichtigung der Chloromycetinanwendung. Wien. med. Wschr. 1953, 478.
49. JAGER, B. V., H. BROWN u. M. NICKERSON: Veränderungen der Plasmaproteine, des Plasmavolumens und des Erythrocytenzellvolumens bei Patienten unter ACTH-Behandlung. J. Labor. a. Clin. Med. 37, 431 (1951).
50. IMPERATO, C.: Elektrophoretische Untersuchungen über die Bluteiweißkörper beim gesunden Säugling und Frühgeborenen. Lattante 22, 449 (1951).
51. — Elektrophoretische Untersuchungen der Serumproteine bei Säuglingen unter normalen und pathologischen Bedingungen. Lattante 23, 321 (1952).
52. JOHANSSEN, G. A.: Elektrophoretische Beobachtungen bei der experimentellen Kaninchentuberkulose. Klin. Wschr. 1949, 70.
53. JOHANSSEN, F.: Untersuchungen über Hypoproteinämie beim Säuglingsekzem. Z. Kinderheilk. 63, 341 (1942).
54. KABAT, E. A., D. H. MOORE u. H. LANDOW: Elektrophoretische Untersuchungen an den Proteinbestandteilen des Liquor cerebrospinalis. Ihr Verhältnis zu den Serumproteinen. J. Clin. Invest. 21, 571 (1942).
55. — F. M. HANGER, D. H. MOORE u. H. LANDOW: Das Verhältnis des Cephalin-Flockungstestes und der Kolloidalgold-Reaktion zu den Serumproteinen. J. Clin. Invest. 22, 563 (1943).
56. — M. GLUSMAN u. V. KNAUP: Immunchemische Bestimmung des Albumins und γ-Globulins im normalen und pathologischen Liquor cerebrospinalis. Federat. Proc. 7, No. 1 (1948).
57. — D. A. FREEDMAN u. V. KNAUP: Untersuchungen am kristallinen Albumin, γ-Globulin und Gesamteiweiß im Liquor cerebrospinalis bei 100 Fällen von multipler Sklerose und anderen Krankheiten. Amer. J. Med. Sci. 219, 55 (1950).
58. KANZOW, U.: Beobachtungen während einer 53tägigen Hungerperiode an einem Hungerkünstler. Arch. Klin. Med. 198, 698 (1951).
59. KARTE, H.: Elektrophorese der Blutserumproteine im Säuglingsalter. Z. Kinderheilk. 73, 467 (1953).
60. — Die Serumeiweißkörper bei der Lues connata. Mschr. Kinderheilk. 101, 47 (1953).
61. KAZMEIER, F., u. A. GASSEN: Papierchromatographische Untersuchungen über Serum- und Harneiweiß bei Nephrosekranken. Verh. dtsch. Ges. inn. Med. 58, 429 (1952).
62. KEIDAN, S. E.: Fatale Vaccina generalisata mit Fehlen der γ-Globuline und mangelhafter Antikörperbildung im Serum. Arch. Dis. Childh. 28, 110 (1953).
63. KNAPP, L. E., J. W. GIFFES u. R. L. JACKSON: Plasmaproteinuntersuchungen bei Kindern mit rheumatischem Fieber. J. Labor. a. Clin. Med. 33, 1490 (1948).
64. KÖRVER, H., A. MASSENBERG u. L. SCHÜMER: Serumeiweißbild und Tbk-Antikörper bei der Tuberkulose. Tuberkulosearzt 5, 581 (1951).
65. — Über Ursachen und Bedeutung eines erniedrigten γ-Globulinspiegels im Blutserum bei Säuglingen. Mschr. Kinderheilk. 100, 230 (1952).
66. KROPP, K., u. H. ALTHOFF: Serumeiweißveränderungen bei Nephrosen und ihre Bedeutung für Therapie und Pathogenese. Z. Kinderheilk. 70, 588 (1952).
67. KREBS, E. G.: Über den Abfall der γ-Globulinwerte bei Hypoproteinämie infolge Unterernährung. J. Labor. a. Clin. Med. 31, 85 (1946).
68. KUNKEL, H. G., u. S. M. WARD: Die Esteraseaktivität des Plasmas bei Patienten mit Leberkrankheiten und nephrotischem Syndrom. J. of Exper. Med. 86, 325 (1947).

69. Levin, B. M., H. Kaufmann u. J. de la Huerga: γ-Globulin-Untersuchungen bei Kindertuberkulose. Amer. J. Dis. Childr. **83**, 26 (1952).

70. Linneweh, F., u. M. Maneke: Klinisch-experimentelle Studien zur Pathogenese der genuinen Nephrose. Dtsch. med. Wschr. **1951**, 793, 823.

71. Longsworth, L. G., u. D. A. McInnes: Elektrophoretische Untersuchungen an Nephroseserum und -Urin. J. of Exper. Med. **71**, 77 (1940).

72. — A. M. Curtis u. R. H. Prembrok: Elektrophoretische Untersuchungen an Plasma und Serum der Mutter und des Feten. J. Clin. Invest. **24**, 46 (1945).

73. Lucas, E., u. A. Schmager: Klinische Erfahrungen und papierelektrophoretische Untersuchungen der Bluteiweißkörper bei Tuberkulösen unter Vitamin T-Medikamentation. Ärztl. Wschr. **1953**, 359.

74. Luetscher, L. A.: Elektrophoretische Untersuchungen an Plasmaproteinen und serösen Ergüssen. J. Clin. Invest. **20**, 99 (1941).

75. Mehl, J., u. F. L. Golden: Elektrophoretische Studien an Patienten mit rheumatischer Polyarthritis unter ACTH-Behandlung. J. Labor. a. Clin. Med. **40**, 10 (1952).

76. Mettcoff, J., u. F. J. Stare: Physiologische und klinische Eigenschaften der Plasmaproteine und des Eiweißstoffwechsels. New England J. Med. **236**, 26 (1947).

77. — W. M. Kelsey u. C. A. Janeway: Das Nephrosesyndrom bei Kindern. J. Clin. Invest. **30**, 471 (1951).

78. Müting, D.: Der Aminosäurenaufbau der Bluteiweißkörper Nephrose- und Nephritiskranker. Verh. dtsch. Ges. inn. Med. **58**, 304 (1952).

79. Norton, P. M.: Elektrophoretische Untersuchungen der Serumproteine bei Frühgeburten. Pediatrics **10**, 527 (1952).

80. Oettel, H.: Degenerative Nierenerkrankungen. Leipzig: Georg Thieme 1948.

81. Olhagen, B.: Elektrophoretische Studien über den Einfluß von Cortison- und ACTH-Behandlung auf die Plasmaeiweißkörper. Acta med. scand. (Stockh.) Suppl. **259**, 149 (1951).

82. Paschedak, E., u. E. Püchel: Über die Takata-Ara-Reaktion im Blute scharlachkranker Kinder. Klin. Wschr. **1936**, 1680.

83. Plückthun, H., K. Schreier u. H. Hauss: Untersuchungen zur Pathologie des Eiweiß-Stoffwechsels beim nephrotischen Syndrom. Klin. Wschr. **1953**, 558.

84. Polson, A.: Elektrophoretische Veränderungen im Serum mit zunehmendem Alter der Pferde. Nature (London) **152**, 413 (1943).

85. Prince, G. E.: Der Cephalin-Cholesterol-Flockungstest bei Frühgeburten und Kindern nach Immunglobulingabe. J. of Pediatr. **30**, 668 (1947).

86. Röpke, G.: Über die Serumeiweißverhältnisse bei frühgeborenen Kindern unter besonderer Berücksichtigung der plasmacellulären Pneumonie. Z. Kinderheilk. **73**, 601 (1953).

87. Routh, J. I., L. E. Knapp u. C. K. Koayaski: Elektrophoretische Untersuchungen von Plasma und Urineiweiß bei Kindern mit Lipoidnephrose. J. of Pediatr. **33**, 688 (1948).

88. — u. W. D. Paul: Elektrophoretische Studien über Plasma- und Serumproteine bei Poliomyelitis. Arch. Physic. Med. **32**, 397 (1951).

89. Rystand, D. H.: Ödeme mit unerklärlicher Hypoproteinämie. Arch. Int. Med. **69**, 251 (1942).

90. Salmon, G. W., u. E. E. Richmond: Die Leberfunktion beim neugeborenen Kind. J. of Pediatr. **23**, 522 (1943).

91. Salvesen, H. A.: Nicht nierenbedingte Veränderungen der Plasmaproteine. Acta med. scand. (Stockh.) **72**, 113 (1929).

92. Schäfer, K. H.: Elektrophoretische Untersuchungen zum Milcheiweißproblem. Mschr. Kinderheilk. **99**, 69 (1951).

93. Schaffner, F.: Hyper-Gamma-Globulinämie bei Tuberkulose. Arch. Int. Med. **92**, 490 (1953).

94. Schick, B., u. J. W. Greenbaum: Ödeme mit Hypoproteinämie infolge angeborener mangelhafter Proteinbildung. J. of Pediatr. **47**, 241 (1945).

95. Schmidt, G. W.: Über das Verhalten des Serumeiweißgehaltes im ersten Lebensjahr. Z. Kinderheilk. **71**, 483 (1952).

96. Seibert, F. B., u. J. W. Nelson: Elektrophoretische Untersuchungen bei Tuberkulose und andern chronischen Krankheiten. Amer. Rev. Tbc. **28**, 1057 (1949).

97. Seigman, A. J.: Normale Serumproteinwerte bei Patienten mit akuter Poliomyelitis. J. Labor. a. Clin. Med. **39**, 757 (1952).

98. Sterling, K.: Die Serumproteine bei der infektiösen Mononukleose. J. Clin. Invest. **28**, 1057 (1949).

99. Taussig, A. E.: Stillsche Krankheit mit Hyperglobulinämie. J. Labor. a. Clin. Med. **23**, 833 (1938).

100. Tepe, J., u. U. H. Firzlaff: Papierelektrophoretische Untersuchungen bei der Behandlung der Lungentuberkulose mit Isoniacid. Tuberkulosearzt 7, 574 (1953).

101. Treverrow, V., W. Kaser, J. P. Patterson u. R. M. Hill: Plasmaalbumin, Globulin und Fibrinogen bei Gesunden von Geburt bis ins Alter. Normalwerte. J. Labor. a. Clin. Med. **27**, 471 (1942).

102. VOLK, B. W.: Elektrophoretische und chemische Serumproteinfraktionierung bei der Lungentuberkulose. Amer. Rev. Tbc. **67**, 299 (1953).
103. WALLIS, A. D.: Die Serumproteine bei der rheumatischen Arthritis. Ann. Int. Med. **32**, 63 (1950).
104. WILSON, M. G., u. R. LUBSCHETZ: Immunologische und biochemische Untersuchungen bei Kindern mit besonderer Berücksichtigung des rheumatischen Fiebers. Elektrophoresewerte bei rheumatischen Kindern in Plasma und Serum. Pediatrics **2**, 577 (1948).
105. WUHRMANN, F., u. CH. WUNDERLY: Neuere klinische Untersuchungen über die Proteinurie. Bull. Schweiz. Akad. med. Wiss. **6**, 254 (1950).
106. WYNGAARDEN, J. B., J. D. CRAWFORD, H. R. CHAMBERLIN u. W. F. LEVER: Idiopathische Hypoproteinämie. Pediatrics **9**, 729 (1952).
107. YOSHIDA, H.: Elektrophoretische Untersuchungen der Serumproteine bei Kindern mit und ohne Hungerdystrophie. Tohôku J. Exper. Med. **57**, 205 (1953).
108. ZELDIS, L. D., E. L. ALLING, A. B. McCOORD u. J. P. KULKA: Elektrophoretische Studien zum Plasmaproteinstoffwechsel. Chronische Verminderung der zirkulierenden Proteinmenge durch Eiweißunterernährung. J. of Exper. Med. **82**, 157 (1945).

Die Elektrophorese in der Geburtshilfe und Gynäkologie

1. AALKJAER, V.: Klinische Erfahrungen über Wasser-elektrolytische und Eiweißstörungen bei chirurgischen Erkrankungen. Nord. Med. **13**, 455 (1942).
2. ABELS, J. C., N. F. JOUNG u. H. C. TAYLOR JR.: Wirkung von Testosteron und Testosteron-Propionat auf Proteine. J. Clin. Endocrin. **4**, 198 (1944).
3. ALBERS, H.: Kolloide, Elektrolyte und Hormone. Leipzig: Georg Thieme 1943.
4. ANTWEILER, H. J.: Quantitative Mikroelektrophorese. Kolloid-Z. **115**, 130 (1949).
5. ARIEL, I. M.: Das interne Gleichgewicht der Plasmaproteine beim chirurgischen Patienten. Surg. etc. **92**, 405 (1951).
6. BAUER, K. H.: Das Krebsproblem. Berlin: Springer 1949.
7. BAUER, R., et al.: Ergebnisse elektrophoretischer Serienuntersuchungen am Serumeiweißbild bestrahlter Patienten. Strahlenther. **94**, 1, 12 (1954).
8. BAUMGARTNER, P.: Über postoperative Veränderungen im Salz- und Wasserhaushalt und deren Beeinflussung durch die Infusionstherapie. Helvet. chir. Acta **19**, 561 (1952).
9. BECK, H.: Elektrophoretische Untersuchungen am Blut von Kindern mit Erythroblastosis foetalis. Oberrhein. Ges. Gynäk. u. Geburtsh., Heidelberg 8. 5. 1954.
10. BENNHOLD, H.: Über den Bindungsunterschied lebergängiger und nierengängiger Substanzen an die Serumeiweißkörper. Dtsch. med. Wschr. **1950**, 1, 11.
11. — Über die Bedeutung von physiologischen und von künstlichen Kolloiden (Periston) zur Regelung von Transportvorgängen im Organismus. Dtsch. med. Wschr. **1951**, 1485.
12. BERNER, A.: Operationsschock und Serumglobuline. Schweiz. med. Wschr. **79**, 899 (1949).
13. — Novokain bei dem operativen und traumatischen Schock. Helvet. med. Acta **6**, 372 (1949).
14. BERRI, N.: Albumin und Globulin des Blutes im traumatischen Schock. Pathologica (Genova) **39**, 196 (1947).
15. BERTRAM, F.: Über Ernährungsschäden vom Standpunkt der zentralen Regulationen. Dtsch. med. Wschr. **1948**, 5/8, 36, 68.
16. BICKENBACH, W.: Eiweißarme Kost und Zyklus. Geburtsh. u. Frauenheilk. **1948**, 7/8, 232.
17. BIWER, M.: Veränderungen der Serumeiweißkörper von kastrierten Kaninchen nach Follikelhormongaben. Diss. med. Bonn 1952.
18. BJÖRNEBOE, M.: Nebennierenrindenfunktion und Immunität. Nord. Med. **45**, 383 (1951).
19. BLEEK, H.: Ergebnisse elektrophoretischer Eiweißuntersuchungen bei Eklampsien. Nordwestdeutsche Ges. Gynäk. u. Geburtsh. Lübeck, 25. 9. 1950.
20. — u. F. HARTMANN: Vergleichende elektrophoretische Untersuchungen über das Serumeiweißbild in Retroplazentar- und Nabelvenenblut unmittelbar nach der Geburt. Klin. Wschr. **1951**, 257.
21. — u. H. VEIT: Über elektrophoretische Eiweißuntersuchungen bei Gestosen in der Spätschwangerschaft. Klin. Wschr. **1952**, 895.
22. BLEY, G.: Elektrophoretische Untersuchungen über die Einwirkung von Periston auf den Operationsschock. Diss. med. Bonn 1951.
23. BOCK, G.: Elektrophoretische Serumeiweißuntersuchungen bei großen gynäkologischen Operationen (WERTHEIM und SCHAUTA) mit Blutdauertropfinfusion. Diss. med. Bonn 1952.
24. BOGUTH, W.: Papierelektrophoretische Analyse von Hundeserum. Naturwiss. **40**, 22 (1953).
25. — Papierelektrophoretische Serumuntersuchungen bei Haussäugetieren. Zbl. Veterinärmed. **1**, 168 (1953).
26. — u. G. W. RIECK: Papierelektrophoretische Untersuchungen von Blutserum bei der hyperplastischen Endometritis und Pyometra der Hündin. Berl. u. Münch. tierärztl. Wschr. **1953**, 3.

27. BRÄUTIGAM, H. H., u. C. H. SCHREYER: Sublimatflockungsreaktion bei Collum-Ca. Zbl. Gynäk. 76, 1775 (1954).
28. BREDEBACH, H.: Das Serumeiweißbild des bestrahlten Collumcarzinoms unter der Gabe von Hepsan. Diss. med. Bonn 1955.
29. BRESSER, M. TH.: Elektrophoretische Serumproteinbestimmungen über die Einwirkungen des Humanalbumins auf den Operationsschock. Diss. med. Bonn 1953.
30. BROWN, M. J.: Hyperproteinämie bei chirurgischen Patienten. J. Iowa Med. Soc. 36, 236 (1948).
31. BUCHMAN, M. J.: Blutverlust bei gynäkologischen Operationen. Amer. J. Obstetr. 1, 53 (1953).
32. BÜTTNER, A., u. K. ROST: Untersuchungen zur Wirkung von Albumin und Bluttransfusionen bei chirurgischen Eingriffen. Bruns' Beitr. 184, 221 (1952).
33. CASPERS, K. H.: Elektrophoretische Untersuchungen über den Einfluß des adrenocorticotropen Hormons des Hypophysenvorderlappens auf das Serumeiweißbild des Kaninchens. Diss. med. Bonn 1953.
34. CASTEN, D., M. BODENHEIMER u. BARCHAM: Veränderungen der Plasmaproteine bei chir. Patienten. Ann. Surg. 117, 52 (1943).
35. CHASSIN, J. L.: Eiweißmangel chirurgischer Patienten. Surg. etc. 91, 1 (1950).
36. CHIARELLIO, A.: Untersuchungen über den Wasserhaushalt nach Operationen und unter verschiedenen krankhaften Bedingungen. Riforma med. 1942, 840.
37. COSTA, G.: Der chronische Hypoproteinismus. Schweiz. med. Wschr. 1950, 843.
38. COHN, E. J.: Geschichte der Plasmafraktionierung. 1947.
39. CREWS, E. R.: Probleme der Eiweißernährung. Amer. Surgeon 18, 513 (1952).
40. DANFORTH, D. N., P. K. BOYER u. S. GRAFF: Schwankungen im Gewicht, Hämatokrit und Plasmaproteinen im Menstruationszyklus. Endocrinology (Springfield, Ill.) 39, 188 (1946).
41. DARROW, C., u. M. K. CARY: Serumalbumin und -globulin von Neugeborenen, Frühgeburten und normalen Kindern. J. of Pediatr. 3, 573 (1933).
42. DEKANIC-MILOSEVIC, V., u. S. MARINKOV: Serumproteine bei Schwangeren. Acta med. Jugoslav. 7, 3, 215 (1953).
43. DEMLING, L.: Elektrophoretische Aufspaltung von Organeiweiß. Klin. Wschr. 1952, 74.
44. — Neoplasmen im Elektrophoresebild. Ärztl. Forsch. 8, 4, 154 (1954).
45. DÖRING, G. K., u. G. WEBER: Über Schwankungen des Eiweißgehaltes des Blutserums im Rhythmus des Menstruationszyklus mit Hilfe der Bestimmung des spez. Gewichtes des Serums. Arch. Gynäk. 179, 442 (1951).
46. DOLE, V.: Elektrophoresewerte im normalen Plasma. J. Clin. Invest. 23, 708 (1944).
47. DRÜGE, H.: Die Veränderungen des menschlichen Serumeiweißes bei gynäkologischen Operationen unter intraoperativer Periston-Plasma-Infusion. Diss. med. Bonn 1952.
48. DUBUISSON, u. M. JAKOB: Elektrophorese des Muskeleiweiß. Experientia (Basel) 1, 272 (1945).
49. EASTMAN: Zit. nach SIEDENTOPF.
50. ECKER, M.: Eiweißveränderungen im Blutserum während des Menstruationszyklus der Frau. Diss. med. Bonn 1951.
51. EHLERT, H.: Der präliminare Schock in der Chirurgie. Ärztl. Forsch. 4, 270 (1950).
52. — Zum Problem des postoperativen Durstes. Langenbecks Arch. u. Dtsch. Z. Chir. 273, 155 (1953).
53. ELDREDGE, N. T., u. J. M. LUCK: Elektrophoretische Studien an wasserlöslichen Proteinen der Leber. Cancer Res. 12, 801 (1953).
54. ELMAN, R.: Behandlung der chronischen Hypalbuminämie mit reinem Serumalbumin und Plasma. Ann. Surg. 128, 195 (1948).
55. EMMRICH, R., u. R. BECKER: Tierexperimentelle Untersuchungen über Regulationen des Bluteiweißbildes. Plasma 1, 1, 49 (1953).
56. EUFINGER, u. GOLDNER: Veränderungen der Serumstruktur durch den monatlichen Zyklus. Mschr. Geburtsh. 73, 62 (1926).
57. — u. SPIEGLER: Zit. nach SIEDENTOPF.
58. EWERBECK, H., u. H. E. LEVENS: Die Bildung der Serumeiweißkörper des kindl. Organismus bis zur Geburt und ihre Beziehungen zum mütterlichen Serumeiweißspektrum während der Schwangerschaft. Mschr. Kinderheilk. 98, 436 (1950).
59. — — Elektrophoretische Untersuchungen am Fetalserum. Klin. Wschr. 1954, 583.
60. FALKENHAUSEN, VON, u. GAIDA: Folgen chronischer Unterernährung im klinischen Bilde innerer Erkrankungen. Dtsch. med. Wschr. 1947, 1/4, 30.
61. FARRIS, E. J.: Körpertemperatur im Vergleich mit dem Rattentest zur Bestimmung der menschlichen Ovulation. J. Amer. Med. Assoc. 138, 560 (1948).
62. FERRO, R. M., u. A. GASCON: Plasmaproteine in der Schwangerschaft. Prensa med. argent. 30, 1836 (1943).
63. FISCHER, H.: Die Veränderungen des Serumeiweißbildes nach gynäkologischen Operationen in potenzierter Narkose. Diss. med. Bonn 1955.

64. FRANK, H. A.: Die heutige Vorstellung vom Schock. New England J. Med. **249**, 12, 486 (1953).
65. FREUDENBERG: Blutveränderungen und Allgemeinreaktion bei Zufuhr von großen Mengen körpereigener und fremder Brunststoffe. Diss. med. Freiburg 1940.
66. FRIEDBERG, V.: Behandlung der Permeabilitätsstörungen bei Schwangerschaftstoxikosen. Mittelrhein. Ges. Gynäk. u. Geburtsh. Frankfurt 25. 11. 1950.
67. — Elektrophoretische Untersuchungen des mütterlichen Blutserums bei Schwangerschaftstoxikosen. Dtsch. med. Wschr. **76**, 798 (1951).
68. — Über die permeabilitätshemmende Wirkung der Antihistaminsubstanzen. Ärztl. Forsch. **5**, 29 (1951).
69. — u. G. SCHANZ: Neue Wege der Behandlung der Schwangerschaftshypertonie. Z. Geburtsh. **140**, 1, 3 (1954).
70. FRUNDER, M. A., u. H. FRUNDER: Über das elektrophoretische Bild des Retroplazentarserums. Z. inn. Med. **7**, 318 (1952).
71. FUHRY, A. J.: Elektrophoretische Serumeiweißbestimmung des weiblichen geschlechtsreifen Kaninchens nach Probelaparotomie und operativer Kastration. Diss. med. Bonn 1951.
72. FUMAGALLI, P.: Veränderungen im Serumeiweißbild nach Radiumbestrahlung bei Collumcarcinomen. Diss. med. Bonn 1955.
73. GABRIEL, W.: Elektrophoretische Untersuchungen am geschlechtsreifen weiblichen Kaninchen nach Abklingen des Kastrationsschockes. Diss. med. Bonn 1954.
74. GJESSING, E. C., u. A. CHAMILIN: Elektrophoretische Studie des Plasmas und der Plasmafraktionen von normalen und geschädigten Ratten. J. of Biol. Chem. **169**, 657 (1947).
75. — S. LUDEWIG u. A. CHAMILIN: Fraktionierte Elektrophorese und chemische Studien der Serumproteine von gesunden und geschädigten Hunden. J. of Biol. Chem. **170**, 551 (1947).
76. GLATTHAAR, E., H. SUENDERHAUF u. CH. WUNDERLY: Elektrophoretische Untersuchungen bei normaler Gravidität und Spätgestose. Schweiz. med. Wschr. **1951**, 592.
77. GLEISS, J., u. H. RÖTTGER: Über das Verhalten der Serumproteine von Mutter und Kind in der Schwangerschaft und unter der Geburt. Arch. Gynäk. **181**, 109 (1951).
78. GOLDSTEIN, A.: Das Zusammenspiel von Drogen und Plasmaproteinen. J. of Pharmacol. **95**, 102 (1944).
79. GOMBERT, J. H.: Über Serumeiweißveränderungen bei Primär- bzw. Nachbehandlung maligner Tumoren. Klin. Wschr. **1952**, 120.
80. GRAY, S., u. CH. HUGGINS: Elektrophoretische Analyse des menschlichen Samens. Proc. Soc. Exper. Biol. a. Med. **50**, 351 (1942).
81. GRELL, A.: Elektrophoretische Serumproteinbestimmungen bei Feten und Neugeborenen. Diss. med. Bonn 1950.
82. — Ergebnisse elektrophoretischer Serumproteinbestimmungen bei Feten und Neugeborenen im Vergleich zum Erwachsenen. Zbl. Gynäk. **72**, 1827 (1950).
83. — u. K. STÜRMER: Der Bluteiweißgehalt von Feten und Neugeborenen mit Berücksichtigung übertragener Kinder. Arch. Gynäk. **182**, 497 (1953).
84. GRUNDMANN, G., u. R. FISCHER: Untersuchungen zu den postoperativen Eiweißveränderungen. Chirurg **24**, 543 (1953).
85. GÜLZOW, M., u. H. PICKERT: Adrenocortikale Hormone und Plasmaproteine. Klin. Wschr. **1947**, 205.
86. GUTMAN et al.: Zit. nach WUHRMANN-WUNDERLY. J. Clin. Invest. **20**, 765 (1941).
87. HAFNER, E. A.: Zit. nach SIEDENTOPF.
88. HALLER, C. VON: Über die Wirkung des Desoxycorticosteronacetats DCA (Percorten) auf den Verlauf der postoperativen Krankheit. Zbl. Chir. **76**, 1 (1951).
89. HAMILTON, A. E., u. R. S. HIGGINS: Serumproteine in der Gravidität. Amer. J. Obstetr. **58**, 345 (1949).
90. HARDY, J. D.: Die Rolle der Nebennierenrinde bei der postoperativen Retention von Salz und Wasser. Ann. Surg. **132**, 189 (1950).
91. HARTMANN, F.: Veränderungen des Bluteiweißspektrums nach schweren Muskeltraumen. Klin. Wschr. **1950**, 757.
92. — Versuche über die Ausnutzung intravenös gegebenen Humanalbumins. Dtsch. med. Wschr. **1952**, 801.
93. HARZEM, H.: Elektrophoretische Bluteiweißuntersuchungen nach gynäkologischen Operationen und Narkosen. Diss. med. Bonn 1952.
94. HAUSMANN: Entstehung und Funktion von Gefäßsystem und Blut auf cellular-pathologischer Grundlage. Basel: Benno Schwabe 1935.
95. HELLER, L.: Spezielle Eiweißfragen in der Schwangerschaft. Mat. Nordmark **1950 II**, 151.
96. — Eiweißfragen in der Schwangerschaft. Zbl. Gynäk. **72**, 1785 (1950).
97. — Methionin in der Geburtshilfe. Mittelrhein. Ges. Gynäk. u. Geburtsh. Frankfurt, 25. 11. 1950.
98. — Zur Frage der Permeabilitätsstörungen bei Schwangerschaftstoxikosen. 109. Tgg. Mittelrhein. Ges. Geburtsh. u. Gynäk. Frankfurt, 25. 11. 1950.

99. Heller, L.: Die oxydative Leistungsfähigkeit der Leber in der Schwangerschaft und bei Toxikosen. Z. Geburtsh. **135**, 93 (1951).
100. — Die Wirkung von Aminosäuregemischen im Wochenbett. Med. Welt 1951, 212.
101. — u. I. Krause: Zur Frage der Leberschädigung durch Überdosierung von Methionin. Klin. Wschr. 1951, 676.
102. — Die Eiweißtherapie der Spättoxikosen und ihre physiologischen Grundlagen. Geburtsh. u. Frauenheilk. **12**, 207 (1952).
103. — Zur modernen Prophylaxe und Therapie der Präeklampsie. Dtsch. med. Wschr. 1952, 1440.
104. — Zur Behandlung von Schwangerschaftsbeschwerden. Medizinische 1955, 241.
105. Heyl, J. T., J. G. Gibson u. C. A. Janeway: Plasmaproteine. J. Clin. Invest. **22**, 764 (1943).
106. Hinrichs, K., u. W. Marggraf: Bluteiweißveränderungen nach Operationen: Vergleichende elektrophoretische Untersuchungen, Plasma- und Serumlabilitätsreaktionen, Gesamt-eiweißbestimmungen und kolloidosmotische Druckmessungen vor und nach Operationen. Bruns' Beitr. **184**, 315 (1952).
107. Hoch, R., u. J. T. Marrack: Blutzusammensetzung der Frau in der Schwangerschaft und nach der Entbindung. J. Obstetr. **55**, 1 (1948).
108. Höhne, G., et al.: Elektrophoretische Untersuchungen am Serum röntgenbestrahlter Ratten. Klin. Wschr. 1952, 952.
109. — — Der Einfluß von Cystein auf die strahleninduzierten Veränderungen im Serum-eiweißbild der Ratte. Klin. Wschr. 1953, 910.
110. — u. H. A. Künkel: Elektrophoretische Untersuchungen an Extrakten von Tumor-geweben. Klin. Wschr. 1954, 748.
111. Hoorweg, P. G.: Die Zufuhr von Serumproteinfraktionen. Acta chir. belg. **5**, 269 (1948).
112. — Die klinische Zufuhr von menschlichen Plasmafraktionen. Nederl. Tijdschr. Geneesk. 1948, 3162.
113. Hueck, H.: Zur Untersuchung der Eiweißkörper des Blutes nach Operationen. Arch. klin. Chir. **136**, 774 (1925).
114. — Dtsch. med. Wschr. 1925, 1869.
115. Huffmann, G.: Untersuchungen über den Einfluß von gynäkologischen Röntgenkastrationen auf das Serumeiweißbild. Diss. med. Bonn 1954.
116. Huggins, Ch., W. W. Scott u. J. H. Heinen: Die chemische Zusammensetzung des mensch-lichen Samens und der Sekrete der Prostata und der Samenbläschen. Amer. J. Physiol. **136**, 467 (1942).
117. Ingiualla, W.: Bestimmung der Blutproteine bei Schwangerschaftstoxikosen und bei Fruchttod. Riv. ital. Ginec. **22**, 490 (1939).
118. Janeway, C. A.: Die Bedeutung der Plasmaproteine in der klinischen Medizin und Chirurgie. New England J. Med. **229**, 751 u. 779 (1943).
119. — Klinischer Gebrauch von Blutderivaten. J. Amer. Med. Assoc. **138**, 859 (1948).
120. — and others: Humanalbuminbehandlung bei Schock und Hypoproteinämie. J. Clin. Invest. **23**, 465 (1944).
121. Joel, Ch. A.: Studien am menschlichen Sperma. Basel: Benno Schwabe 1953.
122. Josten, E. A.: Das übertragene, das überreife und das spätgeborene Neugeborene. Arch. Kinderheilk. **149**, 27 (1954).
123. Kaboth: Zit. nach Siedentopf.
124. Kaulla, K. N. von: Die Fraktionierung des menschlichen Plasmas und ihre klinische Bedeutung. Dtsch. med. Wschr. 1948, 152.
125. Keller, M., u. R. Tschumi: Elektrophoretische Untersuchungen am menschlichen Sperma-plasma. Gynaecologia (Basel) **135**, 92 (1953).
126. Kepp, R., u. K. F. Michel: Elektrophoretische Untersuchungen über die Wirkung von Röntgenstrahlen auf wäßrige Proteinlösungen. Strahlenther. **92**, 416 (1953).
127. Kessler: Zit. nach Siedentopf.
128. Klebanow, D.: Hunger und psychische Erregungen als Ovar- und Keimschädigungen. Geburtsh. u. Frauenheilk. 1948, 7/8, 812.
129. Knoll, W.: Das Verhältnis Albumin zu Globulin im Serum menschlicher Embryonen. Schweiz. med. Wschr. 1948, 979.
130. — u. C. Sievers: Gesamteiweiß und das Verhältnis von Albumin zu Globulin im Serum menschlicher Embryonen. Ärztl. Forsch. **11**, 396 (1948).
131. Korfmacher, E. S.: Plasmaproteine in der Chirurgie. J. Iowa Med. Soc. **30**, 242 (1940).
132. Køster, K. H.: Über den Schock und die Behandlung mit Blut, Plasma und Plasmaersatz-mitteln. Med. Forum **2**, 257 (1949).
133. Kropp, K.: Elektrophoretische Serumeiweißuntersuchungen im Kindesalter. Mschr. Kinder-heilk. **98**, 159 (1950).
134. Krüger: In H. Winterstein: Handbuch der vergleichenden Physiologie. Jena: Gustav Fischer 1935.

135. Kühnau, J.: Eiweißmangel als Ernährungsproblem. Ärztl. Wschr. **1946**, 161.
136. Künkel, H. A., u. G. Höhne: Elektrophorese an Extrakten aus Myom- und Carcinomgewebe. 49. Tgg. Nordwestd. Ges. Gynäk. u. Geburtsh. Hamburg, 28. 5. 1954.
137. Künzer, W., J. Zanner u. H. Zeisel: Der Serumeiweißgehalt von Unreifgeburten. Klin. Wschr. **1951**, 327.
138. Lackner, J.: Bluteiweißveränderungen bei Trägern maligner Tumoren. Strahlenther. **90**, 509 (1953).
139. Lagercrantz, C.: Elektrophoretische Analyse des Serums in der Schwangerschaft und bei Schwangerschaftstoxikose. Upsala Läk.för. Förh. **51**, 117 (1945).
140. Laires, L.: Schockzustände. Amatus Lisboa 1, 463 (1942).
141. Lambret, O. G., et al.: Biologische Studie des chirurgischen Schocks. Rev. de Chir. **60**, 167 (1941).
142. Lampe, G.: Der Einfluß des Prolans auf das Serumeiweißbild beim kastrierten Kaninchen. Diss. med. Bonn 1952.
143. Lang, K., u. H. Lang: Über die Verweildauer des Blutersatzmittels Subsidon im Kreislauf. Klin. Wschr. **1952**, 598.
144. Lanzara, A., A. Viti u. F. Ciuffino: Bedeutung der Serumproteinveränderungen während des normalen postoperativen Verlaufs. Policlinico, Sez. chir. **55**, 1 (1948).
145. — — — Policlinico, Sez. chir. **55**, 75 (1948).
146. Laroche, E., u. M. Hochfeld: Einwirkung von synthetischem Oestrogen auf den Haptoglobulinindex. Ann. d'Endocrin. 8, 92 (1947).
147. Latzka, A. von: Die Veränderungen der Plasmaeiweiße nach Abdominaloperationen in Lokalanästhesie. Arch. Gynäk. **158**, 426 (1934).
148. Lax, H.: Die Lebertoxikose unter dem Bilde des hepatorenalen Syndroms. Z. Geburtsh. **132**, 190 (1950).
149. Lehnartz, E.: Einführung in die physiologische Chemie. Berlin: Julius Springer 1943.
150. Lentz, H.: Das Serumeiweißbild kastrierter Kaninchen nach Zuführung von Corpus luteum-Hormon. Diss. med. Bonn 1952.
151. Levens, H. E., u. W. Ewerbeck: Nephropathia gravidarum, eine hepatogene Toxikose. Arch. Gynäk. **179**, 75 (1950).
152. — Elektrophoretische Serumeiweißuntersuchungen bei Hyperemesis gravidarum. Med. Klin. **1951**, 443.
153. — Die Serumproteine in der normalen und toxischen Schwangerschaft. Basel-New York: S. Karger 1952.
154. — Beitrag zur Therapie der Schwangerschaftsspätgestosen. Med. Klin. **1953**, 338.
155. Levin, L.: Die Beziehung von Fütterung, Hypophyse und Nebennierenrinde zur Serumalbuminveränderung bei der Ratte. Amer. J. Physiol. **138**, 258 (1943).
156. — u. Leatham: Serumalbumin- und -globulinspiegel unter dem Einfluß der Schilddrüse und der Nebenniere. Amer. J. Physiol. **136**, 306 (1942).
157. Lévi-Solal: Geburtsschock und Hypoproteinämie. Bull. Acad. Méd. Paris **130**, 145 (1946)
158. Li, C. H.: Elektrophorese von Rattenserum. J. Amer. Chem. Soc. **66**, 1795 (1944).
159. — u. W. O. Reinhardt: Die Wirkung von adrenocortikotropem Hormon auf die Elektrophorese von Rattenplasma. J. of Biol. Chem. **167**, 487 (1947).
160. Liddelow, B.: Serumeiweißspiegel bei normalen nichtschwangeren und bei schwangeren Frauen. Med. J. Austral. **1953** II, 332.
161. Lindeboom, G. A.: Verhalten der Bluteiweißkörper nach der Entbindung. Schweiz. med. Wschr. **1946**, 461.
162. — Serumproteine in der Schwangerschaft. Belg. Tijdschr. Geneesk. 4, 51 (1948).
163. — Hyperglobulinämie bei Schwangeren. Nederl. Tijdschr. Geneesk. **1948**, 3575.
164. — Hyperglobulinämie und Schwangerschaft. Acta med. scand. (Stockh.) 4, 131 (1948).
165. — Verhalten der Serumproteine in der Schwangerschaft. Geneesk. gids **26**, 391 (1948).
166. — Verhalten der Serumproteine im Wochenbett. Nederl. Tijdschr. Geneesk. **1948**, 1.
167. Lindenschmidt, Th.-O.: Das Eiweißproblem in der Chirurgie. Langenbecks Arch. u. Dtsch. Z. Chir. **265**, 302 (1950).
168. — Chirurgische Beobachtungen zur Hypoproteinämie und Aminosäuretherapie. Bruns' Beitr. **179**, 463 (1950).
169. — Chirurgische Beobachtungen zur Hypoproteinämie und Aminosäuretherapie. Bruns' Beitr. **179**, 463 (1950).
170. — Das Eiweißproblem in der Chirurgie. Langenbecks Arch. u. Dtsch. Z. Chir. **266**, 203 (1951).
171. — Chirurgisch wichtige Fortschritte auf dem Gebiete des Eiweiß- und Lipoidstoffwechsels. Chirurg **23**, 501 (1952).
172. Locher, R.: Das elektrophoretische Eiweißbild bei der Krebskrankheit. Diss. med. Bern 1952.
173. Longsworth, L. G., C. M. Custis u. R. H. Pembroke jr.: Elektrophoretische Analyse von mütterlichem und fetalem Serum und Plasma. J. Clin. Invest. **24**, 46 (1945).

174. Lovell, A., u. A. Cournand: Veränderungen im Plasmavolumen und arteriellem Druck nach der intravenösen Injektion von konzentriertem Humanalbumin bei 38 Patienten mit Oligämie und Hypotonie. Surg. etc. 22, 442 (1947).
175. Lutzeyer, W.: Verhalten der Serumproteine nach Frischblut, Blutkonserve und Humanalbuminlösung. Langenbecks Arch. u. Dtsch. Z. Chir. 273, 295 (1953).
176. Lyon, R. P., J. R. Stanton, E. D. Freis u. R. H. Smithwick: Das normale Verhalten des Blutvolumens, der zirkulierenden Blutmenge, des Proteins, der Chloride und des Hämatokrit beim postoperativen chirurg. Patienten. Surg. etc. 20, 89 (1949).
177. MacCollum: Zit. nach Scheuner.
178. Mack, Ch. C., A. R. Robinson, M. E. Wiseman, E. J. Schweb u. J. G. Macy: Plasmaproteine bei Schwangerschaftstoxämien. J. Clin. Invest. 6, 609 (1951).
179. — G. Thosteson, M. E. Wiseman, A. R. Robinson u. E. Z. Moyer: Elektrophoretische Kurven der Plasmaproteine in der 1. Schwangerschaft, kompliziert durch Diabetes mellitus. Obstetr. a. Gynecol. 1, 74 (1953).
180. — et al.: Elektrophoretische Kurven der Plasmaproteine in der Schwangerschaft. Obstetr. a. Gynecol. 1, 204 (1953).
181. Mackay, M. E.: Plasmafraktionen bei der Behandlung der Schocks. Brit. Med. Bull. 10, 31 (1954).
182. Major, H.: Untersuchungen über die Bluteiweißkörper vor und nach abdominellen Eingriffen. Erg. Chir. 37, 401 (1952).
183. — Wundheilung und Gewebseiweißverarmung. Langenbecks Arch. u. Dtsch. Z. Chir. 273, 869 (1953).
184. Mancia, M.: Beitrag zum Studium der Plasmaproteine des mütterlichen und fetalen Blutes mit Hilfe der Elektrophorese. Policlinico 61, 1197 (1954).
185. Marco, C. de, et al.: Die Serumproteinfraktionen unter der Radiumtherapie. Minerva Ginecol. 6, 725 (1954).
186. Marggraf, W., u. K. Hinrichs: Untersuchungen über das Verhalten verschiedener Gerinnungsanteile des Blutes vor und nach Operationen. Bruns' Beitr. 184, 428 (1952).
187. — Beitrag zur Diagnostik von Carcinomerkrankungen durch elektrophoretische Serumfraktionierungen. Langenbecks Arch. u. Dtsch. Z. Chir. 273, 608 (1953).
188. Mariani, A.: Proteinstoffwechsel bei chirurgischen Patienten. Voeding 13, 530 (1952).
189. Martini, G. A.: Über die Verwendung von Humanalbumin- und Gamma-Globulin in der ärztlichen Praxis. Ther. Gegenw. 7, 242 (1953).
190. Marx, K.: Elektrophoretische Bestimmung des Serumeiweißbildes nach Lecithin- und 0-Blut-Injektionen unter Berücksichtigung der Antikörpertiter. Diss. med. Bonn 1954.
191. Matiar, H.: Elektrophoretische Untersuchungen über die Veränderungen der Serumeiweißkörper während der Schwangerschaft. Diss. med. Bonn 1951.
192. McMurray, L. G., J. H. Roe u. L. K. Sweet: Plasmaproteine bei normalen Neugeborenen und Frühgeburten; der Gebrauch von konzentriertem Humanalbumin zur Behandlung von Frühgeburten. Amer. J. Dis. Childr. 75, 265 (1948).
193. Mehl, J. E.: Elektrophoretische Studien über Plasmaproteinveränderungen bei Neoplasma. Texas Report on Biol. a. Med. 8, 169 (1950).
194. Messinger, M. J.: Generalisiertes Oedem und Hyperproteinämie. Canad. Med. Assoc. J. 55, 381 (1946).
195. Meyer, K. A., u. P. D. Kozoll: Proteinmangel bei chirurgischen Patienten. Surg. etc. 78, 181 (1944).
196. Miller, G. H., M. E. Davis, A. G. King u. Ch. B. Huggins: Serumeiweißkörper in der Schwangerschaft. Hitzekoagulation und die Bindung von Anionen. J. Labor. a. Clin. Med. 37, 538 (1951).
197. Miller, R. A., u. J. D. Crombie: Das Blutplasmacholesterin und Blutplasmaprotein laktierender Frauen. J. Obstetr. 59, 226 (1952).
198. Moeller-Christensen, u. E. J. Thygesen: Untersuchung des Serumproteinspiegels bei normalen Schwangeren und bei Toxikosen. J. Obstetr. 53, 328 (1946).
199. — — Nord. Med. 37, 431 (1948).
200. Moore, D. H., u. C. L. Fox: Elektrophoretische Studien über das Syndrom des sekundären Schocks. Nature (London) 165, 872 (1950).
201. — L. Levin u. J. H. Leatham: α-Globulinfraktion im Serum von normalen und hypophysektomierten Ratten. J. of Biol. Chem. 153, 348 (1944).
202. — L. Du Pan u. C. L. Buxton: Elektrophoretische Studien von mütterlichem, fetalem und kindlichem Serum. Amer. J. Obstetr. 57, 312 (1949).
203. — u. G. Perez-Mendèz: Elektrophoretische Untersuchung von Blut und Gewebeextrakten nach schockerzeugenden Verletzungen. Plasma 1, 145 (1953).
204. Moyer, C. A.: Flüssigkeit- und Elektrolytgleichgewicht. Surg. etc. 84, 586 (1947).
205. Mukherjee, Ch.: Das Verhalten der Plasmaproteine in der normalen Schwangerschaft. Indian J. Med. Sci. 7, 673 (1953).

206. MUYSERS, K.: Elektrophoretische Untersuchungen der Serumproteinverschiebungen nach gynaekologischen Operationen bei Patientinnen mit bereits vor der Operation veränderten Elektrophoresediagrammen. Diss. med. Bonn 1954.
207. NEDELKOFF, A.: Der traumatische Schock und das Nebennierenhormon. Med. Prgel. Sofia 2, 233 (1941).
208. NEUMANN, H.: Die Wirkung von Aminosäuregemischen in Schwangerschaft und Wochenbett. Diss. med. Frankfurt 1950.
209. NEUWEILER, W.: Serumeiweißkörper in der Schwangerschaft und bei Toxikosen. Z. Geburtsh. 121, 317 (1940).
210. — Serumproteine in der Schwangerschaft. Gynaecologia (Basel) 4, 235 (1948).
211. — Über Komplikationen des Zentralnervensystems bei Eklampsie. Schweiz. med. Wschr. 1949, 3.
212. — Über die Verschiebung der Serumeiweißkörper in der normalen Schwangerschaft und bei Toxikosen. Z. Geburtsh. u. Gynäk. 121, 317 (1940).
213. NIELSEN, E.: Veränderungen der Serumproteine durch Behandlung mit Hormonen und Magenextrakt. Nord. Med. 13, 334 (1942).
214. NOCKE, W.: Elektrophoretische Untersuchungen über normales und pathologisches Sperma. Diss. med. Bonn 1955.
215. NOWAK, J., u. B. LUSTIG: Quantitative und qualitative Veränderung der Serumproteine bei normaler Schwangerschaft und bei Toxikose. J. Mt. Sinai Hosp. 14, 534 (1947).
216. OBÈ, G., u. G. HERMANN: Papierelektrophoretische Untersuchungen am Spermaplasma, Ejakulat und Prostataexprimat. Z. Urol. 47, 393 (1954).
217. OCCIPINTI, S., et al.: Über die Bedeutung der Gesamtblutmenge und ihrer Einzelbestandteile für die Behandlung chirurgischer Erkrankungen. Chirurgica (Milano) 6, 423 (1951).
218. OETTINGER, V.: Zit. nach SIEDENTOPF.
219. OTT, H.: Bluteiweiß und Aminosäuretherapie. Mat. Med. „Nordmark" II/1, 3 (1950).
220. PAGANI, C., et al.: Das Serumeiweißbild und seine Veränderungen im Verlauf der Röntgentherapie beim Uterus-Carcinom. Ann. Obstetr. Ginec. 75, 1189 (1953).
221. PALADINO: Follikelhormon und Zusammensetzung der Bluteiweißkörper. Ann. Obstetr. 63, 1323 (1941).
222. PALOMBA, R., u. R. RIMINI: Der Proteinstoffwechsel nach Operationen. Veränderungen der Proteinfraktionen des Blutes. Elektrophoretische Untersuchungen. Giorn. ital. Chir. 10, Nr. 9, 673 (1954).
223. DU PAN, R. M., D. MOORE u. E. FISCHER: Elektrophoretische Studien über die Serumproteine bei Schwangeren, Foeten, in der Plazenta und bei dem Säugling. Extrait du Congrès français de Médicine. XXVII Session, Genève 1949.
224. PETERMANN, M. L., u. K. R. HOGNESS: Elektrophoretische Studien von Plasmaproteinen bei Patienten mit Neoplasma. Cancer 1, 100 (1948).
225. — — Cancer 1, 104 (1948).
226. — — Cancer 1, 109 (1948).
227. PETTAVEL, J.: Schock und Transfusionen. Praxis (Bern) 43, 930 (1954).
228. PEZOLD, F. A., u. G. HINZ: Elektrophoretische Untersuchungen der Eiweißkörper im Gewebssaft. Klin. Wschr. 1953, 31.
229. PFAU, P.: Die Differenzierung der Plasmaproteine in der Schwangerschaft durch Elektrophorese. Geburtsh. u. Frauenheilk. 5, 420 (1951).
230. — Hypalbuminämie bei Graviditätstoxikosen. Z. Geburtsh. u. Gynäk. 135, 194 (1951).
231. — Die Serumverhältnisse während der normalen und gestörten Schwangerschaft (Papierelektrophoretische Untersuchungen). Arch. Gynäk. 185, 188 (1954).
232. — Die Serumproteine von Feten, Neugeborenen und übertragenen Säuglingen. Arch. Gynäk. 185, 208 (1954).
233. PLOTZ, J.: Aminosäuren zur Behandlung der Nachkriegsamenorrhoe. Z. Geburtsh. 72, 1583 (1950).
234. — Der Wert des Basaltemperatur für die Diagnose der Menstruationsstörung. Arch. Gynäk. 177, 521 (1950).
235. — u. E. DARUP: Die Bedeutung der Pregnandiolausscheidung im Harn für die Gynäkologie und Geburtshilfe. Arch. Gynäk. 177, 486 (1950).
236. PODHRADSZKY, L.: Serumproteine und endokrine Erkrankung. Acta med. scand. (Stockh.) 104, 137 (1940).
237. — Regulation des endokrinen Systems. Blutprotein bei hypophysektomierten und thyreodektomierten Tieren. Klin. Wschr. 1942, 134.
238. — Klin. Wschr. 1942, 544.
239. PÖTTER, I.: Quantitative elektrophoretische Untersuchung des Blutplasmas über den Follikelsprung. Diss. med. Bonn 1952.
240. POP-LAZIC, B.: Untersuchungen über das menschliche Serumeiweiß bei gynäkologisch operierten Patienten mit euproteinämischen Ausgangswerten. Diss. med. Bonn 1954.

241. PROSKE, B.: Serumeiweißveränderungen im Wochenbett nach Zwillingsgeburt. Diss. med. Bonn 1954.
242. PROWE, G. W.: Das Serumeiweißbild beim Kaninchen nach Desoxycorcicosteron-Zufuhr. Diss. med. Bonn 1953.
243. QUINKENSTEIN, G.: Das Blutbild des Kaninchens nach prä- und postoperativen Kochsalzgaben. Diss. med. Bonn 1952.
244. RAPOPORT, M., J. M. RUBIN u. D. CHAFFEE: Fraktionierung des Serum- und Plasmaproteins bei Neugeborenen und Kindern. J. Clin. Invest. 22, 487 (1943).
245. REHN, J.: Das Serumalbumin in der Chirurgie von heute. Langenbecks Arch. u. Dtsch. Z. Chir. 263, 369 (1950).
246. REVERS, F. E., u. C. EIKELENBOOM: Proteinstoffwechsel bei chirurgischen Patienten. Arch. chir. néel. 5, 81 (1953).
247. RIEHM, G.: Elektrophoretische Untersuchungen über den Einfluß von Percorten auf das postoperative Serumeiweißbild. Diss. med. Bonn 1952.
248. RIMINGTON, C., u. A. BICKFORD: Serumalbumin und Serumglobulin im mütterlichen und Nabelschnurblut von Frühgeburten. Lancet 1947, 781.
249. RINEHART, R. E.: Serumprotein bei normaler Schwangerschaft und bei Toxikose. Amer. J. Obstetr. 50, 48 (1945).
250. RÖTTGER, H.: Permeabilitätsstörung an roten Blutkörperchen in der normalen Schwangerschaft. Arch. Gynecol. 177, 251 (1950).
251. RONA, u. HOFFENREICH: Zit. nach SIEDENTOPF.
252. ROSS, V., E. G. MILLER, D. H. MOORE u. H. SIKORSKI: Elektrophoresediagramme von Samenplasma einiger „abnormer" menschlicher Spermata. Proc. Soc. Exper. Biol. a. Med. 54, 179 (1943).
253. — u. L. ROSS: Ultraviolettabsorptionsspektrum von menschlichem Spermaplasma. Proc. Soc. Exper. Biol. a. Med. 55, 259 (1944).
254. — Präcipitinreakionen des menschlichen Spermaplasmas. J. of Immun. 52, 1 (1946).
255. — D. H. MOORE u. E. G. MILLER JR.: Die Proteine des menschlichen Samenplasmas. J. of Biol. Chem. 144, 667 (1947).
256. ROST, G.: Das Verhalten der Bluteiweiße nach gynäkologischen Operationen. Zbl. Gynäk. 74, 1310 (1952).
257. ROTH: Die Bedeutung des Vaginalsmears zur Bestimmung des Ovulationstermins. Mittelrhein. Ges. Geburtsh. u. Gynäk. Frankfurt 29. 4. 1950.
258. SALTZSTEIN, H. C., u. L. M. LINKNER: Blutverlust bei Operationen. J. Amer. Med. Assoc. 149, 122 (1952).
259. SAUTER, H.: Die Spätgestose. Gynaecologia (Basel) 135, 285 (1953).
260. SCHÄFER, G.: Plasmalogengehalt im Serum der Frau. Zbl. Gynäk. 72, 278 (1950).
261. — Hyperplasmalogenämie bei Hyperemesis grav. Arch. Gynäk. 179, 243 (1951).
262. — u. H. G. MÜLLER: Plasmalogen und Ovarialfunktion der weißen Maus. Arch. Gynäk. 177, 67 (1950).
263. — u. M. TAUBERT: Plasmalogengehalt im Serum. Ärztl. Forsch. 4, 583 (1950).
264. — u. H. E. ROLOFF: Plasmalogen im weiblichen Genitaltraktus. Zbl. Gynäk. 72, 1583(1950).
265. — Elektrophoretische Untersuchungen am menschlichen Sperma. Diss. med. Bonn 1953.
266. SCHAEFER, CHR.: Elektrophoretische Untersuchungen von Venen-Retroplazentar- und Neugeborenenserum in vergleichender Darstellung. Diss. med. Bonn 1954.
267. SCHERER, E., u. J. SUCKER: Über das Verhalten von Kälteagglutinintiter und Serumglobulinen. Strahlenther. 89, 269 (1953).
268. SCHEUNERT, A.: Ernährungsfragen. Hippokrates 21, 343 (1950).
269. SCHLÜTER, R.: Elektrophoretische Bestimmung der Normalwerte von Serumeiweißen bei Kaninchen. Diss. med. Bonn 1951.
270. v. SCHMELING, E.: Der klinische Verlauf der mit Hormonen behandelten Ovarialinsuffizienz und klimakterischer Beschwerden im Spiegel des Serumeiweißbildes. Diss. med. Bonn 1951.
271. SCHMETKAMP, P.: Elektrophoretische Untersuchungen über Gewebseiweiße. Diss. med. Bonn 1954.
272. SCHMIDT, G. W.: Ein Beitrag zur Frage betreffs der Höhe des Serumeiweißgehaltes beim Säugling. Klin. Wschr. 1950, 170.
273. SCHMIDT, L.: Das Schockproblem einst und jetzt. Med. Klin. 1954, 143.
274. SCHNEIDER, W., et al.: Die Papierelektrophorese von menschlichem Spermaplasma. Klin. Wschr. 1954, 863.
275. SCHRÖDER, R.: Die Schwangerschaft, ein besonderer Leistungsanspruch. Leipzig: Georg Thieme 1949.
276. SCHUCK, J.: Die schwefelhaltigen Aminosäuren im Plasmaeiweiß in der normalen und toxischen Gravidität. Arch. Gynäk. 178, 217 (1950).
277. — Eiweiß- und Aminosäureforschung in der Schwangerschaft. Med. Mschr. 5, 326 (1950).
278. — Der Cystinmangel bei den Schwangerschaftsspättoxikosen. Arch. Gynäk. 181, 623 (1952).

279. SCHWALM, H.: Die Transfusion von konserviertem Blut in der Geburtshilfe und Gynäkologie. Stuttgart: Georg Thieme 1952.
280. SEEL, H.: Akute und chronische Eiweißmangelschäden. Ther. Gegenw. 5, 146 (1950).
281. SHARP, J. G., A. R. TAYLOR, D. BEARD u. J. D. BEARD: Elektrophorese von normalem Kaninchenserum. J. of Immun. 44, 115 (1942).
282. SHER, N.: Verzögerte Menstruation. Ref. Dtsch. med. Wschr. 1947, 9/12, 141.
283. SIEDENTOPF, H.: Veränderungen des Serumproteines bei normaler und toxischer Schwangerschaft ind ihre klinische Bedeutung. Arch. Gynäk. 167, 1 (1938).
284. SPITZER, H.: Proteinerschöpfung bei Schwangerschaftstoxikosen. West. J. Surg. 54, 382 (1946).
285. STAGNARO, R. G., u. S. SOKOL: Anwendung von heterologem Plasma in der Klinik. Unsere Erfahrungen an 22 Fällen. Prensa méd. argent. 41, 2740 (1954).
286. STÄHLI, W.: Percorten bei postoperativen Zuständen. Schweiz. med. Wschr. 1951, 609.
287. STANDER, u. PASTORE: Zit. nach Geigy, Basel 1951, Ärzte-Agenda in: Amer. J. Obstetr. 39, 928 (1940).
288. STEAD, E. A., E. S. BRANNON, A. J. MERRIL u. J. V. WARREN: Konzentriertes Humanalbumin in der Behandlung des Schocks. Arch. Int. Med. 77, 564 (1946).
289. — — A. J. MERRIL u. J. V. WARREN: Konzentriertes Humanalbumin in der Behandlung des Schocks. Arch. Int. Med. 77, 564 (1946).
290. STENDER, H., u. O. ELBERT: Tierexperimentelle Untersuchungen über die Beeinflussung des Serumeiweißbildes durch eine Ganzbestrahlung mit 500 und 1000 r (Kaninchen). Strahlenther. 89, 275 (1952).
291. STÜRMER, K.: Untersuchungen über Bluteiweißwerte in Gynäkologie und Geburtshilfe. Zbl. Gynäk. 72, 1819 (1950).
292. — Probleme des Serumeiweißbildes in Gynäkologie und Geburtshilfe. Dtsch. med. Wschr. 1951, 993.
293. — Quantitative Mikroelektrophorese von normalem Kaninchenserum. Z. exper. Med. 117, 359 (1951).
294. — Die Eiweißkörper des Blutserums bei Schwangerschaftstoxikose. (Span.) Cir. Ginec. y Urol. 4, 209 (1952).
295. — A. GRELL u. O. PROKOP: Klinische und experimentelle Untersuchungen bei Graviden mit Blutgruppeninkompatibilität. Klin. Wschr. 1952, 974.
296. — u. H. J. WARKALLA: Ist der Ovulationstermin mit Hilfe der Schwankungen des Gesamteiweißgehaltes im Blutserum zu bestimmen? Geburtsh. u. Frauenheilk. 5, 460 (1953).
297. — u. H. LENTZ: Dauergabe von Humanalbumin nach gynäkologischen Operationen, Untersuchungen mit Hilfe der Mikroelektrophorese. (Im Druck.)
298. SUENDERHAUF, H., u. CH. WUNDERLY: Die Serumeiweißzusammensetzung bei Spätgestose. Gynaecologia (Basel) 134, 53 (1952).
299. SVENSSON, H.: Theoretische und experimentelle Studien über die Elektrophorese. Arch. Kemi 22, 10 (1946).
300. SZONTAGH, F. E.: Kapillarpermeabilität, Serumproteine und Hämatokritwerte bei normaler Schwangerschaft. Gynecol. 127, 240 (1949).
301. TAUSCHWITZ, et al.: Serumeiweißkörper nach Streptomycinapplikation. Klin. Wschr. 1951, 92.
302. TAYLOR, H. C.: Die Behandlung eines Falles von schwerer Präeklampsie mit konzentriertem Serumalbumin. Connecticut Med. J. 12, 930 (1948).
303. THISSEN, R.: Das Serumeiweißbild des bestrahlten Collumcarcinoms unter der Gabe von Prohepar. Diss. med. Bonn 1955.
304. TISELIUS, A.: Elektrophoretische Messungen am Eiweiß. Kolloid-Z. 85, 129 (1938).
305. — u. E. A. KABAT: Elektrophoretische Studie über Immunserum und gereinigte Antikörper. J. of Exper. Med. 69, 119 (1939).
306. TRAMSEN, H.: Neue Richtlinien für die Behandlung des posttraumatischen Schocks. Mil. Laeg. 48, 41 (1942).
307. TRETHEWIE, E. R.: Ischämie, Anoxämie und Schock. Austral. J. Exper. Biol. a. Med. Sci. 25, 291 (1947).
308. VARA-LOPEZ, H., et al.: Bewertung des Blutverlustes bei chirurgischen Eingriffen. Chirurg 22, 6 (1951).
309. VEIT, H.: Elektrophoretische Untersuchungen der Serumproteine bei Hyperemesis gravidarum. Med. Klin. 1952, 1359.
310. — Das Verhalten der Serumproteine bei der Bestrahlung gynäkologischer Erkrankungen. Strahlenther. 90, 148 (1953).
311. VINGERHOET, P.: Elektrophoretische Untersuchungen über den Einfluß von Percorten auf das Serumeiweißbild bei laparotomierten Kaninchen. Diss. med. Bonn 1954.
312. WACKER, T., u. P. ALPHONSO: Hypoproteinämie bei Carzinom. Helvet. med. Acta 12, 679 (1949).

313. Wächter, R.: Elektrophoretische Untersuchungen über Gewebseiweiße aus gynäkologischem Operationsmaterial. Diss. med. Bonn 1955.
314. Wagner, H.: Der Stand des Hyperemesisproblems. Z. Geburtsh. 132, 153 (1950).
315. Wahlen, H. A.: Veränderungen der Serumeiweißkörper bei der Ovarialinsuffizienz. Diss. med. Bonn 1950.
316. White, A., u. T. H. Dougherty: Das hypophysäre-adrenotrope Hormon der Ratte und seine Beziehung zum Serumglobulin. Endocrinology (Springfield, Ill.) 36, 207 (1945).
317. Wiemer, K. G.: Serumeiweißveränderungen im Wochenbett. Diss. med. Bonn 1951.
318. Wiktorin, E.: Das Serumeiweißbild bei Patientinnen mit Collum-carcinom unter der Röntgenbestrahlung. Diss. med. Bonn 1955.
319. Wolf, G.: Untersuchungen über Bluteiweißveränderungen bei normaler Schwangerschaft und Schwangerschaftstoxikosen. Geburtsh. u. Frauenheilk. 14, 348 (1954).
320. Worsham, J. W.: Serumproteine in der Schwangerschaft, der Erfolg der Rationierung der Nahrungszufuhr und die Beziehung zwischen Serumprotein und Ödem. Texas State J. Med. 44, 299 (1948).
321. Wuhrmann, F.: Dysproteinämie und Tumoren. Schweiz. Z. Path. (Suppl.) 10, 202 (1947).
322. — u. Ch. Wunderly: Die Bluteiweißkörper des Menschen. Basel: Benno Schwabe 1947.
323. Zangemeister: Untersuchungen über die Blutbeschaffenheit und die Harnsekretion bei Eklampsie. Z. Geburtsh. 50, 385 (1903).
324. — Über das Körpergewicht Schwangerer, nebst Bemerkungen über den Hydrops gravidarum. Z. Geburtsh. 78, 325 (1916).
325. — Über Albuminurie bei der Geburt. Arch. Gynäk. 66, 413 (1902).
326. — Über die Ausscheidung der Chloride in der Schwangerschaft, speziell bei Nephritis gravidarum. Arch. Gynäk. 84, 825 (1908).
327. Zettel, H., u. M. Knedel: Die Veränderungen der Plasmaeiweißkörper während operativer Eingriffe. Chirurg 23, 460 (1952).
328. — u. M. Endress: Das Serumeiweißbild beim Carcinom. Chirurg 24, 498 (1953).
329. Zinser, K. H.: Studien über die Serumeiweißverhältnisse nach gynäkologischen Operationen. Z. Geburtsh. 130, 7 (1948).
330. — Über qualitative Veränderungen der Serumeiweißkörper nach operativen Eingriffen. Z. Geburtsh. 131, 123 (1949).
331. — Über die Blutproteinveränderung in der Schwangerschaft und bei Gestationstoxikosen. Zbl. Gynäk. 72, 129 (1950).
332. Zuckschwerdt, L., M. Knedel u. H. Zettel: Eiweißprobleme in der Chirurgie. Dtsch. med. Wschr. 1952, 640.

Die Elektrophorese in der Neurologie

1. Aly, W.: Zur Methodik der Papierelektrophorese des Liquors cerebrospinalis. Inaug.-Diss. Marburg 1952.
2. Antweiler, H. J.: Die quantitative Elektrophorese in der Medizin. Berlin-Göttingen-Heidelberg: Springer-Verlag 1952.
3. Bauer, H.: Über die Bedeutung der Papierelektrophorese des Liquors für die klinische Forschung. Dtsch. Z. Nervenheilk. 170, 381 (1953).
4. — Papierelektrophoretische Darstellung der Protein-gebundenen Kohlenhydrate und Lipoide des Liquors. Klin. Wschr. 1954, 612.
5. Booij, Joh.: Elektrophoresis in cerebrospinal fluid. Fol. psychiatr. néerl. 52, 247 (1949).
6. — Elektrophoresis in cerebrospinal fluid. 2nd. Comm. Fol. psychiatr. néerl. 53, 501 (1950).
7. — Elektrophoresis in cerebrospinal fluid. 3rd. Comm. Fol. psychiatr. néerl. 55, 137 (1952).
8. — Pre-albumin in the cerebrospinalfluid. Progress in Neurobiology, Amsterdam, London, New York: Elsevier Publ. Comp. 1956, 164
9. — A new component in the elektrophoresis diagram of the serum of patients suffering from poliomyelitis acuta anterior. Fol. psychiatr. néerl. 56, 191 (1953).
10. — Liquor-Proteinen en Modern Eiwitonderzoek. Nederl. Tijdschr. Geneesk. 1942, 42.
11. Bücher, Th., D. Matzelt u. D. Pette: Papierelektrophorese von Liquor cerebrospinalis. Klin. Wschr. 1952, 325.
12. Cremer, H. D., u. A. Tiselius: Elektrophorese von Eiweiß in Filterpapier. Biochem. Z. 360, 273 (1950).
13. Cumings, J. N.: The examination of the cerebrospinal fluid and cerebral cyst fluid by paper stripelektrophoresis. J. of Neur. 16, 152 (1953).
14. Duensing, F.: Zur Theorie und praktischen Auswertung der Goldsolreaktion. Z. Neur. 169, 471 (1940).
15. Durrum, E. L.: A microelectrophoretic and microionophoretic technique. J. Amer. Chem. Soc. 72, 2943 (1950).
16. Eaton, J. C., and Mary D. Gardner: Separation of cerebrospinal fluid protein by paper electrophoresis. Proc. Biochem. Soc. 25 (1953).

17. Eicke, Werner J.: Über die Leucoencephalitis. Nervenarzt 22, 241 (1951).
18. Esser, H., u. F. Heinzler: Eine Methode zur Gewinnung der Proteine aus Liquor cerebrospinalis und anderen schwacheiweißhaltigen Lösungen durch Filtration mit Überdruck für die Elektrophorese in Filterpapier. Klin. Wschr. 1952, 600.
19. — Die elektrophoretische Untersuchung der Liquoreiweißkörper und ihre klinische Bedeutung. Münch. med. Wschr. 1952, 2314.
20. Ewerbeck, H.: Die elektrophoretische Darstellung normalen menschlichen Liquors. Klin. Wschr. 1950, 692.
21. — Die Serumeiweißkörper bei der Meningitis tuberculosa. Klin. Wschr. 1950, 638.
22. — Das Elektrophoresediagramm bei der kindlichen Tuberkulose. Mschr. Kinderheilk. 98, 150 (1950).
23. Fisk, A. A., A. Chanutin and N. O. Klingman: Observations on a rapidly migrating electrophoretic component of cerebrospinal fluid. Proc. Soc. Exper. Biol. a. Med. 78, 1 (1951).
24. Furtado Diogo: Etudes sur la Myélose funiculaire. Rev. Neur. 90, 81 (1954).
25. Grassmann, W., K. Hanning u. M. Knedel: Über ein Verfahren zur elektrophoretischen Bestimmung der Serumproteine auf Filtrierpapier. Dtsch. med. Wschr. 1951, 333.
26. — Tgg. dtsch. Ges. Neurol. Hamburg 1952; zit. von Gries (27).
27. Gries, G., F. W. Aly u. H. F. von Oldershausen: Zur Methodik der Papierelektrophorese des Liquors cerebrospinalis. Klin. Wschr. 1953, 644.
28. Haan, A. M. F. H.: Electrophoresis of the non structural proteins from normal and atrophic muscles of the rabbit and the man. Biochim. et Biophysica Acta (Amsterdam) 11, 250 (1953).
29. Hesselvik, L.: An electrophoretical study of normal and pathological body fluids. Acta med. scand. (Stockh.) 101, 461 (1939).
30. Hoch, H.: Electrophoretic studies on human serum. Biochemic. J. 42, 181 (1948).
31. Kabat, Elvin A., Dan. H. Moore and Harald Landow: An electrophoretic study of the protein components in cerebrospinalfluid and their relationship to the serum proteins. J. Clin. Invest. 21, 571 (1942).
32. Kabat, E. A., H. Landow and D. H. Moore: Electrophoretic patterns of concentrated cerebrospinal fluid. Proc. Soc. Exper. Biol. a. Med. 49, 260 (1942).
33. — M. Glusman and V. Knaub: Quantitative estimation of the albumin and gamma globulin in normal and pathological cerebrospinal fluid by immunochemical methods. Amer. J. Med. 4, 5, 653 (1948).
34. — Zit. von C. Riebeling: Zur Frage der Hirnschwellung. Dtsch. Z. Nervenheilk. 170, 233 (1953).
35. Kutzim, H., W. Scheid u. J. Vonkennel: Die Verschiebung der Bluteiweißkörper im Blut und Liquor bei Syphilis des Zentralnervensystems. Medizinische 1954, 609.
36. Labhart, H., W. Schweizer u. H. Staub: Mikroelektrophoretische Untersuchung von normalem und pathologischem Liquor cerebrospinalis. Conf. Neur. 11, 325 (1951).
37. — u. H. Staub: Mikro-Elektrophorese. Helvet. chim. Acta 30, 1954 (1947).
38. Leonhard, K.: Das klinische Bild der Leukoencephalitis. Arch. f. Psychiatr. 186, 171 (1951).
39. Longsworth, L. G.: A modification of the Schlierenmethod for use in electrophoretic analyses. J. Amer. Chem. Soc. 61, 529 (1939).
40. Lotmar, W.: Interferometeranordnungen für Mikro-Elektrophorese. Helvet. chim. Acta 32, 1947 (1949).
41. Leutscher, L. A.: Elektrophoretische Untersuchungen an Plasmaproteinen und serösen Ergüssen. J. Clin. Invest. 20, 99 (1941).
42. Mies, Hans Jürgen: Einengung von Liquor cerebrospinalis als Vorbereitung zur Papierelektrophorese. Klin. Wschr. 1953, 159.
43. Oldershausen, H. F. von, F. W. Aly u. G. Gries: Über die Veränderungen der Liquor- und Serumproteine bei der tuberkulösen Meningitis. Klin. Wschr. 1953, 649.
44. — G. Gries u. F. W. Aly: Zur klinischen Bedeutung von Liquor und Serumelektrophoreseuntersuchungen bei der Poliomyelitis anterior acuta. Dtsch. Z. Nervenheilk. 170, 254 (1953).
45. Oosterhuis, H. K.: Studies on papierelectrophoresis. J. Labor. a. Clin. Med. 44, 288 (1954).
46. Paarmann, H. F., u. R. Paarmann: Beiträge zur Frage der Leukoencephalitis. Arch. f. Psychiatr. 190, 83 (1953).
47. Peters, H. J.: Papierelectrophorese van liquor cerebrospinalis. Chem. Weekbl. 49, 248 (1953).
48. Plückthun, Hans, u. Marrhes Ansgar: Papierelektrophoretische Studien an Liquoreiweiß. Z. Kinderheilk. 72, 521 (1953).
49. Riebeling, Carl: Zur Frage der Hirnschwellung. Dtsch. Z. Nervenheilk. 170, 209 (1953).
50. Roboz, E., Walter C. Hess and Diana M. Temple: Papier-electrophoretic estimation of proteins in cerebrospinal fluid. J. Labor. a. Clin. Med. 43, 785 (1954).
51. Rosanoff, W. R.: A clinical-pathological report on unusual cases of chronic encephalitis. J. of Neur. 10, 61 (1947).

52. Rossi, G., u. G. Schneider: Elektrophoretische Untersuchung von pathologischem Liquor cerebrospinalis. Klin. Wschr. 1953, 969.
53. Scheid, K. F., u. L. Scheid: Studien zur pathologischen Physiologie des Liquor cerebrospinalis. I. Mitteilung: Elektrische (kataphoretische) Trennung der Eiweißkörper im Liquor usw. Arch. f. Psychiatr. 117, 219 (1944); II. Mitteilung: Arch. f. Psychiatr. 117, 312 (1944).
54. — — Studien usw. III. Mitteilung: Die kataphoretische Untersuchung der Liquoreiweißkörper bei Geschwülsten des Zentralnervensystems. Arch. f. Psychiatr. 117, 641 (1944).
55. — — Studien usw. IV. Mitteilung: Die Normomastix-Reaktion und die modifizierte Mastix-Reaktion (u. M. R.), ihre kolloidchemischen Grundlagen und ihre pathophysiologische Bedeutung für die Klinik. Arch. f. Psychiatr. 179, 316 (1948).
56. — — u. Werner Schneidt: Studien usw. V. Mitteilung: Vergleichende Untersuchungen über die Kolloidreaktionen, ihre kolloidchemischen Mechanismen und über ihre praktische Anwendung in der Diagnostik. Arch. f. Psychiatr. 179, 337 (1948).
57. Schneider, G., u. G. Wallenius: Electrophoretic studies on cerebrospinal fluid proteins. Scand. J. Clin. Labor. Invest. 3, 145 (1951).
58. Schürch, O., G. Viollier u. H. Süllmann: Schweiz. med. Wschr. 1950, 28, 216.
59. Steger, J.: Elektrophoretische Untersuchungen des Liquors. Dtsch. Z. Nervenheilk. 171, 1 (1953).
60. — Blut- und Liquorveränderungen bei der Polyneuritis. Dtsch. Z. Nervenheilk. 170, 106 (1953).
61. — Elektrophoretische Untersuchungen von eiweißarmen Körperflüssigkeiten (Liquor und Urin). Münch. med. Wschr. 1954, 747.
62. Svensson, H.: Electrophoresis by the moving boundary method. Inaugural-Dissertation Upsala 1946.
63. — Fractionation of serum with ammonium sulfate and water dialysis, studied by electrophoresis. J. of Biol. Chem. 139, 805 (1941).
64. Swahn, B.: A method for localisation and determination of serumlipids after electrophoretical seperations on filter paper. Scand. J. Clin. Labor. Invest. 4, 98 (1952).
65. Tiselius, A.: Ein neuer Apparat für die elektrophoretische Analyse von Kolloid-Mischungen. Trans. Faraday Soc. 33, 524 (1937).
66. — Biochemic. J. 31, 1469 (1937).
67. Turba, F., u. J. H. Enenkel: Elektrophorese von Proteinen in Filterpapier. Naturwiss. 37, 93 (1950).
68. Wallenius, Gunnar: Electrophoretic patterns of cerebrospinal fluid and serum compared in normal and pathological conditions. Acta Soc. Med. Uppsala 129 (1952).
69. Wiedemann, E.: Electrophoresis. Experientia (Basel) 3, 341 (1947).
70. Wieland, Th., u. F. Fischer: Über Elektrophorese auf Filterpapier. Naturwiss. 35, 29 (1948).
71. Wuhrmann, F., u. Chr. Wunderly: Die Bluteiweißkörper des Menschen. Basel: Benno Schwabe 1952.
72. Wunderly, Chr., u. S. Piller: Die Färbung der im Blutserum enthaltenen Proteine, Lipoide und Kohlenhydrate nach Papierelektrophorese. Klin. Wschr. 1954, 425.

Die Elektrophorese in der Dermatologie

1. Abelsohn, J. H.: Die Beziehungen zwischen Neurodermitis und Blutchemie. Urol. Cut. Rev., West Palm Beach 52, 9, 543 (1948); ref. Dermat. and Venerol. 3, 53 (1949).
2. Amorati, A., L. Rasponi u. L. Roversi: Das Studium der Eukolloidität beim Pemphigus. Arch. ital. Dermat. 23, 113 (1950).
3. — — — Der Serum-Eiweißspiegel und die Kolloid-Labilitätsproben beim chronischen Lupus erythematodes. Arch. ital. Dermat. 23, 178 (1950).
4. — — — Die Proteinfraktionen und die Kolloidproben bei der Leishmaniose cutanea. Arch. ital. Dermat. 23, 367 (1950).
5. — — — Studium der Proteinzusammensetzung und der Eukolloidität bei Patienten mit Haut- und Genitaltuberkulose unter der Behandlung mit Thiosemicarbazon. Arch. ital. Dermat. 25, 90 (1952).
6. Anders: Über die Beteiligung der Haut bei Paraproteinämien. Ref. Dermat. Wschr. 125, 213 (1952).
7. Antweiler, H. J.: Quantitative Mikroelektrophorese. Kolloid-Z. 115, 130 (1949).
8. Auerswald, W.: Elektrophoretische Untersuchungen an Luesseren. Mitt. Österr. San. verw. 53, H. 9 (1952).
9. Aplas, V.: Zur Klinik, Pathogenese und Histologie der Dermatomyositis. Arch. f. Dermat. 199, 1 (1954).
10. Benhamou, E., E. Hadiola u. E. Trinsit: Die Elektrophorese in der Dermatologie und Syphilis. Bull. Soc. franç. Dermat. 60, 278 (1953).

11. Berg, M. H., F. W. Balice u. A. Curtis: Elektrophoretische Untersuchungen vitaler Flüssigkeiten von Patienten mit bullösen Erkrankungen. Univ. Hosp. Bull. Michigan. Ann Arbor 15, 62 (1949).
12. — u. A. C. Curtis: Elektrophoretische Studien bei bullösen Krankheiten. Die elektrophoretischen Fraktionen von Tieren, denen die Blasenflüssigkeit von Patienten mit bullösen Erkrankungen injiziert wurden. J. Invest. Dermat. 16, 125 (1951).
13. Bolgert, M., J. Blamoutier u. Mme. Moret: Elektrophoretische Studien an 13 Psoriasisfällen. Ann. de Dermat. 81, 616 (1954).
14. Bommer, S., u. W. Schwenke: Scabies norwegica. Arch. f. Dermat. 199, 513 (1955).
15. Bonicelli, U.: Lupus erythematodes visceralis malignus. Minerva Dermat. (Torino) 28, 2, 20 (1953); ref. Zbl. Hautkrkh. 86, 332 (1954).
16. — u. L. Perosa: Bence-Jones-Proteinurie beim Morbus Hansen. Ann. ital. Dermat. 8, 241 (1953).
17. Braun, W., u. H. Weybrecht: Beitrag zur Klinik und Pathogenese der Hyalinosis cutis et mucosae [Lipoid-Proteinose (Urbach-Wiethe)]. Arch. f. Dermat. 194, 538 (1952).
18. Claussen, F.: Über einen Fall von Purpura hyperglobulinaemica. Verh. dtsch. Ges. inn. Med. 58, 607 (1952).
19. Coburn, A. F., u. D. H. Moore: Die Plasmaproteine beim disseminierten Lupus erythematodes. Bull. John Hopkins Hosp. 73, 196 (1943).
20. Cooper, J. A.: Thesis, Northwestern Univ. Evanston 1943.
21. — Eine elektrophoretische Studie der Syphilis. J. Invest. Dermat. 6, 109 (1945).
22. — u. D. H. Atlas: Zit. von H. B. Bull, "Physical Biochemistry". New York: John Wiley & Sons 1943.
23. Cooper, G. R., H. W. Craig u. J. W. Beard: Elektrophoretische Analyse von syphilitischen, biologisch falschen positiven und normalen menschlichen Seren. Amer. J. Syph. 30, 555 (1946).
24. Cornbleet, Th., u. J. de la Huerga: Die Gamma-Globuline bei manchen Hautkrankheiten. J. Invest. Dermat. 16, 401 (1951).
25. Davis, B. D., D. H. Moore, E. A. Kabat u. A. D. Harris: Elektrophoretische und immunchemische Studien und Untersuchungen mit der Ultrazentrifuge über den Wassermann-Antikörper. J. of Immun. 50, 1 (1945).
25a. Demling, L., u. Mitarb.: Siehe Kapitel: Die Elektrophorese bei inneren Krankheiten (B. Schuler).
26. Dillon, M. L., u. G. R. Cooper: Elektrophoretische Serum-Analyse von Patienten mit Pinta und Yaws. Amer. J. Syph. 32, 251 (1948).
27. Erickson, J. O., O. E. Volkin, H. W. Craig, G. R. Cooper u. H. Neurath: Biologisch falsche positive Reaktionen bei den serologischen Reaktionen für Syphilis. Amer. J. Syph. 31, 374 (1947).
28. Fischer, F. v.: Beitrag zur Klinik und Pathogenese des Myxödema Tuberosum. Dermatologica (Basel) 99, 270 (1949).
29. Franke, R., u. R. Baumann: Lymphoplasmocytom mit Hautveränderungen. Arch. f. Dermat. 192, 564 (1951).
30. Friedrich, W., u. W. Nikolowski: Endogene Ochronose. Arch. f. Dermat. 192, 273 (1951).
31. Fritze, E., F. v. Zezschwitz u. G. Schulze: Eiweiß-Lipoid-Stoffwechselstörungen bei Hyalinosis cutis et mucosae. Klin. Wschr. 1950, 435.
32. Funk, C. F., W. Grassmann, H. Walther u. K. Hannig: Zur Bedeutung der Papierelektrophorese für die Dermatologie. Arch. f. Dermat. 195, 208 (1952).
33. McGinley, J., J. Hardin u. J. Gofman: Lipoproteine und Xanthomatöse Erkrankungen. J. Invest. Dermat. 19, 71 (1952).
34. Gutman, A. B., D. H. Moore, E. B. Gutman, V. McClellan u. E. A. Kabat: Fraktionierung der Serum-Proteine bei Hyperproteinämie mit besonderer Berücksichtigung des Multiplen Myeloms. J. Clin. Invest. 20, 765 (1941).
35. Haensch, R.: Ergebnisse der Serumelektrophorese bei schweren Dermatosen. Z. Hautkrkh. 17, 40 (1954).
36. Hamperl, H., u. K. W. Kalkoff: Knotenbildung der Haut mit intracellulärer Ablagerung von Eiweißkristallen. Hautarzt 4, 418 (1953).
37. Hasselmann, C. M., u. H. Lohaus: Vortrag: Elektrophoretische Untersuchungen des Bluteiweißes bei Dermatosen. Zbl. Hautkrkh. 75, 307 (1951/52).
38. Hauser, W.: Elektrophoretische Untersuchungen des Serums und insbesondere des Urineiweißes bei akut verlaufendem Lupus erythematodes. Ärztl. Wschr. 1953, 839.
39. Holtz, K. H., u. W. Schulze: Beitrag zur Klinik und Pathogenese der Hyalinosis cutis et mucosa [Lipoid-Proteinose (Urbach-Wiethe)]. Arch. f. Dermat. 192, 206 (1951).
40. Kabat, E. A., D. H. Moore u. H. Landow: Electrophoretic study of protein components in cerebrospinal fluid, relationship to serum proteins. J. Clin. Invest. 21, 571 (1942).
41. Kalkoff, K. W.: Demonstration: Necrobiosis lipoidica diabeticorum. Frühjahrstagung Südwestdeutsch. Dermatol. Ver., Marburg 1952; ref. Dermat. Wschr. 129, 83 (1954).

42. KARTE, H.: Veränderungen der Serumeiweißkörper bei der Frühsyphilis. Arch. f. Dermat. **195**, 382 (1953).
43. KEINING, E., u. O. BRAUN-FALCO: Zur Ätiologie der Granulomatosis disciformis chronica et progressiva (MIESCHER). Dermat. Wschr. **131**, 1 (1955).
44. KISSLING, W., u. H. TRITSCH: Lymphknotenveränderungen bei Hautkrankheiten verschiedener Herkunft unter besonderer Berücksichtigung der sog. lipomelanotischen Reticulose (PAUTRIER-WORINGER). Arch. f. Dermat. **199**, 56 (1954).
45. KLÜKEN, N., u. W. REITZ: Zur Therapie der Dermatomyositis. Medizinische 1955, 322.
46. KNOTH, W.: Das eosinophile Granulom. Hautarzt **5**, 289 (1954).
47. KOGOJ, FR., u. ST. PURETIĆ: Zur Histologie der Dermatitis pemphigoides. Hautarzt **6**, 198 (1955).
48. KORTING, G. W.: Zur Kenntnis und Behandlung der Xanthomatosen. Dermat. Wschr. **124**, 689 (1951).
49. KORTING, G. W., u. W. ADAM: Purpura Schönleini und Leberzirrhose in der Abgrenzung von der „Purpura hyperglobulinaemica". Dermat. Wschr. **131**, 121 (1955).
50. LABHART, H., W. SCHWEIZER u. H. STAUB: Mikroelektrophoretische Untersuchungen von normalem und pathologischem Liquor cerebrospinalis. Confinia Neurol. **11**, 325 (1951).
51. LANGER, E., u. W. PÜRSCHEL: Myxomatosis cutis papulosa. Z. Hautkrkh. **13**, 235 (1952).
52. LATVALAHTI, J., J. PENTI u. J. HALONEN: Purpura hyperglobulinaemica. Ann. med. int. fenn. **41**, 91 (1952).
53. LEINBROCK, A.: Dysproteinämien bei Dermatosen. Z. Hautkrkh. **9**, 435 (1950).
54. — Untersuchungen über das elektrophoretische Serumproteinspektrum bei Dermatosen. Z. Hautkrkh. **10**, 345 (1951).
55. — Dysproteinämien in der Dermatologie. Dermat. Wschr. **122**, 1033 (1950).
56. — Mycosis fungoides. Veränderungen des elektrophoretischen Serumeiweißspektrums, der Serumlabilitätsreaktionen und des Blutbildes unter Urethan und anderen Chemotherapeutica. Arch. f. Dermat. **192**, 385 (1951).
57. — Veränderungen der elektrophoretischen Proteinspektren im Serum und in der Blasenflüssigkeit und Verhalten der Serumlabilitätsteste bei verschiedenen Pemphigusformen. Arch. f. Dermat. **192**, 535 (1951).
58. — Dysproteinämien bei der Lues und ihre unterschiedlichen Änderungen unter der Salvarsan- und Penicillintherapie. Dermat. Wschr. **125**, 231 (1952).
59. — Dysproteinämien bei Dermatosen. Hautarzt **3**, 9 (1952).
60. — Der kutane und allgemeine Reaktionsablauf bei Dermatosen im Spiegelbild inverser Blutproteinbewegungen. Dermat. Wschr. **128**, 1191 (1953).
61. — Dysproteinämien beim Erythematodes und ihre Beziehungen zum L. E.-Zellphänomen. Dermat. Wschr. **129**, 189 (1954).
62. — Durch Arsenverbindungen bedingte elektrophoretische Serumproteinverschiebungen bei der Lues-Therapie mit Salvarsan und bei toxischen Arsenschäden. Hautarzt 4, 391 (1953).
63. — Granuloma annulare giganteum. Hautarzt **6**, 447 (1955).
64. — Bedeutung der Serumproteinelektrophorese für die Beurteilung der Therapie bei Dermatosen. Proceedings Tenth International Congress of Dermatology. London 1952, 378.
65. — Erfolg und Versagen der Chemotherapie bei Dermatosen im Spiegelbild der Serumproteinbewegungen. Arch. f. Dermat. **200**, 530 (1955).
66. — Toxische Erythro-Melanodermie mit Leber- und Gehirnschäden nach Verwendung von Kalkarsen zur Kartoffelkäferbekämpfung. Berufsdermatosen **3**, 126 (1955).
67. — u. G. PETERS: Erythro-Melanodermia exfoliativa mit Leberschaden und Spätveränderungen am Zentralnervensystem durch Arsen-Intoxikation. Arch. f. Dermat. **201**, 378 (1955).
68. — mit E. REINHARDS: Serumproteinveränderungen bei malignen Hauttumoren. Arch. f. Derm. (im Druck).
69. — — Gewebs- und Serumproteinveränderungen bei Haut-Malignomen. Arch. f. Derm. (im Druck).
70. — u. R. ROSENKRÄNZER: Unveröffentlichte Ergebnisse.
71. LEINWAND, J.: Serum-Fett- und -Protein-Fraktionen. J. Labor. a. Clin. Med. **37**, 532 (1951).
72. LEVER, W.: Die Proteine beim Pemphigus. I. Teil. J. Invest. Dermat. **14**, 205 (1950).
73. — Die Proteine beim Pemphigus. II. Teil. J. Invest. Dermat. **14**, 219 (1950).
74. — Die Proteine beim Pemphigus. III. Teil. J. Invest. Dermat. **15**, 215 (1950).
75. — Die Proteine beim Pemphigus. IV. Teil. J. Invest. Dermat. **19**, 55 (1952).
76. — Bestimmung der Lipo- und Glykoproteine im Plasma von Patienten mit verschiedenen Hautkrankheiten. Hautarzt 4, 426 (1953).
77. — Idiopathische Hyperlipämie und primäre hypercholesterinämische Xanthomatose. J. Invest. Dermat. **22**, 33, 53 (1954).
78. — Elektrophoretische Analyse der Plasma-Proteine bei verschiedenen Krankheiten. Bull. New England Med. Center **13**, 160 (1951).
79. — Pemphigus. J. Invest. Dermat. **32**, 1 (1953).

80. LEVER, W., E. L. SCHULTZ u. N. A. HURLEY: Die Plasma-Proteine bei verschiedenen Haut krankheiten. Arch. of Dermat. **63**, 702 (1951).
81. — u. J. McLEAN: Primäre familiäre Xanthomatose und biliäre Xanthomatose (Biliäre Cirrhose mit Xanthomatose). J. Invest. Dermat. **15**, 173 (1950).
82. LONGHI, A.: Der Erythematodes und die Proteinämie. Arch. ital. Dermat. **24**, 42 (1951); **23**, 81 (1950).
83. — Sklerodermie und Plasmaprotein-Alterationen. Arch. ital. Dermat. **25**, 435 (1953).
84. LUDWIG, E.: Erfolgreiche Aureomycin- und Terramycinbehandlung als Beitrag zur Klärung der Wirkungsweise von Penicillin bei der Akrodermatitis athrophicans HERXHEIMER. Dermat. Wschr. **131**, 170 (1955).
85. LÖBLICH, P. H., u. G. WAGNER: Das pigmentierte Lymphogranulom mit generalisierenden Hauterscheinungen. (Ein Beitrag zur BRILL-SYMMERSschen Erkrankung.) Hautarzt **2**, 250 (1951).
86. MARCUSSEN, P. V.: Hypogammaglobulinämie beim Pyoderma gangraenosum. J. Invest. Dermat. **24**, 275 (1955).
87. MENEGHINI, C. C., L. LEVI u. G. POZZO: Untersuchungen über den Lipoproteid-Stoffwechsel bei der Psoriasis. Giorn. Ital. Fasc. IV. (1953).
88. MERKLEN, F. P., u. P. BERTHAUX: Modifikation der Serumproteide bei der recenten Lues. Bull. Soc. franç. Dermat. **58**, 454 (1951).
89. — S. DE MENDE u. P. BERTHAUX: Elektrophoretische Studien der Serumproteide bei der recenten Lues. Bull. Soc. franç. Dermat. **58**, 452 (1951).
90. MIELKE, H. G.: Purpura hyperglobulinaemica (WALDENSTRÖM). Ärztl. Wschr. **1953**, 241.
90a. MILLER, G. L., u. Mitarb., G. T. BARRY, N. T. ELDREDGE u. J. M. LUCK: Siehe bei G. HÖHNE u. H. A. KÜNKEL.
91. MOORE, D. H., u. J. LYNN: Elektrophoretische Messungen an normalem menschlichen Plasma. J. of Biol. Chem. **141**, 819 (1941).
92. MÜLLER, H.: Über einen Fall von Makroglobulinämie. Münch. med. Wschr. **1954**, 221.
93. MUSGER, A.: Zur Kenntnis der Reticulohistiocytosen der Haut. Hautarzt **5**, 56 (1954).
94. NÖDL, F.: Systematisierte Haut-Muskel-Amyloidose. Arch. f. Dermat. **198**, 319 (1954).
95. NOSKO, L.: Ein weiterer Fall von Scabies norwegica bei mongoloider Idiotie. Hautarzt **4**, 317 (1953).
96. NEURATH, H., E. VOLKIN, J. O. ERICKSON, H. W. CRAIG, F. W. PUTNAM u. G. R. COOPER: Biologisch falsche positive Reaktionen für Syphilis. Amer. J. Syph. **31**, 347 (1947).
97. — F. W. PUTNAM, F. W. CRAIG, G. R. COOPER, D. G. SHARP, A. R. TAYLOR u. J. W. BEARD: Die serologische Diagnose der Syphilis. Science (Lancaster, Pa.) **101**, 68 (1945).
98. OBERSTE-LEHN, H.: Ein Fall von Purpura hyperglobulinaemica unter dem Bilde der SCHAMBERGschen Erkrankung. Z. Hautkrkh. **7**, 204 (1949).
99. OSTERWALD, K. H., u. H. FRANK: Über das LIBMAN-SACKS-Syndrom. Ärztl. Wschr. **1953**, 125.
100. PAGLIARDI, E., A. VITELLI u. G. GAIDANO: Studium über den Charakter der Dysproteinämie bei der Sklerodermie. Arch. Pat. e Clin. med. **29**, 363 (1951).
101. — — — Charakteristisches der 4 Proteinfraktionen beim Erythematodes acutus und chronicus. Minerva med. (Torino) **1951**, 400; ref. Zbl. Hautkrkh. **80**, 383 (1952).
102. PARISI: Arch. Ital. Dermat. **23**, 38 (1950).
103. POZZO, G., u. M. F. HOFMANN: Die 4 Serumproteine bei der Syphilis. Giorn. ital. Dermat. **95**, 569 (1954).
104. PRIETO, G., u. C. ELOSEGUI: Elektrophoretische Studien am Serum von Erythematodes-Kranken. Bull. Soc. franç. Dermat. **1**, 18 (1953); ref. Dermatologica (Basel) **109**, 43 (1951).
105. PUNTIGAM, F., u. K. BERGER: Über Elektrophoreseuntersuchungen von vaccinalen Haut-veränderungen. Arch. f. Dermat. **198**, 549 (1954).
106. RANDERATH, E., u. H. ULBRICHT: Über die sog. lipomelanotische Retikulose. Frankf. Z. Path. **63**, 60 (1952).
107. RICCIARDI, L.: Veränderungen der Proteine bei der Psoriasis. Elektrophoretische Studie. Giorn. ital. Dermat. **93**, 154 (1952).
108. ROBERT, P.: Serumuntersuchungen, insbesondere mit der Elektrophorese, bei verschiedenen Hautkrankheiten. Dermatologica (Basel) **97**, 89 (1948).
109. RÖCKL, H., u. R. JAROSCHKA: Verhalten der Serumeiweißkörper bei Dermatosen. Arch. f. Dermat. **196**, 223 (1953).
110. ROSEN, J., F. KRASNOW u. M. A. LYONS: Der Lipoid-Anteil und das Albumin-Globulin-Verhältnis bei der Syphilis. Arch. of Dermat. **29**, 707 (1934).
111. ROSS, S. H., u. F. GEMAR: Studien über die Serumproteine bei der Lepra. Die alpha-, beta- und gamma-Globuline. J. Intern. Leprosy **19**, 445 (1951).
112. ROSSIER, P. H., u. O. SPÜHLER: Beitrag zum großfollikulären Lymphoblastom. BRILL-SYMMERSsche Krankheit. Schweiz. med. Wschr. **1948**, 1246.
113. ROTTINO, A., D. SUCHOFF u. K. G. STERN: Electrophoretic study of serum from lympho-glanulomatosis patients. J. Labor. a. Clin. Med. **33**, 624 (1948).

114. SCHMENGLER, F. E., u. H. ESSER: Zur Pathogenese der Purpura hyperglobulinaemica. Klin. Wschr. 1952, 30.
115. SEIBERT, F. B., u. J. W. NELSON: Elektrophorese der Serum-Proteine bei der Tuberkulose und anderen Erkrankungen. Amer. Rev. Tbc. 47, 66 (1943).
116. — — Elektrophoretische Untersuchung über die Reaktion der Blutproteine bei der Tuberkulose. J. of Biol. Chem. 143, 29 (1942).
117. SPIER, H. W., u. H. HEGEWALD: Zur funktionellen Histomorphologie der Lymphocytome beim Erythema migrans. (Das basophile Lymphocytom.) Arch. f. Dermat. 199, 317 (1955).
118. — H. RÖCKL u. G. PASCHER: Papierelektrophoretische Studien über die Eiweißstoffe der menschlichen Haut. Klin. Wschr. 1954, 795.
119. STURM, W.: Genügen Serumlabilitätsproben als Beweis für gonorrhoische Leberschädigung? Arch. f. Dermat. 199, 564 (1955).
120. Süddeutsche Dermatol. Tagung Würzburg 1952. Demonstration: Erythema elevatum diutinum. Ref. Dermat. Wschr. 128, 915 (1953).
121. SVENSSON, H.: Elektrophorese mit der "moving boundary"-Methode. Arch. Kemi 10, 22 (1946).
122. TAYLOR, F. E., u. J. D. BATTLE JR.: Benigne hyperglobulinämische Purpura. Fall-Bericht. Ann. Int. Med. 40, 350 (1954).
123. THEISMANN: Über Serumeiweißveränderungen bei Hautkrankheiten. Arch. f. Dermat. 191, 657 (1950).
124. VAUGHAN, J. H., TH. B. BAYLESS u. C. B. FAVOUR: J. Labor. a. Clin. Med. 37, 698 (1951).
125. VILANOVA, X., u. C. CARDENAL: Pseudoxanthoma elasticum und Keloid. Hautarzt 6, 150 (1955).
126. VOLKIN, E., H. NEURATH, J. O. ERICKSON u. H. W. CRAIG: Biologisch falsche positive Reaktionen bei den serologischen Prüfungen für Syphilis. Amer. J. Syph. 31, 397 (1947).
127. WAGNER, G.: Beitrag zur Kasuistik der Scabies norwegica. Z. Hautkrkh. 10, 487 (1951).
128. WALKER, S. A., u. E. P. BENDITT: Die Serum-Proteine bei Bindegewebserkrankungen. Eine elektrophoretische Studie. J. Invest. Dermat. 14, 113 (1950).
129. — — Eine elektrophoretische Studie der Serum-Proteine bei der Sclerodermie. Proc. Soc. Exper. Biol. a. Med. 67, 504 (1948).
130. WALDENSTRÖM, J.: Purpura hyperglobulinaemica und verwandte Zustände. Verh. dtsch. Ges. inn. Med. 58, 557 (1952).
131. WEBER, G.: Über einen Fall von Xanthomatosis cutis, einhergehend mit Gerontoxon juvenile. Dermat. Wschr. 126, 729 (1952).
132. — O. BRAUN-FALCO u. G. THAESSLER: Über das Verhalten proteingebundener Polysaccharide im Serum bei Dermatosen. Dermat. Wschr. 129, 561 (1954).
133. WELLS, G. C.: Primäre systematisierte Amyloidose mit Makroglossie. Brit. J. Dermat. 64, 169 (1952).
134. WEYBRECHT, H.: Lichen amyloidosus unter dem klinischen Bilde eines verrukösen Lichen chronicus Vidal. Dermat. Wschr. 125, 460 (1952).
135. WISKEMANN, A.: Calcinosis cutis universalis und Poikilodermie. Arch. f. Dermat. 199, 507 (1955).
136. WUHRMANN-WUNDERLY: Die Bluteiweißkörper des Menschen. Monographie. Basel: Benno Schwabe 1947.
137. ZÖLLNER, N., P. EYMER u. L. SCHEID: Möglichkeiten und Grenzen der Elektrophorese in der Pathophysiologie der Plasmaeiweiße. Dtsch. med. Wschr. 1949, 486.

Sachverzeichnis